Systemprogrammierung II für AVR-Mikrocontroller

Callbacks, Fliesskommafunktionen und BCD-Arithmetik

Manfred Schwabl-Schmidt

Elektor-Verlag, Aachen

Umschlaggestaltung: Etcetera, Aachen
Satz und Aufmachung: Manfred Schwabl-Schmidt
Druck: WILCO, Amersfoort (NL)

Printed in the Netherlands

ISBN 978-3-89576-243-7

Elektor-Verlag GmbH, Aachen
109028-1/D

Inhaltsverzeichnis

1. Einleitung **5**

2. Bezeichnungen **7**

3. Callback Chains **11**
3.1. Ein Multitasking-System . . . 13
3.2. Systemsteuerung mit Callback Chains . . . 25

4. Ergänzungen zur Fließkommaarithmetik **47**
4.1. Einige nützliche Unterprogramme . . . 47
4.2. Die Konstruktion von Fließkommakonstanten . . . 51
4.2.1. Mit Handarbeit . . . 51
4.2.2. Mit einem IEEE 754-verständigen Assembler . . . 52
4.3. Die Konstruktion von Fließkommazahlen aus 8-Bit- und 16-Bit-Binärzahlen . . . 55
4.4. Operationen mit kleinen Zahlen . . . 58
4.5. Der Aufbau einer zweidrittelgenauen Fließkommazahl aus einer Dezimalziffernfolge 59
4.6. Systeme linearer Gleichungen und Ausgleichsrechnung . . . 72

5. Die Berechnung von Fließkommafunktionen **73**
5.1. Bereichsreduktionen . . . 73
5.2. Approximation von Funktionen mit Tschebyscheff-Polynomen . . . 77
5.3. Die Zerlegung einer zweidrittelgenauen Fließkommazahl in einen ganzen und einen gebrochenen Anteil . . . 97
5.4. Die Berechnung der Funktionen floor und ceiling . . . 106
5.5. Die Berechnung der Logarithmusfunktionen . . . 109
5.5.1. Der natürliche Logarithmus $\ln(x)$ . . . 109
5.5.2. Der Zehnerlogarithmus $\log(x)$ . . . 125
5.6. Die Berechnung der Exponentialfunktionen . . . 127
5.6.1. e^x . . . 127
5.6.2. 10^x . . . 136
5.7. Die Berechnung von $\sqrt{x}$ . . . 138
5.8. Funktionsberechnungen mit dem CORDIC-Verfahren . . . 151
5.8.1. Was ist CORDIC? . . . 151
5.8.2. Eine kurze Exkursion zu den Winkeleinheiten . . . 152
5.8.3. Die Herleitung des Verfahrens . . . 153
5.8.4. Ein 24-Bit-Shifter . . . 163
5.8.5. Die Implementierung des CORDIC-Verfahrens . . . 167
5.9. Die Berechnung der trigonometrischen Funktionen . . . 174
5.9.1. $\sin(x)$ und $\cos(x)$ . . . 174
5.9.1.1. Die Bereichsreduktion . . . 174

5.9.1.2. $\sin(x)$ . . . 182
5.9.1.3. $\cos(x)$ . . . 188
5.10. Ein Beispiel: Die Berechnung einer Induktivität . . . 196

6. BCD-Arithmetik **199**
6.1. Das BCD-Format . . . 199
6.2. Addition . . . 200
6.3. Subtraktion . . . 204
6.4. Addition und Subtraktion von Zahlen im $\mathbb{D}_5^\star$-Format . . . 206
6.5. Operationen mit Einzelziffern . . . 211
6.6. Vergleiche . . . 216
6.7. Multiplikation . . . 222
6.8. Multiplikation von Zahlen im $\mathbb{D}_6$- und $\mathbb{D}_5^\star$-Format . . . 226
6.9. Division . . . 232
6.10. Umwandlungen . . . 240
6.10.1. $\mathbb{D}_6$ und $\mathbb{D}_5^\star$ zu binär . . . 240
6.10.2. Binär zu $\mathbb{D}_6$ und $\mathbb{D}_5^\star$ . . . 244
6.10.3. $\mathbb{D}_5^\star$ zu Text . . . 248
6.10.4. Text zu $\mathbb{D}_5^\star$ . . . 253
6.11. Hinweise zur Festkommarechnung . . . 255

7. Die Implementierung komplexer Schlussregeln mit Produktionssystemen **257**

8. Kalenderrechnung **271**
8.1. Datumsnummern . . . 271
8.2. Wochentag und Kalenderwoche . . . 278

A. Miszellen **287**
A.1. Korrektheitsbeweis der BCD-Division . . . 287
A.2. Der klassische 16-Bit-Divisionsalgorithmus . . . 290
A.3. Schnelle Division mit einigen konstanten Divisoren (7, 12, 30, 365) . . . 294
A.3.1. Division durch 7 . . . 295
A.3.2. Division durch 12 . . . 297
A.3.3. Division durch 30 . . . 298
A.3.4. Division durch 365 . . . 300
A.4. Tabellen zu Funktionsberechnungen . . . 302
A.5. Tabellen zum CORDIC-Verfahren . . . 303
A.6. T-Entwicklungen von sin und cos . . . 304
A.7. Fließkommakonstanten . . . 305

1. Einleitung

Die Geschwindigkeit des technischen Fortschrittes lässt sich bei AVR-Mikrocontrollern an der Zahl der Interrupts ablesen, welche die Controller zur Verfügung stellen. Waren es bei einem nun der Vergessenheit anheim gefallenen **AT90S8515** noch 13 Interrupts, so sind es bei einem **ATmeta128** schon 35. Bei einem **ATxmega128**, einem AVR-Controller der neuesten Generation, können die Interrupts nicht einmal mehr gezählt werden, jedenfalls nicht ohne Mühe. Wenigstens lässt sich leicht eine obere Schranke für ihre Anzahl angeben: Weil die Assemblervariable `INT_VECTORS_SIZE` den Wert 250 hat und auf jeden Interuptvektor zwei Speicherworte kommen, so ist Platz für 125 Interrupts vorhanden!

Nun ist das Programmieren von und mit Interrupts schon an sich keine leichte Aufgabe, deren Schwierigkeitsgrad natürlich enorm gesteigert wird, wenn 100 statt 35 Interrupts beherrscht werden müssen. Hinzu kommt, dass sich bei den Controllern der XMEGA-Reihe Interrupts auch noch über das Ereignisnetzwerk miteinander verknüpfen lassen und so den vorhandenen Problemkreis noch einmal erweitern. Andererseits sind Interrupts natürlich wunderbare Werkzeuge zum Aufbau von Programmen mit dynamischer Struktur und von Multitasking-Systemen und sollten deshalb relativ leicht einsetzbar sein. Doch wie lässt sich das erreichen?

In Kapitel 3 wird eine Methode vorgestellt, mit deren Hilfe Interrupts nicht nur auf eine kontrollierte Weise eingesetzt werden können, sondern die es auch möglich macht, die Auswirkungen von Interrupts miteinander zu verknüpfen oder zu bündeln. Sie ist ideal für von Ereignissen gesteuerte Systeme, das Kapitel zeigt deshalb an einem Beispiel, wie ein Multitasking-System zu einem flexiblen ereignisgesteuerten System erweitert werden kann. Diese Methode, die im Grunde auf einer Verkettung von im ersten Band beschriebenen Funktoren beruht, kann natürlich auch ohne Interrupts eingesetzt werden, entfaltet ihre ganze Wirkung aber erst, wenn sie mit irgendeiner Form von Multitasking gekoppelt wird.

Bei ereignisgesteuerten Systemen, wozu auch Systeme gehören, deren Ablaufsteuerung auf Interrupts basiert, gibt es das Problem, dass Entscheidungen auf eine große Zahl von Ereignissen hin getroffen werden müssen. Als Beispiel sei nur der Roboter genannt, der mit seinen Sensoren ein ereignisgesteuertes System bildet. Wenn gleichzeitig oder nahezu gleichzeitig mehrere Sensoren „feuern", die alle auf das Fahrverhalten des Roboters Einfluss haben, so kann es schwierig sein, eine Entscheidung zu fällen. Statt hier nun Entscheidungsfindungen im Programm fest zu verankern, etwa mit if-then-else-Verkettungen, kann man auch ein Programm einsetzen, das Schlussregeln auswertet. Solche Programme sind auch als Expertensysteme bekannt. Wie in Kapitel 7 gezeigt wird, gibt es schlanke und schnelle Expertensysteme, die auch in einem kleinen AVR-Controller Platz finden. Ein solches System lässt sich immer dann mit Vorteil einsetzen, wenn ein Verhalten, ein Ziel usw. mit Regeln beschrieben werden kann. Beispielsweise lässt sich bei einem Roboter mit Regeln beschreiben, wie er auf Sensoränderungen zu reagieren hat. Ein anderes Beispiel ist ein Messgerät, dessen Reaktionen auf die Kombinationen seiner Einstellungen und die Tastendrucke des Benutzers mit Regeln ausgedrückt werden können.

Mit einem modernen LC-Display lässt sich ein AVR-Controller zu einem kompletten Computersystem ausbauen. Da liegt es nahe, den Controller Messdaten nicht nur aufnehmen zu lassen, sondern ihm auch die Auswertung zu übertragen. Für etwas anspruchsvollere Aufgaben dieser

Art stellt Kapitel 5 als Ergänzung zur Fließkommaarithmetik des ersten Bandes Implementierungen der wichtigsten mathematischen Funktionen bereit. Diese sind so ausführlich dokumentiert, dass der Leser in der Lage ist, selbst Anpassungen vorzunehmen, etwa wenn an einer Stelle etwas größere Geschwindigkeit auf Kosten der Genauigkeit erzielt werden soll. Das gilt besonders für die trigonometrischen Funktionen, die mit dem CORDIC-Verfahren realisiert wurden, das sich leider mangels geeigneter Shift-Befehle im AVR-Befehlssatz als relativ langsam herausgestellt hat. Insgesamt gesehen werden die Funktionswerte jedoch sehr schnell berechnet. Beispielsweise ist die Quadratwurzelfunktion fast so schnell wie *eine* Fließkommamultiplikation, und die Berechnung der Logarithmusfunktion dauert nur etwa so lange wie sechs Multiplikationen.

Das Fließkommapaket aus dem ersten Band enthält nur die Grundrechenarten und Vergleiche. In Kapitel 4 wird deshalb eine ganze Reihe von Ergänzungen vorgestellt, die den Einsatz des Paketes erleichtern. Auch sie werden genauestens beschrieben, bei Einsatz des Stapels auch mit Skizzen, um Anpassungen leicht bewältigen zu können.

Im Anhang werden einige Tabellen zur Fließkommarechnung zur Verfügung gestellt, darunter ausführliche Konstantentabellen. Sie können zusammen mit einem Helfer-Unterprogramm aus Kapitel 4 eingesetzt werden, das die direkte Nutzung von Fließkommakonstanten aus dem Programmspeicher ermöglicht.

Fließkommaarithmetik ist jedoch nicht immer das geeignete Mittel um Berechnungen durchzuführen, da es eine nicht zu beseitigende Schwachstelle gibt, nämlich die Übertragung vom Dezimal- in das Binärsystem und zurück. Beispielsweise können Rundungsfehler, die bei den Übertragungen entstehen können, beim Rechnen mit Geldbeträgen nicht toleriert werden. Manchmal ist auch schon die Länge der Übertragungszeiten prohibitiv. Um in solchen Fällen direkt im Dezimalsystem arbeiten zu können, enthält Kapitel 6 eine vollständige BCD-Arithmetik. Vollständig bedeutet, dass sie auch Textein- und Textausgabe, Division, Multiplikation und Vergleiche (und mehr) enthält. Sie ist so konzipiert, dass ihre Unterprogramme zum Teil gegen die entsprechenden des Fließkommapaketes ausgetauscht werden können.

Schließlich werden in Kapitel 8 grundlegende Unterprogramme zur Kalenderrechnung bereitgestellt. Damit kann einer der kleineren AVR-Controller zusammen mit einer *real time clock* zu einem perfekten Kalenderbaustein gemacht werden.

Die Programme des Buches können von der *homepage* des Autors heruntergeladen werden:

`http://www.Schwabl-Schmidt.de`

Dort finden sich auch Korrekturen und Ergänzungen. Als erste Ergänzung ist eine Erweiterung des Fließkommapaketes mit den vollständigen elliptischen Funktionen geplant(!).

2. Bezeichnungen

$\mathbf{r_0}$ bis $\mathbf{r_{31}}$	Die 32 Register für allgemeinen Gebrauch (*GPR*)
$\mathfrak{r}_0$ bis $\mathfrak{r}_{31}$	Die *Inhalte* der 32 Register.
$\mathbf{r_{1:0}}$ bis $\mathbf{r_{31:30}}$	Die aus den Registern $\mathbf{r_0}$ bis $\mathbf{r_{31}}$ zu bildenden Doppelregister
$\mathfrak{r}_{1:0}$ bis $\mathfrak{r}_{31:30}$	Die Werte der Doppelregister, z.B. $\mathfrak{r}_{1:0} = \mathfrak{r}_1 2^8 + \mathfrak{r}_0$
$\mathbf{X}$	Das Doppelregister $\mathbf{r_{27:26}}$
$\mathfrak{X}$	Der Wert des Doppelregisters $\mathbf{r_{27:26}}$
$\mathbf{Y}$	Das Doppelregister $\mathbf{r_{29:28}}$
$\mathfrak{Y}$	Der Wert des Doppelregisters $\mathbf{r_{29:28}}$
$\mathbf{Z}$	Das Doppelregister $\mathbf{r_{31:30}}$
$\mathfrak{Z}$	Der Wert des Doppelregisters $\mathbf{r_{31:30}}$
$\mathbf{r_0}.0$ bis $\mathbf{r_{31}}.7$	Bit 0 des Registers $\mathbf{r_0}$ usw. bis Bit 7 von $\mathbf{r_{31}}$
$\mathbf{S}$	Das Statusregister
$\mathbf{S}.\mathfrak{i}$	Das globale Interruptfreigabebit
$\mathbf{S}.\mathfrak{t}$	Das temporäre Speicherbit
$\mathbf{S}.\mathfrak{h}$	Das „halbe" Übertragsbit
$\mathbf{S}.\mathfrak{v}$	Das Überlaufbit
$\mathbf{S}.\mathfrak{n}$	Das Negativbit
$\mathbf{S}.\mathfrak{s}$	Das Vorzeichenbit
$\mathbf{S}.\mathfrak{z}$	Das Nullbit
$\mathbf{S}.\mathfrak{c}$	Das Übertragsbit
$\mathcal{I}(\alpha)$	Der Inhalt der Adresse α
α^*	An die Sprache **C** angelehnt der Inhalt der Adresse α
$\alpha\langle\texttt{oXyz}\rangle$	Der Inhalt der Adresse $\alpha + \texttt{oXyz}$. Darin ist α die Adresse eines Speicherobjekts eines bestimmten Typs und `oXyz` ist die relative Adresse (*offset*) eines Teiles davon. An Stelle der Adresse α kann auch ein Doppelregister stehen.

$\mathcal{A}(\mathrm{v})$ — Die Adresse der Variablen v

o, ı — Die Binärziffern o $= 0$ und ı $= 1$

0 bis **9**, **A** bis **F** — Die Hexadezimalziffern **0** $= 0$ bis **F** $= 15$

$\mathfrak{a}$, $\mathfrak{b}$ usw. — Kleine Frakturbuchstaben bezeichen meist Bits und Bitfolgen, beispielsweise zweidrittelgenaue Fließkommazahlen.

$|r|$ — Der Absolutbetrag der rationalen Zahl r, also $|r| = r$ falls $r \geq 0$, $r = -r$ falls $r < 0$

$\lfloor r \rfloor$ — Der ganzzahlige Anteil der rationalen Zahl r, z.B. $\left\lfloor \frac{3}{2} \right\rfloor = 1$ aber $\left\lfloor -\frac{3}{2} \right\rfloor = -2$

$\langle r \rangle$ — Der gebrochene Anteil der rationalen Zahl r, z.B. $\left\langle \frac{3}{2} \right\rangle = 1/2$

$u \operatorname{div} v$ — Der ganzzahlige Anteil des Quotienten $\frac{u}{v}$ zweier ganzer Zahlen u und v, also $u \operatorname{div} v = \left\lfloor \frac{u}{v} \right\rfloor$

$?\langle L \rangle$ — Ist der logische Ausdruck L wahr, dann ist $?\langle L \rangle = 1$, andernfalls ist $?\langle L \rangle = 0$. Z.B. ist $?\langle 1 \leq 2 \rangle = 1$, $?\langle 1 > 2 \rangle = 0$, $?\langle 1 \leq 2 \vee 1 > 2 \rangle = 1$ usw.

$\mathbb{K}_n$ — $\mathbb{K}_n(\mathfrak{b})$ ist der natürliche Wert der Bitfolge $\mathfrak{b} = \mathfrak{b}_{n-1} \cdots \mathfrak{b}_0$:

$$\mathbb{K}_n(\mathfrak{b}_{n-1} \cdots \mathfrak{b}_0) = \sum_{\nu=0}^{n-1} \mathfrak{b}_\nu 2^\nu$$

$\mathbb{K}_{n,m}$ — $\mathbb{K}_{n,m}(\mathfrak{b})$ ist der Wert der Bitfolge $\mathfrak{b} = \mathfrak{b}_{n-1} \cdots \mathfrak{b}_0 \mathfrak{b}_{-1} \cdots \mathfrak{b}_{-m}$ als nicht-negative Fixkommazahl mit n Bits vor und m Bits nach dem Binärkomma:

$$\mathbb{K}_{n,m}(\mathfrak{b}_{n-1} \cdots \mathfrak{b}_{-m}) = \sum_{\nu=-m}^{n-1} \mathfrak{b}_\nu 2^\nu$$

Mit $\mathbb{K}_{n,m}$ wird auch das Zahlenformat selbst bezeichnet, d.h. eine Bitfolge im Format $\mathbb{K}_{n,m}$ ist eine nicht-negative Fixkommazahl mit n Bits vor und m Bits nach dem Binärkomma:

$\mathbb{G}_n$ — $\mathbb{G}_n(\mathfrak{b})$ ist der Wert der Bitfolge $\mathfrak{b} = \mathfrak{b}_{n-1} \cdots \mathfrak{b}_0$ einer im Zweierkomplement verschlüsselten Zahl:

$$\mathbb{G}_n(\mathfrak{b}_{n-1} \cdots \mathfrak{b}_0) = -\mathfrak{b}_{n-1} 2^{n-1} + \sum_{\nu=0}^{n-2} \mathfrak{b}_\nu 2^\nu$$

$\mathbb{G}_{n,m}$ — $\mathbb{K}_{n,m}(\mathfrak{b})$ ist der Wert der Bitfolge $\mathfrak{b} = \mathfrak{b}_{n-1} \cdots \mathfrak{b}_0 \mathfrak{b}_{-1} \cdots \mathfrak{b}_{-m}$ einer im Zweierkomplement verschlüsselten Fixkommazahl mit n Bits vor und m Bits nach dem Binärkomma:

$$\mathbb{G}_{n,m}(\mathfrak{b}_{n-1} \cdots \mathfrak{b}_{-m}) = -\mathfrak{b}_{n-1} 2^{n-1} + \sum_{\nu=-m}^{n-2} \mathfrak{b}_\nu 2^\nu$$

Mit $\mathbb{G}_{n,m}$ wird auch das Zahlenformat selbst bezeichnet.

$\mathbb{F}_{2/3}(\mathfrak{a})$ — $\mathbb{F}_{2/3}(\mathfrak{a})$ ist der Wert der zweidrittelgenauen Fließkommazahl $\mathfrak{a}$.

In den Programmen werden die folgenden Präfixe für Assemblervariablen und Marken benutzt:

- `a` Absolute Adresse (Assemblervariable)
- `o` *Offset*, d.h. relative Adresse (Assemblervariable)
- `i` Index (Assemblervariable)
- `b` Byte (Marke)
- `w` Wort (Marke)
- `p` Adresse (Marke)

Die Präfixe `b`, `w` und `p` kennzeichnen Speicherelemente, im Gegensatz zu den Präfixen `a`, `o` und `i`, die im Konstantenfeld von Assembler- oder Maschinenbefehlen verwendet werden. Lokal werden weitere Präfixe eingesetzt, z.B. `cbc` für *callback chain*.
Beispiele:

```
        .equ   aXyz = b0pq
        .equ   oXyz = 2
        .equ   iXyz = 3
         sts   aXyz,r0          2   Bytezugriff absolut
         std   Z+oXyz,r1        2   Bytezugriff über offset
         std   Z+2*iXyz,r16     2   Wortzugriff über Index
         std   Z+2*iXyz+1,r17   2
        .dseg
b0pq:   .byte  1                    Bytevariable
w0pq:   .byte  2                    Wortvariable
        .cseg
p0pq:   .dw    b0pq                 Adressenvariable (ebenfalls Wort)
```

3. Callback Chains

Don't call us, we call you!

In vielen Anwendungsbereichen von Software ist eine Ereignissteuerung die Methode der Wahl, um Programme adäquat zu realisieren. In den spezialisierten Anwendungsgebieten, in denen bevorzugt Mikrocontroller eingesetzt werden, kann man Ereignisse praktisch mit Interrupts gleichsetzen. Unglücklicherweise ist es nicht ganz einfach, Interrupts in den Griff zu bekommen, und die Situation bessert sich gewiss nicht durch die starke Vermehrung von Interrupts bei den neueren Controllern wie etwa der XMEGA-Serie, sondern wird eher noch verschärft. Es gibt aber durchaus Mittel und Wege, das Problem zu entschärfen.

Etwas vereinfacht kann gesagt werden, dass ein Ereignis (sprich: ein Interrupt) eine Reihe oder Kette von Aktionen auslösen soll. Aktionen werden in Programmen durch Unterprogramme oder Funktionen ausgeführt. Es genügt natürlich nicht, jedem Interrupt eine Folge von Funktionsaufrufen zuzuordnen, denn das ist nicht viel mehr als die konventionelle Art, mit Interrupts umzugehen

Abbildung 3.1.: Eine Callback Chain

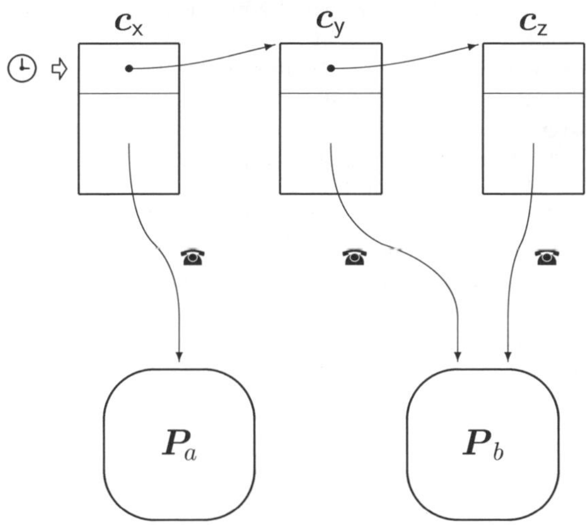

und entschärft die Situation keineswegs. Man hat zu berücksichtigen, dass die Interrupts nur die Auslöser der Aktionen sind, deren Ausführung jedoch ganz anderen Programmteilen obliegt, die von einem Auftreten eines bestimmten Interrupts zum nächsten selbstverständlich auch wechseln können.

Eine Möglichkeit, diese Anforderung progammtechnisch zu erfüllen, besteht im Einsatz von *callbacks*. Ein *callback* (fortan nur kurz *CB*) besteht im Prinzip aus einer Unterprogramm- oder Funktionsadresse, die bei einem Interrupt installiert wird. Ein Auslösen des Interrupts hat dann den Aufruf der Unterprogramme über ihre Adresse zur Folge. Wesentlich ist, dass die *ISR*, also der Programmteil, der den Interrupt „bedient“, die Programmteile zur Ausübung der Aktionen nicht mehr selbst enthält und tatsächlich nur noch die Auslösefunktion wahrnimmt.

In Bild 3.1 ist ein einfaches System mit zwei Prozessen und einer *callback chain* (Rückrufkette, kurz *CBC*) zu sehen. Prozess $\boldsymbol{P}_a$ hat bei einem Interrupt, der von einer Zeitfunktion ausgelöst wird, den *CB* $\boldsymbol{c}_x$ und Prozess $\boldsymbol{P}_b$ die beiden *CB*s $\boldsymbol{c}_y$ und $\boldsymbol{c}_z$ installiert. Ist eine bestimmte Uhrzeit erreicht (oder eine bestimmte Zeitspanne durchlaufen), so erfolgen eine von Prozess $\boldsymbol{P}_a$ und zwei von Prozess $\boldsymbol{P}_b$ initiierte Aktionen. Das Bild zeigt aber nur eine Momentaufnahme, denn Aktionen können auch darin bestehen, dass *CB*s hinzugefügt oder entfernt werden.

*CBC*s können für vielfältige Zwecke eingesetzt werden, die durchaus nichts mit Interrupts und Prozessen zu tun haben müssen. Hier werden sie jedoch nur im Zusammenhang mit Interrupts betrachtet. Einige Beispiele:

- Mit *CB*s können Prozesse synchronisiert werden. Bei Systemen, die mit *CB*s aufgebaut werden, kann also auf spezielle Synchronisationsobjekte wie Semaphore usw. verzichtet werden, das vereinfacht den Systemaufbau.
- Die Eigenschaften verschiedener Prozesse können kurz- oder längerfristig zu Aktionseinheiten kombiniert werden, mit denen ein System auf wechselnde Anforderungen reagieren kann. Beispielsweise kann auf diese Weise Software für Messgeräte mit vielen Bedienungsmöglichkeiten realisiert werden, ohne dass alle Bedienungskombinationen explizit im Programm erscheinen müssten.
- Interruptgesteuerte Programmabläufe beispielsweise zur Durchführung bestimmter Messungen können auf einfache Weise mit *CBC*s implementiert werden.

In diesem Kapitel wird gezeigt, wie mit *CBC*s Prozesse gesteuert und synchronisiert werden können. Dazu wird im nächsten Abschnitt ein System mit mehreren parallel laufenden Prozessen bereitgestellt. Weil das System auch ohne *CBC*s für vielfältige Zwecke eingesetzt werden kann, wird die Gelegenheit dazu benutzt, bis in die Einzelheiten hinein zu erklären, wie Multitasking für AVR-Controller realisiert werden kann.

3.1. Ein Multitasking-System

Simuliertes Multitasking kommt so zustande, dass in schneller Folge zwischen Progammen oder Programmteilen, etwa Unterprogrammen, hin- und hergeschaltet wird. Dieses Umschalten kann auf einfache Weise mit einem Timer-Interrupt vorgenommen werden. Das Wichtigste, die Adresse des unterbrochenen Programmteils, wird vom Interrupt im Stapel hinterlegt. Es gibt verschiedene Möglichkeiten, den Umschaltprozess zu realisieren. Der einfachste Weg besteht darin, jedem der umzuschaltenden Programmteile einen eigenen Stapelbereich zuzuordnen. In diesem Fall muss im Prinzip nur der Systemstapelzeiger umgeladen werden, um den Umschalteffekt mit einem `reti`-Befehl zu erzielen. Programmteile, die einen eigenen Stapel besitzen, werden leichtgewichtige Prozesse (oder *threads*) genannt, sollen hier aber einfach Prozesse heißen.

Mit dem Umschalten allein ist es allerdings nicht getan, denn es gibt nur **einen** Registerblock, den alle Prozesse benutzen müssen. Jeder Prozess benötigt folglich einen Speicherblock, an den die Inhalte der Register kopiert werden können, wenn der Prozess unterbrochen wird und von dem aus den Registern ihr Wert zurückgegeben wird, wenn der Prozess seine Arbeit wieder aufnimmt.

Abbildung 3.2.: PIT und Stapelblock eines Prozesses $\boldsymbol{P}$

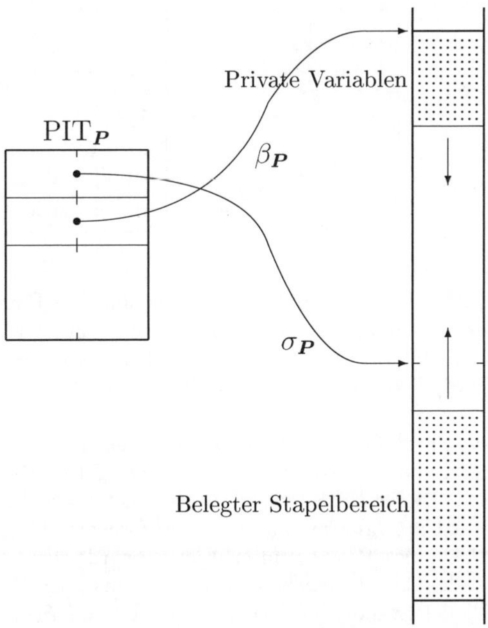

Ebenso wie die Registerinhalte müssen auch die Statusbits über eine Prozessunterbrechung hin aufbewahrt werden. Am einfachsten ist es, die Registerinhalte und die Statusbits im Stapel des Prozesses selbst aufzubewahren. Wird die Aufbewahrung und Restaurierung mit den Befehlen `push` und `pop` vorgenommen, dann muss sich die *ISR* des umschaltenden Interrupts im Prinzip nur den Inhalt des Stapelzeigers zum Umschaltmoment merken, um einen stillgelegten Prozess wieder zum laufenden Prozess machen zu können. In der Praxis wird jedoch mehr an Information über die Prozesse eines Systems benötigt. Zweckmäßigerweise wird diese Information in einer Tabelle zusammengefasst, die hier den Namen PIT (ProzessInformationsTabelle) trägt. Die PIT des Prozesses $\boldsymbol{P}$ wird mit $\mathrm{PIT}_{\boldsymbol{P}}$ bezeichnet. Sie enthält neben dem Wert des Stapelzeigers zum Umschaltpunkt noch die Adresse des Speicherblocks für den lokalen Stapel des Prozesses, damit zur Verwaltung dieser Speicherblöcke auch eine Halde eingesetzt werden kann. Man kommt so zu der in Bild 3.2 gezeigten Konstellation. $\sigma_{\boldsymbol{P}}$ ist der Stapelzeigerinhalt und $\beta_{\boldsymbol{P}}$ die Anfangsadresse des Speicherblocks für den lokalen Stapel. Die Funktionsweise des Systemstapels schreibt vor,

Abbildung 3.3.: Prozesswechsel: vor dem **SP**-Tausch

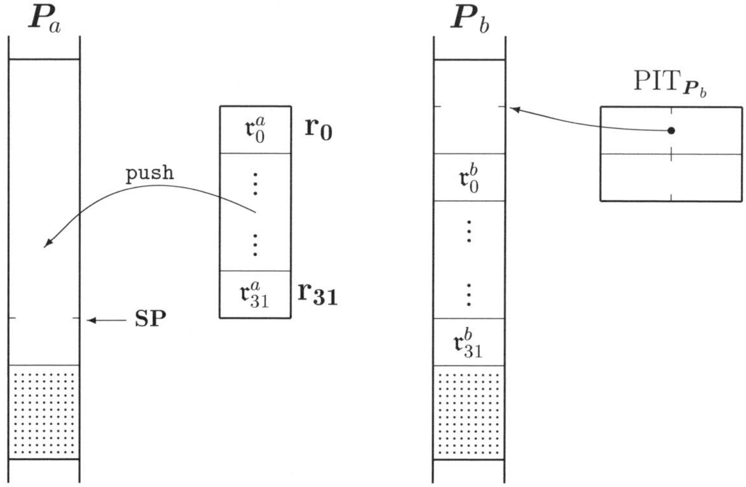

wie der Stapelblock genutzt wird: Der lokale Stapel beginnt am Ende des Speicherblocks (d.h. bei seiner größten Adresse) und wächst zum Anfang hin. Falls gewünscht können am Anfang des Blocks wie im Bild gezeigt private (lokale) Variablen des Prozesses untergebracht werden, doch ist das nicht notwendig, jeder Prozess kann seine privaten Variablen an beliebiger Stelle im Datenspeicher halten.

In Bild 3.3 ist die erste Phase des Umschaltens von einem Prozess $\boldsymbol{P}_a$ in einen Prozess $\boldsymbol{P}_b$ zu sehen.[1] Noch ist der Stapel von Prozess $\boldsymbol{P}_a$ aktiv, der gepunktete Bereich kennzeichnet den von $\boldsymbol{P}_a$ belegten Stapelbereich. Dieser kann beispielsweise eine Rücksprungadresse enthalten, wenn der Prozess während eines Unterprogrammaufrufs unterbrochen wird, er enthält aber auf jeden Fall die Adresse, an welcher der Prozess unterbrochen wurde, d.h. die Rücksprungadresse für den Interrupt. Der Inhalt des Registerblocks wird nun mit instpush-Befehlen in den Stapel gerettet, dann wird der Inhalt des Stapelzeigers **SP** in die PIT von $\boldsymbol{P}_a$ kopiert. Das Ergebnis dieses Vorgangs ist im linken Teil von Bild 3.4 zu sehen. Dieses Bild illustriert die zweite Phase des Prozessumtausches. Der Stapelzeiger wird mit der in der PIT von Prozess $\boldsymbol{P}_b$ gespeicherten Adresse geladen (siehe Bild 3.3 rechts), es ist jetzt der lokale Stapel von Prozess $\boldsymbol{P}_b$ aktiv, folglich kann der Registerblock mit pop-Befehlen mit den Werten geladen werden, die er bei der Unterbrechung von $\boldsymbol{P}_b$ besaß. Bild 3.4 rechts zeigt also die Situation nach der Ausführung der pop-Befehle, an

[1] Die Behandlung der Statusbits ist der Übersichtlichkeit halber nicht gezeigt.

oberster Stelle des (aktiven) Stapels steht jetzt die Rücksprungadressse des Interrupts: Nach dem Befehl `reti` kann Prozess $\boldsymbol{P}_b$ folglich seine Arbeit an der Adresse fortsetzten, an welcher er für den Prozesswechsel unterbrochen worden war.

Abbildung 3.4.: Prozesswechsel: nach dem **SP**-Tausch

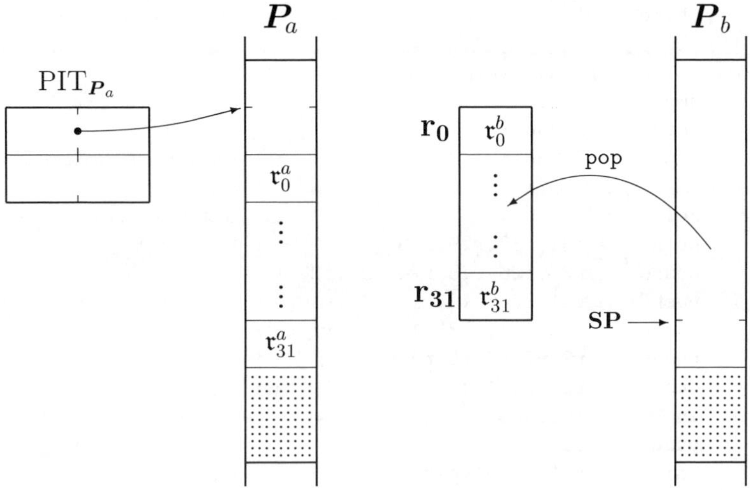

Die PITs werden im hier vorgestellten System nicht zu einem Prozessring verkettet, sondern zu einem Vektor zusammengefasst. Auf diese Weise ergeben sich einige einfache Möglichkeiten zur Prozesssteuerung.

Es folgt nun das vollständige Programm. Es enthält einen Vektor mit vier PITs und ist daher für maximal vier Prozesse ausgelegt. Es enthält jedoch nur drei Prozesse $\boldsymbol{P}_a$, $\boldsymbol{P}_b$ und $\boldsymbol{P}_c$, d.h. ein Element des PIT-Vektors bleibt leer. Die Prozesse geben über die serielle Schnittstelle ständig ihre Signatur aus, das sind jeweils die Buchstaben A, B und C. Damit kann man dem Umschalten der Prozesse gut folgen. Die Länge des Zeitintervalls, das jedem Prozess reihum zugewiesen wird, ist auf 16,32 Millisekunden eingestellt. Es kann beliebig verkürzt, aber ohne weiter Maßnahmen nicht verlängert werden.

```
          .include "m128def.inc"
          .include "makros.avr"
          .device  ATmega128
  Definition der Datenstrukturen und Hilfsgrößen
          .equ     oPitSP = 0                      σP
          .equ     opbPit = 2                      βP
          .equ     onbPit = 4                      bP
          .equ     nbPit = 8                       ||PIT|| = 2^r
          .equ     npitPit = 4                     ||p|| = 2^s
          .equ     bmPit = ~(npitPit*nbPit)        Bitmaske FF − ||PIT|| ||p|| = FF − 2^(r+s)
          .equ     nbPrcA = 100                    Speicherblockgröße für Prozess A
          .equ     nbPrcB = 100                    Speicherblockgröße für Prozess B
```

	.equ	nbPrcC = 100		Speicherblockgröße für Prozess C
	.dseg			
	.org	0x100		Datenspeicherbeginn bei **ATmega128**

Deklaration der Datenstrukturen

vpit:	.byte	npitPit*nbPit		Der PIT-Vektor **p**
bPitAkt:	.byte	1		$\phi^{\perp}$ (ϕ = Adr. der aktiven PIT)
	.cseg			

Interruptvektoren: *reset* und *output compare* Timer2

	jmp	Start	3	*interrupt vector reset*
	.org	OC2addr		
	jmp	OC2hdlr	3	*interrupt vector output compare* Timer2

Die *ISR* von *output compare* Timer2

OC2hdlr:	sei		1	Globale Befähigung (siehe Text)
	push4	r31,r30,r29,r28	4×2	Bild 3.3 links
	push6	r27,r26,r25,r24,r23,r22	6×2	
	push6	r21,r20,r19,r18,r17,r16	6×2	
	push6	r15,r14,r13,r12,r11,r10	6×2	
	push6	r9,r8,r7,r6,r5,r4	6×2	
	push4	r3,r2,r1,r0	4×2	
	in	r0,SREG	1	
	push	r0	2	
	ldi	r31,HIGH(vpit)	1	$\mathbf{r_{31}} \leftarrow \phi^{\top}$
	lds	r30,bPitAkt	2	$\mathbf{r_{30}} \leftarrow \phi^{\perp}$
	in	r0,SPL	1	Stapelzeigertausch:
	std	Z+oPitSP,r0	2	siehe die ausführlichen
	in	r0,SPH	1	Erläuterungen im Text
	std	Z+oPitSP+1,r0	2	
OC2a:	subi	r30,256-nbPit	1	
	andi	r30,bmPit	1	
OC2New:	ldd	r0,Z+oPitSP	2	
	ldd	r1,Z+oPitSP+1	2	
	mov	r2,r0	1	
	or	r2,r1	1	
	breq	OC2a	1/2	
	cli		1	Atomare Operation!
	out	SPL,r0	1	
	out	SPH,r1	1	
	sei		1	
	sts	bPitAkt,r30	2	$\phi^{\perp}$ merken
	pop	r0	2	Bild 3.4 rechts
	out	SREG,r0	1	
	pop4	r0,r1,r2,r3	4×2	
	pop6	r4,r5,r6,r7,r8,r9	6×2	
	pop6	r10,r11,r12,r13,r14,r15	6×2	
	pop6	r16,r17,r18,r19,r20,r21	6×2	
	pop6	r22,r23,r24,r25,r26,r27	6×2	

```
           pop3   r28,r29,r30             3×2
           clr    r31                     1    Zählerregister zurücksetzen
           out    TCNT2,r31               1
           pop    r31                     2
           reti                           4
```

Die Initialisierung des Systems

```
InitSys:   push4  r0,r16,r30,r31          4×2
           ldi    r30,LOW(vpit)           1    p und ϕ⊥ löschen
           ldi    r31,HIGH(vpit)          1
           ldi    r16,npitPit*nbPit+1     1
           clr    r0                      1
BldSys02:  st     Z+,r0                   2
           dec    r16                     1
           brne   BldSys02                1/2
           ldi    r16,0                   1    Zählerregister löschen
           out    TCNT2,r16               1
           ldi    r16,0xFF                1    Zeitintervalllänge t einstellen
           out    OCR2,r16                1
           ldi    r16,0b00001101          1    Modus CTC und Vorteilen durch 2^10
           out    TCCR2,r16               1
           in     r16,TIMSK               1    output compare-Interrupt befähigen
           ori    r16,0b10000000          1
           out    TIMSK,r16               1
           pop4   r31,r30,r16,r0          4×2
           ret                            4
```

Der Aufbau eines Prozesses

```
MakeProc:  push4  r22,r23,r28,r29         4×2
           std    Z+opbPit,r16            2    PIT_P ← β_P
           std    Z+opbPit+1,r17          2
           std    Z+onbPit,r18            2    PIT_P ← b_P
           std    Z+onbPit+1,r19          2
           movw   r29:r28,r17:r16         1    Y ← β_P + b_P
           add    r28,r18                 1
           adc    r29,r19                 1
           ldi    r22,LOW(LEwig)          1
           st     -Y,r22                  2    ε⊥
           ldi    r22,HIGH(LEwig)         1
           st     -Y,r22                  2    ε⊤
           st     -Y,r20                  2    φ⊥_P
           st     -Y,r21                  2    φ⊤_P
           st     -Y,r17                  2    β⊤_P
           st     -Y,r16                  2    β⊥_P
           st     -Y,r31                  2    A(PIT_P)⊤
           st     -Y,r30                  2    A(PIT_P)⊥
           clr    r22                     1    29-mal 00
           ldi    r23,29                  1
```

```
MakPrc02: st      -Y,r22              2
          dec     r23                 1
          brne    MakPrc02            1/2
          sbiw    r29:r28,1           2    Y ← σP
          std     Z+oPitSP,r28        2    PITP ← σP
          std     Z+oPitSP+1,r29      2
          pop4    r29,r28,r23,r22     4×2
          ret                         4
```

Der Prozess P_a

```
ProcA:    ldi     r16,'A'             1    Signatur A laden
PrcA0:    cli                         1    Atomare Operation:
          rcall   PutTXD0             3+   Signatur über USART0 ausgeben
          sei                         1
          rjmp    PrcA0               2
```

Der Prozess P_b

```
ProcB:    ldi     r16,'B'             1    Signatur B laden
PrcB0:    cli                         1    Atomare Operation:
          rcall   PutTXD0             3+   Signatur über USART0 ausgeben
          sei                         1
          rjmp    PrcB0               2
```

Der Prozess P_c

```
ProcC:    ldi     r16,'C'             1    Signatur C laden
PrcC0:    cli                         1    Atomare Operation:
          rcall   PutTXD0             3+   Signatur über USART0 ausgeben
          sei                         1
          rjmp    PrcC0               2
```

Ausgabe eines Bytes über die serielle Schnittstelle 0

```
PutTXD0:  sbis    UCSR0A,UDRE         1/2
          rjmp    PutTXD0             3
          out     UDR0,r16            1
          ret                         4
```

Der Einsprung in das Programm

```
Start:    ldi     r16,LOW(RAMEND)     1    Stapel aufbauen
          out     SPL,r16             1
          ldi     r16,HIGH(RAMEND)    1
          out     SPH,r16             1
```

Initialisierung der seriellen Schnittstelle 0

```
          ldi     r16,0b00000000      1
          sts     UBRR0H,r16          2
          ldi     r16,8               1    57600 Bits pro Sekunde
          out     UBRR0L,r16          1
          ldi     r16,0b00000110      1
          sts     UCSR0C,r16          2
          ldi     r16,0b00001000      1
          out     UCSR0B,r16          1
```

Das System wird initialisiert

Nr.	Label	Befehl	Operand	Takte	Kommentar
138		sei		1	Globale Befähigung
139		rcall	InitSys	3+	
	Prozess P_a wird aufgebaut				
140		ldi	r30,LOW(vpit)	1	$\mathbf{Z} \leftarrow \mathcal{A}(\mathbf{p}[0])$
141		ldi	r31,HIGH(vpit)	1	
142		ldi	r16,LOW(vbPrcA)	1	$\mathbf{r}_{17:16} \leftarrow \beta_{P_a}$
143		ldi	r17,HIGH(vbPrcA)	1	
144		ldi	r18,LOW(nbPrcA)	1	$\mathbf{r}_{19:18} \leftarrow b_{P_a}$
145		ldi	r19,HIGH(nbPrcA)	1	
146		ldi	r20,LOW(ProcA)	1	$\mathbf{r}_{21:20} \leftarrow \varphi_{P_a}$
147		ldi	r21,HIGH(ProcA)	1	
148		rcall	MakeProc	3+	P_a aufbauen
	Prozess P_b wird aufgebaut				
149		ldi	r30,LOW(vpit+nbPit)	1	$\mathbf{Z} \leftarrow \mathcal{A}(\mathbf{p}[1])$
150		ldi	r31,HIGH(vpit+nbPit)	1	
151		ldi	r16,LOW(vbPrcB)	1	$\mathbf{r}_{17:16} \leftarrow \beta_{P_b}$
152		ldi	r17,HIGH(vbPrcB)	1	
153		ldi	r18,LOW(nbPrcB)	1	$\mathbf{r}_{19:18} \leftarrow b_{P_b}$
154		ldi	r19,HIGH(nbPrcB)	1	
155		ldi	r20,LOW(ProcB)	1	$\mathbf{r}_{21:20} \leftarrow \varphi_{P_b}$
156		ldi	r21,HIGH(ProcB)	1	
157		rcall	MakeProc	3+	P_b aufbauen
	Prozess P_c wird aufgebaut				
158		ldi	r30,LOW(vpit+2*nbPit)	1	$\mathbf{Z} \leftarrow \mathcal{A}(\mathbf{p}[2])$
159		ldi	r31,HIGH(vpit+2*nbPit)	1	
160		ldi	r16,LOW(vbPrcC)	1	$\mathbf{r}_{17:16} \leftarrow \beta_{P_c}$
161		ldi	r17,HIGH(vbPrcC)	1	
162		ldi	r18,LOW(nbPrcC)	1	$\mathbf{r}_{19:18} \leftarrow b_{P_c}$
163		ldi	r19,HIGH(nbPrcC)	1	
164		ldi	r20,LOW(ProcC)	1	$\mathbf{r}_{21:20} \leftarrow \varphi_{P_c}$
165		ldi	r21,HIGH(ProcC)	1	
166		rcall	MakeProc	3+	P_c aufbauen
	Der Beginn des Multitasking				
167		ldi	r30,LOW(vpit)	1	$\mathbf{Z} \leftarrow \mathcal{A}(\mathbf{p})$
168		ldi	r31,HIGH(vpit)	1	
169		jmp	OC2New	2	Den ersten Prozess starten
	Ein Vordergrundprogramm als Sicherheitsnetz				
170	LEwig:	rjmp	LEwig	2	

Die zentrale Datenstruktur des Systems ist die jedem Prozess $\boldsymbol{P}$ zugeordnete ProzessInformationsTabelle $\mathrm{PIT}_{\boldsymbol{P}}$. Ihr Aufbau ist zwar durch die Definitionen der Zeilen *4–6* gegeben, sie hat wegen Zeile *7*, in der ihre Größe $\|\mathrm{PIT}\|$ festgelegt wird, jedoch das in Bild 3.5 gezeigte Aussehen. Ihr erstes Element ist der „eingefrorene“ Wert des Stapelzeigers $\sigma_{\boldsymbol{P}}$, es folgen die Adresse $\beta_{\boldsymbol{P}}$ und die Größe $b_{\boldsymbol{P}}$ des Stapelblocks. $\beta_{\boldsymbol{P}}$ und $b_{\boldsymbol{P}}$ werden hier allerdings nicht benötigt. Der letzte Platz der PIT bleibt frei, er könnte für weitere Informationen über den Prozess genutzt werden, beispielsweise die maximale Lebensdauer des Prozesses. Die PITs des Systems werden in einem Vektor $\mathbf{p}$ zusammengefasst, dessen Länge $\|\mathbf{p}\|$ in Zeile *8* definiert ist. Die Längen $\|\mathbf{p}\|$ und $\|\mathrm{PIT}\|$ sind beide Zweierpotenzen, damit $\mathbf{p}$ möglichst effizient zirkulär durchlaufen

Abbildung 3.5.: Die Prozessinformationstabelle $\mathrm{PIT}_{\boldsymbol{P}}$ des Prozesses $\boldsymbol{P}$

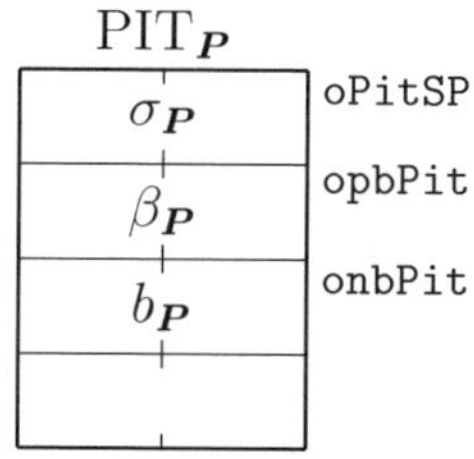

werden kann. Der Vektor selbst wird in Zeile *15* deklariert. Enthält die PIT $\mathbf{p}[i]$ als Stapelzeigerwert $\sigma_{\boldsymbol{P}} =$ **0000**, d.h. gilt $\mathbf{p}[i]\langle\texttt{oPitSP}\rangle =$ **0000**, dann wird angenommen, dass $\mathbf{p}[i]$ keine PIT enthält, $\mathbf{p}$ muss also nicht voll besetzt sein. Natürlich enthält $\boldsymbol{p}$ immer mindestens eine PIT, nämlich die des gerade aktiven Prozesses.
Damit der PIT-Vektor $\mathbf{p}$ möglichst effizient durchlaufen werden kann, werden die folgenden Bedingungen gefordert:

- $\|\mathrm{PIT}\|$ ist eine Zweierpotenz: $\|\mathrm{PIT}\| = 2^r$
- $\|\mathbf{p}\|$ ist eine Zweierpotenz: $\|\mathbf{p}\| = 2^s$
- Die Adresse $\mathcal{A}(\mathbf{p})$ von $\mathbf{p}$ ist ein Vielfaches von 2^{r+s}
- Es ist $r + s \leq 7$

Im Programm ist $r = 8$ und $s = 4$, $\mathbf{p}$ muss also so im Speicher liegen, dass seine Adresse ein Vielfaches von 2^5 ist. Diese Bedingung ist erfüllt, weil $\mathbf{p}$ an den Anfang des Datenspeichers gelegt wird und seine Adresse **0F00** sogar ein Vielfaches von 2^8 ist.
Die PIT des aktiven Prozesses wird mit ihrer Adresse ϕ kenntlich gemacht. Aus den obigen Bedingungen folgt, dass das obere Byte $\phi^{\top}$ von ϕ eine Konstante ist, und zwar ist hier $\phi^{\top} =$ **01**. Es genügt folglich, das untere Byte $\phi^{\perp}$ zu speichern. Die dazu verwendete Bytevariable wird in Zeile *16* deklariert.
Die Prozessumschaltung ist ein völlig in sich abgeschlossener Vorgang. Sie wird mit der *ISR* des *output compare*-Interrupts von Timer2 realisiert, der immer dann erzeugt wird, wenn während des Zählvorgangs der Inhalt des Zählregisters $\mathbf{R}_{\mathsf{TCNT2}}$ mit dem Inhalt des Registers $\mathbf{R}_{\mathsf{OCR2}}$ übereinstimmt. Stellt man den Timer-Modus CTC ein, in dem das Zählregister bei Gleichheit mit dem Vergleichsregister zurückgesetzt wird, oder wird der Zähler in der *ISR* zurückgestellt, dann wird die Periode des Zählers durch den Inhalt v des Vergleichsregisters $\mathbf{R}_{\mathsf{OCR2}}$ bestimmt. Der größtmögliche Inhalt ist 255, mit dem bei einem Prozessortakt von 16 MHz und einer Vorteilung durch 2^{10} eine Periode von $16,32$ Millisekunden erreicht wird. Der allgemeine Wert beträgt 64 Mikrosekunden.
Bei einem System wie dem vorliegenden kann man zwei Ebenen unterscheiden. Die untere Ebene hoher Priorität arbeitet unabhängig von den Prozessen. Sie besteht gewöhnlich aus *ISRs* mit geringer Latenz (amerikanisch *latency*), die also nur geringe Zeit verstreichen lassen zwischen dem den Interrupt auslösenden Signal und der Antwort darauf, um den Verlust von Information zu vermeiden. Beispielsweise gehört die Bedienung einer Hochgeschwindigkeitsschnittstelle zur Ebene hoher Priorität, man kann sie nicht einem Prozess überlassen, der periodisch 30 Millisekunden inaktiv ist. Ganz anders dagegen der *keyboard interrupt*, der von einem Knopfdruck oder Infrarotfernbedienung ausgelöst wird. Die Trägheit des menschlichen Vorgehens ist so groß, dass seine Bedienung ein Prozess übernehmen kann, zumindest ist es nicht nötig, dass der Vorgang der Prozessumschaltung unterbrochen wird. Der Tastendruck ist also ein Beispiel für die Zugehörigkeit zur oberen Ebene geringer Priorität.
Die Prozessumschaltung nimmt eine Stellung zwischen den beiden Ebenen ein. Einerseits dauert sie so lange, dass sie von Vorgängen hoher Priorität unterbrochen werden muss, andererseits muss sie Vorgänge mit geringer Priorität, also z.B. Aktivitäten der Prozesse, unterbrechen, wenn den Prozessen wenigstens ungefähr eine bestimmte Laufzeit garantiert werden soll. Ideal ist hier das Prioritätensystem, das ein

XMEGA-AVR für Interrupts bereitstellt: Die Interrupts der unteren Ebene erhalten die hohe, Interrupts der oberen Ebene die geringe und der *output compare*-Interrupt von Timer2 die mittlere Priorität.
Leider hat man bei einem gewöhnlichen MEGA-AVR wie dem hier eingesetzten **ATmega128** nur die Möglichkeit, am Anfang der OC2-*ISR* Interrupts global zuzulassen. Zwar könnten am Anfang der *ISR* alle Interrupts mit geringer Priorität lokal entfähigt und an ihrem Ende lokal befähigt werden, doch würde das bei einem größeren Programm die Dauer des Umschaltvorgangs ungebührlich verlängern und der hier noch in sich abgeschlossene (abgekapselte) Umschaltvorgang wäre in nicht immer leicht zu durchschauender Weise von einem Teil des übrigen Programms abhängig! Interrupts werden also am Anfang der OC2-*ISR* global befähigt und die Prozesse müssen so programmiert werden, dass sie den Prozessumschaltvorgang möglichst nicht unterbrechen. Es ist aber auch eine Frage der Ressourcen: Jede Unterbrechung vergrößert den Stapel, hier also einen der Prozessstapel, der während der Prozessumschaltung möglicherweise noch (oder schon wieder) mit den Werten der 32 Register belastet ist.
Die globale Interruptbefähigung am Anfang der OC2-*ISR* in Zeile *21* ist also genügend motiviert. Nachfolgend geschieht das, was in Bild 3.3 gezeigt ist, die Inhalte der 32 Register und in der Realität der Inhalt des Statusregisters werden in den Stapel des gerade unterbrochenen Prozesses $\boldsymbol{P_a}$ kopiert (Zeilen *22–29*). Als nächstes wird die Adresse ϕ der PIT von $\boldsymbol{P_a}$ in Register **Z** geladen, und zwar in Zeile *30* das (konstante) obere Byte in $\mathbf{r_{31}}$ und in der nächsten Zeile das untere $\phi^{\perp}$ in der Variablen `bPitAkt` gehaltene Byte in $\mathbf{r_{30}}$. Damit wird in den Zeilen *32–35* der Wert des Stapelzeigers in der PIT von PIT von $\boldsymbol{P_a}$ abgelegt.
Es ist jetzt die PIT des zu aktivierenden Prozesses zu bestimmen. Die 2^s PITs in **p** haben die Adressen

$$0 \quad 2^r \quad 2\times 2^r \quad 3\times 2^r \quad \cdots \quad (2^s-1)2^r,$$

wenn man nur deren untere $r+s+1$ Bits betrachtet (die oberen bleiben konstant). Ist λ eine solche Adresse, dann erhält man die nächste als $\lambda + 2^r$. Das gilt allerdings nicht für die letzte Adresse $\lambda = (2^s-1)2^r$, die bei der Addition von 2^r einen Überlauf in die $(r+s)$-te Bitposition erzeugt: $(2^s-1)2^r + 2^r = 2^{r+s}$. Für den hier vorliegenden Fall $r = 3$ und $s = 2$ erhält man folgendes:

		2^{r+s}		2^r			
		u	$\mathfrak{p}_1$	$\mathfrak{p}_0$	0	0	0

Man sieht, dass man nur das Überlaufbit u entfernen muss, um mit Addition von 2^r die PITs in **p** zyklisch zu durchlaufen:

000000
001000
010000
011000
100000
usw.

Die Bitmaske, mit der das Überlaufbit u ausgeblendet werden kann, ist natürlich

		2^{r+s}		2^r			
1	1	0	1	1	1	1	1

die man offensichtlich erhält, indem man das Einerkomplement von $2^{r+s} = \|\mathrm{PIT}\|\,\|\mathbf{p}\|$ bildet! Diese Bitmaske wird in Zeile *9* gebildet, womit verständlich wird, was in den Zeilen *36–37* geschieht: Es wird $8 = 2^r$ zu unteren Byte $\pi^{\perp}$ von π addiert (durch Subtraktion von -8) und dann der eventuell entstandene Übertrag entfernt. Register **Z** enthält jetzt die Adresse der auf PIT_a in **p** zyklisch folgenden PIT.

An der berechneten Adresse muss aber keine PIT vorhanden sein. Das wird in den Zeilen *38–42* getestet. Die ersten beiden Bytes an der berechneten Adresse werden in das Doppelregister $\mathbf{r}_{1:0}$ geladen und es wird geprüft, ob **0000** geladen wurde. Ist das der Fall, so ist keine PIT vorhanden und es wird in die Zeile *36* zurückgesprungen, um die zyklisch nächste PIT-Adresse zu bestimmen.
Wurde jedoch nicht **0000** geladen, dann enthält **Z** die Adresse der zyklisch nächsten $\mathrm{PIT}_{\boldsymbol{P}_b}$ und $\mathbf{r}_{1:0}$ den Wert des zugehörigen Stapelzeigers. Dieser wird auch in den Zeilen *43–46* in den Stapelzeiger geladen, dabei darf das Laden nicht unterbrochen werden.
Es bleibt noch, die Adresse der neuen aktiven PIT zu speichern (Zeile *47*) und die Register den jetzt aktiven Prozesses aus dem Stapel zu laden (siehe Bild 3.4 rechts). Außerdem wird zu guter Letzt noch das Zählerregister von 2Timer zurückgesetzt (Zeile *76*), damit der Prozess sein volles Zeitintervall nutzen kann.
Hier stellt sich nun die Frage, welche Rückkehradresse der Befehl `reti` in Zeile *59* dem Stapel entnimmt und wie diese Adresse in den Stapel hineinkommt. Die Antwort ist, dass beim Aufbau eines Prozesses dessen Urstapel so eingerichtet wird, dass nach dem Einsprung in das System (in der Zeile *38*) sich der korrekte Ablauf automatisch einstellt. Der Stapel eines jeden Prozesses wird vom Unterprogramm

Abbildung 3.6.: Der Urstapel eines Prozesses $\boldsymbol{P}$

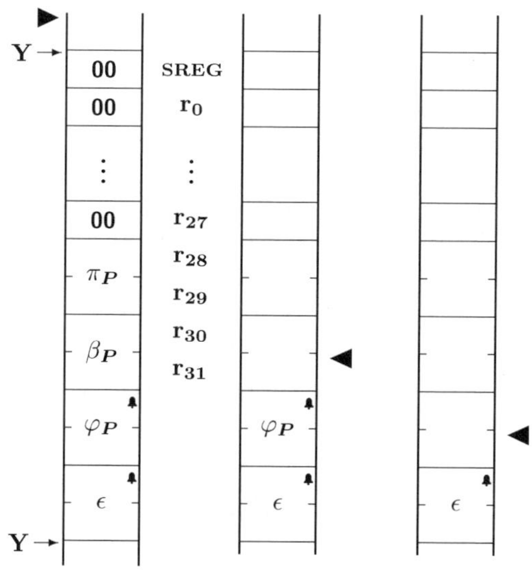

`MakeProc` eingerichtet (ab Zeile *79*), das für jeden Prozess einmal aufgerufen werden muss. Seine Aufgabe ist es auch, die PIT des Prozesses zu initialisieren. Dem Unterprogramm sind die folgenden Parameter zu übergeben:

- $\mathbf{r}_{17:16}$ Die Adresse $\beta_{\boldsymbol{P}}$ des Speicherblocks für den Stapel und lokale Variablen
- $\mathbf{r}_{19:18}$ Die Größe $b_{\boldsymbol{P}}$ des Speicherblocks
- $\mathbf{r}_{21:20}$ Die Adresse $\varphi_{\boldsymbol{P}}$ der Prozessfunktion
- $\mathbf{r}_{31:30}$ Die Adresse $\pi_{\boldsymbol{P}}$ der PIT des Prozesses ($\mathrm{PIT}_{\boldsymbol{P}}$ im PIT-Vektor **p** gelegen)

Zu Beginn wird die PIT teilweise initialisiert, und zwar wird in den Zeilen *80–81* die Adresse $\beta_{\boldsymbol{P}}$ und in den Zeilen *82–83* die Speicherblockgröße $b_{\boldsymbol{P}}$ hineingeschrieben. In den folgenden drei Zeilen wird Register **Y** mit der Adresse $\beta_{\boldsymbol{P}} + b_{\boldsymbol{P}}$ geladen, das ist die Adresse des ersten Bytes jenseits des Speicherblocks. Die Lage dieses Anfangswertes von **Y** ist in Bild 3.6 unten links zu sehen. Als erstes wird eine Adresse ϵ in

den Stapelbereich geschrieben, deren Zweck später noch erläutert wird. Jedenfalls ist ϵ für den Gebrauch der Befehle `ret` und `reti` gedacht, ihre beiden Bytes dürfen also nicht in der gewohnten Reihenfolge in den Stapel geschrieben werden sondern umgekehrt: Das untere Byte $\epsilon^{\perp}$ an die hohe (Zeilen *87–88*) und das obere Byte $\epsilon^{\top}$ an die niedrige (Zeilen *89–90*) Adresse. In Bild 3.6 sind die Speicheworte mit Rücksprungadressen mit einer Warnklingel gekennzeichnet! Als nächstes wird die Adresse $\varphi_{\boldsymbol{P}}$ der Prozessfunktion in den Stapel geschrieben. Weil sie die Rückkehradresse für den Befehl `reti` ist, wird auch sie in umgekehrter Reihenfolge geschrieben (Zeilen *91–92*). Es folgt die Adresse $\beta_{\boldsymbol{P}}$ des Speicherblocks, die natürlich keine Rücksprungadresse sein kann und in der normalen Reihenfolge in den Stapel gebracht wird (Zeilen *93–94*). Schließlich wird als letzte spezifische Adresse $\pi_{\boldsymbol{P}}$ der PIT in den Stapel geschrieben, ebenfalls in normaler Reihenfolge (Zeilen *95–96*). In der folgenden Schleife (Zeilen *97–101*) werden 29 Nullbytes in den Stapel eingefügt. Register **Y** hat danach die in Bild 3.6 links oben angezeigte Position inne. Das ist noch nicht die Position, die der Stapelzeiger einnehmen muss, wenn er beim Starten des Prozesses mit dem soeben aufgebauten Stapel arbeiten soll. Diese Position wird vielmehr durch den schwarzen Rechtspfeil darüber angegeben. Wenn also der Wert des Registers **Y** um 1 erniedrigt wird, dann enthält das Register den Startwert für den Stapelzeiger bei Prozessbeginn sein Wert kann als $\sigma_{\boldsymbol{P}}$ in die PIT geschrieben werden. Eben das geschieht in den Zeilen *102–104*. Das Unterprogramm hat damit seine Arbeit beendet.
Jetzt ist es möglich, genauer zu erklären, was während der Startphase des Systems mit dem Stapel geschieht. Der Eintritt in das System erfolgt in Zeile *38* mit der Adresse derjenigen $\mathrm{PIT}_{\boldsymbol{P}}$ in Register **Z**, mit deren Prozess ***P*** das System starten soll. Aus der PIT wird die Adresse $\sigma_{\boldsymbol{P}}$ via Register $\mathbf{r}_{1:0}$ in den Stapelzeiger geladen (Zeilen *38–46*). Bild 3.6 links zeigt jetzt also den realen Stapel, der Stapelzeiger ist mit dem schwarzen Rechtspfeil links oben markiert. Durch die 29 pop-Befehle in den Zeilen *49–55* werden das Statusregister und die Register $\mathbf{r}_0$ bis $\mathbf{r}_{27}$ mit **00** geladen. Die beiden ersten pop-Befehle in Zeile *56* laden Register **Y** mit der PIT-Adresse $\pi_{\boldsymbol{P}}$. Schließlich wird noch vom dritten pop-Befehl in Zeile *56* und dem pop-Befehl in Zeile *58* Register **Z** mit der Adresse $\beta_{\boldsymbol{P}}$ des Speicherblocks geladen. Jeder Prozess kann als beim Start mit **Y** direkt auf seine PIT und mit **Z** auf seine privaten Variablen zugreifen. Der Stapel hat jetzt den in Bild 3.6 in der Mitte gezeigten Aufbau. Man erkennt, dass der `reti`-Befehl in Zeile *59* die Adresse $\varphi_{\boldsymbol{P}}$ aus dem Stapel holt und deshalb an den Anfang der Prozessfunktion von ***P*** springt! Der Stapel sieht danach aus wie in Bild 3.6 rechts gezeigt.
Es ist jetzt auch klar, was im weiteren Leben des Prozesses mit dem Stapel geschieht. Der Einfachheit wegen sei angenommen, dass der Prozess kein Unterprogramm aufruft und keine push-Befehle ausführt. Wenn dann der Timer2 den Prozess unterbricht, weil sein Zeitintervall abgelaufen ist, wird dabei die Adresse α, an welcher sich der Prozess oder besser seine Prozessfunktion gerade aufhielt, in den Stapel geschrieben. Der Stapel wechselt also von Bild 3.6 rechts zur Mitte des Bildes, in der natürlich $\varphi_{\boldsymbol{P}}$ durch α ersetzt werden muss. Mit den push-Befehlen in den Zeilen *22–29* wechselt der Stapel dann zum linken Bildteil über, allerdings mit beliebigen Werten. Wird dann nach einiger Zeit dem Prozess erneut ein Zeitintervall zugeteilt, geht es im Bild zurück auf die rechte Seit, usw.
Es muss noch die Rolle der Adresse ϵ geklärt werden. Es ist die Adresse der Endlosschleife in Zeile *168*, die angesprungen wird, wenn der Stapel den Aufbau von Bild 3.6 rechts hat und der Prozess fälschlicherweise einen der Befehle `ret` oder `reti` ausführt. Auf diese Weise richtet der Prozess keinen Schaden an. Allerdings sollte im realen Leben das System angehalten oder zumindest eine Fehlermeldung abgesetzt werden, denn die Prozessfunktion, die über `ret` oder `reti` die Schleife anspringt enthält einen groben Fehler, der das System schon anderweitig beschädigt haben kann.
Die Initialisierung des Systems besteht hauptsächlich in der Einstellung von Timer2. Zuvor werden aber die PITs im Vektor **p** und die Variable mit dem *offset* der aktiven PIT in Zeile *16* mit **00** beschrieben (Zeilen *61–67*). Timer2 wird wie folgt eingestellt:

68–69 Das Zählerregister $\mathbf{R}_{\mathsf{TCNT2}}$ wird mit **00** geladen
70–71 Mit $\mathbf{R}_{\mathsf{OCR2}} \leftarrow$ **FF** wird der Zähler auf die längste Periode (16, 3 Millisekunden) eingestellt
72–73 Mit Register $\mathbf{R}_{\mathsf{TCCR2}}$ werden eine Vorteilung durch 1024 und der Operationsmodus CTC eingestellt
74–76 Durch das Setzen des Bits OCIE2 in Register $\mathbf{R}_{\mathsf{TIMSK}}$ wird der OC-Interrupt von Timer2 befähigt.

Der Start dess Programms erfolgt in Zeile *126* wie üblich mit der Einrichtung des Stapels, die nötig ist, da vor dem Start des Systems Unterprogramme aufgerufen werden. Danach werden die serielle Schnittstelle USART0 und das Multitasking-System initialisiert. Schließlich werden vor dem Einsprung in das System in den Zeilen *167–169* noch mit dem Unterprogramm `MakeProc` drei Prozesse aufgebaut, und zwar

140–148 Prozess A mit Funktion `ProcA` in den Zeilen *107–111* und PIT **p**[0]
149–157 Prozess B mit Funktion `ProcB` in den Zeilen *112–116* und PIT **p**[1]
158–166 Prozess C mit Funktion `ProcC` in den Zeilen *117–121* und PIT **p**[2]

PIT **p**[2] wird nicht genutzt. Die drei Funktionen sind identisch aufgebaut, sie bestehen aus einer Endlosschleife, in der die Signatur des Prozesses über die serielle Schnittstelle ausgegeben wird. Man beachte, dass der Zugriff auf die serielle Schnittstelle mit der globalen Entfähigung `cli` und der globalen Befähigung zu einer unteilbaren (atomaren) Operation gemacht wird, damit sich die Prozesse nicht gegenseitig stören können.

Das Multitasking-System ist einfach aufgebaut, aber sehr effektiv. Es lässt sich natürlich auf vielerlei Arten verbessern. Beispielsweise kann man mit einer einfachen Maßnahme die Prozesse nach ihrer Laufzeit gewichten. Dazu wird an *offset* 7 der PIT die Länge t_P des dem Prozess zugewiesenen Zeitintervalls gespeichert. Sie wird bei jeder Prozessumschaltung aus der PIT gelesen und in das Register $\mathbf{R}_{\mathsf{OCR2}}$ geschrieben.

3.2. Systemsteuerung mit Callback Chains

Das Multitasking-System aus dem vorigen Abschnitt wird mit zwei *CBC*s ergänzt, die das Verhalten des Systems, d.h. das Verhalten seiner Prozesse, steuern. Die eine *CBC* basiert auf einem periodischen, die andere auf einem sporadischen Ereignis. Beide beeinflussen unabhängig voneinander einen Prozess, sie werden aber auch kombiniert, um zwei Prozesse zu synchronisieren. Wie flexibel *CBC*s eingesetzt werden können demonstriert ein *one-shot callback* der sich nach getaner (einmaliger) Arbeit selbst aus seiner Kette entfernt.

Solche Flexibilität setzt natürlich eine entsprechende Datenstruktur voraus, doch ist eine einfach verkettete Liste vollkommen ausreichend. *CBC*s enthalten in der Regel nur wenige *CB*s, die kurze Suche nach dem Vorgänger, die zur Herausnahme eines Listenelementes bei Einfachverkettung nötig ist, kann toleriert werden. Allerdings kommt es bei einer *CBC* oft auf die Reihenfolge an, in der die *CB*s der Kette aufgerufen werden. Hier wird die Annahme gemacht, dass die *CB*s in

Abbildung 3.7.: Der Aufbau einer Callback Chain

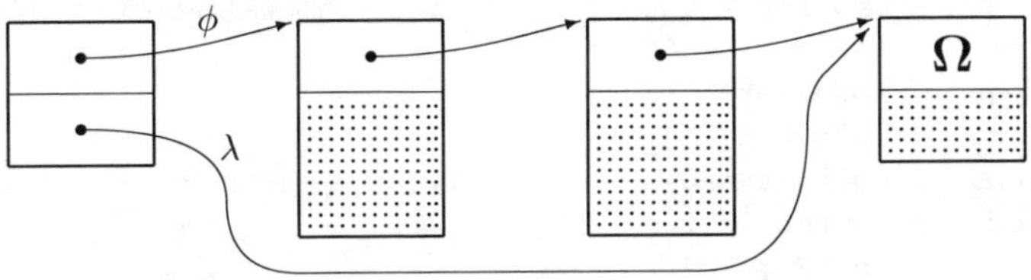

der Reihenfolge aufgerufen werden sollen, in der sie in die Kette eingefügt wurden, der Listenkopf enthält deshalb nicht nur die Adresse des ersten, sondern auch die Adresse des letzten *CB*s der Kette. Eine *CBC* ist also aufgebaut wie in Bild 3.7.

Die Prozesse und die Ereignisse (hier: Interrupts) setzen *CBC*s auf getrennte Weise ein. Das Einfügen von *CB*s in eine Kette und das Herausnehmen von *CB*s aus einer Kette wird nur von Prozessen und ihren Abgesandten, den *CB*s, ausgeübt, dagegen ist das Durchlaufen von *CBC*s den Ereignissen vorbehalten. Diese Regeln sind jedoch nicht sakrosankt, erlaubt ist, was nützt.

Das Beispielprogramm enthält drei Prozesse $\boldsymbol{P}_a$, $\boldsymbol{P}_b$ und $\boldsymbol{P}_c$. Jeder Prozess kann sich in zwei Zuständen befinden. In dem einen gibt er seine Signatur als Kleinbuchstabe, in der anderen als Großbuchstabe über eine serielle Schnittstelle aus. Umgeschaltet wird zwischen den Zuständen mit *CB*s.

Es gibt zwei Ketten: Die *CBC* $\boldsymbol{c}_{\mathsf{T0}}$ wird von einem periodisch ausgelösten *OC*-Interrupt von Timer0 durchlaufen, die *CBC* $\boldsymbol{c}_{\mathsf{T3}}$ von einem Interrupt, der sporadisch durch einen Tastendruck angestoßen wird. Der Tastendruck wird allerdings mit Timer3 simuliert, dessen Zählerregister dazu immer wieder mit einer Zufallszahl geladen wird. Ein *CB* in $\boldsymbol{c}_{\mathsf{T0}}$ lässt den Prozess $\boldsymbol{P}_a$ periodisch und ein *CB* c_3 in $\boldsymbol{c}_{\mathsf{T3}}$ den Prozess $\boldsymbol{P}_c$ sporadisch zwischen seinen beiden Zuständen wechseln. Der Prozess $\boldsymbol{P}_b$ soll seinen Zustand ebenfalls auf den Tastendruck hin wechseln, aber synchronisiert mit Prozess $\boldsymbol{P}_a$, d.h. beide Prozesse sollen ihren Zustand (nahezu) gleichzeitig wechseln. Dazu fügt *CB* c_3 einen *CB* c in $\boldsymbol{c}_{\mathsf{T0}}$ ein, der das Umschalten von Prozess $\boldsymbol{P}_b$ ausführt. Weil aber dieses Umschalten nicht periodisch ausgeführt werden soll, sondern eben nur einmal auf einen Tastendruck hin, entfernt sich c selbst aus der *CBC* $\boldsymbol{c}_{\mathsf{T0}}$, nachdem er das Umschalten eingeleitet hat.

Die Realisierung dieser noch recht einfachen Vorgänge hat doch schon zu einem längeren Programm geführt. Allerdings enthält das Programm das Multitasking-System aus dem vorigen Abschnitt, ist also nicht durch und durch neu, und es kommt hinzu, dass die Verständlichkeit des Programms durch die Arbeitstrennung zwischen Prozessen und Interrupts gefördert wird.

```
            .include "m128def.inc"
            .include "makros.avr"
            .device  ATmega128
Definition der Datenstrukturen und Hilfsgrößen
            .equ     oPitSP = 0                         σ_P
            .equ     opbPit = 2                         β_P
            .equ     onbPit = 4                         b_P
            .equ     nbPit = 8                          ||PIT|| = 2^r
            .equ     npitPit = 4                        ||p|| = 2^s
            .equ     bmPit = ~(npitPit*nbPit)           Bitmaske FF − ||PIT|| ||p|| = FF − 2^(r+s)
            .equ     nbPrcA = 100                       Speicherblockgröße für Prozess A
            .equ     nbPrcB = 100                       Speicherblockgröße für Prozess B
            .equ     nbPrcC = 100                       Speicherblockgröße für Prozess C
            .equ     oCbc1st = 0
            .equ     oCbcLst = 2
            .equ     oCbNxt = 0
            .equ     oCbFun = 2
            .equ     oCbPar = 4
            .equ     nIntTC0 = 30                       Periodenanzahl für OC-Interrupt Timer0
            .dseg
            .org     0x100                              Datenspeicherbeginn bei ATmega128
Deklaration der Datenstrukturen
vpit:       .byte    npitPit*nbPit                      Der PIT-Vektor p
bPitAkt:    .byte    1                                  φ^⊥ (φ = Adr. der aktiven PIT)
bTC0:       .byte    1                                  v_0
vbPrcA:     .byte    nbPrcA                             Privater Bereich P_a
vbPrcB:     .byte    nbPrcB                             Privater Bereich P_b
vbPrcC:     .byte    nbPrcC                             Privater Bereich P_c
Interruptvektoren: reset und output compare Timer2
            .cseg
            jmp      Start                        3     interrupt vector reset
            .org     OC2addr                            interrupt vector output compare Timer2
            jmp      OC2hdlr                      3
            .org     OC0addr                            interrupt vector output compare Timer0
            jmp      OC0hdlr                      3
            .org     OC3Aaddr                     1     interrupt vector output compare A Timer3
            jmp      OC3Ahdlr                     3
Die Initialisierung des Systems
BuildSys:   push4    r0,r16,r30,r31               4×2
            ldi      r30,LOW(vpit)                1     p und φ^⊥ löschen
            ldi      r31,HIGH(vpit)               1
            ldi      r16,npitPit*nbPit+1          1
```

```
            clr     r0                  1    
BldSys02:   st      Z+,r0               2    
            dec     r16                 1    
            brne    BldSys02            1/2  
            ldi     r16,0               1    Zählerregister löschen
            out     TCNT2,r16           1    
            ldi     r16,0xFF            1    Zeitintervalllänge t einstellen
            out     OCR2,r16            1    
            ldi     r16,0b00001101      1    Modus CTC und Vorteilen durch 2^10
            out     TCCR2,r16           1    
            in      r16,TIMSK           1    output compare-Interrupt befähigen
            ori     r16,0b10000000      1    
            out     TIMSK,r16           1    
            ldi     r16,0               1    Zählerregister löschen
            out     TCNT0,r16           1    
            ldi     r16,0xFF            1    Maximales Zeitintervall einstellen
            out     OCR0,r16            1    
            ldi     r16,0b00001111      1    CTC-Modus, Vorteilung durch 2^10
            out     TCCR0,r16           1    
            in      r16,TIMSK           1    OC-Interrupt befähigen
            ori     r16,0b00000010      1    
            out     TIMSK,r16           1    
            ldi     r16,0               1    
            sts     cbcT0+1,r16         2    Zeiger in c_T0 mit Ω initialisieren
            sts     cbcT0+3,r16         2    
            sts     cbcT3+1,r16         2    Zeiger in c_T3 mit Ω initialisieren
            sts     cbcT3+3,r16         2    
            ldi     r16,nIntTC0         1    v_0 ← 30
            sts     bTC0,r16            2    
            pop4    r31,r30,r16,r0      4×2  
            ret                         4    
```

Der Aufbau eines Prozesses

```
MakeProc:   push4   r22,r23,r28,r29     4×2  
            std     Z+opbPit,r16        2    PIT_P ← β_P
            std     Z+opbPit+1,r17      2    
            std     Z+onbPit,r18        2    PIT_P ← b_P
            std     Z+onbPit+1,r19      2    
            movw    r29:r28,r17:r16     1    Y ← β_P + b_P
            add     r28,r18             1    
            adc     r29,r19             1    
            ldi     r22,LOW(LEwig)      1    
            st      -Y,r22              2    ε^⊥
            ldi     r22,HIGH(LEwig)     1    
            st      -Y,r22              2    ε^⊤
            st      -Y,r20              2    φ_P^⊥
            st      -Y,r21              2    φ_P^⊤
```

	st	-Y,r17	2	$\beta_{\boldsymbol{P}}^{\top}$
	st	-Y,r16	2	$\beta_{\boldsymbol{P}}^{\perp}$
	st	-Y,r31	2	$\mathcal{A}(\mathrm{PIT}_{\boldsymbol{P}})^{\top}$
	st	-Y,r30	2	$\mathcal{A}(\mathrm{PIT}_{\boldsymbol{P}})^{\perp}$
	clr	r22	1	29-mal **00**
	ldi	r23,29	1	
MakPrc02:	st	-Y,r22	2	
	dec	r23	1	
	brne	MakPrc02	1/2	
	sbiw	r29:r28,1	2	$\mathbf{Y} \leftarrow \sigma_{\boldsymbol{P}}$
	std	Z+oPitSP,r28	2	$\mathrm{PIT}_{\boldsymbol{P}} \leftarrow \sigma_{\boldsymbol{P}}$
	std	Z+oPitSP+1,r29	2	
	pop4	r29,r28,r23,r22	4×2	
	ret		4	

Die *ISR* von *output compare* Timer2

OC2hdlr:	sei		1	Globale Befähigung (siehe Text 3.1)
	push4	r31,r30,r29,r28	4×2	
	push6	r27,r26,r25,r24,r23,r22	6×2	
	push6	r21,r20,r19,r18,r17,r16	6×2	
	push6	r15,r14,r13,r12,r11,r10	6×2	
	push6	r9,r8,r7,r6,r5,r4	6×2	
	push4	r3,r2,r1,r0	4×2	
	in	r0,SREG	1	
	push	r0	2	
	ldi	r31,HIGH(vpit)	1	$\mathbf{r_{31}} \leftarrow \phi^{\top}$
	lds	r30,bPitAkt	2	$\mathbf{r_{30}} \leftarrow \phi^{\perp}$
	in	r0,SPL	1	Stapelzeigertausch:
	std	Z+oPitSP,r0	2	siehe die ausführlichen
	in	r0,SPH	1	Erläuterungen im Text von 3.1
	std	Z+oPitSP+1,r0	2	
OC2a:	subi	r30,256-nbPit	1	
	andi	r30,bmPit	1	
OC2New:	ldd	r0,Z+oPitSP	2	
	ldd	r1,Z+oPitSP+1	2	
	mov	r2,r0	1	
	or	r2,r1	1	
	breq	OC2a	1/2	
	cli		1	Atomare Operation!
	out	SPL,r0	1	
	out	SPH,r1	1	
	sei		1	
	sts	bPitAkt,r30	2	$\phi^{\perp}$ merken
	pop	r0	2	Bild 3.4 rechts
	out	SREG,r0	1	
	pop4	r0,r1,r2,r3	4×2	
	pop6	r4,r5,r6,r7,r8,r9	6×2	

```
            pop6    r10,r11,r12,r13,r14,r15   6×2
            pop6    r16,r17,r18,r19,r20,r21   6×2
            pop6    r22,r23,r24,r25,r26,r27   6×2
            pop3    r28,r29,r30               3×2
            clr     r31                       1    Zählerregister zurücksetzen
            out     TCNT2,r31                 1
            pop     r31                       2
            reti                              4
            .dseg
bPrcA:      .byte   1                              z_a
bPrcB:      .byte   1                              z_b
bPrcC:      .byte   1                              z_c
            .cseg
```

Der Prozess P_a

```
ProcA:      ldi     r28,LOW(vbCb1)            1    Y ← ρ1
            ldi     r29,HIGH(vbCb1)           1
            ldi     r16,LOW(F1)               1    ρ1⟨oCbFun⟩ ← φ1
            std     Y+oCbFun,r16              2
            ldi     r16,HIGH(F1)              1
            std     Y+oCbFun+1,r16            2
            ldi     r16,'a'                   1    ρ1⟨oCbPar⟩ ← 'a'
            std     Y+oCbPar,r16              2
            movw    r17:r16,r29:r28           1    r17:16 ← ρ1
            ldi     r28,LOW(cbcT0)            1    Y ← κT0 = A(cT0)
            ldi     r29,HIGH(cbcT0)           1
            cli                               1
            call    CbcAdd                    4+   c1 in cT0 einfügen
            sei                               1
            ldi     r16,'A'                   1    z_a ← 'A'
            sts     bPrcA,r16                 2
PrcA0:      lds     r16,bPrcA                 2    Signaturbyte aus z_a lesen
            cli                               1
            rcall   PutTXD0                   3+   und ausgeben
            sei                               1
            rjmp    PrcA0                     2
            ret                               4
```

Der Prozess P_b

```
ProcB:      ldi     r16,'B'                   1    z_b ← 'B'
            sts     bPrcB,r16                 2
PrcB0:      lds     r16,bPrcB                 2    Signaturbyte aus z_b lesen
            cli                               1
            rcall   PutTXD0                   3+   und ausgeben
            sei                               1
            rjmp    PrcB0                     2
            ret                               4
```

Die Berechnung der Zufallszahl für das *OC*Register von Timer3

```
ZuZa:   push2   r0,r1,r18             2×2
        ldi     r18,0x9D              1
        mul     r12,r18               2
        movw    r11:r10,r1:r0         1
        mul     r13,r18               2
        add     r11,r1                1
        ldi     r18,0xB5              1
        mul     r12,r18               2
        add     r11,r1                1
        ldi     r18,LOW(13849)        1
        add     r10,r18               1
        ldi     r18,HIGH(13849)       1
        adc     r11,r18               1
        pop2    r18,r1,r0             2×2
        ret                           4
```

Der Prozess P_c

```
ProcC:  ldi     r16,0x31              1    Seed: r13:12 ← 3141
        mov     r13,r16               1
        ldi     r16,0x41              1
        mov     r12,r16               1
        rcall   ZuZa                  3+   Zufallszahl in r11:10
        ldi     r28,LOW(vbCb3)        1    Y ← ρ3 = vbCb3
        ldi     r29,HIGH(vbCb3)       1
        ldi     r16,LOW(F3)           1    ρ3⟨oCbFun⟩ ← φ3
        std     Y+oCbFun,r16          2
        ldi     r16,HIGH(F3)          1
        std     Y+oCbFun+1,r16        2
        movw    r17:r16,r29:r28       1    r17:16 ← ρ3
        ldi     r28,LOW(cbcT3)        1    Y ← κT3 = A(cT3)
        ldi     r29,HIGH(cbcT3)       1
        cli                           1
        call    CbcAdd                4+   c3 in cT3 einfügen
```

Die Initialisierung von Timer3

```
        ldi     r16,0                 1    Zählerregister löschen
        sts     TCNT3H,r16            2
        sts     TCNT3L,r16            2
        sts     OCR3AH,r11            2    Zufallszahl in OCRegister
        sts     OCR3AL,r10            2
        ldi     r16,0b00000000        1    CTC-Modus einstellen
        sts     TCCR3A,r16            2
        ldi     r16,0b00001011        1    Vorteilung durch 64, starten
        sts     TCCR3B,r16            2
        lds     r16,ETIMSK            2    OC-Interrupt befähigen
        ori     r16,0b00010000        1
        sts     ETIMSK,r16            2
        sei                           1
```

	ldi	r16,'C'	1	$z_v \leftarrow$ 'C'
	sts	bPrcC,r16	2	
PrcC0:	lds	r16,bPrcC	2	Signaturbyte aus z_c lesen
	cli		1	
	rcall	PutTXD0	3+	und ausgeben
	sei		1	
	rjmp	PrcC0	2	
	ret		4	
Ein *CB* wird in eine *CBC* eingefügt				
CbcAdd:	push3	r18,r30,r31	3×2	
	ldd	r31,Y+oCbcLst+1	2	$\mathbf{r_{31}} \leftarrow \kappa\langle\texttt{oCbcLst}\rangle^{\top}$
	tst	r31	1	$\kappa\langle\texttt{oCbcLst}\rangle^{\top} = \mathbf{0}$
	breq	CbcAd4	1/2	Falls ja zum Sonderfall
	ldd	r30,Y+oCbcLst	2	$\mathbf{r_{30}} \leftarrow \kappa\langle\texttt{oCbcLst}\rangle^{\perp}$
	std	Z+oCbNxt,r16	2	$\kappa\langle\texttt{oCbcLst}\rangle\langle\texttt{oCbNxt}\rangle \leftarrow \rho$
	std	Z+oCbNxt+1,r17	2	
CbcAd2:	movw	r31:r30,r17:r16	1	$\mathbf{Z} \leftarrow \rho$
	clr	r18	1	
	std	Z+oCbNxt+1,r18	2	$\rho\langle\texttt{oCbNxt}\rangle \leftarrow \Omega$
	std	Y+oCbcLst,r16	2	$\kappa\langle\texttt{oCbcLst}\rangle \leftarrow \rho$
	std	Y+oCbcLst+1,r17	2	
	pop3	r31,r30,r18	3×2	
	ret		4	
CbcAd4:	std	Y+oCbc1st,r16	2	$\kappa\langle\texttt{oCbc1st}\rangle \leftarrow \rho$
	std	Y+oCbc1st+1,r17	2	
	rjmp	CbcAd2	2	
Ein *CB* wird aus einer *CBC* entfernt				
CbcRmv:	push5	r18,r26,r27,r30,r31	5×2	
	ldd	r30,Y+oCbc1st	2	$\mathbf{Z} \leftarrow \zeta = \kappa\langle\texttt{oCbc1st}\rangle$
	ldd	r31,Y+oCbc1st+1	2	
	cp	r16,r30	1	$\zeta = \rho?$
	cpc	r17,r31	1	
	brne	CbcRv4	1/2	Falls nein: zur Suche nach ρ
	ldd	r18,Z+oCbNxt	2	$\mathbf{r_{18}} \leftarrow \rho\langle\texttt{oCbNxt}\rangle^{\perp}$
	std	Y+oCbc1st,r18	2	$\kappa\langle\texttt{oCbc1st}\rangle^{\perp} \leftarrow \rho\langle\texttt{oCbNxt}\rangle^{\perp}$
	ldd	r18,Z+oCbNxt+1	2	$\mathbf{r_{18}} \leftarrow \rho\langle\texttt{oCbNxt}\rangle^{\top}$
	std	Y+oCbc1st+1,r18	2	$\kappa\langle\texttt{oCbc1st}\rangle^{\top} \leftarrow \rho\langle\texttt{oCbNxt}\rangle^{\top}$
CbcRv0:	tst	r18	1	$\rho\langle\texttt{oCbNxt}\rangle = \Omega?$
	brne	CbcRv2	1/2	Falls ja, nächste Zeile ausführen:
	std	Y+oCbcLst+1,r18	2	$\kappa\langle\texttt{oCbcLst}\rangle \leftarrow \Omega$
CbcRv2:	pop5	r31,r30,r27,r26,r18	5×2	
	ret		4	
CbcRv4:	movw	r27:r26,r31:r30	1	$\mathbf{X} \leftarrow \zeta$
	ldd	r18,Z+oCbNxt	2	$\mathbf{Z} \leftarrow \zeta\langle\texttt{oCbNxt}\rangle$
	ldd	r31,Z+oCbNxt+1	2	
	mov	r30,r18	1	

	cp	r16,r30	1	$\zeta\langle\texttt{oCbNxt}\rangle = \rho$?
	cpc	r17,r31	1	
	brne	CbcRv4	1/2	Falls nicht zum Schleifenanfang
	ldd	r18,Z+oCbNxt	2	$\zeta\langle\texttt{oCbNxt}\rangle \leftarrow \rho\langle\texttt{oCbNxt}\rangle$
	st	X+,r18	2	Hier $\mathbf{X} \leftarrow \zeta + 1$
	ldd	r18,Z+oCbNxt+1	2	
	st	X,r18	2	
	tst	r18	1	$\rho\langle\texttt{oCbNxt}\rangle = \Omega$?
	brne	CbcRv2	1/2	Falls nicht zurück
	sbiw	r27:r26,1	2	$\mathbf{X} \leftarrow \zeta$
	std	Y+oCbcLst,r26	2	$\kappa\langle\texttt{oCbcLst}\rangle \leftarrow \zeta$
	std	Y+oCbcLst+1,r27	2	
	rjmp	CbcRv2	2	

Eine *CBC* wird durchlaufen

CbcWalk:	push2	r30,r31	2×2	
CbcWlk2:	ldd	r16,Y+oCbNxt+1	2	$\mathbf{r_{16}} \leftarrow \tau\langle\texttt{oCbNxt}\rangle^{\top}$
	tst	r16	1	$\tau\langle\texttt{oCbNxt}\rangle^{\top} = \mathbf{00}$?
	breq	CbcWlk4	1/2	Falls ja, kein *CB* mehr, zurück
	ldd	r28,Y+oCbNxt	2	$\tau \leftarrow \tau\langle\texttt{oCbNxt}\rangle$
	mov	r29,r16	1	
	push2	r28,r29	2×2	τ aufbewahren
	adiw	r29:r28,2	2	$\mathbf{Y} \leftarrow \tau + \texttt{oCbFun}$
	ld	r30,Y+	2	$\mathbf{Z} \leftarrow \varphi = \tau\langle\texttt{oCbFun}\rangle$ und
	ld	r31,Y+	2	$\mathbf{Y} \leftarrow \tau + \texttt{oCbPar}$
	icall		3+	φ aufrufen
	pop2	r29,r28	2×2	τ zurückholen
	rjmp	CbcWlk2	2	Zurück an den Schleifenanfang
CbcWlk4:	pop2	r31,r30	2×2	
	ret		4	

Die *ISR* von *output compare* Timer0

OC0hdlr:	push2	r0,r16	2×2	Inhalte von $\mathbf{r_0}$ und $\mathbf{r_{16}}$ aufbewahren
	in	r0,SREG	1	Statusbits aufbewahren
	lds	r16,bTC0	2	$\mathbf{r_{16}} \leftarrow p = v_0$
	dec	r16	1	$p \leftarrow p - 1$
	brmi	OC0hr02	1/2	Falls $p < 0$: selbst unterbrochen!
	sts	bTC0,r16	2	Neues p in v_0 zurückschreiben
	breq	OC0hr04	1/2	Bei $p = 0$ zur Durchwanderung
OC0hr02:	out	SREG,r0	1	Statusbits restaurieren
	pop2	r16,r0	2×2	$\mathbf{r_{16}}$ und $\mathbf{r_0}$ restaurieren
	reti		4	
OC0hr04:	in	r16,TIMSK	1	*OC*-Interrupt von Timer0 entfähigen
	andi	r16,0b01111111	1	
	out	TIMSK,r16	1	
	sei		1	Interrupts global befähigen!
	push4	r12,r13,r14,r15	4×2	Werte benötigter Reg. aufbewahren
	push2	r28,r29	2×2	

	ldi	r28,LOW(cbcT0)	1	$\mathbf{Y} \leftarrow \mathcal{A}(\mathbf{c}_{\mathrm{T0}})$
	ldi	r29,HIGH(cbcT0)	1	
	call	CbcWalk	4+	Der Besuch der *CBs*
	pop2	r29,r28	2×2	Register restaurieren
	pop4	r15,r14,r13,r12	4×2	
	cli		1	Interrupts global entfähigen
	in	r16,TIMSK	1	*OC*-Interrupt von Timer0 befähigen
	ori	r16,0b10000000	1	
	out	TIMSK,r16	1	
	ldi	r16,nIntTC0	1	$v_0 \leftarrow 30$
	sts	bTC0,r16	2	
	rjmp	OC0hr02	2	

Die *ISR* von *output compare* Timer3

OC3Ahdlr:	push2	r0,r16	2×2	Inhalte von $\mathbf{r}_0$ und $\mathbf{r}_{16}$ aufbewahren
	in	r0,SREG	1	Statusbits aufbewahren
	lds	r16,ETIMSK	2	*OC*-Interrupt von Timer3 entfähigen
	andi	r16,0b11101111	1	
	sts	ETIMSK,r16	2	
	in	r16,TIMSK	1	*OC*-Interrupt von Timer0 entfähigen
	andi	r16,0b01111111	1	
	out	TIMSK,r16	1	
	sei		1	Interrupts global befähigen!
	push4	r12,r13,r14,r15	4×2	Werte benötigter Reg. aufbewahren
	push2	r28,r29	2×2	
	lds	r12,OCR3AL	2	$\mathbf{r}_{13:12}$ mit Zufallszahl in $\mathbf{R}_{\mathrm{OCR3A}}$ laden
	lds	r13,OCR3AH	2	
	ldi	r28,LOW(cbcT3)	1	$\mathbf{Y} \leftarrow \mathcal{A}(\mathbf{c}_{\mathrm{T0}})$
	ldi	r29,HIGH(cbcT3)	1	
	call	CbcWalk	4+	Der Besuch der *CBs*
	pop2	r29,r28	2×2	Register restaurieren
	pop4	r15,r14,r13,r12	4×2	
	cli		1	Interrupts global entfähigen
	lds	r16,ETIMSK	2	*OC*-Interrupt von Timer3 befähigen
	ori	r16,0b00010000	1	
	sts	ETIMSK,r16	2	
	in	r16,TIMSK	1	*OC*-Interrupt von Timer0 befähigen
	ori	r16,0b10000000	1	
	out	TIMSK,r16	1	
	out	SREG,r0	1	Statusbits restaurieren
	pop2	r16,r0	2×2	$\mathbf{r}_{16}$ und $\mathbf{r}_0$ restaurieren
	reti		4	

Die Callback-Funktion F_1

F1:	ld	r16,Y	2	$\mathbf{r}_{16} \leftarrow s_a = \rho\langle\texttt{oCbPar}\rangle$
	sts	bPrcA,r16	2	$z_a \leftarrow s_a$
	cpi	r16,'a'	1	Austausch der Signaturen
	breq	F1b	1/2	

```
            ldi     r16,'a'                 1
F1a:        st      Y,r16                   2
            ret                             4
F1b:        ldi     r16,'A'                 1
            rjmp    F1a                     2
```

Die Callback-Funktion F_2

```
F2:         push    r17                     2
            lds     r16,bPrcB               2    Inhalt von z_b austauschen
            cpi     r16,'b'                 1
            breq    F2b                     1/2
            ldi     r16,'b'                 1
F2a:        sts     bPrcB,r16               2
            ld      r30,Y+                  2    Z ← κ Adresse der Kette
            ld      r31,Y+                  2
            ld      r16,Y+                  2    r17:16 ← ρ Adresse Selbst
            ld      r17,Y+                  2
            movw    r29:r28,r31:r30         1    Y ← κ
            call    CbcRmv                  4+   Selbst aus der Kette entfernen
            pop     r17                     2
            ret                             4
F2b:        ldi     r16,'B'                 1
            rjmp    F2a                     2
```

Die Callback-Funktion F_3

```
F3:         lds     r16,bPrcC               2    Inhalt von z_c austauschen
            cpi     r16,'c'                 1
            breq    F3b                     1/2
            ldi     r16,'c'                 1
F3a:        sts     bPrcC,r16               2
            push    r17                     2
            ldi     r28,LOW(vbCb2)          1    Y ← ρ2
            ldi     r29,HIGH(vbCb2)         1
            ldi     r16,LOW(F2)             1    ρ2⟨oCbFun⟩ ← φ1
            std     Y+oCbFun,r16            2
            ldi     r16,HIGH(F2)            1
            std     Y+oCbFun+1,r16          2
            ldi     r30,LOW(cbcT0)          1    Z ← κT0 = A(cT0)
            ldi     r31,HIGH(cbcT0)         1
            std     Y+oCbPar,r30            2    ρ2⟨oCbPar⟩ ← ρ2
            std     Y+oCbPar+1,r31          2
            std     Y+oCbPar+2,r28          2
            std     Y+oCbPar+3,r29          2
            movw    r17:r16,r29:r28         1    r17:16 ← ρ2
            movw    r29:r28,r31:r30         1    Y ← κT0
            cli                             1
            call    CbcAdd                  4+   c2 in cT0 einfügen
            sei                             1
```

```
            rcall   ZuZa              3+   Zufallszahl in r11:10 erzeugen
            ldi     r16,0             1
            cli                       1
            sts     TCNT3H,r16        2    Zählerregister Timer3 zurücksetzen
            sts     TCNT3L,r16        2
            sts     OCR3AH,r11        2    OC-Register Timer3 mit Zufallszahl laden
            sts     OCR3AL,r10        2
            sei                       1
            pop     r17               2
            ret                       4
F3b:        ldi     r16,'C'           1
            rjmp    F3a               2
```

Die *CBC*s $\mathbf{c}_0$ und $\mathbf{c}_1$ und die *CB*s c_1, c_2 und c_3

```
            .dseg
cbcT0:      .byte   4                      cT0
cbcT3:      .byte   4                      cT3
vbCb1:      .byte   8                      c1
vbCb2:      .byte   8                      c2
vbCb3:      .byte   8                      c3
            .cseg
```

Ausgabe eines Bytes über die serielle Schnittstelle 0

```
PutTXD0:    sbis    UCSR0A,UDRE       1/2
            rjmp    PutTXD0           2
            out     UDR0,r16          1
            ret                       4
```

Der Einsprung in das Programm

```
Start:      ldi     r16,LOW(RAMEND)   1    Stapel aufbauen
            out     SPL,r16           1
            ldi     r16,HIGH(RAMEND)  1
            out     SPH,r16           1
```

Initialisierung der seriellen Schnittstelle 0

```
            ldi     r16,0b00000000    1
            sts     UBRR0H,r16        2
            ldi     r16,8             1    57600 Bits pro Sekunde
            out     UBRR0L,r16        1
            ldi     r16,0b00000110    1
            sts     UCSR0C,r16        2
            ldi     r16,0b00001000    1
            out     UCSR0B,r16        1
```

Das System wird initialisiert

```
            sei                       1    Globale Befähigung
            rcall   BuildSys          3+
```

Prozess $\boldsymbol{P}_a$ wird aufgebaut

```
            ldi     r30,LOW(vpit)     1    Z ← A(p[0])
            ldi     r31,HIGH(vpit)    1
            ldi     r16,LOW(vbPrcA)   1    r17:16 ← β_Pa
```

```
432            ldi      r17,HIGH(vbPrcA)       1
433            ldi      r18,LOW(nbPrcA)        1    r19:18 ← b_Pa
434            ldi      r19,HIGH(nbPrcA)       1
435            ldi      r20,LOW(ProcA)         1    r21:20 ← φ_Pa
436            ldi      r21,HIGH(ProcA)        1
437            rcall    MakeProc               3+   P_a aufbauen
      Prozess P_b wird aufgebaut
438            ldi      r30,LOW(vpit+nbPit)    1    Z ← A(p[1])
439            ldi      r31,HIGH(vpit+nbPit)   1
440            ldi      r16,LOW(vbPrcB)        1    r17:16 ← β_Pb
441            ldi      r17,HIGH(vbPrcB)       1
442            ldi      r18,LOW(nbPrcB)        1    r19:18 ← b_Pb
443            ldi      r19,HIGH(nbPrcB)       1
444            ldi      r20,LOW(ProcB)         1    r21:20 ← φ_Pb
445            ldi      r21,HIGH(ProcB)        1
446            rcall    MakeProc               3+   P_b aufbauen
      Prozess P_c wird aufgebaut
447            ldi      r30,LOW(vpit+2*nbPit)  1    Z ← A(p[2])
448            ldi      r31,HIGH(vpit+2*nbPit) 1
449            ldi      r16,LOW(vbPrcC)        1    r17:16 ← β_Pc
450            ldi      r17,HIGH(vbPrcC)       1
451            ldi      r18,LOW(nbPrcC)        1    r19:18 ← b_Pc
452            ldi      r19,HIGH(nbPrcC)       1
453            ldi      r20,LOW(ProcC)         1    r21:20 ← φ_Pc
454            ldi      r21,HIGH(ProcC)        1
455            rcall    MakeProc               3+   P_c aufbauen
      Der Beginn des Multitasking
456            ldi      r30,LOW(vpit)          1
457            ldi      r31,HIGH(vpit)         1
458            jmp      OC2New                 3
      Ein Vordergrundprogramm als Sicherheitsnetz
459   LEwig:   rjmp     LEwig                  2
```

Nur die ersten beiden Felder der Datenstruktur *CB* liegen fest, weitere Felder, soweit es sie gibt, liegen im Ermessen jeder einzelnen *CB*. Eine *CDC* wird als Datenstruktur von ihrem Listenkopf repräsentiert.

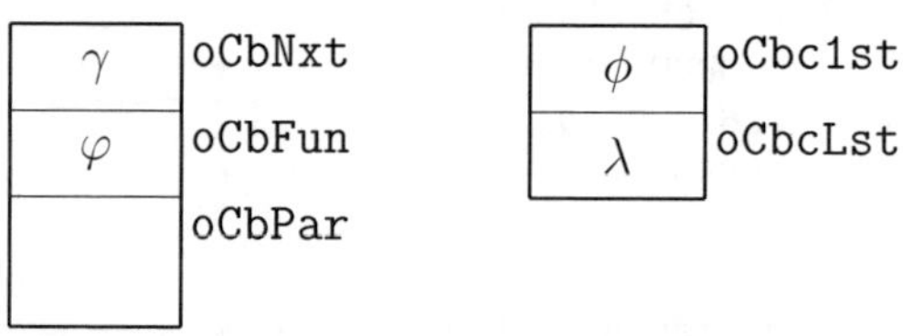

Die Definitionen der *offsets* `oCbNxt` usw. sind in den Zeilen *13–17* zu finden. Das Feld mit *offset* `oCbNxt` dient zur Verkettung der *CB*s, es enthält die Adresse γ des nächsten *CB*s der Kette. Der Anfang der Kette, d.h. die Adresse ϕ des ersten *CB*s der Kette, wird im Listenkopf bei *offset* `oCbc1st` festgehalten, die Adresse λ des letzten *CB*s der Kette bei *offset* `oCbcLst`. Die Adresse φ bei *offset* `oCbFun` eines *CB*

ist die Adresse der Funktion oder des Unterprogramms, das vom *CB* aufgerufen werden soll. Ab *offset* `oCbPar` sind die objektspezifischen Daten zu finden, die beim Aufruf der Funktion als Parameter dienen. Es ist noch festzulegen, wie das Ende der Kette angezeigt werden soll. Dazu wird gerne die Adresse **0000** gewählt, doch diese erfordert bei einem 8-Bit-Prozessor einen 16-Bit-Vergleich (oder ein Substitut). Werden die kleinen Datenspeicher der Prozessoren der **ATmega**-Klasse vorausgesetzt, dann bietet es sich

Abbildung 3.8.: Einfügen in eine leere *CBC*

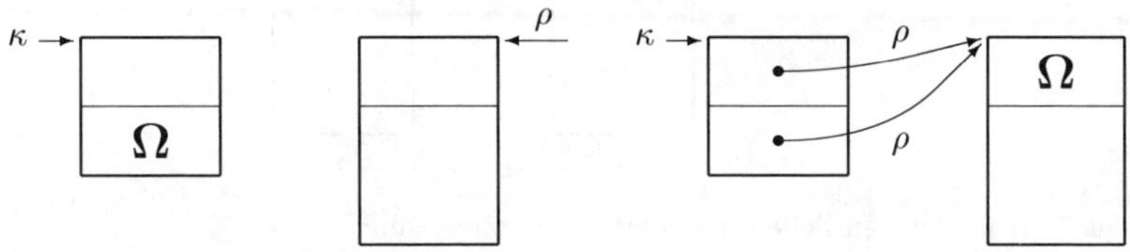

an, eine Adresse der Gestalt $\Omega = 1**\cdots*$ zu verwenden, mit $* \in \{0,1\}$, also beispielsweise $\Omega =$ **8000**. Es ist dann nur das Vorzeichenbit $\alpha^\top$ einer Adresse zu testen, um festzustellen, ob Ω (genauer gesagt eines der vielen Ω) vorliegt. Bei Prozessoren wie **ATmega128** oder **ATxmega128** mit externem Speicher können aber 16-Bit-Adressen mit gesetztem höchsten Bit existieren. Abhilfe schafft hier die Tatsache, dass bei allen neueren AVR-Prozessoren **00XY** keine echte RAM-Adresse mehr ist, also niemals als die Adresse eines *CB* vorkommen kann. Wird also $\Omega =$ **00XY** gesetzt mit irgendwelchen Hexadezimalziffern **X** und **Y**, dann muss für eine Adresse α nur $\alpha^\top =$ **00** geprüft werden, um festzustellen, ob $\alpha = \Omega$ gilt.
Ein *CB* `c` wird mit dem Unterprogramm `CbcAdd` (ab Zeile *224*) in eine *CBC* **c** eingefügt. Weil *CB*s am Ende der Kette eingefügt werden, werden sie stets in der Reihenfolge durchlaufen, in der sie eingefügt wurden. Dem Unterprogramm sind folgende Parameter zu übergeben:

- Die Adresse κ des Listenkopfes von **c** in Register **Y**
- Die Adresse ρ von `c` in Doppelregister $\mathbf{r_{17:16}}$

Das Unterprogramm behandelt den Fall des Einfügens in eine leere Kette gesondert. Das ließe zwar sich mit einem Trick umgehen, es ist jedoch möglich, dass der Sonderfall in der Praxis auch wirklich als solcher

Abbildung 3.9.: Vor dem Einfügen in eine nicht leere *CBC*

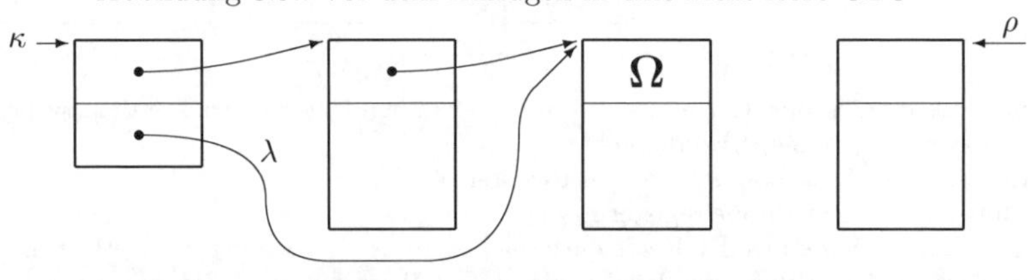

behandelt werden muss, wenn beispielsweise beim ersten Einfügen ein Interrupt befähigt werden muss. Ob der Sonderfall vorliegt, wird in den Zeilen *225–226* getestet, und zwar wird $\mathbf{r_{31}}$ mit dem oberen Byte von $\kappa\langle$`oCbcLst`$\rangle$ geladen, das dann mit dem `tst`-Befehl auf den Wert **00** getestet wird. Gilt $\kappa\langle$`oCbcLst`$\rangle^\top =$ **00**, dann wird zur Behandlung des Sonderfalles in die Zeile *238* verzweigt.
Der Vorgang des Einfügens in eine leere Kette wird in Bild 3.8 gezeigt. Auf der linken Seite erkennt man den Kopf einer leeren Kette mit dem einzufügenden *CB*, auf der rechten Seite ist die Kette nach dem Einfügen zu sehen. Danach sind die folgenden Zuweisungen auszuführen:

$$\kappa\langle\texttt{oCbc1st}\rangle \leftarrow \rho \qquad \kappa\langle\texttt{oCbcLst}\rangle \leftarrow \rho \qquad \rho\langle\texttt{oCbNxt}\rangle \leftarrow \Omega \tag{3.1}$$

Die erste Zuweisung geschieht in den Zeilen *238–239*. Weil die zweite und die dritte Zuweisung auch im allgemeinen Fall durchgeführt werden muss, wird in die Zeile *231* zurückgesprungen. Dort wird Register

Z mit ρ und dann $\mathbf{r_{18}}$ mit **00** geladen, in Zeile *233* wird also gerade die dritte Zuweisung realisiert. Es wird nur das obere Byte zugewiesen, denn das untere Byte $\rho\langle\texttt{oCbNxt}\rangle^{\perp}$ kann jeden beliebigen Wert haben.

Abbildung 3.10.: Nach dem Einfügen in eine nicht leere *CBC*

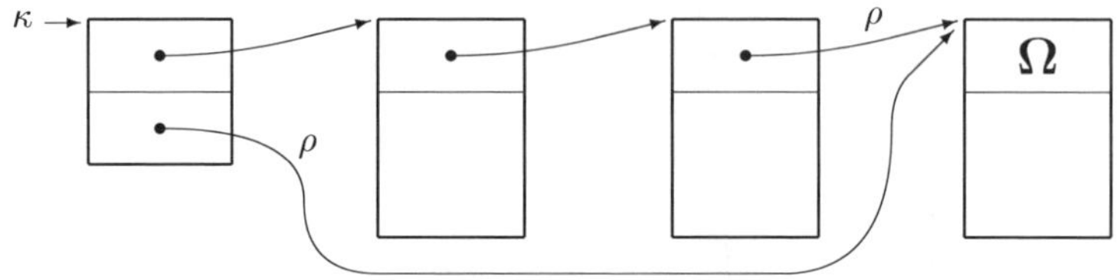

Es folgt in den beiden nächsten Zeilen die zweite obige Zuweisung.
Es wird jetzt der allgemeine Fall des Einfügens in eine nicht leere Kette behandelt. Bild 3.9 zeigt die Situation vor und Bild 3.10 nach dem Einfügen. Man liest die folgenden Operationen ab:

$$\kappa\langle\texttt{oCbcLst}\rangle\langle\texttt{oCbNxt}\rangle \leftarrow \rho \qquad \kappa\langle\texttt{oCbcLst}\rangle \leftarrow \rho \qquad \rho\langle\texttt{oCbNxt}\rangle \leftarrow \Omega \tag{3.2}$$

Nach dem Test für den Sonderfall wird in Zeile *228* Register $\mathbf{r_{30}}$ mit dem unteren Byte von $\kappa\langle\texttt{oCbcLst}\rangle$ geladen, weshalb in den Zeilen *229–230* die erste der obigen Operationen ausgeführt wird. Die beiden folgenden Operationen entsprechen denen im Sonderfall.
Löschvorgänge mit Datenstrukturen sind oftmals kompliziert und variantenreich, das gilt auch für das

Abbildung 3.11.: Vor dem Entfernen des ersten Elementes einer *CBC*

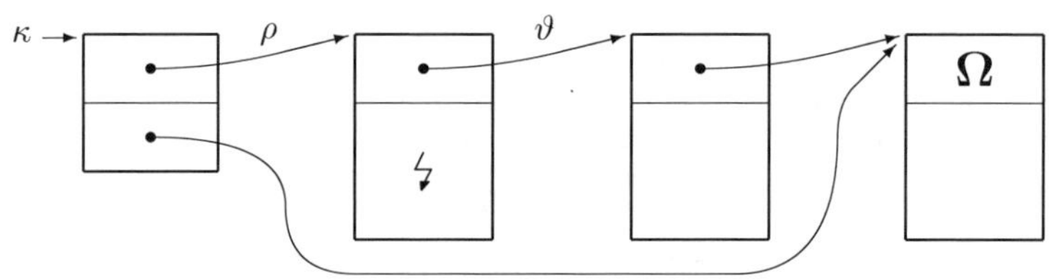

Auslösen eines *CB*s c aus seiner Kette **c**. Das dafür zuständige Unterprogramm `CbcRmv` beginnt in Zeile *241*, ihm sind folgende Parameter zu übergeben:

- Die Adresse κ des Listenkopfes von **c** in Register **Y**
- Die Adresse ρ von c in Doppelregister $\mathbf{r_{17:16}}$

Besonders einfach lässt sich c aus der Kette entfernen, wenn es am Anfang der Kette steht. In Bild 3.11 ist diese Situation wiedergegeben, der herauszulösende *CB* ist mit dem Zeichen ↯ markiert. Bild 3.12

Abbildung 3.12.: Nach dem Entfernen des ersten Elementes einer *CBC*

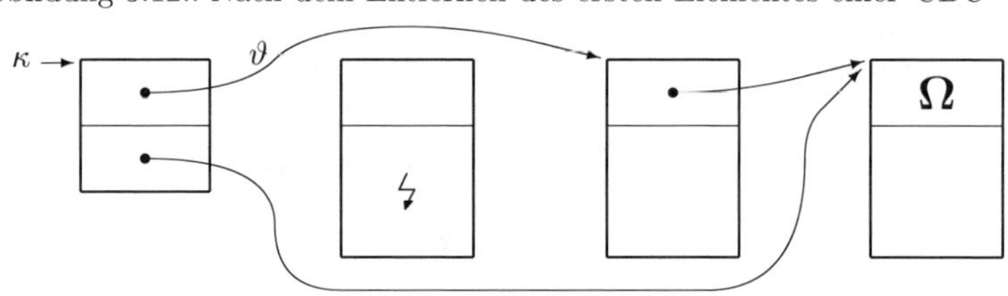

zeigt diese Kette nach dem Entfernen von c. Der Vergleich der beiden Bilder lässt unmittelbar erkennen, welche einfache Operation dazu führt, den *callback* c aus seiner Kette herauszunehmen:

$$\kappa\langle\texttt{oCbc1st}\rangle \leftarrow \rho\langle\texttt{oCbNxt}\rangle \tag{3.3}$$

Allerdings ist diese Operation etwas zu einfach. Es wird nämlich vorausgesetzt (und die Bilder suggerieren das), dass c nicht der einzige *CB* der Kette ist! Dann, aber auch nur dann, ist $\kappa\langle\texttt{oCbcLst}\rangle$ nicht an der

Abbildung 3.13.: Das einzige Element einer *CBC* entfernen

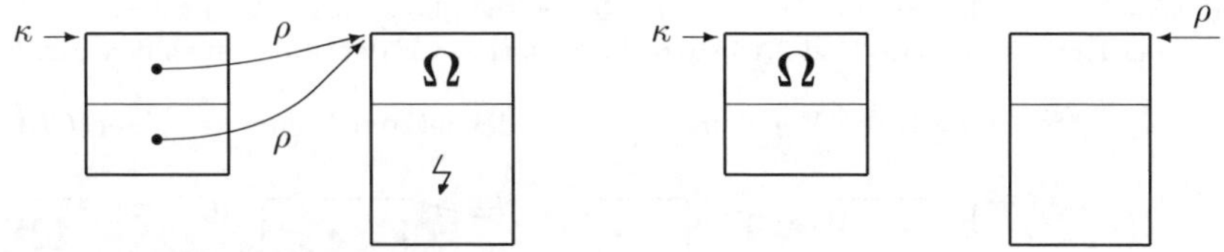

Auslösung von c beteiligt. In Bild 3.13 ist eine einelementige Kette vor und nach der Herausnahme ihres einen Elementes dargestellt, an ihm ist abzulesen, welche zusätzliche Operation bei einer einelementigen Kette nötig ist:

$$\kappa\langle\texttt{oCbcLst}\rangle \leftarrow \Omega \tag{3.4}$$

Es sei nun angenommen, dass c im Inneren seiner Kette liegt. Bild 3.14 illustriert diese Situation. Auch hier ist c mit ϟ gekennzeichnet, kann aber ebenso über seine Adresse ρ identifiziert werden. Bild 3.15 zeigt die

Abbildung 3.14.: Vor dem Enfernen aus dem Inneren einer *CBC*

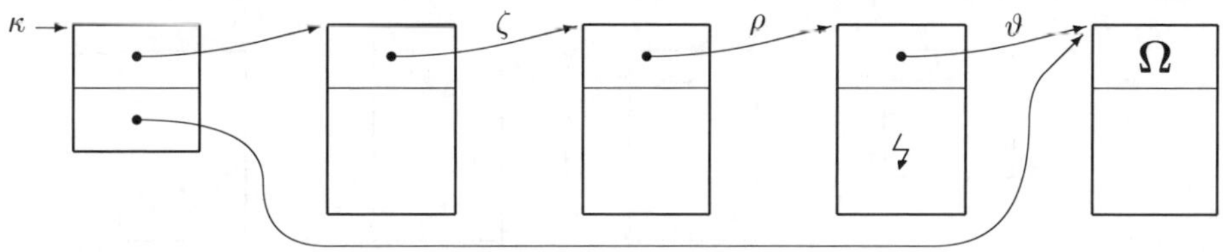

Kette nach der Herausnahme von c. Der Vergleich beider Bilder gibt hier aber keinen direkten Hinweis, wie c herausgelöst werden könnte. Man sieht zwar, dass c mit der Operation $\zeta\langle\texttt{oCbNxt}\rangle \leftarrow \rho\langle\texttt{oCbNxt}\rangle$ herausgenommen werden könnte, wie kommt man jedoch an die Adresse ζ des Vorgängers von c in der

Abbildung 3.15.: Nach dem Enfernen aus dem Inneren einer *CBC*

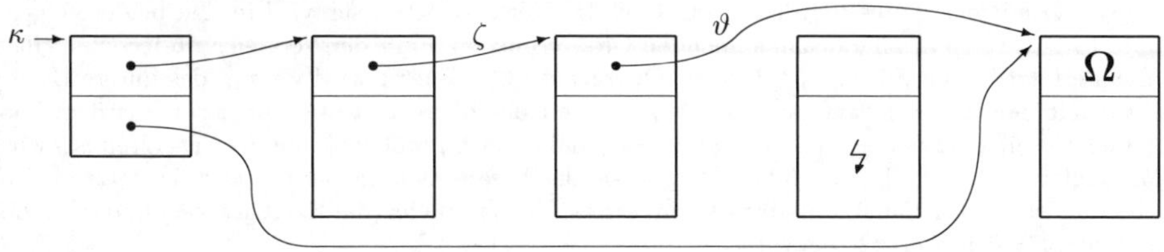

Kette? Falls man diese nicht anderweitig abgelegt hat, gibt es mangels einer Doppelverkettung nur eine Wahl: Man hat zu suchen! Diese Suche ist natürlich ganz unabhängig von den Dateninhalten der *CB*s, denn es wird nach einem *CB* mit einer bestimmten Adresse ρ gesucht. Durchgeführt wird die Suche mit einer Adressenvariablen ζ, welche die Adressen der Elemente der Kette in einer Schleife solange durchläuft, bis ρ gefunden ist:

$$\zeta \leftarrow \kappa\langle\texttt{oCbc1st}\rangle; \qquad \textbf{while } \zeta\langle\texttt{oCbNxt}\rangle \neq \rho \textbf{ do } \zeta \leftarrow \zeta\langle\texttt{oCbNxt}\rangle \textbf{ end} \tag{3.5}$$

Danach lässt sich c, wie eben schon angedeutet, leicht entfernen, denn die Adresse ζ seines Vorgängers in der Kette ist jetzt bekannt:

$$\zeta\langle\texttt{oCbNxt}\rangle \leftarrow \rho\langle\texttt{oCbNxt}\rangle \tag{3.6}$$

Allerdings gibt es auch hier einen Sonderfall. Genau wie oben muss beachtet werden, dass c das letzte Element der Kette sein kann. Bild 3.16 stellt die Situation vor dem Herausnehmen dar. Es ist klar, dass

Abbildung 3.16.: Vor dem Entfernen des letzten Elementes einer *CBC*

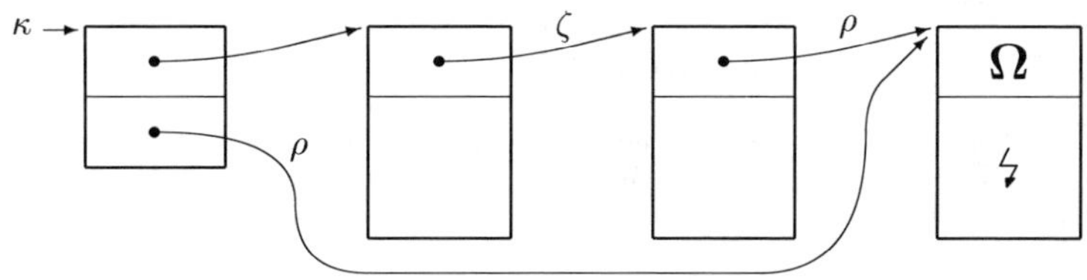

die Adresse des letzten Elementes der Kette in $\kappa\langle\texttt{oCbcLst}\rangle$ angepasst werden muss, denn das letzte *CB* der Kette ist soeben entfernt worden. Die Kette nimmt nach der Anpassung von $\kappa\langle\texttt{oCbcLst}\rangle$ die in Bild 3.17

Abbildung 3.17.: Nach dem Entfernen des letzten Elementes einer *CBC*

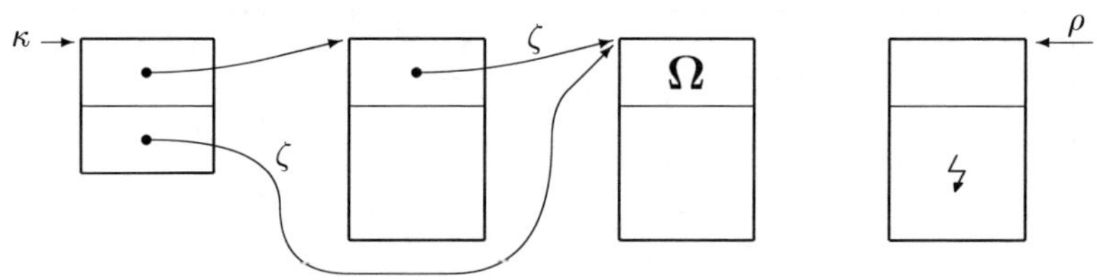

gezeigte Gestalt an. Die Anpassung besteht natürlich aus der folgenden einfachen Zuweisung:

$$\kappa\langle\texttt{oCbcLst}\rangle \leftarrow \zeta \tag{3.7}$$

Nach diesen Erörterungen wird das Unterprogramm CbcRmv leicht verständlich. In den Zeilen *242–243* wird Register **Z** mit der Adresse ζ des ersten *CB*s der Kette geladen, sie wird in den beiden folgenden Zeilen mit der Adresse ρ des herauszunehmenden *CB*s verglichen. Fällt der Vergleich positiv aus, gilt also $\zeta = \rho$, dann erfolgt in den Zeilen *247–250* die Operation (3.3): Zuerst wird via $\mathbf{r_{18}}$ das untere Byte von $\kappa\langle\texttt{oCbc1st}\rangle$ mit dem unteren Byte von $\rho\langle\texttt{oCbNxt}\rangle$, dann das obere Byte $\kappa\langle\texttt{oCbc1st}\rangle^{\top}$ mit dem oberen Byte $\rho\langle\texttt{oCbNxt}\rangle^{\top}$ überschrieben, ebenfalls über $\mathbf{r_{18}}$. Weil danach $\rho\langle\texttt{oCbNxt}\rangle^{\top}$ in $\mathbf{r_{18}}$ enthalten ist, wird in Zeile *251* folglich getestet, ob $\rho\langle\texttt{oCbNxt}\rangle = \Omega$ gilt, ob das herausgenommene *CB* also das letzte Element der Kette war. Ist das der Fall, dann gibt es kein letztes Element mehr (die Kette ist leer) und $\kappa\langle\texttt{oCbcLst}\rangle$ erhält in Zeile *253* den Wert Ω zugewiesen.

Wird in Zeile *246* festgestellt, dass $\zeta \neq \rho$ gilt, muss ab Zeile *256* in einer Schleife nach ρ gesucht werden. In der Schleife ist ζ in **X** und $\zeta\langle\texttt{oCbNxt}\rangle$ in **Z** enthalten. Folglich erfolgt in Zeile *256* die Zuweisung $\mathbf{X} \leftarrow \zeta\langle\texttt{oCbNxt}\rangle$, d.h. $\zeta \leftarrow \zeta\langle\texttt{oCbNxt}\rangle$, vom ersten Durchlauf natürlich abgesehen, in dem die Zuweisung $\mathbf{X} \leftarrow \zeta$ ausgeführt wird. In den Zeilen *257–259* wird dann **Z** mit dem neuen $\zeta\langle\texttt{oCbNxt}\rangle$ geladen. Das entspricht

(3.5). Es schließt sich jetzt in den Zeilen *260–261* der Vergleich von $\zeta\langle$`oCbNxt`$\rangle$ in **Z** mit ρ in $\mathbf{r_{17:16}}$ an. Sind beide nicht gleich, wird zu einem neuen Durchlauf an den Anfang der Schleife zurückgesprungen. Andernfalls wird in den Zeilen *263–266* die Operation $\zeta\langle$`oCbNxt`$\rangle \leftarrow \rho\langle$`oCbNxt`$\rangle$ ausgeführt, denn nach dem Durchlauf der Schleife ist ρ in **Z** enthalten! Das entspricht (3.6). Nun muss noch geprüft werden, ob das letzte Element der Kette entfernt wurde. Weil in Zeile *267* Register $\mathbf{r_{18}}$ den Wert $\rho\langle$`oCbNxt`$\rangle^\top$ enthält, wird dort geprüft, ob $\rho\langle$`oCbNxt`$\rangle = \Omega$ gilt! Ist das der Fall, dann muss noch (3.7), also $\kappa\langle$`oCbcLst`$\rangle \leftarrow \zeta$ ausgeführt werden. Das geschieht in den Zeilen *270–271*, doch muss zuvor Register **X** noch dekrementiert werden, da es wegen Zeile *264* nicht ζ, sondern $\zeta + 1$ enthält.

Das Unterprogramm `CbcWalk` wird von der *ISR* des Interrupts, dem eine *CBC* **c** zugordnet ist, dazu benutzt, die *CBC* zu durchlaufen und die darin enthaltenen *CB*s aufzurufen. Da es nur unter ganz bestimmten Umständen von ganz bestimmten Programmstellen her aufgerufen wird, gelten auch für die Register spezielle Regeln:

- Das Unterprogramm verändert die Inhalte von $\mathbf{r_{16}}$ und **Y**, da es annimmt, dass diese schon von der rufenden *ISR* erhalten werden.
- Eine gerufene *CB* kann die Register $\mathbf{r_{16}}$, **Y** und **Z** einsetzen, ohne deren Inhalte über den Aufruf hinweg erhalten zu müssen.

Dem Unterprogramm sind die folgenden Parameter sind zu übergeben:

- Die Adresse κ des Listenkopfes von **c** in Register **Y**
- Ereignisdaten vom Interrupt in den Doppelregistern $\mathbf{r_{13:12}}$ und $\mathbf{r_{15:14}}$

Ein Beispiel für den Gebrauch der Ereignisdaten wird noch gegeben.

Das Unterprogramm, das in Zeile *273* beginnt, besteht aus einer einfachen Schleife, in der die *CB*s der *CBC* aufgerufen werden. Am Beginn jedes Schleifendurchlaufes enthält Register **Y** die Adresse τ des **vorigen** *CB*s. Als erstes wird geprüft, ob das Ende der Kette erreicht ist. Dazu wird in Zeile *274* Register $\mathbf{r_{16}}$ mit $\tau\langle$`oCbNxt`$\rangle^\top$ geladen und dann geprüft, ob **00** geladen wurde. Ist das der Fall, gibt es keinen weiteren *CB* und das Unterprogramm kehrt in das rufende Programm zurück. Andernfalls wird in den Zeilen *277–278* die Adresse τ in Register **Y** durch die Adresse $\tau\langle$`oCbNxt`$\rangle$ des nächsten *CB*s ersetzt. Diese Adresse wird beim nächsten Schleifendurchgang noch benötigt und daher über den Aufruf des *CB*s hinweg im Stapel aufbewahrt (Zeilen *279–280* und Zeilen *284–285*). Um die Funktion des *CB*s aufzurufen muss für den Befehl `icall` ihre Adresse $\varphi = \tau\langle$`oCbFun`$\rangle$ in Register **Z** geladen werden. Die Funktion erwartet, dass beim Aufruf Register **Z** die Adresse $\tau +$ `oCbPar` enthält. Diese Bedingung ist nach dem Laden von **Z** mit φ in den Zeilen *280–282* erfüllt. Nach dem Aufruf des *CB*s wird in Zeile *285* dann an den Schleifenanfang zurückgesprungen.

Beim ersten Betreten der Schleife in Zeile *274* enthält **Y** allerdings nicht die Adresse des vorigen *CB*s, sondern die Adresse des Listenkopfes der *CBC*, wegen `oCbc1st` = `oCbNxt` wird aber dennoch das obere Byte der Adresse des nächsten *CB*s gelesen (eine simple Art von Polymorphie).

Wie oben schon angekündigt enthält das System zwei *CBC*s, die im Text mit $\mathbf{c}_{\mathrm{T0}}$ und $\mathbf{c}_{\mathrm{T3}}$ bezeichnet werden und im Programm in den Zeilen *405–406* zu finden sind.

$\mathbf{c}_{\mathrm{T0}}$ soll periodisch durchlaufen werden, und zwar mit einer Periode von 500 Millisekunden. Die Kette wird dazu dem *OC*-Interrupt von Timer0 zugeordnet. Der 8-Bit-Zähler kann eine Periode dieser Größe jedoch nicht direkt erzeugen, die maximale Periode mit größter Vorteilung ist 16, 32 Millisekunden (bei einer Taktfrequenz von 16MHz). Daraus folgt, dass die *ISR* des Interrupts 30 maximale Perioden zählen muss, und diesem Zweck dient die Bytevariable v_0 in Zeile *23*. Sie wird mit 30 initialisiert und in der *ISR* heruntergezählt.

Die *ISR* beginnt in Zeile *288* damit, die Inhalte der Register $\mathbf{r_0}$ und $\mathbf{r_{16}}$ in den Stapel zu bringen und die Statusbits in $\mathbf{r_0}$ aufzubewahren. Diese Maßnahmen werden beim Verlassen der *ISR* in den Zeilen *295–296* rückgängig gemacht. In den Zeilen *290–291* wird der Inhalt p der Variablen `bTC0` in Register $\mathbf{r_{16}}$ geladen und dann dekrementiert. Ergibt sich dabei der Wert **00**, dann sind 30 Perioden vergangen und $\mathbf{c}_{\mathrm{T0}}$ ist zu durchlaufen. Wenn also die Subtraktion in Zeile *291* ein negatives Ergebnis hat, wenn also von $p =$ **00** subtrahiert wurde, dann hat sich die *ISR* selbst unterbrochen! Das ließe sich natürlich durch Entfähigung des *OC*-Interrupts von Timer0 verhindern, doch ist es bei einer Periodenlänge von etwa 16

Millisekunden sehr unwahrscheinlich, dass eine Selbstunterbrechung erfolgt. Der Interrupt wird deshalb mit dem bedingten Sprung in Zeile *292* einfach ignoriert. Hat die Subtraktion dagegen kein negatives Ergebnis gebracht, dann wird der neue Wert p in Zeile *293* in die Variable zurückgeschrieben. Hat die Subtraktion eine positive Zahl erbracht, dann kann die *ISR* direkt verlassen werden, andernfalls wird in Zeile *298* mit der Durchwanderung von $\boldsymbol{c}_{\mathrm{T0}}$ begonnen.
Damit die *ISR* während der Durchwanderung nicht von einem Prozesswechsel unterbrochen werden kann, wird der *OC*-Interrupt von Timer2 in den Zeilen *298–300* entfähigt. Danach werden Interrupts global befähigt, weil die Durchwanderung einige Zeit in Anspruch nehmen kann. Das verlangt von den Funktionen der besuchten *CB*s allerdings eine gewisse Disziplin. Es geht weiter mit den Vorbereitungen zum Aufruf der *CB*s. Bei $\boldsymbol{c}_{\mathrm{T0}}$ sind keine Parameter in $\mathbf{r}_{13:12}$ und $\mathbf{r}_{15:14}$ zu übergeben, doch müssen die Inhalte der Doppelregister natürlich erhalten werden (Zeile *302*). Die Adresse von $\boldsymbol{c}_{\mathrm{T0}}$ (d.h. die des Kettenkopfes) ist in **Y** zu übergeben, folglich muss auch der Inhalt von Register **Y** aufbewahrt werden, bevor es mit der Adresse `cbcT0` geladen wird und `CbcWalk` in Zeile *306* zur Durchwanderung aufgerufen wird. Nach der Durchwanderung werden Interrupts global entfähigt, damit die *ISR* zum Abschluss gebracht werden kann. Dazu gehört, den *OC*-Interrupt von Timer2 zu befähigen (Zeilen *310–312*), damit wieder Prozesswechsel stattfinden können, aber auch die Initialisierung der Variablen `bTC0` mit $p = 30$ (Zeilen *313–314*).
Die Kette $\boldsymbol{c}_{\mathrm{T3}}$ soll sporadisch durchlaufen werden, wie von einem Tastendruck abhängig. Realisiert wird diese Forderung mit Timer3, dessen *OC*-Register $\mathbf{R}_{\mathrm{OCR3A}}$ immer wieder mit einer neuen Zufallszahl geladen wird. $\boldsymbol{c}_{\mathrm{T3}}$ wird also dem *OC*-Interrupt von Timer3 zugeordnet. Dessen *ISR* ist natürlich ähnlich aufgebaut wie die *ISR* des *OC*-Interrupt von Timer0. Weil hier aber nicht so einfach festgestellt werden kann, ob die *ISR* sich selbst unterbricht, wird der *OC*-Interrupt von Timer3 in den Zeilen *318–320* explizit entfähigt und in den Zeilen *335–337* wieder befähigt. Es gibt noch einen Unterschied: Das Doppelregister $\mathbf{r}_{13:12}$ wird mit der Zufallszahl im *OC*-Register $\mathbf{R}_{\mathrm{OCR3A}}$ geladen, die so den aufgerufenen *CB*s zur Verfügung steht (Zeilen *327–328*), ohne dass diese wissen müssten, welchen Urssprung die Zahl hat.
Die drei Prozesse haben den gleichen Aufbau. Sie bestehen aus einer Schleife, in der sie ihre Signatur über die serielle Schnittstelle USART0 ausgeben. Die Signatur wird in einer Bytevariable gespeichert, `bPrcA` mit dem Anfangswert `'A'` für den Prozess $\boldsymbol{P}_a$, `bPrcB` mit `'B'` für $\boldsymbol{P}_b$ und `bPrcC` mit `'B'` für $\boldsymbol{P}_c$ (deklariert in den Zeilen *138–140*). Wenn ein Prozess einen Großbuchstaben als Signatur ausgibt, so soll er sich im Zustand X befinden. Es soll für jeden Prozess noch einen weiteren Zustand x geben, in dem der Prozess seine Signatur als Kleinbuchstabe ausgibt. Zustandswechsel werden allerdings nicht von den Prozessen selbst ausgeführt, sondern von *CB*s, welche die Buchstaben in den Variablen `bPrcA` bis `bPrcC` austauschen.
Der Prozess $\boldsymbol{P}_b$ hat den einfachsten Aufbau, er besteht praktisch nur aus der erwähnten Schleife, die er betritt, nachdem er seine Zustandsvariable z_b in den Zeilen *164–165* mit der Signatur `'B'` geladen hat. In ihr wird das Signaturbyte gelesen (Zeile *166*) und ausgegeben (Zeilen *167–168*). Die Ausgabe muss allerdings gegen einen Prozesswechsel geschützt werden, weil sonst die Ausgabe eines Zeichens nicht mehr eindeutig einem Aktivitätsintervall eines Prozesses zugeordnet werden kann (bei Ausgabe von lesbarem Text können die Texte durcheinandergebracht werden). Die zum Schutz vorgenommene grobe globale Ent- und Befähigung kann durch die feinere Ent- und Befähigung des *OC*-Interrupts von Timer2 ersetzt werden.
Um seinen Zustand periodisch von A nach a und wieder nach A zu ändern reiht Prozess $\boldsymbol{P}_a$ einen *CB* c_1 in die *CBC* $\boldsymbol{c}_{\mathrm{T0}}$ ein. Er verwendet dazu den Speicherblock in Zeile *407*, dessen Adresse $\rho_1 =$ `vbCb1` in den Zeilen *142–143* in Register **Y** geladen wird. Die Callback-Funktion von c_1 ist die Funktion `F1` von Zeile *344*, ihre Adresse φ_1 wird in den Zeilen *144–147* in das Feld $\rho_1\langle$`oCbFun`$\rangle$ von c_1 geschrieben. Schließlich wird in den Zeilen *148–149* das erste Byte des Parameterfeldes von c_1 mit der Signatur `'a'` geladen. Danach werden die beteiligten Register für den Aufruf von `CbcAdd` präpariert: $\mathbf{r}_{17:16}$ wird mit ρ_1 und **Y** mit der Adresse κ_{T0} der Kette $\boldsymbol{c}_{\mathrm{T0}}$ geladen (Zeilen *150–152*). Der Aufruf von `CbcAdd` in Zeile *154* wird mit globaler Ent- und Befähigung gegen alle Interrupts geschützt. Der restliche Teil der Prozessfunktion von $\boldsymbol{P}_a$ ist genauso aufgebaut wie die Prozessfunktion von $\boldsymbol{P}_b$.
Die Callback-Funktion `F1` von c_1 (ab Zeile *344*) ist einfach aufgebaut. Sie liest das erste Byte ihres Para-

meterfeldes, dessen Adresse ρ ihr in Register $\mathbf{Y}$ übergeben wurde, d.h. die nächste Signatur s_a, in Register $\mathbf{r_{16}}$ ein, schreibt es in die Signaturvariable `bPrcA` von Prozess $\boldsymbol{P}_a$, tauscht ein `'a'` gegen ein `'A'` oder ein `'A'` gegen ein `'a'` aus und schreibt das Ergebnis in das Parameterbyte zurück.
Der Prozess $\boldsymbol{P}_c$ verwendet Zufallszahlen, die mit dem simplen 16-Bit-Zufallszahlengenerator

$$x \leftarrow (\mathbf{B59D}x + 13849) \bmod 2^{16} \tag{3.8}$$

berechnet werden. Er ist als Unterprogramm `ZuZa` in den Zeilen *172–186* realisiert. Setzt man $x = x_1 2^8 + x_0$, mit $x_i \in \{0, \ldots, 255\}$, dann setzt sich das Produkt wie folgt zusammen:

$$\mathbf{B59D}x = x_1\mathbf{B5}2^{16} + (x_0\mathbf{B5} + x_1\mathbf{9D})\,2^8 + x_0\mathbf{9D} \tag{3.9}$$

von ihm werden wegen der Rechnung modulo 2^{16} nur die unteren beiden Bytes verwendet, zu denen noch 13849 addiert werden muss. Dem Unterprogramm wird das alte x im Doppelregister $\mathbf{r_{13:12}}$ übergeben, es gibt die neue Zufallszahl x in Doppelregister $\mathbf{r_{11:10}}$ zurück. Mit diesen Informationen können die Berechnungen im Unterprogramm leicht verfolgt werden.
Der Prozess ruft als erstes den Zufallszahlengenerator mit dem Startwert (*seed*) $x = \mathbf{3141}$ auf, der die Zufallszahl in $\mathbf{r_{11:10}}$ bereitstellt. Anschließend reiht er einen *CB* c_3 in die *CBC* $\boldsymbol{c}_{\mathsf{T3}}$ ein. Er verwendet dazu den Speicherblock in Zeile *409*, dessen Adresse ρ_3 = `vbCb3` in den Zeilen *192–193* in Register $\mathbf{Y}$ geladen wird. Die Callback-Funktion von c_3 ist die Funktion `F3` von Zeile *369*, ihre Adresse φ_3 wird in den Zeilen *194–197* in das Feld $\rho_3\langle$`oCbFun`$\rangle$ von c_3 geschrieben. Danach werden die beteiligten Register für den Aufruf von `CbcAdd` präpariert: $\mathbf{r_{17:16}}$ wird mit ρ_3 und $\mathbf{Y}$ mit der Adresse κ_{T3} der Kette $\boldsymbol{c}_{\mathsf{T3}}$ geladen (Zeilen *198–200*). Der Aufruf von `CbcAdd` in Zeile *202* wird mit globaler Ent- und Befähigung gegen alle Interrupts geschützt. Anschließend wird Timer3 initialisiert und gestartet. Das Zählregister des Timers wird dazu gelöscht (Zeilen *203–205*) und in den nächsten beiden Zeilen das Register für *output compare A* mit der Zufallszahl in $\mathbf{r_{11:10}}$ geladen. In den Zeilen *208–209* wird Timer3 in den Modus CTC geschaltet und in den Zeilen *212–214* wird der *OC A*-Interrupt von Timer3 befähigt. Der restliche Teil der Prozessfunktion von $\boldsymbol{P}_c$ ist genauso aufgebaut wie die Prozessfunktion von $\boldsymbol{P}_b$.
Die Callback-Funktion `F3` schaltet als erstes $\boldsymbol{P}_c$ in den anderen Zustand, also von x nach X oder umgekehrt (Zeilen *369–373*). Sie reiht dann einen *CB* c_2 in die *CBC* $\boldsymbol{c}_{\mathsf{T0}}$ ein. Er verwendet dazu den Speicherblock in Zeile *408*, dessen Adresse ρ_2 = `vbCb2` in den Zeilen *375–376* in Register $\mathbf{Y}$ geladen wird. Die Callback-Funktion von c_2 ist die Funktion `F2` von Zeile *353*, ihre Adresse φ_2 wird in den Zeilen *377–380* in das Feld $\rho_2\langle$`oCbFun`$\rangle$ von c_2 geschrieben. Weil sich c_2 nach getaner Arbeit selbst aus seiner Kette $\boldsymbol{c}_{\mathsf{T0}}$ entfernen soll, wird die Adresse κ_{T0} der Kette in seinen Parameterblock geschrieben (Zeilen *381–384*). Um sich selbst zu entfernen muss c_2 auch seine eigene Adresse kennen, also wird auch ρ_2 in den Parameterblock geschrieben (Zeilen *385–386*). Natürlich könnte c_2 seine eigene Adresse aus der ihm vom Unterprogramm `CbcWalk` übergebenen Adresse seines Parameterblocks berechnen, aber es ist immer besser, Programmteile möglichst unabhängig voneinander zu gestalten. Jedenfalls werden in den Zeilen *387–388* die beteiligten Register für den Aufruf von `CbcAdd` präpariert: $\mathbf{r_{17:16}}$ wird mit ρ_2 und $\mathbf{Y}$ mit der Adresse κ_{T0} der Kette $\boldsymbol{c}_{\mathsf{T0}}$ geladen. Der Aufruf von `CbcAdd` in Zeile *391* wird mit globaler Ent- und Befähigung gegen alle Interrupts geschützt. Die Callback-Funktion kann aber noch nicht in ihre *ISR* zurückkehren, vorher wird noch eine neue Zufallszahl berechnet (Zeile *392*) und in das *OC*-Register $\mathbf{R}_{\mathsf{OCR3A}}$ von Timer3 geladen (Zeilen *397–398*). Der Aufruf von `ZuZa` ist korrekt, weil in den Zeilen *327–328* Doppelregister $\mathbf{r_{13:12}}$ mit der (alten) Zufallszahl im *OC*-Register geladen wird. Außerdem wird das Zählerregister von Timer3 zurückgesetzt (Zeilen *393–396*).
Es ist noch die Funktionsweise der Callback-Funktion `F2` zu klären. Sie schaltet als erstes den Prozess $\boldsymbol{P}_b$ in den anderen Zustand, also von x nach X oder umgekehrt (Zeilen *353–358* mit Zeilen *367–368*). Anschließend lädt sie aus dem Parameterbereich Register $\mathbf{Y}$ mit der Adresse κ der eigenen Kette und Register $\mathbf{r_{17:16}}$ mit der eigenen Adresse ρ (Zeilen *359–363*), um sich dann mit dem Aufruf von `CbcRmv` aus der Kette herauszunehmen.

Die ein wenig abstrakte Funktionsweise des Programms wird besser verständlich, wenn man den Output betrachtet, den es produziert. Hier ist ein Ausschnitt aus der vom Programm erzeugten Zeichenfolge:

```
CCCCCCCCCCCCCCCCCCCCCCCCCCCCCCCCCCCCCCCCCCCCCCCCCCCCCCCCCCCCCCCCCCCCCCCCCCCCCCCCCC
CCCCCCCCCCCAAAAAAAAAAAAAAAAAAAAAAAAAAAAAAAAAAAAAAAAAAAAAAAAAAAAAAAAAAAAAAAAAAAAAAA
AAAAAAAAAAAAAAAAAAAAAAAAAAAABBBBBBBBBBBBBBBBBBBBBBBBBBBBBBBBBBBBBBBBBBBBBBBBBBBBBB
BBBBBBBBBBBBBBBBBBBBBBBBBBBBBBBBBBBBBBBBBBBBBBcccccccccccccccccccccccccccccccccccc T3
ccccccccccccccccccccccccccccccccccccccccccccccccccccccccccccccccAAAAAAAAAAAAAAAAAA
AAAAAAAAAAAAAAAAAAAAAAAAAAAAAAAAAAAAAAAAAAAAAAAAAAAAAAAAAAAAAAAAAAAAAAAAAAAAAAAAAB
BBBBBBBBBBBBBBBBBBBBBBBBBBBBBBBBBBBBBBBBBBBBBBBBBBBBBBBBBBBBBBBBBBBBBBBBBBBBBBBBBB
BBBBBBBBBBBBBBBBcccccccccccccccccccccccccccccccccccccccccccccccccccccccccccccccccc
ccccccccccccccccccccccccccccccccccAAAAAAAAAAAAAAAAAAAAAAAAAAAAAAAAAAAAAAAAAAAAAAAA
AAAAAAAAAAAAAAAAAAAAAAAAAAAAAAAAAAAAAAAAAAAAAAAAAAABBBBBBBBBBBBBBBBBBBBBBBBBBBBBBB
BBBBBBBBBBBBBBBBBBBBBBBBBBBBBBBBBBBBBBBBBBBBBBBBBBBBBBBBBBBBBBBBBBBBBcccccccccccccc
cccccccccccccccccccccccccccccccccccccccccccccccccccccccccccccccccccccccccccccccccc
ccccAAAAAAAAAAAAAAAAAAAAAAAAAAAAAAAAAAAAAAAAAAAAAAAAAAAAAAAAAAAAAAAAAAAAAAAAAAAAAA
AAAAAAAAAAAAAAAAAAAAABBBBBBBBBBBBBBBBBBBBBBBBBBBBBBBBBBBBBBBBBBBBBBBBBBBBBBBBBBBBB
BBBBBBBBBBBBBBBBBBBBBBBBBBBBBBBBBBBBBBBccccccccccccccccccccccccccccccccccccccccccc
ccccccccccccccccccccccccccccccccccccccccccccccccccccccccAAAAAAAAAAAAAAAAAAAAAAAAAA
AAAAAAAAAAAAAAAAAAAAAAAAAAAAAAAAAAAAAAAAAAAAAAAAAAAAAAAAAAAAAAAAAAAAAAAAAAABBBBBBB
BBBBBBBBBBBBBBBBBBBBBBBBBBBBBBBBBBBBBBBBBBBBBBBBBBBBBBBBBBBBBBBBBBBBBBBBBBBBBBBBBB
BBBBBBBBBccccccccccccccccccccccccccccccccccccccccccccccccCCCCCCCCCCCCCCCCCCCCCCCCC T3
CCCCccccccccccccccccccccccAAAAAAAAAAAAAAAAAAAAAAAAAAAAAAAAAAAAAAAAAAAAAAAAAAAAAAAA
AAAAAAAAAAAAAAAAAAAAAAAAAAAAAAAAAAAAAAAAAAAABBBBBBBBBBBBBBBBBBBBBBBBBBBBBBBBBBBBBB
BBBBBBBBBBBBBBBBBBBBBBBBBBBBBBBBBBBBBBBBBBBBBBBBBBBBBBBBBBBBBcccccccccccccccccccccc
cccccccccccccccccccccccccccccccccccccccccccccccccccccccccccccccccccccccccccccccAAA
AAAAAAAAAAAAAAAAAAAAAAAAAAAAAAAAAAAAAAAAAAAAAAAAAAAAAAAAAAAAAAAAAAAAAAAAAAAAAAAAAA
AAAAAAAAAAAAAABBBBBBBBBBBBBBBBBBBBBBBBBBBBBBBBBBBBBBBBBBBBBBBBBBBBBBBBBBBBBBBBBBBB
BBBBBBBBBBBBBbbbbbbbbbbbbbbbbbbbccccccccccccccccccccccccccccccccccccccccccccccccccc T0
cccccccccccccccccccccccccccccccccccccccccccccccccaaaaaaaaaaaaaaaaaaaaaaaaaaaaaaaaa
aaaaaaaaaaaaaaaaaaaaaaaaaaaaaaaaaaaaaaaaaaaaaaaaaaaaaaaaaaaaaaaaaaaaabbbbbbbbbbbbb
bbbbbbbbbbbbbbbbbbbbbbbbbbbbbbbbbbbbbbbbbbbbbbbbbbbbbbbbbbbbbbbbbbbbbbbbbbbbbbbbbb
bbcccccccccccccccccccccccccccccccccccccccccccccccccccccccccccccccccccccccccccccccc
cccccccccccccccccccaaaaaaaaaaaaaaaaaaaaaaaaaaaaaaaaaaaaaaaaaaaaaaaaaaaaaaaaaaaaaaa
aaaaaaaaaaaaaaaaaaaaaaaaaaaaaaaaaaaaabbbbbbbbbbbbbbbbbbbbbbbbbbbbbbbbbbbbbbbbbbbbb
bbbbbbbbbbbbbbbbbbbbbbbbbbbbbbbbbbbbbbbbbbbbbbbbbbbbbbcccccccccccccccccccccccccccc
ccccccccccccccccccccccccccccccccccccccccccccccccccccccccccccccccccccccccaaaaaaaaaa
aaaaaaaaaaaaaaaaaaaaaaaaaaaaaaaaaaaaaaaaaaaaaaaaaaaaaaaaaaaaaaaaaaaaaaaaaaaaaaaaaa
aaaaaabbbbbbbbbbbbbbbbbbbbbbbbbbbbbbbbbbbbbbbbbbbbbbbbbbbbbbbbbbbbbbbbbbbbbbbbbbbb
bbbbbbbbbbbbbbbbbbbbbbbbcccccccccccccccccccccccccccccccccccccccccccccccccccccccccc
ccccccccccccccccccccccccccccccccccccccccccaaaaaaaaaaaaaaaaaaaaaaaaaaaaaaaaaaaaaaaa
aaaaaaaaaaaaaaaaaaaaaaaaaaaaaaaaaaaaaaaaaaaaaaaaaaaaaaaaaaabbbbbbbbbbbbbbbbbbbbbbb
bbbbbbbbbbbbbbbbbbbbbbbbbbbbbbbbbbbbbbbbbbbbbbbbbbbbbbbbbbbbbbbbbbbbbbbbbbbbbCCCCC T3
CCCCCCCCCCCCCCCCCCCCCCCCCCCCCCCCCCCCCCCCCCCCCCCCCCCCCCCCCCCCCCCCCCCCCCCCCCCCCCCCCC
CCCCCCCCCCCCaaaaaaaaaaaaaaaaaaaaaaaaaaaaaaaaaaaaaaaaaaaaaaaaaaaaaaaaaaaaaaaaaaaaaa
aaaaaaaaaaaaaaaaaaaaaaaaaaaaabbbbbbbbbbbbbbbbbbbbbbbbbbbbbbbbbbbbbbbbbbbbbbbbbbbbb
bbbbbbbbbbbbbbbbbbbbbbbbbbbbbbbbbbbbbbbbbbbbbbbCCCCCCCCCCCCCCCCCCCCCCCCCCCCCCCCCCC
CCCCCCCCCCCCCCCCCCCCCCCCCCCCCCCCCCCCCCCCCCCCCCCCCCCCCCCCCCCCCCCCaaaaaaaaaaaaaaaaaa
aaaaaaaaaaaaaaaaaaaaaaaaaaaaaaaaaaaaaaaaaaaaaaaaaaaaaaaaaaaaaaaaaaaaaaaaaaaaaaaaaa
```

```
bbbbbbbbbbbbbbbbbbbbbbbbbbbbbbbbbbbbbbbbbbbbbbbbbbbbbbbbbbbbbbbbbbbbbbbbbbbbbbbb
bbbbbbbbbbbbbbbbbCCCCCCCCCCCCCCCCCCCCCCCCCCCCCCCCCCCCCCCCCCCCCCCCCCCCCCCCCCCCCCC
CCCCCCCCCCCCCCCCCCCCCCCCCCCCCCCCCCaaaaaaaaaaaaaaaaaaaaaaaaaaaaaaaaaaaaaaaaaaaaaa
aaaaaaaaaaaaaaaaaaaaaaaaaaaaaaaaaaaaaaaaaaaaaaaaaaabbbbbbbbbbbbbbbbbbbbbbbbbbbbb
bbbbbbbbbbbbbbbbbbbbbbbbbbbbbbbbbbbbbbbbbbbbbbbbbbbbbbbbbbbbbbbbbbbbCCCCCCCCCCCC
CCCCCCCCCCCCCCCCCCCCCCCCCCCCCCCCCCCCCCCCCCCCCCCCCCCCCCCCCCCCCCCCCCCCCCCCCCCCCCCC
CCCCCaaaaaaaaaaaaaaaaaaaaaaaaaaaaaaaaaaaaaaaaaaaaaaaaaaaaaaaaaaaaaaaaaaaaaaaaaaa
aaaaaaaaaaaaaaaaaaaaaabbbbbbbbbbbbbbbbbbbbbbbbbbbbbbbbbbbbbbbbbbbbbbbbbbbbbbbbbb
bbbbbbbbbbbbbbbbbbbbbbbbbbbbbbbbbbbbbbbCCCCCCCCCCCCCCCCCCCCCCCCCCCCCCCCCCCCCCCCC
CCCCCCCCCCCCCCCCCCCCCCCCCCCCCCCCCCCCCCCCCCCCCCCCCCCCCCCCaaaaaaaaaaaaaaaaaaaaaaaa
aaaaaaaaaaaaaaaaaaaaaaaaaaaaaaaaaaaaaaaaaaaaaaaaaaaaaaaaaaaaaaaaaaaaaaaaaabbbbbb
bbbbbbbbbbbbbbbbbbbbbbbbbbbbbbbbbbbbbbbbbbbbbbbbbbbbbbbbbbbbbbbbbbbbbbbbbbbbbbbb
bbbbbbbbbbcccccccccccccccccccccccccccccccccccccccccccccccccccccccccccccccccccccccc T3
ccccccccccccccccccccccccccaaaaaaaaaaaaaaaaaaaaaaaaaaaaaaaaaaaaaaaaaaaaaaaaaaaaaa
aaaaaaaaaaaaaaaaaaaaaaaaaaaaaaaaaaaaaaaaaaabbbbbbbbbbbbbbbbbbbbbbbbbbbbbbbbbbbbb
bbbbbbbbbbbbbbbbbbbbbbbbbBBBBBBBBBBBBBBBBBBBBBBBBBBBBBBBBBBBBccccccccccccccccccc T0
ccccccccccccccccccccccccccccccccccccccccccccccccccccccccccccccccccccccccccccccAA
AAAAAAAAAAAAAAAAAAAAAAAAAAAAAAAAAAAAAAAAAAAAAAAAAAAAAAAAAAAAAAAAAAAAAAAAAAAAAAAA
AAAAAAAAAAAAAAABBBBBBBBBBBBBBBBBBBBBBBBBBBBBBBBBBBBBBBBBBBBBBBBBBBBBBBBBBBBBBBBB
```

Zu Beginn des Ausschnitts ist Prozess $\boldsymbol{P}_c$ im Großbuchstabenmodus aktiv. Danach können $\boldsymbol{P}_a$ und $\boldsymbol{P}_b$ ihr Zeitintervall durchlaufen, ebenfalls im Großbuchstabenmodus. Aber während dieser Zeit gab es einen Timer3-Interrupt, der $\boldsymbol{P}_c$ in den Kleinbuchstabenmodus umschaltete. Eine Wirkung des Interrupts auf $\boldsymbol{P}_b$ ist natürlich noch nicht zu sehen, denn diese kann erst mit einem Timer0-Interrupt eintreten. Vor einem Timer0-Interrupt erfolgt ein weiterer Timer3-Interrupt, der $\boldsymbol{P}_c$ zurück in den Großbuchstabenmodus schaltet. Der erste sichtbare Timer0-Interrupt erfolgt in einer aktiven Phase von $\boldsymbol{P}_b$, er schaltet tatsächlich $\boldsymbol{P}_b$ und $\boldsymbol{P}_a$ synchron um. Die Umschaltung erfoglt zwar synchron, aber atürlich muss $\boldsymbol{P}_a$ erst wieder aktiv werden, damit sie erkannt werden kann. Es folgen dann vor dem nächsten periodischen Timer0-Interrupt noch zwei „sporadische" Timer3-Interrupts.

Aufmerksamen Lesern dürfte eine Unstimmigkeit aufgefallen sein, die auf einen Fehler im Programm hindeutet. Denn zwischen den beiden Timer0-Interrupts erscheinen zwei Timer3-Interrupts, die beide einen *CB* in die Kette $\boldsymbol{c}_{\mathrm{T0}}$ einfügen, der eine Prozessumschaltung von $\boldsymbol{P}_b$ ausführt, und diese beiden Prozessumschaltungen heben sich natürlich auf! Dennoch wird $\boldsymbol{P}_b$ beim letzten Timer0-Interrupt umgeschaltet! Es steckt also noch ein Fehler im Programm.

Nun, dieser Fehler wurde im Progamm belassen, weil man durchaus auch aus Fehlern lernen kann. Er ist in der Callback-Funktion F_3 zu finden (ab Zeile *369*) und besteht darin, dass diese Funktion für beide *CB*s, die sie zur Kette $\boldsymbol{c}_{\mathrm{T0}}$ hinzufügt, ein und denselben Speicherblock `vcCb2` verwendet (Zeile *408*). Ein Speicherblock wird also zweimal in eine verkettete Liste eingefügt. Wenn sich der zweite Timer3-Interrupt einstellt, enthält die Kette den *CB* zur Umschaltung von Prozess $\boldsymbol{P}_a$ und als letztes Element den ersten *CB* zur Umschaltung von $\boldsymbol{P}_b$. Die Situation entspricht also genau der in den Bildern 3.9 und 3.10 gezeigten. Vollzieht man das Einfügen anhand der Bilder nach, so stellt man fest, dass eine perfekte Kette mit zwei *CB*s entsteht!

Abhilfe lässt sich mit dem Einsatz einer Halde erreichen, es genügen aber auch drei oder vier Speicherblöcke, die in einem Rundum-Verfahren eingesetzt werden: Die Blöcke werden in eine einfache Schlange gebracht, von der Callback-Funktion F_3 entnommen und von dem sich selbst aus seiner Kette herausnehmenden *CB* wieder in die Schlange eingefügt (eine kleine Übung für den Leser).

Callback-Ketten sind sehr flexible Instrumente zur Steuerung von Programmen und Prozessen. Mit ihnen lassen sich beispielsweise auf noch recht einfache Weise ereignisgesteuerte Systeme realisieren. Multitasking ist dazu nicht unbedingt erforderlich, erweitert aber, wie das Beispielsystem zeigt, den Bereich des Möglichen beträchtlich.

Bestehende Systeme lassen sich mit Callback-Ketten zu ereignisgesteuerten Systemen aufrüsten, ohne ihre Struktur wesentlich ändern zu müssen. So wurde aus dem Multitasking-System des vorigen Abschnittes 3.1 ein ereignisgesteuertes Multitasking-System einfach durch Hinzufügen zweier Callback-Ketten.

Natürlich lassen sich Callback-Ketten auch für einfachere Aufgaben einsetzen. So lassen sich beispielsweise Client-Server-Systeme mit ihnen realisieren, bei denen viele Server einen Clienten bedienen: Der Client meldet seine Wünsche bei den Servern an, die einen *CB* mit der gewünschten Funktion in eine Kette einfügen. Der Client muss dann nur noch die Kette durchlaufen, um seine Wünsche zu befriedigen.

4. Ergänzungen zur Fließkommaarithmetik

4.1. Einige nützliche Unterprogramme

Um eine Fließkommazahl $\mathfrak{a}$ negativ zu machen, um also eine Fließkommazahl $\mathfrak{b}$ zu bestimmen mit $\mathbb{F}_{2/3}(\mathfrak{b}) = -\left|\mathbb{F}_{2/3}(\mathfrak{a})\right|$, muss nur das höchste Bit $\mathfrak{a}_{23}$ von $\mathfrak{a}$ gesetzt werden:

Unterprogramm FkaNeg

Die zweidrittel genaue Fließkommazahl $\mathfrak{a} = \mathfrak{a}_{23} \cdots \mathfrak{a}_0$ wird negativ gemacht.

Input

Y Die Adresse einer zweidrittel genauen Fließkommazahl $\mathfrak{a}$

Fehler sind nicht möglich.

```
1 FkaNeg:  push  r16            2
2          ldd   r16,Y+2        2   r16 ← a23 ··· a16
3          ori   r16,0b10000000 1   r16 ← 1a22 ··· a16
4          std   Y+2,r16        2   a23 ··· a16 ← 1a22 ··· a16
5          pop   r16            2
6          ret                  4
```

In manchen Fällen wird man jedoch die drei Befehle in den Zeilen *2–4* direkt ausführen, um den Aufwand für den Unterprogrammaufruf zu vermeiden.

Um eine Fließkommazahl $\mathfrak{a}$ mit einer Zweierpotenz 2^n zu multiplizieren, genügt es, n zum Exponenten von $\mathfrak{a}$ zu addieren. Das ist natürlich beträchtlich weniger aufwendig als eine echte Multiplikation. Die Realisierung in einem Unterprogramm ist jedoch nicht ganz einfach. Für n sind nur Werte im Bereich $-127 \leq n < 127$ sinnvoll, d.h. n kann als Zweierkomplementzahl in einem 8-Bit-Register übergeben werden. Der dann auch mögliche Wert $n = -128 =$ **80** führt natürlich zu einem Exponentenunterlauf!

Unterprogramm FkaGShift

Eine zweidrittel genaue Fließkommazahl $\mathfrak{a} = \mathfrak{a}_{23} \cdots \mathfrak{a}_0$ wird mit 2^n multipliziert.

Input

Y Die Adresse einer zweidrittel genauen Fließkommazahl $\mathfrak{a}$
r16 Die Zahl n, $-128 \leq n \leq 127$ (Zweierkomplement)

Es können dieselben Fehler wie von `FkaMul` erzeugt werden.

```
FkaShift: push2 r17,r18    2×2
          ldd   r17,Y+2    2    r17 ← a23 ··· a16
          ldd   r18,Y+1    2    r18 ← a15 ··· a8
          lsl   r18        1    r17 ← e(a) = a22 ··· a15
          rol   r17        1
          breq  FkaSftA    1/2  Falls e(a) = 00: F2/3(a) = 0, d.h. fertig
          cpi   r17,0xFF   1    Test auf NaN
```

```
8              brne  FkaSft6              1/2
9              ldi   r16,FKA_MUL+FKA_NAN  1    exception Not a Number
10             rjmp  FkaFhl               2
11  FkaSft2:   ldi   r16,FKA_MUL+FKA_UEL  1    exception Exponent Overflow
12             rjmp  FkaFhl               2
13  FkaSft4:   ldi   r16,FKA_MUL+FKA_UNL  1    exception Exponent Underflow
14             rjmp  FkaFhl               2
15  FkaSft6:   tst   r16                  1    n < 0?
16             brmi  FkaSftC              1/2  Falls ja, |n| subtrahieren
17             add   r17,r16              1    r17 ← e7···e0 = e(a) + n
18             brcs  FkaSft2              1/2  Bei Übertrag Exponentenüberlauf
19             cpi   r17,0xFF             1    Bei FF ebenfalls Exponentenüberlauf
20             breq  FkaSft2              1/2
21  FkaSft8:   lsr   r17                  1    r17 ← 0e7···e1, S.c ← e0
22             ror   r18                  1    r18 ← e0a14···a8
23             std   Y+1,r18              2    a15···a8 ← e0a14···a8
24             ldd   r18,Y+2              2    r18 ← a230000000
25             andi  r18,0b10000000       1
26             or    r18,r17              1    r18 ← a23e7···e1
27             std   Y+2,r18              2    a23···a16 ← a23e7···e1
28  FkaSftA:   pop2  r18,r17              2×2
29             ret                        4
30  FkaSftC:   neg   r16                  1    r16 ← |n|
31             sub   r17,r16              1    r17 ← e7···e0 = e(a) − |n|
32             brcs  FkaSft4              1/2  Bei Borgen Exponentenunterlauf
33             tst   r17                  1    Bei 00 ebenfalls Exponentenunterlauf
34             breq  FkaSft4              1/2
35             neg   r16                  1    r16 ← n
36             rjmp  FkaSft8              2
```

Das Unterprogramm beginnt damit, die oberen beiden Bytes von $\mathfrak{a}$ in das Doppelregister $\mathbf{r_{17:18}}$ zu laden. Ein Linksshift von $\mathbf{r_{17:18}}$ bringt dann den Binärexponenten $\mathbf{e}(\mathfrak{a})$ in $\mathbf{r_{17}}$. Der Shiftbefehl in Zeile *7* prüft auch, ob $\mathbf{r_{17}}$ nach dem Shift den Wert **00** hat: Ist das der Fall, dann ist $\mathbb{F}_{2/3}(\mathfrak{a}) = 0$ und es kann direkt zum Unterprogrammausgang gesprungen werden. Dann wird geprüft, ob der Exponent den Wert **FF** hat, ob also ein **NaN** vorliegt. Ist das wahr, wird eine entsprechende Unterbrechung erzeugt.

In Zeile *15* wird geprüft, ob $n < 0$ gilt. Zunächst sei $n \geq 0$ angenommen. Dann wird n in Zeile *17* zum Exponenten addiert. Ergibt das einen Übertrag, dann liegt ein Exponentenüberlauf vor und es wird eine entsprechende Unterbrechung erzeugt. Das gilt aber auch, wenn **FF** das Ergebnis der Addition ist, denn der größte Exponent (mit *bias*) ist **FE**.

Der neue Exponent wird nun auf die bekannte Weise in die beiden oberen Bytes von $\mathfrak{a}$ hineingearbeitet (die Kommentarspalte gibt darüber genauer Auskunft), die beiden oberen Bytes von $\mathfrak{a}$ werden dann mit ihnen überschrieben (Zeilen *21–27*).

Der Exponent $\mathbf{e}(\mathfrak{a})$ (mit *bias* 127) ist eine positive Zahl zwischen 1 und 255, die Addition von n falls $n < 0$ führt deshalb zu falschen Ergebnissen. Beispielsweise ist $\mathbf{e}(\mathfrak{a}) =$ **01** der kleinstmögliche Exponent (mit *bias*), die Addition jeder negativen Zahl führt also zwangsläufig zu einem Exponentenüberlauf! Die Addition von $-128 =$ **80** zu **01** führt jedoch zum Ergebnis **81**, es gibt weder eine Überlaufsanzeige (Zweierkomplement, $\mathbf{S}.\mathfrak{v}$) noch eine Übertragsanzeige ($\mathbf{S}.\mathfrak{c}$). Subtrahiert man jedoch wie in den Zeilen *30–31* $|n|$ von $\mathbf{e}(\mathfrak{a})$, dann wird der Exponentenunterlauf mit Hilfe von $\mathbf{S}.\mathfrak{c} = 1$ in Zeile *32* entdeckt. Allerdings ist auch schon **00** als Differenz ein Exponentenunterlauf, der in den Zeilen *33–34* mit entsprechender Reaktion entdeckt wird.

Das Unterprogramm `FkaShift` ist sehr viel schneller als `FkaMul` oder gar `FkaMulK08`, ihm sollte daher so oft wie möglich bei der Multiplikation mit Zweierpotenzen der Vorzug gegeben werden.

Fließkommakonstanten werden natürlicherweise in den Programmspeicher gelegt, müssen aber vor dem Gebrauch in eine Fließkommavariable im Datenspeicher kopiert werden. Werden Konstanten häufig gebraucht, wird man diese Arbeit von einem Unterprogramm vornehmen lassen. Es ist ganz offensichtlich, wie ein solches Unterprogramm zu implementieren ist. Konstanten, die nur einmal zum Einsatz kommen, werden jedoch zweckmäßigerweise in den Stapel kopiert und nach dem Gebrauch entfernt. Selbstverständlich kann man auch diesen Vorgang von einem Unterprogramm ausführen lassen, die Realisierung ist allerdings keine ganz leichte Aufgabe:

Unterprogramm FkaPush

Von einer konstanten zweidrittel genauen Fließkommazahl $\mathfrak{r}$ im Programmspeicher wird im Stapel eine Kopie $\mathfrak{a}$ erzeugt.

Input
  Z Die für `lpm` bereite Adresse einer konstanten zweidrittel genauen Fließkommazahl $\mathfrak{r}$ im ROM
Output
  Y Die Adresse einer Kopie $\mathfrak{a}$ von $\mathfrak{r}$ im Datenspeicher

Nach Gebrauch muss $\mathfrak{a}$ aus dem Stapel entfernt werden, z.B. durch drei `pop`-Befehle.

```
FkaPush:  pop   r29         2  𝔄
          pop   r28         2
          push  r16         2  𝔅
          push  r16         2
          push  r16         2
          push  r28         2  ℭ
          push  r29         2
          in    r28,SPL     1  𝔇
          in    r29,SPH     1
          adiw  r29:r28,3   2
          push  r16         2
          lpm   r16,Z+      3  𝔈
          std   Y+0,r16     2
          lpm   r16,Z+      3
          std   Y+1,r16     2
          lpm   r16,Z       3
          std   Y+2,r16     2
          sbiw  r31:r30,2   2  𝔉
          pop   r16         2
          ret               4  𝔊
```

Selbstverständlich genügt es nicht, die drei Bytes der Fließkommakonstanten aus dem Befehlsspeicher zu lesen und mit `push`-Befehlen in den Stapel zu bringen, denn danach ist die Rücksprungadresse für den Befehl `ret` nicht mehr erreichbar. Der Zustand des Stapels nach dem Eintritt in das Unterprogramm zeigt Bild 4.1 Teil 𝔄. Der Pfeil ⇨ symbolisiert den Stapelzeiger. Im Bild ist ρ_L das untere und ρ_H das obere Byte der Rücksprungadresse ρ. Diese gilt es zu entfernen, aber sie muss für späteren Gebrauch natürlich aufbewahrt werden. Sie wird in den Zeilen *1–2* in das Doppelregister **Y** geladen, das am Anfang des Unterprogramms noch frei ist. Man beachte die Reihenfolge, das obere Byte von ρ hat die kleinere Adresse und muss deshalb zuerst aus dem Stapel geholt werden. Es gilt nun Teilbild 𝔅. Der Stapel ist jetzt frei,

Abbildung 4.1.: Zum Stapelgebrauch von `FkaPush`

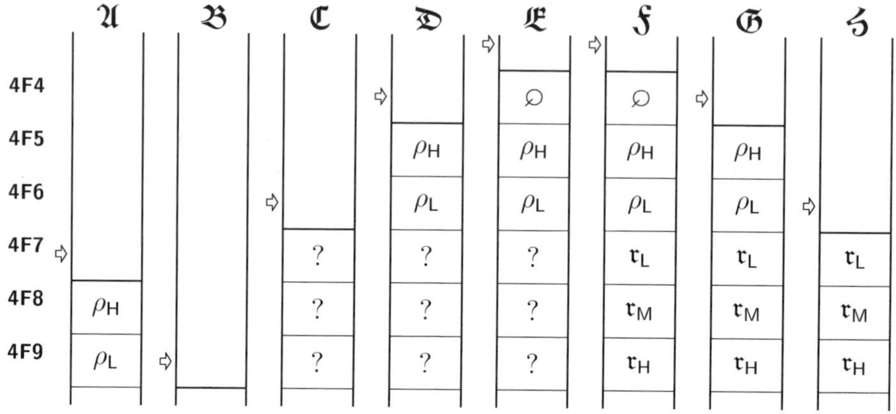

es kann mit den drei `push`-Befehlen in den Zeilen *3–5* Platz für eine Fließkommazahl gemacht werden. Das führt zu Teilbild ℭ, in dem die drei Fragezeichen andeuten, dass der Wert der Fließkommazahl noch unbestimmt ist. Im nächsten Schritt in den Zeilen *6–7* wird die Rücksprungadresse in den Stapel zurückgeschrieben (wieder die Reihenfolge beachten). Wie auch Teilbild 𝔇 zeigt, kann wieder mit dem Befehl `ret` in das rufende Programm zurückgekehrt werden. Vorher muss aber noch die neugeschaffene Fließkommavariable 𝔞 mit der Fließkommakonstanten 𝔯 geladen werden, wozu die Adresse α von 𝔞 bekannt sein muss, die allerdings auch schon deshalb bekannt sein muss, weil sie in Register **Y** an das rufende Programm zurückzugeben ist. Zur Bestimmung von α wird in den Zeilen *8–9* Register **Y** mit dem Wert des Stapelzeigers geladen. Wie an Teilbild 𝔇 zu erkennen ist, muss die Adresse in **Y** um 3 erhöht werden, um α zu erhalten, was in Zeile *10* auch geschieht.
Es ist nun die Konstante 𝔯 in die Variable 𝔞 zu laden. Dazu ist allerdings der Einsatz eines Registers erforderlich, zu Register $\mathbf{r_{16}}$ gewählt wird. Sein Inhalt wird in Zeile *11* in den Stapel gebracht, dessen Zustand dann durch Teilbild 𝔈 dargestellt wird. Das Symbol ℘ deutet an, dass ein Registerwert aufgezeichnet wurde. Der Ladevorgang wird in den Zeilen *12–17* durchgeführt, danach hat der Stapel den in Teilbild 𝔉 gezeigten Aufbau.
Jetzt folgen nur noch Aufräumungsarbeiten: In Zeile *18* wird Register **Z** zu seinem ursprünglichen Wert verholfen, und in der nächsen Zeile wird der Wert von $\mathbf{r_{16}}$ restauriert. Wie Teilbild 𝔊 zeigt, enthält der Stapel jetzt an oberster Stelle (oft ToS, d.h. *Top of Stack* genannt) nur noch die Rücksprungadresse ρ. Der Befehl `ret` in der letzten Zeile des Unterprogramms gibt die Kontrolle folglich an das rufende Programm oder Unterprogramm zurück.

Teilbild ℌ, das den Stapel nach dem Rücksprung in das rufende Unterprogramm wiedergibt, macht es ganz deutlich, dass von `FkaPush` eine Fließkommavariable auf dem Stapel hinterlassen wird. Es darf natürlich nicht unterlassen werden, diese nach ihrem Gebrauch wieder aus dem Stapel zu entfernen. Wird z.B. `FkaPush` von einem Unterprogramm aus aufgerufen, so kann dieses nicht zurückkehren, so lange die Fließkommavariable im Stapel verbleibt!

Ein Beispiel mit einer Anwendung von `FkaPush` wird in Abschnitt 5.10 gegeben. Dort wird gezeigt, wie und besonders wann die Fließkommavariable aus dem Stapel entfernt werden kann.

4.2. Die Konstruktion von Fließkommakonstanten

Der AVR-Assembler `avrasm2` kann zwar in numerischen Ausdrücken (*expressions*) auf eine rudimentäre Weise Fließkommakonstanten verarbeiten, aber er kann keine Fließkommakonstanten im IEEE 754-Format erzeugen. Die Assemblerzeile

```
.dd  1.2345
```

wird zwar verarbeitet, aber der gebrochene Anteil $0,2345$ wird abgeschnitten und es wird der ganzzahlige Teil assembliert:

```
000000 0001 0000      .dd    1.2345
```

Man muss sich also nach anderen Möglichkeiten umsehen, deren zwei hier vorgestellt werden.

4.2.1. Mit Handarbeit

Diese Methode erfordert keine Hilfsmittel, es sei denn, es sind Konstanten wie $\sin(\frac{\pi}{13})$ zu erzeugen, in welchem Fall ein (wissenschaftlicher) Taschenrechner oder Tabellenwerk (z.B. [AbSt]) benötigt wird. Aber man muss natürlich wissen, wie die zweidrittelgenauen Fließkommazahlen, kurz Zahlen im Format $\mathbb{F}_{2/3}$, aufgebaut sind. Hier ist ihre Bitstruktur:

23	22						16	15							8	7							0
$\mathfrak{v}$	$\mathfrak{e}$	$\mathfrak{e}$	$\mathfrak{e}$	$\mathfrak{e}$	$\mathfrak{e}$	$\mathfrak{e}$	$\mathfrak{e}$	$\mathfrak{e}$	$\mathfrak{a}$	$\mathfrak{a}$	$\mathfrak{a}$	$\mathfrak{a}$	$\mathfrak{a}$	$\mathfrak{a}$	$\mathfrak{a}$	$\mathfrak{a}$	$\mathfrak{a}$	$\mathfrak{a}$	$\mathfrak{a}$	$\mathfrak{a}$	$\mathfrak{a}$	$\mathfrak{a}$	$\mathfrak{a}$

Ist also $\mathfrak{x}$ eine solche Zahl im $\mathbb{F}_{2/3}$-Format, so ist für $\mathfrak{00000000} < \mathfrak{eeeeeeee} < \mathfrak{11111111}$ ihr Wert gegeben durch

$$x = \mathbb{F}_{2/3}(\mathfrak{x}) = (-1)^{\mathfrak{v}}\mathfrak{1},\mathfrak{aaaaaaaaaaaaaaa} \times 2^{\mathfrak{eeeeeeee}-127}$$

Der Fall $\mathfrak{eeeeeeee} = \mathfrak{00000000}$ bedeutet $x = 0$ und $\mathfrak{eeeeeeee} = \mathfrak{11111111}$ braucht hier nicht berücksichtigt zu werden. Gefordert ist nun, bei gegebenem x die Bits $\mathfrak{v}$, $\mathfrak{eeeeeeee}$ und $\mathfrak{aaaaaaaaaaaaaaa}$ zu bestimmen.

Der Sonderfall $x = 0$ ist schnell erledigt, es ist einfach

$$\mathfrak{x} = \mathfrak{000000000000000000000000} = \textbf{000000}.$$

Bei einfach aufgebauten Zahlen kann man die Bitfolgen noch ohne Rechnen direkt angeben. Z.B. gilt für $x = 1,0$

$$1,0 = (-1)^{\mathfrak{0}}\mathfrak{1},\mathfrak{000000000000000} \times 2^0 = (-1)^{\mathfrak{0}}\mathfrak{1},\mathfrak{000000000000000} \times 2^{\mathfrak{01111111}-127},$$

d.h. es ist $\mathfrak{v} = \mathfrak{0}$, $\mathfrak{aaaaaaaaaaaaaaa} = \mathfrak{000000000000000}$ und $\mathfrak{eeeeeeee} = \mathfrak{01111111}$ oder

$$\mathfrak{x} = \mathfrak{001111111000000000000000} = \textbf{3F8000}.$$

Auf diese Weise lassen sich die $\mathbb{F}_{2/3}$-Darstellungen aller Zweierpotenzen leicht herleiten. Beispielsweise ist für $0,5 = 2^{-1}$ einfach der Exponent um 1 zu erniedrigen:

$$\frac{1}{2} = (-1)^{\mathfrak{0}}\mathfrak{1},\mathfrak{000000000000000} \times 2^{-1} = (-1)^{\mathfrak{0}}\mathfrak{1},\mathfrak{000000000000000} \times 2^{\mathfrak{01111110}-127},$$

d.h. es ist $\mathfrak{v} = 0$, $\mathfrak{aaaaaaaaaaaaaaa} = 000000000000000$ und $\mathfrak{eeeeeee} = 01111110$ oder

$$\mathfrak{x} = 001111110000000000000000 = \mathsf{\mathbf{3F0000}}.$$

Damit sind wichtige Konstanten bestimmt:

$$0 = \mathbb{F}_{2/3}(\mathsf{\mathbf{000000}}) \qquad 1 = \mathbb{F}_{2/3}(\mathsf{\mathbf{3F8000}}) \qquad 0,5 = \mathbb{F}_{2/3}(\mathsf{\mathbf{3F0000}}) \qquad \text{etc.}$$

Zahlen wie π erfordern natürlich etwas mehr Rechenaufwand. Eine Dezimaldarstellung von π ist etwa $\pi \approx 3,14159265\cdots$, aus der eine hexadezimale und dann eine binäre Darstellung gewonnen wird. Wer noch nicht oder nicht mehr weiß wie das gemacht wird, kann in [Mss1] nachlesen. Man erhält jedenfalls mit vier Hexadezimalziffern nach dem Komma

$$\pi \approx \mathsf{\mathbf{3,243F}} = 11,0010\,0100\,0011\,1111.$$

Da die Mantisse im Intervall $[1,2)$ liegen muss (*standard binade*), ist wie folgt umzuformen:

$$\pi \approx 1,100\,1001\,0000\,1111\,11 \times 2^1$$

Wegen $\vartheta \geq 0,11 > 0,1 = \frac{1}{2}$ muss natürlich aufgerundet, und zwar mit

$$\begin{aligned} & 1{,}100\,1001\,0000\,1111\,1 \\ + \; & 0{,}000\,0000\,0000\,0000\,1 \\ = \; & 1{,}100\,1001\,0001\,0000 \end{aligned}$$

Es ist also $\mathfrak{aaaaaaaaaa} = 1001001000010000$. Wegen $2^1 = 2^{128-127}$ ist $\mathfrak{eeeeeee} = 10000000$. Daraus ergibt sich durch Zusammensetzen

$$\pi \approx \mathbb{F}_{2/3}(\mathsf{\mathbf{404910}})$$

Im allgemeinen Fall schreibt man die Dezimalkonstante als $x = y \times 10^n$ mit $1 \leq y < 10$. Dann bestimmt man eine Zahl c mit $10^n = c \times 2^m$, was $x = y \times c \times 2^m$ ergibt. In dieser Gestalt lässt sich die Fließkommakonstante zu x genauso bestimmen wie die von π.

4.2.2. Mit einem IEEE 754-verständigen Assembler

Das ist zu einfach! Jedenfalls dann, wenn man mit einem maximalen Fehler von 2^{-15} zufrieden ist. Man nehme dazu einen Assembler, der Konstanten im IEEE 754-Format (einfach genaues Format) erzeugen kann. Da nur Daten generiert werden sollen, spielt der Prozessor, für den der Assembler übersetzen soll, keine Rolle. Dann schreibe man ein „Programm", das die gewünschten Konstanten enthält, lasse es übersetzen und ein Listing ausgeben. Das enthält nun die Konstanten im einfach genauen IEEE 754-Format, die lediglich auf drei Bytes gekürzt werden müssen, um die gewünschte Konstante im $\mathbb{F}_{2/3}$-Format zu erhalten. Dieses Kürzen entspricht genau dem Runden durch Abschneiden, dessen Folgen im Buch nachgelesen werden können. Wie oben schon erwähnt, kann der Fehler 2^{-15} erreichen. Will man einen maximalen Fehler von 2^{-16} erreichen, muss man doch noch Hand anlegen und zum nächstgelegenen Gitterpunkt runden. Das ist meist nicht allzu schwierig, aber es gibt auch Problemfälle.

Hier ist eine Programmdatei (`fkakon.asm`) für den Assembler MASM von Microsoft mit einigen Konstanten:

```
               TITLE     Konstanten fuer FKA

               .686
               .MODEL    flat

               .DATA

f1             REAL4     1.0
f2             REAL4     0.5
f3             REAL4     1.23456
f4             REAL4     1.33333

               END
```

Wie zu erkennen ist, sind Kenntnisse vom Programmieren irgendwelcher INTEL-Prozessoren nicht erforderlich. Was hier allein interessiert sind die Anweisungen `REAL4`, die einfach genaue IEEE 754-Konstanten erzeugen. Deren Operanden können selbst recht komplexe Konstanten sein. Überhaupt ist der Assembler sehr gut mit Anweisungen ausgestattet, darunter auch solchen, die den Aufbau von Schleifen zur Assemblierungszeit gestatten und sehr hilfreich sind bei der Erzeugung von Konstantenfolgen. Das Handbuch ist sehr ausführlich und ganz gut lesbar.

Der Assembler erzeugt dazu das folgende Listing, in dem man die schon bekannten Konstanten 1 und $0,5$ direkt wiedererkennt:

```
Microsoft (R) Macro Assembler Version 6.14.8444
08/26/09 11:21:45
Konstanten fuer FKA       Page 1 - 1

               TITLE     Konstanten fuer FKA

               .686
               .MODEL    flat

00000000                   .DATA

00000000 3F800000 f1       REAL4     1.0
00000004 3F000000 f2       REAL4     0.5
00000008 3F9E0610 f3       REAL4     1.23456
0000000C 3FAAAA8F f4       REAL4     1.33333

               END
```

Bei `f1` und `f2` hat das vierte Byte den Wert **00** und kann natürlich einfach weggelassen werden, um eine korrekt gerundete $\mathbb{F}_{2/3}$-Zahl zu bekommen. Wegen **10** $<$ **80** gilt das auch für `f3`, denn **80** entspricht gerade $\vartheta = \frac{1}{2}$. Bei `f4` gilt allerdings für das vierte Byte **8F** $>$ **80**, es ist also aufzurunden. Dazu ist die echte Mantisse zu bestimmen. Entfernt man den Exponenten, so bleibt **2AAA** übrig. Da darin das oberste Bit gesetzt werden muss (man erinnere sich: Die Mantissen sind stets normalisiert, das oberste Bit hat daher stets den Wert 1, wird gar nicht in die Zahl mit aufgenommen und muss für die echte Mantisse eingefügt werden), erhält man **AAAA** zurück, das wie folgt aufgerundet wird:

```
  A A A A 8
+         8
+       1
-----------
  A A A B
```

Falls dabei ein Überlauf entsteht, muss das Ergebnis nach rechts geshiftet und der Exponent um 1 erhöht werden (das kann allerdings nur bei der Mantisse **FFFF** auftreten, eine sehr unwahrscheinliche Konstante!). Bei der Erhöhung des Exponenten kann zwar kein Überlauf eintreten, aber er kann den Wert 255 annehmen, der zu keiner echten Fließkommakonstanten gehört, sondern ein **NaN** repräsentiert.

Beim Einsatz der Konstanten hat man die Wahl zwischen der kompakten Form, die mit der Anweisung `.db` zu erreichen ist, und der Platz verschwendenden Form mit der Anweisung `.dd`. Letztere ist natürlich

```
vf: .dd  0x3F8000
    .dd  0x3F0000
    .dd  0x3F9E06
    .dd  0x3FAAAA
```

Die kompakte Form muss in Handarbeit hergestellt werden und ergibt sich zu

```
vf: .db  0x00,0x80,0x3F,0x00
    .db  0x00,0x3F,0x06,0x9E
    .db  0x3F,0xAA,0xAA,0xAA
    .db  0x3F,0,0,0
```

Ein Vorteil ergibt sich allerdings nur, wenn die am Ende eingesparten Bytes anderweitig genutzt werden. Beim Durchlauf durch den Vektor ist die kompakte Form allerdings von Vorteil, da das eingesetzte Adressregister nicht über das ungenutzte Byte zu bringen ist.

4.3. Die Konstruktion von Fließkommazahlen aus 8-Bit- und 16-Bit-Binärzahlen

In Abschnitt 10.7 (Seite 331) aus Buch 1 wird im Beispielprogramm zur Fließkommarithmetik das Unterprogramm `FkaK08` aus der Datei `fkahlf.avr` eingesetzt. Leider wird im Buch die Funktion des Unterprogramms nicht erläutert. Das soll hier nachgeholt werden.

Kurz gesagt erzeugt `FkaK08` aus einer gewöhnlichen 8-Bit-Zahl b (also $0 \leq b < 256$) eine Fließkommazahl $\mathfrak{a}$ im Format $\mathbb{F}_{2/3}$. Es gilt also $b = \mathbb{F}_{2/3}(\mathfrak{a})$. Der Name ergibt sich aus der Charakterisierung von b als zum $\mathbb{K}_{8,0}$-Format (kurz auch $\mathbb{K}_8$) gehörig.[1]

Unterprogramm FkaK08

Aus einer 8-Bit-Zahl b, $0 \leq b \leq 255$, wird eine zweidrittel genaue Fließkommazahl $\mathfrak{a} = \mathfrak{a}_{23} \cdots \mathfrak{a}_0$ erzeugt:

$$b = \mathbb{F}_{2/3}(\mathfrak{a})$$

Input

$\mathbf{r_{29:28}}$ Die Adresse einer zweidrittel genauen Fließkommazahl $\mathfrak{a}$

$\mathbf{r_{16}}$ Die Zahl b

$\mathfrak{a}$ wird mit der aus b erzeugten Fließkommazahl überschrieben. Fehler sind nicht möglich.

```
FkaK08:  tst   r16          1    b = 0? oder falls b > 0 b7 = 1?
         breq  FkaK08c      1/2  b = 0: a ← 00000000 00000000 00000000
         push2 r16,r17      4
         ldi   r17,7        1    Startwert e ← 7
         brmi  FkaK08b      1/2  Falls b7 = 1 fertig: keine Shifts
FkaK08a: dec   r17          1    e ← e − 1
         lsl   r16          1    b ← 2b
         brpl  FkaK08a      1/2  Mehr Shifts bei b < 128
FkaK08b: subi  r17,256-127  1    e ← e + 127
         lsl   r16          1    Führende 1 hinausshiften
         lsr   r17          1    Exponentenbyte rechtsshiften,
         ror   r16          1    unteres Bit in Mantisse hineinshiften
         std   Y+2,r17      2    Exponentenbyte ausgeben
         std   Y+1,r16      2    Oberes Mantissenbyte ausgeben
         clr   r17          1    Unteres Mantissenbyte 00 ausgeben
         st    Y,r17        2
         pop2  r17,r16      4
         ret                4
FkaK08c: std   Y+2,r16      2    Es ist r16 = 00
         std   Y+1,r16      2
         st    Y,r16        2
         ret                4
```

Es sei $\mathfrak{b} = \mathfrak{b}_7\mathfrak{b}_6\mathfrak{b}_5\mathfrak{b}_4\mathfrak{b}_3\mathfrak{b}_2\mathfrak{b}_1\mathfrak{b}_0$ die Biärdarstellung von b, also $b = \mathbb{K}_8(\mathfrak{b})$. Dieser Zusammenhang lässt sich auch mit einem anderen Format ausdrücken:

$$b = \mathbb{K}_{1,7}(\mathfrak{b}) \times 2^7$$

[1] Bezüglich der Formate von Fixkommazahlen siehe [Mss1].

Oder in etwas lässiger, aber möglicherweise leichter verständlicher Schreibweise:

$$\mathfrak{b}_7\mathfrak{b}_6\mathfrak{b}_5\mathfrak{b}_4\mathfrak{b}_3\mathfrak{b}_2\mathfrak{b}_1\mathfrak{b}_0 = \mathfrak{b}_7,\mathfrak{b}_6\mathfrak{b}_5\mathfrak{b}_4\mathfrak{b}_3\mathfrak{b}_2\mathfrak{b}_1\mathfrak{b}_0 \times 2^7$$

Das ist allerdings nur richtig für $\mathfrak{b}_7 = 1$. Gilt z.b. $\mathfrak{b}_7 = 0$, aber $\mathfrak{b}_6 = 1$, so ist

$$\mathfrak{b}_7\mathfrak{b}_6\mathfrak{b}_5\mathfrak{b}_4\mathfrak{b}_3\mathfrak{b}_2\mathfrak{b}_1\mathfrak{b}_0 = \mathfrak{b}_6,\mathfrak{b}_5\mathfrak{b}_4\mathfrak{b}_3\mathfrak{b}_2\mathfrak{b}_1\mathfrak{b}_0 \times 2^6$$

und so fort. Man wählt also als Startwert für den Binärexponenten $e = 7$ und shiftet $\mathfrak{b}$ so lange nach links, bis das führende Bit den Wert 1 hat, der Exponent e wird bei jedem Shift um 1 erniedrigt. Damit ist die Hauptarbeit der Umwandlung auch schon geschehen.
Der Sonderfall $b = 0$ wird direkt in Zeile *1* getestet. Tritt er ein, so wird in den Zeilen *19–21* eine Fließkommanull zusammengesetzt, dabei berücksichtigend, dass $\mathbf{r_{16}}$ den Wert **00** enthält.
Bei $b > 0$ wird in den Zeilen *4–8* der oben beschriebene Vorgang umgesetzt. Dazu wird $\mathbf{r_{17}}$ mit dem Anfangswert 7 für e geladen. Ob $\mathfrak{b}_7 = 1$ gilt, wurde schon bei dem Test in Zeile *1* festgestellt, ist das der Fall, so sind keine Shifts nötig. Andernfalls wird in der Schleife e so lange um 1 erniedrigt und $\mathbf{r_{16}}$ so lange linksgeshiftet, bis das Vorzeichenbit, also das führende Bit, positiv ist.
In Zeile *9* wird der Binärexponent mit dem *bias* von 127 versehen, anschließend wird die Fließkommazahl in offensichtlicher Weise aus dem Exponenten und dem berechneten oberen Mantissenbyte zusammengesetzt und an die als Parameter übergebene Adresse kopiert.

Unterprogramm FkaG08

Aus einer im Zweierkomplement verschlüsselten Binärzahl $\mathfrak{b} = \mathfrak{b}_7\mathfrak{b}_6\mathfrak{b}_5\mathfrak{b}_4\mathfrak{b}_3\mathfrak{b}_2\mathfrak{b}_1\mathfrak{b}_0$ wird eine zweidrittel genaue Fließkommazahl $\mathfrak{a} = \mathfrak{a}_{23}\cdots\mathfrak{a}_0$ erzeugt:

$$\mathbb{G}_8(\mathfrak{b}) = \mathbb{F}_{2/3}(\mathfrak{a})$$

Input

$\mathbf{r_{29:28}}$	Die Adresse einer zweidrittel genauen Fließkommazahl $\mathfrak{a}$
$\mathbf{r_{16}}$	Die Zahl $\mathfrak{b}$

$\mathfrak{a}$ wird mit der aus $\mathfrak{b}$ erzeugten Fließkommazahl überschrieben. Fehler sind nicht möglich. Das Unterprogramm verändert das T-Bit!

```
 1 FkaG08:  tst   r16          1    G8(b) = 0? oder aber G8(b) < 0?
 2          breq  FkaK08c      1/2  G8(b) = 0: a ← 00000000 00000000 00000000
 3          push2 r16,r17      4
 4          bst   r16,7        1    Vorzeichen im T-Bit aufbewahren
 5          brpl  FkaG08a      1/2  Falls G8(b) > 0 nur shiften
 6          neg   r16          1    Falls G8(b) < 0 b ← ¬b + 1
 7 FkaG08a: ldi   r17,7        1    Startwert e = 7
 8 FkaG08b: dec   r17          1    e ← e − 1
 9          lsl   r16          1    b ← b_i ··· 0
10          brpl  FkaG08b      1/2  Bei b_i = 0 weiter shiften
11          subi  r17,256-127  1    e ← e + 127
12          lsl   r16          1    Führende 1 aus Mantisse hinausshiften
13          lsr   r17          1    Exponentenbyte mit Vorzeichenbit rechts shiften
14          ror   r16          1    Unteres Exponentenbit in Mantisse shiften
15          bld   r17,7        1    Vorzeichen aus T-Bit ergänzen
16          std   Y+2,r17      2    Exponentenbyte ausgeben
17          std   Y+1,r16      2    Oberes Mantissenbyte ausgeben
18          clr   r17          1    unteres Mantissenbyte 00 ausgeben
```

```
            st      Y,r17           2
            pop2    r17,r16         4
            ret                     4
```

Vom vorigen unterscheidet sich dieses Unterprogramm nur durch die Berücksichtigung des Vorzeichens. Das führt insbesondere dazu, dass mindestens einmal geshiftet werden muss. Die Verarbeitung des Vorzeichens geschieht über das T-Bit und ist deshalb einfach zu verfolgen.

Das Hilfsunterprogramm FkaK08 gibt es auch in einer 16-Bit-Fassung:

Unterprogramm FkaK16

Aus einer 16-Bit-Zahl u, $0 \leq u \leq 2^{16} - 1$, wird eine zweidrittel genaue Fließkommazahl $\mathfrak{a} = \mathfrak{a}_{23} \cdots \mathfrak{a}_0$ erzeugt:

$$u = \mathbb{F}_{2/3}(\mathfrak{a})$$

Input

$\mathbf{r}_{29:28}$ Die Adresse einer zweidrittel genauen Fließkommazahl $\mathfrak{a}$

$\mathbf{r}_{17:16}$ Die Zahl u

$\mathfrak{a}$ wird mit der aus u erzeugten Fließkommazahl überschrieben. Fehler sind nicht möglich.

```
FkaK16:     push    r18             2
            mov     r18,r16         1     u = 0?
            or      r18,r17         1
            breq    FkaK16c         1/2   Falls ja 000000 ausgeben
            push2   r16,r17         4
            ldi     r18,15          1     Startwert e ← 15
            tst     r17             1     Falls u15 = 1 fertig: keine Shifts
            brmi    FkaK16b         1/2
FkaK16a:    dec     r18             1     e ← e − 1
            lsl     r16             1     u ← 2u
            rol     r17             1
            brpl    FkaK16a         1/2   Mehr Shifts bei u15 = 0
FkaK16b:    subi    r18,256-127     1     e ← e + 127
            lsl     r17             1     Die führende 1 hinausshiften
            lsr     r18             1     Exponentenbyte rechtsshiftenm,
            ror     r17             1     unteres Bit in Mantisse hineinshiften
            std     Y+2,r18         2     Exponentenbyte ausgeben
            std     Y+1,r17         2     Oberes Mantissenbyte ausgeben
            st      Y,r16           2     Unteres Mantissenbyte ausgeben
            pop3    r17,r16,r18     6
            ret                     4
FkaK16c:    std     Y+2,r18         2     a ← 000000
            std     Y+1,r18         2
            st      Y,r18           2
            pop     r18             2
            ret                     4
```

Nach dem Muster von FkaG8 kann auch ein Unterprogramm FkaG16 aufgebaut werden, die Realisierung sei dem Leser als einfache Übungsaufgabe überlassen.

4.4. Operationen mit kleinen Zahlen

Häufig hat man Fließkommazahlen mit kleinen Konstanten zu kombinieren, wie in $u \leftarrow u - 10$ oder $u \leftarrow 17u$. Natürlich können dazu Fließkommazahlen mit den Werten 10 und 17 aufgebaut werden, die in diesem Abschnitt vorgestellten Unterprogramme sind jedoch weitaus einfacher zu benutzen. Für jede Grundrechenart gibt es ein Unterprogramm zur Verknüpfung einer zweidrittelgenauen Fließkommazahl mit einer 8-Bit-Zahl. Stellvertretend für alle folgt das Unterprogramm zur Subtraktion:

Unterprogramm FkaSubK08

Eine 8-Bit-Zahl p, $0 \leq p \leq 255$, wird von einer zweidrittel genauen Fließkommazahl $\mathfrak{a} = \mathfrak{a}_{23} \cdots \mathfrak{a}_0$ subtrahiert:

$$\mathbb{F}_{2/3}(\mathfrak{a}) = \left(\mathbb{F}_{2/3}(\mathfrak{a}) - p\right)^\circ$$

Input

$\mathbf{r}_{29:28}$ Die Adresse einer zweidrittel genauen Fließkommazahl $\mathfrak{a}$
$\mathbf{r}_{16}$ Die Zahl p

Als Fehler können die von `FkaSub` erzeugten Fehler auftreten.

```
FkaSubK08: push4  r26,r27,r30,r31    4×2
           movw   r27:r26,r29:r28    1    X ← A(a)
           push   r26                2    Fließkommazahl u im Stapel erzeugen
           push   r26                2
           in     r28,SPL            1    Y ← A(u)
           in     r29,SPH            1
           push   r26                2
           rcall  FkaK08             3+   u ← p
           movw   r31:r30,r29:r28    1    Z ← A(u)
           movw   r29:r28,r27:r26    1    Y ← A(a)
           rcall  FkaSub             3+   a ← a + u
           pop3   r26,r26,r26        3×2  u aus Stapel entfernen
           pop4   r31,r30,r27,r26    4×2
           ret                       4
```

Das Unterprogramm erzeugt im Stapel eine temporäre Fließkommavariable $\mathfrak{u}$.[2] und lädt deren Adresse in Register **Y**, dessen Inhalt zuvor nach Register **X** kopiert wurde. Der Variablen $\mathfrak{u}$ wird dann mit dem Unterprogramm `FkaK08` der Wert p zugewiesen. Nachdem **Z** mit der Adresse von $\mathfrak{u}$ und **Y** mit der Adresse von $\mathfrak{a}$ geladen wurde kann `FkaSub` aufgerufen werden, um $\mathfrak{u}$ von $\mathfrak{a}$ zu subtrahieren.

Es muss aber beachtet werden, dass die Verwendung von `FkaAddK08`, `FkaSubK08` usw. mit einem größeren Taktverbrauch verbunden ist als der Einsatz einer mit Handarbeit erzeugten Fließkommakonstanten. Auch wird der Stapel erheblich belastet.

[2] Siehe z.B. [Mss4] Abbildung 5.16 auf Seite 119.

4.5. Der Aufbau einer zweidrittelgenauen Fließkommazahl aus einer Dezimalziffernfolge

Der Vorgang, aus einer die Dezimaldarstellung einer Fließkommazahl enthaltenden Zeichenkette eine Fließkommazahl im Format $\mathbb{F}_{2/3}$ aufzubauen, zählt zu den aufwendigsten Elementaroperationen. Die 290 Programmzeilen des diesen Vorgang realisierenden Unterprogramms zeigen das deutlich genug.

Es ist also eine Zeichenkette gegeben, z.B. `-0,99999e-30`, die in eine Fließkommazahl im Format $\mathbb{F}_{2/3}$ umzuwandeln ist. Für das Beispiel ist das **8DA242**. Man löst sich zunächst vom Text, indem man eine ganze Zahl q und einen Zehnerexponenten n berechnet, die beide den Wert $q\times 10^n$ der Fließkommazahl ergeben. Das Vorzeichen wird bei den Berechnungen ignoriert, es wird ganz am Ende des Vorgangs hinzugefügt. Für das Beispiel erhält man 99999×10^{-35}. Für die weiteren Berechnungen geht man in das Format $\mathbb{K}_{0,24}$ über und normalisiert die Zahl. Man erhält so die Darstellung

$$\mathfrak{o}, \mathfrak{b}_{-1}\mathfrak{b}_{-2}\cdots\mathfrak{b}_{-24}\, 2^k 10^n.$$

Für das Beispiel ist das die Darstellung $\mathbf{0,C34F80}\, 2^{17}10^{-35}$.

Die Hoffnung ist, dass die 24 Bit, die mit dem Zahlenformat $\mathbb{K}_{0,24}$ zur Verfügung stehen, ausreichen, die korrekte $\mathbb{F}_{2/3}$-Darstellung zu berechnen.

An dieser Stelle hat man einige Optionen. Die sicherlich schnellste Methode besteht darin, eine Tabelle mit den Binärdarstellungen der Zehnerpotenzen 10^ν aufzubauen. Hat 10^n die Darstellung

$$10^n = \mathfrak{o}, \mathfrak{z}_{-1}\mathfrak{z}_{-2}\cdots\mathfrak{z}_{-24}\, 2^i,$$

so ist nur noch

$$\mathfrak{o}, \mathfrak{b}_{-1}\mathfrak{b}_{-2}\cdots\mathfrak{b}_{-24} \times \mathfrak{o}, \mathfrak{z}_{-1}\mathfrak{z}_{-2}\cdots\mathfrak{z}_{-24}\, 2^{i+k}$$

zu berechnen und zu normalisieren. Die Methode ist offensichtlich auch sehr präzise, da nur eine Multiplikation durchgeführt werden muss. Allerdings verlangt sie eine Tabelle mit 70 Einträgen von jeweils vier Byte.

Im Gegensatz dazu kommt man ganz ohne Tabelle aus, wenn im Falle $n > 0$ n-mal mit 10 multipliziert oder im Falle $n < 0$ n-mal durch 10 dividiert wird. Die Division durch 10 wird dabei natürlich durch eine Multiplikation mit einer Approximation von $\frac{1}{10}$ ersetzt. Diese Methode wird im Unterprogramm verwendet. Die oben gehegte Hoffnung mit 24-Bit-Arithmetik auszukommen geht allerdings nicht in Erfüllung, es treten Genauigkeitsprobleme auf. Die große Zahl der Multiplikationen bei sehr großen und sehr kleinen Zahlen vergrößert den am Anfang der Rechnung gemachten Fehler zu sehr. Es kommt deshalb das Zahlenformat $\mathbb{K}_{0,32}$ zur Anwendung.

Im oben angegebenen Beispiel erhält man nach der ersten Multiplikation mit einer Annäherung an $0,1$

$$\mathbf{0,9C3F9998}\, 2^{14}10^{-34}$$

und nach weiteren 34 solchen Multiplikationen das Ergebnis $\mathbf{0,A241F238}\, 2^{-99}$. Runden und Hinzufügen von Vorzeichen und Zweierexponent ergeben das oben genannte Resultat.

Die beiden erwähnten Methoden sind Extremfälle, natürlich sind auch Zwischenlösungen möglich. Man könnte z.B. eine Tabelle für die Zehnerpotenzen 10^4, 10^8 usw. verwenden und dann noch vier Multiplikationen oder Divisonen durchführen. Auf diese Weise ließe sich der Einfluss der Rundungsfehler so weit unterdrücken dass die Berechnungen mit 24-Bit-Arithmetik duchgeführt werden könnten. Hier wurde jedoch einem einfachen Unterprogramm der Vorzug gegeben.

Unterprogramm FkaBin

Aus einer Zeichenkette, welche die Dezimaldarstellung einer Fließkommazahl $a \times 10^n$ repräsentiert, wird eine zweidrittelgenaue Fließkommazahl $\mathfrak{y}$ konstruiert.

Input

Z Die Adresse ζ einer Zeichenkette mit der Dezimaldarstellung
$\mathbf{r_{16}}$ Die Länge ℓ der Zeichenkette ($\ell \leq 30$)
Y Die Adresse ϕ einer zweidrittelgenauen Fließkommazahl $\mathfrak{y}$

Die zweidrittelgenaue Fließkommazahl $\mathfrak{y}$ wird mit der konstruierten Zahl überschrieben.
Es sind zwei Fehler möglich, die dadurch angezeigt werden, dass bei der Rückkehr das Nullbit gesetzt ist: $\mathbf{S}.\mathfrak{z} = 1$. Ist die Zeichenkette zu lang, d.h. gilt $\ell > 30$, so ist das Übertragsbit gesetzt, also $\mathbf{S}.\mathfrak{c} = 1$. Ergäbe die Konstruktion einen zu großen Zweierexponent, ist das Übertragsbit gelöscht: $\mathbf{S}.\mathfrak{c} = 0$.

```
FkaBin:    push5  r0,r1,r2,r3,r4    5×2
           push4  r5,r12,r13,r14    4×2
           push4  r16,r17,r18,r19   4×2
           push2  r30,r31           2×2
      Die Überprüfung der Zeichenkettenlänge ℓ. Rücksprung bei ℓ > 30
           cpi    r16,31            1    ℓ < 31 ?
           brlo   FkaBn05           1/2
           sec                      1    Nein: S.c ← 1
           sez                      1    und S.z ← 1
           rjmp   FkaBn155          2    Zurück
      Die Anfangsbelegung einiger Register. Akkumulator ist zunächst r5:4:3 Die Ermittlung des Vorzeichens
FkaBn05:   clr    r3                1    r5:4:3 ← 000000
           clr    r4                1
           clr    r5                1
           ldi    r18,7             1    r12 ← σmax = 7
           mov    r12,r18           1
           clr    r13               1    n ← 0
           clr    r14               1    Annahme: kein -
           rcall  FkaBnNxt          3+   r18 ← c
           cpi    r18,'+'           1    c = '+'?
           breq   FkaBn10           1/2  Ja: ignorieren
           cpi    r18,'-'           1    c = '-'?
           brne   FkaBn10           1/2
           inc    r14               1    Ja: r14 ← 01
FkaBn09:   rcall  FkaBnNxt          3+   Nächstes c
      Die Verarbeitung der Dezimalziffern vor dem Dezimalkomma
FkaBn10:   cpi    r18,'0'           1    '0' ≤ c?
           brlo   FkaBn20           1/2  Nein: Zur Kommaanalyse
           cpi    r18,'9'+1         1    c ≤ '9'?
           brsh   FkaBn20           1/2  Nein: Zur Kommaanalyse
           inc    r13               1    n ← n + 1 vorläufig für σ = 0
           tst    r12               1    σ = 0?
           breq   FkaBn15           1/2  Ja: Mit erhöhtem n zur nächsten Ziffer
           dec    r13               1    n ← n − 1 (altes n), da σ > 0
           dec    r12               1    σ ← σ − 1
```

```
          ldi    r19,10       1
          mul    r5,r19       2    10u2
          mov    r5,r0        1    r5 ← 10u2, 10u2 < 256
          mul    r4,r19       2    10u1
          mov    r4,r0        1    r5:4 ← 2^8 10u2 + 10u1
          add    r5,r1        1
          mul    r3,r19       2    10u0
          mov    r3,r0        1    r5:4:3 ← 10q = 2^16 10u2 + 2^8 10u1 + 10u0
          add    r4,r1        1
          clr    r0           1
          adc    r5,r0        1
          subi   r18,'0'      1    r18 ← γ = c − '0'
          add    r3,r18       1    q ← q + γ
          clr    r18          1
          adc    r4,r18       1
          adc    r5,r18       1
FkaBn15:  rcall  FkaBnNxt     3+   Nächstes c
          rjmp   FkaBn10      2
```

Der Test, ob die Zeichenkette ein Dezimalkomma enthält

```
FkaBn20:  cpi    r18,','      1
          brne   FkaBn35      1/2
```

Die Verarbeitung der Dezimalziffern nach dem Dezimalkomma

```
          rcall  FkaBnNxt     3+
FkaBn25:  cpi    r18,'0'      1    '0' ≤ c?
          brlo   FkaBn35      1/2  Nein: Zur Exponentenanalyse
          cpi    r18,'9'+1    1
          brsh   FkaBn35      1/2  Nein: Zur Exponentenanalyse
          tst    r12          1    σ = 0?
          breq   FkaBn30      1/2  Ja: Zur nächsten Dezimalziffer
          dec    r12          1    σ ← σ − 1
          dec    r13          1    n ← n − 1
          ldi    r19,10       1
          mul    r5,r19       2    10u2
          mov    r5,r0        1    r5 ← 10u2, 10u2 < 256
          mul    r4,r19       2    10u1
          mov    r4,r0        1    r5:4 ← 2^8 10u2 + 10u1
          add    r5,r1        1
          mul    r3,r19       2    10u0
          mov    r3,r0        1    r5:4:3 ← 10q = 2^16 10u2 + 2^8 10u1 + 10u0
          add    r4,r1        1
          clr    r0           1
          adc    r5,r0        1
          subi   r18,'0'      1    r18 ← γ = c − '0'
          add    r3,r18       1    q ← q + γ
          clr    r18          1
          adc    r4,r18       1
```

```
           adc    r5,r18           1
FkaBn30:   rcall  FkaBnNxt         3+   Nächstes c
           rjmp   FkaBn25          2
Wird ein Dezimalexponent durch c = 'e' oder c = 'E' angekündigt?
FkaBn35:   cpi    r18,'e'          1    c = 'e'?
           breq   kaBn40           1/2
           cpi    r18,'E'          1    Falls nein: c = 'E'?
           brne   FkaBn70          1/2
Das Vorzeichen des Dezimalexponenten e wird bestimmt
FkaBn40:   rcall  FkaBnNxt         3+   Nächstes c
           clr    r19              1    r19 = 00 bedeutet e ≥ 0
           cpi    r18,'+'          1    c = '+'?
           breq   FkaBn44          1/2  Ja: ignorieren
           cpi    r18,'-'          1    c = '-'?
           brne   FkaBn45          1/2
           ori    r19,0b10000000   1    Ja: r19 = 80 bedeutet e < 0
Der Betrag |e| des Dezimalexponenten e wird bestimmt
FkaBn44:   rcall  FkaBnNxt         3+   Nächstes c
FkaBn45:   clr    r0               1    |e| ← 0
           ldi    r24,10           1
FkaBn50:   cpi    r18,'0'          1    '0' ≤ c?
           brlo   FkaBn60          1/2  Nein: Zur Vorzeichenbestimmung von e
           cpi    r18,'9'+1        1    c ≤ '9'?
           brsh   FkaBn60          1/2  Nein: Zur Vorzeichenbestimmung von e
           mul    r0,r24           2    |e| ← 10 |e|
           tst    r1               1    |e| ≥ 256?
           breq   FkaBn55          1/2
FkaBn54:   clc                     1    Ja: Mit Fehlermeldung zurück
           sez                     1
           rjmp   FkaBn155         2
FkaBn55:   subi   r18,'0'          1    |e| ← 10 |e| + (c − '0')
           add    r0,r18           1
           brcs   FkaBn54          1/2  Bei |e| ≥ 256 mit Fehlermeldung zurück
           rcall  FkaBnNxt         3+   Nächstes c
           rjmp   FkaBn50          2    Nächste Ziffer
FkaBn60:   tst    r0               1    |e| ≥ 128?
           brmi   FkaBn54          1/2  Ja: Mit Fehlermeldung zurück
           tst    r19              1    Negatives Exponentenvorzeichen?
           brpl   FkaBn65          1/2  Nein: e = |e|
           neg    r0               1    Ja: e ← − |e|
FkaBn65:   add    r13,r0           1    n ← n + e
           brvs   FkaBn54          1/2  Fehler bei n < −128 ∨ 127 < n
           mov    r25,r13          1
           cpi    r25,39           1    n ≥ 39?
           brge   FkaBn54          1/2  Ja: Mit Fehlermeldung zurück
           cpi    r25,-45          1    n < −45?
```

```
           brlt   FkaBn54       1/2  Ja: Mit Fehlermeldung zurück
```

Im Falle $q = 0$ Ausgabe von $\mathfrak{o}^+$ oder $\mathfrak{o}^-$

```
FkaBn70:   mov    r0,r5         1    Ist q = 0?
           or     r0,r4         1
           or     r0,r3         1
           brne   FkaBn75       1/2
           ror    r14           1    Ja: r5:4:3 ← o+ oder r5:4:3 ← o-
           ror    r5            1
           rjmp   FkaBn150      2    Zur Ergebnisausgabe
```

Die Berechnung von $\mathfrak{q} = \mathfrak{q}_{-1} \cdots \mathfrak{q}_{-24}$ und k mit $q = \mathbb{K}_{0,24}(\mathfrak{q})2^k$ und $\mathfrak{q}_{-1} = 1$

```
FkaBn75:   ldi    r24,24        1    r25:24 ← k = 24
           clr    r25           1
FkaBn80:   tst    r5            1    q-1 ··· q-8 = 0000 0000?
           brne   FkaBn90       1/2  Nein: Maximal 7 Einzelshifts ausführen
           mov    r5,r4         1    q-1 ··· q-8 ← q-9 ··· q-16
           mov    r4,r3         1    q-9 ··· q-16 ← q-17 ··· q-24
           clr    r3            1    q-17 ··· q-24 ← 0000 0000
           sbiw   r25:r24,8     2    k ← k - 8
FkaBn85:   tst    r5            1    q-1 ··· q-8 = 0000 0000?
           brne   FkaBn90       1/2  Nein: Maximal 7 Einzelshifts ausführen
           mov    r5,r4         1    q-1 ··· q-8 ← q-9 ··· q-16
           clr    r4            1    q-9 ··· q-16 ← 0000 0000
           sbiw   r25:r24,8     2    k ← k - 8
FkaBn90:   tst    r5            1    q-1 = 1?
           brmi   FkaBn100      1/2  Ja: Keine Einzelshifts
FkaBn95:   sbiw   r25:r24,1     2    k ← k - 1
           lsl    r3            1    q-1 ··· q-24 ← q-2 ··· q-24 0
           rol    r4            1
           rol    r5            1
           brpl   FkaBn95       1/2  Noch ein Shift bei q-1 = 0
FkaBn100:  tst    r13           1    n < 0 oder n = 0 oder n > 0?
           breq   FkaBn120      1/2  n = 0: Keine Multiplikation erforderlich
           brmi   FkaBn135      1/2  n < 0: Zur Multiplikation mit 1/10
```

Da $n > 0$: n-fache Multiplikation mit 10 (Siehe Bild 4.2)

```
FkaBn105:  ldi    r19,10        1
           mul    r5,r19        2    10u2
           mov    r5,r0         1
           mov    r12,r1        1
           mul    r4,r19        2    10u1
           mov    r4,r0         1
           add    r5,r1         1
           clr    r0            1
           adc    r12,r0        1
           mul    r3,r19        2    10u0
           mov    r3,r0         1
           add    r4,r1         1
```

```
             clr    r0                  1
             adc    r5,r0               1
             adc    r12,r0              1
             breq   FkaBn115            1/2  Bei q7···q0 = 0000 0000 keine Rechtsshifts
     Rechtsshiften bis q7···q0 = 0000 0000, Binärexponent k anpassen
FkaBn110:    lsr    r12                 1    q' ← 2^-1 q'
             ror    r5                  1
             ror    r4                  1
             ror    r3                  1
             adiw   r25:r24,1           2    k ← k + 1
             tst    r12                 1    q7···q0 = 0000 0000?
             brne   FkaBn110            1/2  Nein: Noch einmal shiften
FkaBn115:    dec    r13                 1    n ← n − 1
             brne   FkaBn105            1/2  Bei n > 0 weiter multiplizieren
     Der Aufbau von y. Zunächst die Anpassung von Mantissenformat und Exponentenformat (siehe Text)
FkaBn120:    adiw   r25:r24,63          2    k ← k + 127 − 1
             adiw   r25:r24,63          2
     Das Runden wird eingeleitet
             ldi    r18,0b10000000      1    r < 1000 0000, r = 1000 0000 oder r > 1000 0000?
             cp     r3,r18              1
             breq   FkaBn165            1/2  Zur speziellen Rundungsregel bei r = 1000 0000
             brsh   FkaBn160            1/2  Zum Aufrunden bei r > 1000 0000
     Die Überprüfung des Binärexponenten (Kein Runden bei r < 1000 0000)
FkaBn125:    tst    r25                 1    0 ≤ k < 256?
             breq   FkaBn140            1/2
FkaBn130:    clc                        1    Nein: Mit Fehlermeldung zurück
             sez                        1
             rjmp   FkaBn155            2
FkaBn135:    rjmp   FkaBn170            2    Sprungverlängerung
FkaBn140:    cpi    r24,255             1    k = 255?
             breq   FkaBn130            1/2  Ja: Fehler (kein NaN)
             tst    r24                 1    k = 0=
             breq   FkaBn130            1/2  Ja: Fehler (weder 0+ noch 0−)
     Das Vorzeichen wird eingefügt (siehe Erläuterungstext)
FkaBn145:    lsl    r5                  1
             ror    r14                 1
             ror    r24                 1
             ror    r5                  1
FkaBn150:    clz                        1    S.3 ← 0 bei fehlerfreiem Ausgang
FkaBn155:    st     Y,r4                2    Ausgabe an die Adresse φ
             std    Y+1,r5              2
             std    Y+2,r24             2
             pop2   r31,r30             2×2
             pop4   r19,r18,r17,r16     4×2
             pop4   r14,r13,r12,r5      4×2
             pop5   r4,r3,r2,r1,r0      5×2
```

```
           ret                     4
Das Aufrunden
FkaBn160:  add    r3,r18           1    q-1 ··· q-24 ← q-1 ··· q-24 + 000080
           clr    r0               1
           adc    r4,r0            1
           adc    r5,r0            1
           brcc   FkaBn125         1/2  Kein Übertrag: Zur Exponentenprüfung
           ror    r5               1    Mit Übertrag: Mantisse rechtsshiften
           ror    r4               1
           adiw   r25:r24,1        2    Exponent anpassen: k ← k + 1
           rjmp   FkaBn125         2    Dann auch ur Exponentenprüfung
Die Realisierung der speziellen Rundungsregel
FkaBn165:  sbrs   r4,0             1/2  q16 = 1?
           rjmp   FkaBn125         2    Nein: abrunden
           rjmp   FkaBn160         2    Ja: aufrunden
Da n < 0: |n|-fache Multiplikation mit 8/10 (Siehe Bild 4.3)
FkaBn170:  ldi    r16,0xCC         1    r16 ist Multiplikator
           clr    r2               1
FkaBn175:  movw   r31:r30,r5:r4    1    Temporär r31:30:17 ← r5:4:3
           mov    r17,r3           1
           sbiw   r25:r24,3        2    k ← k - 3, da mit 8 multipliziert wird
           mul    r2,r16           2    u0 × CC
           mov    r12,r1           1
           movw   r19:r18,r1:r0    1
           clr    r2               1
           clr    r3               1
           clr    r4               1
           clr    r5               1
           add    r12,r0           1
           adc    r18,r1           1
           adc    r19,r0           1
           adc    r2,r1            1
           clr    r0               1
           adc    r3,r0            1
           adc    r4,r0            1
           adc    r5,r0            1
           mul    r17,r16          2    u2 × CC
           add    r12,r0           1
           adc    r18,r1           1
           adc    r19,r0           1
           adc    r2,r1            1
           clr    r17              1
           adc    r3,r17           1
           adc    r4,r17           1
           adc    r5,r17           1
           add    r18,r0           1
```

```
             adc   r19,r1        1
             adc   r2,r0         1
             adc   r3,r1         1
             adc   r4,r17        1
             adc   r5,r17        1
             mul   r30,r16       2    u2 × CC
             add   r18,r0        1
             adc   r19,r1        1
             adc   r2,r0         1
             adc   r3,r1         1
             adc   r4,r17        1
             adc   r5,r17        1
             add   r19,r0        1
             adc   r2,r1         1
             adc   r3,r0         1
             adc   r4,r1         1
             adc   r5,r17        1
             mul   r31,r16       2    u3 × CC
             add   r19,r0        1
             adc   r2,r1         1
             adc   r3,r0         1
             adc   r4,r1         1
             adc   r5,r17        1
             add   r2,r0         1
             adc   r3,r1         1
             adc   r4,r0         1
             adc   r5,r1         1
             brmi  FkaBn185      1/2  Bei q-1 = 1 keine Normalisierung
```

Das Produkt von $\mathfrak{q}'$ und **0,CCCCCCCC** ist zu normalisieren

```
FkaBn180:    sbiw  r25:r24,1     2    k ← k − 1
             lsl   r3            1    q' ← 2q'
             rol   r4            1
             rol   r5            1
             brpl  FkaBn180      1/2  Falls q-1 = 0 noch einmal shiften
FkaBn185:    inc   r13           1    n ← n + 1
             breq  FkaBn190      1/2
             rjmp  FkaBn175      2    Bei n < 0 weiter multiplizieren
FkaBn190:    rjmp  FkaBn120      2
```

Das Auslesen der Zeichenkette. ℓ' ist die Anzahl der verbleibenden Zeichen

```
FkaBnNxt:    tst   r16           1    ℓ' = 0?
             breq  FkaBnNx1      1/2  Ja: Mit c = 0 zurück (Endeanzeige)
             ld    r18,Z+        2    c ← ζ[ℓ − ℓ']
             dec   r16           1    ℓ' ← ℓ' − 1
             ret                 4
FkaBnNx1:    clr   r18           1    Endeanzeige
             ret                 4
```

Es beginnt mit der Überprüfung der Zeichenkettenlänge ℓ. Gilt $\ell > 30$, so wird zur Fehlerangabe das Nullbit und zur Angabe der Fehlerart das Überlaufbit gesetzt, bevor in das rufende Programm zurückgesprungen wird. Die maximale Zeichenzahl von 30 ist nicht total willkürlich, wie weiter unten noch klar werden wird. Sie könnte im Prinzip noch drastisch gesenkt werden, ohne etwas zu verlieren, aber so bleibt doch die Freiheit, statt `1,0e29` die Zeichenkette `100000000000000000000000000000` zu verwenden.
Bei $\ell \leq 30$ wird mit der Initialisierung einiger Register fortgefahren. Das als Akkumulator verwendete Dreifachregister $\mathbf{r_{5:4:3}}$ wird mit **000000** vorbesetzt. $\mathbf{r_{12}}$ zählt die noch verbleibenden signifikanten Dezimalziffern σ. Da eine 24-Bit-Zahl nicht mehr als eine Dezimalzahl mit sieben Ziffern aufnehmen kann, ist $\sigma_{\max} = 7$. Da Register $\mathbf{r_{12}}$ herunterzählt, wird es mit 7 initialisiert. In Register $\mathbf{r_{13}}$ wird der Dezimalexponent n berechnet, es wird mit 0 vorbelegt. Schließlich erhält $\mathbf{r_{14}}$ noch den Wert **00** zugewiesen, der bedeutet, dass kein Vorzeichen oder ein `+` entdeckt wurde. Der Wert **01** zeigt ein negatives Vorzeichen an.
Das laufende Zeichen c der Zeichenkette wird mit der einfachen Prozedur in den Zeilen *281–287* in Register $\mathbf{r_{18}}$ bereitgestellt. Der indirekte Zugriff auf die Zeichenkette vereinfacht die Logik des Programms.
Die erste echte Aufgabe des Unterprogramms ist die Ermittlung des Vorzeichens. Dazu wird in Zeile *17* das erste Zeichen der Zeichenkette gelesen. Ist ein `+`, so wird es ignoriert und zum Lesen des nächsten Zeichens in die Zeile *24* gesprungen. Ist es ein `-`, so erhält $\mathbf{r_{14}}$ in der Zeile *22* den Wert **01**, bevor das nächste Zeichen gelesen wird. Ist das Zeichen weder ein `+` noch ein `-`, so wird gleich in die Zeile *24* gesprungen, in der mit der Analyse der Ziffern vor dem Dezimalkomma begonnen wird.
Wie oben schon erwähnt, werden mit den Ziffern der Zeichenkette eine ganze Zahl q und eine Zehnerpotenz 10^n aufgebaut. Für q wird das Dreifachregister $\mathbf{r_{5:4:3}}$ verwendet, also erhält q in den Zeilen *10–12* den Anfangswert Null. Der Exponent n erhält den Startwert Null in Zeile *15*. Bei jeder eingelesenen Dezimalziffer wird q mit 10 multipliziert, dann wird der Zahlenwert, den die Dezimalziffer repräsentiert, hinzuaddiert. Z.B. wird aus den ersten sieben eingelesenen Dezimalziffern der Zeichenkette `1234567,89` die Zahl $q = 1234567$ und der Zehnerexponent 0 konstruiert. Die Zeichenkette `12345678,9` kann jedoch nicht so behandelt werden, da $\mathbf{r_{5:4:3}}$ eine achtstellige Dezimalzahl nicht aufnehmen kann. Hier kommt der Zehnerexponent ins Spiel, denn wegen $12345670 = 1234567 \times 10^1$ kann $q = 1234567$ und $n = 1$ gesetzt werden.
Dieser Aufbau wird in den Zeilen *24–50* ausgeführt. Zuerst wird geprüft, ob das laufende Zeichen c noch eine Dezimalziffer ist. Falls c nicht in den Bereich $\texttt{'0'} \leq c \leq \texttt{'9'}$ fällt, wird vorwärts in die Zeile *50* gesprungen, ab welcher der mit dem eventuellen Dezimalkomma beginnende Reste der Zeichenkette untersucht wird. In Zeile *28* ist c also eine Dezimalziffer mit dem Zahlenwert $\gamma = c - \texttt{'0'}$. Ob γ in q eingearbeitet wird oder nicht hängt vom Wert des Registers $\mathbf{r_{12}}$ ab, der die Anzahl σ der noch verbleibenden signifikanten Dezimalziffern repräsentiert. Bei $\mathfrak{r}_{12} =$ **00** ist lediglich der Zehnerexponent zu inkrementieren und zur nächsten Dezimalziffer überzugehen, andernfalls ist $10q + \gamma$ zu bilden. Hier kommt man mit einer Verzweigung aus, wenn vor der Prüfung, ob $\mathfrak{r}_{12} =$ **00** gilt, $\mathbf{r_{13}}$ in Zeile *28* gewissermaßen prophylaktisch inkrementiert wird. Ergibt sich dann in der nächsten Zeile, dass $\mathbf{r_{12}}$ tatsächlich **00** enthält, kann direkt in die Zeile *49* gesprungen werden, um das nächste Zeichen der Zeichenkette einzulesen. Selbstverständlich muss dann im anderen Fall nach dem Vergleich das Inkrementieren von $\mathbf{r_{13}}$ in Zeile *31* rückgängig gemacht werden. In der folgenden Zeile wird noch $\sigma - 1$ gebildet, dann wird mit der Berechnung von $10q + \gamma$ begonnen.
Die Lage der Teilprodukte von $10q$ ist in Bild 4.2 zu sehen. Dort stehen u_2, u_1 und u_0 für die Inhalte von $\mathbf{r_5}$, $\mathbf{r_4}$ und $\mathbf{r_3}$. Der im Bild auch gezeigte Überlauf des höchsten Teilproduktes, der von $\mathbf{r_{12}}$ aufgenommen wird, gilt für eine weiter unten auftrenden Situation. Ein solcher Überlauf kann hier nicht eintreten, da $\mathbf{r_{5:4:3}}$ nicht mehr als eine siebenstellige Dezimalzahl aufnehmen muss. Die Multiplikation wird nun nicht von rechts nach links, sondern von links nach rechts durchgeführt. Auf diese Weise werden keine weiteren Register mehr benötigt.
Ergibt der Vergleich in Zeile *24* oder der in Zeile *26*, dass c keine Dezimalziffer ist, wird in Zeile *51* geprüft, ob ein Dezimalkomma vorliegt. Ist das der Fall, so werden die Nachkommaziffern fast ebenso behandelt wie die Vorkommaziffern, nur dass der Dezimalexponent bei jeder signifikanten Dezimalziffer

dekrementiert wird. Nicht signifikante Nachkommaziffern werden total ignoriert. Z.B. wird die Zeichenkette `12,34567` zu $q = 1234567$ und $n = -5$, die Zeichenkette `12,3456789` wird ebenso zu $q = 1234567$ und $n = -5$.
Jede Kombination von Vorkommadezimalziffern, Dezimalkomma und Nachkommdezimalziffern führt auf den Test auf einen Dezimalexponenten in den Zeilen *80–83*. Wird dort weder das Zeichen `'e'` noch das Zeichen `'E'` als Beginn eines Dezimalexponenten festgestellt, so ist das Ende der Zeichenkette mit Dezimalziffern erreicht und es kann mit der Umsetzung der eingelesenen Dezimalziffern in Zeile *121* begonnen werden. Der wahrscheinlichste Grund ist natürlich, dass das wahre Ende der Zeichenkette erreicht wurde

Abbildung 4.2.: $u_2u_1u_0 \times 10$

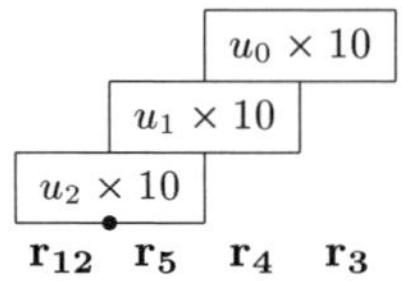

und Unterprogramm `FkaBnNext` das Schlussbyte **00** zurückgegeben hat, aber die Zeichenkette kann auch ein in diesem Kontext ungültiges Zeichen enthalten.[3]
Wurde also ein `'e'` oder ein `'E'` erkannt, so kann das in Zeile *84* gelesene nächste Zeichen ein Vorzeichen des Exponenten sein. Ein `'+'` wird wie bei der Zahl selbst ignoriert, bei einem Minuszeichen wird Register $\mathbf{r}_{19}$ mit **80** geladen (andernfalls hat es wegen Zeile *85* den Wert **00**) und das nächste Zeichen eingelesen. Der nun möglicherweise folgende Exponent e wird in Register $\mathbf{r}_0$ zusammengesetzt und deshalb in Zeile *92* mit **00** initialisiert. Die Schleife zur Berechnung von e beginnt in Zeile *94* mit der Prüfung, ob das laufende Zeichen c eine Dezimalziffer darstellt oder nicht. Ist das nicht der Fall, so ist der Absolutwert des Exponenten ermittelt und kann ab Zeile *109* mit dem Vorzeichen versehen werden. Andernfalls wird der neue Wert des Exponenten als $10e + c -$ `'0'` berechnet. Gilt im Zuge dieser Rechnung $e \geq 256$, so kommt sicher ein zu großer absoluter Exponent heraus, der auch nicht mehr von dem impliziten bisherigen Zehnerexponenten in $\mathbf{r}_{13}$ kompensiert werden kann. Diese Bedingung kann an zwei Stellen eintreten: Einmal bei der Multiplikation $10e$ in Zeile *98*, die ein 16-Bit-Ergebnis liefern kann, zum anderen bei der Addition in Zeile *105*. In beiden Fällen wird in den Zeilen *101–102* ein übergroßer Exponent angezeigt und in das rufende Programm zurückgesprungen. Nach der Berechnung des absoluten Exponenten e wird noch einmal seine Größe geprüft. Gilt nämlich $e \geq 128$, so kann die eventuelle Negierung in Zeile *113* zu einem verfälschten Exponenten führen. Diese Prüfung wird in Zeile *109* durchgeführt. Dort wird zwar das Vorzeichen getestet, aber nicht, um zu prüfen, ob der Wert von $\mathbf{r}_0$ negativ ist (das kann er gar nicht sein), sondern ob Bit 7 gesetzt ist, also $e \geq 128$ gilt. Kann e negiert werden, so wird in Zeile *111* getestet, ob das überhaupt zu geschehen hat. In Zeile *90* war das Vorzeichenbit von $\mathbf{r}_{19}$ gesetzt worden, falls die Zeichenkette vor dem Exponenten ein Minuszeichen enthielt, und in diesem Fall wird $\mathbf{r}_0$ auch negiert. Dann endlich kann in Zeile *114* durch $n \leftarrow n + e$ der tatsächliche Zehnerexponent gebildet werden. Tritt dabei Überlauf ein, d.h. gilt $n < -128$ oder $n > 127$, so ist der Zehnerexponent zu groß und es wird zur Fehleranzeige in die Zeile *101* gesprungen. Der größte absolute Zehnerexponent ist 38. Daraus folgt, dass für n die Beschränkung $-45 \leq n \leq 38$ besteht. Die linke Seite ergibt sich für $q \approx 10^7$, die rechte für $q = 1$. Ob die Beschränkung eingehalten wird unterliegt der Prüfung in den Zeilen *116–120*.
Bei Erreichen der Zeile *121* sind also eine ganze Zahl q mit $0 \leq q < 10^7$ und ein Zehnerexponent n mit $-45 \leq n \leq 38$ so bestimmt, dass $q10^n$ den Zahlenwert der eingelesenen Zeichenkette darstellt.
In der Zeile *121* angekommen wurden alle Zeichen der Zeichenkette fehlerlos umgesetzt. Eine „fehlerlose" Zeichenkette kann allerdings noch seltsam aussehen. Z.B. ist `-e-` eine solche Zeichenkette, die in $q = 0$ und $n = 0$ umgesetzt wird.

[3] Z.B. einen Punkt, weshalb es unter gewissen Umständen geraten sein kann, neben dem Dezimalkomma auch den angelsächsischen Dezimalpunkt zuzulassen.

In den Zeilen *121–123* wird getestet, ob $q = 0$ gilt. In diesem Fall wird $\mathfrak{o}^+$ oder $\mathfrak{o}^-$ ausgegeben. Ist $\mathfrak{r}_{14} =$ **00**, so enthält $\mathbf{r_{5:4:3}}$ schon $\mathfrak{o}^+ =$ **000000**. Ist dagegen $\mathfrak{r}_{14} =$ **01**, so wird in den Zeilen *125–126* das Dreifachregister mit $\mathfrak{o}^- =$ **800000** geladen, bevor zur Ausgabe der Zahl in die Zeile *196* gesprungen wird. Ab Zeile *128* gilt damit $q > 0$.

Die nächste Aufgabe ist es, q in das Produkt einer normalisierten Zahl $\mathfrak{q} = \mathfrak{q}_{-1} \cdots \mathfrak{q}_{-24}$ im Zahlenformat $\mathbb{K}_{0,24}$ und einer Zweierpotenz 2^k zu verwandeln, also in ein Produkt $q = \mathbb{K}_{0,24}(\mathfrak{q})2^k$ mit $\mathfrak{q}_{-1} = \mathfrak{1}$. Dabei soll $\mathfrak{q}$ in $\mathbf{r_{5:4:3}}$ berechnet werden, und den Binärexponenten k soll $\mathbf{r_{25:24}}$ aufnehmen. Diese Umwandlung beginnt in Zeile *128* damit, dass Doppelregister $\mathbf{r_{25:24}}$ mit $k = 24$ initialisiert wird. Sie kann im Prinzip so weitergeführt werden, dass $\mathbf{r_{5:4:3}}$ so lange nach links geshiftet wird, bis $\mathbf{r_5}.7 = \mathfrak{1}$ gilt. Dazu ist bei jedem Linksshift $\mathbf{r_{25:24}}$ zu dekrementieren. Allerdings sind so bei in der Praxis relativ häufig vorkommendem kleinem q sehr viele 24-Bit-Shifts durchzuführen. Das kann vermieden werden, indem acht 24-Bit-Shifts durch eine Byteumspeicherung ersetzt werden. Ist nämlich $\mathfrak{q}_{-1} \cdots \mathfrak{q}_{-8} = \mathfrak{0000\,0000}$, so können acht Linksshifts durch

$$\mathfrak{q}_{-1} \cdots \mathfrak{q}_{-8} \leftarrow \mathfrak{q}_{-9} \cdots \mathfrak{q}_{-16} \qquad \mathfrak{q}_{-9} \cdots \mathfrak{q}_{-16} \leftarrow \mathfrak{q}_{-17} \cdots \mathfrak{q}_{-24} \qquad \mathfrak{q}_{-17} \cdots \mathfrak{q}_{-24} \leftarrow \mathfrak{0000\,0000}$$

gleichzeitig ausgeführt werden. Dazu gehört natürlich $k \leftarrow k - 8$. Eben diese Operationen werden in den Zeilen *132–135* durchgeführt, wenn in Zeile *130* festgestellt wird, dass $\mathfrak{r}_5 =$ **00**, also $\mathfrak{q}_{-1} \cdots \mathfrak{q}_{-8} = \mathfrak{0000\,0000}$ gilt.

Danach kann aber immer noch $\mathfrak{q}_{-1} \cdots \mathfrak{q}_{-8} = \mathfrak{0000\,0000}$ gelten, der Vorgang kann also möglicherweise wiederholt werden, wenn auch etwas verkürzt:

$$\mathfrak{q}_{-1} \cdots \mathfrak{q}_{-8} \leftarrow \mathfrak{q}_{-9} \cdots \mathfrak{q}_{-16} \qquad \mathfrak{q}_{-9} \cdots \mathfrak{q}_{-16} \leftarrow \mathfrak{0000\,0000}$$

Hinzu kommt wieder $k \leftarrow k - 8$. Diese Operationen werden in den Zeilen *138–140* ausgeführt, falls der Test in der Zeile *136* auf $\mathfrak{r}_5 =$ **00** erfolgreich war.

Jedenfalls sind bei Ankunft in Zeile *141* nur noch höchstens sieben Linksshifts auszuführen. Es wird getestet, ob überhaupt noch zu shiften ist, ob also $\mathfrak{q}_{-1} = \mathfrak{1}$ gilt. Ist das nicht der Fall, so wird in den Zeilen *143–147* so lange nach links geshiftet, bis er eintritt. Diese Shifts sind natürlich von der Operation $k \leftarrow k - 1$ begleitet.

Die Laufzeit des Unterprogramms kann auf Kosten seiner Länge noch etwas verkürzt werden. Nach Zeile *135* müssen nämlich nur noch 16-Bit-Shifts ausgeführt werden, ab Zeile *140* nur noch 8-Bit-Shifts.

Bei Erreichen von Zeile *148* stellt $\mathbb{K}_{0,24}(\mathfrak{q})2^k 10^n$ den Wert der von der Ziffernzeichenkette repräsentierten Zahl dar. Dabei ist $\mathfrak{q}_{-1} = \mathfrak{1}$. Das weitere Vorgehen richtet sich nach dem Wert des Zehnerexponenten n. Gilt $n < 0$, so muss $|n|$-mal mit 10 multipliziert werden, ist $n > 0$, so ist n-mal mit $\frac{1}{10}$ zu multiplizieren, und bei $n = 0$ können $\mathfrak{q}$ und k direkt in eine Fließkommazahl im Format $\mathbb{F}_{2/3}$ umgeformt werden.

Zur Multiplikation mit 10 wird $\mathfrak{q}$ links um acht Bit auf $\mathfrak{q}' = \mathfrak{q}_7 \cdots \mathfrak{q}_0\mathfrak{q}_{-1} \cdots \mathfrak{q}_{-24}$ verlängert, die neuen Bits werden mit Register $\mathbf{r_{12}}$ realisiert. Die Zusammensetzung des Produkts aus den Partialprodukten ist in Bild 4.2 wiedergegeben. Zur Abkürzung ist dort $u_2 = \mathbb{K}_8(\mathfrak{q}_{-1} \cdots \mathfrak{q}_{-8})$, $u_1 = \mathbb{K}_8(\mathfrak{q}_{-9} \cdots \mathfrak{q}_{-16})$ und $u_0 = \mathbb{K}_8(\mathfrak{q}_{-17} \cdots \mathfrak{q}_{-24})$ gesetzt worden. Multipliziert wird in den Zeilen *151–165* von links nach rechts. Ist nach der Addition aller Partialprodukte $\mathfrak{q}_7 \cdots \mathfrak{q}_0 \neq \mathfrak{0000\,0000}$, so wird $\mathfrak{q}'$ so lange nach rechts geshiftet, bis $\mathfrak{q}_7 \cdots \mathfrak{q}_0 = \mathfrak{0000\,0000}$ gilt und $\mathfrak{q}$ normalisiert ist. Gleichzeitig wird bei jedem Shift k inkrementiert. Nach dem Austritt aus der Multiplikationsschleife stellt $\mathbb{K}_{0,24}(\mathfrak{q})2^k$ den gesuchten Zahlenwert dar.

Die Multiplikation mit $\frac{1}{10}$ beginnt in Zeile *217*. Sie ist leider nicht so einfach durchzuführen wie die Multiplikation mit 10. Zunächst einmal ist wegen $\frac{1}{10} < \frac{1}{8}$ klar, dass jede Multiplikation von $\mathfrak{q}$ mit $\frac{1}{10}$ mindestens drei Nachkommabits löscht, also $\mathfrak{q}_{-1} = \mathfrak{q}_{-2} = \mathfrak{q}_{-3} = \mathfrak{0}$ zur Folge hat. Das bedeutet, dass jede solche Multiplikation mindestens drei Linksshifts zur Normalisierung nach sich zieht (mit entsprechender Manipulation von k). Hier bietet es sich an, nicht mit $\frac{1}{10}$, sondern mit $\frac{8}{10}$ zu multiplizieren, dann ist nur noch gelegentlich ein normalisierender Linkshift nötig. Eine 24-Bit-Approximation an $\frac{8}{10}$ ist **0,CCCCCD**. Leider ist das Rechnen mit 24-Bit-Arithmetik nicht genau genug, um auch noch bei 38 Multiplikationen mit **0,CCCCCD** ein auf 16 Bit genaues Ergebnis zu liefern. Es muss deshalb kurzfristig zu einer 32-Bit-Arithmetik übergegangen werden. Zu diesem Zweck wird das Dreifachregister $\mathbf{r}_{5:4:3}$ rechts mit $\mathbf{r}_2$ zum Vierfachregister $\mathbf{r}_{5:4:3:2}$ ergänzt. Entsprechend wird $\mathfrak{q}$ zu $\mathfrak{q}' = \mathfrak{q}_{-1}\cdots\mathfrak{q}_{-24}\mathfrak{q}_{-25}\cdots\mathfrak{q}_{-32}$ ergänzt. Da es nun nicht mehr auf jedes Bit ankommt, wird mit **0,CCCCCCCC** und nicht mit **0,CCCCCCCD** multipliziert, auf diese Weise wird das Programm etwas vereinfacht, denn man kommt so mit nur vier Multiplikationen aus, da es über-

Abbildung 4.3.: $u_3u_2u_1u_0 \times$ **CCCCCCCC**

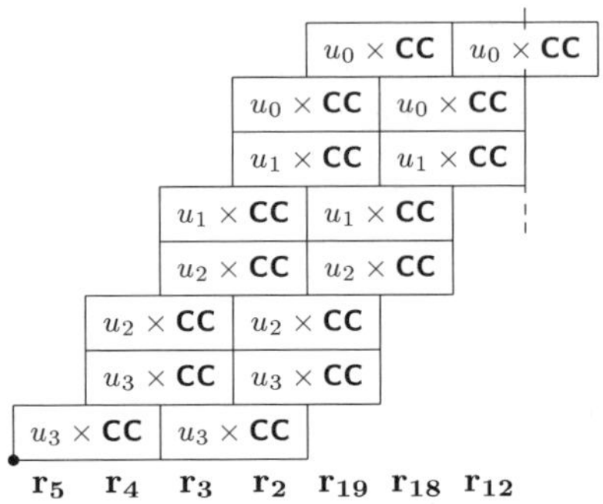

haupt nur vier verschiedene Teilprodukte gibt. Bild 4.3 zeigt, wie die Teilprodukte zum Gesamtprodukt addiert werden müssen. Es ist dort $u_3 = \mathbb{K}_8(\mathfrak{q}_{-1}\cdots\mathfrak{q}_{-8})$, $u_2 = \mathbb{K}_8(\mathfrak{q}_{-9}\cdots\mathfrak{q}_{-16})$, $u_1 = \mathbb{K}_8(\mathfrak{q}_{-17}\cdots\mathfrak{q}_{-24})$ und $u_0 = \mathbb{K}_8(\mathfrak{q}_{-25}\cdots\mathfrak{q}_{-32})$. Zur Aufnahme der oberen 56 Bits des Gesamtproduktes wird $\mathbf{r}_{5:4:3:2}$ rechts temporär durch die Register $\mathbf{r}_{19}$, $\mathbf{r}_{18}$ und $\mathbf{r}_{12}$ ergänzt, wie es auch im Bild gezeigt ist. Da die einzelnen Stationen der Multiplikation anhand des Bildes gut zu verfolgen sind, kann eine bis in die Einzelheiten gehende Erläuterung wohl unterbleiben. Es ist möglich, dass das Produkt noch normalisiert werden muss, falls nämlich $\mathfrak{q}_{-1} = \mathtt{0}$ gilt. Das geschieht dann in den Zeilen *275–278*. Nach dem Austritt aus der Multiplikationsschleife, also in Zeile *283*, stellt $\mathbb{K}_{0,24}(\mathfrak{q})2^k$ den gesuchten Zahlenwert dar.
Ab Zeile *176* wird aus $\mathfrak{q}$ und k die gesuchte zweidrittelgenaue Fließkommazahl $\mathfrak{y}$ konstruiert. Da die Mantisse von $\mathfrak{y}$ das Zahlenformat $\mathbb{K}_{1,15}$ besitzt, $\mathfrak{q}$ aber im Format $\mathbb{K}_{0,24}$ vorliegt, ist 1 von k zu subtrahieren. Andererseits ist zum Binärexponenten ein *bias* von 127 zu addieren. Die resultierende Addition von 126 erfolgt in den Zeilen *176–177* zwar mit 16-Bit-Addition, leider sind aber **zwei** Additionen nötig, da mit dem Befehl `adiw` nur Summanden im Bereich $0 \leq s \leq 63$ addiert werden können.
Es folgt das Runden. Dazu wird in den Zeilen *178–179* $\mathfrak{r} = \mathfrak{q}_{-17}\cdots\mathfrak{q}_{-24}$ mit 1000 0000 verglichen. Gilt $\mathfrak{r} = 1000\,0000$, so ist die spezielle Rundungsregel anzuwenden, die von $\mathfrak{q}_{-16}$ abhängt und ab Zeile *214* realisiert wird. Ist andererseits $\mathfrak{r} > 1000\,0000$, so wird ab Zeile *205* aufgerundet. Im Fall $\mathfrak{r} < 1000\,0000$ ist natürlich nichts zu tun und es kann mit der Konstruktion von $\mathfrak{y}$ fortgefahren werden.
Das Aufrunden geschieht durch Addition von 0000 0000 0000 0000 1000 0000 zu $\mathfrak{q}_{-1}\cdots\mathfrak{q}_{-24}$ in den Zeilen *205–208*. Ergibt die Addition einen Übertrag, so ist $\mathfrak{q}_{-1}\cdots\mathfrak{q}_{-16}$ nach rechts zu shiften (Zeilen *210–211*) und der Exponent um 1 zu erhöhen (Zeile *212*). Andernfalls kann mit der Prüfung des Exponenten in Zeile *182* fortgefahren werden.
Die spezielle Rundungsregel besagt, dass aufzurunden ist, falls $\mathfrak{q}_{16} = \mathtt{1}$ gilt. Diese Bedingung wird in Zeile *214* getestet. Ist nämlich $\mathfrak{q}_{16} = \mathbf{r}_4.0 = \mathtt{1}$, so überspringt der Befehl `sbrs r4,0` die Zeile *215* und sorgt so für eine Verzweigung in das Aufrunden ab Zeile *205*. Andernfalls wird der Befehl in Zeile *215* ausgeführt, der in die Zeile *182* springt, in der mit dem Testen des Binärexponenten begonnen wird.
Für den (mit dem *bias* versehenen) Binärexponenten muss $0 \leq k < 255$ gelten. Mit dem Test in Zeile *182* wird zunächst festgestellt, ob $k < 0$ oder $256 \leq k$ gilt. Ist das der Fall, wird mit einer Fehlermeldung zurückgesprungen. Damit ist $0 \leq k \leq 255$. Nun kann in Zeile *188* geprüft werden, ob $k = 255$ gilt. Ist das der Fall, so ist der Exponent zu groß (255 ist den **NaN**s vorbehalten), es erfolgt ebenfalls ein Fehlerrücksprung. Schließlich ist der Exponent **00** nur bei $\mathtt{0}^+$ oder $\mathtt{0}^-$ möglich, und da die konstruierte

Mantisse nicht Null ist, muss auch hier ein Fehler zurückgegeben werden.
Der letzte konstruktive Akt ist das Einfügen des Vorzeichens in den Zeilen *192–195*. Zunächst wird $\mathbf{r_5}$ nach links geshiftet, um Platz für das untere Bit des Binärexponenten zu machen. Dann wird das Vorzeichen aus $\mathbf{r_{14}}$ hinaus in das Übertragsbit geschoben und von dort oben in das Exponentenbyte hineingeschoben. Das damit hinausgeschobene untere Bit des Exponentenbytes wird dann in Zeile *19*. von oben in das obere Byte der Mantisse hineingeschoben.
Es bleibt noch, für den regulären Rücksprung das Nullbit zu löschen und anschließend die konstruierte Zahl $\mathfrak{y}$ an die in Register **Y** übergebene Adresse zu kopieren.

4.6. Systeme linearer Gleichungen und Ausgleichsrechnung

Das Fließkommapaket ist auch größeren Aufgaben gewachsen. Zum Beweis sei hier ein Unterprogramm vorgestellt, welches nicht nur das Lösen von Systemen linearer Gleichungen gestattet, sondern mit dem auch Regressions- und Korrelationsrechnungen durchgeführt werden können ohne Einsatz der numerisch instabilen Normalgleichungen. Das Programm ist allerdings zu umfangreich, um als Beispielprogramm in das Buch aufgenommen zu werden. Leser, die das Unterprogramm einsetzen wollen, können den Programmtext und die ausführlichen Erläuterungen von der *homepage* des Autors heruntergeladen:

`http://www.Schwabl-Schmidt.de`

Beispielsweise ist ein **ATmega32**, der mit dem Unterprogramm ein Gleichungssystem mit 30 Unbekannten löst, nur zu etwa $\frac{3}{4}$ seiner Datenspeicherkapazität ausgelastet.

Unterprogramm FkaLin

Gegeben seien eine Matrix $\boldsymbol{A}$ mit n Zeilen und m Spalten und ein Vektor $\boldsymbol{b}$ mit n Elementen, mit $m \leq n$. Gilt $n = m$, so wird das lineare Gleichungsystem $\boldsymbol{Ax} = \boldsymbol{b}$ gelöst, sofern es eine Lösung besitzt. Im Falle $m < n$ wird derjenige m-Vektor $\boldsymbol{x}$ bestimmt, für den gilt

$$||\boldsymbol{Ax} - \boldsymbol{b}|| = \min_{\boldsymbol{u}} ||\boldsymbol{Au} - \boldsymbol{b}||$$

Darin ist $||\boldsymbol{z}||$ die euklidische Norm eines n-Vektors $\boldsymbol{z}$, weshalb $\boldsymbol{x}$ nach der Methode der kleinsten Quadrate bestimmt wird.
Es wird noch ein Hilfsvektor $\boldsymbol{q}$ der Dimension $m(1 + m)/2$ benötigt.

Input

$\mathbf{r_{17:16}}$	Die Adresse der Matrix $\boldsymbol{A}$
$\mathbf{r_{19:18}}$	Die Adresse des Vektors $\boldsymbol{b}$
$\mathbf{r_{21:20}}$	Die Adresse des Lösungsvektors $\boldsymbol{x}$
$\mathbf{r_{23:22}}$	Die Adresse des Hilfsvektors $\boldsymbol{q}$
$\mathbf{r_{14}}$	Die Zeilenzahl n
$\mathbf{r_{15}}$	Die Spaltenzahl m

Das Unterprogramm erzeugt zwar selbst keine Fehler, aber bei den Rechnungen können natürlich Exponentenüber- und Unterlauf eintreten und es kann der Versuch gemacht werden, durch Null zu dividieren. Das ist besonders bei schlecht konditionierten oder singulären Systemen zu befürchten.

5. Die Berechnung von Fließkommafunktionen

Der Aufbau einer Fließkommaarithmetik für 8-Bit-Prozessoren, deren Befehlssatz keine über das absolut notwendige hinaus gehende Hilfestellung für die zu implementierenden mannigfaltigen Manipulationen von Bitmustern bietet, ist ein schwieriges Unterfangen. Schwieriger noch ist aber die Implementierung der zu einer solchen Arithmetik gehörenden Funktionen wie Quadratwurzel, Logarithmus usw. Natürlich sind auch dabei Bitmuster zu manipulieren, aber die dominierende Rolle spielen Genauigkeitsfragen, ein Gebiet, das dem durchschnittlichen Programmierer von AVR-Mikrocontrollern wenig bekannt sein dürfte. Die Erläuterungen sind deshalb sehr ausführlich gehalten, und es wird auch vor einfachsten Beispielen nicht zurückgeschreckt! Wenn spezielle Umstände es nicht verbieten, sind Beispiele im Dezimalsystem angeführt, damit sie mit einem Taschenrechner nachvollzogen werden können.

5.1. Bereichsreduktionen

Es ist selten der Fall, dass zur Berechnung einer Funktion ein Rechenverfahren angegeben werden kann, das für den gesamten Definitionsbereich der Funktion gilt. Unter den Elementarfunktionen lässt sich dafür kein Beispiel finden, man muss sich schon etwas weiter umsehen. Ein mögliches Beispiel bietet die Berechnung des Integrals[1]

$$P(x) = \frac{1}{\sqrt{2\pi}} \int\limits_0^x e^{-\frac{1}{2}\xi^2} d\xi \qquad x \geq 0$$

Es kann approximiert werden durch die folgende rationale Funktion, die mit P einige wichtige Eigenschaften teilt:

$$R_{5,5}(x) = \frac{0,5x^5 - 0,624298x^4 + 1,666902x^3 + 0,767742x^2 + 9,050508x}{x^5 - 1,238661x^4 + 2.995582x^3 + 5,148169x^2 + 2.776898x + 22,601228} \tag{5.1}$$

Die Eigenschaften, die P und $R_{5,5}$ gemeinsam besizten sind

$$R_{5,5}(0) = P(0) = 0 \quad \text{und} \quad \lim_{x \to \infty} R_{5,5}(x) = \lim_{x \to \infty} P(x) = \frac{1}{2}. \tag{5.2}$$

Der absolute Minimaxfehler ist allerdings mit $0,46 \times 10^{-4}$ angegeben, das ist keine große Genauigkeit für den Quotienten zweier Polynome vom Grad fünf. Die Eigenschaften (5.2) werden also mit erhöhtem Aufwand erkauft, der in der Praxis von Funktionsanwendungen normalerweise stärkeres Gewicht besitzt als schöne Eigenschaften. Approximationen wie (5.2) sieht man deshalb in der Anwendung selten.

Der Normalfall ist, dass man zu einer Funktion f ein Verfahren kennt, sie in einem Teilintervall $[\alpha, \beta]$ ihres Definitionsbereiches zu berechnen, d.h. man kann $f(x)$ für $\alpha \leq x \leq \beta$ berechnen.

[1]Siehe [Fike] ***Example 9.7.3***

Möglich sind auch halboffene Intervalle, also z.B. $[\alpha, \beta)$. Das Problem ist nun, die Berechnung von $f(x)$ für ein x, das $[\alpha, \beta]$ nicht angehört, zurückzuführen auf die Berechnung von $f(y)$ eines y das ihm angehört. Immer spielen dabei besondere Eigenschaften der Funktion f eine Rolle.

Es sei z.B. ein Verfahren gegeben, die Exponentialfunktion e^x im Intervall $[0, 1)$ zu approximieren. Ist x eine reelle Zahl *nicht* aus diesem Intervall, so kann man den ganzzahligen Anteil n von x bestimmen, mit dem $x = n + \vartheta$ gilt, dabei ist $0 \leq \vartheta < 1$. Man nutzt nun die Eigenschaft $e^{u+v} = e^u e^v$ der Exponentialfunktion aus, die auf $e^x = e^{n+\vartheta} = e^n e^\vartheta$. führt. In diesem Ausdruck kann e^ϑ mit dem gegebenen Verfahren berechnet werden. Z.B. ist $e^{-7,25} = e^{-8+0,75} = e^{-8} e^{0,75}$. Die e^n müssen allerdings für die möglichen ganzzahligen Anteile in einer Tabelle bereitgestellt werden, weshalb bei der nachfolgenden Implementierung der Exponentialfunktion eine an die binäre Umgebung besser angepasste Methode angewandt wird.

Bei der Berechnung des natürlichen Logarithmus wird man dessen Eigenschaft $\ln(uv) = \ln(u) + \ln(v)$ nutzen, aus der direkt $\ln(u^n) = n \ln(u)$ folgt. Es gelte etwa, dass der natürlich Logarithmus im Intervall $[1, 2)$ approximiert werden kann. Ist dann $x > 0$, aber x nicht in diesem Intervall, so bringt man x in die Gestalt $x = \vartheta 2^m$ mit $1 \leq \vartheta < 2$ und erhält damit $\ln(x) = \ln(\vartheta 2^m) = \ln(\vartheta) + \ln(2^m) = \ln(\vartheta) + m \ln(2)$. In diesem Ausdruck kann $\ln(\vartheta)$ mit dem gegebenen Verfahren berechnet werden. Als ein Beispiel hat man $0,23 = 2^3 \times 0,23 \times 2^{-3} = 1,76 \times 2^{-3}$, also $\ln(0,23) = \ln(1,76) - 3 \ln(2)$.

Bei den trigonometrischen Funktionen kann man vermuten, dass die periodischen Eigenschaften eine große Rolle spielen, Eigenschaften wie $\sin(x + 2\pi) = \sin(x)$. Angenommen, die Sinusfunktion kann im Intervall $[0, 2\pi)$ approximiert werden. Es ist $\sin(x)$ für ein x nicht aus diesem Intervall zu berechnen. Wegen $\sin(-x) = -\sin(x)$ kann $x \geq 2\pi$ angenommen werden. Zunächst kann man aus der Periodizität folgendes ableiten:

$$\begin{aligned}
\sin(\lambda + m \times 2\pi) &= \sin(\lambda + (m-1)2\pi + 2\pi) \\
&= \sin(\lambda + (m-1)2\pi) \\
&= \sin(\lambda + (m-2)2\pi + 2\pi) \\
&= \sin(\lambda + (m-2)2\pi) \\
&\ \vdots \\
&= \sin(\lambda + 2\pi) \\
&= \sin(\lambda)
\end{aligned}$$

Das legt nahe, x darzustellen als $x = n \times 2\pi + \lambda$, mit $n \in \mathbb{Z}$ und $0 \leq \lambda < 2\pi$. Das gelingt, indem $x/2\pi$ in den ganzzahligen Anteil n und den gebrochenen Anteil ϑ zerlegt wird: $x/2\pi = n + \vartheta$, mit $n \in \mathbb{Z}$ und $0 \leq \vartheta < 1$. Das ergibt $x = n \times 2\pi + \lambda$, mit $\lambda = 2\pi\vartheta$, also $0 \leq \lambda < 2\pi$, woraus die gewünschte Bereichsreduktion folgt: $\sin(x) = \sin(n \times 2\pi + \lambda) = \sin(\lambda)$.[2] Z.B. ist $10/2\pi = 1,591549431$, wenn mit zehnstelliger Dezimalarithmetik gerechnet wird. Das bedeutet $10 = 1 \times 2\pi + 0,591549431 \times 2\pi = 1 \times 2\pi + 3,716814693$, folglich $\sin(10) = \sin(3,716814693)$.

Die bisher für einige elementare Funktionen vorgestellten Reduktionen spielen sich allerdings in einer idealen Umgebung ab, nämlich der idealen Umgebung einer „unendlich genauen“ Fließkommaarithmetik. Leider hat die Tatsache, dass nur mit endlicher fester Stellenzahl gearbeitet wird, weitreichende Konsequenzen.

[2] Auch diese Reduktion hat nur Demonstrativcharakter, die folgende Implementierung verwendet eine andere Methode.

Wird z.B. zur Berechnung von $\sin(10^{20})$ wie oben $10^{20}/2\pi$ berechnet, so liefert ein mit zehn Stellen rechnender Taschenrechner den Quotienten $1,591549431 \times 10^{19}$, also ausgeschrieben die Zahl 15915494310000000000. Das ist aber eine ganze Zahl! Die Zerlegung ist deshalb

$$10^{20} \doteq 15915494310000000000 \times 2\pi + 0,$$

und das bedeutet $\sin(10^{20}) = 0$.

Tatsächlich ergibt eine genauere Rechnung (mit etwa 60 Dezimalstellen) für den Quotienten jedoch den Wert

$$\frac{10^{20}}{2\pi} \approx 15915494309189533576,888376337251436203445964574045644874766 73$$

und das führt auf die Darstellung

$$10^{20} \approx 15915494309189533576 \times 2\pi + 5,581833149464241094730323202384703489318321075810650749855 48.$$

Der Taschenrechner liefert nun das Ergebnis $\sin(10^{20}) \approx -0,6452512856$, das sich vom wahren Wert nicht wesentlich unterscheidet.

Natürlich stellt die Berechnung von $\sin(10^{20})$ keinen Sonderfall dar, es ist vielmehr so, dass in der zehnstelligen Arithmetik **jede** Zahl $z > 2\pi \times 10^{10}$ als ein ganzzahliges Vielfaches von 2π erscheint, da dann $z/2\pi > 10^{10}$ eine ganze Zahl ist. Für jede solche Zahl z ist deshalb $\sin(z) = 0$. Das bedeutet totalen Genauigkeitsverlust, nicht einmal das Vorzeichen ist bekannt. Wohlgemerkt, dieser Genauigkeitsverlust ist nicht der Sinusfunktion geschuldet, sondern der Rechnung mit fester Stellenzahl. Auch die obige Bereichsreduktion für die Exponentialfunktion hat mit dem Problem zu kämpfen, denn für $z > 10^{10}$ ist z eine ganze Zahl und folglich gilt $\vartheta = 0$, also $\exp(z) = 1$.

Mit kleiner werdendem x nimmt der Genauigkeitsverlust ab, aber solange der ganzzahlige Anteil von n nicht Null ist, ist ein Genauigkeitsverlust vorhanden. Dazu noch ein Beispiel, und zwar die Berechnung von sin(100000), wieder dezimal mit zehn Stellen. Der Taschenrechner liefert

$$\frac{10^5}{2\pi} \approx 1,591549431 \times 10^4,$$

also ist der ganzzahlige Anteil $n = 15915$. Mit dem Taschenrechner wird dann auch das Produkt $2\pi n \approx 99996,89416$ berechnet. Bei zehnstelliger Rechnung erhält man daraus für die Differenz $10^5 - 2\pi n$:

```
  100000,0000
-  99996,8941
=      3,1059
```

Der Genauigkeitsverlust tritt also durch Auslöschung der führenden Ziffern ein. Wie groß der Verlust durch Auslöschung ist, macht die Gegenüberstellung mit dem exakten Ergebnis deutlich, zur Berechnung von sin(100000) stehen nur noch vier genaue Dezimalstellen zur Verfügung:

```
3,1058362368812197340611102134231960040980178903 8
3,1059
```

Die Auslöschung kann zum Teil abgewendet werden, indem $2\pi n$ und dann $10^5 - 2\pi n$ mit größerer Stellenzahl berechnet werden.

Zur Bereichsreduktion gehört auch das Ausnutzen von Symmetrieeigenschaften. Z.B. lässt sich wegen $\sin(-x) = -\sin(x)$ und $\cos(-x) = \cos(x)$ der Definitionsbereich von sin und cos auf $x \geq 0$ reduzieren. Es ist allerdings nicht immer so einfach. Kann man z.B. den Wert des Dilogarithmus Li_2, definiert durch

$$\mathsf{Li}_2(x) = -\int_0^x \frac{\ln(|1-t|)}{t}\,dt$$

im Intervall $[-1, 0]$ berechnen, so erhält man $\mathsf{Li}_2(x)$ im restlichen Definitonsbereich wie folgt:

Projektive Transformation für $0 < x < 1$

$$\mathsf{Li}_2(x) = -\frac{1}{2}\left[\ln(1-x)\right]^2 - \mathsf{Li}_2\left(\frac{x}{x-1}\right)$$

Reflexion für $x \geq 1$

$$\mathsf{Li}_2(x) = \frac{\pi^2}{6} - \ln(x)\ln(x-1) - \mathsf{Li}_2(1-x)$$

Inversion für $x < -1$

$$\mathsf{Li}_2(x) = -\frac{\pi^2}{6} - \frac{1}{2}\left[\ln(-x)\right]^2 - \mathsf{Li}_2\left(\frac{1}{x}\right)$$

Solche Eigenschaften von Funktionen kann man z.B. [AbSt] entnehmen.

5.2. Approximation von Funktionen mit Tschebyscheff-Polynomen

Die Funktionen $\boldsymbol{T}_n$ sind für $-1 \leq x \leq 1$ definiert durch

$$\boldsymbol{T}_n(x) = \cos(n \arccos(x)). \tag{5.3}$$

Man erhält sofort $\boldsymbol{T}_0(x) = \cos(0) = 1$ und $\boldsymbol{T}_1(x) = \cos(\arccos(x)) = x$. Für höhere Werte von n erhält man $\boldsymbol{T}_n$ mit der trigonometrischen Formel

$$\cos((n+2)x) = 2\cos(x)\cos((n+1)x) - \cos(nx).$$

Für $n = 0$ ergibt sich daraus $\cos(2x) = 2\cos^2(x) - 1$ und $\cos(3x) = 4\cos^3(x) - 3\cos(x)$ für $n = 1$, also $\boldsymbol{T}_2(x) = \cos(2\arccos(x)) = 2\cos^2(\arccos(x)) - 1 = 2x^2 - 1$ und $\boldsymbol{T}_3 = \cos(3\arccos(x)) = 4\cos^3(\arccos(x)) - 3\cos(\arccos(x)) = 4x^3 - 3x$. Dass allgemein $\boldsymbol{T}_n$ ein Polynom vom Grand n ist sieht man leicht mit Hilfe der Formel

$$\cos(u)\cos(v) = \frac{1}{2}\left(\cos(u - v) + \cos(u + v)\right). \tag{5.4}$$

Der Spezialfall $v = nu$, also $\cos(u)\cos(nu) = (\cos(u - nu) + \cos(u - nu))/2$, liefert nämlich für $u = \arccos(x)$ die Gleichung $x\boldsymbol{T}_n(x) = (\boldsymbol{T}_{n-1}(x) + \boldsymbol{T}_{n+1}(x))/2$, also die Rekursionsformel

$$\boldsymbol{T}_{n+1}(x) = 2x\boldsymbol{T}_n(x) - \boldsymbol{T}_{n-1}(x). \tag{5.5}$$

Mit den Startwerten $\boldsymbol{T}_0(x) = 1$ und $\boldsymbol{T}_1(x) = x$ ist nach der Rekursionsformel $\boldsymbol{T}_3$ ein Polynom vom Grad 3, dann ist wieder nach der Rekursionsformel $\boldsymbol{T}_4$ ein Polynom vom Grad 4 usw. Außerdem zeigt die Rekursionsformel noch, dass $\boldsymbol{T}_{2n}$ nur gerade Potenzen und $\boldsymbol{T}_{2n+1}$ nur ungerade Potenzen

Abbildung 5.1.: $\boldsymbol{T}_{10}$

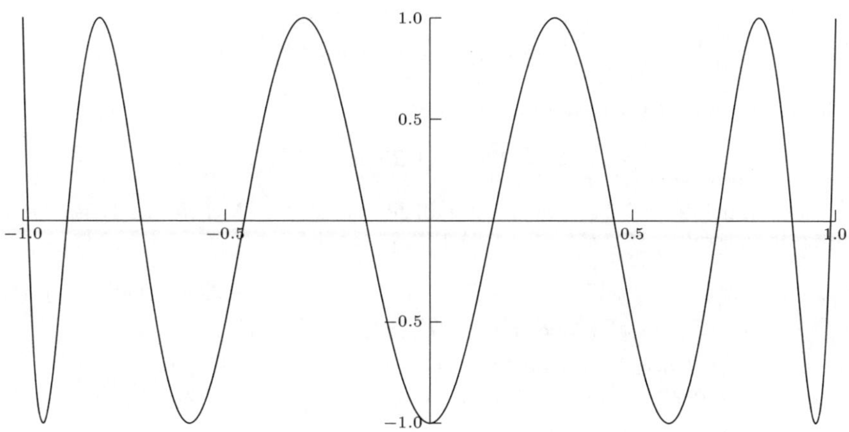

von x enthält. Definiert man daher

$$\boldsymbol{T}_n^{\circ} = \boldsymbol{T}_{2n} \quad \text{und} \quad \boldsymbol{T}_n^{\triangleright} = \boldsymbol{T}_{2n+1}$$

dann sind die $\boldsymbol{T}_n^{\circ}$ gerade und die $\boldsymbol{T}_n^{\triangleright}$ ungerade Funktionen. Aus der Definition (5.3) folgt direkt $-1 \leq \boldsymbol{T}_n(x) \leq 1$ für $-1 \leq x \leq 1$, für $|x| > 1$ steigen die Werte von $\boldsymbol{T}_n(x)$ jedoch steil an und sind für Approximationen unbrauchbar.

Für das Intervall $0 \leq x \leq 1$ gibt es die speziellen T-Polynome $\boldsymbol{T}_n^*$, die durch

$$\boldsymbol{T}_n^*(x) = \boldsymbol{T}_n(2x - 1) \tag{5.6}$$

definiert sind. Wegen $\cos(2u) = 2\cos^2(u) - 1$ gilt der Zusammenhang

$$\boldsymbol{T}_n^*(x^2) = \boldsymbol{T}_n(2x^2 - 1) = \boldsymbol{T}_{2n}(x). \tag{5.7}$$

Aus der Rekursionsformel (5.5) kann eine Rekursionsformel für die $\boldsymbol{T}_n^*$ abgeleitet werden. Es ist nämlich

$$\begin{aligned}
\boldsymbol{T}_{n+1}^*(x) &= \boldsymbol{T}_{n+1}(2x - 1) \\
&= 2(2x - 1)\boldsymbol{T}_n(2x - 1) - \boldsymbol{T}_{n-1}(2x - 1) \\
&= 2(2x - 1)\boldsymbol{T}_n^*(x) - \boldsymbol{T}_{n-1}^*(x),
\end{aligned}$$

die Rekursionsformel ist für die $\boldsymbol{T}_n^*$ deshalb

$$\boldsymbol{T}_{n+1}^*(x) = 2(2x - 1)\boldsymbol{T}_n^*(x) - \boldsymbol{T}_{n-1}^*(x). \tag{5.8}$$

Auch für die $\boldsymbol{T}_n^{\circ}$ und die $\boldsymbol{T}_n^{\triangleright}$ lassen sich Rekursionsformeln ableiten. So folgt mit (5.7) sofort

$$\begin{aligned}
\boldsymbol{T}_{2(n+1)}(x) &= \boldsymbol{T}_{n+1}^*(x^2) \\
&= 2(2x^2 - 1)\boldsymbol{T}_n^*(x^2) - \boldsymbol{T}_{n-1}^*(x^2) \\
&= 2(2x^2 - 1)\boldsymbol{T}_{2n}(x) - \boldsymbol{T}_{2(n-1)}(x),
\end{aligned}$$

d.h. für die $\boldsymbol{T}_n^{\circ}$ gilt die Rekursionsformel

$$\boldsymbol{T}_{n+1}^{\circ}(x) = 2(2x^2 - 1)\boldsymbol{T}_n^{\circ}(x) - \boldsymbol{T}_{n-1}^{\circ}(x). \tag{5.9}$$

Die Rekursionsformel der $\boldsymbol{T}_n^{\triangleright}$ ist etwas umständlicher abzuleiten. Mehrfacher Einsatz der Rekursion (5.5) in der Gestalt $2x\boldsymbol{T}_\nu(x) = \boldsymbol{T}_{\nu+1}(x) + \boldsymbol{T}_{\nu+-}(x)$ liefert

$$\begin{aligned}
\boldsymbol{T}_{2n+3}(x) &= \boldsymbol{T}_{2n+3}(x) + \boldsymbol{T}_{2n+1}(x) + \boldsymbol{T}_{2n+1}(x) + \boldsymbol{T}_{2n-1}(x) - 2\boldsymbol{T}_{2n+1}(x) - \boldsymbol{T}_{n2-1}(x) \\
&= 2x\boldsymbol{T}_{2n+2}(x) + 2x\boldsymbol{T}_{2n}(x) - 2\boldsymbol{T}_{2n+1}(x) - \boldsymbol{T}_{n2-1}(x) \\
&= 2x(\boldsymbol{T}_{2n+2}(x) + \boldsymbol{T}_{2n}(x)) - 2\boldsymbol{T}_{2n+1}(x) - \boldsymbol{T}_{n2-1}(x) \\
&= 2x(2x\boldsymbol{T}_{2n+1}(x)) - 2\boldsymbol{T}_{2n+1}(x) - \boldsymbol{T}_{n2-1}(x) \\
&= 4x^2\boldsymbol{T}_{2n+1}(x) - 2\boldsymbol{T}_{2n+1}(x) - \boldsymbol{T}_{n2-1}(x) \\
&= 2(2x^2 - 1)\boldsymbol{T}_{2n+1}(x) - \boldsymbol{T}_{n2-1}(x)
\end{aligned}$$

Das ist aber gerade die Rekursionsformel der $\boldsymbol{T}_n^{\triangleright}$ (mit (5.9) identisch):

$$\boldsymbol{T}_{n+1}^{\triangleright}(x) = 2(2x^2 - 1)\boldsymbol{T}_n^{\triangleright}(x) - \boldsymbol{T}_{n-1}^{\triangleright}(x). \tag{5.10}$$

Viele[3] auf dem Intervall $-1 \leq x \leq 1$ definierte Funktionen lassen sich ähnlich wie nach Potenzen von x nach T-Polynomen entwickeln:

$$f(x) = \sum_{\nu=0}^{\infty} c_\nu \boldsymbol{T}_\nu(x) \tag{5.11}$$

Es gibt auch Entwicklungen nach den $\boldsymbol{T}_n^*$, $\boldsymbol{T}_n^\circ$ und $\boldsymbol{T}_n^{\triangleright}$. Die Entwicklungskoeffizienten c_ν sind nicht leicht zu bekommen, doch muss man sich darum nicht kümmern, da es Entwicklungen für alle wichtigen Funktion gibt. Man findet sie z.B. in [AbSt], aber ganz besonders in [Luke].

Die T-Entwicklungen haben gegenüber Potenzreihen den gewichtigen Vorteil, dass die Größe der T-Koeffizienten sehr schnell zurückgeht. Ist beispielsweise f k-mal stetig differenzierbar und ist die $(k+1)$-te Ableitung noch integrierbar, so nehmen die c_ν schneller ab als $\frac{1}{\nu^{k+1}}$.

Zur Approximation von f im Intervall $-1 \leq x \leq 1$ wird die T-Entwicklung nach dem Index n abgebrochen:

$$f(x) \approx \boldsymbol{t}_n(x) = \sum_{\nu=0}^{n} c_\nu \boldsymbol{T}_\nu(x) \tag{5.12}$$

Wegen $|\boldsymbol{T}_\nu(x)| \leq 1$ folgt daraus

$$|\, f(x) - \boldsymbol{t}_n(x)| \leq \left| \sum_{\nu=n+1}^{\infty} c_\nu \right| \approx |c_{n+1}|\,,$$

d.h. bei schnell abnehmenden $\boldsymbol{T}$-Koeffizienten hat der absolute Approximationsfehler die Größenordnung von $|c_{n+1}|$. Damit lässt sich sehr einfach feststellen, wieviel Glieder der T-Entwicklung für eine vorgegebene Approximationsgenauigkeit benötigt werden. Das gilt natürlich auch für die anderen T-Polynome mit den $\boldsymbol{t}_n$ entsprechenden approximierenden Teilreihen $\boldsymbol{t}_n^*$, $\boldsymbol{t}_n^\circ$ und $\boldsymbol{t}_n^{\triangleright}$, doch ist für die $\boldsymbol{T}^*$-Entwicklung die Approximation auf das Intervall $0 \leq x \leq 1$ eingeschränkt

Beispielsweise besitzt die Funktion $\ln(1+x)$ im Intervall $0 \leq x \leq 1$ die $\boldsymbol{T}_n^*$-Entwicklung

$$\ln(1+x) = \sum_{\nu=0}^{\infty} c_\nu \boldsymbol{T}_\nu^*(x),$$

deren erste neun Entwicklungskoeffizienten Tabelle 5.1 enthält. Ihr schnelles Abnehmen ist offensichtlich. Z.B. genügen die ersten sechs Glieder der $\boldsymbol{T}^*$-Reihe für einen Fehler unter 10^{-5}. Zum Vergleich sei eine Polynomapproximation $\ln(1+x) = x(a_0 + a_1 x + \cdots + a_4 x^4)$ für dasselbe Intervall mit etwa demselben absoluten Approximationsfehler angegeben. Die Koeffizienten nehmen viel langsamer ab als bei der T-Entwicklung. Wenn als Polynomwert eine kleine Zahl herauskommen muss, so ist das wegen der ungefähr gleich großen Koeffizienten nur möglich, indem eine Zahl von einer Zahl gleicher Größenordnung subtrahiert wird. Es muss also mit der Auslöschung führender Ziffern gerechnet werden.

[3] Beispielsweise differenzierbare Funktionen mit beschränkter Ableitung.

Tabelle 5.1.: $\boldsymbol{T}^*$-Koeffizienten für $\mathbf{ln(1+\boldsymbol{x})}$

ν	c_ν
0	$0,37645281291919543163$
1	$0,34314575050761980479$
2	$-0,02943725152285941438$
3	$0,00336708925556438925$
4	$-0,00043327588861004446$
5	$0,00005947071198957983$
6	$-0,00000850296754120286$
7	$0,00000125046736220057$
8	$-0,00000018772799565082$

Tatsächlich ergibt sich bei Auswertung des Polynoms an der Stelle $x = 0,0001$ mit dem Horner-Schema bei zehnstelliger (dezimaler) Rechnung nur das fünfziffrige Ergebnis $0,000099945$. Der genaue Polynomwert ist $0,0000999446372038611740465845$ auf 24 wesentliche Ziffern gerundet.

Tabelle 5.2.: Die Koeffizienten für $\mathbf{ln(1+\boldsymbol{x})} \approx x(a_0 + a_1 x + \cdots + a_4 x^4)$

ν	a_ν
0	$0,99949556$
1	$-0,49190856$
2	$0,28947478$
3	$-0,13606275$
4	$0,03215845$

Die schnell abnehmenden T-Koeffizienten erleichtern die Programmierung auch dadurch, dass bei einem positiven Ergebnis nicht mit negativen Zwischenergebnissen gerechnet werden muss, d.h. es kann bei Fixkommarechnung auf das Rechnen im Zweierkomplement verzichtet werden.

Die n Nullstellen z_ν von $\boldsymbol{T}_n$ lassen sich leicht ausrechnen, sie sind gegeben durch

$$z_\nu = \cos\left(\frac{2\nu+1}{2n}\pi\right) \qquad \nu \in \{0,\ldots,n-1\}$$

und liegen alle im Intervall $-1 < x < 1$. Für die Extremwerte von $\boldsymbol{T}_n$ im Intervall $-1 \leq x \leq 1$ gilt

$$\boldsymbol{T}_n(e_\nu) = (-1)^\nu \quad e_\nu = \cos\left(\frac{\nu}{n}\pi\right) \qquad \nu \in \{0,\ldots,n\}$$

Die T-Polynome oszillieren im Intervall also zwischen den beiden Extremwerten -1 und $+1$.[4] Das ist der Grund für die Eigenschaft der T-Polynome, dass der Fehler bei einer abgebrochenen Approximationsreihe zwischen Extremwerten oszilliert. Das unterscheidet sie von mit den x^n gebildeten Approximationsreihen.

Die Berechnung von $\boldsymbol{t}_n(x)$ erfolgt nicht durch Auswertung der Polynomwerte $\boldsymbol{T}_\nu(x)$, dieses nahe liegende Verfahren wäre viel zu aufwendig. Die Anwendung des Rekursionsverfahrens von

[4] Siehe dazu Bild 5.1.

Clenshaw ist weitaus günstiger:

$$a_{n+1} = 0 \tag{5.13a}$$
$$a_n = c_n \tag{5.13b}$$
$$a_k = c_k + 2xa_{k+1} - a_{k+2} \qquad k = n-1, \dots, 0 \tag{5.13c}$$
$$\boldsymbol{t}_n(x) = a_0 - xa_1 \tag{5.13d}$$

Das Verfahren lässt sich direkt aus der Rekursionsformel (5.5) ableiten. Setzt man nämlich (5.13a) bis (5.13c) in $\boldsymbol{t}_n(x)$ ein, so erhält man

$$\begin{aligned}
\boldsymbol{t}_n(x) = & \\
= \ & [a_n \qquad\qquad\qquad\qquad\qquad]\boldsymbol{T}_n(x) \\
& + [a_{n-1} - 2xa_n + a_{n+1}]\boldsymbol{T}_{n-1}(x) \\
& + [a_{n-2} - 2xa_{n-1} + a_n]\boldsymbol{T}_{n-2}(x) \\
& + [a_{n-3} - 2xa_{n-2} + a_{n-1}]\boldsymbol{T}_{n-3}(x) \\
& \ \vdots \\
& + [a_2 - 2xa_3 + a_4]\boldsymbol{T}_2(x) \\
& + [a_1 - 2xa_2 + a_3]\boldsymbol{T}_1(x) \\
& + [a_0 - 2xa_1 + a_2]\boldsymbol{T}_0(x) \\
= \ & [\boldsymbol{T}_n(x) - 2x\boldsymbol{T}_{n-1}(x) + \boldsymbol{T}_{n-2}(x)]\, a_n \\
& + [\boldsymbol{T}_{n-1}(x) - 2x\boldsymbol{T}_{n-2}(x) + \boldsymbol{T}_{n-3}(x)]\, a_{n-1} \\
& \ \vdots \\
& + [\boldsymbol{T}_2(x) - 2x\boldsymbol{T}_1(x) + \boldsymbol{T}_0(x)]\, a_2 \\
& + a_1\boldsymbol{T}_1(x) \\
& + a_0\boldsymbol{T}_0(x) - 2xa_1\boldsymbol{T}_0(x) \\
= \ & a_1x - 2a_1x + a_0 \\
= \ & a_0 - a_1x
\end{aligned}$$

Es wird also $\boldsymbol{t}_n$ nach Termen mit a_ν zusammengefasst, und zwar sind das die Schrägzeilen

$$(a_n, -2xa_n, a_n), (a_{n-1}, -2xa_{n-1}, a_{n-1}), \dots, (a_2, -2xa_2, a_2).$$

Übrig bleibt der Rest

$$a_1\boldsymbol{T}_1(x) + a_0\boldsymbol{T}_0(x) - 2xa_1\boldsymbol{T}_0(x).$$

Die Schrägzeilen ergeben wegen der Rekursionsformel (5.5) den Wert Null und für den Rest hat man nur $\boldsymbol{T}_0(x) = 1$ und $\boldsymbol{T}_1(x) = x$ zu beachten, um auf (5.13d) zu kommen.

Das *Clenshaw*-Schema ist allerdings nicht die kürzeste Methode, $\boldsymbol{t}_n$ zu berechnen. Diese erhält man, wenn $\boldsymbol{t}_n$ nach den x^ν entwickelt und das Horner-Schema angewandt wird. Aus numerischen Gründen ist jedoch das *Clenshaw*-Schema vorzuziehen.

Die übrigen Iterationsformeln führen zu ähnlichen *Clenshaw*-Formeln. Für die $\boldsymbol{T}_n^\circ$ nehmen diese die folgende auf (5.9) basierende Gestalt an:

$$a_{n+1} = 0 \tag{5.14a}$$
$$a_n = c_n \tag{5.14b}$$
$$a_k = c_k + 2(2x^2 - 1)a_{k+1} - a_{k+2} \qquad k = n-1, \ldots, 0 \tag{5.14c}$$
$$\boldsymbol{t}_n^{\circ}(x) = a_0 - 2(x^2 - 1)a_1 \tag{5.14d}$$

Denn werden (5.14a) bis (5.14c) in

$$\boldsymbol{t}_n^{\circ}(x) = \sum_{\nu=0}^{n} c_\nu \boldsymbol{T}_\nu^{\circ}(x) = \sum_{\nu=0}^{n} c_\nu \boldsymbol{T}_{2\nu}(x)$$

eingesetzt, so fällt wegen (5.9) alles bis auf die drei letzten Terme heraus:

$$\begin{aligned}\boldsymbol{t}_n^{\circ}(x) &= a_1 \boldsymbol{T}_1^{\circ}(x) + a_0 \boldsymbol{T}_0^{\circ}(x) - a_1 2(2x^2 - 1)\boldsymbol{T}_0^{\circ}(x) \\ &= a_1(2x^2 - 1) + a_0 - a_1 2(2x^2 - 1) \\ &= a_0 - (2x^2 - 1)a_1\end{aligned}$$

Die *Clenshaw*-Formeln der $\boldsymbol{T}_n^{\triangleright}$ stimmen mit denen der $\boldsymbol{T}_n^{\circ}$ zwar in der Berechnung der a_k überein, jedoch nicht in der schließlichen Berechnung von $\boldsymbol{t}_n^{\triangleright}$:

$$a_{n+1} = 0 \tag{5.15a}$$
$$a_n = c_n \tag{5.15b}$$
$$a_k = c_k + 2(2x^2 - 1)a_{k+1} - a_{k+2} \qquad k = n-1, \ldots, 0 \tag{5.15c}$$
$$\boldsymbol{t}_n^{\triangleright}(x) = x(a_0 - a_1) \tag{5.15d}$$

Hier werden (5.15a) bis (5.15c) in $\boldsymbol{t}_n^{\triangleright}(x) = \sum_{\nu=0}^{n} c_\nu \boldsymbol{T}_\nu^{\triangleright}(x) = \sum_{\nu=0}^{n} c_\nu \boldsymbol{T}_{2\nu+1}(x)$ eingesetzt, wegen (5.10) bleiben nur die drei letzten Terme übrig:

$$\begin{aligned}\boldsymbol{t}_n^{\triangleright}(x) &= a_1 \boldsymbol{T}_1^{\triangleright}(x) + a_0 \boldsymbol{T}_0^{\triangleright}(x) - a_1 2(2x^2 - 1)\boldsymbol{T}_0^{\triangleright}(x) \\ &= a_1(4x^3 - 3x) + \big(a_0 - 2(2x^2 - 1)a_1\big)\, x \\ &= x(a_0 - a_1)\end{aligned}$$

Es fehlen noch die auf der Rekursionsformel (5.8) beruhenden *Clenshaw*-Formeln der speziellen T-Polynome $\boldsymbol{T}_n^*$:

$$a_{n+1} = 0 \tag{5.16a}$$
$$a_n = c_n \tag{5.16b}$$
$$a_k = c_k + 2(2x - 1)a_{k+1} - a_{k+2} \qquad k = n-1, \ldots, 0 \tag{5.16c}$$
$$\boldsymbol{t}_n^*(x) = a_0 - (2x - 1)a_1 \tag{5.16d}$$

Das Problem ist nun, die $\boldsymbol{t}_n$, $\boldsymbol{t}_n^*$ usw. nach den *Clenshaw*-Formeln zu berechnen. Dazu könnte zwar die Fließkommarechnung eingesetzt werden, doch wären so kaum 16 genaue Binärstellen für das Ergebnis zu erreichen. Ideal wäre eine Fließkommaarithmetik größerer Genauigkeit, es müsste gar nicht die doppelte Genauigkeit sein. Damit würde zwar die Implementierung nicht nur der *Clenshaw*-Formeln sehr vereinfacht, aber diese Lösung verbietet sich durch den für sie notwendigen beträchtlichen Aufwand von selbst.

Sehr viel weniger aufwendig ist es natürlich, Festkommarechnung einzusetzen, zumal diese nicht als vollständiges System bereitgestellt werden muss (wie z.B. in [Mss4]), sondern je nach Bedarf simuliert werden kann. Die Realisierung der an sich einfachen *Clenshaw*-Formeln selbst wird damit schwieriger.

Die Funktionen, die als Unterprogramm realisiert werden sollen, haben in dem Bereich, in dem sie mit T-Polynomen approximiert werden, keine außergewöhnlich großen Werte, die Koeffizienten der T-Approximationen sind folglich ebenfalls nicht besonders groß. Typische Approximationskoeffizienten enthält z.B. Tabelle 5.1. Unter diesen Bedingungen erzeugen auch die *Clenshaw*-Formeln keine (absolut) großen Zahlenwerte. Eine Festkommarechnung, welche den Zahlenbereich $-8 < x < 8$ darzustellen vermag erscheint deshalb ausreichend. Das bedeutet vier Binärstellen vor dem Binärkomma.

Auf der anderen Seite des Binärkommas stellt sich die Lage nicht so einfach dar, müssen doch auch Funktionswerte wie $\sin(2^{-126})$ berechnet werden. Natürlich ist es vollkommen unmöglich, mit 126 Nachkommabinärstellen zu rechnen, aber glücklicherweise kommt hier die Natur der zu berechnenden Funktionen zu Hilfe. Aus den Potenzreihenentwicklungen der Funktionen, also z.B.

$$
\begin{aligned}
\exp(x) &= \sum_{\nu=0}^{\infty} \frac{x^\nu}{\nu!} \\
\ln(x+1) &= \sum_{\nu=1}^{\infty} (-1)^{\nu-1} \frac{x^\nu}{\nu} \\
\cosh(x) &= \sum_{\nu=0}^{\infty} \frac{x^{2\nu}}{(2\nu)!} \\
\sin(x) &= \sum_{\nu=0}^{\infty} (-1)^{\nu} \frac{x^{2\nu+1}}{(2\nu+1)!} \\
\arctan(x) &= \sum_{\nu=0}^{\infty} (-1)^{\nu} \frac{x^{2\nu+1}}{2\nu+1},
\end{aligned}
$$

kann geschlossen werden, dass für sehr kleine x überhaupt keine Berechnungen nötig sind. In den angegebenen Beispielen gilt für solche sehr kleinen x folgendes:

$$
\begin{aligned}
\exp(x) &\approx 1 + x \\
\ln(x+1) &\approx x \\
\cosh(x) &\approx 1 \\
\sin(x) &\approx x \\
\arctan(x) &\approx x
\end{aligned}
$$

Im Fall der Exponentialfunktion kann eine präzise Aussage gemacht werden: Für jedes x mit $|x| < 2^{-16}$ gilt $x \oplus 1 = 1$, wenn mit $\oplus$ die Fließkommaaddition bezeichnet wird. Beispielsweise stellt sich $1 + 1{,}111111111111111 \times 2^{-16}$ bei der Addition so dar:

$$\begin{array}{r} 0{,}1000000000000000 \times 2 \\ +\,0{,}00000000000000001111111111111111 \times 2 \end{array}$$

Allerdings ist $1 + x$ nur für sehr kleine x eine ausreichend präzise Approximation an $\exp(x)$, denn es ist zwar noch $\exp(2^{-8}) - (1 + 2^{-8}) \approx 2^{-17}$, aber dann auch schon $\exp(2^{-7}) - (1 + 2^{-7}) \approx 2^{-15}$. Im Bereich $2^{-8} < x < 1$ muss daher eine T-Approximation benutzt werden, mit der Folge, dass $16 + 7 = 23$ Nachkommabinärstellen zur Verfügung stehen müssen. Werden 28 Nachkommastellen gewählt, stehen noch fünf Binärstellen zum Auffangen von Bitauslöschungen etc. zur Verfügung. Zur Berechnung von Werten der Exponentialfunktion empfiehlt sich folglich das Festkommazahlenformat $\mathbb{G}_{4,28}$. In Bild 5.2 ist die Bitstruktur einer solchen Zahl gezeigt. Die Lage des Binärkommas ist durch einen Punkt gekennzeichnet. Um den Ort des Binärkommas

Abbildung 5.2.: Das Festkommazahlenformat $\mathbb{G}_{4,28}$

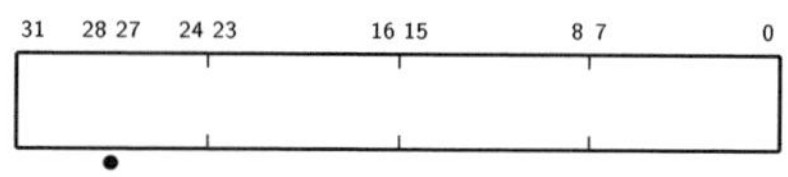

auch am Bitmuster erkennen zu können, werden Zahlen im Format $\mathbb{G}_{4,28}$ mit folgendem Bitmuster geschrieben:

$$\mathfrak{u} = \mathfrak{u}_3\mathfrak{u}_2\mathfrak{u}_1\mathfrak{u}_0\mathfrak{u}_{-1}\mathfrak{u}_{-2}\cdots\mathfrak{u}_{-28}$$

Darin ist die Lage des Binärkommas zwischen $\mathfrak{u}_0$ und $\mathfrak{u}_{-1}$ gut zu erkennen. Der Wert eines solchen Bitmusters ist[5]

$$\begin{aligned} u &= \mathbb{G}_{4,28}(\mathfrak{u}) \\ &= -\mathfrak{u}_3 2^3 + \sum_{\nu=-28}^{2} \mathfrak{u}_\nu 2^\nu = -8\mathfrak{u}_3 + 4\mathfrak{u}_2 + 2\mathfrak{u}_1 + \mathfrak{u}_0 + \frac{\mathfrak{u}_{-1}}{2} + \cdots + \frac{\mathfrak{u}_{-28}}{2^{28}} \end{aligned}$$

Das höchste Bit $\mathfrak{u}_3$ kann als das Vorzeichenbit der Zahl betrachtet werden, es ist aber zu beachten, dass es an der Berechnung des Zahlenwertes aktiv teilnimmt, also nicht wie das Vorzeichenbit der Fließkommazahlen nur anzeigt, ob die Zahl negativ ist oder nicht. So ist beispielsweise

$$\mathbb{G}_{4,28}(11\cdots11) = -2^3 + \sum_{\nu=-28}^{2} 2^\nu = -2^3 + \sum_{\nu=0}^{28} 2^{-\nu} - 1 + \sum_{\nu=0}^{2} 2^\nu = -\frac{1}{2^{28}}$$

Die kleinste darstellbare Zahl ergibt sich für die Bitfolge $\mathfrak{u} = 10\cdots00$ und die größte darstellbare Zahl für $\mathfrak{u} = 01\cdots11$. Mit der Anwendung der Summmenformeln für Zweierpotenzen kann man die Grenzen des Zahlenbereiches bestimmen:

$$-2^3 \le \mathbb{G}_{4,28}(\mathfrak{u}) \le 2^3 - \frac{1}{2^{28}}$$

Der Kürze wegen werden Festkommazahlen jedoch meist in hexadezimaler Form notiert, manch-

[5] Zum Rechnen mit Festkommazahlen siehe [Mss4] **5.3.1** oder [Mss1].

mal mit dem „Hexadezimalkomma“ nach der höchsten Hexadezimalziffer. Einige Beispiele:

$$\mathbb{G}_{4,28}(\texttt{10000000}_{16}) = 1$$

$$\mathbb{G}_{4,28}(\texttt{F0000000}_{16}) = -1$$

$$\mathbb{G}_{4,28}(\texttt{0C000000}_{16}) = \frac{3}{4}$$

$$\mathbb{G}_{4,28}(\texttt{F4000000}_{16}) = -\frac{3}{4}$$

Eine Festkommazahl im $\mathbb{G}_{4,28}$-Format kann mit der Standardmethode negiert werden, also durch Invertierung aller Bits mit nachfolgender Addition von **00000001**. Ein Beispiel:

$\texttt{10000000}_{16}$	1
$\texttt{EFFFFFFF}_{16}$	Bitinversion
$\texttt{F0000000}_{16}$	Addition von 00000001_{16} ergibt -1

Es ist also **F0000000** $= -1$, dann **E0000000** $= -2$ usw. Und noch ein Beispiel mit einem Bruch:

$\texttt{06000000}_{16}$	$\frac{3}{8}$
$\texttt{F9FFFFFF}_{16}$	Bitinversion
$\texttt{FA000000}_{16}$	Addition von 00000001_{16} ergibt $-\frac{3}{8}$

In der Hexadezimaldarstellung einer Zahl im $\mathbb{G}_{4,8}$-Format erkennt man eine negative Zahl daran, dass für die höchste Hexziffer **X** der Zahl **X** $\geq$ **8** gilt. Die kleinste negative Zahl ist **80000000** mit dem Wert $\mathbb{G}_{4,28}($**80000000**$) = -8$. Sie ist die einzige Zahl, die durch Negation in sich selbst übergeht:

$\texttt{80000000}_{16}$	-8
$\texttt{7FFFFFFF}_{16}$	Bitinversion
$\texttt{80000000}_{16}$	Addition von 00000001_{16} ergibt -8

Nach diesen vorbereitenden Bemerkungen über Festkommazahlen kann nun das nachfolgende *Clenshaw*-Schema mit Arithmetik im $\mathbb{G}_{4,28}$-Format ausgewertet werden:

$$a_{n+1} = 0 \tag{5.17a}$$

$$a_n = c_n \tag{5.17b}$$

$$a_k = c_k + 2ya_{k+1} - a_{k+2} \qquad k = n-1, \ldots, 0 \tag{5.17c}$$

$$t = a_0 - ya_1 \tag{5.17d}$$

Darin ist $y = x$ für die Polynome $\boldsymbol{T}_n$ und $y = 2x - 1$ für die speziellen Polynome $\boldsymbol{T}_n^*$. Die T-Enwicklungskoeffizienten c_k liegen im $\mathbb{G}_{4,28}$-Format vor und die a_k und das Ergebnis $t = \boldsymbol{t}_n(x)$ für die $\boldsymbol{T}_n$ und $t = \boldsymbol{t}_n^*(x)$ für die $\boldsymbol{T}_n^*$ werden ebenfalls in diesem Format berechnet. Die Zahl y muss allerdings im Format $\mathbb{K}_{0,16}$ vorliegen, d.h. als Festkommazahl ohne ganzzahligen Anteil und mit 16 Binärstellen nach dem Binärkomma. Das Vorzeichen von y und der Zweierexponent e von y im Bereich $-16 \leq e \leq 0$ werden separat festgehalten. Die Multiplikation $y \times a_{k+1}$ wird mit einem speziellen Unterprogramm durchgeführt, das ein Ergebnis im $\mathbb{G}_{4,28}$-Format erzeugt.

Das *Clenshaw*-Schema 5.15a–5.15d kann mit 5.17a–5.17d nicht ausgewertet werden, da 5.15d und 5.17d nicht übereinstimmen. Das Schema für die $\boldsymbol{T}_n^\circ$ lässt sich ebenfalls nicht auswerten, da es kein gemeinsames y für 5.14c und 5.14d gibt.

Unterprogramm FkaClnshw

Es wird das *Clenshaw*-Schema 5.17a–5.17d ausgewertet.
Die Tabelle mit den Approximationskoeffizienten c_k, deren für den Befehl `lpm` geeignete Anfangsadresse in **Z** zu übergeben ist, muss als ersten Eintrag c_n, als nächsten Eintrag c_{n-1} und als letzten Eintrag c_0 enthalten.
Es ist $y = (-1)^{\mathfrak{v}}\eta \times 2^e$, mit $0 \leq \eta < 1$, $-16 \leq e \leq 0$ und mit $\eta = \mathbb{K}_{0,16}(\mathfrak{y})$.

Input

Z	Die für den Befehl `lpm` geeignete ROM-Adresse γ von c_n
$\mathbf{r_{18}}$	$\mathbf{r_{18}}$.7 ist das Vorzeichen $\mathfrak{v}$ von y, $\mathbf{r_{18}}$.6-0 enthält n
$\mathbf{r_{17:16}}$	$\mathfrak{y}$ im Format $\mathbb{K}_{0,16}$
$\mathbf{r_{19}}$	Der negierte Zweierexponent $e' = -e$ von y

Output

$\mathbf{r_{7:6:5:4}}$	Das Approximationsergebnis $t = \mathbb{G}_{4,28}(\mathfrak{t})$

Das Unterprogramm erzeugt keinen Fehler.

```
FkaClnshw: push5  r3,r8,r9,r10,r11        5×2
           push4  r12,r13,r14,r15         4×2
           push5  r20,r21,r22,r30,r31     5×2
```

Bereitstellen von n, Initialisieren von a_{n+1} und a_n nach (5.17c)

```
           mov    r21,r18                 1    r21 ← n
           andi   r21,0b01111111          1
           clr    r12                     1    a_n+1 ← 0
           clr    r13                     1
           clr    r14                     1
           clr    r15                     1
           lpm    r8,Z+                   3    a_n ← c_n
           lpm    r9,Z+                   3
           lpm    r10,Z+                  3
           lpm    r11,Z+                  3
```

Berechnen von $2\eta a_{k+1}$

```
FkaCnsw02: rcall  FkaCnsw50               4+   r7:6:5:4 ← ηa_k+1
           add    r4,r4                   1    r7:6:5:4 ← 2ηa_k+1
           adc    r5,r5                   1
           adc    r6,r6                   1
           adc    r7,r7                   1
```

Berechnen von $2ya_{k+1}$ durch Multiplikaton mit 2^e falls $e < 0$

```
           mov    r22,r19                 1
           tst    r22                     1    e = 0 ?
           breq   FkaCnsw06               1/2  Falls ja, Shifts überspringen
FkaCnsw04: asr    r7                      1    r7:6:5:4 ← 2ya_k+1
           rol    r6                      1
           rol    r5                      1
           rol    r4                      1
           dec    r22                     1
```

```
            brne   FkaCnsw04              1/2
 Berechnen von 2ya_{k+1} − a_{k+2}
FkaCnsw06:  sub    r4,r12                 1    r7:6:5:4 ← 2ya_{k+1} − a_{k+2}
            sbc    r5,r13                 1
            sbc    r6,r14                 1
            sbc    r7,r15                 1
 Berechnen von 2ya_{k+1} − a_{k+2} + c_k
            lpm    r0,Z+                  3    r7:6:5:4 ← 2ya_{k+1} − a_{k+2} + c_k
            add    r4,r0                  1
            lpm    r0,Z+                  3
            adc    r5,r0                  1
            lpm    r0,Z+                  3
            adc    r6,r0                  1
            lpm    r0,Z+                  3
            adc    r7,r0                  1
 Vorbereitung zum nächsten Schleifendurchlauf: a_{k+2} ← a_{k+1} und a_{k+1} ← a_k
            movw   r13:r12,r9:r8          1    a_{k+2} ← a_{k+1}
            movw   r15:r14,r11:r10        1
            movw   r9:r8,r5:r4            1    a_{k+1} ← a_k
            movw   r11:r10,r7:r6          1
            dec    r21                    1
            brne   FkaCnsw02              1/2
 r11:10:9:8 ← a_1, r15:14:13:12 ← a_0, dann Berechnung von ηa_1
            movw   r21:r20,r9:r8          1    Austausch von a_0 und a_1
            movw   r9:r8,r13:r12          1
            movw   r13:r12,r21:r20        1
            movw   r21:r20,r11:r10        1
            movw   r11:r10,r15:r14        1
            movw   r15:r14,r21:r20        1
            rcall  FkaCnsw50              4+   r7:6:5:4 ← ηa_1
 Berechnen von ya_1 durch Multiplikaton mit 2^e falls e < 0
            mov    r22,r19                1
            tst    r22                    1    e = 0 ?
            breq   FkaCnsw10              1/2  Falls ja, keine Shifts
FkaCnsw08:  asr    r7                     1    r7:6:5:4 ← ya_1
            rol    r6                     1
            rol    r5                     1
            rol    r4                     1
            dec    r22                    1
            brne   FkaCnsw08              1/2
 Berechnen von t = a_0 − ya_1 nach (5.17d)
FkaCnsw10:  sub    r12,r4                 1    r15:14:13:12 ← a_0 − ya_1
            sbc    r13,r5                 1
            sbc    r14,r6                 1
            sbc    r15,r7                 1
            movw   r5:r4,r13:r12          1    r7:6:5:4 ← a_0 − ya_1
```

```
               movw   r7:r6,r15:r14          1
               pop5   r31,r30,r22,r21,r20    5×2
               pop4   r15,r14,r13,r12        4×2
               pop5   r11,r10,r9,r8,r3       5×2
               ret                           4
```

Register $\mathbf{r}_{11:10:9:8}$ enthalte eine Zahl $\mathfrak{u}$ im $\mathbb{G}_{4,28}$-Format. Register $\mathbf{r}_{17:16}$ enthalte eine Zahl $\mathfrak{v}$ im $\mathbb{K}_{0,16}$-Format, das Vorzeichenbit von $\mathbf{r}_{18}$ enthalte das Vorzeichen $\mathfrak{s}$ von $\mathbb{K}_{0,16}(\mathfrak{v})$.
Dann berechnet das nachfolgende Unterprogramm in $\mathbf{r}_{7:6:5:4}$ eine Zahl $\mathfrak{w}$ im $\mathbb{G}_{4,28}$-Format mit $\mathbb{G}_{4,28}(\mathfrak{w}) = w \approx (-1)^{\mathfrak{s}} uv = (-1)^{\mathfrak{s}} \mathbb{G}_{4,28}(\mathfrak{u})\mathbb{K}_{0,16}(\mathfrak{v})$.

```
FkaCnsw50:     clr    r20                    1
               mov    r22,r11                1    Vorzeichen von u aufbewahren
               tst    r11                    1    G4,28(u) < 0 ?
               brpl   FkaCnsw52              1/2  Nein: Negierung überspringen
               com    r8                     1    u ← ū
               com    r9                     1
               com    r10                    1
               com    r11                    1    S.c ← 1
               adc    r8,r20                 1    u ← ū + 1
               adc    r9,r20                 1
               adc    r10,r20                1
               adc    r11,r20                1
FkaCnsw52:     mul    r11,r17                2    u0 v-1
               mov    r6,r0                  1
               mov    r7,r1                  1
               mul    r10,r16                2    u-1 v-2
               mov    r4,r0                  1
               mov    r5,r1                  1
               mul    r8,r16                 2    u-3 v-2
               mov    r3,r1                  1
               mul    r9,r16                 2    u-2 v-2
               add    r3,r0                  1
               adc    r4,r1                  1
               adc    r5,r20                 1
               adc    r6,r20                 1
               adc    r7,r20                 1
               mul    r8,r17                 2    u-3 v-1
               add    r3,r0                  1
               adc    r4,r1                  1
               adc    r5,r20                 1
               adc    r6,r20                 1
               adc    r7,r20                 1
               mul    r9,r17                 2    u-2 v-1
               add    r4,r0                  1
               adc    r5,r1                  1
               adc    r6,r20                 1
               adc    r7,r20                 1
```

```
109             mul    r11,r16      2    u0v-2
110             add    r5,r0        1
111             adc    r6,r1        1
112             adc    r7,r20       1
113             mul    r10,r17      2    u-1v-1
114             add    r5,r0        1
115             adc    r6,r1        1
116             adc    r7,r20       1
117             tst    r22          1    War u negativ?
118             brpl   FkaCnsw58    1/2  Falls nein, u nicht negieren
119             com    r8           1    u ← ū
120             com    r9           1
121             com    r10          1
122             com    r11          1    S.c ← 1
123             adc    r8,r20       1    u ← ū + 1
124             adc    r9,r20       1
125             adc    r10,r20      1
126             adc    r11,r20      1
127             tst    r18          1    v ebenfalls negativ?
128             brmi   FkaCnsw60    1/2  Falls ja: Ergebnis w nicht negieren
129 FkaCnsw56:  clr    r20          1
130             com    r4           1    w ← w̄
131             com    r5           1
132             com    r6           1
133             com    r7           1    S.c ← 1
134             adc    r4,r20       1    w ← w̄ + 1
135             adc    r5,r20       1
136             adc    r6,r20       1
137             adc    r7,r20       1
138             ret                 4
139 FkaCnsw58:  tst    r18          1    v negativ?
140             brmi   FkaCnsw56    1/2  Falls ja: Ergebnis w negieren
141 FkaCnsw60:  ret                 4
```

Als Zähler für die Schleife zur Umsetzung von (5.17c) wird Register $\mathbf{r_{21}}$ eingesetzt, das in den Zeilen *4–5* mit n initialisiert wird, wobei in Zeile *5* das Vorzeichen entfernt wird. Das Unterprogramm verwendet $\mathbf{r_{7:6:5:4}}$ für a_k, $\mathbf{r_{11:10:9:8}}$ für a_{k+1} und $\mathbf{r_{15:14:13:12}}$ für a_{k+2}. Die Zeilen *6–9* dienen also zur Vorbesetzung von a_{n+1} mit **00000000** nach (5.17a), in den Zeilen *10–13* wird nach (5.17b) a_n mit c_n vorbesetzt.

In Zeile *14* beginnt die Schleife zur Umsetzung von (5.17c). Es wird zunächst durch Aufruf des Unterprogramms in Zeile *72* der Faktor ηa_{k+1} berechnet, das Unterprogramm legt das auf das $\mathbb{G}_{4,28}$-Format gekürzte Produkt in $\mathbf{r_{7:6:5:4}}$ ab. In den folgenden vier Zeilen wird das Produkt zu sich selbst addiert, d.h. es wird $2\eta a_{k+1}$ gebildet. Gilt $e < 0$ dann muss durch e-fachen Rechtsshift $2ya_{k+1}$ berechnet werden. Dazu wird $-e$ aus dem Parameterregister $\mathbf{r_{19}}$ in $\mathbf{r_{22}}$ geladen und in Zeile *20* auf Null getestet. Bei $-e > 0$ wird in den Zeilen *22–27* ein $(-e)$-facher arithmetischer Rechtsshift durchgeführt. Diese Zeilen werden bei $-e = 0$ natürlich übersprungen.

Nach der Berechnung von $2ya_{k+1}$ in $\mathbf{r_{7:6:5:4}}$ wird in den Zeilen *28–31* a_{k+1} subtrahiert und dann in den Zeilen *32–39* der T-Koeffizient c_k byteweise aus dem Befehlsspeicher gelesen und addiert.

Damit sind alle Berechnungen für einen Durchlauf von (5.17c) ausgeführt, es bleibt nur noch, den nächsten Schleifendurchlauf vorzubereiten. Diese Vorbereitung besteht aus einer Rückverschiebung der a_i in den Zeilen *40–43*: a_{k+2} wird nicht mehr benötigt, seine Stelle wird von a_{k+1} eingenommen, und a_{k+1} wird mit a_k überschrieben.
Es ist jetzt (5.17d) umzusetzen. Leider befindet sich a_1 für die Berechnung von ηa_1 durch das Unterprogramm in Zeile *72* im falschen Register, deshalb tauschen a_0 und a_1 in den Zeilen *46–51* ihre Plätze, bevor ηa_1 in Zeile *52* berechnet werden kann. Wie schon bei der Multiplikation oben werden falls nötig in den Zeilen *56–61* arithmetische Rechtsshift durchgeführt, um ya_1 zu berechnen. Es ist schließlich noch $a_0 - ya_1$ zu berechnen, die Differenz ist in $\mathbf{r_{7:6:5:4}}$ zu übergeben. Die Subtraktion in den Zeilen *62–65* erzeugt die Differenz allerdings in $\mathbf{r_{15:14:13:12}}$ und macht die Kopie in den Zeilen *66–67* nötig.

Abbildung 5.3.: Die Zusammensetzung des Produktes aus Teilprodukten

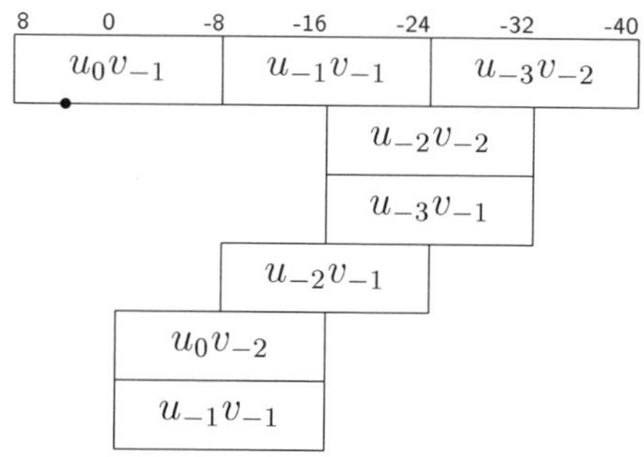

Das Unterprogramm ab Zeile *72* berechnet das Produkt einer Zahl $\mathfrak{u}$ im $\mathbb{G}_{4,28}$-Format mit einer Zahl $\mathfrak{v}$ im $\mathbb{K}_{0,16}$-Format, deren Vorzeichen gesondert als das Vorzeichen von $\mathbf{r_{18}}$ übergeben wird. Die Zahl $\mathfrak{u}$ muss in Register $\mathbf{r_{11:10:9:8}}$ und $\mathfrak{v}$ in $\mathbf{r_{17:16}}$ bereitgestellt werden. Berechnet wird in $\mathbf{r_{7:6:5:4}}$ eine Zahl $\mathfrak{w}$ im $\mathbb{G}_{4,28}$-Format mit

$$\mathbb{G}_{4,28}(\mathfrak{w}) = w \approx (-1)^{\mathfrak{s}} uv = (-1)^{\mathfrak{s}} \mathbb{G}_{4,28}(\mathfrak{u}) \mathbb{K}_{0,16}(\mathfrak{v})$$

Gilt $\mathbb{G}_{4,28}(\mathfrak{u}) < 0$, was in Zeile *74* getestet wird, so wird $\mathfrak{u}$ in den Zeilen *76–84* invertiert. Und zwar wird die Zahl in $\mathbf{r_{11:10:9:8}}$ zunächst komplementiert (Einerkomplement), dann wird **00000001** addiert. Die Addition von **00000001** wird durch Setzen des Übertragbits und anschließende Addition von **00000000** und Übertragbit (mit dem Befehl `adc`) realisiert.
Multipliziert werden also zwei nicht-negative Zahlen, die in Ziffern zur Basis **100** zerlegt werden können:

$$u = u_0 2^{-4} + u_{-1} 2^{-12} + u_{-2} 2^{-20} + u_{-3} 2^{-28}$$
$$v = v_{-1} 2^{-8} + v_{-2} 2^{-16}$$

Daraus errechnet sich das vierfach linksgeshiftete Produkt $2^4 uv$ wie folgt:

$$\begin{aligned} 2^4 uv = \quad & u_0 v_{-1} 2^{-8} \\ & + (u_{-1} v_{-1} + u_0 v_{-2}) 2^{-16} \\ & + (u_{-2} v_{-1} + u_{-1} v_{-2}) 2^{-24} \\ & + (u_{-3} v_{-1} + u_{-2} v_{-2}) 2^{-32} \\ & + u_{-3} v_{-2} 2^{-40} \end{aligned}$$

Die Lage der Teilprodukte im Gesamtprodukt können Bild 5.3 entnommen werden, dort ist auch die

Lage des Binärkommas angedeutet. Zur Anpassung an das Format $\mathbb{G}_{4,28}$ sind also keine Shifts nötig, nicht benötigte Bits können einfach weggelassen werden. Ausgeführt wird die Multiplikation in den Zeilen *85–117*, sie lässt sich mit Bild 5.3 mühelos nachvollziehen.
Anschließend an die Multiplikation wird eine eventuelle anfängliche Negierung von $\mathfrak{u}$ in den Zeilen *120–128* rückgängig gemacht: In Zeile *118* wird getestet, ob $\mathfrak{u}$ negativ war, das Vorzeichenbit des anfänglichen $\mathfrak{u}$ wurde in Zeile *73* in $\mathbf{r}_{22}$ aufbewahrt. Wenn $\mathfrak{u}$ negativ ist, dann muss das Ergebnis nicht negiert werden, falls auch $\mathfrak{v}$ negativ ist: Zeigt der Test in Zeile *129* an, dass $\mathfrak{v}$ negativ ist, wird direkt zurückgesprungen. Andernfalls wird vor dem Rücksprung das Ergebnis in den Zeilen *131–140* negiert. Zeigt der Test in Zeile *118* allerdings an, dass $\mathfrak{u}$ nicht negativ ist, so wird in die Zeile *142* gesprungen, um zu testen, ob $\mathfrak{v}$ negativ ist. Ist das der Fall, so wird das Ergebnis vor dem Rücksprung noch negiert.

`FkaClnshw` kann also zur Berechnung von $\boldsymbol{T}_n$- und $\boldsymbol{T}^*_n$-Apprximationen eingesetzt werden. Im ersten Fall, zur Berechnung von $\boldsymbol{T}_n(x)$, ist $y = x$, im zweiten Fall, zur Berechnung von $\boldsymbol{T}^*_n(x)$, ist $y = 2x - 1$.

Zu beachten ist aber, dass bei der Berechnung von $2x-1$ für $x \approx \frac{1}{2}$ führende Ziffern ausgelöscht werden, denn aus $x \approx \frac{1}{2}$ folgt $2x \approx 1$. Wird z.B. $2x - 1$ für $x = 0{,}4998$ mit vierstelliger Dezimalarithmetik berechnet, so erhält man als Ergebnis $-0{,}0004$. Das ist natürlich vollkommen korrekt, wenn $0{,}4998$ der genaue Wert von x ist. Das ist dann der Fall, wenn x die Mantisse einer zweidrittelgenauen Fließkommazahl ist, und für diesen Fall wurde `FkaClnshw` auch konzipiert. Was aber, wenn x genauer bekannt ist, wenn z.B. $x = 0{,}499812$ gilt? Dann wäre das wahre Ergebnis $2x - 1 = -0{,}000376$ und das mit $x = 0{,}4998$ berechnete Ergebnis hätte nicht einmal eine gültige Dezimalziffer. Auslöschung tritt auch für $x \approx 0$ ein. Ist beispielsweise $x = a \times 2^{-9}$, dann bleiben bei der Berechnung von

$$2x - 1 = a \times 2^{-8} - 1$$

mit 16-Bit-Festkommaarithmetik nur etwa acht signifikante Bitstellen übrig.

Bei den Zwischenrechnungen in Festkommaarithmetik zur Berechnung von Werten von Fließkommafunktionen kann der Fall eintreten, dass x mit höherer Genauigkeit bekannt ist, beispielsweise bei der Berechnung der Exponentialfunktion. Um in solchen Fällen Genauigkeitsverluste vermeiden zu können, wird eine zweite Realisierung von 5.17a–5.17d zur Verfügung gestellt, bei der x das Format $\mathbb{K}_{0,25}$ haben kann und die $2x - 1$ intern berechnet. Das Format $\mathbb{K}_{0,25}$ stellt sicher, dass nach der Multiplikation zur Bildung von $2x$ noch 24 Bit von x zur Verfügung stehen.

Unterprogramm FkaClnshwS

Es wird das *Clenshaw*-Schema 5.17a–5.17d für $y = 2x - 1$ ausgewertet.
Die Tabelle mit den Approximationskoeffizienten c_k, deren für den Befehl `lpm` geeignete Anfangsadresse in **Z** zu übergeben ist, muss als ersten Eintrag c_n, als nächsten Eintrag c_{n-1} und als letzten Eintrag c_0 enthalten. Das Bitmuster $\mathfrak{x}$ von x hat das Format $\mathbb{K}_{0,25}$, d.h. es ist $x = \mathbb{K}_{0,25}(\mathfrak{x})$. Dabei sind die vorderen 24 Bit in $\mathbf{r}_{25:24:23}$ enthalten, $\mathfrak{x}_{-25}$ wird in $\mathbf{r}_{18}$.6 übergeben. Register $\mathbf{r}_{18}$ enthält in $\mathbf{r}_{18}$.5-0 den Grad n der $\boldsymbol{T}^*_n$-Approximation. Da $\boldsymbol{T}^*_n(x)$ berechnet wird gilt natürlich $0 \le x \le 1$.

Input

Z	Die für den Befehl `lpm` geeignete ROM-Adresse γ von c_n
$\mathbf{r}_{18}$	$\mathbf{r}_{18}.6 = \mathfrak{x}_{-25}$ und $\mathbf{r}_{18}$.5-0 enthält n
$\mathbf{r}_{25:24:23}$	$\mathfrak{x}_{-1} \cdots \mathfrak{x}_{-24}$

Output

$\mathbf{r}_{7:6:5:4}$	Das Approximationsergebnis $t = \mathbb{G}_{4,28}(\mathfrak{t})$

Das Unterprogramm erzeugt keinen Fehler.

```
FkaClnshwS: push6  r2,r3,r8,r9,r10,r11  6×2
            push4  r12,r13,r14,r15      4×2
```

```
            push5   r20,r21,r22,r30,r31   5×2
            push4   r18,r23,r24,r25       4×2
```

Die Berechnung von $|y| = |2x - 1|$ und die Bestimmung des Vorzeichens von $y = 2x - 1$

```
            clc                     1    S.c ← x_{-25}
            sbrc    r18,6           1
            sec                     1
            lsl     r23             1    S.c:r25:24:23 ← 2x
            rol     r24             1
            rol     r25             1
            brcs    FkaCnsws02      1/2  Falls 2x ≥ 1: r25:24:23 enthält schon |2x − 1|
            clr     r22             1    r25:24:23 ← |2x − 1| = 0 − 2x
            com     r23             1    2x ← ¬2x
            com     r24             1
            com     r25             1    S.c ← 1
            adc     r23,r22         1    2x ← ¬2x + 1
            adc     r24,r22         1
            adc     r25,r22         1
            ori     r18,0b10000000  1    2x − 1 ist negativ
```

Bereitstellen von n, Initialisieren von a_{n+1} und a_n nach (5.17c)

```
FkaCnsws02: mov     r21,r18         1    r21 ← n
            andi    r21,0b00111111  1
            clr     r12             1    a_{n+1} ← 0
            clr     r13             1
            clr     r14             1
            clr     r15             1
            lpm     r8,Z+           3    a_n ← c_n
            lpm     r9,Z+           3
            lpm     r10,Z+          3
            lpm     r11,Z+          3
```

Berechnen von $2ya_{k+1} - a_{k+2}$

```
FkaCnsws04: rcall   FkaCnsws50      3    r7:6:5:4 ← ya_{k+1}
            add     r4,r4           1    r7:6:5:4 ← 2ya_{k+1}
            adc     r5,r5           1
            adc     r6,r6           1
            adc     r7,r7           1
            sub     r4,r12          1    r7:6:5:4 ← 2ya_{k+1} − a_{k+2}
            sbc     r5,r13          1
            sbc     r6,r14          1
            sbc     r7,r15          1
```

Berechnen von $2ya_{k+1} - a_{k+2} + c_k$

```
            lpm     r0,Z+           3    r7:6:5:4 ← 2ya_{k+1} − a_{k+2} + c_k
            add     r4,r0           1
            lpm     r0,Z+           3
            adc     r5,r0           1
            lpm     r0,Z+           3
            adc     r6,r0           1
```

```
            lpm    r0,Z+                 3
            adc    r7,r0                 1
```

Vorbereitung zum nächsten Schleifendurchlauf: $a_{k+2} \leftarrow a_{k+1}$ und $a_{k+1} \leftarrow a_k$

```
            movw   r13:r12,r9:r8         1    a_{k+2} ← a_{k+1}
            movw   r15:r14,r11:r10       1
            movw   r9:r8,r5:r4           1    a_{k+1} ← a_k
            movw   r11:r10,r7:r6         1
            dec    r21                   1
            brne   FkaCnsws04            1/2
```

$\mathbf{r}_{11:10:9:8} \leftarrow a_1$, $\mathbf{r}_{15:14:13:12} \leftarrow a_0$, dann Berechnung von ya_1

```
            movw   r21:r20,r9:r8         1    Austausch von a_0 und a_1
            movw   r9:r8,r13:r12         1
            movw   r13:r12,r21:r20       1
            movw   r21:r20,r11:r10       1
            movw   r11:r10,r15:r14       1
            movw   r15:r14,r21:r20       1
            rcall  FkaCnsws50            3    r_{7:6:5:4} ← ya_1
```

Berechnen von $t = a_0 - ya_1$ nach (5.17d)

```
            sub    r12,r4                1    r_{15:14:13:12} ← a_0 − ya_1
            sbc    r13,r5                1
            sbc    r14,r6                1
            sbc    r15,r7                1
            movw   r5:r4,r13:r12         1    r_{7:6:5:4} ← a_0 − ya_1
            movw   r7:r6,r15:r14         1
            pop4   r25,r24,r23,r18       4×2
            pop5   r31,r30,r22,r21,r20   5×2
            pop4   r15,r14,r13,r12       4×2
            pop6   r11,r10,r9,r8,r3,r2   6×2
            ret                          4
```

Register $\mathbf{r}_{11:10:9:8}$ enthalte eine Zahl $\mathfrak{u}$ im $\mathbb{G}_{4,28}$-Format. Register $\mathbf{r}_{25:24:23}$ enthalte eine Zahl $\mathfrak{v}$ im $\mathbb{K}_{0,24}$-Format, das Vorzeichenbit von $\mathbf{r}_{18}$ enthalte das Vorzeichen $\mathfrak{s}$ von $\mathbb{K}_{0,24}(\mathfrak{v})$. Dann berechnet das nachfolgende Unterprogramm in $\mathbf{r}_{7:6:5:4}$ eine Zahl $\mathfrak{w}$ im $\mathbb{G}_{4,28}$-Format mit $\mathbb{G}_{4,28}(\mathfrak{w}) = w \approx (-1)^{\mathfrak{s}} uv = (-1)^{\mathfrak{s}} \mathbb{G}_{4,28}(\mathfrak{u}) \mathbb{K}_{0,24}(\mathfrak{v})$.

```
FkaCnsws50: clr    r20                   1
            mov    r22,r11               1    Vorzeichen von u aufbewahren
            tst    r11                   1    G_{4,28}(u) < 0 ?
            brpl   FkaCnsws52            1/2  Nein: Negierung überspringen
```

$u \leftarrow -u$ wegen $u < 0$

```
            com    r8                    1    u ← ū
            com    r9                    1
            com    r10                   1
            com    r11                   1    S.c ← 1
            adc    r8,r20                1    u ← ū + 1
            adc    r9,r20                1
            adc    r10,r20               1
            adc    r11,r20               1
```

Die Berechnung des Produktes $w = uv$

```
FkaCnsws52: mul   r11,r25        2    u0v-1
            movw  r7:r6,r1:r0    1
            mul   r9,r25         2    u-2v-1
            movw  r5:r4,r1:r0    1
            mul   r8,r24         2    u-3v-2
            movw  r3:r2,r1:r0    1
            mul   r9,r23         2    u-2v-3
            add   r2,r0          1
            adc   r3,r1          1
            mul   r10,r24        2    u-1v-2
            adc   r4,r0          1
            adc   r5,r1          1
            adc   r6,r20         1
            adc   r7,r20         1
            mul   r8,r23         2    u-3v-3
            add   r2,r1          1
            adc   r3,r20         1
            mul   r11,r23        2    u0v-3
            adc   r4,r0          1
            adc   r5,r1          1
            adc   r6,r20         1
            adc   r7,r20         1
            mul   r8,r25         2    u-3v-1
            add   r3,r0          1
            adc   r4,r1          1
            mul   r10,r25        2    u-1v-1
            adc   r5,r0          1
            adc   r6,r1          1
            adc   r7,r20         1
            mul   r9,r24         2    u-2v-2
            add   r3,r0          1
            adc   r4,r1          1
            mul   r11,r24        2    u0v-2
            adc   r5,r0          1
            adc   r6,r1          1
            adc   r7,r20         1
            mul   r10,r23        2
            add   r3,r0          1
            adc   r4,r1          1
            adc   r5,r20         1
            adc   r6,r20         1
            adc   r7,r20         1
            tst   r22            1    War u negativ?
            brpl  FkaCnsws58     1/2  Falls nein, u nicht negieren
            com   r8             1    u ← ū
```

```
128                com    r9             1
129                com    r10            1
130                com    r11            1    S.c ← 1
131                adc    r8,r20         1    u ← u̅ + 1
132                adc    r9,r20         1
133                adc    r10,r20        1
134                adc    r11,r20        1
      Die Berücksichtigung der Vorzeichen
135                tst    r18            1    v ebenfalls negativ?
136                brmi   FkaCnsws60     1/2  Falls ja: Ergebnis w nicht negieren
137   FkaCnsws56:  clr    r20            1
138                com    r4             1    w ← w̅
139                com    r5             1
140                com    r6             1
141                com    r7             1    S.c ← 1
142                adc    r4,r20         1    w ← w̅ + 1
143                adc    r5,r20         1
144                adc    r6,r20         1
145                adc    r7,r20         1
146                ret                   4
147   FkaCnsws58:  tst    r18            1    v negativ?
148                brmi   FkaCnsws56     1/2  Falls ja: Ergebnis w negieren
149   FkaCnsws60:  ret                   4
```

`FkaClnshwS` ist in großen Teilen mit dem Unterprogramm `FkaClnshw` identisch. Näher erläutert werden nur die hinzugekommenen oder geänderten Teile.
Die erste Aufgabe ist es, $|y| = |2x - 1|$ und das Vorzeichen von $y = 2x - 1$ zu berechnen. Dazu wird in den Zeilen *1–10* durch einen Linksshift, der auch $\mathfrak{x}_{-25}$ in $\mathbf{r_{18}}.6$ einbezieht, $2x$ berechnet. In Bild 5.4 ist oben die Belegung von Übertragsbit S.c, $\mathbf{r_{25:24:23}}$ und $\mathbf{r_{18}}.6$ vor dem Linksshift und unten nach dem

Abbildung 5.4.: Zur Berechnung von $2x - 1$

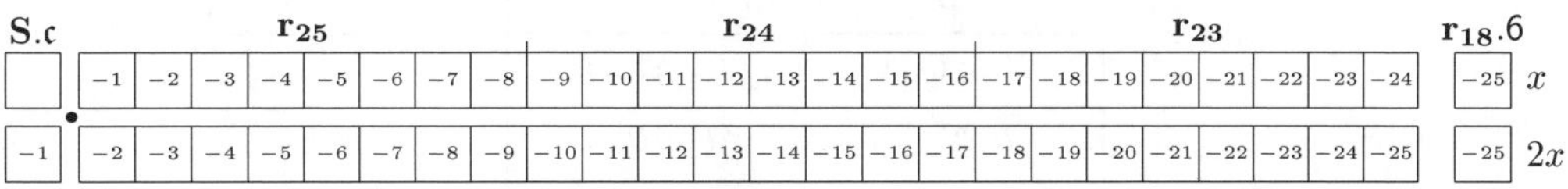

Linksshift gezeigt. Aus Platzgründen sind dort nicht die Bits $\mathfrak{x}_\nu$ sondern nur ihre Indizes ν eingetragen. Das Binärkomma liegt wie angedeutet rechts neben dem Übertragsbit.
Die Überlegung geht nun wie folgt. Ist das Übertragsbit nach dem Linksshift gesetzt, so ist $2x \geq 1$, folglich ist $2x - 1 \geq 0$, d.h. $2x - 1$ hat dasselbe Vorzeichen wie x. Außerdem enthält $\mathbf{r_{25:24:23}}$ schon $|2x - 1|$, da das Subtrahieren von 1 lediglich das Übertragsbit löschen würde. Ist andererseits nach dem Linksshift das Übertragsbit nicht gesetzt, so bedeutet das $2x < 1$ und also $2x - 1 < 0$, d.h. x und $2x - 1$ haben entgegengesetzte Vorzeichen. Um $|2x - 1|$ zu bekommen ist $1 - 2x$ zu berechnen und dazu genügt es, $0 - 2x$ zu berechnen, d.h. $2x$ zu negieren[6]
Nach dem Linksshift wird folglich in Zeile *11* das Übertragsbit getestet. Ist es nicht gesetzt, dann wird in den Zeilen *12–18* der Inhalt von Dreifachregister $\mathbf{r_{25:24:23}}$ negiert und anschließend in Zeile *19* im

[6] Eine eingehende Erläuterung ist auf Seite 122 bei der Berechnung von $\ln(x)$ zu finden.

Vorzeichenbit von **r18** vermerkt, dass $2x - 1$ negativ ist.
Die folgenden Zeilen bis zur Zeile *70* unterscheiden sich von den entsprechenden Zeilen in Unterprogramm `FkaClnshw` nur dadurch, dass natürlich das Unterprogramm `FkaCnsws50` aufgerufen wird und dass alle Unterprogrammteile, deren Aufgabe es ist, die Skalierung von x zu berücksichtigen (also den Binärexponenten e), entfernt wurden.
Das Unterprogramm `FkaCnsws50` muss eine Zahl u im Format $\mathbb{K}_{4,28}$ mit einer Zahl v im Format $\mathbb{K}_{0,24}$ multiplizieren. Die beiden Zahlen seien wie folgt gegeben:

$$u = u_0 2^{-4} + u_{-1} 2^{-12} + u_{-2} 2^{-20} + u_{-3} 2^{-28}$$
$$v = v_{-1} 2^{-8} + v_{-2} 2^{-16} + v_{-3} 2^{-24}$$

Darin sind die Koeffizienten natürlich Bytes. Das Produkt ist dann

$$\begin{aligned} 2^4 uv = \; & u_0 v_{-1} 2^{-8} \\ & + (u_{-1} v_{-1} + u_0 v_{-2}) 2^{-16} \\ & + (u_{-2} v_{-1} + u_{-1} v_{-2} + u_0 v_{-3}) 2^{-24} \\ & + (u_{-3} v_{-1} + u_{-2} v_{-2} + u_{-1} v_{-3}) 2^{-32} \\ & + (u_{-3} v_{-2} + u_{-2} v_{-3}) 2^{-40} \\ & + u_{-3} v_{-3} 2^{-48} \end{aligned}$$

Offensichtlich kommt das Ergebnis direkt im Format $\mathbb{K}_{4,28}$ heraus, eine Anpassung durch Shifts ist nicht erforderlich. Wie das Gesamtprodukt aus den Byteprodukten im Unterprogramm zusammengesetzt wird macht Bild 5.5 ersichtlich. Alle Produkte in den unteren Zeilen müssen zur ersten Zeile addiert werden,

Abbildung 5.5.: Die Zusammensetzung des Produktes aus Teilprodukten

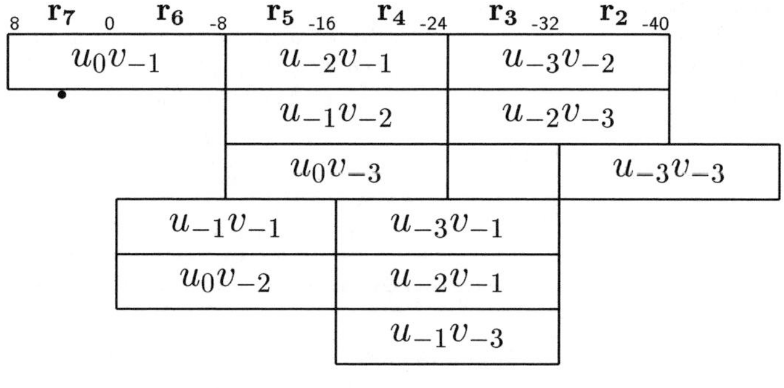

wobei auch die Überträge aufaddiert werden müssen, d.h. sie müssen bis ganz nach vorne weitergegeben werden, indem Nullen addiert werden.

5.3. Die Zerlegung einer zweidrittelgenauen Fließkommazahl in einen ganzen und einen gebrochenen Anteil

Zu einer zweidrittel genauen normalisierten Fließkommazahl $\mathfrak{a}$ sind zweidrittel genaue normalisierte Fließkommazahlen $\mathfrak{u}$ und $\mathfrak{v}$ zu berechnen mit der Eigenschaft[7]

$$\mathbb{F}_{2/3}(\mathfrak{a}) = \mathbb{F}_{2/3}(\mathfrak{u}) + \mathbb{F}_{2/3}(\mathfrak{v}) \qquad \mathbb{F}_{2/3}(\mathfrak{u}) \text{ ganzzahlig} \qquad -1 < \mathbb{F}_{2/3}(\mathfrak{v}) < 1.$$

Ist $\mathfrak{a}$ positiv, dann sind es auch $\mathfrak{u}$ und $\mathfrak{v}$, und ist $\mathfrak{a}$ negativ, dann sind es auch $\mathfrak{u}$ und $\mathfrak{v}$. Mit anderen Worten: $\mathfrak{u}$ und $\mathfrak{v}$ bekommen das Vorzeichen von $\mathfrak{a}$.

Für diesen Abschnitt ist eine andere Schreibweise für zweidrittel genaue normalisierte Fließkommazahlen zweckmäßig, in der das Vorzeichen ignoriert wird: Zu $a = 1,\mathfrak{a}_{-1} \cdots \mathfrak{a}_{-15} \times 2^e$ sind $u = 1,\mathfrak{u}_{-1} \cdots \mathfrak{u}_{-15} \times 2^p$ und $v = 1,\mathfrak{v}_{-1} \cdots \mathfrak{v}_{-15} \times 2^q$ zu berechnen mit

$$a = u + v \qquad p \geq 15 \qquad q \leq -1$$

Wegen $p \geq 15$ gibt es ein $r \geq 0$ mit $p = 15 + r$, also ist

$$a = 1,\mathfrak{a}_{-1} \cdots \mathfrak{a}_{-15} \times 2^{15+r} = 1\mathfrak{a}_{-1} \cdots \mathfrak{a}_{-15} \times 2^r,$$

d.h. a ist ganzzahlig. Und aus $q \leq -1$ folgt natürlich $-1 < v < 1$. So ist z.B.

$$1,111 \times 2^2 = 1,11 \times 2^2 + 1,0 \times 2^{-1}$$

Für $a \geq 0$ ist tatsächlich u der ganzzahlige und v der gebrochene Teil von a, also insbesondere $u = \lfloor a \rfloor$. Für $a < 0$ gilt das jedoch nicht. So ist z.B. $-1,11 = -1 - 0,11$, aber der ganzzahlige Anteil ist $\lfloor -1,11 \rfloor = -10$ und der gebrochene Anteil ist $0,1$, oder dezimal $-1,75 = -2 + 0,25$. Die Definition des ganzzahligen Anteils ist nämlich

$$\lfloor x \rfloor = \max\{k \in \mathbb{Z} \mid k \leq x\},$$

also ist für $a < 0$ und $v < 0$ der ganzzahlige Anteil $\lfloor a \rfloor = u - 1$ und der gebrochene Anteil $v + 1$. Entsprechend ist $\lceil a \rceil = u + 1$ für $a \geq 0$ und $\lceil a \rceil = u$ für $a < 0$. Zur Bereichsreduktion bei der Berechnung von Funktionen sind beide Zerlegungen nützlich.

Die Berechnung von u und v ist problemlos, doch gilt es, auf viele Kleinigkeiten zu achten. Der Exponentenbereich von a wird zweckmäßigerweise in die Bereiche

$$e \leq -1, \quad 0 \leq e \leq 14 \quad \text{und} \quad 15 \leq e$$

eingeteilt. In diesen Bereichen lassen sich u und v direkt angeben. Dabei ist $a \geq 0$ angenommen.

$e \leq -1$
In diesem Bereich ist natürlich $u = 0$ und $v = a$.

$15 \leq e$
Wie oben schon gesehen ist a hier ganzzahlig, folglich ist $u = a$ und $v = 0$.

[7] Man vergleiche dazu das Kapitel **9.4.4** in [Mss2] über das IEEE 754-konforme Runden von Fließkommazahlen auf eine ganze Zahl.

$0 \leq e \leq 14$
Auch hier kann die Zerlegung direkt angegeben werden. Man erhält in der Reihenfolge von $e = 0$ bis $e = 14$ folgendes:

$$\begin{array}{lll}
e = 0 & u = 1,000000000000000 & v = \mathfrak{a}_{-1},\mathfrak{a}_{-2}\cdots\mathfrak{a}_{-15} \times 2^{-1} \\
e = 1 & u = 1,\mathfrak{a}_{-1}00000000000000 \times 2 & v = \mathfrak{a}_{-2},\mathfrak{a}_{-3}\cdots\mathfrak{a}_{-15}0 \times 2^{-1} \\
e = 2 & u = 1,\mathfrak{a}_{-1}\mathfrak{a}_{-2}0000000000000 \times 2^{2} & v = \mathfrak{a}_{-3},\mathfrak{a}_{-4}\cdots\mathfrak{a}_{-15}00 \times 2^{-1} \\
\vdots & & \\
e = 6 & u = 1,\mathfrak{a}_{-1}\cdots\mathfrak{a}_{-6}000000000 \times 2^{6} & v = \mathfrak{a}_{-7},\mathfrak{a}_{-8}\cdots\mathfrak{a}_{-15}000000 \times 2^{-1} \\
e = 7 & u = 1,\mathfrak{a}_{-1}\cdots\mathfrak{a}_{-7}00000000 \times 2^{7} & v = \mathfrak{a}_{-8},\mathfrak{a}_{-9}\cdots\mathfrak{a}_{-15}0000000 \times 2^{-1} \\
e = 8 & u = 1,\mathfrak{a}_{-1}\cdots\mathfrak{a}_{-8}0000000 \times 2^{8} & v = \mathfrak{a}_{-9},\mathfrak{a}_{-10}\cdots\mathfrak{a}_{-15}00000000 \times 2^{-1} \\
\vdots & & \\
e = 13 & u = 1,\mathfrak{a}_{-1}\cdots\mathfrak{a}_{-13}00 \times 2^{13} & v = \mathfrak{a}_{-14},\mathfrak{a}_{-15}0000000000000 \times 2^{-1} \\
e = 14 & u = 1,\mathfrak{a}_{-1}\cdots\mathfrak{a}_{-14}0 \times 2^{14} & v = \mathfrak{a}_{-15},00000000000000 \times 2^{-1}
\end{array}$$

Zu beachten ist, dass v nicht normalisiert zu sein braucht. Es empfiehlt sich, die Fälle $e = 0$ und $e = 7$ als Sonderfälle zu behandeln.

Unterprogramm FkaSep

Zu einer zweidrittel genauen Fließkommazahl $\mathfrak{a} = \mathfrak{a}_8 \cdots \mathfrak{a}_{-15}$ werden zweidrittel genaue Fließkommazahlen $\mathfrak{u} = \mathfrak{u}_8 \cdots \mathfrak{u}_{-15}$ und $\mathfrak{v} = \mathfrak{v}_8 \cdots \mathfrak{v}_{-15}$ berechnet mit der Eigenschaft

$$\mathbb{F}_{2/3}(\mathfrak{a}) = \mathbb{F}_{2/3}(\mathfrak{u}) + \mathbb{F}_{2/3}(\mathfrak{v}) \quad \mathbb{F}_{2/3}(\mathfrak{u}) \text{ ganzzahlig} \quad -1 < \mathbb{F}_{2/3}(\mathfrak{v}) < 1.$$

Das Vorzeichen von $\mathfrak{u}$ und $\mathfrak{v}$ ist das Vorzeichen von $\mathfrak{a}$.

Input
X Die Adresse α von $\mathfrak{a}$
Y Die Adresse φ von $\mathfrak{u}$
Z Die Adresse ψ von $\mathfrak{v}$

Die Fließkommazahl $\mathfrak{u}$ wird mit dem ganzzahligen Anteil von $\mathfrak{a}$ und die Fließkommazahl $\mathfrak{v}$ mit dem gebrochenen Anteil überschrieben.
Wenn $\mathfrak{a}$ ein **NaN** repräsentiert wird ein Fehler erzeugt.

```
FkaSep:  push4  r16,r17,r18,r19     4×2
         push4  r20,r21,r22,r23     4×2
```

Register $r_{22:21:20}$ wird mit $\mathfrak{a}$ geladen (Sonderbehandlung von **X**).

```
         ld     r20,X+              2   r22:21:20 ← a
         ld     r21,X+              2
         ld     r22,X               2
         sbiw   r27:r26,2           2   X ← α
```

r_{18} wird mit dem Exponenten $e(\mathfrak{a})$ geladen

```
         mov    r18,r21             1   r18 ← a0 ··· a-7
         lsl    r18                 1   S.c ← a0
         mov    r18,r22             1   r18 ← a8 ··· a1
```

```
          rol   r18                   1    r18 <- e(a) = a7...a0
          brne  FkaSp06               1/2  Verzweigen bei e(a) != 0
```

$\mathbf{e}(\mathfrak{a}) = \mathbf{00}$ ergibt $\mathfrak{u} \leftarrow \mathfrak{a}$ und $\mathbb{F}_{2/3}(\mathfrak{v}) = 0$.

```
          st    Y,r20                 2    u <- a
          std   Y+1,r21               2
          std   Y+2,r22               2
FkaSp02:  clr   r20                   1    v <- 00000000 00000000 00000000
          st    Z,r20                 2
          std   Z+1,r20               2
          std   Z+2,r20               2
FkaSp04:  pop4  r23,r22,r21,r20       4x2
          pop4  r19,r18,r17,r16       4x2
          ret                         24
```

Fehler falls $\mathbf{e}(\mathfrak{a}) = \mathsf{FF}$, d.h. falls $\mathfrak{a}$ ein **NaN**.

```
FkaSp06:  cpi   r18,255               1    e(a) = FF? d.h. ist a NaN?
          brne  FkaSp08               1/2  Verzweigen falls nicht NaN.
          ldi   r16,FKA_SEP+FKA_NAN   1    Fehlererzeugung
          rjmp  FkaFhl                2
```

Die Berechnung von $e = \mathbf{e}(\mathfrak{a}) - 127$, Verzeigen bei $e \le -1$, andernfalls bei $e \le 14$

```
FkaSp08:  subi  r18,127               1    r18 <- e = e(a) - 127
          brmi  FkaSp10               1/2  Sprung bei e < 0 (oder e <= -1)
          cpi   r18,15                1    e >= 15?
          brlo  FkaSp12               1/2  Sprung bei e < 15
```

Der Fall $e \ge 15$: $\mathfrak{u} \leftarrow \mathfrak{a}$ und $\mathbb{F}_{2/3}(\mathfrak{v}) = 0$.

```
          st    Y,r20                 2    u <- a
          std   Y+1,r21               2
          std   Y+2,r22               2
          rjmp  FkaSp02               2    Sprung, dann v <- 00000000 00000000 00000000
```

Der Fall $e \le -1$: $\mathbb{F}_{2/3}(\mathfrak{u}) = 0$ und $\mathfrak{v} \leftarrow \mathfrak{a}$.

```
FkaSp10:  st    Z,r20                 2    u <- a
          std   Z+1,r21               2
          std   Z+2,r22               2
          clr   r20                   1    u <- 00000000 00000000 00000000
          st    Y,r20                 2
          std   Y+1,r20               2
          std   Y+2,r20               2
          rjmp  FkaSp04               2
```

Der Fall $e \le 14$ mit der Unterteilung $e = 0$, $1 \le e \le 6$, $e = 7$ und $8 \le e \le 14$.

```
FkaSp12:  movw  r17:r16,r21:r20       1    r17:16 <- a0...a-15
          tst   r18                   1    e = 0?
          brne  FkaSp14               1/2  Sprung bei e > 0
```

$e = 0$

```
          clr   r20                   1    r21:20 <- 10000000 00000000
          ldi   r21,0b10000000        1
          lsl   r16                   1    r17:16 <- a-1...a-15 0
          rol   r17                   1
```

```
           rjmp   FkaSp24           2    Zur Normalisierung von v
FkaSp14:   cpi    r18,7             1    e < 7?
           brsh   FkaSp18           1/2  Sprung falls e ≥ 7
   0 < e < 7
           lsl    r16               1    r17:16 ← a-1 ··· a-15 0
           rol    r17               1
           ldi    r19,0b10000000    1    r19 ← m = 100000000
FkaSp16:   asr    r19               1    m ← 1···10···0
           lsl    r16               1    r17:16 ← a-ν ··· a-15 0···0
           rol    r17               1       ν von −2 bis −7
           dec    r18               1    e ← e − 1
           brne   FkaSp16           1/2
           and    r21,r19           1    r21:20 ← 1a-1 ··· a-ν 0···0
           clr    r20               1       ν von −1 bis −6
           rjmp   FkaSp24           2    Zur Normalisierung von v
   Unterscheidung zwischen e = 7 und e > 7
FkaSp18:   brne   FkaSp20           1/2  Sprung bei e > 7
   e = 7
           mov    r17,r20           1    r17:16 ← a-8 a-9 ··· a-15 00000000
           clr    r16               1
           clr    r20               1    r21:20 ← 1a-1 ··· a-7 00000000
           rjmp   FkaSp24           2    Zur Normalisierung von v
   7 < e ≤ 14
FkaSp20:   mov    r17,r16           1    r17:16 ← a-9 ··· a-15 000000000
           lsl    r17               1
           clr    r16               1
           ldi    r19,0b10000000    1    m ← 10000000
           subi   r18,8             1    r18 ← d = e − 8
           breq   FkaSp23           1/2  Fertig bei e = 8
FkaSp22:   asr    r19               1    m ← 1···10···0
           lsl    r17               1    r17:16 ← a-ν ··· a-15 0···0, −15 ≤ ν ≤ −9
           dec    r18               1    d ← d − 1
           brne   FkaSp22           1/2
FkaSp23:   and    r20,r19           1    r20 ← a-8 ··· a-ν 0···0, −14 ≤ ν ≤ −8
   Ist a eine ganze Zahl, ist der gebrochene Anteil Null.
FkaSp24:   mov    r18,r17           1    Nur Nullbits in r17:16?
           or     r18,r16           1
           breq   FkaSp30           1/2  Falls ja: v = 00000000 00000000 00000000
   Die Normalisierung von v.
           ldi    r18,127-1         1    r18 ← 127 − 1 = Startwert für e(v)
           tst    r17               1    Schon normalisiert?
           brmi   FkaSp28           1/2  Sprung falls ja.
FkaSp26:   dec    r18               1    e(v) ← e(v) − 1
           lsl    r16               1    Mantisse von v nach links shiften
           rol    r17               1
           brpl   FkaSp26           1/2  Falls nicht normalisiert weiter shiften
```

$\mathfrak{v}$ wird mit dem Vorzeichen versehen und endgültig fertiggestellt.

```
89  FkaSp28:  lsl   r17               1   Platz für Exponentenbit schaffen
90            ldi   r19,0b01111111    1   S.c ← Vorzeichen von a (Siehe Text)
91            cp    r19,r22           1
92            ror   r18               1   v mit Vorz. und Exponent fertigstellen
93            ror   r17               1
```

Die fertig zusammengesetzten $\mathfrak{u}$ und $\mathfrak{v}$ ausgeben.

```
94  FkaSp30:  st    Y,r20             2   Ausgabe von u
95            std   Y+1,r21           2
96            std   Y+2,r22           2
97            st    Z,r16             2   Ausgabe von v
98            std   Z+1,r17           2
99            std   Z+2,r18           2
100           rjmp  FkaSp04           2
```

Zum Auftakt wird $\mathbf{r_{22:21:20}}$ in den Zeilen *3–5* mit $\mathfrak{a}$ geladen. Wegen der fehlenden Adressiermöglichkeiten muss Register **X** dabei verändert werden, die Subtraktion in der anschließenden Zeile bringt seinen alten Wert α zurück. Das ist schneller und kürzer als den Wert von **X** in den Stapel zu retten und dann zu restaurieren. Danach wird in den Zeilen *7–10* aus $\mathfrak{a}$ der Exponent $\boldsymbol{e}(\mathfrak{a}) = \mathfrak{a}_7 \cdots \mathfrak{a}_0$ (mit *bias*) herausgelöst: In Zeile *8* wird $\mathfrak{a}_0$ in das Übertragsbit $\mathbf{S}.\mathfrak{c}$ hineingeshiftet und in Zeile *10* wird $\mathfrak{a}_8$ (das Vorzeichenbit) links aus $\mathbf{r_{18}}$ hinaus und gleichzeitig $\mathfrak{a}_0$ von rechts aus $\mathbf{S}.\mathfrak{c}$ in $\mathbf{r_{18}}$ hineingeshiftet. Der Shift in Zeile *10* testet gleichzeitig, ob $\boldsymbol{e}(\mathfrak{a}) = \mathbf{00}$ gilt, was nach Definition $\mathbb{F}_{2/3}(\mathfrak{a}) = 0$ bedeutet. Ist das der Fall, so wird in den Zeilen *12–14* als $\mathfrak{u}$ eine Kopie von $\mathfrak{a}$ und in den Zeilen *15–18* $\mathfrak{v} = \mathfrak{o} \cdots \mathfrak{o}$ ausgegeben.
Der nächste Test in Zeile *22* prüft, ob $\mathfrak{a}$ als ein **NaN**. übergeben wurde, ob also $\boldsymbol{e}(\mathfrak{a}) = \mathbf{FF}$ gilt. Es wird dann in den Zeilen *24–25* ein Fehler erzeugt.
In Zeile *26* ist klar, dass $\mathbf{r_{18}}$ einen echten Exponenten enthält, dass also $\boldsymbol{e}(\mathfrak{a}) = e + 127$ gilt und e durch Subtraktion von 127 errechnet werden kann. Die Subtraktion in der Zeile berechnet nicht nur $e = \boldsymbol{e}(\mathfrak{a}) - 127$, sie stellt auch fest, ob $e < 0$ gilt. Ist das der Fall, wird von der Zeile *27* in die Zeile *34* gesprungen, ab welcher der Fall $e \leq -1$ abgehandelt wird. Ist aber $e \geq 0$, so wird in Zeile *28* geprüft, ob $e < 15$ erfüllt ist und wenn ja in die Zeile *42* verzweigt.
In Zeile *30* ist $e \geq 15$ übriggeblieben. Hier ist $\mathfrak{a}$ offenbar schon eine ganze Zahl, es wird also als $\mathfrak{u}$ in den Zeilen *30–32* $\mathfrak{a}$ selbst und als $\mathfrak{v}$ dann in den Zeilen *15–18* die Null $\mathfrak{v} = \mathfrak{o} \cdots \mathfrak{o}$ ausgegeben.
Im Fall $e \leq -1$, der ab Zeile *34* abgehandelt wird, besitzt $\mathfrak{a}$ offensichtlich keinen ganzzahligen Anteil, folglich wird hier in den Zeilen *34–36* $\mathfrak{a}$ selbst als $\mathfrak{v}$ ausgegeben, gefolgt von $\mathfrak{u} = \mathfrak{o} \cdots \mathfrak{o}$.
Der Exponentenbereich $0 \leq e \leq 14$ verlangt ab Zeile *42* mehr Einsatz. Hier muss $\mathfrak{a}$ mit verschiedenen Shifts und Bitoperationen in passende $\mathfrak{u}$ und $\mathfrak{v}$ umgeformt werden, und zwar wird $\mathfrak{u}$ in Dreifachregister $\mathbf{r_{22:21:20}}$ und $\mathfrak{v}$ in $\mathbf{r_{18:17:16}}$ zusammengesetzt. Das erste Dreifachregister enthält schon $\mathfrak{a}$, in Zeile *42* muss nur noch $\mathbf{r_{17:16}}$ zum Zwecke der Umformung mit $\mathfrak{a}_0 \cdots \mathfrak{a}_{-15}$ geladen werden.
Die einfachste Situation liegt für $e = 0$ vor, deren Auftreten in Zeile *43* geprüft wird. In ihr sind offensichtlich $\mathfrak{1},\mathfrak{ooooooooooooooo}$ und $\mathfrak{a}_{-1}, \mathfrak{a}_{-2} \cdots \mathfrak{a}_{-15} \times 2^{-1}$ die richtige Wahl für $\mathfrak{u}$ und $\mathfrak{v}$. Zu beachten ist aber, dass im fertig zusammengesetzten $\mathfrak{u}$ vor dem Binärkomma das untere Bit $\mathfrak{u}_0 = 1$ des Exponenten $\boldsymbol{e}(\mathfrak{u}) + 127 = 0 + 127 = \mathbf{7F}$ stehen muss und nicht das höchstsignifikante Bit der Mantisse, das ja stets den Wert $\mathfrak{1}$ hat. Jedenfalls wird in den Zeilen *45–46* $\mathbf{r_{21:20}}$ mit dem korrekten Wert $\mathfrak{1ooooooo\,oooooooo}$ geladen. Register $\mathbf{r_{22}}$ enthält noch vom Anfang her das Vorzeichen $\mathfrak{a}_0$ und den oberen Teil $\mathfrak{a}_7 \cdots \mathfrak{a}_1$ des Exponenten $\boldsymbol{e}(\mathfrak{a})$, die ohne Änderung übernommen werden können. Das Register $\mathbf{r_{17:16}}$ enthält $\mathfrak{a}_0 \cdots \mathfrak{a}_{-15}$ und muss in den Zeilen *47–48* nur einmal nach links geshiftet werden, um $\mathfrak{a}_{-1} \cdots \mathfrak{a}_{-15}\mathfrak{o}$ zu enthalten. Danach wird zur Normalisierung von $\mathfrak{v}$ in die Zeile *79* gesprungen.
Bei $e > 0$ wird in Zeile *50* geprüft, ob $e < 7$ oder $e \geq 7$ gilt. Ab Zeile *52* liegt also die Situation $0 < e < 7$ vor. Die Fakten sind wie folgt:

- Der Exponent von $\mathfrak{a}$ ist auch der Exponent von $\mathfrak{u}$.

- Es ist $\mathfrak{u}_{-8} \cdots \mathfrak{u}_{-15} = 00000000$.
- Die Bitmaske $\mathfrak{m}$ zum Herauslösen der zum ganzzahligen Teil von $\mathfrak{a}$ gehörigen Bits aus $\mathbf{r_{21}}$ ist

$$\underbrace{1 \cdots 1}_{e+1}\underbrace{0 \cdots 0}_{8-e-1}$$

.

- Der Exponent von $\mathfrak{v}$ ist -1 (ohne *bias*).
- $\mathbf{r_{17:16}}$ muss $(e+1)$-mal links geshiftet werden, um das für $\mathfrak{v}$ korrekte Bitmuster

$$\mathfrak{a}_{-e-1} \cdots \mathfrak{a}_{-15}\underbrace{0 \cdots 0}_{e+1}$$

  zu erhalten.

Die Bitmaske $\mathfrak{m}$ kann so hergestellt werden, dass Register $\mathbf{r_{19}}$ mit 10000000 geladen und dann e-mal arithmetisch rechts geshiftet wird. Das wird in den Zeilen *54–59* durchgeführt. In der Schleife zum Rechtsshiften der Bitmaske wird aber auch $\mathbf{r_{17:16}}$ linksgeshiftet, zusammen mit dem Linksshift vor der Schleife (Zeilen *52–53*) ergeben sich die geforderten $e+1$ Linksshifts. Nach den Linksshifts und dem Aufbau der Bitmaske $\mathfrak{m}$ wird die Bitmaske in Zeile *60* auf $\mathbf{r_{21}}$ angewandt. Das obere Bit von $\mathbf{r_{21}}$, also das untere Vorzeichenbit $\mathfrak{a}_0$ von $\mathfrak{a}$, bleibt bei der Maskierung erhalten. Schließlich werden noch in der Zeile *61* die unteren acht Bit der Mantisse von $\mathfrak{u}$ gelöscht, bevor zur Normalisierung von $\mathfrak{v}$ verzweigt wird.
Gilt $7 \leq e \leq 14$ so wird in Zeile *63* zwischen $e = 7$ und $e < 7$ unterschieden. Falls $e = 7$ gilt, ist wenig zu tun. Denn der gebrochene Anteil ist $\mathfrak{a}_{-8}, \mathfrak{a}_{-9} \cdots \mathfrak{a}_{-15}00000000 \times 2^{-1}$, dessen obere acht Bit in $\mathbf{r_{20}}$ enthalten sind, und der ganzzahlige Anteil ist $1, \mathfrak{a}_{-1} \cdots \mathfrak{a}_{-7}00000000 \times 2^{7}$, der einfach durch Löschen von $\mathbf{r_{20}}$ zu erlangen ist. Die Zeilen *64–65* erzeugen also $\mathfrak{v}$ und Zeile *66* erzeugt $\mathfrak{u}$. Weiter geht es dann mit der Normalisierung von $\mathfrak{v}$.
Bei den verbliebenen Exponenten $8 \leq e \leq 14$ wird von $e = 8$ ausgegangen. Der gebrochene Anteil ist in diesem Fall $\mathfrak{a}_{-9}, \mathfrak{a}_{-10} \cdots \mathfrak{a}_{-15}000000000 \times 2^{-1}$, dessen Mantisse offenbar mit den Befehlen in den Zeilen *68–70* zusammengesetzt wird. Der ganzzahlige Anteil ist $1, \mathfrak{a}_{-1} \cdots \mathfrak{a}_{-8}0000000 \times 2^{8}$. Register $\mathbf{r_{21}}$ enthält schon die oberen acht Bit des ganzzahligen Teils, es ist nur noch eine Maske für die unteren acht Bit zu erzeugen. Für $e = 8$ ist diese Maske 10000000, sie wird in Zeile *71* in Register $\mathbf{r_{19}}$ geladen. Danach sind noch $e - 8$ Rechtsshifts der Maske und ebensoviele Linksshifts der oberen acht Mantissenbytes in $\mathbf{r_{17}}$ nötig, um die Mantissen von $\mathfrak{u}$ und $\mathfrak{v}$ zu erhalten. In Zeile *72* wird der Zähler für die Schleife initialisiert, in der die Shifts durchgeführt werden, sein Anfangswert ist natürlich $e - 8$. Im Fall $e = 8$ ist bereits alles geschehen und die Schleife kann übersprungen werden, andernfalls wird die Schleife mit den Shifts in den Zeilen *74–76* genau $e - 8$-mal durchlaufen. In Zeile *78* werden schließlich diejenigen der unteren acht Bits, die nicht zum ganzzahligen Teil gehören, mit der Maske abgetrennt.
Ist $\mathfrak{a}$ in den Fällen $0 \leq e \leq 14$ eine ganze Zahl, so kommt 00000000 00000000 als Mantisse für $\mathfrak{v}$ heraus. Dann ist natürlich nicht zu normalisieren, sondern Null auszugeben. In den Zeilen *79–80* wird die Mantisse getestet. Ist es die Nullmantisse, so enthält $\mathbf{r_{18:17:16}}$ nach dem Test die Fließkommazahl Null, die direkt ausgegeben werden kann.
Ist jedoch $\mathfrak{a}$ keine ganze Zahl, so muss normalisiert werden, die in $\mathbf{r_{17:16}}$ erzeugte Mantisse ist so lange nach links zu shiften, bis ihr höchstwertiges Bit den Wert 1 hat. Dieses höchstwertige Bit ist natürlich das Vorzeichenbit von $\mathbf{r_{17}}$, also leicht zu testen. Außerdem muss bei jedem Shift der Exponent um Eins erniedrigt werden, der Startwert ist $e = -1$. Es kann auch gleich vom Startwert $127 - 1$ für $\boldsymbol{e}(\mathfrak{v})$ ausgegangen werden, und so geschieht es auch in Zeile *82*. Ist das höchstwertige Bit bereits gesetzt, ist die Normalisierung damit schon beendet, das wird in Zeile *84* geprüft. Anderfalls wird in der Schleife in den Zeilen *85–88* die Mantisse bei gleichzeitiger Erniedrigung des Exponenten so lange linksgeshiftet bis die Bedingung, dass das Vorzeichenbit von $\mathbf{r_{17}}$ gesetzt ist, eingetreten ist.
Nach der Normalisierung enthält $\mathbf{r_{18}}$ zwar den korrekten Exponenten von $\mathfrak{v}$, doch muss dieser noch dem Vorzeichen Platz machen, sein niedrigstwertiges Bit hat das höchstwertige Bit der Mantisse zu ersetzen.

In Zeile *89* wird deshalb $\mathbf{r_{17}}$ zunächst nach links geshiftet, um das Exponentenbit aufnehmen zu können. Das benötigte Vorzeichenbit ist das Bit 7 von $\mathbf{r_{22}}$, es muss in das Übertragsbit **S**.c gelangen, damit durch die Rechtsshifts in den Zeilen *92–93* das Vorzeichenbit und das niedrigstwertige Exponentenbit an ihren korrekten Platz gelangen. Am einfachsten lässt sich der Bittransfer mit dem Vergleichsbefehl `cp` erreichen. Dazu wird 01111111 mit dem Inhalt von $\mathbf{r_{22}}$ verglichen: Ist das Vorzeichenbit von $\mathbf{r_{22}}$ gesetzt, so ist 01111111 (absolut) kleiner als der Inhalt von $\mathbf{r_{22}}$ und das Übertragsbit wird gesetzt. Ist aber das Vorzeichenbit von $\mathbf{r_{22}}$ nicht gesetzt, so ist 01111111 nicht kleiner als der Inhalt von $\mathbf{r_{22}}$ und das Übertragsbit wird nicht gesetzt. Es wird also effektiv das Vorzeichenbit von $\mathbf{r_{22}}$ in das Übertragsbit gebracht.
Damit ist auch $\mathfrak{v}$ fertiggestellt, ab Zeile *94* können $\mathfrak{u}$ und $\mathfrak{v}$ ausgegeben werden.

Es folgt noch ein Unterprogramm rein technischer Natur, das vom Thema her in diesen Abschnitt gehört. Es wird zur Bereichsreduktion bei der Berechnung von Funktionen eingesetzt. Seine Aufgabe ist wie bei obigem Unterprogramm die Trennung einer Zahl in einen ganzzahligen und einen gebrochenen Anteil. Allerdings hat hier die zu zerlegende Zahl die Gestalt $a \times 2^k$, dabei ist a eine 48-Bit-Zahl im Bereich $0 \leq a < 1$ und für den Exponenten gilt $1 \leq k \leq 31$. Es wird eine ganze Zahl $n \geq 0$ und eine 24-Bit-Zahl b im Bereich $0 \leq b < 1$ berechnet mit

$$a \times 2^k = n + b.$$

Der Zweck des Unterprogramms wird bei seinem Einsatz in späteren Abschnitten deutlich werden, etwa bei der Berechnung der trigonometrischen Funktionen.

Unterprogramm FkaSeg

Zu einer Zahl $\mathfrak{a}$ im Format $\mathbb{K}_{0,48}$ und einem Exponenten d im Bereich $1 \leq k \leq 31$ werden eine natürliche Zahl $n \geq 0$ und eine Zahl $\mathfrak{b}$ im Format $\mathbb{K}_{0,24}$ berechnet mit

$$\mathbb{K}_{0,48}(\mathfrak{a}) \times 2^e = n + \mathbb{K}_{0,24}(\mathfrak{b}).$$

Allerdings wird nicht n sondern nur $n \bmod 2^8$ bereit gestellt, also das unterste Byte von n.

Input

$\mathbf{r_{25:24:23:22:21:20}}$	$\mathfrak{a}$
$\mathbf{r_{19}}$	e

Output

$\mathbf{r_{25:24:23}}$	$\mathfrak{b}$
$\mathbf{r_{16}}$	$n \bmod 2^8$

Ist nach dem Aufruf das Übertragsbit gesetzt, gilt also **S**.c = 1, so wurde ein zu großer Binärexponent e übergeben.
Es werden keine Registerinhalte aufbewahrt, da das Unterprogramm nicht eigenständig ist, sondern nur aus anderen Unterprogrammen heraus aufgerufen wird.

```
FkaSeg:   clr    r16       1    Aufnahme von n mod 2^8 vorbereiten
          cpi    r19,8     1    e >= 8?
          brsh   FkaSg06   1/2  Ja: einen Byte-Shift ausführen
FkaSg02:  lsl    r20       1    r16:r25:24:23:22:21:20 e-mal linksshiften (1 <= e <= 7)
          rol    r21       1
          rol    r22       1
          rol    r23       1
          rol    r24       1
          rol    r25       1
          rol    r16       1    Überlaufbits in r16 hineinshiften
```

```
            subi  r19,1      1    e ← e − 1 und S.c ← 0
            brne  FkaSg02    1/2
FkaSg04:    ret              4
FkaSg06:    mov   r16,r25    1    r16:r25:24:23:22:21:20 ein Byte linksshiften
            mov   r25,r24    1
            mov   r24,r23    1
            mov   r23,r22    1
            mov   r22,r21    1
            mov   r21,r20    1
            subi  r19,8      1    e ← e − 8
            breq  FkaSg04    1/2
            cpi   r19,8      1    e ≥ 8?
            brsh  FkaSg10    1/2  Ja: einen Byte-Shift ausführen
FkaSg08:    rol   r21        1    r16:r25:24:23:22:21 e-mal linksshiften (1 ≤ e ≤ 7)
            rol   r22        1
            rol   r23        1
            rol   r24        1
            rol   r25        1
            rol   r16        1
            subi  r19,1      1    e ← e − 1 und S.c ← 0
            brne  FkaSg08    1/2
            ret              4
FkaSg10:    mov   r16,r25    1    r16:r25:24:23:22:21 ein Byte linksshiften
            mov   r25,r24    1
            mov   r24,r23    1
            mov   r23,r22    1
            mov   r22,r21    1
            subi  r19,8      1    e ← e − 8
            breq  FkaSg04    1/2
            cpi   r19,8      1    e ≥ 8?
            brsh  FkaSg14    1/2  Ja: einen Byte-Shift ausführen
FkaSg12:    rol   r22        1    r16:r25:24:23:22 e-mal linksshiften (1 ≤ e ≤ 7)
            rol   r23        1
            rol   r24        1
            rol   r25        1
            rol   r16        1
            subi  r19,1      1    e ← e − 1 und S.c ← 0
            brne  FkaSg12    1/2
FkaSg13:    ret              4
FkaSg14:    mov   r16,r25    1    r16:r25:24:23:22 ein Byte linksshiften
            mov   r25,r24    1
            mov   r24,r23    1
            mov   r23,r22    1
            subi  r19,8      1    e ← e − 8
            breq  FkaSg13    1/2
            cpi   r19,8      1    e ≥ 8?
```

```
57            brsh   FkaSg18   1/2   Ja: Mit Fehlermeldung zurück
58  FkaSg16:  rol    r23       1     r16:r25:24:23 e-mal linksshiften (1 ≤ e ≤ 7)
59            rol    r24       1
60            rol    r25       1
61            rol    r16       1
62            subi   r19,1     1     e ← e − 1 und S.c ← 0
63            brne   FkaSg16   1/2
64            ret              4
65  FkaSg18:  sec              1     S.c ← 1
66            ret              4     Mit Fehlermeldung zurück (e ≥ 32)
```

Das Bitmuster $\mathfrak{a}$ wird e-mal — d.h. e Bitpositionen — nach links geshiftet, die links herausfallenden Bits bilden den ganzzahligen Teil n. Zur Beschleunigung werden allerdings 8-Bit-Shifts durch Byte-Shifts ersetzt. Der Index e wird also zerlegt in $e = 8s + r$ mit $0 \leq r \leq 7$.
In Zeile *1* wird $\mathbf{r_{16}}$ als Vorbereitung für die Aufnahme der Bits von n gelöscht. Dann wird geprüft, ob $e \geq 8$ gilt. Ist das nicht der Fall, gilt also $e \leq 7$, so wird die Schleife in den Zeilen *4–12* e-mal durchlaufen. In jedem Durchlauf wird das Mehrfachregister $\mathbf{r_{25:24:23:22:21:20}}$ nach links geshiftet. Das aus $\mathbf{r_{25}}$ links hinausgeshiftete Bit wird rechts in $\mathbf{r_{16}}$ hineingeshiftet, so wird automatisch $n \bmod 2^8$ in $\mathbf{r_{16}}$ erzeugt. Das Herunterzählen des Schleifenzählers in Zeile *11* wird nicht mit dem Befehl `dec r19`, sondern mit *subi* $r19, 1$ durchgeführt, auf diese Weise wird beim Verlassen der Schleife das Übertragsbit gelöscht.
Stellte sich beim Vergleich in Zeile *2* $e \geq 8$ heraus, wird in den Zeilen *14–19* ein Byte-Linksshift ausgeführt, anschließend wird er Index um 8 vermindert: $e \leftarrow e - 8$. Ist danach $e = 0$, hat das Unterprogramm seine Aufgabe erfüllt. Andernfalls wird wieder geprüft, ob $e \geq 8$ gilt oder nicht und der beschriebene Vorgang läuft noch einmal ab, jetzt allerdings nur noch mit dem Register $\mathbf{r_{25:24:23:22:21}}$. Insgesamt kann dreimal 8 von e subtrahiert werden. Wird dabei festgestellt, dass der Rest ≥ 8 ist, wird mit $\mathbf{S}.\mathfrak{c} = \mathtt{1}$ als Fehlerindikator in das rufende Programm zurückgesprungen. Ein Fehler wird folglich bei $e \geq 32$ erzeugt.

Eine alternative Implementierung kann die Zerlegung $e = 8s + r$ direkt nutzen und einen Byte-Linksshift über s Bytestellen ausführen, dem ein Bit-Linksshift über r Bitstellen folgt.

5.4. Die Berechnung der Funktionen floor und ceiling

Die englische Bezeichnung für den ganzzahligen Anteil $\lfloor a \rfloor$ einer reellen Zahl, also die größte ganze Zahl nicht oberhalb von a, ist *floor* (also der Fußboden von a), die englische Bezeichnung für die die kleinste ganze Zahl nicht unterhalb von a, $\lceil a \rceil = \min\{k \in \mathbb{Z} \mid a \leq k\}$, ist *ceiling* (die Zimmerdecke). Die Funktionen sind sind als `floor` und `ceil` Bestandteil von **C**.

Grundlage der Berechnung ist die Zerlegung $a = u + v$ mit `FkaSep` aus Abschnitt 5.3. Dort ist auch der Zusammenhang von u und v mit $\lfloor a \rfloor$ und $\lceil a \rceil$ erläutert.

Für den Fall, dass $\lfloor a \rfloor$ und $\langle a \rangle$ berechnet werden müssen, steht das Unterprogramm `FkaFloor2` zur Verfügung:

Unterprogramm FkaFloor2

Zu einer zweidrittel genauen Fließkommazahl $\mathfrak{a}$ werden zweidrittel genaue Fließkommazahlen $\mathfrak{u}$ und $\mathfrak{v}$ berechnet mit $\mathbb{F}_{2/3}(\mathfrak{u}) = \lfloor \mathbb{F}_{2/3}(\mathfrak{a}) \rfloor$ und $\mathbb{F}_{2/3}(\mathfrak{v}) = \langle \mathbb{F}_{2/3}(\mathfrak{a}) \rangle$.

Input

Y	Die Adresse α von $\mathfrak{a}$
Z	Die Adresse φ von $\mathfrak{u}$
X	Die Adresse ψ von $\mathfrak{v}$

Als Fehler können die von `FkaSep`, `FkaAdd` und `FkaSub` erzeugten Fehler auftreten.

```
FkaFloor2: push3  r14,r15,r16      3×2
           ldd    r16,Y+2          2    r16.7 ← s(a) = a23
           movw   r15:r14,r27:r26  1    r15:14 ← A(v)
           movw   r27:r26,r29:r28  1    X ← A(a)
           movw   r29:r28,r31:r30  1    Y ← A(u)
           movw   r31:r30,r15:r14  1    Z ← A(v)
           rcall  FkaSep           3+   a zerlegen
           movw   r15:r14,r29:r28  1    r15:14 ← A(u)
           movw   r29:r28,r27:r26  1    Y ← A(a)
           movw   r27:r26,r31:r30  1    X ← A(v)
           movw   r31:r30,r15:r14  1    Z ← A(u)
           tst    r16              1    F2/3(a) ≥ 0?
           brpl   FkaFlo2A         1/2  Falls ja: fertig
           ldi    r16,1            1
           movw   r15:r14,r29:r28  1
           movw   r29:r28,r31:r30  1
           rcall  FkaSubK08        3+   F2/3(u) ← F2/3(u) − 1 = ⌊F2/3(a)⌋
           movw   r29:r28,r27:r26  1
           rcall  FkaAddK08        3+   F2/3(v) ← F2/3(v) + 1 = ⟨F2/3(a)⟩
           movw   r29:r28,r15:r14  1
FkaFlo2A:  pop3   r16,r15,r14      3×2
           ret                     4
```

Das Unterprogramm enthält keine Überraschungen. Es werden lediglich `FkaSep` aufgerufen und, abhängig vom Vorzeichen von a, u und v justiert. Leider hält sich `FkaSep` nicht an die im Fließkommaarithmetik-Modul üblichen Regeln der Parameterübergabe (**Y** enthält die Adresse des ersten, **Z** die Adresse des zweiten Inputparameters und **X** die Adresse des Outputparameters), weshalb Zeigerrotationen nötig werden.

Wenn nur $\lfloor a \rfloor$ benötigt wird, kann das Unterprogramm `FkaFloor` eingesetzt werden:

Unterprogramm FkaFloor

Zu einer zweidrittel genauen Fließkommazahl $\mathfrak{a}$ wird die zweidrittel genaue Fließkommazahl $\mathfrak{u}$ berechnet mit der Eigenschaft $\mathbb{F}_{2/3}(\mathfrak{u}) = \lfloor \mathbb{F}_{2/3}(\mathfrak{a}) \rfloor$.

Input

Y	Die Adresse α von $\mathfrak{a}$
X	Die Adresse φ von $\mathfrak{u}$

Als Fehler können die von `FkaSep` und `FkaSub` erzeugten Fehler auftreten.

```
FkaFloor:  push3  r16,r30,r31        3×2
           ldd    r16,Y+2            2    r16.7 ← s(a) = a23
           movw   r31:r30,r29:r28    1    r31:30 ← A(a)
           movw   r29:r28,r27:r26    1    Y ← A(u)
           movw   r27:r26,r31:r30    1    X ← A(a)
           push   r26                2    v erzeugen
           push   r26                2
           in     r30,SPL            1    Z ← A(v)
           in     r31,SPH            1
           push   r26                2
           rcall  FkaSep             3+   a zerlegen
           pop3   r30,r30,r30        3×2  v vernichten
           movw   r31:r30,r29:r28    1    r31:30 ← A(u)
           movw   r29:r28,r27:r26    1    Y ← A(a)
           movw   r27:r26,r31:r30    1    X ← A(u)
           tst    r16                1    F2/3(a) ≥ 0?
           brpl   FkaFloA            1/2  Falls ja: fertig
           ldi    r16,1              1
           movw   r31:r30,r29:r28    1
           movw   r29:r28,r27:r26    1
           rcall  FkaSubK08          3+   F2/3(u) ← F2/3(u) − 1 = ⌊F2/3(a)⌋
           movw   r29:r28,r31:r30    1
FkaFloA:   pop3   r31,r30,r16        3×2
           ret                       4
```

Vollkommen symmetrisch dazu wird $\lceil a \rceil$ vom Unterprogramm `FkaCeil` berechnet:

Unterprogramm FkaCeil

Zu einer zweidrittel genauen Fließkommazahl $\mathfrak{a}$ wird die zweidrittel genaue Fließkommazahl $\mathfrak{u}$ berechnet mit der Eigenschaft $\mathbb{F}_{2/3}(\mathfrak{u}) = \lceil \mathbb{F}_{2/3}(\mathfrak{a}) \rceil$.

Input

Y	Die Adresse α von $\mathfrak{a}$
X	Die Adresse φ von $\mathfrak{u}$

Als Fehler können die von `FkaSep` und `FkaAdd` erzeugten Fehler auftreten.

```
FkaCeil:   push3  r16,r30,r31        3×2
           ldd    r16,Y+2            2    r16.7 ← s(a) = a23
```

```
           movw   r31:r30,r29:r28   1     r31:30 ← 𝒜(𝔞)
           movw   r29:r28,r27:r26   1     Y ← 𝒜(𝔲)
           movw   r27:r26,r31:r30   1     X ← 𝒜(𝔞)
           push   r26               2     𝔳 erzeugen
           push   r26               2
           in     r30,SPL           1     Z ← 𝒜(𝔳)
           in     r31,SPH           1
           push   r26               2
           rcall  FkaSep            3+    𝔞 zerlegen
           pop3   r30,r30,r30       3×2   𝔳 vernichten
           movw   r31:r30,r29:r28   1     r31:30 ← 𝒜(𝔲)
           movw   r29:r28,r27:r26   1     Y ← 𝒜(𝔞)
           movw   r27:r26,r31:r30   1     X ← 𝒜(𝔲)
           tst    r16               1     𝔽2/3(𝔞) < 0?
           brmi   FkaCeiA           1/2   Falls ja: fertig
           ldi    r16,1             1
           movw   r31:r30,r29:r28   1
           movw   r29:r28,r27:r26   1
           rcall  FkaAddK08         3+    𝔽2/3(𝔲) ← 𝔽2/3(𝔲) + 1 = ⌈𝔽2/3(𝔞)⌉
           movw   r29:r28,r31:r30   1
FkaCeiA:   pop3   r31,r30,r16       3×2
           ret                      4
```

Beide Unterprogramme rufen natürlich **FakSep** auf, müssen aber den fehlenden Parameter $\mathfrak{v}$ selbst im Stapel erzeugen und nach Gebrauch wieder vernichten.[8].

Ein Blick in **FkaSep** zeigt, dass $\alpha = \varphi$ möglich ist, d.h. $\mathfrak{a}$ kann mit dem Funktionswert überschrieben werden. Soll das immer der Fall sein, können die Unterprogramme leicht dahin angepasst werden.

[8] Siehe etwa [Mss4] Abbildung 5.16 auf Seite 119.

5.5. Die Berechnung der Logarithmusfunktionen

5.5.1. Der natürliche Logarithmus $\ln(x)$

Die Berechnung der natürlichen Logarithmusfunktion $\ln(x)$ scheint keine Schwierigkeiten zu bereiten. Es ist kein Überlauf möglich, da auch der Logarithmus der größten positiven Zahl, die von der Größenordnung 2^{126} ist, noch als zweidrittelgenaue Fließkommazahl darstellbar ist. Auch

Abbildung 5.6.: $\ln(x)$

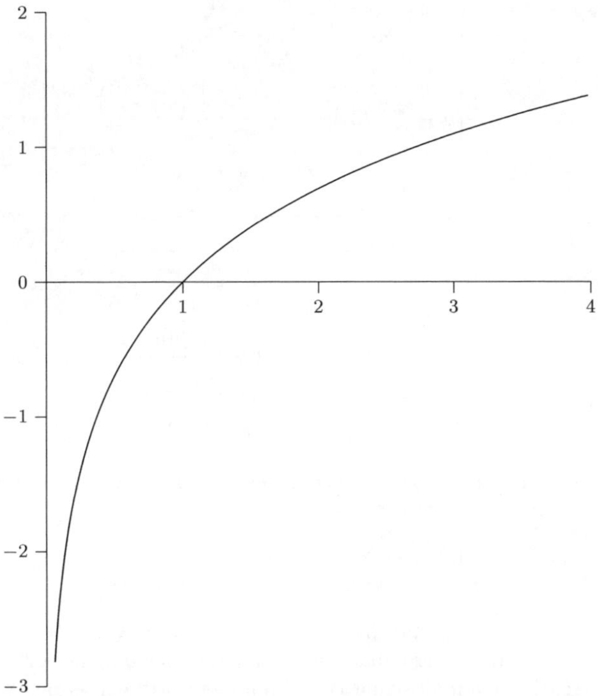

ein Unterlauf ist nicht möglich, da auch die kleinste posive Zahl von der Größenordnung 2^{-126} noch darstellbar ist. Selbst die Bereichsreduktion ist gutartig und nicht wie bei vielen anderen Funktionen mit einem Genauigkeitsverlust verbunden. Die Bereichsreduktion bei der Logarithmusfunktion stützt sich auf den Aufbau einer Fließkommazahl x als das Produkt aus Mantisse y und Zweierpotenz 2^e:

$$\ln(x) = \ln(y \times 2^e) = \ln(y) + e\ln(2) \qquad 1 \leq y < 2$$

Das Reduktionsintervall liegt schon recht weit vom Nullpunkt entfernt, die dortige Singularität sollte keine gravierenden Auswirkungen mehr haben. Diese Idylle trügt jedoch! Alle Darstellungen der Funktion sind nämlich von der Gestalt

$$\ln(x) = F(x,u) \quad \text{mit } u = x - 1. \tag{5.18}$$

Die Berechnung von u für $x \approx 1$ führt zur Auslöschung führender Ziffern, die sich auswirkt als sei u mit einem Fehler behaftet. In einem kleinen Intervall $1 - \varepsilon \leq x \leq 1 + \varepsilon$ um die Eins herum wird die Berechnung von $F(u)$ ungenau, so ungenau, dass ganz nahe bei der Eins nicht einmal mehr die Größenordnung, d.h. der Zweierexponent, richtig heraukommt. Beispiele für (5.18) sind die Potenzreihe

$$\ln(x) = u - \frac{1}{2}u^2 + \frac{1}{3}u^3 - \frac{1}{4}u^4 + - \cdots$$

und die Potenzreihe

$$\ln(x) = 2\left[\frac{u}{x+1} + \frac{1}{3}\left(\frac{u}{x+1}\right)^3 + \frac{1}{5}\left(\frac{u}{x+1}\right)^5 \cdots\right],$$

der Kettenbruch

$$\ln(x) = \cfrac{u}{1 + \cfrac{u}{2 + \cfrac{u}{3 + \cfrac{4u}{4 + \cfrac{4u}{5 + \cfrac{9u}{6 + \ddots}}}}}}$$

und auch die zur Berechnung des Logarithmus eingesetzte $\boldsymbol{T}_n^*$-Approximation:

$$\ln(x) \approx \sum_{\nu=0}^{7} c_\nu \boldsymbol{T}_\nu^*(u) \quad 1 \leq x \leq 2 \tag{5.19}$$

Der Problembereich ist hier das kleine Intervall $1 - 2^{-8} \leq x \leq 1 + 2^{-8}$. Man kann natürlich versuchen, für das Intervall eine Approximation zu finden in der u nicht vorkommt. Beispielsweise kann man die Trapezregel zur numerischen Berechnung eines Integrals bemühen:

$$\begin{aligned}\ln(x) &= -\int_x^1 \frac{1}{\xi}d\xi \\ &\approx \frac{1}{2}u\left(\frac{1}{x} + 1\right)\end{aligned}$$

Aber auch diese Darstellung hat wieder die Gestalt (5.18). Das gilt ebenso, wenn versucht wird, ein einfaches Interpolationspolynom einzusetzen, das theoretisch in der Lage ist, im Intervall 16 genaue Bit zu liefern. Testprogramme zeigten, dass man auf diesen Wegen nicht zum Ziel kommt. Mit komplizierteren Strategien käme man möglicherweise auf die gewünschte Genauigkeit, doch soll sich der Rechenaufwand für diese kleine Aberration in Grenzen halten.

Man kann das Problem einfach ignorieren, denn die Genauigkeit in einem großen Teil des Intervalles $1-2^{-8} \leq x \leq 1+2^{-8}$ ist durchaus noch akzeptabel. Genauere Auskunft gibt die Tabelle 5.3. Die Wahrscheinlichkeit, dass ein zufällig gewähltes x in das Intervall fällt ist zwar extrem gering,

Tabelle 5.3.: Zur Genauigkeit von $\ln(x)$ im Intervall $1-2^{-8} \leq x \leq 1+2^{-8}$

	$1-2^{-8}$	$1-2^{-9}$	$1-2^{-10}$	$1-2^{-11}$	$1-2^{-12}$	$1-2^{-13}$	$1-2^{-14}$	$1-2^{-15}$
=	$\texttt{BB8040}_{16}$	$\texttt{BB0020}_{16}$	$\texttt{BA8010}_{16}$	$\texttt{BA0008}_{16}$	$\texttt{B98004}_{16}$	$\texttt{B90002}_{16}$	$\texttt{B88001}_{16}$	$\texttt{B80000}_{16}$
≈	$\texttt{BB8040}_{16}$	$\texttt{BB001E}_{16}$	$\texttt{BA800C}_{16}$	$\texttt{B9FFF8}_{16}$	$\texttt{B97FE0}_{16}$	$\texttt{B8FFA0}_{16}$	$\texttt{B87F40}_{16}$	$\texttt{B7FE80}_{16}$
	$1+2^{-15}$	$1+2^{-14}$	$1+2^{-13}$	$1+2^{-12}$	$1+2^{-11}$	$1+2^{-10}$	$1+2^{-9}$	$1+2^{-8}$
=	$\texttt{37FFFF}_{16}$	$\texttt{387FFE}_{16}$	$\texttt{38FFFC}_{16}$	$\texttt{397FF8}_{16}$	$\texttt{39FFF0}_{16}$	$\texttt{3A7FE0}_{16}$	$\texttt{3AFFC0}_{16}$	$\texttt{3B7F80}_{16}$
≈	$\texttt{380100}_{16}$	$\texttt{388080}_{16}$	$\texttt{390000}_{16}$	$\texttt{398018}_{16}$	$\texttt{3A0004}_{16}$	$\texttt{3A7FEC}_{16}$	$\texttt{3AFFC6}_{16}$	$\texttt{3B7F82}_{16}$

aber sie ist nicht Null, und in der Praxis werden auch keine Zufallsrechnungen ausgeführt, sondern zweckbestimmte, einem Algorithmus folgende Rechnungen, die durchaus systematisch in die Nähe der Eins führen können. Es sollte also doch eine Möglichkeit geben, den Logarithmus über den ganzen Definitionsbereich mit einer Genauigkeit von 16 Bit zu berechnen.

Man kann hier die Tatsache ausnützen, dass das Intervall $1-2^{-8} \leq x \leq 1+2^{-8}$ nur ungefähr 500 zweidrittelgenaue Fließkommazahlen enthält, deren Logarithmus mit einer geeigneten Arithmetik

Tabelle 5.4.: $\boldsymbol{T}^*$-Koeffizienten für $\mathbf{ln(1}+\boldsymbol{x}\mathbf{)}$

ν	c_ν	
0	$\texttt{0605F362}_{16}$	$0,3764528129$
1	$\texttt{057D8666}_{16}$	$0,3431457505$
2	$\texttt{FF876CCD}_{16}$	$-0,0294372515$
3	$\texttt{000DCAA6}_{16}$	$0,0033670893$
4	$\texttt{FFFE39AD}_{16}$	$-0,0004332758$
5	$\texttt{00003E5C}_{16}$	$0,0000594707$
6	$\texttt{FFFFF715}_{16}$	$-0,0000085029$
7	$\texttt{0000014F}_{16}$	$0,0000012504$
8	$\texttt{FFFFFFCD}_{16}$	$-0,0000001877$
9	$\texttt{00000007}_{16}$	$0,0000000286$

natürlich beliebig genau berechnet werden kann.[9] Baut man aus den Logarithmen eine Tabelle auf, deren Elemente mit passenden Teilen der Bitmuster der Fließkommazahlen indiziert werden, ist das Problem gelöst. Die Lösung kommt mit einem Minimum an Rechnung aus, benötigt aber etwa 750 Programmspeicherworte. Natürlich lässt sich die Tabellengröße verringern, wenn etwas Ungenauigkeit toleriert werden kann, die Tabelle wird dann nur in einem kleineren Bereich $1-2^{-q} \leq x \leq 1+2^{-q}$ mit $q > 8$ eingesetzt.

In [Luke] ist eine Approximation des natürlichen Logarithmus im Intervall $1 \leq x < 2$ mit $\boldsymbol{T}_n^*$-Polynomen angegeben.[10] Daraus wurde die Tabelle 5.4 abgeleitet. Sie enthält die ersten zehn Koeffizienten c_ν der Approximation im für das Unterprogramm `FkaClnshw` nötigen Format $\mathbb{G}_{4,28}$.

[9] Die für das Buch eingesetzte Fließkommaarithmetik mit einer Genauigkeit von etwa 67 Dezimalstellen steht auch den Lesern zur Verfügung.

[10] *TABLE 3.1* auf Seite 38.

Unterprogramm FkaLn

Zu einer zweidrittelgenauen Fließkommazahl $\mathfrak{x}$ mit $x = \mathbb{F}_{2/3}(\mathfrak{x})$ wird eine zweidrittelgenaue Fließkommazahl $\mathfrak{y}$ berechnet mit $\ln(x) \approx \mathbb{F}_{2/3}(\mathfrak{y})$.

Input

Y Die Adresse ξ einer zweidrittelgenauen Fließkommazahl $\mathfrak{x}$
X Die Adresse η einer zweidrittelgenauen Fließkommazahl $\mathfrak{y}$

Bei fehlerfreiem Ablauf wird $\mathfrak{y}$ mit der Approximation von $\ln(x)$ überschrieben.
Das Unterprogramm kann drei Fehler erzeugen. Wird als $\mathfrak{x}$ ein **NaN** übergeben, so wird der Fehler `FKA_LOG+FKA_NAN`, bei negativem Argument x der Fehler `FKA_LOG+FKA_NEG` und bei $x = 0$ der Fehler `FKA_LOG+FKA_NUL` erzeugt.

Die Tabelle der T^*-Koeffizienten (in umgekehrter Reihenfolge!)

```
vwFkaLn:   .dd    0x0000014F    c7     0,0000012504
           .dd    0xFFFFF715    c6   - 0,0000085029
           .dd    0x00003E5C    c5     0,0000594707
           .dd    0xFFFE39AD    c4   - 0,0004332758
           .dd    0x000DCAA6    c3     0,0033670893
           .dd    0xFF876CCD    c2   - 0,0294372515
           .dd    0x057D8666    c1     0,3431457505
           .dd    0x0605F362    c0     0,3764528129
```

Die Tabelle der Logarithmen von Fließkommazahlen $\mathfrak{x}$ mit $1 - 2^{-8} \leq \mathbb{F}_{2/3}(\mathfrak{x}) < 1$

```
vbFkaLnLT1:
  .db  0x40,0x7F,0x7E,0x7D,0x7C,0x7B,0x7A,0x79,0x78,0x77,0x76,0x76
  .db  0x75,0x74,0x73,0x72,0x71,0x70,0x6F,0x6E,0x6D,0x6C,0x6B,0x6A
  .db  0x69,0x68,0x68,0x67,0x66,0x65,0x64,0x63,0x62,0x61,0x60,0x60
  .db  0x5F,0x5E,0x5D,0x5C,0x5B,0x5A,0x5A,0x59,0x58,0x57,0x56,0x55
  .db  0x55,0x54,0x53,0x52,0x51,0x51,0x50,0x4F,0x4E,0x4E,0x4D,0x4C
  .db  0x4B,0x4A,0x4A,0x49,0x48,0x47,0x47,0x46,0x45,0x44,0x44,0x43
  .db  0x42,0x42,0x41,0x40,0x3F,0x3F,0x3E,0x3D,0x3D,0x3C,0x3B,0x3B
  .db  0x3A,0x39,0x39,0x38,0x37,0x37,0x36,0x35,0x35,0x34,0x33,0x33
  .db  0x32,0x31,0x31,0x30,0x30,0x2F,0x2E,0x2E,0x2D,0x2D,0x2C,0x2B
  .db  0x2B,0x2A,0x2A,0x29,0x29,0x28,0x27,0x27,0x26,0x26,0x25,0x25
  .db  0x24,0x24,0x23,0x23,0x22,0x22,0x21,0x21,0x20,0x3F,0x3E,0x3D
  .db  0x3C,0x3B,0x3A,0x39,0x38,0x37,0x36,0x36,0x35,0x34,0x33,0x32
  .db  0x31,0x30,0x2F,0x2E,0x2E,0x2D,0x2C,0x2B,0x2A,0x29,0x29,0x28
  .db  0x27,0x26,0x26,0x25,0x24,0x23,0x23,0x22,0x21,0x20,0x20,0x1F
  .db  0x1E,0x1E,0x1D,0x1C,0x1C,0x1B,0x1A,0x1A,0x19,0x18,0x18,0x17
  .db  0x17,0x16,0x15,0x15,0x14,0x14,0x13,0x13,0x12,0x12,0x11,0x11
  .db  0x10,0x1F,0x1E,0x1D,0x1C,0x1B,0x1A,0x19,0x19,0x18,0x17,0x16
  .db  0x15,0x14,0x14,0x13,0x12,0x11,0x11,0x10,0x0F,0x0E,0x0E,0x0D
  .db  0x0D,0x0C,0x0B,0x0B,0x0A,0x0A,0x09,0x09,0x08,0x0F,0x0E,0x0D
  .db  0x0C,0x0B,0x0B,0x0A,0x09,0x08,0x08,0x07,0x06,0x06,0x05,0x05
  .db  0x04,0x07,0x06,0x05,0x05,0x04,0x03,0x03,0x02,0x03,0x02,0x02
  .db  0x01,0x01,0x00,0x00,0x80,0x7F,0x7E,0x7D,0x7C,0x7B,0x7A,0x79
  .db  0x78,0x77,0x76,0x75,0x74,0x73,0x72,0x71,0x70,0x6F,0x6E,0x6D
  .db  0x6C,0x6B,0x6A,0x69,0x68,0x67,0x66,0x65,0x64,0x63,0x62,0x61
  .db  0x60,0x5F,0x5E,0x5D,0x5C,0x5B,0x5A,0x59,0x58,0x57,0x56,0x55
```

```
    .db  0x54,0x53,0x52,0x51,0x50,0x4F,0x4E,0x4D,0x4C,0x4B,0x4A,0x49
    .db  0x48,0x47,0x46,0x45,0x44,0x43,0x42,0x41,0x40,0x3F,0x3E,0x3D
    .db  0x3C,0x3B,0x3A,0x39,0x38,0x37,0x36,0x35,0x34,0x33,0x32,0x31
    .db  0x30,0x2F,0x2E,0x2D,0x2C,0x2B,0x2A,0x29,0x28,0x27,0x26,0x25
    .db  0x24,0x23,0x22,0x21,0x20,0x1F,0x1E,0x1D,0x1C,0x1B,0x1A,0x19
    .db  0x18,0x17,0x16,0x15,0x14,0x13,0x12,0x11,0x10,0x0F,0x0E,0x0D
    .db  0x0C,0x0B,0x0A,0x09,0x08,0x07,0x06,0x05,0x04,0x03,0x02,0x01
    .db  0x00,0xFE,0xFC,0xFA,0xF8,0xF6,0xF4,0xF2,0xF0,0xEE,0xEC,0xEA
    .db  0xE8,0xE6,0xE4,0xE2,0xE0,0xDE,0xDC,0xDA,0xD8,0xD6,0xD4,0xD2
    .db  0xD0,0xCE,0xCC,0xCA,0xC8,0xC6,0xC4,0xC2,0xC0,0xBE,0xBC,0xBA
    .db  0xB8,0xB6,0xB4,0xB2,0xB0,0xAE,0xAC,0xAA,0xA8,0xA6,0xA4,0xA2
    .db  0xA0,0x9E,0x9C,0x9A,0x98,0x96,0x94,0x92,0x90,0x8E,0x8C,0x8A
    .db  0x88,0x86,0x84,0x82,0x80,0x7C,0x78,0x74,0x70,0x6C,0x68,0x64
    .db  0x60,0x5C,0x58,0x54,0x50,0x4C,0x48,0x44,0x40,0x3C,0x38,0x34
    .db  0x30,0x2C,0x28,0x24,0x20,0x1C,0x18,0x14,0x10,0x0C,0x08,0x04
    .db  0x00,0xF8,0xF0,0xE8,0xE0,0xD8,0xD0,0xC8,0xC0,0xB8,0xB0,0xA8
    .db  0xA0,0x98,0x90,0x88,0x80,0x70,0x60,0x50,0x40,0x30,0x20,0x10
    .db  0x00,0xE0,0xC0,0xA0,0x80,0x40,0x00,0x80,0xBB,0xBB,0xBB,0xBB
    .db  0xBB,0xBB,0xBB,0xBB,0xBB,0xBB,0xBB,0xBB,0xBB,0xBB,0xBB,0xBB
    .db  0xBB,0xBB,0xBB,0xBB,0xBB,0xBB,0xBB,0xBB,0xBB,0xBB,0xBB,0xBB
    .db  0xBB,0xBB,0xBB,0xBB,0xBB,0xBB,0xBB,0xBB,0xBB,0xBB,0xBB,0xBB
    .db  0xBB,0xBB,0xBB,0xBB,0xBB,0xBB,0xBB,0xBB,0xBB,0xBB,0xBB,0xBB
    .db  0xBB,0xBB,0xBB,0xBB,0xBB,0xBB,0xBB,0xBB,0xBB,0xBB,0xBB,0xBB
    .db  0xBB,0xBB,0xBB,0xBB,0xBB,0xBB,0xBB,0xBB,0xBB,0xBB,0xBB,0xBB
    .db  0xBB,0xBB,0xBB,0xBB,0xBB,0xBB,0xBB,0xBB,0xBB,0xBB,0xBB,0xBB
    .db  0xBB,0xBB,0xBB,0xBB,0xBB,0xBB,0xBB,0xBB,0xBB,0xBB,0xBB,0xBB
    .db  0xBB,0xBB,0xBB,0xBB,0xBB,0xBB,0xBB,0xBB,0xBB,0xBB,0xBB,0xBB
    .db  0xBB,0xBB,0xBB,0xBB,0xBB,0xBB,0xBB,0xBB,0xBB,0xBB,0xBB,0xBB
    .db  0xBB,0xBB,0xBB,0xBB,0xBB,0xBA,0xBA,0xBA,0xBA,0xBA,0xBA,0xBA
    .db  0xBA,0xBA,0xBA,0xBA,0xBA,0xBA,0xBA,0xBA,0xBA,0xBA,0xBA,0xBA
    .db  0xBA,0xBA,0xBA,0xBA,0xBA,0xBA,0xBA,0xBA,0xBA,0xBA,0xBA,0xBA
    .db  0xBA,0xBA,0xBA,0xBA,0xBA,0xBA,0xBA,0xBA,0xBA,0xBA,0xBA,0xBA
    .db  0xBA,0xBA,0xBA,0xBA,0xBA,0xBA,0xBA,0xBA,0xBA,0xBA,0xBA,0xBA
    .db  0xBA,0xBA,0xBA,0xBA,0xBA,0xBA,0xBA,0xBA,0xBA,0xBA,0xBA,0xBA
    .db  0xBA,0xBA,0xBA,0xBA,0xBA,0xBA,0xBA,0xBA,0xBA,0xBA,0xBA,0xBA
    .db  0xBA,0xBA,0xBA,0xBA,0xBA,0xBA,0xBA,0xBA,0xBA,0xBA,0xBA,0xBA
    .db  0xBA,0xBA,0xBA,0xBA,0xBA,0xB9,0xB9,0xB9,0xB9,0xB9,0xB9,0xB9
    .db  0xB9,0xB9,0xB9,0xB9,0xB9,0xB9,0xB9,0xB9,0xB9,0xB9,0xB9,0xB9
    .db  0xB9,0xB9,0xB9,0xB9,0xB9,0xB8,0xB8,0xB8,0xB8,0xB8,0xB8,0xB7
```

Die Tabelle der Logarithmen von Fließkommazahlen $\mathfrak{x}$ mit $1 \leq \mathbb{F}_{2/3}(\mathfrak{x}) \leq 1 - 2^{-8}$

```
vbFkaLnGT1:
    .db  0x00,0xFF,0xFE,0xFE,0xFC,0xFD,0xFC,0xFA,0xF8,0xFB,0xFA,0xF8
    .db  0xF7,0xF5,0xF4,0xF2,0xF0,0xF7,0xF6,0xF5,0xF4,0xF2,0xF1,0xEF
    .db  0xEE,0xEC,0xEB,0xE9,0xE8,0xE6,0xE4,0xE2,0xE0,0xEF,0xEE,0xED
    .db  0xEC,0xEB,0xE9,0xE8,0xE7,0xE6,0xE4,0xE3,0xE2,0xE0,0xDF,0xDE
    .db  0xDC,0xDB,0xD9,0xD7,0xD6,0xD4,0xD2,0xD1,0xCF,0xCD,0xCB,0xCA
```

```
.db  0xC8,0xC6,0xC4,0xC2,0xC0,0xDF,0xDE,0xDD,0xDC,0xDB,0xDA,0xD9
.db  0xD8,0xD6,0xD5,0xD4,0xD3,0xD2,0xD1,0xCF,0xCE,0xCD,0xCC,0xCA
.db  0xC9,0xC8,0xC6,0xC5,0xC4,0xC2,0xC1,0xBF,0xBE,0xBD,0xBB,0xBA
.db  0xB8,0xB7,0xB5,0xB4,0xB2,0xB0,0xAF,0xAD,0xAC,0xAA,0xA8,0xA7
.db  0xA5,0xA3,0xA2,0xA0,0x9E,0x9C,0x9B,0x99,0x97,0x95,0x93,0x92
.db  0x90,0x8E,0x8C,0x8A,0x88,0x86,0x84,0x82,0x80,0xBF,0xBE,0xBD
.db  0xBC,0xBB,0xBA,0xB9,0xB8,0xB7,0xB6,0xB5,0xB4,0xB3,0xB1,0xB0
.db  0xAF,0xAE,0xAD,0xAC,0xAB,0xAA,0xA8,0xA7,0xA6,0xA5,0xA4,0xA2
.db  0xA1,0xA0,0x9F,0x9E,0x9C,0x9B,0x9A,0x99,0x97,0x96,0x95,0x93
.db  0x92,0x91,0x8F,0x8E,0x8D,0x8B,0x8A,0x89,0x87,0x86,0x85,0x83
.db  0x82,0x80,0x7F,0x7E,0x7C,0x7B,0x79,0x78,0x76,0x75,0x74,0x72
.db  0x71,0x6F,0x6E,0x6C,0x6B,0x69,0x67,0x66,0x64,0x63,0x61,0x60
.db  0x5E,0x5D,0x5B,0x59,0x58,0x56,0x54,0x53,0x51,0x50,0x4E,0x4C
.db  0x4B,0x49,0x47,0x45,0x44,0x42,0x40,0x3F,0x3D,0x3B,0x39,0x38
.db  0x36,0x34,0x32,0x31,0x2F,0x2D,0x2B,0x29,0x27,0x26,0x24,0x22
.db  0x20,0x1E,0x1C,0x1A,0x19,0x17,0x15,0x13,0x11,0x0F,0x0D,0x0B
.db  0x09,0x07,0x05,0x03,0x00,0xFF,0x7F,0xBF,0xFF,0x1F,0x3F,0x5F
.db  0x7F,0x8F,0x9F,0xAF,0xBF,0xCF,0xDF,0xEF,0xFF,0x07,0x0F,0x17
.db  0x1F,0x27,0x2F,0x37,0x3F,0x47,0x4F,0x57,0x5F,0x67,0x6F,0x77
.db  0x7F,0x83,0x87,0x8B,0x8F,0x93,0x97,0x9B,0x9F,0xA3,0xA7,0xAB
.db  0xAF,0xB3,0xB7,0xBB,0xBF,0xC3,0xC7,0xCB,0xCF,0xD3,0xD7,0xDB
.db  0xDF,0xE3,0xE7,0xEB,0xEF,0xF3,0xF7,0xFB,0xFF,0x01,0x03,0x05
.db  0x07,0x09,0x0B,0x0D,0x0F,0x11,0x13,0x15,0x17,0x19,0x1B,0x1D
.db  0x1F,0x21,0x23,0x25,0x27,0x29,0x2B,0x2D,0x2F,0x31,0x33,0x35
.db  0x37,0x39,0x3B,0x3D,0x3F,0x41,0x43,0x45,0x47,0x49,0x4B,0x4D
.db  0x4F,0x51,0x53,0x55,0x57,0x59,0x5B,0x5D,0x5F,0x61,0x63,0x65
.db  0x67,0x69,0x6B,0x6D,0x6F,0x71,0x73,0x75,0x77,0x79,0x7B,0x7D
.db  0x7F,0x80,0x81,0x82,0x83,0x84,0x85,0x86,0x87,0x88,0x89,0x8A
.db  0x8B,0x8C,0x8D,0x8E,0x8F,0x90,0x91,0x92,0x93,0x94,0x95,0x96
.db  0x97,0x98,0x99,0x9A,0x9B,0x9C,0x9D,0x9E,0x9F,0xA0,0xA1,0xA2
.db  0xA3,0xA4,0xA5,0xA6,0xA7,0xA8,0xA9,0xAA,0xAB,0xAC,0xAD,0xAE
.db  0xAF,0xB0,0xB1,0xB2,0xB3,0xB4,0xB5,0xB6,0xB7,0xB8,0xB9,0xBA
.db  0xBB,0xBC,0xBD,0xBE,0xBF,0xC0,0xC1,0xC2,0xC3,0xC4,0xC5,0xC6
.db  0xC7,0xC8,0xC9,0xCA,0xCB,0xCC,0xCD,0xCE,0xCF,0xD0,0xD1,0xD2
.db  0xD3,0xD4,0xD5,0xD6,0xD7,0xD8,0xD9,0xDA,0xDB,0xDC,0xDD,0xDE
.db  0xDF,0xE0,0xE1,0xE2,0xE3,0xE4,0xE5,0xE6,0xE7,0xE8,0xE9,0xEA
.db  0xEB,0xEC,0xED,0xEE,0xEF,0xF0,0xF1,0xF2,0xF3,0xF4,0xF5,0xF6
.db  0xF7,0xF8,0xF9,0xFA,0xFB,0xFC,0xFD,0xFE,0x00,0x37,0x38,0x38
.db  0x38,0x39,0x39,0x39,0x39,0x39,0x39,0x39,0x39,0x39,0x39,0x39
.db  0x39,0x3A,0x3A,0x3A,0x3A,0x3A,0x3A,0x3A,0x3A,0x3A,0x3A,0x3A
.db  0x3A,0x3A,0x3A,0x3A,0x3A,0x3A,0x3A,0x3A,0x3A,0x3A,0x3A,0x3A
.db  0x3A,0x3A,0x3A,0x3A,0x3A,0x3A,0x3A,0x3A,0x3A,0x3A,0x3A,0x3A
.db  0x3A,0x3A,0x3A,0x3A,0x3A,0x3A,0x3A,0x3A,0x3A,0x3A,0x3A,0x3A
.db  0x3A,0x3B,0x3B,0x3B,0x3B,0x3B,0x3B,0x3B,0x3B,0x3B,0x3B,0x3B
.db  0x3B,0x3B,0x3B,0x3B,0x3B,0x3B,0x3B,0x3B,0x3B,0x3B,0x3B,0x3B
.db  0x3B,0x3B,0x3B,0x3B,0x3B,0x3B,0x3B,0x3B,0x3B,0x3B,0x3B,0x3B
```

```
      .db  0x3B,0x3B,0x3B,0x3B,0x3B,0x3B,0x3B,0x3B,0x3B,0x3B,0x3B,0x3B
      .db  0x3B,0x3B,0x3B,0x3B,0x3B,0x3B,0x3B,0x3B,0x3B,0x3B,0x3B,0x3B
      .db  0x3B,0x3B,0x3B,0x3B,0x3B,0x3B,0x3B,0x3B,0x3B,0x3B,0x3B,0x3B
      .db  0x3B,0x3B,0x3B,0x3B,0x3B,0x3B,0x3B,0x3B,0x3B,0x3B,0x3B,0x3B
      .db  0x3B,0x3B,0x3B,0x3B,0x3B,0x3B,0x3B,0x3B,0x3B,0x3B,0x3B,0x3B
      .db  0x3B,0x3B,0x3B,0x3B,0x3B,0x3B,0x3B,0x3B,0x3B,0x3B,0x3B,0x3B
      .db  0x3B,0x3B,0x3B,0x3B,0x3B,0x3B,0x3B,0x3B,0x3B,0x3B,0x3B,0x3B
      .db  0x3B,0x3B,0x3B,0x3B,0x3B,0x3B,0x3B,0x3B,0x3B,0x3B,0x3B,0x3B
      .db  0x3B,0x3B,0x3B,0x3B,0x3B,0x3B,0x3B,0x3B,0x3B,0x3B,0x3B,0x3B
      .db  0x3B,0x3B,0x3B,0x3B,0x3B,0x3B,0x3B,0x3B,0x3B,0x3B,0x3B,0x3B
      .db  0x3B,0x3B,0x3B,0x3B,0x3B,0x3B,0x3B,0x3B,0x3B,0x3B,0x3B,0x3B
      .db  0x3B,0x3B,0x3B,0x3B,0x3B,0x3B,0x3B,0x3B,0x3B,0x3B,0x3B,0x3B
      .db  0x3B,0x3B,0x3B,0x3B,0x3B,0x3B,0x3B,0x3B,0x3B,0x3B,0x3B,0x3B
```

Der Einsprung in das Unterprogrammm, Zerlegung in Mantisse und Exponent

```
FkaLn:     push4  r4,r5,r6,r7               4×2
           push4  r16,r17,r18,r19           4×2
           push3  r20,r30,r31               3×2
           ldd    r20,Y+2                   2    r20:17:16 ← x
           tst    r20                       1    F2/3(x) < 0?
           brmi   FkaLn03                   1/2  Falls ja: Fehlerrückgabe
           ld     r16,Y                     2
           ldd    r17,Y+1                   2
           mov    r4,r20                    1    F2/3(x) = 0?
           or     r4,r16                    1
           or     r4,r17                    1
           breq   FkaLn02                   1/2  Falls ja: Fehlerrückgabe
           lsl    r16                       1    r17:16 ← f-1 ··· f-15 0
           rol    r17                       1
           rol    r20                       1    r20 ← e + 127, S.c ← s(x)
           cpi    r20,255                   1    Ist x NaN?
           brne   FkaLn0a                   1/2
           ldi    r16,FKA_LOG+FKA_NAN       2    x ist NaN
           rjmp   FkaFhl                    2
FkaLn02:   ldi    r16,FKA_LOG+FKA_NUL       2    F2/3(x) = 0
           rjmp   FkaFhl                    2
FkaLn03:   ldi    r16,FKA_LOG+FKA_NEG       2    F2/3(x) < 0
           rjmp   FkaFhl                    2
```

Test ob der Sonderfall $\mathfrak{x}$ mit $1 - 2^{-8} \leq \mathbb{F}_{2/3}(\mathfrak{x}) < 1$ vorliegt

```
FkaLn0a:   cpi    r20,126                   1    e = -1?
           brne   FkaLn0b                   1/2  Falls nein: Nicht dieser Sonderfall
           cpi    r17,0xFE                  1    Enthält r17 FE oder FF?
           brlo   FkaLn0b                   1/2  Falls nein: Nicht dieser Sonderfall
           rjmp   FkaLn60                   2    Zum Sonderfall
```

Test ob der Sonderfall $\mathfrak{x}$ mit $1 \leq \mathbb{F}_{2/3}(\mathfrak{x}) \leq 1 - 2^{-8}$ vorliegt

```
FkaLn0b:   cpi    r20,127                   1    e = 0?
           brne   FkaLn04                   1/2  Falls nein: Kein Sonderfall
```

```
            mov    r18,r17                  1     Enthält r17 00 oder 01?
            andi   r18,0b11111110           1
            brne   FkaLn04                  1/2   Falls nein: Kein Sonderfall
            rjmp   FkaLn70                  2     Zum Sonderfall
   Test auf u = 0 und Sonderbehandlung dieses Falles
FkaLn04:    mov    r7,r16                   1     u = 0?
            or     r7,r17                   1
            brne   FkaLn05                  1/2   Falls u ≠ 0 zur Berechnung von 2u − 1
            subi   r20,127                  1     r20 ← e
            brne   FkaLn0c                  1/2   Falls e ≠ 0 zur Berechnung von 0 ± e ln(2)
            clr    r17                      1     r17:30:19 ← 000000
            clr    r19                      1
            clr    r30                      1
            rjmp   FkaLn22                  2     Zur Ausgabe von η = 000000
FkaLn0c:    clr    r6                       1     r7:6:5:4 ← 0000
            clr    r5                       1
            clr    r4                       1
            rjmp   FkaLn30                  2     Zur Berechnung von 0 ± e ln(2)
   Die Berechnung von 2u − 1
FkaLn05:    ldi    r18,7                    1     r18 ← n = 7, 2u − 1 vorläufig positiv
            lsl    r16                      1     S.c:r17:16 ← 2u
            rol    r17                      1
            brcs   FkaLn06                  1/2   Falls S.c = 1 r17:16 enthält schon |2u − 1|
            neg    r17                      1     r17:16 ← 1 − 2u = |2u − 1|
            neg    r16                      1     Siehe Text
            sbci   r17,0                    1
            ori    r18,0b10000000           1     2u − 1 ist negativ
   Die Berechnung von Σ_{ν=0}^{7} c_ν T*_ν(u)
FkaLn06:    clr    r19                      1     Keine Skalierung
            ldi    r30,LOW(2*vwFkaLn)       1     Adresse der Koeffiziententabelle
            ldi    r31,HIGH(2*vwFkaLn)      1
            rcall  FkaClnshw                3+    r7:6:5:4 ← Σ_{ν=0}^{7} c_ν T*_ν(u)
   Übergang von G_{4,28} zu K_{0,32} durch vier Linksshifts
            lsl    r4                       1
            rol    r5                       1
            rol    r6                       1
            rol    r7                       1
            lsl    r4                       1
            rol    r5                       1
            rol    r6                       1
            rol    r7                       1
            lsl    r4                       1
            rol    r5                       1
            rol    r6                       1
            rol    r7                       1
            lsl    r4                       1
```

```
211             rol    r5          1
212             rol    r6          1
213             rol    r7          1
214  FkaLn07:   subi   r20,127     1    r20 ← e
215             brne   FkaLn30     1/2  Der Fall e ≠ 0 ab Zeile 255
     Der Fall e = 0
216             clr    r31         1    r31:30:19:18 ← ln(f)
217             mov    r30,r7      1
218             mov    r19,r6      1
219             mov    r18,r5      1
220  FkaLn08:   clr    r20         1    ln(f) ist positiv
221  FkaLn10:   ldi    r17,126     1    −1 + 127 ist Startwert für e + 127
     Die Ergebnismantisse wird in das Format K0,24 gebracht
222  FkaLn11:   tst    r31         1    Schon im Format K0,24?
223             breq   FkaLn14     1/2  Falls ja zur Normalisierung
224  FkaLn12:   lsr    r31         1    Rechtsshiften
225             ror    r30         1
226             ror    r19         1
227             ror    r18         1
228             inc    r17         1    e + 127 ← e + 1 + 127
229             tst    r31         1    Im Format K0,24?
230             brne   FkaLn12     1/2  Nein: weiter shiften
231             rjmp   FkaLn18     2    Zum Runden
     Das Ergebnis wird normalisiert und gerundet
232  FkaLn14:   tst    r30         1    r30.7 = 1, d.h. bereits normalisiert?
233             brmi   FkaLn18     1/2  Falls ja: zum Runden
234  FkaLn16:   dec    r17         1    e + 127 ← e − 1 + 127
235             lsl    r18         1    Linksshiften
236             rol    r19         1
237             rol    r30         1
238             brpl   FkaLn16     1/2  Falls r30.7 = 0 weiter shiften
239  FkaLn18:   rol    r18         1    r18.7 zu r30:19 addieren
240             adc    r19,r31     1
241             adc    r30,r31     1
242             brcc   FkaLn20     1/2  Falls Überlauf:
243             ror    r30         1    Rechtsshiften
244             ror    r19         1
245             inc    r17         1    e + 127 ← e + 1 + 127
     Endgültige Zusammensetzung und Ausgabe des Ergebnisses
246  FkaLn20:   rol    r30         1    Siehe Text
247             rol    r20         1
248             ror    r17         1
249             ror    r30         1
250  FkaLn22:   st     X+,r19      2    Ergebnisausgabe
251             st     X+,r30      2
252             st     X,r17       2
```

```
            sbiw   r27:r26,2              1
            pop3   r31,r30,r20            3×2
            pop4   r19,r18,r17,r16        4×2
            pop4   r7,r6,r5,r4            4×2
            ret                           4
FkaLn30:    cpi    r20,1                  1     e = 1?
            brne   FkaLn40                1/2   Falls e ≠ 1 weiter auf e hin verzweigen
```

Der Fall $e = 1$: $\ln(f) + \ln(2)$, $\ln(2) \approx$ **0,B17217**

```
            ldi    r18,0x17               1
            add    r18,r5                 1
            ldi    r19,0x72               1
            adc    r19,r6                 1
            ldi    r30,0xB1               1
            adc    r30,r7                 1
            clr    r31                    1
            adc    r31,r31                1
            rjmp   FkaLn10                2     Zur Ergebnisumwandlung. r20.7 = 0
FkaLn40:    cpi    r20,-1                 1     e = -1?
            brne   FkaLn50                1/2   Falls e ≠ -1 zu den Fällen e < -1 und 1 < e
```

Der Fall $e = -1$: $\ln(f) - \ln(2)$, $\ln(2) \approx$ **0,B17217**

```
            ldi    r16,0xF7               1
            sub    r16,r4                 1
            ldi    r18,0x17               1
            sbc    r18,r5                 1
            ldi    r19,0x72               1
            sbc    r19,r6                 1
            ldi    r30,0xB1               1
            sbc    r30,r7                 1
            clr    r31                    1
            ldi    r20,0b10000000         1
            rjmp   FkaLn10                2     Zur Ergebnisumwandlung. r20.7 = 1
```

Die Fälle $e < -1$ und $1 < e$: $\ln(f) + e\ln(2)$, $\ln(2) \approx$ **0,B17217**

```
FkaLn50:    mov    r17,r20                1     r17 ← |e|
            tst    r17                    1
            brpl   FkaLn52                1/2
            neg    r17                    1
FkaLn52:    ldi    r16,0x17               1     r31:30:19:18 ← e × 0,B17217
            mul    r16,r17                2
            movw   r19:r18,r1:r0          1
            ldi    r16,0xB1               1
            mul    r16,r17                2
            movw   r31:r30,r1:r0          1
            ldi    r16,0x72               1
            mul    r16,r17                2
            add    r19,r0                 1
            adc    r30,r1                 1
```

```
             clr    r0                     1
             adc    r31,r0                 1
             tst    r20                    1    e < 0?
             brmi   FkaLn54                1/2  Falls ja zur Subtraktion
Der Fall 1 < e: ln(f) + |e| ln(2)
             add    r18,r5                 1
             adc    r19,r6                 1
             adc    r30,r7                 1
             adc    r31,r0                 1
             rjmp   FkaLn10                2    Zur Ergebnisumwandlung. r20.7 = 0
Der Fall e < −1: ln(f) − |e| ln(2)
FkaLn54:     sub    r18,r5                 1
             sbc    r19,r6                 1
             sbc    r30,r7                 1
             sbc    r31,r0                 1
             rjmp   FkaLn10                2    Zur Ergebnisumwandlung. r20.7 = 1
Argumente im Intervall 1 − 2^−8 ≤ x < 1
FkaLn60:     ldi    r30,LOW(vbFkaLnLT1*2)  1    Tabelle für < 1 verwenden
             ldi    r31,HIGH(vbFkaLnLT1*2) 1
FkaLn62:     ror    r17                    1    Tabellenindex i in r16 bereitstellen
             ror    r16                    1
             add    r30,r16                1    i zur Tabellenadresse addieren
             clr    r20                    1
             adc    r31,r20                1
             lpm    r19,Z                  3    Unteres Byte von 𝔶 laden
             inc    r31                    1    Zum nächsten Tabellendrittel
             lpm    r16,Z                  3    Mittleres Byte von 𝔶 laden
             inc    r31                    1    Zum nächsten Tabellendrittel
             lpm    r17,Z                  3    Oberes Byte von 𝔶 laden
             mov    r30,r16                1
             rjmp   FkaLn22                2    Zur Ergebnisausgabe
Argumente im Intervall 1 ≤ x ≤ 1 + 2^−8
FkaLn70:     ldi    r30,LOW(vbFkaLnGT1*2)  1    Tabelle für ≥ 1 verwenden
             ldi    r31,HIGH(vbFkaLnGT1*2) 1
             rjmp   FkaLn62                2
```

Das Unterprogramm teilt den Definitionsbereich des natürlichen Logarithmus in zwei Teile, und zwar in das kleine Intervall $1 - 2^{-8} \leq x \leq 1 + 2^{-8}$ und den Rest.

Zunächst zum Intervall. Dort wird $\ln(x)$ nicht berechnet, sondern mit Hilfe zweier Tabellen bestimmt. Die erste Tabelle enthält alle Fließkommazahlen $\mathfrak{r}$ mit $1 - 2^{-8} \leq \mathbb{F}_{2/3}(\mathfrak{r}) < 1$, diese reichen von $\mathfrak{r}_0 =$ **3F7F00** mit $\mathbb{F}_{2/3}(\mathfrak{r}_0) = 0,99609375$ bis zu $\mathfrak{r}_{255} =$ **3F7FFF** mit $\mathbb{F}_{2/3}(\mathfrak{r}_{255}) = 0,999969482421875$. Die zweite Tabelle enthält alle Fließkommazahlen $\mathfrak{s}$ mit $1 \leq \mathbb{F}_{2/3}(\mathfrak{s}) \leq 1 + 2^{-8}$, diese reichen von $\mathfrak{s}_0 =$ **3F8000** mit $\mathbb{F}_{2/3}(\mathfrak{s}_0) = 1$ und $\mathfrak{s}_1 =$ **3F8001** mit $\mathbb{F}_{2/3}(\mathfrak{s}_0) = 1,000030517578125$ bis zu $\mathfrak{s}_{255} =$ **3F80FF** mit $\mathbb{F}_{2/3}(\mathfrak{s}_{255}) = 1,007781982421875$. Die unteren Bytes der Fließkommazahlen werden als Tabellenindizes benutzt. Um Rechnungen mit den Tabellenindizes zu vermeiden sind die Tabellen noch einmal dreigeteilt: Auf den ersten Teil mit allen unteren Bytes folgt der zweite Teil mit allen mittleren und auf diesen der dritte Teil mit allen oberen Bytes. Um z.B. den Logarithmus von $\mathfrak{r}_{32} =$ **3F8020** zu bestimmen sind der Tabelle drei

Bytes zu entnehmen: vbFkaLnGT1[32] = **E0**, vbFkaLnGT1[32 + 256] = **7F** und vbFkaLnGT1[32 + 256 + 256] = **3A**. Der gesuchte Logarithmus ist dann **3A7FE0**, d.h.

$$\ln(\mathbb{F}_{2/3}(\mathbf{3F8020})) \approx \mathbb{F}_{2/3}(\mathbf{3A7FE0}).$$

Für Fließkommazahlen $\mathfrak{x}$, die nicht dem Intervall $1-2^{-8} \leq x \leq 1+2^{-8}$ angehören, wird eine Bereichsreduktion durchgeführt. Die Fließkommazahl wird in ihre Mantisse und ihre Zweierpotenz zerlegt. Die Mantisse ist eine 16-Bit-Zahl f mit den beiden Bytekomponenten $\mathsf{f}_0 \in \{0,\ldots,2^8-1\}$ und $\mathsf{f}_1 \in \{0,\ldots,2^8-1\}$, d.h. es gilt

$$\mathsf{f} = \mathsf{f}_0 + \mathsf{f}_1 2^8.$$

Der Wert f der Mantisse im Bereich $1 \leq f < 2$ kann mit den Bytekomponenten wie folgt ausgedrückt werden:

$$f = \mathsf{f}_1 2^{-7} + \mathsf{f}_0 2^{-15}$$

In der Bitfolge f liegt das Binärkomma rechts neben dem höchstwertigen Bit:

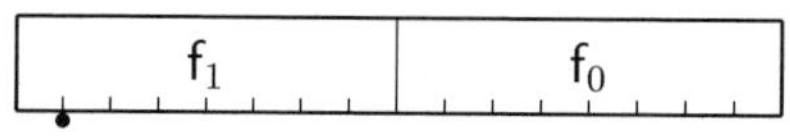

Ist $e = \mathbf{e}(\mathfrak{x}) - 127$ der Binärindex von $\mathfrak{x}$, dann hat $\mathfrak{x}$ den Wert

$$x = \mathbb{F}_{2/3}(\mathfrak{x}) = f2^e$$

und der Logarithmus wird wie folgt berechnet:

$$\ln(x) = \ln(f) + \ln(2^e) = \ln(f) + e\ln(2)$$

Der Term $\ln(f)$ wird mit einer $\boldsymbol{T}^*_n$-Approximation bestimmt:

$$\ln(f) \approx \sum_{\nu=0}^{7} c_\nu \boldsymbol{T}^*_\nu(u) \quad u = f - 1$$

Allerdings muss das Unterprogramm FkaClnshw zur Berechnung der $\boldsymbol{T}^*_n$-Approximation nicht mit u, sondern mit $2u - 1$ aufgerufen werden.[11] Wie im Abschnitt 5.7 über die Quadratwurzel erläutert wird, erfordern 16 korrekte Binärziffern im Intervall $1 \leq f < 2$ eine absolute Genauigkeit von 2^{-17}. An der Koeffiziententabelle 5.4 kann abgelesen werden,[12] dass eine achtgliedrige T-Summe diesem Kriterium genügt. Die endgültige Bestimmung hängt dann vom Exponenten e ab:

e	$\ln(x)$
>1	$\ln(f) + e\ln(2)$
1	$\ln(f) + \ln(2)$
0	$\ln(f)$
-1	$\ln(f) - \ln(2)$
<-1	$\ln(f) - \lvert e\rvert \ln(2)$

Das Unterprogramm wird in Zeile *139* angesprungen. Nach den obligatorischen Maßnahmen zur Registerrettung wird $\mathfrak{x}$ in das Dreifachregister $\mathbf{r_{20:17:16}}$ geladen. Das ist verbunden mit dem Test, ob als $\mathfrak{x}$ negatives Argument übergeben wurde. Hier ist noch einmal derm Aufbau des Bitmusters von $\mathfrak{x}$:

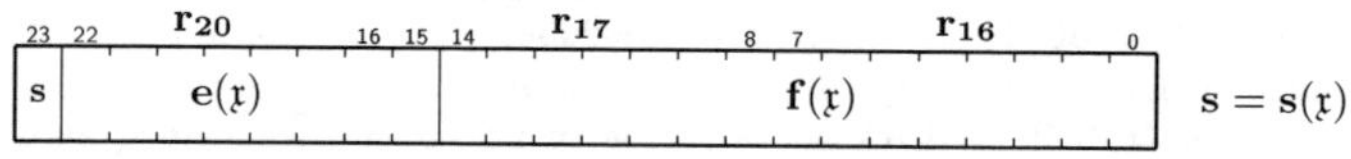

[11]Das *Clenshaw*-Schema 5.17a–5.17d wird auf Seite 85 erläutert.

[12]Das wird in Abschnitt 5.2 näher erläutert.

Darin ist $\mathbf{f}(\mathfrak{x})$ links durch ein Einserbit zur echten Mantisse f zu ergänzen. Die drei Shiftbefehle in den Zeilen *152–153* zerlegen das Bitmuster dann in seine Bestandteile. Das Doppelregister $\mathbf{r_{17:16}}$ enthält die einmal nach links geshifteten unteren 15 Mantissenbits. Es ist links durch ein imaginäres Einserbit zu f zu vervollständigen, auf dessen rechter Seite auch das Binärkomma zu denken ist:

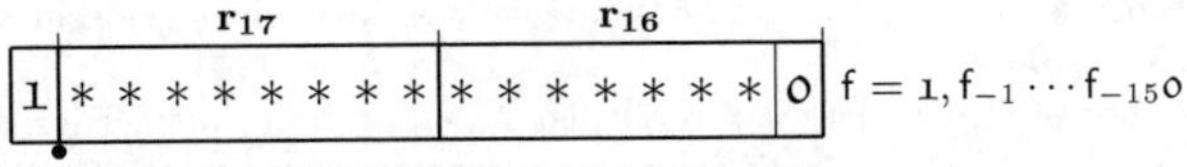

Register $\mathbf{r_{20}}$ enthält nach den Shifts $e+127$. Vor den Shifts wird jedoch in den Zeilen *147–150* getestet, ob Null übergeben wurde. Ist das der Fall, erfolgt der Fehlerrücksprung in Zeile *158*. Nach den Shifts in Zeile *154* wird geprüft, ob ein **NaN** als Argument übergeben wurde, mit dem entsprechenden Fehlerausgang Zeilen *156–157*.
Ab Zeile *162* wird geprüft, ob $\mathfrak{x}$ in den Bereich $1 - 2^{-8} \leq \mathbb{F}_{2/3}(\mathfrak{x}) < 1$ fällt. Die Ungleichung $\mathbb{F}_{2/3}(\mathfrak{x}) < 1$ ist wegen $1 \leq f < 2$ erfüllt, wenn $e = -1$ oder $e + 127 = 126$ gilt, das wird in Zeile *162* getestet. Die andere Ungleichung $1 - 2^{-8} \leq \mathbb{F}_{2/3}(\mathfrak{x})$ ist für alle $\mathfrak{x}$ = **3F7FXX** erfüllt. Man rechnet nämlich direkt nach dass $1 - 2^{-8} = \mathbb{F}_{2/3}($**3F7F00**$)$ gilt, die Ungleichung folgt dann aus $\mathbb{F}_{2/3}($**3F7F00**$) \leq \mathbb{F}_{2/3}($**3F7FXX**$)$. Wie soeben festgestellt wurde, hat $\mathfrak{x}$ den Exponenten 126 = **7E**, folglich hat $\mathfrak{x}$ die gewünschte Gestalt, wenn $\mathbf{r_{17}}$ entweder **FF** oder **FE** enthält, da Doppelregister $\mathbf{r_{17:16}}$ die linksgeshifteten Mantissenbits enthält. Das wird in der Zeile *164* geprüft. Enthält $\mathbf{r_{17}}$ einen dieser beiden Werte, so wird in die Zeile *310* gesprungen.
Ab der Zeile *310* wird zunächst Register **Z** mit der Anfangsadresse der zuständigen Tabelle geladen, und zwar linksgeshiftet, wie es der Befehl `lpm` erfordert. Anschließend wird das untere Byte von $\mathfrak{x}$ als Index i addiert. Dazu wird es in den Zeilen *312–313* vor der Addition in den Zeilen *314–315* durch einen Rechtsshift restauriert. Jetzt können die drei Bytes der Ergebnisfließkommazahl ausgelesen werden. Zuerst in Zeile *317* das untere Byte in $\mathbf{r_{19}}$. Das mittlere Byte hat den Tabellenindex $i+256$, seine Adresse kann also einfach durch Inkrementieren von $\mathbf{r_{31}}$ in der Zeile *318* erhalten werden. Es wird temporär in Register $\mathbf{r_{16}}$ geladen. Auf das obere Byte wird analog zugegriffen, es wird aus der Tabelle in Register $\mathbf{r_{17}}$ eingelesen. Das Ergebnis ist damit nahezu komplett, es muss nur noch das mittlere Byte in Register $\mathbf{r_{30}}$ umgeladen werden, da die Ausgabe ab Zeile *250* das Ergebnis in $\mathbf{r_{17:30:19}}$ erwartet.
Gehört $\mathfrak{x}$ nicht in den Bereich $1 - 2^{-8} \leq \mathbb{F}_{2/3}(\mathfrak{x}) < 1$, so wird ab Zeile *167* getestet, ob es in den oberen Bereich $1 \leq \mathbb{F}_{2/3}(\mathfrak{x}) \leq 1 - 2^{-8}$ gehört. Genau wie beim unteren Bereich leitet man ab, dass der obere Bereich aus allen Fließkommazahlen **3F80XX** besteht. Diese Fließkommazahlen sind offenbar dadurch charakterisiert, dass sie den Exponenten $e = 0$ besitzen, dass also $e + 127 = 127 =$ **7F** gilt, und dass in Register $\mathbf{r_{17}}$ eine der Zahlen **00** oder **01** enthalten ist (wegen der linksgeshifteten Mantissenbits in $\mathbf{r_{17:16}}$). Diese beiden Bedingungen werden in den Zeilen *167–171* überprüft. Sind sie erfüllt, wird in Zeile *172* in die Zeile *324* gesprungen, ab der Register **Z** mit der Anfangsadresse der oberen Ergebnistabelle geladen wird bevor der schon für die untere Tabelle beschriebene Vorgang auch mit der oberen Tabelle abläuft.
Trifft keiner der beiden Sonderfälle zu, dann wird ab Zeile *173* fortgefahren. Im Normalfall ist nun genau das zu tun, was in den Sonderfällen vermieden wurde, nämlich $u = f - 1$ zu berechnen. Das erfordert aber keine echte Rechnung, sondern nur Gedankenarbeit, es genügt nämlich, das führende (imaginäre) Bit von f zu löschen:

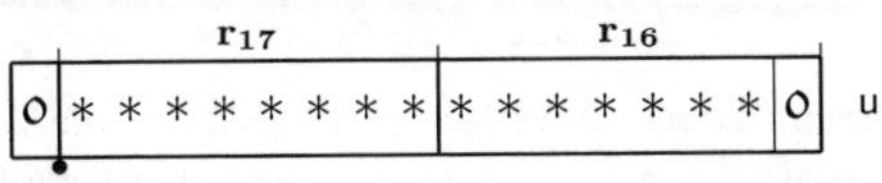

Dabei soll u das Bitmuster von u sein. Zweckmäßigerweise wird noch der Fall $u = 0$ gesondert abgehandelt, um nicht später immer wieder mit Spezialfällen umgehen zu müssen. Nun bedeutet $u = 0$ natürlich $f = 1$ und damit $\ln(f) = 0$. Ist also $e = 0$, dann steht das Ergebnis schon fest, es ist **000000**, für $e \neq 0$ ist das Ergebnis $e\ln(2)$. Die Bedingung $u = 0$ wird in den Zeilen *173–174* getestet. Kommt bei der „Veroderung" der Inhalte von $\mathbf{r_{17}}$ und $\mathbf{r_{16}}$ nicht **00** heraus, dann ist $u \neq 0$ und es geht in Zeile *186* mit der Berechnung von $2u - 1$ weiter. Andernfalls wird in $\mathbf{r_{20}}$ der tatsächliche Exponent e durch

Subtraktion des *bias* 127 gebildet. Wird dabei $e = 0$, so wird in den Zeilen *178–180* das Dreifachregister $\mathbf{r}_{17:30:19}$ mit dem Ergebnis **000000** geladen und zur Ausgabe gesprungen. Andernfalls wird ein Aufruf des Unterprogramms `FkaClnshw` simuliert, das sein Ergebnis im Vierfachregister $\mathbf{r}_{7:6:5:4}$ übergibt, indem **00000000** in das Vierfachregister geladen wird, bevor zur Addition oder Subtraktion von $e\ln(2)$ in die Zeile *258* gesprungen wird. Der Inhalt von $\mathbf{r}_7$ muss dazu nicht gelöscht werden, denn es ist ab Zeile *176* bekannt, dass $\mathbf{r}_{17}$ **00** enthält.
Nachdem sichergestellt ist, dass $u \neq 0$ gilt, ist $2u-1$ zu berechnen. Hier ist zu berücksichtigen, in welcher Gestalt das Unterprogramm `FkaClnshw` seine Parameter erwartet: $|2u-1|$ in $\mathbf{r}_{17:16}$ und das Vorzeichen von $2u-1$ im Vorzeichenbit von $\mathbf{r}_{18}$.[13] $\mathbf{r}_{18}$ muss auch das n der $\boldsymbol{T}_n^*$-Approximation enthalten (hier $n = 7$). Auf jeden Fall muss u verdoppelt werden:

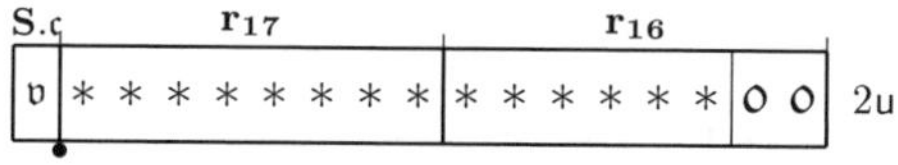

Dabei wird das Bit $\mathfrak{v}$ links aus $\mathbf{r}_{17}$ hinausgeschoben. Gilt nun $\mathfrak{v} = \mathfrak{1}$, so ist $2u \geq 1$, also $2u-1 \geq 0$, und $2u-1$ ist schon in $\mathbf{r}_{17:16}$ enthalten. Ist andererseits $\mathfrak{v} = \mathfrak{0}$, so ist $2u < 1$ und folglich $|2u-1| = 1-2u$. Um $1-2u$ zu berechnen genügt es, $0-2u$ zu bestimmen, das dabei offen bleibende „Borgen" hebt sich gegen die 1 in $1-2u$ auf.
Die Berechnung von $2u-1$ beginnt in Zeile *186* damit, das Vorzeichen von $2u-1$ vorläufig auf + zu setzen, das Vorzeichenbit von $\mathbf{r}_{18}$ also zu löschen. Das ist allerdings ein Nebeneffekt davon, dass das Register auf Verlangen von `FkaClnshw` mit $n = 7$ geladen wird. Es folgt die Verdopplung von u in den Zeilen *187–188*. Setzt die Verdopplung das Übertragsbit **S**.$\mathfrak{c}$, dann ist $2u \geq 1$. Weil in diesem Fall die Subtraktion von 1 im Löschen des Übertragsbits besteht, enthält $\mathbf{r}_{17:16}$ bereits $|2u-1|$, es kann also direkt in die Zeile *194* zur Berechnung der $\boldsymbol{T}_n^*$-Summe gesprungen werden. Wird von der Verdoppelung aber das Übertragsbit gelöscht, so ist $2u < 1$ und damit $|2u-1| = 1-2u$.
Die Berechnung von $1-2u$ kann etwas verallgemeinert wie folgt beschrieben werden. Gegeben ist eine Zahl $a = a_{-1}2^{-8} + a_{-2}2^{-16}$ mit $a_\nu \in \{0,1,\ldots,255\}$ und es ist a durch $1-a$ zu ersetzen. Das geschieht in drei Schritten.

1. $a_{-2} \leftarrow 0 - a_{-2}$ und $c \leftarrow 2^{-8}$ falls $0 < a_{-2}$, andernfalls $c \leftarrow 0$
2. $a_{-1} \leftarrow 0 - a_{-1} - c$ und $c \leftarrow 2^0$ falls $0 < a_{-1} + c$, andernfalls $c \leftarrow 0$
3. $a_0 \leftarrow 1 - c$

Dabei wurde a durch eine Ziffer a_0 vor dem Komma ergänzt. Die Größe c steht für das „Borgen". Weil $a < 1$ gilt ist in **3.** natürlich $c = 2^0 = 1$ und deshalb $a_0 = 0$. Der dritte Schritt kann also ignoriert werden. Für die ersten beiden Schritte bietet sich der Befehl `neg` an, denn ist z.B. r der Inhalt von $\mathbf{r}_{16}$, dann wird durch den Befehl `neg r16` der Inhalt von $\mathbf{r}_{16}$ durch $0-r$ ersetzt und es wird **S**.$\mathfrak{c} = \mathfrak{1}$ falls $0 < r$ galt. Leider kann `neg` das Übertragsbit in die Subtraktion nicht einbeziehen, zwei Befehle reichen also nicht aus, es muss ein dritter hinzugenommen werden (Zeilen *190–192*):

```
neg   r17
neg   r16
sbci  r17,0
```

Die Reihenfolge ist zu beachten: Zuerst wird $\mathbf{r}_{17}$ negiert, weil der von `neg r17` erzeugte Übertrag nicht benötigt wird. Weil $2u-1$ negativ ist, wird in Zeile *193* das Vorzeichen auf − gesetzt, ohne den übrigen Registerinhalt zu verändern.
Jetzt endlich kommt es zur Berechnung von $\sum_{\nu=0}^{7} c_\nu \boldsymbol{T}_\nu^*(u)$ mit `FkaClnshw`. Zwei Parameter, nämlich n und das Vorzeichen von $2u-1$ in $\mathbf{r}_{18}$ und $|2u-1|$ in $\mathbf{r}_{17:16}$ stehen schon bereit. Es ist noch $\mathbf{r}_{19}$ mit dem Skalierungsfaktor **00** von $2u-1$ und Register **Z** mit der Anfangsadresse der Koeffiziententabelle zu

[13]Es ist auch möglich, $2u-1$ durch Übergabe eines Zweierexponenten zu skalieren, doch wird diese Eigenschaft nicht gebraucht.

laden, was in den Zeilen *194–196* geschieht. Der Unterprogrammaufruf in Zeile *194* erzeugt das Ergebnis im Vierfachregister $\mathbf{r_{7:6:5:4}}$ im Format $\mathbb{G}_{4,28}$, d.h. das Dezimalkomma liegt genau in der Mitte von $\mathbf{r_7}$. Für die weiteren Rechnungen wird das Ergebnis im Format $\mathbb{K}_{0,32}$ benötigt, also nicht negativ und das Binärkomma vor dem höchstsignifikanten Bit. Nun ist das Ergebnis aber $\ln(f)$, genauer $0 \leq \ln(f) < 1$ wegen $1 \leq f < 2$, folglich kann es durch vier Linksshifts von $\mathbf{r_{7:6:5:4}}$ in das geünschte Format $\mathbb{K}_{0,32}$ transformiert werden (Zeilen *198–213*).

Die weiteren Berechnungen hängen vom Wert des Exponenten e ab, der in Zeile *214* durch Subtraktion des *bias* berechnet wird. Gleichzeitig wird angezeigt, ob $e = 0$ gilt. Falls nicht wird in die Zeile *258* gesprungen, ab der weiter auf den Wert von e hin verzweigt wird. Bei $e = 0$ steht das Ergebnis bereits fest, es muss aber noch in das Fließkommaformat umgewandelt werden. Die Umwandlung beginnt in Zeile *223*, sie macht folgende Vorgaben:

- Das in die endgültige Form zu bringende Ergebnis ist im Vierfachregister $\mathbf{r_{31:30:19:18}}$ enthalten, mit dem Binärkomma zwischen $\mathbf{r_{31}}$ und $\mathbf{r_{30}}$
- Das Vorzeichen wird vom Vorzeichenbit von $\mathbf{r_{20}}$ repräsentiert
- Register $\mathbf{r_{17}}$ enthält den für die Umwandlung zu nutzenden Startwert der *Fließkommaergebniszahl* von $e + 127$

Diese Vorgaben sind für den Fall $e = 0$ nicht auf natürliche Weise gegeben, sie werden wie folgt umgesetzt. Es ist $\ln(f) < 1$, also muss $\mathbf{r_{31}}$ den Wert **00** haben (Zeile *216*). Das Ergebnis ist in $\mathbf{r_{7:6:5:4}}$ enthalten, also wird $\mathbf{r_{30:19:18}}$ mit $\mathbf{r_{7:6:5}}$ geladen (Zeilen *217–219)* Das Ergebnis ist nicht negativ, also wird das Vorzeichenbit von $\mathbf{r_{20}}$ gelöscht (Zeile *220*). Der Startwert für den Exponenten schließlich ist wieder wegen $\ln(f) < 1$ natürlich $-1 + 127 = 126$.

Der erste Akt der Umwandlung besteht darin, das Ergebnis vom Format $\mathbb{K}_{8,24}$ in $\mathbf{r_{31:30:19:18}}$ in das Format $\mathbb{K}_{0,24}$ in $\mathbf{r_{30:19:18}}$ umzuwandeln, natürlich mit angepasstem Exponenten in $\mathbf{r_{17}}$. Hat $\mathbf{r_{31}}$ schon den Wert **00**, so ist nichts umzuwandeln und es kann mit der Normalisierung fortgefahren werden (Zeilen *222–223*). Andernfalls wird $\mathbf{r_{31:30:19:18}}$ so lange bei gleichzeitiger Erhöhung des Exponenten in $\mathbf{r_{17}}$ nach rechts geshiftet bis alle Bits von $\mathbf{r_{31}}$ gelöscht sind (Zeilen *224–230*). Weil damit das Ergebnis gleichzeitig normalisiert wurde, kann die explizite Normalisierung übersprungen werden (Zeile *231*).

In Zeile *232* angekommen ist das Ergebnis zwar in $\mathbf{r_{30:19:18}}$ enthalten, mit dem Binärkomma links von $\mathbf{r_{30}}$, aber es muss nicht normalisiert sein, d.h. das höchste Bit von $\mathbf{r_{30:19:18}}$, repräsentiert vom Vorzeichenbit von $\mathbf{r_{30}}$, muss nicht gesetzt sein, wie es die Fließkommadarstellung erfordert. Ist das Vorzeichenbit von $\mathbf{r_{30}}$ schon gesetzt, dann ist das Ergebnis normalisiert und es kann zum Runden vorwärtsgesprungen werden (Zeilen *232–233*). Andernfalls wird $\mathbf{r_{30:19:18}}$ so lange nach links geshiftet, bei gleichzeitiger Erniedrigung des Exponenten, bis das Vorzeichenbit von $\mathbf{r_{30}}$ gesetzt ist (Zeilen *234–238*). Da $\mathbf{r_{30:19:18}}$ nicht **000000** enthalten kann, kann die Normalisierungsschleife keine Endlosschleife sein. $\mathbf{r_{30:19:18}}$ kann deshalb nicht **000000** enthalten, weil der Fall $u = 0$, also $f = 1$, eine Sonderbehandlung erfährt (Zeilen *173–185*).

Die letzte Maßnahme vor der endgültigen Zusammensetzung der Fließkommazahl ist das Runden. Die Zahl in $\mathbf{r_{30:19:18}}$ wird konservativ auf 16 Bit gerundet, indem das höchstsignifikante Bit von $\mathbf{r_{18}}$ zu $\mathbf{r_{30:19}}$ addiert wird. Dazu wird in Zeile *239* das höchste Bit von $\mathbf{r_{18}}$ in das Übertragsbit geshiftet und in den folgenden beiden Zeilen zu $\mathbf{r_{30:19}}$ addiert. Register $\mathbf{r_{31}}$ enthält bei Abarbeitung dieser Zeilen den Wert **00** (siehe dazu die Zeilen *222–231*). Die Addition kann allerdings einen Überlauf erzeugen, dann muss der Exponent erhöht und $\mathbf{r_{30:19}}$ nach rechts geshiftet werden (Zeilen *243–245*).

In den Zeilen *246–249* wird endlich die Fließkommazahl $\mathfrak{y}$ aus den Bestandteilen $\mathbf{r_{17}}$ und $\mathbf{r_{30:19}}$ auf die übliche Weise zusammengesetzt. In Zeile *243* wird $\mathbf{r_{30}}$ nach links geshiftet, um Platz für das untere Bit des Exponenten zu schaffen. In der nächsten Zeile wird das Vorzeichenbit aus $\mathbf{r_{20}}$ hinaus in das Übertragsbit geshiftet, das in der nächsten Zeile in Register $\mathbf{r_{17}}$, also das künftige obere Byte von $\mathfrak{y}$, hineingeshiftet wird, um dort das Vorzeichen von $\mathfrak{y}$ zu sein. Dabei wird das untere Bit des Exponenten in das Übertragsbit hineingeshiftet, das in Zeile *249* dann in das obere Bit von $\mathbf{r_{30}}$, also in das obere Bit der Mantisse von $\mathfrak{y}$, hineingeshiftet wird. Anschließend wird $\mathbf{r_{17:30:19}}$ als $\mathfrak{y}$ ausgegeben (Zeilen *250–253*).

Hat sich in Zeile *214* ergeben, dass $e \neq 0$ gilt, wird weiter auf den Wert von e hin verzweigt. In Zeile *258* wird zunächst der Fall $e = 1$ ausgesondert, in welchem $\ln(2) \approx$ **0,B17217** zum Ergebnis in $\mathbf{r_{7:6:5}}$

addiert wird. Das geschieht in den Zeilen *260–267* so, dass $\mathbf{r}_{31:30:19:18}$ mit **0B17217** geladen und dann $\mathbf{r}_{7:6:5}$ addiert wird. Dabei ist ein Übertrag zu $\mathbf{r}_{31}$ hin möglich. Das Ergebnis ist jedenfalls positiv und der Startwert für den Exponenten ist 126, es kann folglich zur Ergebnisumwandlung in die Zeile *220* gesprungen werden.
Gilt in Zeile *255* nicht $e = 1$, wird in den Zeilen *269–270* der Fall $e = -1$ ausgesondert. Hier ist $\ln(2) \approx$ **0,B17217F7** von $\mathbf{r}_{7:6:5:4}$ zu subtrahieren mit wegen $\ln(f) < \ln(2)$ negativem Ergebnis. Es wird deshalb $\mathbf{r}_{31:30:19:18:16}$ mit **0B17217F7** geladen und dann $\mathbf{r}_{7:6:5:4}$ subtrahiert (Zeilen *271–279*), das negative Ergebnis wird in Zeile *280* durch Setzen des Vorzeichenbits von $\mathbf{r}_{20}$ angezeigt. Es ist noch der Startwert für den Exponenten zu bestimmen. Nun ist $0 \leq \ln(f) < \ln(2)$ wegen $1 \leq f < 2$, was $-0,7 < -\ln(2) \leq \ln(f) - \ln(2) < 0$ und damit $|\ln(f) - \ln(2)| < 1$ ergibt. Da also auch hier 126 der Startwert für den Exponenten ist, wird zur Ergebnisumwandlung in die Zeile *221* gesprungen.
Falls der Test in Zeile *269* nicht $e = -1$ ergibt, wird in die Zeile *282* zur Behandlung der Fälle $e < -1$ und $1 < e$ gesprungen. Dort wird $q = |e|\ln(2) \approx |e| \times$ **0,B17217** berechnet. Dazu wird in den Zeilen *282–285* Register $\mathbf{r}_{17}$ mit $|e|$ geladen: $\mathbf{r}_{17}$ wird mit e geladen und dann wenn nötig negiert. Dann erfolgt in den Zeilen *286–297* die Multiplikation. Wie das Gesamtprodukt aus Teilprodukten in Vierfachregister $\mathbf{r}_{31:30:19:18}$ zusammengesetzt wird, zeigt die folgende Skizze:

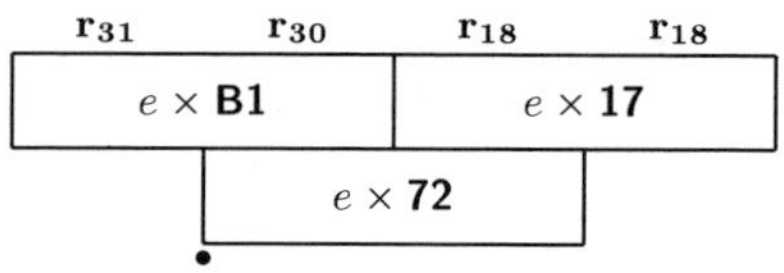

Das Binärkomma liegt zwischen $\mathbf{r}_{31}$ und $\mathbf{r}_{30}$. Acht Bit vor dem Komma sind wegen $|e|\ln(2) < 126$ ausreichend. Nun muss nur noch die Approximation von $\ln(u)$ in $\mathbf{r}_{7:6:5}$ im Fall $1 < e$ zu q addiert (Zeilen *300–303*) oder bei $e < -1$ von q subtrahiert (Zeilen *305–308*) werden, ehe das Ergebnis ab Zeile *221* in die engültige Gestalt gebracht wird.

Die Tabelle 5.5 gibt einen allgemeinen Eindruck von der Genauigkeit, mit der $\ln(x)$ berechnet wird. Das Ziel, die Funktion mit einer Genauigkeit von 16 Bit zu berechnen wurde erreicht. Allerdings sollte der sensitive Bereich in der Nähe der Eins genauer inspiziert werden. Das leistet

Tabelle 5.5.: Zur Genauigkeit von $\ln(x)$

	2^{-125}	0,0001	0,001	0,01	0,1	0,2	0,5	1
=	C2AD49$_{16}$	C1135E$_{16}$	C0DD0C$_{16}$	C0935E$_{16}$	C0135D$_{16}$	BFCE02$_{16}$	BF3172$_{16}$	000000$_{16}$
≈	C2AD49$_{16}$	C1135E$_{16}$	C0DD0C$_{16}$	C0935E$_{16}$	C0135D$_{16}$	BFCE02$_{16}$	BF3172$_{16}$	000000$_{16}$
	1,5	2	5	10	100	1000	10000	2^{125}
=	3ECF99$_{16}$	3F3172$_{16}$	3FCE02$_{16}$	40135E$_{16}$	40935E$_{16}$	40DD0C$_{16}$	41135E$_{16}$	42AD49$_{16}$
≈	3ECF99$_{16}$	3F3172$_{16}$	3FCE02$_{16}$	40135E$_{16}$	40935E$_{16}$	40DD0C$_{16}$	41135E$_{16}$	42AD49$_{16}$

zum Teil die Tabelle 5.6. Bis auf eine kleine Abweichung wird auch hier die gewünschte Genuigkeit erreicht. Wenn die beiden Wertetabellen aus dem Unterprogramm nicht entfernt werden, wird die

Tabelle 5.6.: Zur Genauigkeit von $\ln(x)$

	0,7	0,75	0,8	0,85	0,9	0,95	0,97	0,99
=	BEB69F$_{16}$	BE934B$_{16}$	BE647F$_{16}$	BE2669$_{16}$	BDD7CB$_{16}$	BD521C$_{16}$	BCF983$_{16}$	BC2493$_{16}$
≈	BEB69F$_{16}$	BE934B$_{16}$	BE647F$_{16}$	BE266A$_{16}$	BDD7CB$_{16}$	BD521C$_{16}$	BCF983$_{16}$	BC2493$_{16}$
	1,01	1,03	1,05	1,1	1,15	1,2	1,25	1,3
=	3C232F$_{16}$	3CF223$_{16}$	3D47CC$_{16}$	3DC335$_{16}$	3E0F1C$_{16}$	3E3AB5$_{16}$	3E6480$_{16}$	3E8653$_{16}$
≈	3C232F$_{16}$	3CF223$_{16}$	3D47CC$_{16}$	3DC335$_{16}$	3E0F1C$_{16}$	3E3AB5$_{16}$	3E6480$_{16}$	3E8653$_{16}$

Funktion auch im Intervall $1-2^{-8} \leq x \leq 1+2^{-8}$ mit 16 Bit Genauigkeit approximiert. Wird auf die Tabellen aus Platzgründen verzichtet, ist die Genauigkeit in diesem Intervall durch Tabelle 5.3 gegeben.

Die Berechnungszeit von $\ln(x)$ hängt vom Binärexponenten von x ab. Im ungünstigsten Fall werden etwa 1000 Takte benötigt. Das entspricht nur etwa sechs Fließkommamultiplikationen! Die komplizierte Rechnung in Festkommaarithmetik hat sich also sowohl für die Rechengeschwindigkeit als auch für die Genauigkeit gelohnt.

Die beiden großen Wertetabellen des Unterprogramms können entfernt werden, wenn folgende Programmänderungen durchgeführt werden:

- Die Zeile *154* wird ersetzt durch `brne FkaLn04`
- Die Zeilen *159–169* können entfallen
- Die Zeilen *307–323* können entfallen.

Dann gilt allerdings für die Genauigkeit im Intervall $1-2^{-8} \leq x \leq 1+2^{-8}$ (ungefähr $0,996 \leq x \leq 1,004$) die Tabelle 5.3.

5.5.2. Der Zehnerlogarithmus $\log(x)$

Der Logarithmus zur Basis 10 lässt sich sehr einfach über die Gleichung

$$\log(x) = \frac{\ln(x)}{\ln(10)}$$

berechnen. Geschieht das wie hier durch Aufruf von `FkaLn` und anschließende Fließkommamultiplikation mit $a = 1/\ln(10)$, dann kann aber nicht mehr durchweg mit 16 Bit Genauigkeit gerechnet werden. Das letzte Bit kann vom genauen Ergebnis abweichen. Als Alternative könnte das Unterprogramm `FkaLn` so verändert werden, dass es auch $\log(x)$ berechnen kann, denn am Ende von `FkaLn` vor dem Runden steht $\ln(x)$ mit größerer Genauigkeit zur Verfügung.

Unterprogramm FkaLog

Zu einer zweidrittelgenauen Fließkommazahl $\mathfrak{x}$ mit $x = \mathbb{F}_{2/3}(\mathfrak{x})$ wird eine zweidrittelgenaue Fließkommazahl $\mathfrak{y}$ berechnet mit $\log(x) \approx \mathbb{F}_{2/3}(\mathfrak{y})$.

Input

Y Die Adresse ξ einer zweidrittelgenauen Fließkommazahl $\mathfrak{x}$

X Die Adresse η einer zweidrittelgenauen Fließkommazahl $\mathfrak{y}$

Bei fehlerfreiem Ablauf wird $\mathfrak{y}$ mit der Approximation von $\log(x)$ überschrieben.
Das Unterprogramm kann drei Fehler erzeugen. Wird als $\mathfrak{x}$ ein **NaN** übergeben, so wird der Fehler `FKA_LOG+FKA_NAN`, bei negativem Argument x der Fehler `FKA_LOG+FKA_NEG` und bei $x = 0$ der Fehler `FKA_LOG+FKA_NUL` erzeugt.

```
FkaLog:   rcall  FkaLn              3+
          push4  r28,r29,r30,r31    4×2
          ldi    r30,0x3E           1
          push   r30                2
          ldi    r30,0xDE           1
          push   r30                2
          ldi    r30,0x5C           1
          push   r30                2
          movw   r29:r28,r27:r26    1
```

```
10        in      r30,SPL            1
11        in      r31,SPH            1
12        adiw    r31:r30,1          2
13        rcall   FkaMul             3+
14        pop3    r30,r30,r30        3×2
15        pop4    r31,r30,r29,r28    4×2
16        ret                        4
```

In der ersten Zeile wird $\mathfrak{y}$ mit $\ln(x) \approx \mathbb{F}_{2/3}(\mathfrak{y})$ berechnet. Anschließend wird die Fließkommakonstante $\mathfrak{a}$ = **3EDE5C** mit $a \approx \mathbb{F}_{2/3}(\mathfrak{a})$ in den Zeilen *3–8* im Stapel angelegt. Da sich der Stapel vom Ende her füllt, muss natürlich das obere Byte von $\mathfrak{a}$ zuerst in den Stapel gebracht werden. Es müssen jetzt die Parameter für das Multiplikationsunterprogramm `FkaMul` vorbereitet werden. Ein Parameter ist natürlich $\mathfrak{y}$, die Adresse wird in Zeile *9* in das Register **Y** geladen. Die Adresse von $\mathfrak{a}$ kann über den Stapelzeiger erhalten werden. Dazu wird Register **Z** in den Zeilen *10–11* mit dem Inhalt des Stapelzeigers geladen. Allerdings enthält **Z** damit noch nicht die Adresse von $\mathfrak{a}$, da der Stapelzeiger immer auf den nächsten freien Platz im Stapel zeigt. Das wird in Zeile *12* korrigiert.

5.6. Die Berechnung der Exponentialfunktionen

5.6.1. e^x

Bedingt durch ihr schnelles Wachstum kann die Exponentialfunktion nur für einen kleinen Argumentbereich berechnet werden. Denn ist $\mathfrak{u}$ die kleinste und $\mathfrak{o}$ die größte positive Fließkommazahl, dann ist der zulässige Argumentbereich der Exponentialfunktion gegeben durch

$$\ln(\mathbb{F}_{2/3}(\mathfrak{u})) \leq \mathbb{F}_{2/3}(\mathfrak{x}) \leq \ln(\mathbb{F}_{2/3}(\mathfrak{o}))$$

Da $\mathfrak{u} =$ **008000** und $\mathfrak{o} =$ **7EFFFF** ergibt sich als linke Bereichsgrenze $\mathbb{F}_{2/3}($**C2AEAC**$) = -87,3359375$ und als rechte Bereichsgrenze $\mathbb{F}_{2/3}($**42B00F**$) = 88,029296875$. Sie werden im Programm aber durch die einfacher zu prüfenden symmetrischen Grenzen $\mathbb{F}_{2/3}($**C2ADFF**$) = -86,998046875$ und

Abbildung 5.7.: e^x

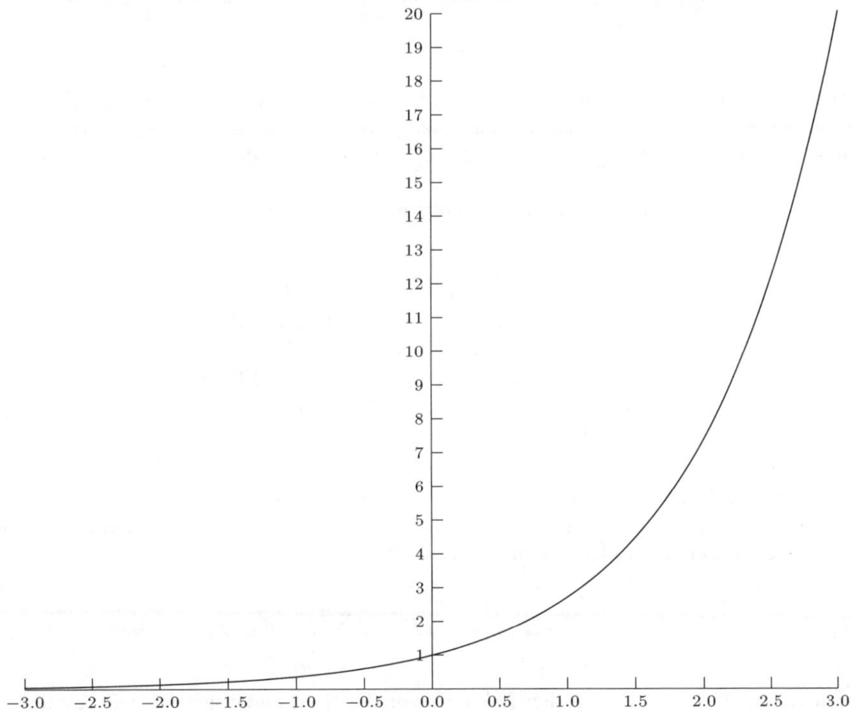

$\mathbb{F}_{2/3}($**42ADFF**$) = 86,998046875$ ersetzt. Der kleine Bereich ergibt sich natürlich aus dem kleinen Zweierexponentenbereich der zweidrittelgenauen Fließkommazahlen, der von 2^{-126} bis zu 2^{126} reicht.

Die Bereichsreduktion für die Exponentialfunktion wurde schon in Abschnitt 5.1 angesprochen.

Das dort vorgestellte naheliegende Verfahren muss aber durch ein in der binären Umgebung effizienteres Verfahren ersetzt werden. Ausgehend von der Beziehung

$$2^x = e^{x\ln(2)},$$

welche die Verwendung von (allerdings auch nicht ganzzahligen) Zweierpotenzen gestattet, wird die Bereichsreduktion wie folgt vorgenommen. Man bestimmt zunächst die natürliche Zahl $m \in \mathbb{N}$ und $0 \leq \vartheta < 1$ aus

$$\frac{|x|}{\ln(2)} = m + \vartheta.$$

Für $x \geq 0$ ergibt sich daraus

$$x = m\ln(2) + \vartheta\ln(2) \implies e^x = e^{m\ln(2)}e^{\vartheta\ln(2)} = 2^m 2^\vartheta.$$

Es ist also eine Approximation an 2^ϑ zu berechnen, m ist im wesentlichen schon der Zweierexponent der zu konstruierenden Fließkommazahl. Für $x < 0$ erhält man entsprechend

$$x = -m\ln(2) - \vartheta\ln(2) \implies e^x = e^{-m\ln(2)}e^{-\vartheta\ln(2)} = 2^{-m}2^{-\vartheta}.$$

Die Berechnung von $2^{-\vartheta}$ kann natürlich auf die Berechnung von 2^ϑ zurückgeführt werden. So ist beispielsweise $2^{-\vartheta} = 1/2^\vartheta$, doch die kostspielige Division muss unbedingt vermieden werden. Sie lässt sich zwar mit $2^{-\vartheta} = 2^{-1+1-\vartheta} = 2^{-1}2^{1-\vartheta}$ vermeiden, doch hat man hier das Problem,

Tabelle 5.7.: $\boldsymbol{T}^*$-Koeffizienten für 2^{-x} und 2^x

ν	a_ν	
0	$\mathtt{0x0BA7EF8C}_{16}$	$0,728499937506481$
1	$\mathtt{0xFC0511AE}_{16}$	$-0,248762433905220$
2	$\mathtt{0x0057D858}_{16}$	$0,021446555994840$
3	$\mathtt{0xFFFAF042}_{16}$	$-0,001235714081998$
4	$\mathtt{0x0000380C}_{16}$	$0,000053453058179$
5	$\mathtt{0xFFFFFE0F}_{16}$	$-0,000001850690714$

dass für $\vartheta \approx 1$ Ziffernauslöschung eintritt. Die beste Methode besteht darin, zusätzlich eine Approximation von $2^{-\vartheta}$ bereitzustellen, wie es auch im Unterprogramm `FkaExp` geschieht. Die beiden Approximationen sind [Luke] entnommen:[14]

$$2^{-x} \approx \sum_{\nu=0}^{5} a_\nu \boldsymbol{T}^*_\nu(x) \qquad 2^x \approx 2\sum_{\nu=0}^{5}(-1)^\nu a_\nu \boldsymbol{T}^*_\nu(x) \tag{5.20}$$

In der Entwicklung von 2^x ist auf den Faktor 2 vor der Summe zu achten! Die Koeffizienten der Entwicklungen sind in Tabelle5.7 angegeben.

Fixkommarechnung wird für Zahlen nahe Null ungenau, die $\boldsymbol{T}^*$-Approximationen können dort nicht eingesetzt werden. e^x kann aber für kleine x durch $1 + x$ und für sehr kleine x durch 1 approximiert werden. Sowohl $e^x - 1$ als auch $e^x - 1 - x$ sind streng monotone Funktionen und

[14] *Table 3.4.*

nehmen die Extremwerte in den Randpunkten eines Intervalls an, die mit den beiden Approximationen gemachten Fehler lassen sich also leicht berechnen. Es ist $|e^x - 1| \leq 2^{-17}$ für $|x| < 2^{-17}$ und $|e^x - 1 - x| \leq 2^{-17}$ für $|x| < 2^{-8}$.

Unterprogramm FkaExp

Zu einer zweidrittelgenauen Fließkommazahl $\mathfrak{x}$ mit $x = \mathbb{F}_{2/3}(\mathfrak{x})$ wird eine zweidrittelgenaue Fließkommazahl $\mathfrak{y}$ berechnet mit $e^x \approx \mathbb{F}_{2/3}(\mathfrak{y})$.

Input

Y Die Adresse ξ einer zweidrittelgenauen Fließkommazahl $\mathfrak{x}$

X Die Adresse η einer zweidrittelgenauen Fließkommazahl $\mathfrak{y}$

Bei fehlerfreiem Ablauf wird $\mathfrak{y}$ mit der Approximation von e^x überschrieben.
Das Unterprogramm kann zwei Fehler erzeugen:

Wird als $\mathfrak{x}$ ein **NaN** übergeben, so wird der Fehler `FKA_EXP+FKA_NAN` erzeugt.

Die Übergabe von $x > 86,998046875$ zieht den Fehler `FKA_EXP+FKA_ARG` nach sich.

Bei einem Unterlauf, also bei $x < -86,998046875$, wird nicht Null sondern die kleinste positive Fließkommazahl **008000**, also 2^{-126}, als Ergebnis erzeugt.

Die Tabelle der T^*-Koeffizienten (in umgekehrter Reichenfolge!)

```
vwFka2mx:  .dd    0xFFFFFE0F        a5
           .dd    0x0000380C        a4
           .dd    0xFFFAF042        a3
           .dd    0x0057D858        a2
           .dd    0xFC0511AE        a1
           .dd    0x0BA7EF8C        a0
vwFka2x:   .dd    0x000001F0       -a5
           .dd    0x0000380C        a4
           .dd    0x00050FBD       -a3
           .dd    0x0057D858        a2
           .dd    0x03FAEE51       -a1
           .dd    0x0BA7EF8C        a0
```

Das Absenden der Fehlermeldungen

```
FkaExpNN:  ldi    r16,FKA_EXP+FKA_NAN   1
           rjmp   FkaFhl                2
FkaExpAG:  ldi    r16,FKA_EXP+FKA_ARG   1
           rjmp   FkaFhl                2
```

Der Einsprung in das Unterprogrammm, Zerlegung in Mantisse f und Exponent

```
FkaExp:    push4  r4,r5,r6,r7          4×2
           push4  r16,r17,r18,r19      4×2
           push4  r20,r21,r22,r23      4×2
           push4  r24,r25,r30,r31      4×2
           ld     r16,Y                2    r19:17:16 ← x
           ldd    r17,Y+1              2
           ldd    r19,Y+2              2
           mov    r7,r19               1    s(x) in r7.7 aufbewahren
           lsl    r17                  1    r19 ← e(x)
           rol    r19                  1
           sec                         1    r17:16 ← f
           ror    r17                  1
```

Das Überprüfen der Fehlerbedingungen und die Reaktion auf Unterlauf

```
            cpi    r19,255        1    Ist 𝔵 ein NaN?
            breq   FkaExpNN       1/2  Falls zutreffend Fehlermeldung
            cpi    r19,0x85       1    𝔵 im zulässigen Bereich?
            brlo   FkaExp02       1/2  Falls e(𝔵) < 85 zulässig
            brne   FkaExpAG       1/2  Falls e(𝔵) > 85 Argumentüberlauf
            cpi    r17,0xAE       1    e(𝔵) = 85:
            brlo   FkaExp02       1/2  Falls f⊤ < AE zulässig
            tst    r7             1    Unzulässiges Argument: s(𝔵) testen
            brpl   FkaExpAG       1/2  𝔵 nicht negativ: Argumentüberlauf
            ldi    r30,0x00       1    𝔵 negativ: 2^-126 ausgeben
            st     X+,r30         2
            ldi    r30,0x80       1
            st     X+,r30         2
            ldi    r30,0x00       1
            st     X,r30          2
            sbiw   r27:r26,2      2
            rjmp   FkaExpBk       2
```

Der Test auf ein Argument nahe Null

```
FkaExp02:   subi   r19,127        1    r19 ← e = e(𝔵) − 127
            cpi    r19,-7         1    Ist 𝔵 kleines Argument?
            brge   FkaExp04       1/2  Falls e ≥ −7 nein
            rjmp   FkaExp50       2    e < −7: 𝔵 ist kleines Argument
```

Multiplikation mit ln(2)

```
FkaExp04:   inc    r19            1    Ergibt 1/2 ≤ f < 1
FkaExp06:   clr    r20            1
            clr    r21            1
            ldi    r30,0x71       1    f-1 × 71
            mul    r30,r17        2
            movw   r25:r24,r1:r0  1
            ldi    r30,0x54       1    f-2 × 54
            mul    r30,r16        2
            movw   r23:r22,r1:r0  1
            mul    r30,r17        2    f-1 × 54
            add    r23,r0         1
            adc    r24,r1         1
            adc    r25,r20        1
            adc    r21,r20        1
            ldi    r30,0x76       1    f-1 × 76
            mul    r30,r17        2
            add    r22,r0         1
            adc    r23,r1         1
            adc    r24,r16        1
            adc    r25,r17        1
            adc    r21,r20        1
            mul    r30,r16        2    f-2 × 76
```

```
            mov    r21,r0                 1
            add    r22,r1                 1
            adc    r23,r20                1
            adc    r24,r20                1
            adc    r25,r20                1
            adc    r21,r20                1
            ldi    r30,0x71               1    f_-2 × 71
            mul    r30,r16                2
            add    r23,r0                 1
            adc    r24,r1                 1
            adc    r25,r20                1
            adc    r21,r20                1
            breq   FkaExp07               1/2  Falls u < 1 r25:24:23:22 schon im Format K0,32
            inc    r19                    1    u ≥ 1: in K0,32 überführen
            rol    r21                    1
            rol    r25                    1
            rol    r24                    1
            rol    r23                    1
            rol    r22                    1
```

Falls nötig Durchführung der Bereichsreduktion

```
FkaExp07:   clr    r16                    1    Vorläufig: m = 0
            tst    r19                    1    Exponent e testen
            breq   FkaExp10               1/2  Falls e = 0 direkt T*-Approximation berechnen
            brpl   FkaExp09               1/2  Falls e > 0 Bereichsreduktion durchführen
FkaExp08:   lsr    r25                    1    e < 0: Mit Rechtsshifts e beseitigen
            ror    r24                    1
            ror    r23                    1
            ror    r22                    1
            inc    r19                    1
            brne   FkaExp08               1/2  |e| Rechtsshifts
            rjmp   FkaExp10               1/2  dann T*-Approximation berechnen
FkaExp09:   rcall  FkaSeg                 3+   Bereichsreduktion
```

Die Berechnung der T^*-Approximation

```
FkaExp10:   ldi    r18,5                  1    n = 5
            tst    r7                     1    Ist x negativ?
            brmi   FkaExp12               1/2  Falls ja, e^-x berechnen
            ldi    r30,LOW(2*vwFka2x)     1    e^x berechnen
            ldi    r31,HIGH(2*vwFka2x)    1
            inc    r16                    1    T*-Approximation mit 2 multiplizieren
            rjmp   FkaExp14               2
FkaExp12:   neg    r16                    1    r16 ← -m
            ldi    r30,LOW(2*vwFka2mx)    1    e^-x berechnen
            ldi    r31,HIGH(2*vwFka2mx)   1
FkaExp14:   sbrc   r22,7                  1/2  25-tes Bit einfügen
            ori    r18,0b01000000         1
            rcall  FkaClnshw              3+   T*-Approximation berechnen
```

Umwandlung in das Format $\mathbb{K}_{0,32}$ mit gleichzeitiger Normalisierung

```
            lsl    r4                 1    Drei Linksshifts
            rol    r5                 1
            rol    r6                 1
            rol    r7                 1
            lsl    r4                 1
            rol    r5                 1
            rol    r6                 1
            rol    r7                 1
            lsl    r4                 1
            rol    r5                 1
            rol    r6                 1
            rol    r7                 1
            brpl   FkaExp18           1/2  Falls r7.7 = 0 noch ein Shift
            inc    r16                1    Schon normalisiert, Exponent anpassen
            rjmp   FkaExp20           2
FkaExp18:   lsl    r4                 1    Noch ein Linksshift zur Normalisierung
            rol    r5                 1
            rol    r6                 1
            rol    r7                 1
```

Das Runden des Ergebnisses

```
FkaExp20:   clr    r4                 1
            rol    r5                 1
            adc    r6,r4              1
            adc    r7,r4              1
            brcc   FkaExp22           1/2
            ror    r7                 1
            ror    r6                 1
            inc    r16                1
```

Endgültiges Zusammensetzen und Ausgabe des Ergebnisses

```
FkaExp22:   subi   r16,256-126        1
            rol    r7                 1
            clc                       1
            ror    r16                1
            ror    r7                 1
            st     X+,r6              2
            st     X+,r7              2
            st     X,r16              2
            sbiw   r27:r26,2          2
FkaExpBk:   pop4   r31,r30,r25,r24    4×2
            pop4   r23,r22,r21,r20    4×2
            pop4   r19,r18,r17,r16    4×2
            pop4   r7,r6,r5,r4        4×2
            ret                       4
```

Berechnung des Ergebnisses für kleine Argumente

```
FkaExp50:   ldi    r18,0x00           1    𝔶 ← 3F8000, F2/3(3F8000) = 1
```

```
158              st      X+,r18              2
159              ldi     r18,0x80            1
160              st      X+,r18              2
161              ldi     r18,0x3F            1
162              st      X,r18               2
163              sbiw    r27:r26,2           2
164              cpi     r19,-15             1     Bei e < −15 schon das Ergebis
165              brge    FkaExp52            1/2
166              rjmp    FkaExpBk            2
167  FkaExp52:   movw    r31:r30,r27:r26     1     Bei e ≥ −15 noch x addieren
168              rcall   FkaAdd              3+
169              rjmp    FkaExpBk            2
```

Das Unterprogramm wird in Zeile *17* angesprungen. Nach den obligatorischen Maßnahmen zur Registerrettung wird $\mathfrak{x}$ in das Dreifachregister $\mathbf{r}_{19:17:16}$ geladen. Hier ist noch einmal der Aufbau des Bitmusters von $\mathfrak{x}$:

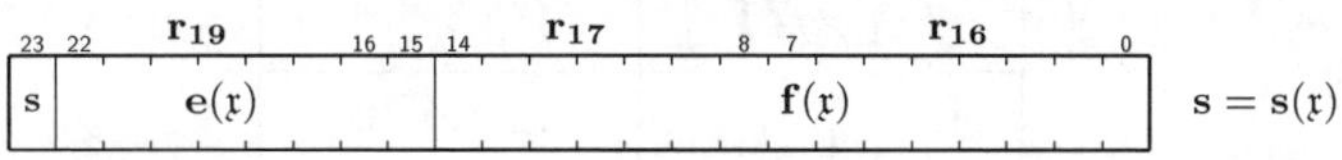

Darin ist $\mathbf{f}(\mathfrak{x})$ links durch ein Einserbit zur echten Mantisse f zu ergänzen. Durch den Shift in Zeile *25* wird Platz für dieses Bit gemacht und gleichzeitig das untere Bit des Exponenten in das Übertragsbit geschoben. Der Linksshift in Zeile *26* vervollständigt also den Exponenten, lässt aber auch das Vorzeichenbit verschwinden, weshalb in Zeile *24* das Byte mit dem Vorzeichen vorbeugend in Register $\mathbf{r}_7$ geladen wird. In den Zeilen *27–28* wird die Mantisse um das erwähnte Einerbit ergänzt.
Als nächstes werden die Fehlerbedingungen überprüft. $\mathbf{e}(\mathfrak{x}) = 255$ in Zeile *29* bedeutet ein **NaN**. Es folgt der Test, ob der Argumentbereich über- oder unterschritten wird. Es ist $\mathbf{e}$(**C2ADFF**) = $\mathbf{e}$(**42ADFF**) = **85**, gilt also $\mathbf{e}(\mathfrak{x}) <$ **85**, dann liegt $\mathfrak{x}$ im zulässigen Argumentbereich. Diese Bedingung wird in Zeile *31* getestet, ist sie erfüllt, kann in der Zeile *46* mit der Funktionsberechnung fortgefahren werden. Ist sie nicht erfüllt, muss die Mantisse untersucht werden. Der größte zulässige Wert (auf beiden Seiten) ist **ADFF**. Dieser Wert wird von der Mantisse von $\mathfrak{x}$ sicher nicht überschritten, falls das obere Byte der Mantisse kleiner als **AE** ist. Ist das bei der Prüfung in Zeile *34* der Fall, kann auch hier mit der Zeile *46* fortgefahren werden. Andernfalls ist der zulässige Argumentbereich überschritten. Auf die Überschreitung wird allerdings verschieden reagiert. Wird der positive Bereich überschritten, ist also ein Überlauf eingetreten, wird ein entsprechender Fehler erzeugt. Ob ein Überlauf vorliegt wird in Zeile *36* erkannt, da $\mathbf{r}_7$ das Vorzeichen von $\mathfrak{x}$ enthält. Ist $\mathfrak{x}$ aber negativ, liegt also ein Unterlauf vor, so wird als Ergebnis die kleinstmögliche positive Fließkommazahl **008000** als Ergebnis erzeugt und ausgegeben (Zeilen *38–44*). Da die Exponentialfunktion nirgendwo den Wert Null annimmt ist diese Reaktion viel besser als einfach die Null zurückzugeben (*hard underflow*).
Ist kein Fehler aufgetreten, wird in Zeile *46* der wahre Wert $e = \mathbf{e}(\mathfrak{x}) - 127$ von $\mathfrak{x}$ berechnet, anschließend wird geprüft, ob ein kleines Argument vorliegt, ob also $|\mathbb{F}_{2/3}(\mathfrak{x})| < 2^{-8}$ gilt. Da der Wert f der Mantisse im Bereich $1 \leq f < 2$ liegt, ist das der Fall für $e < -7$ und eben das wird in Zeile *47* überprüft. Tritt es ein, so wird in die Zeile *157* gesprungen, ab welcher der Funktionswert kleiner Argumente berechnet wird.
Durch die Erhöhung des Exponenten in Zeile *50* wird erreicht, dass der Wert f der Mantisse im Bereich $\frac{1}{2} \leq f < 1$ liegt. Ist

$$\mathsf{f} = \mathsf{f}_{-2} + \mathsf{f}_{-1}2^8 \quad \mathsf{f}_i \in \{0, \ldots, 2^8 - 1\}$$

die Mantisse, dann ist ihr Wert nach der Erhöhung des Exponenten

$$f = \mathsf{f}_{-1}2^{-8} + \mathsf{f}_{-2}2^{-16}.$$

Die Mantisse wird nun zum Übergang auf die binäre Exponentialfunktion 2^x mit $\ln(2)^{-1}$ multipliziert. Es wird die 24-Bit-Approximation **1,715476**, eingesetzt, die auch dafür sorgt, dass die Bereichsreduktion im ganzen zulässigen Argumentbereich mit 16 Bit Genauigkeit durchgeführt werden kann. Das Produkt kommt wie folgt heraus:

$$\begin{aligned} u &= f \times \mathbf{1{,}715476} \\ &= \left(\mathsf{f}_{-1}2^{-8} + \mathsf{f}_{-2}2^{-16}\right)\left(1 + \mathbf{71} \times 2^{-8} + \mathbf{54} \times 2^{-16} + \mathbf{76} \times 2^{-24}\right) \\ &= \mathsf{f}_{-1}2^{-8} + \mathsf{f}_{-2}2^{-16} + \mathsf{f}_{-1}\mathbf{71} \times 2^{-16} + (\mathsf{f}_{-2}\mathbf{71} + \mathsf{f}_{-1}\mathbf{54})\,2^{-24} + (\mathsf{f}_{-1}\mathbf{54} + \mathsf{f}_{-1}\mathbf{76})\,2^{-32} + \mathsf{f}_{-2}\mathbf{76} \times 2^{-40} \end{aligned}$$

In Bild 5.8 ist zu sehen, wie das Produkt im Unterprogramm zusammengesetzt wird. Von den 40 Nachkommastellen werden nur 32 benutzt. Das Produkt hat ein signifikantes Vorkommabit. Wie das Bild

Abbildung 5.8.: Zur Berechnung von $u = f \times$ **1,715476**

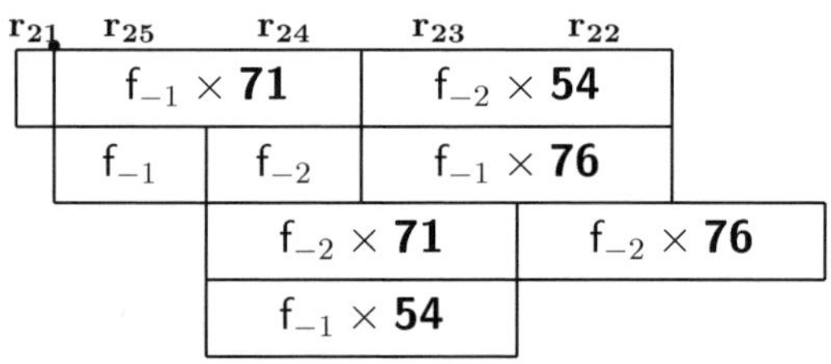

auch zeigt, wird das Produkt im Vielfachregister $\mathbf{r_{21:25:24:23:22}}$ zusammengesetzt, dabei nimmt $\mathbf{r_{21}}$ das Vorkommabit auf, d.h. das Binärkomma liegt zwischen $\mathbf{r_{21}}$ und $\mathbf{r_{25}}$. Register $\mathbf{r_{20}}$ wird dazu benutzt, die Überträge, die bei der Addition der Teilprodukte entstehen, aufzuaddieren und deshalb in Zeile *51* mit **00** geladen. Die eigentliche Multiplikation in den Zeilen *52–83* kann mit Bild 5.8 gut verfolgt werden. Gilt $u \geq 1$, d.h. entält $\mathbf{r_{21}}$ nicht **00**, muss das Produkt in das Format $\mathbb{K}_{0,32}$ übergeführt werden, was durch Erhöhen des Exponenten und einen Rechtsshift in den Zeilen *85–90* geschieht. Der Test, ob die Überführung nötig ist, erfolgt in Zeile *83* gleichzeitig mit der Addition des letzten von der Addition eines Teilproduktes herstammenden Übertrages.
Der weitere Verlauf hängt vom Exponenten e ab, dessen Wert in Zeile *92* getestet wird. Bei $e = 0$ ist $\frac{1}{2} \leq u < 1$ und es kann direkt in die Zeile *103* zur Berechnung der $\boldsymbol{T}^*$-Approximation gesprungen werden. Bei $e \neq 0$ sind die beiden Fälle $e > 0$ und $e < 0$ zu unterscheiden. Die Unterscheidung wird in Zeile *94* vorgenommen: Ist $e > 0$, so wird in die Zeile *102* gesprungen, um eine Bereichsreduktion durchzuführen, und zwar wird in Zeile *102* die Zerlegung

$$u \times 2^e = m + \vartheta$$

gebildet. Das dazu verwendete Unterprogramm `FkaSeg` erwartet u in $\mathbf{r_{25:24:23:22:21:20}}$ und e in $\mathbf{r_{19}}$. Der Inhalt von $\mathbf{r_{21}}$ wurde bei der Produktbildung, spätestens aber in Zeile *86* gelöscht, $\mathbf{r_{20}}$ wurde in Zeile *51* explizit gelöscht. ϑ wird in $\mathbf{r_{25:24:23}}$ und $m \bmod 2^8$ in $\mathbf{r_{16}}$ zurückgegeben. Wegen $m \leq 86$ ist natürlich $m \bmod 2^8 = m$. Ist dagegen $e < 0$, so muss u e-mal nach rechts geshiftet werden, um den Binärexponenten zu eliminieren. Die Shifts werden in den Zeilen *95–100* durchgeführt, worauf die Bereichsreduktion natürlich übersprungen wird. Wegen der Zeilen *47–49* sind höchstens 7 Rechtsshifts möglich.
Wird keine Bereichsreduktion durchgeführt, d.h. ist $e \leq 0$ und damit $m = 0$, so befindet sich ϑ schon richtig in $\mathbf{r_{25:24:23}}$, doch muss $\mathbf{r_{16}}$ in Zeile *91* mit $m = 0$ geladen werden.

Es folgt nun die eigentliche Hauptarbeit des Unterprogramms, die Berechnung von

$$2^{-\vartheta} \approx \sum_{\nu=0}^{n} a_\nu \boldsymbol{T}^*_\nu(\vartheta) \quad \text{oder} \quad 2^{\vartheta} \approx 2\sum_{\nu=0}^{n} |a_\nu|\,\boldsymbol{T}^*_\nu(\vartheta) \tag{5.21}$$

mit $n = 5$. Das Unterprogramm `FkaClnshwS` erwartet ϑ im Format $\mathbb{K}_{0,25}$ im Dreifachregister $\mathbf{r_{25:24:23}}$ mit dem 25ten Bit in $\mathbf{r_{18}}$.6. Bevor `FkaClnshw` aufgerufen werden kann, sind noch einige Vorbereitungen zu treffen. Als erstes wird $\mathbf{r_{18}}$ mit $n = 5$ geladen. Die weiteren Vorbereitungen hängen davon ab, ob $\mathfrak{x}$ negativ ist, das wird in Zeile *104* getestet ($\mathbf{r_7}$ enthält von Zeile *24* her das Vorzeichen von $\mathfrak{x}$). Ist $\mathfrak{x}$ nicht negativ, dann wird 2^x berechnet und Register **Z** wird in den Zeilen *106–107* mit der Anfangsadresse der entsprechenden Tabelle geladen (für den Befehl `lpm` vorbereitet). Die $\boldsymbol{T}^*$-Approximation berechnet nur 2^{x-1} und muss mit 2 multipliziert werden, das geschieht in Zeile *108* durch die Erhöhung von m in Register $\mathbf{r_{16}}$. Ist $\mathfrak{x}$ negativ, dann wird 2^{-x} berechnet und in den Zeilen *111–112* mit der Anfangsadresse der passenden Tabelle geladen. Bei negativem $\mathfrak{x}$ gilt

$$e^x = 2^{-m}2^{-\vartheta},$$

weshalb m in Zeile *110* negiert wird. Vor dem Aufruf von `FkaClnshwS` wird in den Zeilen *113–114* noch $\mathbf{r_{18}}$.6 mit dem 25-ten Bit von ϑ in $\mathbf{r_{22}}$.7 geladen.
Unterprogramm `FkaClnshwS` liefert die $\boldsymbol{T}^*$-Approximation t im Format $\mathbb{G}_{4,28}$ im Vierfachregister $\mathbf{r_{7:6:5:4}}$ ab. Da die Zweierpotenz nicht negativ wird, entspricht das dem Format $\mathbb{K}_{4,28}$. Im Intervall $0 \le \xi < 1$ ist $\frac{1}{2}2^\xi$ eine streng monoton steigende Funktion mit

$$\frac{1}{2} \le \frac{1}{2}2^\xi < 1 \tag{5.22}$$

und $2^{-\xi}$ eine streng monoton fallende Funktion mit

$$1 \ge 2^{-\xi} > \frac{1}{2}. \tag{5.23}$$

Das Ergebnis wird nun in das Format $\mathbb{K}_{0,24}$ transformiert. Ist $t < 1$, dann ist t bereits normalisiert, das kann den beiden Ungleichungen (5.22) und (5.23) abgelesen werden. Nach einem vierfachen Linksshift hat t also das gewünschte Format und ist normalisiert. Wird im Sonderfall $t = 1$ dreimal nach links geshiftet, dann hat t ebenfalls das verlangte Format und ist normalisiert, wenn m um 1 erhöht wird. Die Formatänderung wird ab Zeile *116* durchgeführt. Das Vierfachregister $\mathbf{r_{7:6:5:4}}$ wird dreimal nach links geshiftet. Ist dann bei dem Test in Zeile *128* das obere Bit von $\mathbf{r_7}$ gesetzt, so liegt der Sonderfall $t = 1$ vor, es wird in der nächsten Zeile m erhöht und dann in die Zeile *135* zum Runden gesprungen. Andernfalls wird $\mathbf{r_{7:6:5:4}}$ zum vierten Mal linksgeshiftet.
Das Runden, das endgültige Zusammensetzen und die Ausgabe des Ergebnisses erfolgen auf die nun schon bekannte Art und Weise, siehe z.B. die Zeilen *239–257* des Unterprogramms zur Berechnung von $\ln(x)$. Die Berechnung der Funktionswerte kleiner Argumente beginnt in Zeile *157* damit, dass $\mathfrak{y}$ mit der 1 repräsentierenden Fließkommazahl **3F8000** überschrieben wird. Für $e < -15$ ist das schon das Ergebnis und es kann in Zeile *166* zur Rückkehr in das rufende Programm gesprungen werden. Andernfalls wird $\mathfrak{x}$ zu $\mathfrak{y}$ addiert, es wird also als Wert $1 + x$ erzeugt.

Auch hier hat sich der Aufwand gelohnt, alle durchgeführten Tests zeigten eine Genauigkeit von 16 Bit. Tabelle 5.8 zeigt einige Stichproben aus den verschiedenen Bereichen, in die der Definitionsbereich von $\exp(x)$ zur Berechnung der Funktionswerte eingeteilt wurde.

Die vom Unterprogramm benötigte Rechenzeit liegt generell unter 1000 Takten, in einigen schmalen Bereichen auch weit darunter (etwa 100 bis 300 Takte). 1000 Takte entsprechen etwa **sechs** Fließkommaadditionen oder **drei** Fließkommadivisionen. Wird die Exponentialfunktion

Tabelle 5.8.: Zur Genauigkeit von $\exp(x)$

	-86	-10	-1	$-0,5$	-2^{-7}	-2^{-9}	-2^{-17}	0
$=$	017393_{16}	$383E6C_{16}$	$3EBC5B_{16}$	$3F1B46_{16}$	$3F7E02_{16}$	$3F7F80_{16}$	$3F8000_{16}$	$3F8000_{16}$
$\approx$	017393_{16}	$383E6C_{16}$	$3EBC5B_{16}$	$3F1B46_{16}$	$3F7E02_{16}$	$3F7F80_{16}$	$3F8000_{16}$	$3F8000_{16}$
	2^{-17}	2^{-9}	2^{-7}	$0,49998$	$0,5$	1	10	86
$=$	$3F8000_{16}$	$3F8040_{16}$	$3F8101_{16}$	$3FD308_{16}$	$3FD309_{16}$	$402DF8_{16}$	$46AC15_{16}$	$7D8687_{16}$
$\approx$	$3F8000_{16}$	$3F8040_{16}$	$3F8101_{16}$	$3FD308_{16}$	$3FD309_{16}$	$402DF8_{16}$	$46AC15_{16}$	$7D8687_{16}$

mit Fließkommaarithmetik berechnet, dann sind solche Ergebnisse natürlich nicht zu erreichen, da die Exponentialfunktion nicht mit sechs Additionen berechnet werden kann.

5.6.2. 10^x

Wenn eine Genauigkeit von 15 Bit genügt, bereitet die Berechnung von 10^x keine Probleme. Sie basiert auf der Relation

$$10^x = e^{x \ln(10)}.$$

Das Unterprogramm ist spiegelbildlich zu `FkaLog` aufgebaut.

Unterprogramm Fka10Exp

Zu einer zweidrittelgenauen Fließkommazahl $\mathfrak{x}$ mit $x = \mathbb{F}_{2/3}(\mathfrak{x})$ wird eine zweidrittelgenaue Fließkommazahl $\mathfrak{y}$ berechnet mit $10^x \approx \mathbb{F}_{2/3}(\mathfrak{y})$.

Input

Y Die Adresse ξ einer zweidrittelgenauen Fließkommazahl $\mathfrak{x}$
X Die Adresse η einer zweidrittelgenauen Fließkommazahl $\mathfrak{y}$

Bei fehlerfreiem Ablauf wird $\mathfrak{y}$ mit der Approximation von 10^x überschrieben.
Das Unterprogramm kann zwei Fehler erzeugen. Wird als $\mathfrak{x}$ ein **NaN** übergeben, so wird der Fehler `FKA_EXP+FKA_NAN`, bei absolut zu großem Argument x der Fehler `FKA_EXP+FKA_ARG` erzeugt.

```
Fka10Exp: push2  r30,r31             2×2
          ldi    r30,0x40            1
          push   r30                 2
          ldi    r30,0x13            1
          push   r30                 2
          ldi    r30,0x5E            1
          push   r30                 2
          in     r30,SPL             1
          in     r31,SPH             1
          adiw   r31:r30,1           2
          rcall  FkaMul              3+
          movw   r31:r30,r29:r28     1
          movw   r29:r28,r27:r26     1
          rcall  FkaExp              3+
          movw   r29:r28,r31:r30     1
          pop3   r30,r30,r30         3×2
          pop2   r31,r30             2×2
          ret                        4
```

In den Zeilen *2–7* wird die Fließkommakonstante $\mathfrak{a}$ = **40135E** mit $\ln(10) \approx \mathbb{F}_{2/3}(\mathfrak{a})$ im Stapel angelegt. Da sich der Stapel vom Ende her füllt, muss natürlich das obere Byte von $\mathfrak{a}$ zuerst in den Stapel gebracht werden. Dann werden die Parameter für das Multiplikationsunterprogramm `FkaMul` vorbereitet. Ein Parameter ist natürlich $\mathfrak{y}$, die Adresse ist bereits in Register **Y** Die Adresse von $\mathfrak{a}$ kann über den Stapelzeiger erhalten werden. Dazu wird Register **Z** in den Zeilen *8–9* mit dem Inhalt des Stapelzeigers geladen. Allerdings enthält **Z** damit noch nicht die Adresse von $\mathfrak{a}$, da der Stapelzeiger immer auf den nächsten freien Platz im Stapel zeigt. Das wird in Zeile *10* durch die Addition von 1 korrigiert. Mit dem Aufruf in Zeile *11* wird $\mathfrak{y}$ mit $x\ln(10)$ überschrieben. `FklExp` muss nun noch mit $\mathfrak{y}$ als zweimaligem Parameter aufgerufen werden, um $\mathfrak{y}$ mit 10^x zu überschreiben.

Wie oben schon bemerkt, kann keine Genauigkeit von 16 Bits erwartet werden. Beispielsweise ist natürlich $10^1 = 10$ aber der Aufruf von `Fka10Exp` mit $\mathfrak{x}$ = **3F8000**, also $\mathbb{F}_{2/3}(\mathfrak{x}) = 1$, ergibt $\mathfrak{y}$ = **412001** mit $\mathbb{F}_{2/3}(\mathfrak{y}) = 10{,}0002721206369580459952218766$ statt **412000**.

5.7. Die Berechnung von $\sqrt{x}$

Die Quadratwurzelfunktion wird zu den elementaren arithmetischen Operationen gezählt, d.h. sie sollte behandelt werden wie etwa die Addition oder die Division. Das hat natürlich Auswirkungen:

- Die Zeit für die Berechnung von $\sqrt{x}$ sollte in derselben Größenordnung liegen wie bei den anderen elementaren Operationen
- Es gelten dieselben Regeln für das Runden und die Genauigkeit wie bei den übrigen elementaren Operationen

Die erste Forderung schließt die bekannten Iterationsverfahren zur Berechnung von $\sqrt{x}$ aus, da diese Multiplikationen und Divisionen enthalten, ihre Rechenzeit bei einigen Iterationen also nicht mehr in der Größenordung der Multiplikation oder Division liegen kann. Die zweite Forderung

Abbildung 5.9.: $\sqrt{x}$

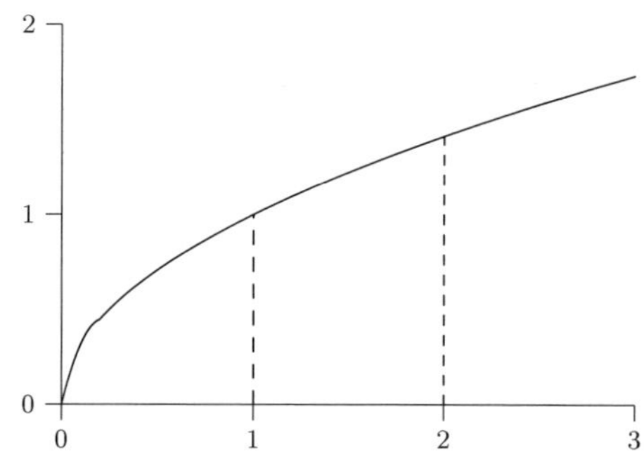

mag auf den ersten Blick absurd erscheinen, da von den wenigen *genauen* Funktionsergebnissen wie etwa $\sqrt{0,25} = 0,5$ abgesehen der Funktionswert eine *irrationale* Zahl ist. Für eine rationale Zahl $q \in \mathbb{Q}$ ist $\sqrt{q}$ aber *nicht transzendent*, mit der Folge, dass Aussagen über die Binärdarstellung von $\sqrt{q}$ gemacht werden können, siehe dazu [Iord]. Um festzustellen, ob $\sqrt{q}$ genau ist (d.h. keine Approximation) und um für das korrekte Runden nach dem IEEE Standard 754 den Bitschweif[15] $\mathtt{1000}\cdots$ zu erkennen ist es danach nötig, für eine Präzision von 16 Bit ein 32-Bit-Ergebnis zu berechnen. Wollte man den Standard vollständig umsetzen, ergäbe sich ein sehr viel aufwendigeres Unterprogramm mit einer Laufzeit weit oberhalb der Laufzeit für die Division. Diese Nachteile können nicht durch den kleinen Vorteil aufgewogen werden, in einem sehr speziellen und seltenen Fall ein standardgemäßes Rundungsergebnis zu liefern.

Die Forderungen des Standards werden also ignoriert. Die Entwicklung einer Quadratwurzelfunktion ist dennoch kein Spaziergang, denn die relativ einfache Berechnung von $\sqrt{x}$ nach dem bekannten Iterationsverfahren

$$u_{i+1} = \frac{1}{2}\left(u_i + \frac{x}{u_i}\right) \qquad u_0 = 1 \tag{5.24}$$

scheidet aus, da sie eine Division pro Iteration enthält und daher nicht mehr von einem Unterprogramm relalisiert werden kann, dessen Laufzeit etwa der einer Multiplikation entspricht. Das

[15] Siehe [Mss2] **9.5**

weniger bekannte iterative Verfahren

$$u_{i+1} = \frac{1}{2} u_i \left(3 - x u_i^2\right) \qquad \sqrt{x} \approx x u_n \tag{5.25}$$

ist zwar divisionsfrei, enthält aber pro Iteration drei Multiplikationen und muss aus denselben Gründen wie (5.24) abgelehnt werden. Nicht-iterative Verfahren wie die Approximation mit $\boldsymbol{T}$-Polynomen sind für das angestrebte Ziel ebenfalls viel zu aufwendig. So bleibt nur der Einsatz einer Tabelle.

Zunächst muss aber eine Bereichsreduktion erfolgen. Das ist bei der Wurzelfunktion auf einfache Weise ohne Genauigkeitsverlust möglich, denn für die Fließkommazahl x gilt ja $x = f \times 2^m$ mit $1 \leq f < 2$ mit dem im Standard *standard binade* genannten Intervall $[1, 2)$. Folglich ist

$$\sqrt{x} = \sqrt{f} \times 2^{\frac{m}{2}}$$

Mit $m = 2s + r$, $r \in \{0, 1\}$ ergibt sich also

$$\sqrt{x} = \begin{cases} \sqrt{f} \times 2^s & \text{falls} \quad r = 0 \\ \sqrt{f} \times \sqrt{2} \times 2^s & \text{falls} \quad r = 1 \end{cases} \tag{5.26}$$

Wegen $\sqrt{f} \leq f$ und $f < 2$ ist $\sqrt{f} < 2$ und $\sqrt{f} \times \sqrt{2} < \sqrt{2} \times \sqrt{2} = 2$, d.h. bei der Berechnung von $\sqrt{f}$ und $\sqrt{f} \times \sqrt{2}$ kann kein Überlauf aus dem Standardintervall $[1, 2)$ heraus erfolgen. Das Standardintervall wird nun in $n = 2^k$ Teilintervalle I_ν gleicher Länge unterteilt:

$$I_\nu = \left[1 + \frac{\nu}{2^k}, 1 + \frac{\nu + 1}{2^k}\right) \qquad \nu \in \{0, 1, \ldots, 2^k - 1\}$$

In diesen Intervallen wird die Wurzelfunktion durch die minmax-Gerade approximiert.[16] Das garantiert bei gegebener Intervallbreite $h_n = 2^{-n}$ die größtmögliche mit einer linearen Funktion

$$M(x) = q_0 + q_1 x \tag{5.27}$$

erreichbare Genauigkeit. Die Koeffizienten q_0 und q_1 der minmax-Geraden für $\sqrt{x}$ und das allgemeine Intervall $[a, b)$ errechnen sich wie folgt:

$$q_1 = \frac{\sqrt{b} - \sqrt{a}}{b - a} \tag{5.28}$$

$$q_0 = \frac{1}{2}\left[\sqrt{a} + \frac{1}{2q_1} - \left(a + \frac{1}{4q_1^2}\right) q_1\right] \tag{5.29}$$

Die minmax-Gerade für das Intervall I_ν

$$M_\nu(x) = q_{0,\nu} + q_{1,\nu} x \tag{5.30}$$

ergibt sich daraus also für $a = 1 + \frac{\nu}{n}$ und $b = 1 + \frac{\nu+1}{n}$. Es bleibt noch zu klären, wie groß der Parameter k zu wählen ist.

[16] Siehe [MssP] **5.8.1.**.

Um $\sqrt{x}$ in I_ν mit 16 genauen Binärziffern zu berechnen, ist eine relative Genauigkeit von $\varepsilon = 2^{-16}$ einzuhalten. Hierbei ist zu beachten, dass 16 genaue Binärziffern nicht dasselbe bedeutet wie 16 genaue Nachkommabitstellen. Ist nämlich $\tilde{x}$ eine Approximation an x, dann ist die relative Genauigkeit von $\tilde{x}$ erklärt als

$$\varepsilon = \frac{|x - \tilde{x}|}{|x|}$$

und aus $\varepsilon = 2^{-16}$ folgt deshalb $|x - \tilde{x}| = 2^{-16}\,|x|$. Nun ist $2^{-16}x$ die um 16 Bitpositionen nach rechts geshiftete Zahl x, sie beginnt also mit 16 Nullbit. Damit die oberen 16 Bit der Differenz $x - \tilde{x}$ Nullbits sind, müssen die oberen 16 Bits von x und $\tilde{x}$ übereinstimmen, um bei der Differenzbildung ausgelöscht zu werden.

Im Intervall $1 \leq x \leq 2$ weichen aber der absolute und der relative Fehler nicht sehr voneinander ab. Beispielsweise ist für $x = 1$ der absolute Fehler gleich dem relativen Fehler und für $x = 2$ ist der absolute Fehler genau doppelt so groß wie der relative Fehler. Allgemein ist natürlich das Verhältnis von absolutem zu relativem Fehler genau $|x|$. Das bedeutet, dass man im Intervall $1 \leq x \leq 2$ bei einem absoluten Fehler von $|x| \times 2^{-16}$ einen relativen Fehler von 2^{-16} erhält. Beispielsweise wird bei $x = 2$ ein absoluter Fehler von 2^{-17} benötigt.

Das bedeutet konkret, dass im Intervall I_0 ein absoluter Fehler von $0,153_{10^{-4}}$ und im Interval I_{2^k-1} ein absoluter Fehler von $0,763_{10^{-5}}$ nicht überschritten werden darf. Ein einfaches Programm zeigt, dass diese Bedingung zum ersten Mal von $k = 5$ erfüllt wird. Die nachfolgende Tabelle zeigt einige der berechneten Werte.

ν	$k = 5$	$k = 6$
0	$0,149_{10^{-4}}$	$0,377_{10^{-5}}$
1	$0,140_{10^{-4}}$	$0,366_{10^{-5}}$
2	$0,132_{10^{-4}}$	$0,355_{10^{-5}}$
3	$0,123_{10^{-4}}$	$0,344_{10^{-5}}$
4	$0,118_{10^{-4}}$	
30	$0,402_{10^{-5}}$	
31	$0,389_{10^{-5}}$	

Allerdings liegt der absolute Fehler in den ersten beiden Intervallen nur sehr knapp unter dem geforderten Maximalwert von $0,152587890625_{10^{-4}}$.[17] Da die Fehlerabschätzungen nur gelten, wenn mit „unendlich genauer“ Arithmetik gerechnet wird, sollte noch etwas Puffer vorhanden sein. Das kann so erreicht werden, dass die ersten beiden Intervalle noch einmal geteilt werden. Die erhaltenen vier Intervalle gehören effektiv zu $k = 6$, ihr maximaler absoluter Fehler ist ebenfalls in obiger Tabelle enthalten.

Zur Berechnung von $\sqrt{x}$ nach der geschilderten Methode sind also 66 Koeffizienten bereitzustellen. Um ein auf 16 Bit genaues Ergebnis zu erhalten können aber keine 16-Bit-Koeffizienten verwendet werden. Die nächste mögliche Koeffizientengröße ist 24 Bit oder drei Bytes, was eine Tabelle im Umfang von 198 Bytes ergäbe. Das erscheint etwas viel, auch wenn das Ziel der Implementierung eine möglichst große Rechengeschwindigkeit und nicht ein möglichst kleines Unterprogramm ist. Hier hilft ein Blick auf die Koeffizienten, die in der nachfolgenden Tabelle wiedergegeben sind. Wegen

$$q_{0,\nu} \geq \frac{1}{2} \quad \text{und} \quad q_{1,\nu} \geq \frac{1}{4}$$

[17] Abschnitt A.4 enthält eine Tabelle von 2^{-5} bis 2^{-17} als Dezimalzahlen.

hat das Bit nach dem Binärkomma in $q_{0,\nu}$ den Wert 1 und die beiden Bits nach dem Binärkomma in $q_{1,\nu}$ haben den Wert 01. Diese Bits können vom Unterprogramm direkt berücksichtigt werden, sie müssen nicht Bestandteil der dem Unterprogramm übergebenen Koeffizientenkonstanten sein und können durch andere Koeffizientenbits ersetzt werden. Man kann sich also auf zwei Bytes für die Koeffizienten beschränken und doch effektiv bei $q_{0,\nu}$ mit 17 und bei $q_{1,\nu}$ mit 18 Bit rechnen.

Tabelle der Koeffizienten $q_{0,\nu}$ und $q_{1,\nu}$

ν	$q_{0,\nu}$	$q_{1,\nu}$	
0	0,501941784122966228851775410508	0,498061986388397218932905842430	$k = 6$
1	0,505818070287530070594416591399	0,494245250699285664746162703698	
0	0,503861290800516159712418544222	0,496153618543841441839534273064	$k = 5$
1	0,511556055051554770778041665425	0,488691386397442956731744574728	
2	0,519136728174660707486021008979	0,481556056421737520555602183614	
3	0,526608241488254279183453771838	0,474724435591259252113648349625	
4	0,533975180850802269865546936427	0,468175571216225915677364759166	
5	0,541241819633810495577136681373	0,461890480154881330977961730678	
6	0,548412147754165942703779549391	0,455851916985999001160315036960	
7	0,555489897326777060051925069172	0,450044174685247723490607791863	
8	0,562478565406436812575298793940	0,444452912553031363748453968235	
9	0,569381434212805745988596797890	0,439065007097053546409144881887	
10	0,576201589170908056394106948023	0,433868422336094957361286746136	
11	0,582941935048854008343127285375	0,428852096604621426459376612395	
12	0,589605210432536710208421723061	0,424005843433115547461681624836	
13	0,596194000742139583867235784217	0,419320264481204348792781980108	
14	0,602710749966118243321661525762	0,414786672828875779816020090079	
15	0,609157771263840343455712097392	0,410397025200217458561020591913	
16	0,615537256567441580181281665623	0,406143861915811795290739082577	
17	0,621851285296011463499625546297	0,4020202535553338633552715722128	
18	0,628101832280413863760721914111	0,398019753448311813453543668278	
19	0,634290774984432050960760443817	0,394136355293966826772249203903	
20	0,640419900097144878468249864918	0,390364455205722622963684984607	
21	0,646490909562193983160657896631	0,386698817705053781469234339350	
22	0,652505426101647893527637412889	0,383134545153006834999428351056	
23	0,658464998285306616427421962372	0,379667050227387568367711511030	
24	0,664371105190352826382971656339	0,376292031091795395220243804154	
25	0,670225160691104405175976887882	0,373005448950787406759588069939	
26	0,676028517414141853029715678527	0,369803507724830645560289566627	
27	0,681782470390175878282686314811	0,366682635612426180991609125114	
28	0,687488260430603607855367611947	0,363639468335754020286072749313	
29	0,693147077253707478569601495598	0,360670833891132280112115017971	
30	0,698760062382820716795229165722	0,357773738647121250049214396450	
31	0,704328311836467973301239287546	0,354945354651744934649054386911	

Die anfangs eingesetzten zu $k = 6$ gehörenden Koeffizienten zeigen das gleiche Verhalten wie die zu $k = 5$ gehörigen, es sind im Unterprogramm also keine Sonderfälle zu berücksichtigen.

Dass 16-Bit-Koeffizienten verwendet werden können, kommt natürlich der Rechengeschwindigkeit zugute. Die Tatsache, dass die Berechnung einer Quadratwurzel zeitlich zwischen der Berechnung eines Produktes und der Berechnung eines Quotienten liegt, fordert aber ihren (wenn auch nur kleinen) Preis, denn das letzte Bit kommt gelegentlich nicht korrekt heraus, wie die

Tabelle am Schluss des Abschnitts zeigt. Dort ist auch angegeben was getan werden kann, wenn die geringe Abweichnung nicht toleriert werden kann.

Unterprogramm FkaSqrt

Zu einer zweidrittelgenauen Fließkommazahl $\mathfrak{x}$ mit $x = \mathbb{F}_{2/3}(\mathfrak{x})$ wird eine zweidrittelgenaue Fließkommazahl $\mathfrak{y}$ berechnet mit $\sqrt{x} \approx \mathbb{F}_{2/3}(\mathfrak{y})$.

Input

- **Y** Die Adresse ξ einer zweidrittelgenauen Fließkommazahl $\mathfrak{x}$
- **X** Die Adresse η einer zweidrittelgenauen Fließkommazahl $\mathfrak{y}$

Bei fehlerfreiem Ablauf wird $\mathfrak{y}$ mit der Approximation von $\sqrt{x}$ überschrieben.
Das Unterprogramm kann zwei Fehler erzeugen. Wird als $\mathfrak{x}$ ein **NaN** übergeben, so wird der Fehler `FKA_WRZ+FKA_NAN`, bei negativem Argument x der Fehler `FKA_WRZ+FKA_NEG` erzeugt.

vwFkaQ64:	.dw	0xFE04,0x00FE	$q_{1,0}$, $q_{0,0}$, $k = 6$
	.dw	0xFA1B,0x02FB	$q_{1,1}$, $q_{0,1}$
vwFkaQ32:	.dw	0xFC10,0x01FA	$q_{1,0}$, $q_{0,0}$, $k = 5$
	.dw	0xF46C,0x05EB	$q_{1,1}$, $q_{0,1}$
	.dw	0xED1D,0x09CC	$q_{1,2}$, $q_{0,2}$
	.dw	0xE61E,0x0DA0	$q_{1,3}$, $q_{0,3}$
	.dw	0xDF69,0x1165	$q_{1,4}$, $q_{0,4}$
	.dw	0xD8FA,0x151E	$q_{1,5}$, $q_{0,5}$
	.dw	0xD2CB,0x18C9	$q_{1,6}$, $q_{0,6}$
	.dw	0xCCD8,0x1C69	$q_{1,7}$, $q_{0,7}$
	.dw	0xC71F,0x1FFD	$q_{1,8}$, $q_{0,8}$
	.dw	0xC19A,0x2386	$q_{1,9}$, $q_{0,9}$
	.dw	0xBC48,0x2704	$q_{1,10}$, $q_{0,10}$
	.dw	0xB725,0x2A77	$q_{1,11}$, $q_{0,11}$
	.dw	0xB22F,0x2DE1	$q_{1,12}$, $q_{0,12}$
	.dw	0xAD62,0x3140	$q_{1,13}$, $q_{0,13}$
	.dw	0xA8BE,0x3497	$q_{1,14}$, $q_{0,14}$
	.dw	0xA43F,0x37E4	$q_{1,15}$, $q_{0,15}$
	.dw	0x9FE4,0x3B28	$q_{1,16}$, $q_{0,16}$
	.dw	0x9BAB,0x3E63	$q_{1,17}$, $q_{0,17}$
	.dw	0x9792,0x4197	$q_{1,18}$, $q_{0,18}$
	.dw	0x9398,0x44C2	$q_{1,19}$, $q_{0,19}$
	.dw	0x8FBC,0x47E5	$q_{1,20}$, $q_{0,20}$
	.dw	0x8BFB,0x4B01	$q_{1,21}$, $q_{0,21}$
	.dw	0x8854,0x4E15	$q_{1,22}$, $q_{0,22}$
	.dw	0x84C7,0x5122	$q_{1,23}$, $q_{0,23}$
	.dw	0x8153,0x5428	$q_{1,24}$, $q_{0,24}$
	.dw	0x7DF5,0x5728	$q_{1,25}$, $q_{0,25}$
	.dw	0x7AAE,0x5A20	$q_{1,26}$, $q_{0,26}$
	.dw	0x777C,0x5D13	$q_{1,27}$, $q_{0,27}$
	.dw	0x745E,0x5FFE	$q_{1,28}$, $q_{0,28}$
	.dw	0x7154,0x62E4	$q_{1,29}$, $q_{0,29}$
	.dw	0x6E5C,0x65C4	$q_{1,30}$, $q_{0,30}$
	.dw	0x6B77,0x689E	$q_{1,31}$, $q_{0,31}$

```
FkaSr64:  andi   r23,0b00000100          1    Indexbit i als 4i isolieren
          ldi    r30,LOW(2*vwFkaQ64)     1    Z ← 2vwFkaQ64
          ldi    r31,HIGH(2*vwFkaQ64)    1
          rjmp   FkaSr12                 2    Zum Laden des Koeffizienten
FkaSqrt:  push2  r18,r19                 2×2
          push4  r20,r21,r22,r23         4×2
          push4  r24,r25,r30,r31         4×2
          ldd    r22,Y+2                 2    Exponent e(𝔵) ermitteln
          ldd    r21,Y+1                 2
          lsl    r21                     1
          rol    r22                     1    r22 ← e(𝔵), S.c ← Vorz.
          brne   FkaSr06                 1/2
FkaSr02:  st     X+,r22                  2    𝔶 ← 000000 falls e(𝔵) = 00
          st     X+,r22                  2
          st     X,r22                   2
          sbiw   r27:r26,2               2    X restaurieren
FkaSr04:  pop4   r31,r30,r25,r24         4×2
          pop4   r23,r22,r21,r20         4×2
          pop2   r19,r18                 2×2
          ret                            4
FkaSr06:  ror    r30                     1    r30.7 ← Vorz.
          cpi    r22,255                 1    e(𝔵) = FF?, d.h. NaN?
          brne   FkaSr10                 1/2
          ldi    r16,FKA_WRZ+FKA_NAN     1    Falls NaN: Fehlerrücksprung
          rjmp   FkaFhl                  2
FkaSr08:  ldi    r16,FKA_WRZ+FKA_NEG     1    Falls negativ: Fehlerrücksprung
          rjmp   FkaFhl                  2
FkaSr10:  sbrc   r30,7                   1/2  Nicht negativ: Fehlerrückspr. unterlassen
          rjmp   FkaSr08                 2    Zum Fehlerrücksprung
          mov    r23,r21                 1    i und ν in r23
          ror    r21                     1    Mantisse 𝔣 vervollst. da S.c = 1
          ld     r20,Y                   2
          cpi    r23,0b00001000          1    ν = 0?
          brlo   FkaSr64                 1/2  Falls ja: q^{k=6}_{μ,ν} verwenden
          lsr    r23                     1    Index als 4ν isolieren
          andi   r23,0b11111100          1
          ldi    r30,LOW(2*vwFkaQ32)     1    Z ← 2vwFkaQ32
          ldi    r31,HIGH(2*vwFkaQ32)    1
FkaSr12:  add    r30,r23                 1    Index zur Tabellenadr. addieren
          clr    r23                     1
          adc    r31,r23                 1
          lpm    r18,Z+                  3    r19:18 ← 𝔰
          lpm    r19,Z+                  3
          mul    r20,r18                 2    𝔣0𝔰0
          mov    r23,r1                  1
          mul    r21,r19                 2    𝔣1𝔰1
```

```
movw  r25:r24,r1:r0   1
mul   r21,r18         2   f1s0
add   r23,r0          1
adc   r24,r1          1
clr   r0              1
adc   r25,r0          1
mul   r20,r19         2   f0s1
add   r23,r0          1
adc   r24,r1          1
clr   r19             1
adc   r25,r19         1
add   r24,r20         1
adc   r25,r21         1
adc   r19,r19         1
lpm   r18,Z+          3   r0
add   r24,r18         2
lpm   r18,Z           3   r0
adc   r25,r18         1
ldi   r18,1           1
adc   r19,r18         1
lsr   r19             1   Von K2,24 nach K1,23
ror   r25             1
ror   r24             1
ror   r23             1
lsr   r19             1
ror   r25             1
ror   r24             1
ror   r23             1
clr   r19             1   Zur Addition von 00
mov   r30,r22         1   r30 ← e + 127
subi  r30,127         1   r30 ← e
asr   r30             1   r30 ← e' = ⌊e/2⌋, S.c ← e mod 2
brcc  FkaSr20         1/2 Falls e mod 2 = 1 mit √2 multiplizieren
lsl   r23             1   y auf 16 Bit runden
adc   r24,r19         1
adc   r25,r19         1
ldi   r18,0xB5        1
mul   r25,r18         2   B5 · y1
movw  r23:r22,r1:r0   1
ldi   r18,0x04        1
mul   r24,r18         2   04 · y0
movw  r21:r20,r1:r0   1
mul   r25,r18         2   04 · y1
add   r21,r0          1
adc   r22,r1          1
adc   r23,r19         1
```

```
          ldi   r18,0xB5           1   B5 · y0
          mul   r24,r18            2   B5 · y0
          add   r21,r0             1
          adc   r22,r1             1
          adc   r23,r19            1
          ldi   r18,0xF3           1
          mul   r24,r18            2   F3 · y0
          add   r20,r0             1
          adc   r21,r1             1
          adc   r22,r19            1
          adc   r23,r19            1
          mul   r24,r18            2   F3 · y0
          add   r20,r1             1
          adc   r21,r19            1
          adc   r22,r19            1
          adc   r23,r19            1
          lsl   r21                1   √2 = (√2/2) × 2
          rol   r22                1
          rol   r23                1
          movw  r25:r24,r23:r22    1
          mov   r23,r21            1
FkaSr20:  lsl   r23                1   Ergebnis auf 16 Bit runden
          adc   r24,r19            1
          adc   r25,r19            1
          subi  r30,256-127        1   Exponent berechnen
          lsl   r25                1   Exponent einfügen
          lsr   r30                1
          ror   r25                1
          st    X+,r24             2   𝔶 mit Ergebnis überschreiben
          st    X+,r25             2
          st    X,r30              2
          sbiw  r27:r26,2          2   X restaurieren
          rjmp  FkaSr04            2   Zurück
```

Ohne nähere Erläuterungen ist die Art und Weise, wie im Unterprogramm die Mantisse der Fließkommazahl und die Koeffizienten $q_{\mu,\nu}$ eingesetzt werden, schwer zu durchschauen, deshalb zunächst etwas „Zahlenakrobatik". Es geht hauptsächlich um die Lage des Kommas der Fixkommazahlen, denn Fixkommazahlen können nur bei übereinstimmender Lage des Kommas addiert oder subtrahiert werden. Die Berechnungen sollten so organisiert werden, dass angleichende Shifts zur Addition möglichst vermieden werden.

Die Fließkommazahl $\mathfrak{x}$ wird wie üblich in ihre Mantisse und ihre Zweierpotenz zerlegt. Die Mantisse ist eine 16-Bit-Zahl f mit den beiden Bytekomponenten $\mathsf{f}_0 \in \{0,\ldots,2^8-1\}$ und $\mathsf{f}_1 \in \{0,\ldots,2^8-1\}$, d.h. es gilt

$$\mathsf{f} = \mathsf{f}_0 + \mathsf{f}_1 2^8.$$

Für den *Wert* f der Mantisse gilt $1 \leq f < 2$, er kann mit den Bytekomponenten wie folgt ausgedrückt werden:

$$f = \mathsf{f}_1 2^{-7} + \mathsf{f}_0 2^{-15}$$

Betrachtet man f als Bitfolge, so liegt das Binärkomma rechts neben dem höchstwertigen Bit:

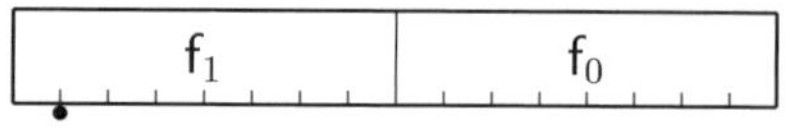

Statt eines echten Koeffizient $q_{0,\nu}$ erscheint im Unterprogramm eine 16-Bit-Zahl r mit den beiden Bytekomponenten $\mathsf{r}_0 \in \{0, \ldots, 2^8 - 1\}$ und $\mathsf{r}_1 \in \{0, \ldots, 2^8 - 1\}$, d.h. es gilt

$$\mathsf{r} = \mathsf{r}_0 + \mathsf{r}_1 2^8.$$

Wie oben schon erwähnt, wird r aus $q_{0,\nu}$ so gewonnen, dass das oberste Bit entfernt und die restliche Bitfolge auf 16 Bit gerundet wird. So ist beispielsweise

$$q_{0,9} = \mathbf{8FFE98\ldots} = 1000\,1111\,1111\,1110\,1001\,1000\ldots$$

Entfernen des führenden Bits und Runden der restlichen Bitfolge auf 16 Bit ergibt

$$\mathsf{r} = 0001\,1111\,1111\,1101 = \mathbf{1FFD}$$

Der **Wert** r von r ergibt sich nach diesem Verfahren zu

$$r = 2^{-1} + \mathsf{r}_1 2^{-9} + \mathsf{r}_0 2^{-17}.$$

Die bildliche Darstellung erfordert hier drei Bytes:

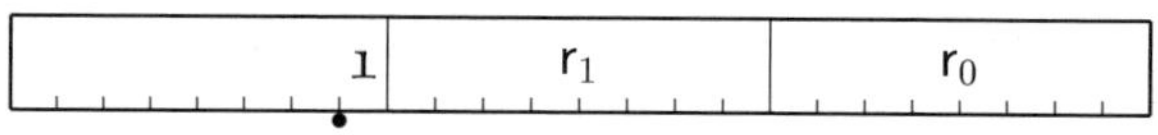

Ein zweiter Koeffizient $q_{1,\nu}$ wird für das Unterprogramm in eine 16-Bit-Zahl s transformiert mit den beiden Bytekomponenten $\mathsf{s}_0 \in \{0, \ldots, 2^8 - 1\}$ und $\mathsf{s}_1 \in \{0, \ldots, 2^8 - 1\}$, d.h. es gilt

$$\mathsf{s} = \mathsf{s}_0 + \mathsf{s}_1 2^8.$$

Bei den $q_{1,\nu}$ werden allerdings die beiden oberen Bits entfernt, ehe die restliche Bitfolge auf eine 16-Bit-Zahl gerundet wird. Der Wert s von s ist deshalb

$$s = 2^{-2} + \mathsf{s}_1 2^{-10} + \mathsf{s}_0 2^{-18}.$$

Die bildliche Darstellung ist natürlich der von r ähnlich, es ist nur das Binärkomma um eine Bitstelle nach links verschoben:

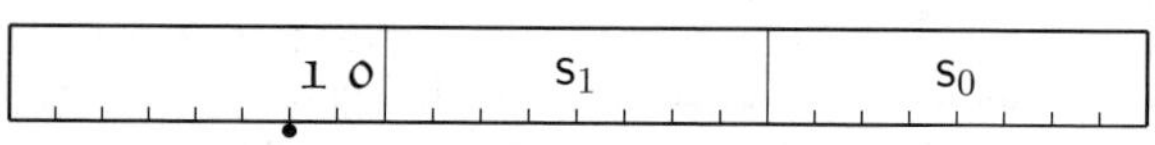

Zu berechnen ist das $fq_{1,\nu} + q_{0,\nu}$ entsprechende $fs + r$. Werden die Wertedarstellungen von f und s in das Produkt fs eingesetzt, so erhält man

$$fs = \mathsf{f}_1 2^{-9} + (\mathsf{f}_0 + \mathsf{f}_1\mathsf{s}_1)2^{-17} + (\mathsf{f}_0\mathsf{s}_1 + \mathsf{f}_1\mathsf{s}_0)2^{-25} + \mathsf{f}_0\mathsf{s}_0 2^{-33} \tag{5.31}$$

$$= \frac{1}{2}\left(\mathsf{f}_1 2^{-8} + (\mathsf{f}_0 + \mathsf{f}_1\mathsf{s}_1)2^{-16} + (\mathsf{f}_0\mathsf{s}_1 + \mathsf{f}_1\mathsf{s}_0)2^{-24} + \mathsf{f}_0\mathsf{s}_0 2^{-32}\right) \tag{5.32}$$

An (5.31) kann man die Stellung des Binärkommas von fs ablesen und (5.32) zeigt, dass das Produkt aus den Teilprodukten zusammengesetzt werden kann, die aus den Bytefaktoren von f und s gebildet

Abbildung 5.10.: Die Zusammensetzung von fs aus Teilprodukten

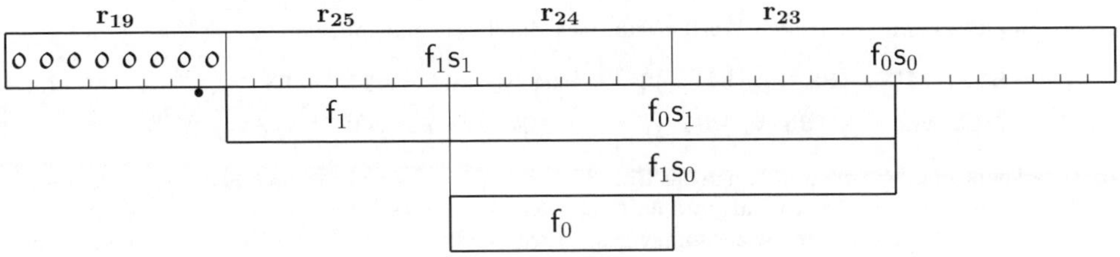

werden können. Um die Stellung des Kommas in Bild 5.10 anzeigen zu können, muss das an sich aus vier Bytes bestehende Produkt an der signifikanteren Seite um ein Byte verlängert werden. Das Komma liegt also außerhalb des Produktes, und zwar eine Binärstelle vor seinem höchstsignifikanten Bit. Die Lage des Kommas lässt sich aber auch aus den bildlichen Darstellungen von f und s erschließen.
Dem Leser ist sicher nicht entgangen, dass das Produkt fs und der Koeffizient r dieselbe Lage des Binärkommas besitzen, also addiert werden können. Dabei darf die nicht in r selbst enthaltene Eins nicht vergessen werden, außerdem kann ein Übertrag entstehen. Bild 5.11 zeigt, wie die Komponenten von r in das Produkt hineinzuaddieren sind.
Zweierlei ist noch zu beachten. Erstens soll $y = fs+r$ zur Mantisse der Ergebnisfließkommazahl $\mathfrak{y}$ werden,

Abbildung 5.11.: Die Zusammensetzung von $y = fs + r$

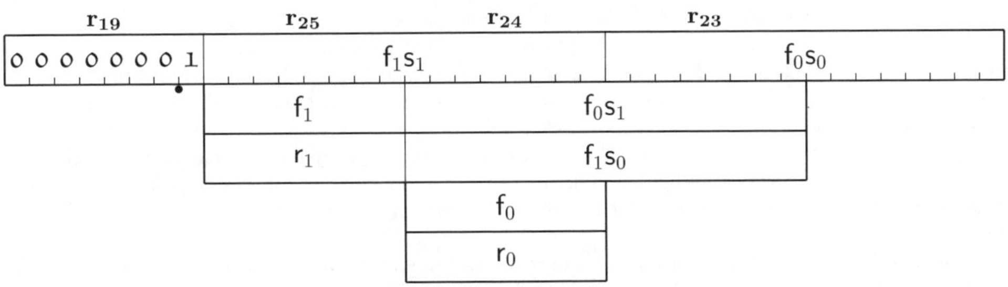

wozu das Komma um zwei Bitstellen nach rechts verschoben werden muss, d.h. es werden zwei Rechtsshifts nötig. Und zweitens ist y eine (hoffentlich gute) Approximation von $\sqrt{f}$, weshalb mit $1 \leq f < 2$ auch $1 \leq y < 2$ gilt, d.h. y ist automatisch normalisiert!
Ist der Binärexponent von $\mathfrak{x}$ eine ungerade Zahl, so muss y mit $\sqrt{2}$ multipliziert werden. Dazu soll die 16-Bit-Zahl y, deren Wert y ist, das für eine Fließkommazahl geforderte Format $\mathbb{K}_{1,15}$ haben, das Binärkomma liegt also direkt unterhalb des höchstsignifikanten Bits von y. Die Bytedarstellung von y sei

$$\mathsf{y} = \mathsf{y}_0 + \mathsf{y}_1 2^8 \quad \text{mit} \quad y = \mathsf{y}_1 2^{-7} + \mathsf{y}_0 2^{-15}.$$

Die Zahl $\sqrt{2} \approx 1,4142135623730950488016887242096980785696718753769480731766797 38$ ergibt auf das Format $\mathbb{K}_{8,24}$ gerundet den Näherungswert **016A09E6**. Bei diesem Format wäre allerdings eine 16×32-Multiplikation nötig, die durch eine Skalierung von $\sqrt{2}$ in eine 16×24-Multiplikation abgemildert werden kann, da $\frac{1}{2}\sqrt{2}$ in das Format $\mathbb{K}_{0,24}$ gerundet werden kann. Das Ergebnis ist

$$\mathsf{w} = \mathbf{B504F3} = \mathbf{F3} + \mathbf{04} \cdot 2^8 + \mathbf{B5} \cdot 2^{16}$$

147

mit dem Wert

$$w = \mathbf{B5} \cdot 2^{-8} + \mathbf{04} \cdot 2^{-16} + \mathbf{F3} \cdot 2^{-24}.$$

Für das Produkt $z = yw$ der beiden Werte ergibt sich durch Ausmultiplizieren

$$yw = \mathbf{B5} \cdot \mathsf{y}_1 2^{-15} + (\mathbf{B5} \cdot \mathsf{y}_0 + \mathbf{04} \cdot \mathsf{y}_1)2^{-23} + (\mathbf{04} \cdot \mathsf{y}_0 + \mathbf{F3} \cdot \mathsf{y}_1)2^{-31} + \mathbf{F3} \cdot \mathsf{y}_0 2^{-39} \quad (5.33)$$

$$= 2\big[\mathbf{B5} \cdot \mathsf{y}_1 2^{-16} + (\mathbf{B5} \cdot \mathsf{y}_0 + \mathbf{04} \cdot \mathsf{y}_1)2^{-24} + (\mathbf{04} \cdot \mathsf{y}_0 + \mathbf{F3} \cdot \mathsf{y}_1)2^{-32} + \mathbf{F3} \cdot \mathsf{y}_0 2^{-40}\big] \quad (5.34)$$

An (5.33) erkennt man wie oben die Lage des Binärkommas, das direkt hinter dem höchstsignifikanten Bit der Bitfolge z von yw seinen Platz hat, und an (5.33) lässt sich ablesen, wie das Gesamtprodukt aus den Teilprodukten der Bytes von y und w zusammengesetzt werden kann. Bild 5.12 zeigt die Zusammensetzung

Abbildung 5.12.: Die Zusammensetzung von $z = yw$

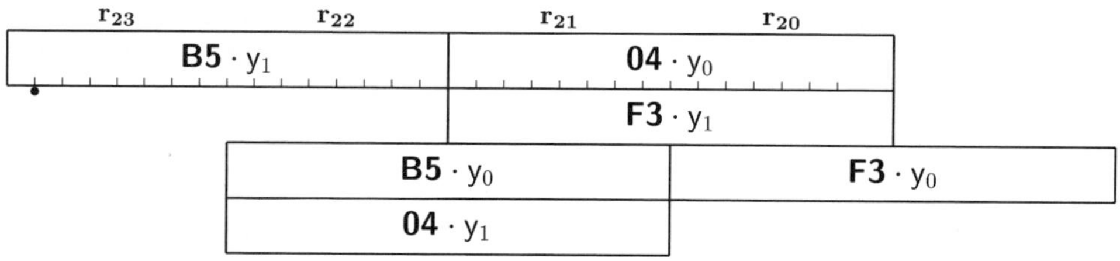

und auch die Lage des Binärkommas. Natürlich darf nicht vergessen werden, dass nicht mit $\sqrt{2}$ sondern mit $\frac{1}{2}\sqrt{2}$ multipliziert wurde, z muss also noch nach links geshiftet werden. Wie auch oben schon garantiert die Tatsache, dass z eine Approximation an $\sqrt{f}$ ist, dass z normalisiert ist.

Das Unterprogramm wird in Zeile *39* angesprungen. Als erstes wird der Exponent aus $\mathfrak{x}$ ausgelöst, wozu in den Zeilen *42–43* das obere Byte von $\mathfrak{x}$ in Register $\mathbf{r_{22}}$ und das mittlere in $\mathbf{r_{21}}$ geladen wird. Das oberste Bit des mittleren Bytes bildet das unterste Bit des Exponenten (siehe Bild 5.20), es wird in Zeile *44* in das Übertragsbit hinaus und in der nachsten Zeile in das obere Byte von $\mathfrak{x}$ hineingeshiftet, so den kompletten Exponenten bildend und gleichzeitig das Vorzeichenbit in das Übertragsbit hineinschiebend. Dieser den Exponenten vervollständigende Shift in Zeile *45* zeigt auch an, ob der Exponent den Wert **00** und damit $\mathfrak{x}$ selbst den Wert Null hat. Ist das der Fall, wird in den Zeilen *47–50* eine Fließkommanull ausgegeben.

Anderfalls wird in Zeile *55* das Vorzeichenbit von $\mathfrak{x}$ in das Vorzeichenbit von Register $\mathbf{r_{30}}$ hineingeshiftet. Anschließend wird geprüft, ob der Exponent $\mathbf{e}(\mathfrak{x})$ den Wert 255 hat, $\mathfrak{x}$ also ein **NaN** ist. Ist das wahr, dann erfolgt in den Zeilen *58–59* ein entsprechender Fehlerrücksprung. Ist das falsch, ist $\mathfrak{x}$ kein **NaN**, dann wird in Zeile *62* das Vorzeichen von $\mathfrak{x}$ durch einen bedingten Sprung, der nur bei nicht gesetztem Vorzeichenbit von $\mathbf{r_{30}}$ erfolgt, getestet. Ist es gesetzt, so gibt es einen entsprechenden Fehlerrücksprung in den Zeilen *60–61*.

In den Zeilen *65–66* wird die Mantisse f von $\mathfrak{x}$ in Doppelregister $\mathbf{r_{21:20}}$ vervollständigt. Das Register $\mathbf{r_{21}}$ mit dem oberen Byte der Mantisse war in Zeile *44* linksgeshiftet worden. Bei dem Rechtsshift in Zeile *65* wird das obere Byte von f mit der fehlenden 1 versehen, denn es wird das Übertragsbit hineingeschoben, das in Zeile *56* gesetzt wurde. Denn der Vergleich in dieser Zeile brachte nicht den Fehlerrückssprung, folglich war der Inhalt von $\mathbf{r_{22}}$ ungleich 255, also notwendigerweise kleiner, und das Übertragsbit wurde gesetzt. In Zeile *66* wird einfach das untere Byte der Mantisse in Register $\mathbf{r_{20}}$ geladen.

Vor der Vervollständigung der Mantisse wird aber in Zeile *63* Register $\mathbf{r_{23}}$ mit dem (linksgeshifteten) oberen Byte der Mantisse geladen, es wird ab Zeile *67* dazu eingesetzt, den passenden Koeffizienten $q_{1,\nu}$ als s in das Doppelregister $\mathbf{r_{19:18}}$ zu laden. Wegen $1 \leq f$ ist das höchstsignifikante Bit von f_1 gesetzt, das deshalb nicht zur Bestimmung des Index ν herangezogen wird, sondern f_1 ist zum Zwecke der Indexfindung wie folgt eingeteilt:

f_1 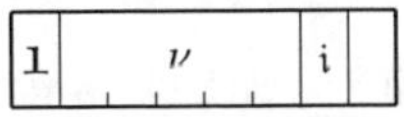

Die Bits 2 bis 6 werden also als Index ν benutzt. Weiter oben wurde gezeigt, dass die Genauigkeit bei $k = 5$ für den ersten Index $\nu = 0$ nicht ganz ausreicht und deshalb für diesen Index zu $k = 6$ übergegangen wird. Das Bit i dient dazu, im Falle $\nu = 0$ zwischen $q_{0,0}^{k=6}$ und $q_{0,1}^{k=6}$ zu unterscheiden: Bei i = 0 wird natürlich $q_{0,0}^{k=6}$ und bei i = 1 wird $q_{0,1}^{k=6}$ genommen. Allerdings befindet sich f_1 gar nicht vollständig in Register $\mathbf{r_{23}}$, sondern wurde in linksgeshifteter Gestalt in das Register geladen und hat also folgenden Aufbau:

$\mathbf{r_{23}}$ 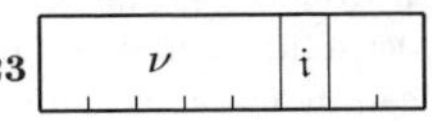

Es muss also getestet werden, ob $\nu = 0$ gilt. Wie so oft gibt es in der Assemblerprogrammierung mehrere Möglichkeiten für diesen Test. Die nahestliegende ist wohl, den Befehl `andi r23,0b11111000` zu verwenden, der alle Bits, die nicht zu ν gehören, ausblendet und gleichzeitig testet, ob in dem nicht ausgeblendetem Teil (also ν) ein Bit gesetzt ist. Eine weitere Möglichkeit ist der Vergleich `cpi r23,0b0000100`, denn der Inhalt von $\mathbf{r_{23}}$ ist genau dann kleiner als 00001000[18], wenn die oberen fünf Bit von $\mathbf{r_{23}}$ nicht gesetzt sind. Dieser Vergleich wird in Zeile *67* durchgeführt. Zeigt der Vergleich an, dass der Inhalt von $\mathbf{r_{23}}$ kleiner ist als 00001000, dass also $\nu = 0$ gilt, dann wird in die Zeile *35* verzweigt, um den Zugriff auf die kleine Koeffiziententabelle für $k = 6$ vorzubereiten. Es ist eine Doppelworttabelle, wie die Tabelle für $k = 5$ natürlich auch: Das erste Wort eines Tabelleneintrages enthält $q_{1,\nu}$, das zweite $q_{0,\nu}$. Der Tabellenanfang hat die Adresse `vwFkaQ64`, also werden die beiden Tabelleneinträge mit `vwFkaQ64` $+ 2i$ addressiert, $i \in \{0, 1\}$, dabei wird der Index i vom Bit i in $\mathbf{r_{23}}$ abgeleitet. Nun wird aber in den Zeilen *36–37* Register **Z** mit der Adresse 2`vwFkaQ64` geladen, um dem Befehl `lpm` zu genügen, folglich muss zur Indizierung nicht $2i$ sondern $4i$ verwendet werden. Das Bit i steht dafür in $\mathbf{r_{23}}$ schon an der richtigen Stelle, es muss in der Zeile *35* nur isoliert werden. Damit sind die Vorbereitungen für das Laden der Koeffizienten $q_{\mu,\nu}^{k=6}$ schon getroffen und es kann in die Zeile *73* gesprungen werden, ab welcher das Laden dann tatsächlich stattfindet. Die Vorbereitungen für die Koeffizienten $q_{\mu,\nu}^{k=5}$ ab Zeile *69* laufen ähnlich ab. Auch hier muss mit dem vierfachen Index indiziert werden, die verdoppelte Adresse eines Tabelleneintrages ist 2`vwFkaQ32` $+ 4\nu$. Allerdings steht ν in $\mathbf{r_{23}}$ nicht an der richtigen Position, der Registerinhalt muss in Zeile *69* einmal nach rechts geshiftet werden. Anschließen wird ν im Register isoliert. Zur Vorbereitung gehört natürlich auch, dass Register **Z** mit der nach links geshifteten Anfangsadresse der Tabelle geladen wird.

In den Zeilen *73–75* wird in Register **Z** die indizierte Adresse 2`vwFkaQ64` $+ 4i$ oder 2`vwFkaQ32` $+ 2\nu$ berechnet, dann wird das erste Wort des zugehörigen Tabelleneintrags, also s, in das Doppelregister $\mathbf{r_{19:18}}$ gelesen.

Das Produkt fs wird in den Zeilen *78–94* so berechnet, wie es in Bild 5.10 gezeigt ist. Das Doppelregister $\mathbf{r_{21:20}}$ enthält dabei f und $\mathbf{r_{19:18}}$ enthält s, das Produkt wird in $\mathbf{r_{25:24:23}}$ zusammengesetzt. Anschließend wird in den Zeilen *95–100* das zweite Tabellenwort, also r, Byte für Byte aus dem Programmspeicher gelesen und zum Produkt addiert, siehe Bild 5.11. Dazu wird $\mathbf{r_{25:24:23}}$ links um Register $\mathbf{r_{19}}$ verlängert. Es schließen sich in den Zeilen *101–108* die beiden Rechtsshifts an, die das Bitmuster y von $fs + r$ in die für eine Mantisse nötige Gestalt bringen.

Nach der Berechnung von $fs + r$ wird der Exponent $e' = \lfloor \frac{e}{2} \rfloor$ der Wurzel bestimmt. Gleichzeitig wird geprüft, ob $e \bmod 2 = 1$ gilt, ob also e eine ungerade Zahl ist. Ist das der Fall, so muss $fs + r$ noch mit $\sqrt{2}$ multipliziert werden. Der Exponent $e + 127$ ist von Zeile *45* her noch in Register $\mathbf{r_{22}}$ enthalten, er wird in Zeile *110* in Register $\mathbf{r_{30}}$ geladen, in dem e' berechnet werden soll. In der nächsten Zeile wird 127 subtrahiert, so dass $\mathbf{r_{30}}$ also e enthält. Der Rechtsshift in Zeile *112* bildet $e' = \lfloor \frac{e}{2} \rfloor$ in $\mathbf{r_{30}}$ und lädt das Übertragsbit **S**.c gleichzeitig mit $e \bmod 2$. Zu beachten ist, dass der Rechtsshift ein *arithmetischer* Shift ist, da e auch negativ sein kann. Der Wert des Übertragbits entscheidet also, ob mit $\sqrt{2}$ multipliziert werden muss. Gilt **S**.c = 0 so wird die Multiplikation durch einen Sprung in die Zeile *148* zur endgültigen

[18] Als gewöhnliche Binärzahl, nicht im Zweierkomplement.

Rundung der Mantisse umgangen.
Vor der Multiplikation wird in den Zeilen *114–116* die Mantisse in $\mathbf{r_{25:24:23}}$ auf 16 Bit gerundet. Dazu wird das obere Bit von $\mathbf{r_{23}}$ in das Übertragbit geschoben und dann zu $\mathbf{r_{25:24}}$ addiert, Register $\mathbf{r_{19}}$ wurde zu diesem Zweck schon in Zeile *109* mit **00** geladen. Damit bei der Addition ein Übertrag entsteht müsste $\mathbf{r_{25:24}}$ den Wert **FFFF** enthalten. Das ist aber nicht möglich, denn $\mathbf{r_{25:24}}$ enthält ja die Wurzel einer Zahl kleiner als Zwei, aber **FFFF** repräsentiert $1{,}111111111111111 > \sqrt{2}$.
Das Produkt yw wird in den Zeilen *117–142* nach Bild 5.12 in $\mathbf{r_{23:22:21:20}}$ zusammengesetzt. Es folgt der Linksshift, der nötig ist, weil nicht mit $\sqrt{2}$ sondern mit $\frac{1}{2}\sqrt{2}$ multipliziert wurde. Zum Abschluss werden in den Zeilen *116–117* die oberen drei Bytes des Ergebnisses in das Dreifachregister $\mathbf{r_{25:24:23}}$ geschrieben, um nach der Multiplikation denselben Zustand zu haben wie vorher.
Ab Zeile *148* wird das Gesamtergebnis zusammengesetzt. Zunächst wird das 24-Bit-Ergebnis in $\mathbf{r_{25:24:23}}$ wie oben vor der Multiplikation mit $\frac{1}{2}\sqrt{2}$ auf 16 Bit gerundet. Auch hier kann dabei kein Überlauf entstehen. Anschließend wird in Zeile *151* der echte Binärexponent e' durch Addition von 127 mit der „Schlagseite" versehen und in schon bekannter Manier mit der Mantisse verzahnt. Und letztlich wird $\mathfrak{y}$ mit dem Ergebnis überschrieben.

Die Erwartung, mit der gewählten Rechenmethode eine wirklich schnelle Wurzelfunktion zu bekommen, hat sich erfüllt. Eine Wurzelberechnung, bei der keine Multiplikation mit $\sqrt{2}$ nötig ist, dauert etwa 140 Takte, eine Berechnung mit der Multiplikation 180 Takte. Die Rechenzeit liegt also zwischen der Multiplikation und der Division, und zwar beträchtlich näher an der Multiplikation. Die hier implementierte Quadratwurzelfunktion zählt tatsächlich zu den elementaren Funktionen. In der nachfolgenden Tabelle ist eine Reihe von berechneten Wurzelwerten ihren genauen

Tabelle 5.9.: Rechenzeiten

Multiplikation	Quadratwurzel	Division
150 Takte	160 Takte	320 Takte

Werten gegenübergestellt. Die Abweichungen im letzten Bit bei $\sqrt{2^{-125}}$, $\sqrt{10}$ und $\sqrt{2^{125}}$ gehen wohl auf die Multiplikation mit $\sqrt{2}$ zurück. Die 24-Bit-Mantisse wird auf 16 Bit gerundet, um eine zeitsparende 16-Bit×24-Bit Multiplikation durchzuführen. Wird statt dessen eine 24-Bit×24-Bit Multiplikation ausgeführt, sollten die Ungenauigkeiten verschwinden. Dieser zusätzliche Aufwand dürfte sich nur in ganz wenigen Fällen lohnen.

Tabelle 5.10.: Zur Genauigkeit von $\sqrt{x}$

2^{-126}	2^{-125}	1	1,0078125	1,0390625	1,0703125	1,6953125	1,8515625
$= \mathtt{200000}_{16}$	$\mathtt{203505}_{16}$	$\mathtt{3F8000}_{16}$	$\mathtt{3F8080}_{16}$	$\mathtt{3F827A}_{16}$	$\mathtt{3F846C}_{16}$	$\mathtt{3FA6A9}_{16}$	$\mathtt{3FAE2C}_{16}$
$\approx \mathtt{200000}_{16}$	$\mathtt{203504}_{16}$	$\mathtt{3F8000}_{16}$	$\mathtt{3F8080}_{16}$	$\mathtt{3F827A}_{16}$	$\mathtt{3F846C}_{16}$	$\mathtt{3FA6A9}_{16}$	$\mathtt{3FAE2C}_{16}$
1,9765625	4	10	100	1000	10000	2^{125}	2^{126}
$= \mathtt{3FB3F5}_{16}$	$\mathtt{400000}_{16}$	$\mathtt{404A63}_{16}$	$\mathtt{412000}_{16}$	$\mathtt{41FCFB}_{16}$	$\mathtt{42C800}_{16}$	$\mathtt{5EB505}_{16}$	$\mathtt{5F0000}_{16}$
$\approx \mathtt{3FB3F5}_{16}$	$\mathtt{400000}_{16}$	$\mathtt{404A62}_{16}$	$\mathtt{412000}_{16}$	$\mathtt{41FCFB}_{16}$	$\mathtt{42C800}_{16}$	$\mathtt{5EB504}_{16}$	$\mathtt{5F0000}_{16}$

5.8. Funktionsberechnungen mit dem CORDIC-Verfahren

5.8.1. Was ist CORDIC?

Das Wort steht für *COordinate Rotational DIgital Computer*. Man kann dem entnehmen, dass etwas unter Einsatz von Rotationen und Koordinaten berechnet wird. Dass das digital geschieht, war im September 1959[19] natürlich noch nicht selbstverständlich. Es wird ausgenutzt, dass die

Abbildung 5.13.: Schrittweise Annäherung an einen Punkt auf dem Einheitskreis

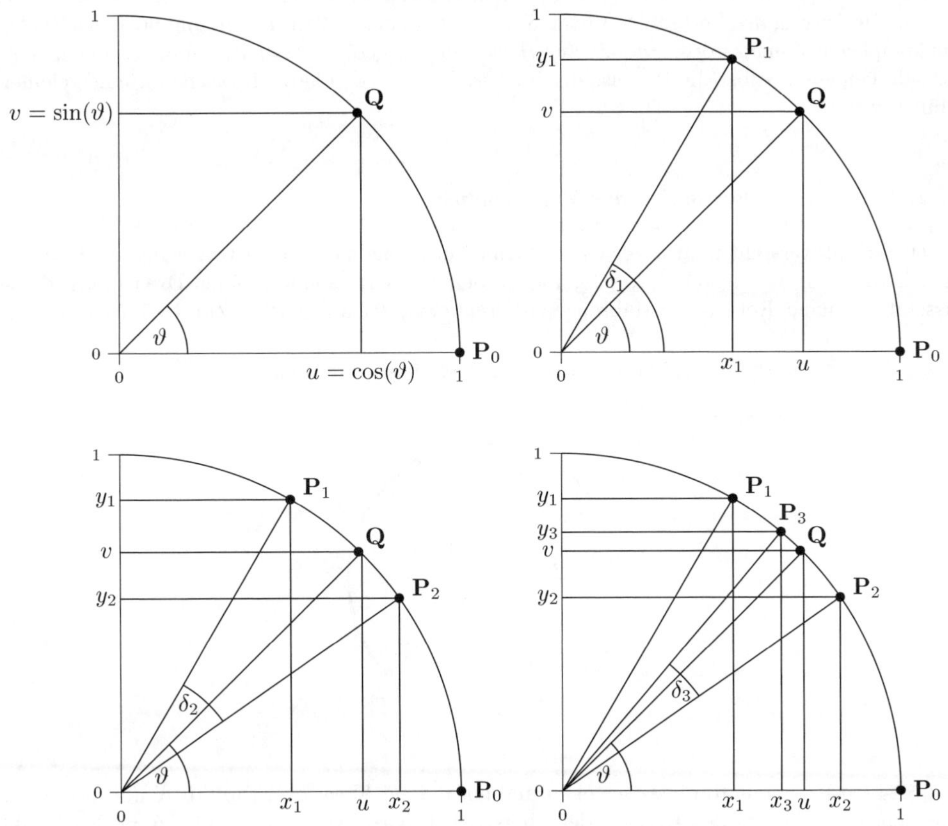

Koordinaten u und v eines Punktes **Q** auf dem Einheitskreis $\cos(\vartheta)$ und $\sin(\vartheta)$ des Winkels ϑ sind, den der Radiusvektor zum Punkt **Q** mit der x-Achse einschließt. Das ist in Bild 5.13 links oben gezeigt.

Um $\cos(\vartheta)$ und $\sin(\vartheta)$ zu berechnen, wählt man einen Startpunkt auf dem Einheitskreis, etwa

[19] Siehe [Vold]

den Punkt $\mathbf{P}_0$ in Bild 5.13 links oben. Dieser Punkt wird um einen Winkel δ_1 auf dem Einheitskreis verschoben (oder um den Winkel δ_1 rotiert) in den Punkt $\mathbf{P}_1$. Die Koordinaten x_1 und y_1 von $\mathbf{P}_1$ sind eine erste Approximation an $\cos(\vartheta)$ und $\sin(\vartheta)$. In Bild 5.13 ist die erhaltene Situation rechts oben zu sehen. Mit dieser Drehung wurde allerdings wegen $\delta_1 > \vartheta$ über das Ziel hinausgeschossen. Die Situation kann durch eine Rückdrehung um den Winkel δ_2 in den Punkt $\mathbf{P}_2$ verbessert werden, die mit der Rückrotation erreichte Lage gibt Bild 5.13 links unten wieder. Der Winkel $\delta_1 - \delta_2$ ist nun aber kleiner als ϑ, weshalb als nächster Schritt eine Drehung um den Winkel δ_3 nach oben in den Punkt $\mathbf{P}_3$ erfolgt. Gilt im Rahmen der erwünschten Genaugkeit $\vartheta \approx \delta_1 - \delta_2 + \delta_3$, so gilt auch $x_3 \approx \cos(\vartheta)$ und $y_3 \approx \sin(\vartheta)$. Natürlich müssen geeignete Winkel δ_ν gefunden werden, auch ist noch gar nicht klar, wie die Rotationen ausgeführt werden können. Glücklicherweise sind zur Herleitung des Verfahrens weder Kenntnisse in der Matrizenrechnung noch des Rechnens mit komplexen Zahlen nötig (die oft zur Herleitung eingesetzt werden), einige trigonometrische Formeln genügen. Selbst die Beweise der im Verfahren verwendeten Tatsachen können elementar geführt werden.

5.8.2. Eine kurze Exkursion zu den Winkeleinheiten

In der Technik versteht man unter einem Winkel meistens nicht einen vorzeichenlosen Öffnungswinkel, wie er in der elementaren Planimetrie benutzt wird, sondern einen Drehwinkel, der sehr passend zu einem Rotationsverfahren eine Drehbewegung ausdrückt. Zur Definition sei wie in

Abbildung 5.14.: Zur Definition des Winkels

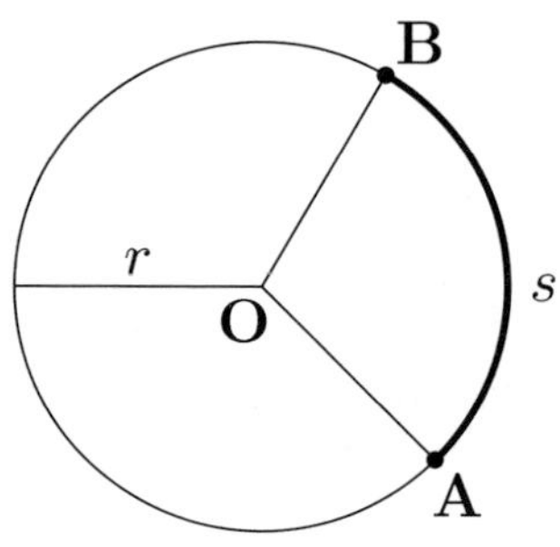

Bild 5.14 ein Kreis mit Radius r gegeben und auf diesem Kreis zwei Punkte $\mathbf{A}$ und $\mathbf{B}$. Ein Winkelbogen ist der Teil s des Kreises, der überstrichen wird, wenn der Punkt $\mathbf{A}$ in den Punkt $\mathbf{B}$ gedreht wird. Erfolgt die Drehung im Gegenuhrzeigersinn, ist s positiv. Der Winkel α ist nun definiert als das Verhältnis des Winkelbogens s zum Radius r:

$$\alpha = \frac{s}{r}$$

Ein Winkel ist also eine reine Zahl. Da man einer Zahl aber nicht ansehen kann, ob sie ein Winkel ist oder nicht, wurde die spezielle Einheit Radiant eingeführt, abgekürzt rad. Der Radiant ist allerdings nichts weiter als eine Umschreibung der Eins: rad = 1. Für Winkel gilt also

$$\alpha = \frac{s}{r}\,[\text{rad}].$$

Der volle Kreisumfang hat die Länge $2\pi r$, eine volle Umdrehung ergibt folglich einen Winkel von $2\pi\,[\text{rad}]$ oder $-2\pi\,[\text{rad}]$, d.h. für jeden Winkel α gilt $-2\pi \leq \alpha \leq 2\pi$.

Um die Winkeleinheit Grad in Radianten auszudrücken, ist nur zu beachten, dass der volle Winkel 360° ausmacht:

$$360^\circ = 2\pi\,[\text{rad}]$$

Daraus folgt unmittelbar

$$1^\circ = \frac{2\pi}{360}\,[\text{rad}] \approx 0{,}0175\,[\text{rad}] \quad \text{und} \quad 1\,[\text{rad}] = \frac{360^\circ}{2\pi} \approx 57{,}296^\circ.$$

Wenn vom Übergang vom Gradmaß zum Bogenmaß gesprochen wird, dann ist damit die Umrechnung eines Winkels von der Einheit Grad auf die Einheit Radiant gemeint.

Die Einheit Grad für Winkel ist in Skizzen sehr praktisch und anschaulich, bei Rechnungen werden aber Radianten verwendet. Ein rechter Winkel von 90° in einer Skizze entspricht in einer Rechnung also einem Winkel von $\frac{\pi}{2}\,[\text{rad}]$ oder einfach $\frac{\pi}{2}$.

5.8.3. Die Herleitung des Verfahrens

Ein Punkt **S** auf dem Einheitskreis wird um einen Winkel δ in den Punkt **Z** gedreht. Wie lassen sich die Koordinaten (u, v) von **Z** aus den Koordinaten (x, y) von **S** berechnen? An Bild 5.15 lassen sich die folgenden einfachen Zusammenhänge ablesen:

$$\begin{aligned} \cos(\vartheta) &= x & \cos(\vartheta + \delta) &= u \\ \sin(\vartheta) &= y & \sin(\vartheta + \delta) &= v \end{aligned}$$

Mit den oft gebrauchten trigonomischen Formel für die Summe zweier Winkel

$$\sin(\xi + \eta) = \sin(\xi)\cos(\eta) + \cos(\xi)\sin(\eta) \tag{5.35}$$

$$\cos(\xi + \eta) = \cos(\xi)\cos(\eta) - \sin(\xi)\sin(\eta) \tag{5.36}$$

erhält man die Koordinaten des Punktes **Z** aus den Koordinaten von **S** wie folgt:

$$\begin{aligned} u &= \cos(\delta + \vartheta) = \cos(\delta)\cos(\vartheta) - \sin(\delta)\sin(\vartheta) = \cos(\delta)x - \sin(\delta)y \\ v &= \sin(\delta + \vartheta) = \sin(\delta)\cos(\vartheta) + \cos(\delta)\sin(\vartheta) = \sin(\delta)x + \cos(\delta)y \end{aligned}$$

Eine Umordnung ergibt die endgültigen der Rotation zugeordneten Koordinatentransformationen:

$$u = \cos(\delta)x - \sin(\delta)y \tag{5.37}$$

$$v = \cos(\delta)y + \sin(\delta)x \tag{5.38}$$

Die Transformation ist nur für positive Winkel im ersten Quadranten bestimmt worden, aber sie ist natürlich in allen anderen Quadranten ebenfalls gültig. Da im CORDIC-Verfahren viele

Rotationen hintereinandergeschaltet werden, sind jetzt die Formeln für die Koordinatentransformationen solcher Hintereinanderschaltungen zu entwickeln. Ausgegangen wird von einer Folge δ_ν von Drehwinkeln. Der Punkt $\mathbf{P}_\nu$ mit den Koordinaten x_ν, y_ν wird um den Winkel δ_ν in den Punkt

Abbildung 5.15.: Verschiebung eines Punktes auf dem Einheitskreis

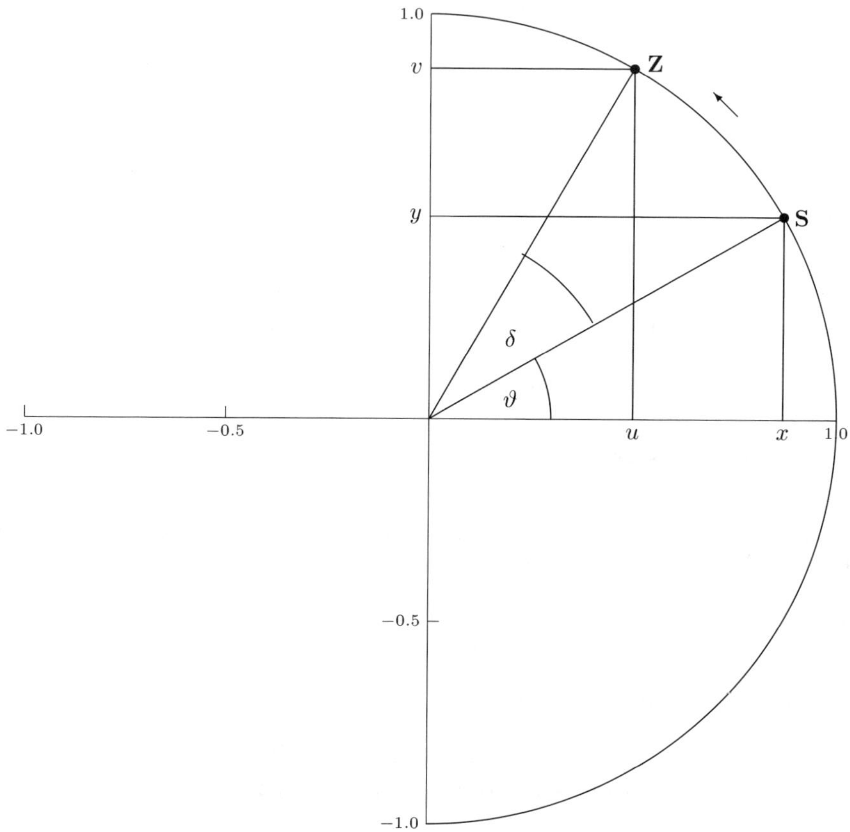

$\mathbf{P}_{\nu+1}$ mit den Koordinaten $x_{\nu+1}, y_{\nu+1}$ gedreht. Die erste Drehung ist natürlich

$$x_1 = \cos(\delta_0)x_0 - \sin(\delta_0)y_0 \qquad y_1 = \cos(\delta_0)y_0 + \sin(\delta_0)x_0.$$

Die x-Koordinate der zweiten Drehung berechnet sich zu

$$\begin{aligned}
x_2 &= \cos(\delta_1)x_1 - \sin(\delta_1)y_1 \\
&= \cos(\delta_1)\cos(\delta_0)x_0 - \cos(\delta_1)\sin(\delta_0)y_0 - \sin(\delta_1)\cos(\delta_0)y_0 - \sin(\delta_1)\sin(\delta_0)x_0 \\
&= \big(\cos(\delta_1)\cos(\delta_0) - \sin(\delta_1)\sin(\delta_0)\big)x_0 - \big(\cos(\delta_1)\sin(\delta_0) + \sin(\delta_1)\cos(\delta_0)\big)y_0 \\
&= \cos(\delta_0 + \delta_1)x_0 - \sin(\delta_0 + \delta_1)y_0,
\end{aligned}$$

die y-Koordinate der zweiten Drehung berechnet sich analog zu

$$\begin{aligned} y_2 &= \cos(\delta_1)x_1 + \sin(\delta_1)y_1 \\ &= \cos(\delta_0 + \delta_1)x_0 + \sin(\delta_0 + \delta_1)y_0. \end{aligned}$$

In der Rechnung werden die Summenformeln (5.35) und (5.36) für die Sinus- und die Cosinusfunktion eingesetzt.

Allgemein wird die Drehung des Punktes $\mathbf{P}_\nu$ um den Winkel δ_ν in den Punkt $\mathbf{P}_{\nu+1}$ mit der Transformation

$$x_{\nu+1} = \cos(\delta_\nu)x_\nu - \sin(\delta_\nu)y_\nu \tag{5.39a}$$

$$y_{\nu+1} = \cos(\delta_\nu)y_\nu + \sin(\delta_\nu)x_\nu \tag{5.39b}$$

erreicht. Für sämtliche Transformationen vom Punkt $\mathbf{P}_0$ in den Punkt $\mathbf{P}_{n+1}$ gilt dann

$$x_{n+1} = \cos(\Delta_n)x_0 - \sin(\Delta_n)y_0 \tag{5.40a}$$

$$y_{n+1} = \cos(\Delta_n)y_0 + \sin(\Delta_n)x_0, \tag{5.40b}$$

darin ist Δ_n der von den Drehungen insgesamt überstrichene Winkel:

$$\Delta_n = \sum_{\nu=0}^{n} \delta_\nu. \tag{5.41}$$

Welche Bedeutung diese Winkelsumme hat geht aus den Erläuterungen zu Bild 5.13 hervor. Genaueres kann erst gesagt werden, wenn die Folge der δ_ν festgelegt ist.

In der angegebenen Form sind pro Transformation zwei Multiplikationen nötig. Die Transformationen lassen sich jedoch noch vereinfachen. Mit

$$\begin{aligned} u_0 &= x_0 \qquad u_\nu = \frac{x_\nu}{\cos(\delta_0)\cdots\cos(\delta_{\nu-1})} \qquad \nu \geq 1 \\ v_0 &= y_0 \qquad v_\nu = \frac{y_\nu}{\cos(\delta_0)\cdots\cos(\delta_{\nu-1})} \qquad \nu \geq 1, \end{aligned}$$

gelangt man nämlich zu einer einfacheren Transformation, die nur noch eine einfache Multiplikation erfordert. Zwar muss am Ende das Transformationsergebnis angepasst werden, doch gelingt das mit einer einzigen Multiplikation mit einer Konstanten. Alternativ können auch die Ausgangskoordinaten mit dieser Konstante manipuliert werden. Etwas Rechnung ergibt

$$\begin{aligned} u_{\nu+1} &= \frac{x_{\nu+1}}{\cos(\delta_0)\cdots\cos(\delta_\nu)} \\ &= \frac{\cos(\delta_\nu)x_\nu - \sin(\delta_\nu)y_\nu}{\cos(\delta_0)\cdots\cos(\delta_\nu)} \\ &= \frac{x_\nu}{\cos(\delta_0)\cdots\cos(\delta_{\nu-1})} - \tan(\delta_\nu)\frac{y_\nu}{\cos(\delta_0)\cdots\cos(\delta_{\nu-1})} \\ &= u_\nu - \tan(\delta_\nu)v_\nu, \end{aligned}$$

die für $v_{\nu+1}$ analog verläuft. Die Koordinatentransformationen (5.39a) und (5.39b) können also

155

durch die folgenden Transformationen ersetzt werden:

$$u_{\nu+1} = u_\nu - \tan(\delta_\nu)v_\nu \tag{5.42a}$$
$$v_{\nu+1} = v_\nu + \tan(\delta_\nu)u_\nu \tag{5.42b}$$

Für das Ergebnis sämtlicher Transformationen vom Punkt $\mathbf{P}_0$ in den Punkt $\mathbf{P}_{n+1}$ gilt mit den neuen Transformationen

$$u_{n+1}K_n = x_{n+1} = \cos(\Delta_n)x_0 - \sin(\Delta_n)y_0 \tag{5.43a}$$
$$v_{n+1}K_n = y_{n+1} = \cos(\Delta_n)y_0 + \sin(\Delta_n)x_0, \tag{5.43b}$$

mit dem Faktor $K_n = \cos(\delta_0)\cos(\delta_1)\cdots\cos(\delta_n)$. Da sich bald herausstellen wird, dass die Zahl n bei Anwendung des Verfahrens gewöhnlich eine feste Größe ist, ist K_n praktisch eine Konstante.

Es bleibt nun noch, die Drehwinkel δ_ν festzulegen. Diese sollen natürlich so gewählt werden, dass die Multiplikationen $\tan(\delta_\nu)v_\nu$ und $\tan(\delta_\nu)u_\nu$ möglichst effizient auszuführen sind, und das ist der Fall, wenn $\tan(\delta_\nu)$ eine Zweierpotenz ist, die Multiplikation folglich in einen Shift entartet. Es seien also die (positiven) Drehwinkel α_ν wie folgt definiert:

$$\tan(\alpha_\nu) = 2^{-\nu} \quad \text{oder} \quad \alpha_\nu = \arctan(2^{-\nu}) \tag{5.44}$$

Einen ersten Eindruck von der Größenordnung der α_ν erhält man von einem Blick auf die Reihenentwicklung der Umkehrfunktion des Tangens:

$$\begin{aligned}\arctan(\vartheta) &= \sum_{i=0}^{\infty}(-1)^i\frac{\vartheta^{2i+1}}{2i+1} \qquad |\vartheta| < 1\\ &= \vartheta - \frac{\vartheta^3}{3} + \sum_{i=2}^{\infty}(-1)^i\frac{\vartheta^{2i+1}}{2i+1}\end{aligned}$$

Offenbar ist $\arctan(\vartheta) \approx \vartheta$ für genügend kleine ϑ, woraus $\alpha_\nu \approx 2^{-\nu}$ folgt für genügend große ν. Beispielsweise ist schon $\alpha_4 = 0{,}06241880999595734847397911 \approx 0{,}0625 = 2\ ^4$. Die α_ν sind zwar noch nicht die gesuchten δ_ν, aber mit ihnen kann nun endlich das Verfahren beschrieben werden:

Das **CORDIC**-Verfahren

Es seien drei Startwerte x_0, y_0 und Θ_0 gegeben. Für $\nu \geq 0$ verläuft ein Schritt des Verfahrens dann wie folgt:

$$\delta_\nu = \begin{cases} -\alpha_\nu & \text{falls } \Theta_\nu \geq 0 \\ \alpha_\nu & \text{falls } \Theta_\nu < 0 \end{cases} \tag{5.45a}$$
$$\Theta_{\nu+1} = \Theta_\nu + \delta_\nu \tag{5.45b}$$
$$u_{\nu+1} = u_\nu - \tan(\delta_\nu)v_\nu \tag{5.45c}$$
$$v_{\nu+1} = v_\nu + \tan(\delta_\nu)u_\nu \tag{5.45d}$$

Dabei ist $\tan(\delta_\nu) = -2^{-\nu}$ falls $\delta_\nu < 0$, andernfalls $\tan(\delta_\nu) = 2^{-\nu}$.

Der Startwert Θ_0 entspricht dem Winkel ϑ in Bild 5.13, x_0 und y_0 entsprechen den Koordinaten des Startpunktes $\mathbf{P}_0$ ($x_0 = 1$ und $y_0 = 0$). Das obige Verfahren entspricht nicht ganz genau dem, was im Bild ausgeführt wurde, denn hier wird der Anfangswert Θ_0 wegen 5.45a und 5.45b bei jedem Schritt reduziert. Es gibt aber nicht wirklich einen Unterschied, es ist nämlich

$$\begin{aligned}\Theta_1 &= \Theta_0 + \delta_0\\ \Theta_2 &= \Theta_1 + \delta_1 = \Theta_0 + \delta_0 + \delta_1\\ \Theta_3 &= \Theta_2 + \delta_2 = \Theta_0 + \delta_0 + \delta_1 + \delta_2\end{aligned}$$

und so fort, also allgemein

$$\Theta_n = \Theta_0 + \sum_{\nu=0}^{n} \delta_\nu = \Theta_0 + \Delta_n. \tag{5.46}$$

Kann folglich Θ_0 im Rahmen der Rechengenauigkeit auf Null reduziert werden, d.h. gilt $\Theta_n \approx 0$, so ist auch

$$\Theta_0 \approx -\Delta_n. \tag{5.47}$$

Wird das in (5.43a) und (5.43b) eingesetzt, erhält man das gewünschte Resultat

$$u_{n+1}K_n = \cos(\Theta_0)x_0 + \sin(\Theta_0)y_0 \tag{5.48a}$$

$$v_{n+1}K_n = \cos(\Theta_0)y_0 - \sin(\Theta_0)x_0. \tag{5.48b}$$

Da sin und cos stetige Funktionen sind, hat die kleine Abweichung $-\Delta_n$ von Θ_0 nur kleine Abweichungen in den Funktionswerten zur Folge, d.h. es ist auch

$$\sin(\Theta_0) \approx \sin(-\Delta_n) = -\sin(\Delta_n) \quad \text{und} \quad \cos(\Theta_0) \approx \cos(-\Delta_n).$$

Um $\sin(\Theta_0)$ und $\cos(\Theta_0)$ zu berechnen hat man also nur $x_0 = 0$ und $y_0 = 1$ zu setzen, um zu

$$\begin{aligned}u_{n+1}K_n &= \sin(\Theta_0)\\ v_{n+1}K_n &= \cos(\Theta_0)\end{aligned}$$

zu gelangen. Allerdings ist das bisher nur ein Wunsch, denn drei wichtige Fragen wurden noch nicht beantwortet:

- Unter welchen Bedingungen kann $\Theta_n \approx 0$ erreicht werden?
- Falls möglich, wie schnell kann Θ_0 zu Null reduziert werden?
- Welchen Einfluss haben Rundungsfehler auf das Ergebnis?

Die erste Frage ist berechtigt, denn es ist anschaulich klar, dass bei zu großem Startwinkel Θ_0, d.h. bei $\Theta_0 > \sum_{\nu=0}^{\infty} \alpha_\nu$, alle α_ν zusammengenommen zur Reduktion von Θ_0 auf Null nicht ausreichen. Einer einfachen Eigenschaft wegen, nämlich

$$\alpha_\nu < \frac{1}{2^\nu}, \tag{5.49}$$

lässt sich das quantifizieren:

$$\sum_{\nu=0}^{\infty} \alpha_\nu \leq \sum_{\nu=0}^{\infty} \frac{1}{2^\nu} = 2$$

Eine notwendige Bedingung dafür, Θ_0 auf Null reduzieren zu können ist also $\Theta_0 < 2$, das entspricht 114, 6°. Eine hinreichende Bedingung kann aus folgender Aussage abgeleitet werden:

$$|\Theta_0| \leq \sum_{\nu=0}^{n-1} |\delta_\nu| + |\delta_{n-1}| \implies |\Theta_n| \leq |\delta_{n-1}| \tag{5.50}$$

Denn ist die Voraussetzung von (5.50) erfüllt, so ergibt der Schluss zusammen mit (5.49) (es ist ja $|\delta_\nu| = \alpha_\nu$)

$$|\Theta_n| < \frac{1}{2^{n-1}}. \tag{5.51}$$

Damit ist auch gleichzeitig die zweite Frage beantwortet, da von (5.51) abgelesen werden kann, dass $n+1$ Verfahrensschritte nötig sind, um eine Genauigkeit von n Bit zu erreichen. Die Zahlen

$$d_k = \sum_{\nu=0}^{k} |\delta_\nu| + |\delta_k| \tag{5.52}$$

geben also eine obere Schranke für Θ_0 an, wenn $k+2$ Verfahrensschritte durchgeführt werden sollen. Wobei also die δ_ν durch

$$\tan(\alpha_\nu) = 2^{-\nu} \quad \text{oder} \quad \alpha_\nu = \arctan(2^{-\nu})$$

und (5.45a) bestimmt werden. Die absoluten Werte der δ_ν sind vorgegeben, d.h. nicht von einer speziellen Durchführung des Verfahrens abhängig, während des Verfahrensablaufes werden nur ihre Vorzeichen festgelegt. Auch die Schranken (5.52) sind folglich von einer speziellen Durchführung des Verfahrens unabhängig. So ist beispielsweise

$$d_{14} = 1{,}7432866204718202922514278366303614639141190689800879021890079032 31\,,$$

für eine Genauigkeit von 2^{-16} muss deshalb $\Theta_0 < 1{,}74$ eingehalten werden, d.h. Θ_0 darf 99, 7° nicht überschreiten. Jedenfalls kann Θ_0 wegen $\frac{\pi}{2} < d_{14}$ im ganzen ersten Quadranten liegen, folglich gibt es für die Berechnung von Funktionswerten von sin und cos keine Beschränkungen, da deren Argumente mittels Bereichsreduktion stets in den ersten Quadranten verlegt werden können.

In der Praxis kommt es auf die genauen Werte der d_k nicht an, da die Folge genügend rasch konvergiert, wie ein Vergleich von d_{14} mit

$$d_2 = 1{,}7390030986519827341740820397036417449061176008922648533094210661 32\,,$$

$$d_4 = 1{,}7432170500637947119813126336272471867776914698758832653122149043 78$$

und

$$d_{32} = 1{,}7432866204723400035043376561328100645328208457464567664580367948 56$$

zeigt. Man kann also von $d_k \approx 1{,}74$ ausgehen.

Die Tabelle 5.11 zeigt einen Beispiellauf zur Berechnung von $\sin(\frac{3}{8}\pi)$ und $\cos(\frac{3}{8}\pi)$. Die Startwerte sind folglich $u_0 = 0$, $v_0 = 1$ und $\Theta_0 = \frac{3}{8}\pi$. Wie von der Theorie her zu erwarten, ist die Konvergenzgeschwindigkeit nicht groß, sie entspricht etwa dem erwarteten einen Bit pro Rotation. Das Beispiel wurde mit so großer Stellenzahl durchgerechnet,[20] dass Rundungsfehler keine Rolle spielen. Diese idealen Bedingungen sind jedoch im normalen Einsatz des Verfahrens nicht gegeben. Die Hauptquelle für Rundungsfehler sind die Multiplikationen mit $2^{-\nu}$, die natürlich als Rechtsshift ausgeführt werden. Da nur mit einer beschränkten Stellenzahl gerechnet werden kann, gehen bei den Shifts unausweichlich Bits verloren. Wie stark sich der Verlust auswirkt, kann zwar mit Simulationen bestimmt werden, doch lässt sich das Verfahren so einfach in ein Programm umsetzen, dass man mit dem Programm selbst experimentieren kann.

Tabellen der α_ν und K_n sind im Anhang zu finden (Abschnitt A.5), und zwar in den Formaten $\mathbb{G}_{2,22}$ und $\mathbb{G}_{2,30}$ und als Dezimalzahl.

Tabelle 5.11.: Ein CORDIC-Lauf mit $u_0 = 0$, $v_0 = 1$ und $\Theta_0 = \frac{3}{8}\pi$

n	u_n	v_n	Θ_n
0	0	1	$1,1780972450961724644234 9$
1	1	1	$0,3926990816987241548078 3$
2	1,5	0,5	$-0,7094852730208196140642 6_{10^{-1}}$
3	1,375	0,875	$0,1740301358247821927656 6$
4	1,484375	0,703125	$0,4967514127802075773430 2_{10^{-1}}$
5	1,5283203125	0,6103515625	$-0,1274366871793659073967 7_{10^{-1}}$
6	1,509246826171875	0,658111572265625	$0,1849616471233168551403 4_{10^{-1}}$
7	1,51952981948852539062 5	0,63452959060668945312 5	$0,2872436091854854711232 9_{10^{-2}}$
8	1,5244870819151401519775	0,6226582638919353485107 4	$-0,4939904968246256585230 5_{10^{-2}}$
9	1,5220548230718122795224	0,6286132915556663647294 0	$-0,1033674836279284757601 8_{10^{-2}}$
10	1,5208270627367426186538	0,6315860548819784980878 5	$0,9194476801995339275196 9_{10^{-3}}$
11	1,5214438459934633007808	0,6301008722035246478743 2	$-0,5711450935978550288374 0_{10^{-4}}$
12	1,5211361795519576735114	0,6308437647064511436266 5	$0,4311667018351127725855 0_{10^{-3}}$
13	1,5212901941429504594351	0,6304723935688652164602 7	$0,1870260816857510085687 8_{10^{-3}}$
14	1,5213671561050560338024	0,6302866891994630008280 1	$0,6495576979208080432971 8_{10^{-4}}$
15	1,5214056257516136182140	0,6301938323173765105915 7	$0,3920613617872029308055 5_{10^{-5}}$
16	1,5214248577411252569015	0,6301474027023328212111 4	$-0,2659696449765406755377 0_{10^{-4}}$
17	1,5214152424548291397625	0,6301706178033115371116 6	$-0,1133817543633830544653 9_{10^{-4}}$
18	1,5214104346345639167436	0,6301822252804420823779 3	$-0,3708780905236335183150 0_{10^{-5}}$
19	1,5214080306801522939634	0,6301880290006669761917 0	$0,1059163603701610997730 5_{10^{-6}}$
20	1,5214092326684278231897	0,6301851271451397084451 6	$-0,1801432272440025935592 3_{10^{-5}}$
21	1,5214086316770574836628	0,6301865780740496476654 2	$-0,8477579560340650561716 5_{10^{-6}}$
22	1,5214083311806804570812	0,6301873035382180422584 2	$-0,3709207978309761962440 7_{10^{-6}}$
23	1,5214081809323189796542	0,6301876662702305956356 7	$-0,1325022187294182137531 2_{10^{-6}}$
24	1,5214081058080949999152	0,6301878476362189613238 8	$-0,1329292917863752844175 0_{10^{-7}}$
25	1,5214080682459721997903	0,6301879383192086664152 9	$0,4631171559675302597217 1_{10^{-7}}$

$$x_{25} = 0,9238795147885594820900169430468264981410591840520246450751321371 1$$

$$\sin(\frac{3}{8}\pi) = 0,9238795325112867561281831893967882868224166258636424861150977312 8$$

$$y_{25} = 0,3826834751515355166673682672168461329912793928653373537172963370 8$$

$$\cos(\frac{3}{8}\pi) = 0,3826834323650897717284599840303988667613445624856270414338006356 3$$

Es wird nun gezeigt, dass (5.40a) und (5.40b) tatsächlich Lösungen der Differenzengleichungen (5.39a) und (5.39b) sind. Es genügt, den Nachweis für (5.40a) zu führen, da der Nachweis für (5.40b) vollkommen analog verläuft. Dank des rekursiven Aufbaus der x_n und y_n besteht der Beweis aus einer einfachen vollständigen Induktion. Für $n = 0$ ist natürlich nichts zu beweisen. Die Behauptung gelte also für ein $n \geq 0$. Dann verläuft der Schluss von n auf $n + 1$, der wieder

[20] Tatsächlich mit mehr als 60 Dezimalstellen, für die Tabelle wurden die Ergebnisse gerundet.

die Additionstheoreme für Sinus und Cosinus verwendet, wie folgt:

$$\begin{aligned}
x_{n+2} &= \cos(\delta_{n+1})x_{n+1} - \sin(\delta_{n+1})y_{n+1} \\
&= \cos(\delta_{n+1})\big(\cos(\Delta_n)x_0 - \sin(\Delta_n)y_0\big) - \sin(\delta_{n+1})\big(\cos(\Delta_n)y_0 + \sin(\Delta_n)x_0\big) \\
&= \big(\cos(\delta_{n+1})\cos(\Delta_n) - \sin(\delta_{n+1})\sin(\Delta_n)\big)x_0 - \big(\cos(\delta_{n+1})\sin(\Delta_n) - \sin(\delta_{n+1})\cos(\Delta_n)\big)y_0 \\
&= \cos(\delta_{n+1} + \Delta_n)x_0 - \sin(\delta_{n+1} + \Delta_n)y_0 \\
&= \cos(\Delta_{n+1})x_0 - \sin(\Delta_{n+1})y_0
\end{aligned}$$

Die Eigenschaft (5.49) der Drehwinkel α_ν, also $\alpha_\nu < \frac{1}{2^\nu}$, ergibt sich direkt aus der Potenzreihenentwicklung des Arcustangens

$$\arctan(2^{-\nu}) = \sum_{i=0}^{\infty}(-1)^i \frac{(2^{-\nu})^{2i+1}}{2i+1}.$$

Es ist eine streng monoton abnehmende alternierende Reihe. Bei jeder streng monoton abnehmenden alternierenden Reihe

$$S = \sum_{i=0}^{\infty}(-1)^i a_i$$

können die Reihenglieder wie folgt zusammengefasst werden:

$$\begin{aligned}
S &= a_0 - a_1 + a_2 - a_3 + a_4 - a_5 + a_6 - a_7 + a_8 - a_9 + - \cdots \\
&= a_0 - (a_1 - a_2) - (a_3 - a_4) - (a_5 - a_6) - (a_7 - a_8) - \cdots
\end{aligned}$$

Wegen der strengen Monotonie ist $a_i - a_{i+1} > 0$, d.h. der Reihenwert S entsteht durch Subtraktion positiver Zahlen von a_0, was natürlich $S < a_0$ bedeutet. Im speziellen Fall ist $S = \alpha_\nu$ und $a_0 = 2^{-\nu}$.

Mit einer solchen Zusammenfassung kann man übrigens auch sehen, dass der Fehler, der gemacht wird, wenn eine monoton abnehmende alternierende Reihe nach a_k abgebrochen wird, höchstens a_{k+1} beträgt.

Als Letztes bleibt noch die Aussage (5.50) zu zeigen, die eine hinreichende Bedingung für die Konvergenz des CORDIC-Verfahrens gibt:

$$|\Theta_0| \leq \sum_{\mu=0}^{n-1} |\delta_\mu| + |\delta_{n-1}| \implies |\Theta_n| \leq |\delta_{n-1}|$$

Ein Ansatzpunkt für einen Beweis ist die Beobachtung, dass die Voraussetzung und der Schluss der Aussage Spezialfälle einer allgemeineren Aussage sind:

$$\mathcal{P}(\nu): \quad |\Theta_\nu| \leq \sum_{\mu=\nu}^{n-1} |\delta_\mu| + |\delta_{n-1}| \quad \nu \in \{0, \ldots, n-1\} \tag{5.53}$$

Man kann versuchen, diese allgemeinere Aussage durch vollständige Induktion über ν zu beweisen. Da die Induktionsvoraussetzung, nämlich $\mathcal{P}(0)$, gerade die Voraussetzung in (5.8.3) ist, ist sie wahr. Die Behauptung (5.53) gelte also für ein $\nu \geq 0$. Dann ist

$$|\Theta_\nu| \leq \sum_{\mu=\nu}^{n-1} |\delta_\mu| + |\delta_{n-1}| = |\delta_\nu| + \sum_{\mu=\nu+1}^{n-1} |\delta_\mu| + |\delta_{n-1}| \tag{5.54}$$

oder nach einfacher Umformung

$$|\Theta_\nu| - |\delta_\nu| \leq \sum_{\mu=\nu+1}^{n-1} |\delta_\mu| + |\delta_{n-1}|\,.$$

Jetzt sind die beiden Fälle der Bildung von $\Theta_{\nu+1}$ zu unterscheiden:

$$\Theta_\nu \geq 0 \text{ und } \delta_\nu < 0:$$

$$\Theta_{\nu+1} = \Theta_\nu + \delta_\nu = |\Theta_\nu| - |\delta_\nu| \leq \sum_{\mu=\nu+1}^{n-1} |\delta_\mu| + |\delta_{n-1}|$$

$$\Theta_\nu < 0 \text{ und } \delta_\nu > 0:$$

$$\Theta_{\nu+1} = \Theta_\nu + \delta_\nu = -|\Theta_\nu| + |\delta_\nu| = -\big(|\Theta_\nu| - |\delta_\nu|\big) \geq -\left(\sum_{\mu=\nu+1}^{n-1} |\delta_\mu| + |\delta_{n-1}|\right)$$

Daraus folgt direkt[21] die Behauptung für $\nu + 1$:

$$|\Theta_{\nu+1}| \leq \sum_{\mu=\nu+1}^{n-1} |\delta_\mu| + |\delta_{n-1}|$$

Es ist nun sehr verführerisch, $\mathcal{P}(\nu)$ für alle ν als durch Induktion bewiesen anzusehen und (5.8.3) durch die „Spezialisierung" $\mathcal{P}(n)$ zu beweisen. Leider ist aber

$$\sum_{\mu=\nu}^{n-1} |\delta_\mu| = |\delta_\nu| + \sum_{\mu=\nu+1}^{n-1} |\delta_\mu|$$

nur für $\nu \leq n-1$ wahr, da man für $\nu \geq n$ die leere Summe erhält, aus der man keinen Summanden $|\delta_\nu|$ herausziehen kann. Immerhin ist aber $\mathcal{P}(n-1)$ bewiesen, also die folgende Aussage:

$$|\Theta_{n-1}| \leq |\delta_{n-1}| + |\delta_{n-1}| \tag{5.55}$$

Daraus lässt sich aber $\mathcal{P}(n)$ durch Berücksichtigung des Bildungsgesetzes der Θ_k gewinnen. Ist nämlich $\Theta_\nu \geq 0$ und $\delta_\nu < 0$, dann gilt einerseits mit (5.55)

$$\Theta_n = \Theta_{n-1} + \delta_{n-1} = |\Theta_{n-1}| - |\delta_{n-1}| \leq |\delta_{n-1}| + |\delta_{n-1}| - |\delta_{n-1}| = |\delta_{n-1}|$$

und andererseits

$$\Theta_n = \Theta_{n-1} + \delta_{n-1} = |\Theta_{n-1}| - |\delta_{n-1}| \geq -|\delta_{n-1}|\,.$$

[21] $-|b| \leq a \leq |b| \implies |a| \leq |b|$. Für $b > 0$ folgt daraus $-b \leq a \leq b \implies |a| \leq b$.

also insgesamt das Gewünschte:

$$-|\delta_{n-1}| \leq \Theta_n \leq |\delta_{n-1}| \qquad \text{d.h. } |\Theta_n| \leq |\delta_{n-1}|$$

Ist aber $\Theta_\nu < 0$ und $\delta_\nu > 0$, so erhält man einerseits mit (5.55)

$$\Theta_n = \Theta_{n-1} + \delta_{n-1} = -|\Theta_{n-1}| + |\delta_{n-1}| \geq -|\delta_{n-1}| - |\delta_{n-1}| + |\delta_{n-1}| = -|\delta_{n-1}|$$

und andererseits

$$\Theta_n = \Theta_{n-1} + \delta_{n-1} = -|\Theta_{n-1}| + |\delta_{n-1}| \leq |\delta_{n-1}|,$$

folglich auch hier

$$-|\delta_{n-1}| \leq \Theta_n \leq |\delta_{n-1}|.$$

5.8.4. Ein 24-Bit-Shifter

Für den Einsatz des *CORDIC*-Verfahrens wird ein Unterprogramm benötigt, das eine 24-Bit-Zahl $\mathfrak{a} = \mathfrak{a}_{23} \cdots \mathfrak{a}_0$ arithmetisch nach rechts shiftet, und zwar über mehrere Bitpositionen k, mit $0 \leq k \leq 23$. Das „arithmetisch" soll hier nur bedeuten, dass die links frei werdenden Bitstellen nicht mit o, sondern mit $\mathfrak{a}_{23}$ besetzt werden. Z.B. muss der Aufruf des Unterprogramms mit $k = 23$ das Ergebnis $\mathfrak{a}_{23} \cdots \mathfrak{a}_{23}$ haben.

Da diese Shifts natürlich mit der größten Schnelligkeit durchgeführt werden müssen, wurde ein Unterprogramm entwickelt, das mit einer Sprungtabelle arbeitet und ohne die Verwendung von Schleifen auskommt. Beim Testen dieses Unterprogramms stellte sich allerdings Zweifel ein, und die Frucht dieses Zweifels ist ein zweites Unterprogramm, das *ohne* Sprungtabelle und *mit* Schleifen arbeitet und das nicht nur schneller ist als das erste, sondern auch sehr viel kürzer.

Das erste Unterprogramm wird aber dennoch präsentiert, denn es ist nicht etwa langsamer, weil es die Shifts langsamer ausführt, im Gegenteil, geshiftet wird viel schneller, es sind vielmehr die Vorbereitungen für die Shifts, die es ins Hintertreffen geraten lassen. Diese Vorbereitungen bleiben aber gleich, wenn das Unterprogramm zu einem 32-Bit-Shifter (oder mehr) erweitert wird, dagegen steigt der Aufwand für das Auffinden der richtigen Schleife für den Parameter k mit dem Gebrauch von Vergleichen und bedingten Sprüngen, d.h. das erste Unterprogramm könnte sich dann durchaus als das schnellere erweisen.[22]

Die in Dreifachregister **r15:14:13** übergebene Zahl $\mathfrak{a} = \mathfrak{a}_{23} \cdots \mathfrak{a}_0$ wird arithmetisch k-mal nach rechts geshiftet, $0 \leq k \leq 23$. Die Zahl k wird in Register **r16** übergeben. Die Bedingung $k \leq 23$ wird **nicht** getestet.

Ein Makro zum arithmetischen Rechtsshiften von Dreifachregister **r15:14:13**.

```
          .macro ASR24
          asr    r15                      1
          ror    r14                      1
          ror    r13                      1
          .endm
```

Ein Makro zum arithmetischen Rechtsshiften von Doppelregister **r15:14**.

```
          .macro ASR16
          asr    r15                      1
          ror    r14                      1
          .endm
```

Der Einsprung in das Unterprogramm

```
FkaRsh:   push3  r17,r30,r31              3x2
```

Berechnung der Adresse des von k abhängigen Tabelleneintrages

```
          mov    r17,r16                  1    k' <- 2k
          lsl    r17                      1
          ldi    r30,LOW(2*vpfFkaRsh)     1    Z <-2(k'+vpfFkaRsh)
          add    r30,r17                  1
          ldi    r31,HIGH(2*vpfFkaRsh)    1
          clr    r17                      1
          adc    r31,r17                  1
```

Lesen und Anspringen des Tabelleneintrages

```
          lpm    r17,Z+                   3
```

[22] Eine eingehende Diskussion des Gebrauchs von Sprungtabellen als Schleifenersatz ist in [Mss1] Abschnitt **2.6.3** zu finden.

```
           lpm    r31,Z              3
           mov    r30,r17            1
           ijmp                      2
Sprungziele für k = 1 bis k = 7
FkaRsh07:  ASR24                     3    a23a22···a0 ← a23a23···a1
FkaRsh06:  ASR24                     3
FkaRsh05:  ASR24                     3
FkaRsh04:  ASR24                     3
FkaRsh03:  ASR24                     3
FkaRsh02:  ASR24                     3
FkaRsh01:  ASR24                     3
FkaRsh00:  pop3   r31,r30,r17        3×2
           ret                       4
Sprungziele für k = 9 bis k = 15
FkaRsh15:  ASR16                     2    a23a22···a0 ← a23a23···a9a7···a0
FkaRsh14:  ASR16                     2
FkaRsh13:  ASR16                     2
FkaRsh12:  ASR16                     2
FkaRsh11:  ASR16                     2
FkaRsh10:  ASR16                     2
FkaRsh09:  ASR16                     2
Sprungziel für k = 8
FkaRsh08:  mov    r13,r14            1
           mov    r14,r15            1
           clr    r15                1    a23a22···a0 ← 00000000a23···a8
           sbrc   r14,7              1/2  oder
           com    r15                1    a23a22···a0 ← 11111111a23···a8
           pop3   r31,r30,r17        3×2
           ret                       4
Sprungziele für k = 17 bis k = 23
FkaRsh23:  asr    r15                1    a23a22···a0 ← a23a23···a17a15···a0
FkaRsh22:  asr    r15                1
FkaRsh21:  asr    r15                1
FkaRsh20:  asr    r15                1
FkaRsh19:  asr    r15                1
FkaRsh18:  asr    r15                1
FkaRsh17:  asr    r15                1
Sprungziel für k = 16: a23a22···a0 ← 00000000 00000000a23···a16
oder a23a22···a0 ← 11111111 11111111a23···a16
FkaRsh16:  mov    r13,r15            1
           clr    r15                1
           sbrc   r13,7              1/2
           com    r15                1
           clr    r14                1
           sbrc   r13,7              1/2
           com    r14                1
```

```
59            pop3    r31,r30,r17                    3×2
60            ret                                    4
       Die Tabelle mit den Sprungzielen für k = 0 bis k = 23
61 vpfFkaRsh:.dw      FkaRsh00,FkaRsh01,FkaRsh02
62            .dw     FkaRsh03,FkaRsh04,FkaRsh05
63            .dw     FkaRsh06,FkaRsh07,FkaRsh08
64            .dw     FkaRsh09,FkaRsh10,FkaRsh11
65            .dw     FkaRsh12,FkaRsh13,FkaRsh14
66            .dw     FkaRsh15,FkaRsh16,FkaRsh17
67            .dw     FkaRsh18,FkaRsh19,FkaRsh20
68            .dw     FkaRsh21,FkaRsh22,FkaRsh23
```

Die Adressentabelle in den Zeilen *61–68* enthält zu jedem Wert von k ein passendes Sprungziel. Da die Tabelle im Arbeitsspeicher angelegt ist, muss für den Zugriff der Befehl `lpm` verwendet werden, der die nach links geshiftete Wortadresse eines Tabelleneintrages in Register **Z** erwartet. Das ist der Grund, warum in Zeile *12* der Wert von k verdoppelt wird, nicht etwa weil ein Programmspeicherwort 16 Bit breit ist. Trotz der Verdopplung wird k als *Wortindex* verwendet. Jedenfalls wird in den Zeilen *12–17* die nach links geshiftete Adresse 2(`vpfFkaRsh` $+ k$) des $(k+1)$-ten Tabelleneintrages berechnet, der in den Zeilen *18–20* aus dem Programmspeicher gelesen und dann angesprungen wird.
Für $k = 1$ wird so in die Zeile *28* gesprungen, Register $\mathbf{r_{15:14:13}}$ wird um eine Bitposition arithmetisch nach rechts geshiftet und es wird in das rufende Programm zurückgekehrt. Beim Ansprung der Zeile *27* für $k = 2$ werden zwei Rechtsshifts ausgeführt, usw. bis $k = 7$.
Im Fall $k = 8$ wird nicht geshiftet, es findet statt dessen ab Zeile *38* im wesentlichen eine Umspeicherung von Bytes statt: $\mathbf{r_{13}}$ wird mit dem Wert von $\mathbf{r_{14}}$ und dann $\mathbf{r_{14}}$ mit dem Wert von $\mathbf{r_{15}}$ geladen. Was mit $\mathbf{r_{15}}$ dann geschieht, hängt vom Wert von $\mathfrak{a}_{23}$ *bei Übergabe an das Unterprogramm* ab. War $\mathfrak{a}_{23} = \mathfrak{o}$, so wird $\mathbf{r_{15}}$ mit **00** geladen, anderfalls mit **FF**. In Zeile *41* angekommen ist das ehemalige $\mathfrak{a}_{23}$ durch die Umspeicheraktion in den Zeilen *38–39* zum höchsten Bit von $\mathbf{r_{14}}$ geworden, was den kombinierten Test und Sprung in dieser Zeile erklärt.
Für $k = 9$ bis $k = 15$ werden zunächst $k - 8$ 16-Bit-Shifts von $\mathbf{r_{15:14}}$ durchgeführt, der fehlende Restshift über acht Bitpositionen wird ab Zeile *38* vom Code für $k = 8$ nachgeholt.
Ganz Entsprechendes geschieht für $k = 16$ (Umspeichern) und $k = 17$ bis $k = 23$ (Shiften und dann Umspeichern).

Soweit der erste Versuch, den Shifter zu realisieren. Wie schon gesagt, kamen beim Testen Zweifel auf, die so stark wurden, dass trotz der gut funktionierenden (und auch eleganten) Implementierung eine zweite Version realisiert wurde. Sie hat durch den Gebrauch von Vergleichen und bedingten Sprüngen längst nicht die Gradlinigkeit der ersten Version, aber sie ist schneller und viel kürzer.

Die in Dreifachregister $\mathbf{r_{15:14:13}}$ übergebene Zahl $\mathfrak{a} = \mathfrak{a}_{23} \cdots \mathfrak{a}_0$ wird arithmetisch k-mal nach rechts geshiftet, $0 \le k \le 23$. Die Zahl k wird in Register $\mathbf{r_{16}}$ übergeben.
Die Bedingung $k \le 23$ wird **nicht** getestet.

```
FkaRsh:  tst    r16        1    k = 0?
         breq   FkaRshR    1/2  Ja: zurück
         push   r17        2
         mov    r17,r16    1
         cpi    r17,8      1    k ≤ 8?
         brlo   FkaRshA    1/2  k < 8: zum ersten Codeblock
         breq   FkaRsh8    1/2  k = 8: zum ersten Spezialfall
         subi   r17,8      1    k' ← k − 8
```

```
9             cpi    r17,8      1    k' ≤ 8?
10            brlo   FkaRshB    1/2  k' < 8: zum zweiten Codeblock
11            breq   FkaRsh6    1/2  k' = 8: zum zweiten Spezialfall
12            subi   r17,8      1    k'' ← k' − 8 = k − 16
    Der dritte Codeblock für k = 17, ..., 23
13  FkaRshC:  asr    r15        1    a23a22···a0 ← a23a23···a17a15···a0
14            dec    r17        1
15            brne   FkaRshC    1/2
    Sprungziel für k = 16: a23a22···a0 ← 00000000 00000000a23···a16
    oder a23a22···a0 ← 11111111 11111111a23···a16
16  FkaRsh6:  mov    r13,r15    1
17            clr    r15        1
18            sbrc   r13,7      1/2
19            com    r15        1
20            clr    r14        1
21            sbrc   r13,7      1/2
22            com    r14        1
23            pop    r17        2
24            ret               4
    Der erste Codeblock für k = 1, ..., 7
25  FkaRshA:  asr    r15        1    a23a22···a0 ← a23a23···a1
26            ror    r14        1
27            ror    r13        1
28            dec    r17        1
29            brne   FkaRshA    1/2
30            pop    r17        2
31  FkaRshR:  ret               4
    Der zweite Codeblock für k = 9, ..., 15
32  FkaRshB:  asr    r15        1    a23a22···a0 ← a23a23···a9a7···a0
33            ror    r14        1
34            dec    r17        1
35            brne   FkaRshB    1/2
    Sprungziel für k = 8: a23a22···a0 ← 00000000a23···a8 oder a23a22···a0 ← 11111111a23···a8
36  FkaRsh8:  mov    r13,r14    1
37            mov    r14,r15    1
38            clr    r15        1
39            sbrc   r14,7      1/2
40            com    r15        1
41            pop    r17        2
42            ret               4
```

Am grundsätzlichen Aufbau hat sich gegenüber dem Vorgängerprogramm nichts geändert. Es gibt einen Codeblock (Zeilen *25–29*), in dem Rechtsshifts über 24 Bitpositionen für $1 \leq k \leq 7$ durchgeführt werden, einen Block für den Spezialfall $k = 8$, in welchem ein Rechtsshift über drei Bytes als eine Byteumspeicherung ausgeführt wird, einen Codeblock für Rechtsshifts über 16 Bitpositionen (Zeilen *32–35*) für $9 \leq k \leq 15$, der in den Spezialfall für $k = 8$ mündet, noch einen Spezialfall $k = 16$, der ähnlich wie $k = 8$ einen Rechtsshift durch eine Byteumspeicherung ersetzt, und schließlich einen Codeblock für Rechtsshifts

über acht Bitpositionen (Zeilen *13–15*), der in Spezialfall für $k = 16$ mündet.
Anders als im Vorgängerprogramm sind die Codeblöcke für $1 \leq k \leq 7$, $9 \leq k \leq 15$ und $17 \leq k \leq 23$ als Programmschleifen ausgeführt, deren Startwert für den Schleifenzähler von k abgeleitet wird. Ergibt sich beim Vergleich in Zeile *5*, dass $k < 8$ gilt, so wird der Codeblock angesprungen, der in Zeile *25* beginnt. Ist dagegen $k = 8$, so wird der in Zeile *36* beginnende erste Spezialfall angesprungen. Ist aber $k > 8$, so wird zu $k' = k - 8$ übergegangen. Gilt in Zeile *9* $k' < 8$, so heißt das $9 \leq k < 16$ und es wird mit dem Startwert k' für den Schleifenzähler zum zweiten Codeblock ab Zeile *32* gesprungen. Ist aber $k' = 8$, so liegt der Spezialfall für $k = 16$ vor (Sprung in die Zeile *16*). Ist aber der dritte Fall $k' > 16$ Tatsache, so ist $k'' = k' - 8$ der Startwert für den Schleifenzähler des letzten Codeblocks, den das Unterprogramm gleich nach der Berechnung von k'' in Zeile *12* erreicht.

Die tabellengesteuerte Version des Unterprogramms benötigt für die reinen Shifts über alle k gemittelt $11,1$ Takte, die zweite Version kommt dagegen auf $25,3$ Takte. So wäre also die erste Version mit Abstand der Gewinner, wenn nicht die Vor- und Nachbereitung wären! Diese summieren sich bei der ersten Version zu 32 Takten, bei der zweiten dagegen nur auf 12. Das führt insgesamt zu einer mittleren Laufzeit von $43,1$ gegen $37,3$ Takten. Es kommt noch hinzu, dass die zweite Version sehr viel kürzer ist als die erste, wie ein rasches Überfliegen beider Unterprogramme zeigt.

Es darf aber nicht übersehen werden, dass 37 für einen Rechtsshift aufzubringende Prozessortakte nicht gerade einen guten Wert repräsentieren. Aber ohne den Aufwand, der hier für einen Shift getrieben wurde, wäre es weitaus schlimmer.

5.8.5. Die Implementierung des CORDIC-Verfahrens

Die Umsetzung des Verfahrens in ein Unterprogramm ist nicht problematisch. Selbst das zu wählende Festkommazahlenformat ist eindeutig vorgegeben: Da der Startwinkel im Bereich $-1,74 \leq \Theta_0 \leq 1,74$ liegen muss, kommt nur das Format $\mathbb{G}_{2,22}$ in die nähere Wahl:

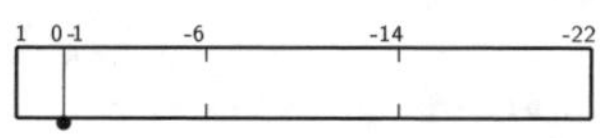

Da $\sin(\Theta_0)$ und $\cos(\Theta_0)$ berechnet werden sollen, sind die Startwerte $x_0 = 0 =$ **000000** und $y_0 = 1 =$ **400000**. Diese garantieren $|u_\nu| < 2$ und $|v_\nu| < 2$. Die Konstruktion der Θ_ν garantiert ebenfalls $|\Theta_\nu| < 2$. Es kann demnach im Verfahren kein $\mathbb{G}_{2,22}$-Zahlenüberlauf eintreten.

Unterprogramm FkaCordic

Zu einem Winkel Θ_0 im Bereich $-1,74 \leq \Theta_0 \leq 1,74$ werden $\sin(\Theta_0)$ und $\sin(\Theta_0)$ berechnet. Alle drei Zahlen sind Festkommazahlen im Format $\mathbb{G}_{2,22}$.

Input

r25:24:23 Der Winkel Θ_0 im Bereich $-1,74 \leq \Theta_0 \leq 1,74$

Output

r19:18:17 $\sin(\Theta_0)$

r22:21:20 $\cos(\Theta_0)$

Das Unterprogramm erzeugt keinen Fehler, allerdings wird die Bedingung $-1,74 \leq \Theta_0 \leq 1,74$ auch nicht getestet.

Die Tabelle der α_ν. Es werden drei Zahlen in zwei Befehlsworte gepackt.

```
FkaCorA:    .db     0xF6,0x43,0x32,0x67
            .db     0xAC,0x1D,0xBA,0xAD
```

```
3              .db     0x0F,0x6E,0xF5,0x07
4              .db     0xAB,0xFE,0x03,0xD5
5              .db     0xFF,0x01,0xFA,0xFF
6              .db     0x00,0xFF,0x7F,0x00
7              .db     0xFF,0x3F,0x00,0xFF
8              .db     0x1F,0x00,0xFF,0x0F
9              .db     0x00,0xFF,0x07,0x00
10             .db     0xFF,0x03,0x00,0xFF
11             .db     0x01,0x00,0xFF,0x00
12             .db     0x00,0x7F,0x00,0x00
13             .db     0x3F,0x00,0x00,0x1F
14             .db     0x00,0x00,0x0F,0x00
15             .db     0x00,0x07,0x00,0x00
16             .db     0x03,0x00,0x00,0x01
17             .db     0x00,0x00
18 FkaCordic:  push4   r7,r8,r9,r10            4×2
19             push4   r11,r12,r13,r14         4×2
20             push4   r15,r16,r30,r31         4×2
   Initialisierung: x_0 ← 0 = 000000, y_0 ← 1 = 400000
21             clr     r16                     1    Entspricht n ← 1
22             clr     r17                     1    x_0 ← 0 = 000000
23             clr     r18                     1
24             clr     r19                     1
25             clr     r20                     1    y_0 ← 1 = 400000
26             clr     r21                     1
27             ldi     r22,0x40                1
28             mov     r7,r23                  1    r9:7:8 ← Θ_0
29             movw    r9:r8,r25:r24           1
30             ldi     r30,LOW(FkaCorA*2)      1    Z ← Adresse der α_ν für lpm
31             ldi     r31,HIGH(FkaCorA*2)     1
   Die Schleife zur Durchführung von (5.45a)–(5.45d)
32 FkaCor02:   tst     r9                      1    Vorzeichen von Θ_ν testen
33             brmi    FkaCor04                1/2  Falls Θ_n < 0 weiter in Zeile 63
   Der Fall Θ_n ≥ 0: Θ_{n+1} = Θ_n − α_n
34             mov     r13,r20                 1    S ← V
35             mov     r14,r21                 1
36             mov     r15,r22                 1
37             rcall   FkaRsh                  3+   S ← S × 2^(−n)
38             mov     r10,r17                 1    A ← U
39             mov     r11,r18                 1
40             mov     r12,r19                 1
41             add     r10,r13                 1    A ← A + S
42             adc     r11,r14                 1
43             adc     r12,r15                 1
44             mov     r13,r17                 1    S ← U
45             movw    r15:r14,r19:r18         1
```

```
           rcall  FkaRsh              3+  S ← S × 2^-n
           sub    r20,r13             1   V ← V − S
           sbc    r21,r14             1
           sbc    r22,r15             1
           mov    r17,r10             1   U ← A
           mov    r18,r11             1
           mov    r19,r12             1
           lpm    r10,Z+              3   r12:11:10 ← α_n
           lpm    r11,Z+              3
           lpm    r12,Z+              3
           sub    r7,r10              1   Θ ← Θ − α_n
           sbc    r8,r11              1
           sbc    r9,r12              1
           inc    r16                 1   n ← n + 1
           cpi    r16,22              1   n ≤ 22?
           brlo   FkaCor02            1/2 Falls ja: ein weiterer Schritt
           rjmp   FkaCor06            2
 Der Fall Θ_n < 0: Θ_n+1 = Θ_n + α_n
FkaCor04:  mov    r13,r20             1   S ← V
           mov    r14,r21             1
           mov    r15,r22             1
           rcall  FkaRsh              3+  S ← S × 2^-n
           mov    r10,r17             1   A ← U
           mov    r11,r18             1
           mov    r12,r19             1
           sub    r10,r13             1   A ← A − S
           sbc    r11,r14             1
           sbc    r12,r15             1
           mov    r13,r17             1   S ← U
           movw   r15:r14,r19:r18     1
           rcall  FkaRsh              3+  S ← S × 2^-n
           add    r20,r13             1   V ← V + S
           adc    r21,r14             1
           adc    r22,r15             1
           mov    r17,r10             1   U ← A
           mov    r18,r11             1
           mov    r19,r12             1
           lpm    r10,Z+              3   r12:11:10 ← α_n
           lpm    r11,Z+              3
           lpm    r12,Z+              3
           add    r7,r10              1   Θ ← Θ + α_n
           adc    r8,r11              1
           adc    r9,r12              1
           inc    r16                 1   n ← n + 1
           cpi    r16,22              1   n ≤ 22?
           brlo   FkaCor02            1/2 Falls ja: ein weiterer Schritt
```

Die Berechnung von $u_{n+1}K_n$ und $v_{n+1}K_n$

```
FkaCor06:  ldi    r16,0x3B               1     r31:30:16 ← K_n = 26DD3B
           ldi    r30,0xDD               1
           ldi    r31,0x26               1
           mov    r7,r17                 1     r9:8:7 ← u_{n+1}
           movw   r9:r8,r19:r18          1
           rcall  FkaCor20               3+    r15:14:13 ← K_n u_{n+1}
           mov    r17,r13                1     x_{n+1} ← K_n u_{n+1}
           movw   r19:r18,r15:r14        1
           mov    r7,r20                 1     r9:8:7 ← v_{n+1}
           mov    r8,r21                 1
           mov    r9,r22                 1
           rcall  FkaCor20               3+    r15:14:13 ← K_n v_{n+1}
           mov    r20,r13                1     y_{n+1} ← K_n v_{n+1}
           mov    r21,r14                1
           mov    r22,r15                1
           pop4   r31,r30,r16,r15        4×2
           pop4   r14,r13,r12,r11        4×2
           pop4   r10,r9,r8,r7           4×2
           ret                           4
```

Die Berechnung von ab für zwei Zahlen im $\mathbb{G}_{2,22}$-Format

```
FkaCor20:  clr    r10                    1
           mul    r9,r31                 2     a_0 b_0
           movw   r15:r14,r1:r0          1
           mul    r8,r30                 2     a_{-1} b_{-1}
           movw   r13:r12,r1:r0          1
           mul    r7,r16                 2     a_{-2} b_{-2}
           mov    r11,r1                 1
           mul    r9,r16                 2     a_0 b_{-2}
           add    r12,r0                 1
           adc    r13,r1                 1
           adc    r14,r10                1
           adc    r15,r10                1
           mul    r7,r31                 2     a_{-2} b_0
           add    r12,r0                 1
           adc    r13,r1                 1
           adc    r14,r10                1
           adc    r15,r10                1
           mul    r8,r16                 2     a_{-1} b_{-2}
           add    r11,r0                 1
           adc    r12,r1                 1
           adc    r13,r10                1
           adc    r14,r10                1
           adc    r15,r10                1
           mul    r7,r30                 2     a_{-2} b_{-1}
           add    r11,r0                 1
```

```
135         adc     r12,r1          1
136         adc     r13,r10         1
137         adc     r14,r10         1
138         adc     r15,r10         1
139         mul     r9,r30          2    a0b-1
140         add     r13,r0          1
141         adc     r14,r1          1
142         adc     r15,r10         1
143         mul     r8,r31          2    a-1b0
144         add     r13,r0          1
145         adc     r14,r1          1
146         adc     r15,r10         1
147         lsl     r12             1    Zwei Linksshifts
148         rol     r13             1
149         rol     r14             1
150         rol     r15             1
151         lsl     r12             1
152         rol     r13             1
153         rol     r14             1
154         rol     r15             1
155         ret                     4
```

Die interne Registernutzung ist wie folgt: $\mathbf{r_{16}}$ dient als Schritt- und Shiftzähler, $\mathbf{r_{15:14:13}}$ ist das Shiftregister, $\mathbf{r_{12:11:10}}$ wird als Akkumulator genutzt und $\mathbf{r_{9:8:7}}$ enthält Θ_ν. Register **Z** muss natürlich eingesetzt werden, um die α_ν aus dem Programmspeicher zu lesen. Die α_ν sind in ihrer Tabelle in den Zeilen *1–17* dicht gepackt, zwei Befehlsworte enthalten also drei Tabelleneinträge. Die Tabelle der α_ν im Abschnitt A.5 im Anhang zeigt dass im Rahmen der mit dem Format $\mathbb{G}_{2,22}$ erreichbaren Genauigkeit $\alpha_{22} =$ **000000** gilt, dass also nur 21 Iterationsschritte sinnvoll sind.

Ab Zeile *21* wird initialisiert. Zuerst wird der Schrittzähler $\mathbf{r_{16}}$ mit **00** vorbelegt. Da er gleichzeitig auch als Shiftzähler dient, wird er von **00** ab hinaufgezählt. Es folgt in den Zeilen *22–24* die Anfangsbelegung von x_0 mit $0 = 0 \times \frac{1}{K_n}$ und in den folgenden drei Zeilen die Anfangsbelegung von y_0 mit 1. Da mit dem Format $\mathbb{G}_{2,22}$ gearbeitet wird, muss 1 mit **400000** verschlüsselt werden. Das Binärkomma steht, von links her gesehen, nach der zweiten Binärziffer, **400000** steht also für 01, 000000 0000000 0000000. Es folgt in den Zeilen *28–29* die Initialisierung des für die Berechnung der Θ_ν verwendeten Akkumulators $\mathbf{r_{9:8:7}}$ mit dem in $\mathbf{r_{25:24:23}}$ übergebenen Θ_0. Schließlich wird noch Register **Z** mit der für den Befehl `lpm` vorbereiteten Anfangsadresse der α_ν geladen.

Zum leichteren Verständnis wird die Art und Weise, wie ein Verfahrensschritt umgesetzt wird, in abstrakter Form in Bild 5.16 vorgestellt. Darin steht $\boldsymbol{U}$ für u_n, $\boldsymbol{V}$ für v_n, $\boldsymbol{\Theta}$ für Θ_n, $\boldsymbol{A}$ für den Akkumulator ($\mathbf{r_{12:11:10}}$) und $\boldsymbol{S}$ für das Shiftregister ($\mathbf{r_{15:14:13}}$). Der obere Anweisungsblock wird bei $\boldsymbol{\Theta} \geq 0$, der untere bei $\boldsymbol{\Theta} < 0$ durchlaufen. Sie sind symmetrisch aufgebaut, es genügt einen zu betrachten, etwa den Block bei $\boldsymbol{\Theta} \geq 0$. In Zeile 3 wird das Shiftregister mit $\boldsymbol{V}$ geladen, in der nächsten Zeile wird sein Inhalt um n Bitpositionen rechtsgeshiftet. Er müsste gemäß Verfahren von $\boldsymbol{U}$ subtrahiert werden, doch wird $\boldsymbol{U}$ noch gebraucht und muss zur Subtraktion in Zeile 6 in Zeile 5 in den Akkumulator $\boldsymbol{A}$ geladen werden. In Zeile 7 wird das Shiftregister dann mit $\boldsymbol{U}$ geladen, es wird wieder geshiftet. Jetzt kann der geshiftete Wert aber direkt zu $\boldsymbol{V}$ addiert werden. In Zeile *10* wird $\boldsymbol{U}$ mit seinem neuen Wert aus dem Akkumulator geladen, worauf der Anweisungsblock mit der Addition von α_n zu $\boldsymbol{\Theta}$ abgeschlossen wird.

Die Zuordnung der Zeilen aus Bild 5.16 zu den zugehörigen Unterprogrammzeilen kann über die Kommentarspalte leicht vorgenommen werden.

Abbildung 5.16.: Ein Verfahrensschritt in abstrakter Gestalt

```
if Θ ≥ 0
    then
        S ← V
        S ← S × 2^-n
        A ← U
        A ← A + S
        S ← U
        S ← S × 2^-n
        V ← V - S
        U ← A
        Θ ← Θ - α_n
    else
        S ← V
        S ← S × 2^-n
        A ← U
        A ← A - S
        S ← U
        S ← S × 2^-n
        V ← V + S
        U ← A
        Θ ← Θ + α_n
    end
```

In Zeile *91* des Unterprogramms angekommen steht u_{n+1} in $\mathbf{r_{19:18:17}}$ und v_{n+1} in $\mathbf{r_{22:21:20}}$ zur Verfügung. Um x_{n+1} und y_{n+1} zu bekommen, ist noch mit K_n zu multiplizieren. Die Tabelle der K_ν in Abschnitt tnzcv zeigt für $\nu \geq 10$ denselben Wert K_ν = **26DD3B**. Multipliziert wird mit dem Unterprogramm ab Zeile *109*. Es multipliziert die Inhalte von $\mathbf{r_{9:8:7}}$ und $\mathbf{r_{31:30:16}}$ und legt das Ergebnis im Vielfachregister $\mathbf{r_{15:14:13:12:13}}$ ab. Das Produkt hat das Format $\mathbb{G}_{2,36}$, davon werden allerdings nur 24 Bits im Format $\mathbb{G}_{2,22}$ genutzt (ohne Runden). Dreifachregister $\mathbf{r_{31:30:16}}$ wird nur einmal mit K_ν = **26DD3B** geladen (Zeilen *91–93*), das Produkt $u_{n+1}K_n$ wird in den Zeilen *94–98* und $v_{n+1}K_n$ in den Zeilen *99–105* berechnet.

Zur Bildung des Produktes ab zweier Zahlen a und b im Format $\mathbb{G}_{2,22}$ empfiehlt es sich, die folgende etwas ungewöhnliche Darstellung zu wählen:

$$a = a_0 2^{-6} + a_{-1} 2^{-14} + a_{-2} 2^{-22}$$
$$b = b_0 2^{-6} + b_{-1} 2^{-14} + b_{-2} 2^{-22}$$

Dabei sind die Koeffizienten Byte-Koeffizienten, d.h. $a_0, a_{-1}, a_{-2}, b_0, b_{-1}, b_{-2} \in \{0, 1, \ldots, 255\}$. Das Produkt errechnet sich wie folgt:

$$ab = a_0 b_0 2^{-12} + (a_0 b_{-1} + a_{-1} b_0) 2^{-20} + (a_0 b_2 + a_{-1} b_{-1} + a_{-2} b_0) 2^{-28} + (a_{-1} b_{-2} + a_{-2} b_{-1}) 2^{-36} + a_{-2} b_{-2} 2^{-44}$$

Es hat also das Format $\mathbb{G}_{4,44}$ und muss um zwei Bitpositionen nach links geshiftet werden, um auf das Format $\mathbb{G}_{2,42}$ zu kommen. Wie die Teilprodukte zusammengesetzt werden, kann an Bild 5.17 abgelesen werden. Die untere Hälfte von $a_{-2}b_{-2}$ hat keinen Einfluss auf die anderen Bytes und wird deshalb ignoriert. In der Kommentarspalte ist der Beginn der Berechnung der Teilprodukte angezeigt. Die beiden Shifts werden in den Zeilen *147–154* ausgeführt.

Abbildung 5.17.: Zur Berechnung von ab für a und b im Format $\mathbb{G}_{2,22}$

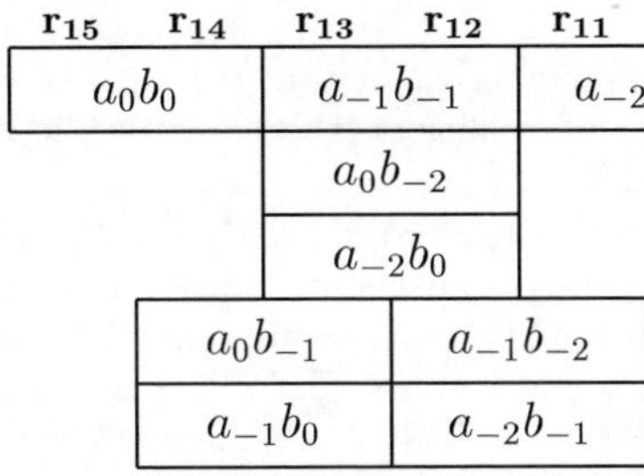

Statt u_{n+1} und v_{n+1} mit K_n zu multiplizieren, um x_{n+1} und y_{n+1} zu bekommen können auch x_0 und y_0 mit $\frac{1}{K_n}$ multipliziert werden. Wenn x_0 und y_0 mit Konstanten initialisiert werden, entfallen also die Multiplikationen, da sie in die Konstanten mit eingerechnet werden können. Das bedeutet, dass die Zeilen *91–155* des Unterprogramms entfernt werden können, von den Zeilen *106–109* natürlich abgesehen, und dass die Zeilen *23–27* zu modfizieren sind.

Leider führt dieses Vorgehen für die Anfangsbelegungen $x_0 = 0$ und $y_0 = 1$, wie sie zur Berechnung von $\sin(x)$ und $\cos(x)$ gebraucht werden, nicht zum Ziel. Das Verfahren konvergiert zwar, aber nicht gegen die gewünschten Werte. Dieses Verhalten zeigten auch schon Simulationsläufe. Es muss also bei den abschließenden Multiplikationen bleiben.

5.9. Die Berechnung der trigonometrischen Funktionen

5.9.1. $\sin(x)$ und $\cos(x)$

5.9.1.1. Die Bereichsreduktion

Die trigonometrischen Funktionen $\sin(x)$, $\cos(x)$, $\tan(x)$ und $\cot(x)$ werden unter Einsatz des CORDIC-Verfahrens aus Abschnitt 5.8 realisiert. Die hauptsächliche Arbeit dieses Abschnittes besteht deshalb aus der Bereichsreduktion.

Wegen $\sin(-x) = -\sin(x)$ und $\cos(-x) = \cos(x)$ kann der Bereich auf $x \geq 0$ eingeschränkt werden. Für $0 \leq x \leq \frac{\pi}{2}$ wird bei kleinen x ausgenutzt, dass $\sin(x) \approx x$ und $\cos(x) \approx 1$ gilt, für die übrigen x werden die benötigten Funktionswerte mit dem CORDIC-Verfahren berechnet. Für $x > \frac{\pi}{2}$ sei $x = n\frac{\pi}{2} + \vartheta$, mit ganzem n und $0 \leq \vartheta < \frac{\pi}{2}$. Dann wird wie folgt reduziert:

$$
\begin{aligned}
\sin(x) &= \sin\left(n\frac{\pi}{2} + \vartheta\right)\\
&= \sin\left(\frac{\pi}{2} + (n-1)\frac{\pi}{2} + \vartheta\right)\\
&= \cos\left((n-1)\frac{\pi}{2} + \vartheta\right)\\
&= \cos\left(\frac{\pi}{2} + (n-2)\frac{\pi}{2} + \vartheta\right)\\
&= -\sin\left((n-2)\frac{\pi}{2} + \vartheta\right)\\
&= -\sin\left(\frac{\pi}{2} + (n-3)\frac{\pi}{2} + \vartheta\right)\\
&= -\cos\left((n-3)\frac{\pi}{2} + \vartheta\right)\\
&= -\cos\left(\frac{\pi}{2} + (n-4)\frac{\pi}{2} + \vartheta\right)\\
&= \sin\left((n-4)\frac{\pi}{2} + \vartheta\right)\\
&\vdots
\end{aligned}
$$

Darin wurde von $\sin\left(\frac{\pi}{2} + u\right) = \cos(u)$ und von $\cos\left(\frac{\pi}{2} + u\right) = -\sin(u)$ Gebrauch gemacht. Offenbar ist die Reduktion bei $n - i = 0$ durchgeführt, und zwar gilt $\sin(x) = \sin(\vartheta)$ für $n = 0$, $n - 4 = 0$, $n - 8 = 0$ usw., es gilt $\sin(x) = \cos(\vartheta)$ für $n - 1 = 0$, $n - 5 = 0$, $n - 9 = 0$ usw., $\sin(x) = -\sin(\vartheta)$ für $n - 2 = 0$, $n - 6 = 0$, $n - 10 = 0$ usw. und schließlich $\sin(x) = -\cos(\vartheta)$ für $n - 3 = 0$, $n - 7 = 0$, $n - 11 = 0$ usw. oder kürzer ausgedrückt:

$$
\sin(x) = \begin{cases} \sin(\vartheta) & \text{falls } n \bmod 4 = 0\\ \cos(\vartheta) & \text{falls } n \bmod 4 = 1\\ -\sin(\vartheta) & \text{falls } n \bmod 4 = 2\\ -\cos(\vartheta) & \text{falls } n \bmod 4 = 3 \end{cases} \tag{5.56}
$$

Die unteren beiden Bits von n geben also an, welche Funktion im reduzierten Bereich tatsächlich zu berechnen ist. Insbesondere muss n selbst gar nicht bekannt sein, die Kenntnis der beiden Bits genügt. Die Reduktion von $\cos(x)$ kann analog vorgenommen werden:

$$\cos(x) = \begin{cases} \cos(\vartheta) & \text{falls } n \bmod 4 = 0 \\ -\sin(\vartheta) & \text{falls } n \bmod 4 = 1 \\ -\cos(\vartheta) & \text{falls } n \bmod 4 = 2 \\ \sin(\vartheta) & \text{falls } n \bmod 4 = 3 \end{cases} \tag{5.57}$$

Die benötigten Zahlen n und ϑ können aus dem ganzzahligen und dem gebrochenen Anteil von $\frac{2}{\pi}x$ berechnet werden. Das kann allerdings nicht innerhalb der Fließkommaarithmetik geschehen, das Ergebnis wäre allzu ungenau. Zur Illustration drei Zahlenbeispiele.

Für $x = 100$ errechnet sich die Zerlegung von

$$\frac{2}{\pi}x = n + \theta$$

zu $n =$ **3F** und $\theta \approx$ **0,A9775716**. Wird aber $\frac{2}{\pi}x$ berechnet als das Produkt der zweidrittelgenauen Fließkommazahlen **42C800** und **3F22FA** und dann mit dem Unterprogramm `FkaSep` in die Bestandteile zerlegt, ergibt sich $n =$ **3F** und $\theta =$ **0,A9C0**. θ hat mit dieser Rechnung nur noch etwa acht korrekte Bits.

Es wird schlimmer für $x = 1000$ mit der Zerlegung $n =$ **27C** und $\theta =$ **0,9EA966E1**, hier liefert die Fließkommaarithmetik nur noch $\theta =$ **0,A000**. Immerhin stimmt noch der ganzzahlige Anteil.

Das ist für $x = 10000$ mit der Zerlegung $n =$ **18DE** und $\theta =$ **0,329E04D1** nicht mehr der Fall, das Ergebnis der Rechnung mit der Fließkommaarithmetik ist nämlich $n =$ **18DF** und $\theta =$ **0,8000**.

Die Fließkommaarithmetik, genauer gesagt das Unterprogramm `FkaSep`[23], kann also nicht zur Bereichsreduktion herangezogen werden. Eine größere Genauigkeit wird durch folgendes Vorgehen erreicht. Die zweidrittelgenaue Fließkommazahl $\mathfrak{a}$, die reduziert werden soll, wird in ihre Mantisse a und ihren Exponenten e zerlegt:

$$\mathbb{F}_{2/3}(\mathfrak{a}) = \mathsf{a} \times 2^e$$

Die Mantisse a hat in der Zerlegung das Format $\mathbb{K}_{0,16}$. Wird nun a mit einer 32-Bit-Approximation z von $\frac{2}{\pi}$ im Format $\mathbb{K}_{0,32}$ multipliziert, dann stehen in dem Produkt

$$\mathsf{u} = \mathsf{a} \times \mathsf{z}$$

im Format $\mathbb{K}_{0,48}$ nach der Extraktion von n auch für große $\mathfrak{a}$ genugend Bits für ϑ zur Verfügung. Tabelle 5.12 gibt eine Vorstellung der erreichbaren Genauigkeit. Die Angaben der Tabelle sind

Tabelle 5.12.: Die Genauigkeit der Reduktionen von 10^i

	10	10^2	10^3	10^4	10^5	10^6	10^7	10^8
$=$	$\mathtt{24D070}_{16}$	$\mathtt{428C99}_{16}$	$\mathtt{3E4E6A}_{16}$	$\mathtt{13E09A}_{16}$	$\mathtt{623E18}_{16}$	$\mathtt{4DA598}_{16}$	$\mathtt{17C28E}_{16}$	$\mathtt{26DD15}_{16}$
$\approx$	$\mathtt{24D06F}_{16}$	$\mathtt{428C98}_{16}$	$\mathtt{3E4E69}_{16}$	$\mathtt{13E095}_{16}$	$\mathtt{623DE8}_{16}$	$\mathtt{4DA3C3}_{16}$	$\mathtt{17B03C}_{16}$	$\mathtt{19A21B}_{16}$

allerdings nicht ganz korrekt, denn es wird nicht 10^i reduziert, sondern die zweidrittelgenaue Fließkommazahl $\mathfrak{z}$ mit $\mathbb{F}_{2/3}(\mathfrak{z}) \approx 10^i$. So wird beispielsweise nicht 10^7 reduziert, sondern die Fließkommazahl **4B1896** mit $\mathbb{F}_{2/3}(\textbf{4B1896}) = 0,9999872_{10^7}$. Die Zehnerpotenzen von 10 bis 10^6 sind jedoch genau durch zweidrittelgenaue Fließkommazahlen darstellbar.

[23] `FkaSep` soll auch eigentlich zur Implementierung von Funktionen wie `INT` in BASIC und `floor` in **C** dienen.

Unterprogramm FkaRdkT

Zu einer zweidrittelgenauen Fließkommazahl $\mathfrak{a}$ werden eine ganze Zahl $n \geq 0$ und eine Fixkommazahl $\mathfrak{t}$ im Format $\mathbb{G}_{2,22}$ berechnet mit folgenden Eigenschaften: Ist $a = \mathbb{F}_{2/3}(\mathfrak{a})$ und $\vartheta = \mathbb{K}_{2,22}(\mathfrak{t})$, so gilt

$$|a| = n\frac{\pi}{2} + \vartheta \quad \text{und} \quad 0 \leq \vartheta < \frac{\pi}{2}.$$

Input

Y Die Adresse α von $\mathfrak{a}$

Output

$\mathbf{r_{25:24:23}}$ $\mathfrak{t}$ im Format $\mathbb{G}_{2,22}$

$\mathbf{r_{16}}$ $n \bmod 2^8$

Ist nach der Rückkehr $\mathbf{S}.\mathfrak{h} = 1$, so wurde wegen $a \leq \frac{\pi}{2}$ keine Reduktion durchgeführt, statt dessen $\mathbf{r_{25:24}} \leftarrow \frac{1}{2}(1 + \mathbf{f}(\mathfrak{a}))$ und $\mathbf{r_{16}} \leftarrow \mathbf{e}(\mathfrak{a}) - 126$.

```
FkaRdkT:     push3  r17,r18,r19            3×2
             push3  r20,r21,r22            3×2
             ld     r17,Y                  2     r19:18:17 ← a
             ldd    r18,Y+1                2
             ldd    r19,Y+2                2
             lsl    r18                    1     r19 ← e(a)
             rol    r19                    1
             cpi    r19,255                1     NaN?
             brne   FkaRdkT04              1/2   Falls ja, Fließkommafehler
             ldi    r16,FKA_TRG+FKA_NAN    1
             rjmp   FkaFhl                 2
FkaRdkT04:   ror    r18                    1     r18:17 ← a (Vervollständigung)
             subi   r19,126                1     r19 ← e
             brsh   FkaRdkT10              1/2   Bei e < 0 keine Reduktion
FkaRdkT06:   seh                           1     Anzeige keine Reduktion: S.h = 1
             mov    r25,r18                1     r25:24 ← ½(1 + f(a))
             mov    r24,r17                1
             mov    r16,r19                1     r16 ← e(a) − 126
FkaRdkT08:   pop3   r22,r21,r20            3×2
             pop3   r19,r18,r17            3×2
             ret                           4
FkaRdkT10:   breq   FkaRdkT06              1/2   Bei e = 0 keine Reduktion
             cpi    r19,2                  1     e ≥ 2?
             brsh   FkaRdkT12              1/2   Falls ja, Reduktion
             cpi    r18,0xCB               1     e = 1: gilt 2a < π/2 + ε?
             brlo   FkaRdkT06              1/2   Falls ja keine Reduktion
FkaRdkT12:   ldi    r16,0xA2               1     a₋₁ × A2
             mul    r18,r16                2
             movw   r25:r24,r1:r0          1
             ldi    r16,0x83               1     a₋₁ × 83
             mul    r18,r16                2
             movw   r23:r22,r1:r0          1
             ldi    r16,0x6E               1     a₋₂ × 6E
             mul    r17,r16                2
```

```
        movw   r21:r20,r1:r0        1
        mul    r18,r16              2    a-1 × 6E
        add    r21,r0               1
        adc    r22,r1               1
        clr    r0                   1
        adc    r23,r0               1
        adc    r24,r0               1
        adc    r25,r0               1
        ldi    r16,0x83             1    a-2 × 83
        mul    r17,r16              2
        add    r21,r0               1
        adc    r22,r1               1
        clr    r0                   1
        adc    r23,r0               1
        adc    r24,r0               1
        adc    r25,r0               1
        ldi    r16,0xF9             1    a-2 × F9
        mul    r17,r16              2
        add    r22,r0               1
        adc    r23,r1               1
        clr    r0                   1
        adc    r24,r0               1
        adc    r25,r0               1
        mul    r18,r16              2    a-1 × F9
        add    r23,r0               1
        adc    r24,r1               1
        clr    r0                   1
        adc    r25,r0               1
        ldi    r16,0xA2             1    a-2 × A2
        mul    r17,r16              2
        add    r23,r0               1
        adc    r24,r1               1
        clr    r0                   1
        adc    r25,r0               1
        rcall  FkaSeg               3+   r16 ← n mod 2^8, r25:24:23 ← θ
        brcs   FkaRdkT14            1/2
        push   r16                  2
        clr    r16                  1    Zur Addition von Überträgen
        movw   r19:r18,r25:r24      1    r19:18:17 ← θ
        mov    r17,r23              1
        ldi    r20,0xED             1    t0 × ED
        mul    r17,r20              2
        mov    r21,r1               1
        ldi    r20,0x64             1    t0 × 64
        mul    r17,r20              2
        movw   r23:r22,r1:r0        1
```

```
                mul     r19,r20                    2    t2 × 64
                movw    r25:r24,r1:r0              1
                mul     r18,r20                    2
                add     r23,r0                     1
                adc     r24,r1                     1
                adc     r25,r16                    1
                ldi     r20,0x87                   1    t1 × 87
                mul     r18,r20                    2
                add     r22,r0                     1
                adc     r23,r1                     1
                adc     r24,r16                    1
                adc     r25,r16                    1
                mul     r17,r20                    2    t0 × 87
                add     r21,r0                     1
                adc     r22,r1                     1
                adc     r23,r16                    1
                adc     r24,r16                    1
                adc     r25,r16                    1
                mul     r19,r20                    2    t2 × 87
                add     r23,r0                     1
                adc     r24,r1                     1
                adc     r25,r16                    1
                ldi     r20,0xED                   1    t2 × ED
                mul     r19,r20                    2
                add     r22,r0                     1
                adc     r23,r1                     1
                adc     r24,r16                    1
                adc     r25,r16                    1
                mul     r18,r20                    2    t1 × ED
                add     r21,r0                     1
                adc     r22,r1                     1
                adc     r23,r16                    1
                adc     r24,r16                    1
                adc     r25,r16                    1
                pop     r16                        2
                clh                                1    Anzeige Reduktion: S.h ← 0
                rjmp    FkaRdkT08                  1/2
FkaRdkT14:      ldi     r16,FKA_TRG+FKA_ARG        1
                rjmp    FkaFhl                     2
```

Wie oben schon angedeutet, wird $\mathfrak{a}$ in das Produkt der Mantisse

$$\mathsf{a} = \mathsf{a}_{-1} + \mathsf{a}_{-2}2^{-8} = \frac{1}{2}(1 + \mathbf{f}(\mathfrak{a}))$$

im Format $\mathbb{K}_{0,16}$ mit $\mathsf{a}_{-1}, \mathsf{a}_{-2} \in \{0, 1, \ldots, 255\}$ und der Zweierpotenz

$$2^e = 2^{\mathbf{e}(\mathfrak{a})-127+1}$$

zerlegt:

$$\mathbb{F}_{2/3}(\mathfrak{a}) = \mathsf{a} \times 2^e = (\mathsf{a}_{-1} + \mathsf{a}_{-2}2^{-8}) \times 2^e$$

Die Erhöhung des Zweierexponenten um Eins bedeutet $\frac{1}{2} \le \mathsf{a} < 1$. Zur Bereichsreduktion ist a mit einem geeigneten Teil von

$$\tfrac{2}{\pi} \approx 0,636619772367581343075535053490057448137838582961825794990669376235$$

zu multiplizieren. Die Multiplikation mit der 32-Bit-Approximation

$$\frac{2}{\pi} \approx \mathbf{0,A2F9836E} = \mathsf{z}$$

führt auf das folgende sechsstellige Byteprodukt:

$$\begin{aligned}
\mathsf{q} = \mathsf{a} \times \mathbf{0,A2F9836E} &= \left(\mathsf{a}_{-1}2^{-8} + \mathsf{a}_{-2}2^{-16}\right)\left(\mathbf{A2}2^{-8} + \mathbf{F9}2^{-16} + \mathbf{83}2^{-24} + \mathbf{6E}2^{-32}\right) \\
&= \quad \mathsf{a}_{-1}\mathbf{A2} \times 2^{-16} \\
&\quad + (\mathsf{a}_{-1}\mathbf{F9} + \mathsf{a}_{-2}\mathbf{A2})\,2^{-24} \\
&\quad + (\mathsf{a}_{-1}\mathbf{83} + \mathsf{a}_{-2}\mathbf{F9})\,2^{-32} \\
&\quad + (\mathsf{a}_{-1}\mathbf{6E} + \mathsf{a}_{-2}\mathbf{83})\,2^{-40} \\
&\quad + \mathsf{a}_{-2}\mathbf{6E} \times 2^{-48} \\
&= \mathsf{q}_{-1}2^{-8} + \mathsf{q}_{-2}2^{-16} + \cdots + \mathsf{q}_{-6}2^{-48}
\end{aligned}$$

Da a das Format $\mathbb{K}_{0,16}$ und z das Format $\mathbb{K}_{0,32}$ hat, liegt das Produkt az im Format $\mathbb{K}_{0,48}$ vor. In Bild 5.18

Abbildung 5.18.: Zur Berechnung von $\mathsf{a} \times \mathbf{0,A2F9836E}$

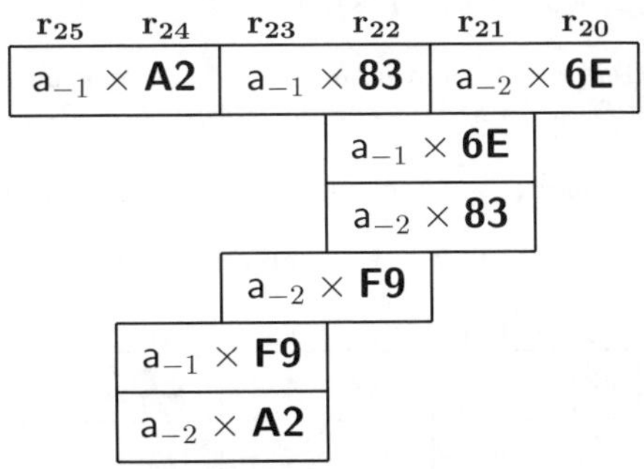

ist zu sehen, wie das Produkt aus den Teilprodukten zusammengesetzt werden kann. Die Produktbildung ist natürlich von der Skalierung unabhängig, multipliziert wird eine 16-Bit-Zahl mit einer 32-Bit-Zahl.

Der entscheidende Schritt der Bereichsreduktion ist nun die Zerlegung von $\mathsf{q}2^e$ in den ganzzahligen Anteil n und den gebrochenen Anteil θ, von ihr hängt in starkem Maße die Genauigkeit der später zu berechnenden Funktionswerte ab. Je größer der Exponent e, desto größer ist auch der ganzzahlige Anteil n, d.h. mit wachsendem e bleiben immer weniger Bits für den gebrochenen Anteil θ übrig. Dazu zwei Beispiele.

Für die zweidrittelgenaue Fließkommazahl **412000**, die 10^1 darstellt, also $\mathbb{F}_{2/3}(\mathbf{412000}) = 10$, ist $\mathsf{q} = \mathbf{0,65DBF224C000}$ und $e = 4$. Die von der Approximation gelieferte Zerlegung ist $\tilde{n} = 6$ und $\tilde{\theta} = \mathbf{0,5DBF22}$, die mit der echten Multiplikation mit $\frac{2}{\pi}$ erhaltene Zerlegung ist dagegen $n = 6$ und $\theta \approx \mathbf{0,5DBF224F}$. Es ist also kein Genauigkeitsverlust eingetreten.

Anders aber bei $\mathbb{F}_{2/3}$(**497424**) $= 10^6$. Hier ist q $=$ **0,9B6CBC5B5378** und $e = 20$ mit der Zerlegung $\tilde{n} = 636619$ und $\tilde{\theta} =$ **0,C5B537**. Der große ganzzahlige Anteil verbraucht einen großen Teil der Bits von q, es ist also ein beträchtlicher Genauigkeitsverlust für den gebrochenen Anteil zu befürchten. Und tatsachlich ist $\theta \approx$ **0,C5B9E1BE**, zum direkten Vergleich untereinander geschrieben:

$$\begin{array}{l} \texttt{0,C5B9E1BE}_{16} \\ \texttt{0,C5B53700}_{16} \end{array}$$

Der gebrochene Anteil enthält also nur noch 12 korrekte Bit. Mit zunehmender Größe des Exponenten e enthält $\tilde{\theta}$ immer weniger korrekte Bit, bis schließlich mit dem echten gebrochenen Anteil keine Ähnlichkeit mehr besteht. Solange der ganzzahlige Anteil korrekt herauskommt, ist noch Information über das Vorzeichen vorhanden, aber auch er ist irgendwann fehlerhaft. Bei der Fließkommazahl $\mathbb{F}_{2/3}$(**4E6E6B**) $= 10^9$ ist $\tilde{n} = 636618142$ jedenfalls noch korrekt, doch $\tilde{\theta} =$ **0,8CBEA0** ist weit vom wahren gebrochenen Anteil $\theta \approx$ **0,9EF78088** entfernt.

Nach der Zerlegung ist noch aus θ durch Multiplikation mit einer geeigneten Approximation an $\frac{\pi}{2}$ der gebrochene Anteil ϑ zu bilden. Da ϑ vom Unterprogramm `FkaSeg` im Format $\mathbb{K}_{0,24}$ erzeugt wird, entsteht das Produkt automatisch im Format $\mathbb{G}_{2,22}$, wenn für die Approximation an $\frac{\pi}{2}$ dieses Format verwendet wird: $\frac{\pi}{2} \approx$ **6487ED**. Für die Multiplikation können beide Zahlen als ganze Zahlen interpretiert werden. Ist $\theta = t_0 + t_1 2^0 + t_2 2^{16}$, dann wird die Multiplikation wie folgt ausgeführt:

$$\begin{aligned} \vartheta = \theta \times \mathbf{6487ED} &= (t_0 + t_1 2^0 + t_2 2^{16})(\mathbf{ED} + \mathbf{87} \times 2^8 + \mathbf{ED} \times 2^{16}) \\ &= \quad \mathbf{ED} \times t_0 \\ &\quad + (\mathbf{ED} \times t_1 + \mathbf{87} \times t_0)2^8 \\ &\quad + (\mathbf{ED} \times t_2 + \mathbf{87} \times t_1 + \mathbf{64} \times t_0)2^{16} \\ &\quad + (\mathbf{87} \times t_2 + \mathbf{64} \times t_1)2^{24} \\ &\quad + \mathbf{64} \times t_2 \times 2^{32} \end{aligned}$$

Wie das Produkt aus seinen Teilprodukten zusammengesetzt wird kann Bild 5.19 entnommen werden. Das Produkt hat das Format $\mathbb{G}_{2,36}$, von dem nur die oberen drei Bytes im Format $\mathbb{G}_{2,22}$ verwendet werden.

Die erste Aufgabe des Unterprogramms ist es also, die zweidrittelgenaue Fließkommazahl $\mathfrak{a}$ in das

Abbildung 5.19.: Zur Berechnung von $\theta \times$ **6487ED**

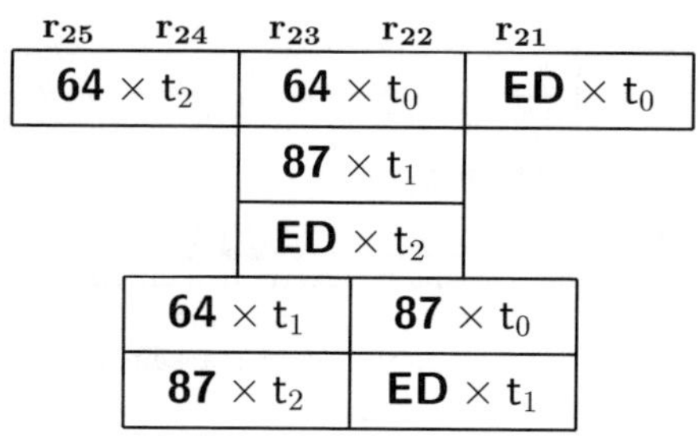

Produkt aus

$$\mathsf{a} = \frac{1}{2}(1 + \mathbf{f}(\mathfrak{a})) \quad \text{und} \quad 2^e = 2^{\mathbf{e}(\mathfrak{a})-126}$$

zu zerlegen. Dazu wird in den Zeilen *3–5* das Dreifachregister $\mathbf{r_{19:18:17}}$ mit $\mathfrak{a}$ geladen. Nach der Zerlegung soll e in $\mathbf{r_{19}}$ und a in $\mathbf{r_{18:17}}$ enthalten sein. Was geschehen muss, um das zu erreichen, lässt sich aus Bild 5.20 ableiten. Das untere Bit von $\mathbf{e}(\mathfrak{a})$ ist das obere Bit von Register $\mathbf{r_{18}}$, ein Linksshift von $\mathbf{r_{18}}$ gefolgt von einer Linksrotation von $\mathbf{r_{19}}$ und Übertragsbit $\mathbf{S}.\mathfrak{c}$ in den Zeilen *6–7* bringt folglich den ganzen Exponenten in das Register $\mathbf{r_{19}}$. Das Vorzeichen geht dabei verloren, wird aber auch nicht benötigt. Der Exponent wird in Zeile *8* sofort überprüft, ob er ein **NaN** anzeigt, ist das der Fall, so wird ein Fehler erzeugt. Ist das nicht der Fall, dann gilt $\mathbf{e}(\mathfrak{a}) < 255$, d.h. beim Vergleich in Zeile *8* wird das Übertragsbit gesetzt: $\mathbf{S}.\mathfrak{c} \leftarrow 1$. Dann wird aber bei der Rechtsrotation von $\mathbf{r_{18}}$ und $\mathbf{S}.\mathfrak{c}$ in Zeile *12* eine 1 in Register $\mathbf{r_{18}}$ hineingeschoben und auf diese Weise das im Bitmuster $\mathfrak{a}$ der Fließkommazahl nicht vorhandene höchstsignifikante Bit der Mantisse erzeugt.

Als nächstes wird in Zeile *13* der Exponent $e = \mathbf{e}(\mathfrak{a}) - 126$ berechnet. Der Exponent einer zweidrittel-

Abbildung 5.20.: Der Aufbau einer zweidrittelgenauen Fließkommazahl $\mathfrak{a}$

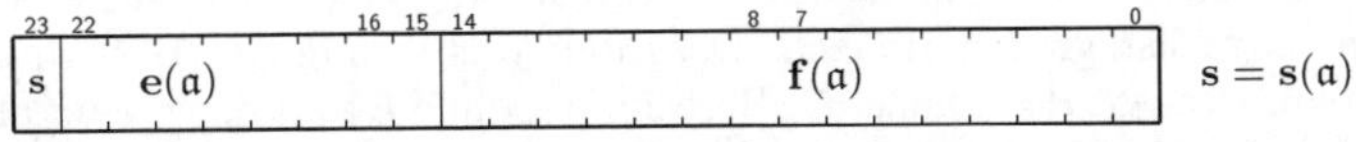

genauen Fließkommazahl bezieht sich auf eine Mantisse im Bereich $1 \le \mathbf{f}(\mathfrak{a}) < 2$. Die Mantisse soll hier jedoch das Format $\mathbb{K}_{0,16}$ haben, d.h. sie muss im Intervall $[\frac{1}{2}, 1)$ liegen. Das kann durch eine Erhöhung des Exponenten um 1 erreicht werden, die in Zeile *13* durch Subtraktion von 126 statt 127 gewonnen wird.

Es folgt der Test, ob eine Bereichsreduktion überhaupt nötig ist. Die Berechnung von e in Zeile *13* kann schon als ein Teiltest eingesetzt werden, denn erzeugt der Subtraktionsbefehl ein „Borgen", setzt er also das Übertragsbit, so ist $e < 0$ und damit $\mathsf{a} \times 2^e < \frac{1}{2} < \frac{\pi}{2}$. In diesem Fall wird keine Reduktion benötigt, weshalb in Zeile *15* zur Anzeige dieses Sachverhaltes das Statusbit $\mathbf{S}.\mathfrak{h}$ gesetzt, $\mathbf{r_{25:24}}$ mit $\frac{1}{2}(1 + \mathbf{f}(\mathfrak{a}))$ und $\mathbf{r_{16}}$ mit $\mathbf{e}(\mathfrak{a}) - 126$ geladen wird und dann in das rufende Programm zurückgekehrt wird. Der Subtraktionsbefehl in Zeile *13* kann aber auch feststellen, ob $e = 0$ gilt. Das wird in Zeile *22* getestet. Ist es wahr, so gilt $\mathsf{a} \times 2^e < 1 < \frac{\pi}{2}$ und es wird so wie bei $e < 0$ verfahren. Eine Reduktion wird ganz sicher bei $e \ge 2$ benötigt, denn dann ist $\frac{\pi}{2} < 2 \le \mathsf{a} \times 2^e$. Diese Bedingung wird in Zeile *23* geprüft. Ist sie nicht erfüllt, dann gilt $e = 1$ und folglich $1 \le \mathsf{a} \times 2^e < 2$, d.h. es muss tatsächlich $\mathsf{a} \times 2^1$ mit $\frac{\pi}{2}$ verglichen werden. Dieser Vergleich muss nicht sehr genau sein, da das CORDIC-Verfahren auch noch jenseits von $\frac{\pi}{2}$ konvergiert. Es konvergiert noch bei $2^1 \times \mathbf{0{,}CA} > 2^1 \times \mathbf{0{,}C90FDAA2}\cdots = \frac{\pi}{2}$, mit dem Vergleich in Zeile *25* des oberen Bytes von a mit **CB** kann also entschieden werden, ob reduziert werden muss: Hat das obere Byte höchstens den Wert **CA**, so liegt $\mathsf{a} \times 2^1$ im Konvergenzbereich des CORDIC-Verfahrens und es kann wie bei $e \le 0$ verfahren werden.

Der erste Teil der Reduktion besteht darin, a mit **0,A2F9836E** zu multiplizieren. Die Multiplikation findet in den Zeilen *27–68* statt, die Einzelheiten sind Bild 5.18 zu entnehmen. Das Produkt q wird, wie vom Unterprogramm `FkaSeg` gefordert, im Sechsfachregister $\mathbf{r_{25:24:23:22:21:20}}$ zusammengesetzt. Der zweite Parameter für `FkaSeg`, der Exponent e, wurde schon im passenden Register $\mathbf{r_{19}}$ ermittelt, `FkaSeg` kann also direkt nach der Multiplikation in Zeile *69* aufgerufen werden. Dieser Aufruf berechnet $n \bmod 2^8$ in $\mathbf{r_{16}}$ und θ in Register $\mathbf{r_{25:24:23}}$ im Format $\mathbb{K}_{0,24}$. Das geschieht allerdings nur bei $e < 32$, bei $e \ge 32$ wird aus den oben diskutierten Gründen nicht mehr reduziert und diese Tatsache durch das gesetzte Übertragsbit angezeigt. Das wird in Zeile *70* geprüft und falls zutreffend ein Fließkommafehler erzeugt. Wurde jedoch reduziert, so muss als letzte Maßnahme θ zur Gewinnung von ϑ mit $\frac{\pi}{2}$ multipliziert werden. Wie oben dargelegt, geschieht das durch Multiplikation mit **6487ED** im Format $\mathbb{G}_{2,22}$, und zwar in den Zeilen *73–114*. Die Zusammensetzung des Produktes ist in Bild 5.19 zu sehen.

Die Genauigkeit der Zerlegung kann gesteigert werden, dazu muss nur mit einem längeren Abschnitt von $\frac{2}{\pi}$ multipliziert werden. Allerdings wäre auch eine Änderung von Unterprogramm `FkaSeg` nötig.

Ist die Reduktion mit abfallender Genauigkeit nicht erwünscht, kann das Unterprogramm leicht geändert werden. Es ist nur zu ermitteln, bei welchem Index e_V der Genauigkeitsverlust eintritt und bei $e \geq e_V$ im Unterprogramm ein Fließkommafehler zu erzeugen.

Es ist natürlich auch möglich, dass überhaupt kein Fließkommafehler erzeugt werden soll, wie es z.B. auch der **C**-Standard fordert. Dann ist für jedes Argument ein Funktionswert zu erzeugen. Wegen der Überlegungen in Abschnitt 5.1 bietet sich für absolut große Argumente der Funktionswert 0 an. Statt also in Zeile *70* einen Fehler zu erzeugen ist $\mathbf{r_{16}}$ mit **00** und $\mathbf{r_{25:24:23}}$ mit **000000** zu laden.

5.9.1.2. sin(x)

Zu einer zweidrittelgenauen Fließkommazahl $\mathfrak{x}$ mit $\mathbb{F}_{2/3}(\mathfrak{x}) = x$ ist eine zweidrittelgenauen Fließkommazahl $\mathfrak{y}$ mit $\mathbb{F}_{2/3}(\mathfrak{y}) \approx \sin(x)$ zu berechnen. Angestrebt wird eine Genauigkeit von 16 Bit über einen möglichst großen Bereich. Dass die Ausführung der Bereichsreduktion kritisch ist, wurde schon dargelegt, doch auch die Berechnung ohne Reduktion, wenn also $|x|$ klein genug ist, ist nicht ohne Probleme.

Falls vom Unterprogramm `FkaRdkT` eine Bereichsreduktion durchgeführt wurde, liegt das reduzierte Argument ϑ im Format $\mathbb{G}_{2,22}$ vor und kann direkt an `FkaCordic` übergeben werden. Welche der beiden von diesem Unterprogramm berechneten Werte Verwendung zu finden hat und welches Vorzeichen das Ergebnis hat bestimmt der Inhalt n mod 4 von $\mathbf{r_{16}}$, siehe dazu (5.56). Hier gibt es keine Probleme.

Wird jedoch keine Bereichsreduktion durchgeführt, dann wird von `FkaRdkT` die folgende Zerlegung von $\mathfrak{x}$ als Ergebnis zurückgegeben:

$$x = 2^e\mathsf{x} \quad \text{mit } \mathsf{x} = \frac{1}{2}(1 + \mathbf{f}(\mathfrak{x})) \text{ und } e = \mathbf{e}(\mathfrak{x}) - 126$$

Es ist also $\frac{1}{2} \leq \mathsf{x} < 1$ und $-126 \leq e \leq 1$. Das Argument $2^e\mathsf{x}$ muss nun aber im Format $\mathbb{G}_{2,22}$ an das Unterprogramm `FkaCordic` übergeben werden. Da im Format nur 22 Nachkommabitstellen zur Verfügung stehen, kann x höchstens sechsmal ohne Genauigkeitsverlust rechtsgeshiftet werden. Für $e \leq -7$ gehen bei der Umwandlung in das Format $\mathbb{G}_{2,22}$ Bits verloren, für genügend kleines e gehen sogar *alle* Bits verloren.

Hier kommt die Eigenschaft der Sinusfunktion zu Hilfe, dass ihre Funktionswerte sich für absolut kleine Argumente nur wenig von den Argumenten unterscheiden, d.h. für kleine $|x|$ gilt $\sin(x) \approx x$. Man kann den Grad der Abweichung unter Einsatz der Potenzreihen abschätzen, aber eine solche Abschätzung ist als Grundlage der Berechnung zu ungenau. Weil jedoch $|\sin(x) - x|$ eine monoton steigende Funktion ist[24], genügt es $|\sin(x_0) - x_0|$ zu berechnen, um die größte Abweichung für alle $0 \leq x \leq x_0$ zu kennen.

Wegen $2^{-1} \leq \mathsf{x} < 1$ gilt für den kleinsten erlaubten Exponenten $2^{-7} \leq 2^{-6}\mathsf{x}$, d.h. für $\mathfrak{x}$ mit einem Exponenten $e < -6$ ist $x < 2^{-7}$. Aus

$$\left|\sin(2^{-7}) - 2^{-7}\right| \approx 0,8 \times 10^{-7} < 0,8 \times 10^{-5} \approx 2^{-17}$$

folgt für solche $\mathfrak{x}$ im Rahmen der Rechengenauigkeit $\sin(x) = x$, das Argument kann als Funktionswert übernommen werden. Wegen

$$\left|\sin(2^{-5}) - 2^{-5}\right| \approx 0,5 \times 10^{-5} < 0,8 \times 10^{-5} \approx 2^{-17}$$

[24] $x - \sin(x)$ hat die Ableitung $1 - \cos(x)$.

Abbildung 5.21.: sin(x) im reduzierten Bereich

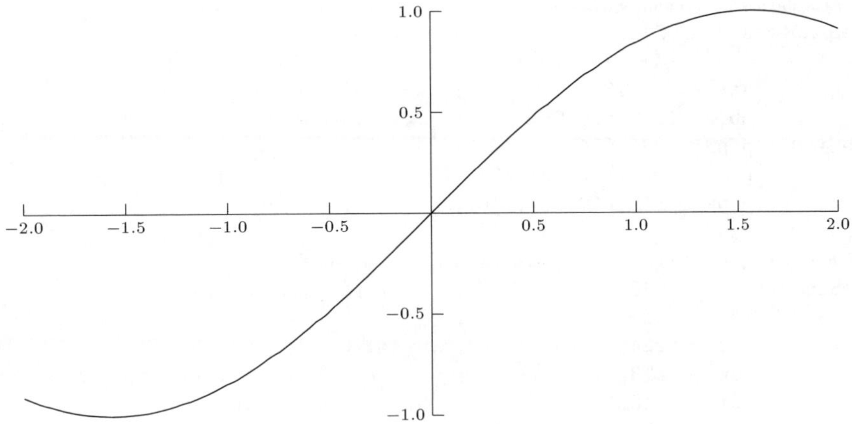

kann der kritische Wert des Exponenten sogar auf $e = -4$ heraufgesetzt werden, d.h. ein Funktionswert muss nur für Exponenten $e \geq -4$ berechnet werden. Auf diese Weise lässt sich noch etwas Laufzeit einsparen, denn das Argument als Funktionswert zu übernehmen bedeutet nur drei Bytes kopieren zu müssen.

Unterprogramm FkaSin

Zu einer zweidrittelgenauen Fließkommazahl $\mathfrak{x}$ mit $x = \mathbb{F}_{2/3}(\mathfrak{x})$ wird eine zweidrittelgenaue Fließkommazahl $\mathfrak{y}$ berechnet mit $\sin(x) \approx \mathbb{F}_{2/3}(\mathfrak{y})$.

Input

Y Die Adresse ξ einer zweidrittelgenauen Fließkommazahl $\mathfrak{x}$

X Die Adresse η einer zweidrittelgenauen Fließkommazahl $\mathfrak{y}$

Bei fehlerfreiem Ablauf wird $\mathfrak{y}$ mit der Approximation von $\sin(x)$ überschrieben.
Das Unterprogramm kann zwei Fehler erzeugen. Wird als $\mathfrak{x}$ ein **NaN** übergeben, so wird der Fehler `FKA_TRG+FKA_NAN` erzeugt. Ein zu großes absolutes Argument $|x|$ hat den Fehler `FKA_TRG+FKA_ARG` zur Folge.

```
FkaSin:    push4   r16,r17,r18,r19   4×2
           push4   r20,r21,r22,r23   4×2
           push2   r24,r25           2×2
  Falls nötig Durchführung einer Bereichsreduktion
           rcall   FkaRdkT           3+    Eventuell Bereichsreduktion
           brhs    FkaSin02          1/2   Bei S.𝔥 = 1 keine Reduktion
           rjmp    FkaSin30          2     Zur Berechnung mit Bereichsreduktion
  Funktionsberechnung ohne Bereichsreduktion
FkaSin02:  cpi     r16,-4            1     e ≥ −4?
           brge    FkaSin10          1/2   Falls ja: Berechnung mit CORDIC
  Übernahme eines kleinen Argumentes 𝔵 als Funktionswert 𝔶
           ld      r18,Y             2     r23:19:18 ← 𝔵
```

```
           ldd    r19,Y+1               2
           ldd    r23,Y+2               2
 Die Ausgabe des Fließkommaergebnisses
FkaSin04:  st     X+,r18                2     𝔶 ← 𝔯23:19:18
           st     X+,r19                2
           st     X,r23                 2
           sbiw   r27:r26,2             2     X restaurieren
FkaSin06:  pop2   r25,r24               2×2
           pop4   r23,r22,r21,r20       4×2
           pop4   r19,r18,r17,r16       4×2
           ret                          4
 Die Vorbereitungen auf und die Ausführung des CORDIC-Verfahrens
FkaSin10:  clr    r23                   1     Überführung in das Format 𝔾2,22
           lsr    r25                   1
           ror    r24                   1
           ror    r23                   1
           cpi    r16,1                 1     Bei e = 1 nur ein Rechtsshift
           breq   FkaSin14              1/2
           lsr    r25                   1
           ror    r24                   1
           ror    r23                   1
           tst    r16                   1
           breq   FkaSin14              1/2   Bei e = 0 zwei Rechtsshifts
FkaSin12:  lsr    r25                   1     |e| Rechtsshifts bei e < 0
           ror    r24                   1
           ror    r23                   1
           inc    r16                   1
           brne   FkaSin12              1/2
FkaSin14:  rcall  FkaCordic             3+    Ausführung des CORDIC-Verfahrens
 Die Aufbereitung des von FkaCordic gelieferten Rechenergebnisses zur Fließkommazahl
FkaSin16:  clr    r20                   1     Zur Ermittlung des endgültigen Vorzeichens
 Das Rechenergebnis wird normalisiert
FkaSin18:  lsl    r17                   1     Ein Linksshift ist zwingend
           rol    r18                   1
           rol    r19                   1
           ldi    r23,127               1
           tst    r19                   1     Schon normalisiert?
           brmi   FkaSin21              1/2   Falls ja, zum Runden
FkaSin20:  lsl    r17                   1     Zur Normalisierung weiter linksshiften
           rol    r18                   1
           rol    r19                   1
           dec    r23                   1     und e dekrementieren
           tst    r19                   1
           brpl   FkaSin20              1/2
 Das normalisierte Rechenergebnis wird gerundet
FkaSin21:  clr    r16                   1     Zur Aufaddition der Überträge
```

```
          lsl    r17             1     Siehe die Erläuterungen im Text
          adc    r18,r16         1
          adc    r19,r16         1
          brcc   FkaSin22        1/2
          ror    r19             1
          ror    r18             1
          inc    r23             1
```

Endgültiger Aufbau des Fließkommaergebnisses mit Vorzeichen

```
FkaSin22: lsl    r19             1     Siehe die Erläuterungen im Text
          ldd    r24,Y+2         2
          eor    r24,r20         1
          rol    r24             1
          ror    r23             1
          ror    r19             1
          rjmp   FkaSin04        2
```

Die Berechnung des Funktionswertes nach einer Bereichsreduktion

```
FkaSin30: rcall  FkaCordic       3+    Ausführung des CORDIC-Verfahrens
```

Die Berechnung der Verzweigungsgröße n mod 4

```
          andi   r16,0b00000011  1     r16 ← n mod 4
          breq   FkaSin36        1/2   Verzweigen bei n mod 4 = 0
          cpi    r16,2           1     n mod 4 = 2?
          breq   FkaSin32        1/2   Verzweigen bei n mod 4 = 2
          brlo   FkaSin34        1/2   Verzweigen bei n mod 4 = 1
```

$n \bmod 4 = 3$: $-\cos(\vartheta)$

```
          mov    r17,r20         1     sin(ϑ) mit cos(ϑ) überschreiben
          mov    r18,r21         1
          mov    r19,r22         1
```

$n \bmod 4 = 2$: $-\sin(\vartheta)$

```
FkaSin32: mov    r23,r17         1     sin(ϑ) = 0?
          or     r23,r18         1
          or     r23,r19         1
          breq   FkaSin40        1/2   Falls ja, Ergebnis 000000 ausgeben
          ldi    r20,0b10000000  1     Vorzeichen von r ist zu invertieren
          rjmp   FkaSin18        2     Zur Ergebnisaufbereitung mit Vorzeichen
```

$n \bmod 4 = 1$: $\cos(\vartheta)$

```
FkaSin34: mov    r17,r20         1     sin(ϑ) mit cos(ϑ) überschreiben
          mov    r18,r21         1
          mov    r19,r22         1
```

$n \bmod 4 = 0$: $\sin(\vartheta)$

```
FkaSin36: mov    r23,r17         1     sin(ϑ) = 0?
          or     r23,r18         1
          or     r23,r19         1
          breq   FkaSin40        1/2   Falls ja, Ergebnis 000000 ausgeben
          rjmp   FkaSin16        2     Zur Ergebnisaufbereitung ohne Vorzeichen
FkaSin40: rjmp   FkaSin04        2     Zur Ausgabe von 000000
```

Das Unterprogramm beginnt direkt mit dem Versuch einer Bereichsreduktion in Zeile *4*. Das Statusbit **S**.$\mathfrak{h}$ zeigt nach dem Aufruf von **FkaRdkT** an, ob reduziert wurde oder nicht. Ist es gesetzt, so wurde nicht reduziert.
Bei nicht erfolgter Reduktion wird in Zeile *7* fortgefahren. Das Doppelregister $\mathbf{r_{25:24}}$ enthält

$$\mathsf{x} = \frac{1}{2}(1 + \mathbf{f}(\mathfrak{x}))$$

und Register $\mathbf{r_{16}}$ enthält

$$e = \mathbf{e}(\mathfrak{x}) - 126.$$

Mit dem Test in Zeile *7* wird festgestellt, ob das Argument als Funktionswert übernommen werden kann, ob also, wie oben schon festgestellt wurde, $e < -4$ gilt. Ist das der Fall, so wird in den Zeilen *9–15* der Inhalt von $\mathfrak{y}$ mit dem Inhalt von $\mathfrak{x}$ überschrieben, d.h. das Argument zum Funktionswert gemacht.
Gilt dagegen $e \geq -4$, so müssen x und e ab Zeile *20* für den Einsatz von **FkaCordic** präpariert werden, d.h. $2^e\mathsf{x}$ muss in das $\mathbb{G}_{2,22}$-Format transformiert werden. Zur Erinnerung: An dieser Stelle ist $-4 \leq e \leq 1$ und $\frac{1}{2} \leq \mathsf{x} < 1$. Das Dreifachregister $\mathbf{r_{25:24:23}}$ soll die transformierte Zahl aufnehmen. Man kann damit beginnen, zunächst x in das Format $\mathbb{G}_{2,22}$ zu bringen. Wird der Inhalt von $\mathbf{r_{23}}$ gelöscht, dann enthält $\mathbf{r_{25:24:23}}$ das Bitmuster von x im Format $\mathbb{K}_{0,24}$, denn $\mathbf{r_{25:24}}$ enthält ja x im Format $\mathbb{K}_{0,16}$. Folglich transformiert ein doppelter Rechtsshift den Inhalt von $\mathbf{r_{25:24:23}}$ in das Format $\mathbb{G}_{2,22}$. Gilt $e = 1$, so muss $\mathbf{r_{25:24:23}}$ anschließend einmal nach links geshiftet werden. Gilt $-4 \leq e \leq -1$, so muss der Inhalt von $\mathbf{r_{25:24:23}}$ noch $|e|$-mal nach rechts geshiftet werden. Anders gesagt: Es muss auf jeden Fall einmal nach rechts geshiftet werden, bei $e < 1$ muss noch einmal nach rechts geshiftet werden und zusätzlich ist bei $e < 0$ noch $|e|$-mal nach rechts zu shiften. Und so geschieht es auch. Nach dem Löschen von $\mathbf{r_{23}}$ wir $\mathbf{r_{25:24:23}}$ in den Zeilen *21–23* einmal nach rechts geshiftet. Anschließend wird geprüft, ob $e = 1$ gilt. Ist das der Fall, so ist die Transformation schon geschehen und es kann in Zeile *36* mit dem CORDIC-Verfahren fortgefahren werden. Ist das jedoch nicht der Fall, ist also $e < 1$, so wird in den Zeilen *26–28* noch einmal nach rechts geshiftet. Anschließend wird geprüft, ob $e = 0$ gilt. Ist das wahr, so ist auch hier die Transformation komplett. Gilt aber $e \neq 0$, also $e < 0$, so wird zur Vervollständigung der Transformation $\mathbf{r_{25:24:23}}$ in der Schleife in den Zeilen *31–35* $|e|$-mal nach rechts geshiftet.
Bei Erreichen der Zeile *36* enthält $\mathbf{r_{25:24:23}}$ also den Anfangswert Θ_0 für das CORDIC-Verfahren. Der Aufruf des Unterprogramms liefert $\mathfrak{s}$ mit $\mathbb{G}_{2,22}(\mathfrak{s}) \approx \sin(\Theta_0)$ in $\mathbf{r_{19:18:17}}$ und $\mathfrak{c}$ mit $\mathbb{G}_{2,22}(\mathfrak{c}) \approx \cos(\Theta_0)$ in $\mathbf{r_{22:21:20}}$. Da weder $\mathfrak{s}$ noch $\mathfrak{c}$ eine negative Zahl repräsentieren kann für das Folgende $\mathbb{G}_{2,22}$ durch $\mathbb{K}_{2,22}$ ersetzt werden. Hier wird nur das Bitmuster $\mathfrak{s}$ in $\mathbf{r_{19:18:17}}$ benötigt.
Die Umwandlung von $\mathfrak{s}$ in die zweidrittelgenaue Fließkommazahl $\mathfrak{y}$ beginnt in Zeile *37* damit, den Inhalt von Register $\mathbf{r_{20}}$ zu löschen. Diese Maßnahme dient später der Berechnung des Vorzeichens der Fließkommazahl, der Wert **00** besagt, dass $\mathfrak{s}$ kein negatives Vorzeichen zuzuordnen ist. Anschließend wird in den Zeilen *39–41* durch einen Linksshift $\mathfrak{s}$ in das Bitmuster $\mathfrak{t}$ im Format $\mathbb{K}_{1,23}$ überführt, natürlich bei Werterhaltung, d.h. es ist $\mathbb{K}_{2,22}(\mathfrak{s}) = \mathbb{K}_{1,23}(\mathfrak{t})$. Damit ist sichergestellt dass $0 < \mathbb{K}_{1,23}(\mathfrak{t}) < 1$ gilt.[25] Der zugehörige echte Binärexponent ist $\exists(\mathfrak{y}) = 0$, Register $\mathbf{r_{23}}$ wird mit ihm in Zeile *41* in der letztlich erforderlichen Gestalt $b = \mathbf{e}(\mathfrak{y}) = \exists(\mathfrak{y}) + 127$ mit *bias* 127 geladen .
Die Bedingung $0 < \mathbb{K}_{1,23}(\mathfrak{t}) < 1$ reicht allerdings noch nicht aus, um aus $\mathfrak{t}$ durch Runden die Mantisse von $\mathfrak{y}$ zu machen. Es muss normalisiert, d.h. die Bedingung $\frac{1}{2} \leq \mathbb{K}_{1,23}(\mathfrak{t}) < 1$ hergestellt werden. Das geschieht, falls überhaupt notwendig, mit einer Reihe von Linksshifts. Dass $\mathfrak{t}$ normalisiert ist, kann durch Inspektion des Vorzeichenbits von $\mathbf{r_{19}}$ geprüft werden: Hat es den Wert $\mathtt{1}$, dann ist $\mathfrak{t}$ normalisiert. Eben das wird in Zeile *42* getestet. Ist das Bit gesetzt, kann direkt in die Zeile *50* zum Runden gesprungen werden. Ist es nicht gesetzt, wird in der Schleife in den Zeilen *44–49* so lange linksgeshiftet, bis es gesetzt ist. Bei jedem Linksshift muss natürlich der Exponent in $\mathbf{r_{23}}$ inkrementiert werden. Die Schleife ist wegen $0 < \mathbb{K}_{1,23}(\mathfrak{t})$ sicherlich keine Endlosschleife.
Nach der Normalisierung muss die Mantisse auf 16 Bitstellen gerundet werden. Es wird konventionell ge-

[25] Der Fall $0 = \mathbb{K}_{1,23}(\mathfrak{t})$ kann nicht eintreten, da das Argument 0 direkt zum Funktionswert gemacht wird.

rundet, also ohne Berücksichtigung der besonderen Rundungsregel aus [Mss2] **8.2.2**. Der Grund ist, dass angenommen werden muss, dass $\sin(x)$ eine transzendente Zahl ist. Über den für das korrekte Runden benötigten Bitschweif kann deshalb auch bei Berechnung noch so großer Teilbitschweife keine Aussage gemacht werden. Anders gesagt: Es lässt sich einfach nicht feststellen, ob mit den Bezeichnungen von **8.2.2** in [Mss2] $\vartheta = \frac{1}{2}$ gilt oder nicht.
Konkret bedeutet das Runden auf 16 Bit bei der im Format $\mathbb{K}_{1,23}$ in $\mathbf{r_{19:18:17}}$ vorliegenden Zahl $\mathfrak{t}$ die Addition von **000080**. Das kann wie in den Zeilen *50–53* so geschehen, dass das höchste Bit von $\mathbf{r_{17}}$ in das Übertragsbit geshiftet und das Übertragsbit anschließend zu $\mathbf{r_{19:18}}$ addiert wird. Erzeugt die Addition einen Übertrag aus $\mathbf{r_{19}}$ hinaus, dann muss die Mantisse nach rechts zurückgeshiftet und der Exponent um 1 erhöht werden. Auf einen Übertrag aus $\mathbf{r_{19}}$ hinaus wird in Zeile *54* getestet, die folgenden drei Zeilen realisieren den Rechtsshift und die Erhöhung des Exponenten.
Nach dem Runden muss $\mathfrak{y}$ in die endgültige Form gebracht werden. Das höchste Bit von $\mathbf{r_{19}}$, das wegen der Normalisierung bei jeder Fließkommazahl gesetzt ist, wird in Zeile *58* hinausgeshiftet, um Platz für das untere Bit des Exponenten zu machen. Dann wird das Vorzeichen wie folgt bestimmt: Hat $\mathbf{r_{23}}$ den Wert **00**, dann ist das Vorzeichen von $\mathfrak{x}$ das Vorzeichen von $\mathfrak{y}$. Hat aber $\mathbf{r_{23}}$ den Wert 1000 0000, so ist das invertierte Vorzeichen von $\mathfrak{x}$ das Vorzeichen von $\mathfrak{y}$. Dazu wird in Zeile *59* Register $\mathbf{r_{24}}$ mit dem oberen Byte von $\mathfrak{x}$ geladen, das Vorzeichenbit von $\mathbf{r_{24}}$ ist dann das Vorzeichenbit von $\mathfrak{x}$. Es wird in Zeile *60* wie eben beschrieben mit dem Befehl `eor` invertiert, falls $\mathbf{r_{23}}$ den Wert 1000 0000 hat. Die folgenden Bitmanipulationen können gut mit Bild 5.20 nachvollzogen werden. Das berechnete Vorzeichenbit wird in Zeile *61* aus $\mathbf{r_{24}}$ hinaus in das Übertragsbit geshiftet, das in der nächsten Zeile in Register $\mathbf{r_{23}}$, also das künftige obere Byte von $\mathfrak{y}$, hineingeshiftet wird, um dort das Vorzeichen von $\mathfrak{y}$ zu sein. Dabei wird das untere Bit des Exponenten in das Übertragsbit hineingeshiftet, das in Zeile *63* dann in das obere Bit von $\mathbf{r_{19}}$, also in das obere Bit der Mantisse von $\mathfrak{y}$, hineingeshiftet wird. Anschließend kann zur Ausgabe von $\mathbf{r_{23:19:18}}$ als $\mathfrak{y}$ in die Zeile *12* gesprungen werden.
Wird in Zeile *5* festgestellt, dass tatsächlich eine Bereichsreduktion stattgefunden hat, erfolgt ein Sprung in die Zeile *65*. Dort kann direkt das Unterprogramm `FkaCordic` aufgerufen werden. Welcher der von `FkaCordic` berechneten Funktionswerte verwendet wird, hängt von dem noch vom Unterprogramm `FkaRdkT` in Register $\mathbf{r_{16}}$ übergebenen Wert $n \bmod 2^8$ ab (siehe (5.56)). Gebraucht wird allerdings $n \bmod 4$, das auch in Zeile *66* berechnet wird. Diese Berechnung zeigt gleichzeitig an, ob $n \bmod 4 = 0$ gilt, auf diesen Fall hin kann also direkt verzweigt werden. Um auf die übrigen drei Fälle hin verzweigen zu können ist der Vergleich in Zeile *68* nötig. Danach kann bei $n \bmod 4 = 2$ in die Zeile *74* und bei $n \bmod 4 = 1$ in die Zeile *80* verzweigt werden. Der Fall $n \bmod 4 = 3$ wird ab Zeile *71* behandelt.
Zuerst aber $n \bmod 4 = 0$ ab Zeile *83*. Dort wird getestet, ob als Rechenergebnis für $\sin(\vartheta_0)$ der Wert **000000** herausgekommen ist. Dieser erfordert eine Sonderbehandlung, da die Fließkommazahl Null sich von allen anderen Fließkommazahlen unterscheidet.[26] Diese Sonderbehandlung besteht allerdings nur darin, dass der im Dreifachregistre $\mathbf{r_{23:18:17}}$ vorhandenen Wert **000000** in Zeile *12* direkt ausgegeben wird. Ist keine Sonderbehandlung nötig wird in die Zeile *37* gesprungen um wie schon beschrieben die positive Zahl in $\mathbf{r_{19:18:17}}$ als Fließkommaergebnis auszugeben.
Falls $n \bmod 4 = 1$ gilt, was in Zeile *70* festgestellt wird, wird in die Zeile *80* verzweigt. Dort wird der in $\mathbf{r_{19:18:17}}$ berechnete Sinuswert mit dem in $\mathbf{r_{22:21:20}}$ berechneten Cosinuswert überschrieben, da nach (5.56) $\cos(\vartheta_0)$ zu berechnen ist. Anschließend kann wie bei $n \bmod 4 = 0$ fortgefahren werden.
Im Fall $n \bmod 4 = 2$, der in Zeile *69* entdeckt wird, wird ebenfalls ab Zeile *74* zunächst geprüft, ob das Rechenergebnis **000000** vorliegt, das wie in den schon beschriebenen Fällen direkt ausgegeben wird. Andernfalls ist nach (5.56) $-\sin(\vartheta_0)$ zu berechnen, d.h. es kann wie bei $n \bmod 4 = 0$ verfahren werden, zusätzlich muss nur das Vorzeichen von $\mathfrak{x}$ invertiert werden. Letzteres wird mit dem Befehl in Zeile *78* vorbereitet, da mit dem Wert 1000 0000 in $\mathbf{r_{20}}$ das Vorzeichen später in Zeile *60* umgekehrt wird. Der anschließende Sprung in die Zeile *38* leitet dann dieselben Vorgänge wie bei Berechnung von $\sin(\vartheta_0)$ ein.
Es bleibt noch $n \bmod 4 = 3$. Hier ist $-\cos(\vartheta_0)$ zu berechnen. Dazu wird in den Zeilen *71–73* wie bei

[26] Von der Endlosschleife, die sich bei der später versuchten Normalisierung ergäbe ganz zu schweigen!).

$n \bmod 4 = 1$ der in $\mathbf{r_{19:18:17}}$ berechnete Sinuswert mit dem in $\mathbf{r_{22:21:20}}$ berechneten Cosinuswert überschrieben, anschließend kann wie bei $n \bmod 4 = 2$ verfahren werden.

In der Tabelle 5.13 werden einige exakte Werte der Sinusfunktion den mit `FkaSin` berechneten gegenübergestellt. Man erkennt den ausführlich diskutierten und auf die Bereichsreduktion zurückgehenden Genauigkeitsabfall zu sehr großen Argumenten hin. Weniger auffällig ist die Ungenauigkeit bei 2^{-5}. Sie ist nicht der Bereichsreduktion geschuldet, der Verursacher ist das im CORDIC-Verfahren eingesetzte Zahlenformat $\mathbb{G}_{2,22}$. Bei kleinen Argumenten etwa ab 2^{-5} gibt das Format nicht mehr 16 signifikante Binärziffern her. Z.B. berechnet `FkaCordic` für 2^{-5} das Ergebnis **01FFE4** oder in Binärziffern 00000001 11111111 11100100. Die genauen Werte sind jedoch **01FFEB** oder 00000001 11111111 11101011. Abhilfe ließe sich nur durch den Einsatz des Zahlenformats $\mathbb{G}_{2,30}$ schaffen. Zu bedenken ist allerdings, dass der Genauigkeitsverlust nur in einem extrem kleinen Bereich stattfindet, im übrigen Argumentbereich wäre der Einsatz von $\mathbb{G}_{2,30}$ überflüssig und führte nur zu einer deutlich langsameren Berechnung. Es ist extrem unwahrscheinlich, bei einer Bereichsreduktion ein reduziertes Argument $< 2^{-4}$ zu bekommen! Wenn allerdings oft $\sin(x)$ für kleine Argumente berechnet werden muss, d.h. ohne Bereichsreduzierung, dann kann die Ungenauigkeit um 2^{-5} herum Probleme bereiten. Sie lässt sich aber relativ einfach durch den Einsatz der minmax-Geraden[27] für $\sin(x)$ im Intervall $[2^{-6}, 2^{-4}]$ beseitigen.

Tabelle 5.13.: Zur Genauigkeit von $\sin(x)$

	2^{-8}	2^{-7}	2^{-6}	2^{-5}	2^{-4}	$\frac{1}{3}$	1	10
=	$\texttt{3B8000}_{16}$	$\texttt{3C0000}_{16}$	$\texttt{3C8000}_{16}$	$\texttt{3CFFF6}_{16}$	$\texttt{3D7FD5}_{16}$	$\texttt{3EA786}_{16}$	$\texttt{3F576B}_{16}$	$\texttt{BF0B45}_{16}$
≈	$\texttt{3B8000}_{16}$	$\texttt{3C0000}_{16}$	$\texttt{3C8000}_{16}$	$\texttt{3CFFF2}_{16}$	$\texttt{3D7FD5}_{16}$	$\texttt{3EA786}_{16}$	$\texttt{3F576B}_{16}$	$\texttt{BF0B45}_{16}$
	10^2	10^3	10^4	10^5	10^6	10^7	10^8	10^9
=	$\texttt{BF01A1}_{16}$	$\texttt{3F53AE}_{16}$	$\texttt{BE9C7A}_{16}$	$\texttt{3D126D}_{16}$	$\texttt{BEB332}_{16}$	$\texttt{3EB9BE}_{16}$	$\texttt{BECCE3}_{16}$	$\texttt{BF53F3}_{16}$
≈	$\texttt{BF01A1}_{16}$	$\texttt{3F53AE}_{16}$	$\texttt{BE9C79}_{16}$	$\texttt{3D1278}_{16}$	$\texttt{BEB340}_{16}$	$\texttt{3EB936}_{16}$	$\texttt{BEC7A0}_{16}$	$\texttt{BF429C}_{16}$

Für eine Rechnung, die ohne Bereichsreduktion durchgeführt werden kann, benötigt `FkaSin` etwa 2900 Takte, mit Bereichsreduktion sind es etwa 3000 Takte. Das entspricht annähernd neun bis zehn Divisionen oder auch einer Millisekunde Laufzeit bei einem mit 30 MHz getakteten AVR-Prozessor. Tausend Sinuswerte pro Sekunde sind allerdings noch zu wenig, als dass `FkaSin` zur Erzeugung von Wellenzügen eingesetzt werden könnte. Wer also zur Tonerzeugung wirklich Fließkommaarithmetik einsetzen will (es gibt andere Methoden) muss zu einem potenteren Prozessor greifen.

In dem sehr unwahrscheinlichen Fall, dass das (kleine) Argument als Funktionswert übernommen werden kann, verbraucht `FkaSin` nur 114 Takte.

Die Einträge in Tabelle 5.13 sind der besseren Übersichtlichkeit wegen etwas geschönt. Tatsächlich wird nicht für jedes angegebene Argument u auch wirklich $\sin(u)$ berechnet, sondern der Funktionswert der u approximierenden Fließkommazahl. Beispielsweise wird nicht $\sin(10^7)$ berechnet, sondern $\sin(\mathbb{F}_{2/3}(\mathbf{4B1896})) = \sin(9999872)$. Der exakte und der berechnete Wert beziehen sich also auf 9999872.

5.9.1.3. $\cos(x)$

Die Berechnung von $\cos(x)$ verläuft natürlich analog zur Berechnung von $\sin(x)$, unterscheidet sich jedoch in vielen Einzelheiten. Der erste Unterschied ist, dass für kleine Argumente x natürlich

[27] Siehe [MssP]

$\cos(x) \approx 1$ gilt. Da für solche kleinen Argumente keine Bereichsreduktion durchgeführt wird, wird von `FkaRdkT` wie bei $\sin(x)$ die Zerlegung

$$x = 2^e \mathsf{x} \quad \text{mit } \mathsf{x} = \frac{1}{2}(1 + \mathbf{f}(\mathfrak{x})) \text{ und } e = \mathbf{e}(\mathfrak{x}) - 126$$

zurückgegeben, und wie bei der Berechnung von $\sin(x)$ gilt auch hier, dass x höchstens sechsmal ohne Genauigkeitsverlust rechtsgeshiftet werden kann. Für $e \leq -7$ gehen bei der Umwandlung

Abbildung 5.22.: $\cos(x)$ im reduzierten Bereich

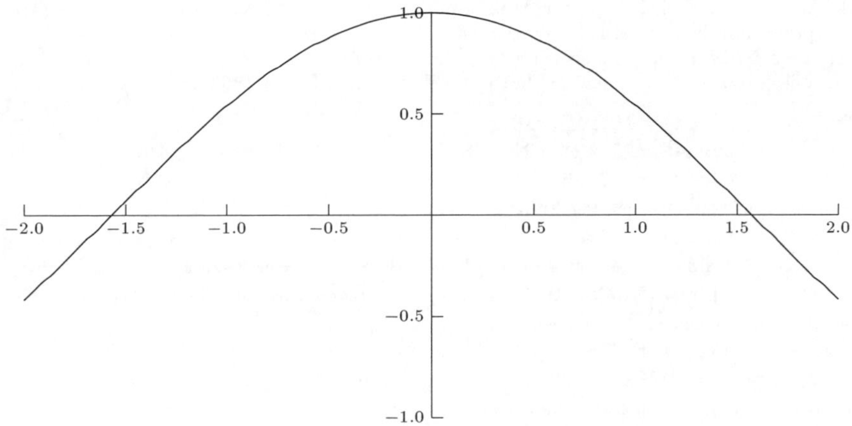

in das Format $\mathbb{G}_{2,22}$ Bits verloren, weshalb für $x < 2^{-7}$ nicht das CORDIC-Verfahren angewandt werden sollte, sondern eben $\cos(x) \approx 1$. Das ist bei der angestrebten Genauigkeit von 16 Binärziffern jedoch nicht möglich. Diese bedeutet eine relative Genauigkeit von 2^{-16}, vorsichtshalber von 2^{-17}, also eine absolute Genauigkeit von 2^{-17}, da in der Nähe von 1 die relative und die absolute Genaugkeit nahezu übereinstimmen.[28] Es ist aber

$$\left|1 - \cos(2^{-7})\right| \approx 0,31_{10^{-4}} > 0,76_{10^{-5}} \approx 2^{-17},$$

erst ab 2^{-8} ist die Ersetzung von $\cos(x)$ durch 1 von der geforderten Genauigkeit[29]:

$$\left|1 - \cos(2^{-8})\right| \approx 0,762938_{10^{-5}} < 2^{-7}$$

Zwischen die Anwendung des CORDIC-Verfahrens und die Anwendung von $\cos(x) \approx 1$ muss also noch eine Approximation eingeschoben werden. Hier liegt es nahe, die ersten zwei Glieder der Potenzreihe zu verwenden:

$$\cos(x) \approx 1 - \frac{1}{2}x^2$$

[28] Vergleiche die Diskussion zur Genauigkeit in Abschnitt 5.7.

[29] $1 - \cos(x)$ ist wie $x - \sin(x)$ eine monotone Funktion.

Wie sich bei der Implementierung zeigen wird, ist es praktisch, diese Approximation für den Indexbereich $-7 \leq e \leq -4$ einzusetzen, dort ist[30] $\left|\cos(x) - 1 + \frac{1}{2}x^2\right| < 0,4_{10^{-7}}$.

Unterschiedlich zur Berechnung von $\sin(x)$ ist auch die Auswertung der Bereichsreduktion, sie wird mit (5.57) vorgenommen.

Unterprogramm FkaCos

Zu einer zweidrittelgenauen Fließkommazahl $\mathfrak{x}$ mit $x = \mathbb{F}_{2/3}(\mathfrak{x})$ wird eine zweidrittelgenaue Fließkommazahl $\mathfrak{y}$ berechnet mit $\cos(x) \approx \mathbb{F}_{2/3}(\mathfrak{y})$.

Input

Y Die Adresse ξ einer zweidrittelgenauen Fließkommazahl $\mathfrak{x}$

X Die Adresse η einer zweidrittelgenauen Fließkommazahl $\mathfrak{y}$

Bei fehlerfreiem Ablauf wird $\mathfrak{y}$ mit der Approximation von $\cos(x)$ überschrieben.
Das Unterprogramm kann zwei Fehler erzeugen:
Wird als $\mathfrak{x}$ ein **NaN** übergeben, so wird der Fehler `FKA_TRG+FKA_NAN` erzeugt.
Ein zu großes absolutes Argument $|x|$ hat den Fehler `FKA_TRG+FKA_ARG` zur Folge.

```
FkaCos:    push4  r16,r17,r18,r19   4×2
           push4  r20,r21,r22,r23   4×2
           push2  r24,r25           2×2
   Falls nötig Durchführung einer Bereichsreduktion
           rcall  FkaRdkT           3+    Eventuell Bereichsreduktion
           brhs   FkaCos02          1/2   Bei S.h = 1 keine Reduktion
           rjmp   FkaCos30          2     Zur Berechnung mit Bereichsreduktion
   Funktionsberechnung ohne Bereichsreduktion
FkaCos02:  cpi    r16,-7            1     e ≥ −7 ?
           brge   FkaCos08          1/2   Ja: zum nächsten Expnentenbereich
   Bei sehr kleinem Argument 1 als Funktionswert 𝔶
FkaCos03:  ldi    r18,0x00          1     F2/3(3F8000) = 1
           ldi    r19,0x80          1
           ldi    r23,0x3F          1
   Die Ausgabe des Fließkommaergebnisses
FkaCos04:  st     X+,r18            2     𝔶 ← r23:19:18
           st     X+,r19            2
           st     X,r23             2
           sbiw   r27:r26,2         2     X restaurieren
FkaCos06:  pop2   r25,r24           2×2
           pop4   r23,r22,r21,r20   4×2
           pop4   r19,r18,r17,r16   4×2
           ret                      4
FkaCos08:  cpi    r16,-3            1     e ≥ −3 ?
           brge   FkaCos12          1/2   Ja: zum CORDIC-Verfahren
   Bei kleinem Argument 1 − ½x² als Funktionswert 𝔶
           clr    r18               1     r18 ← 00 zum Aufadd. von Überträgen
   Das Berechnen von ξ², siehe Bild 5.23
           mul    r25,r25           2
           movw   r21:r20,r1:r0     1
```

[30] Auch $\cos(x) - 1 + \frac{1}{2}x^2$ ist eine monotone Funktion.

```
           mul    r24,r24      2
           mov    r17,r1       1
           mul    r25,r24      2
           add    r17,r0       1
           adc    r20,r1       1
           adc    r21,r18      1
           add    r17,r0       1
           adc    r20,r1       1
           adc    r21,r18      1
```

Die Bestimmung von k aus $2e - 1 = k - 8$

```
           add    r16,r16      1
           subi   r16,256-7    1
```

Die Durchführung der $|k| \geq 1$ Rechtsshifts von ξ^2

```
FkaCos10:  lsr    r21          1
           ror    r20          1
           inc    r16          1     Aufwärts bis 00
           brne   FkaCos10     1/2
```

Die Subtraktion von 1, siehe Text und Bild 5.23

```
           neg    r20          1
           sbc    r18,r21      1
           clr    r19          1
           sbc    r19,r19      1
```

Das Runden des Ergebnisses

```
           rol    r20          1
           adc    r18,r16      1     r16 enthält 00
           adc    r19,r16      1
```

Die endgültige Zusammensetzung

```
           ldi    r23,126      1     −1 + 127
           lsl    r19          1
           lsr    r23          1
           ror    r19          1
           rjmp   FkaCos04     2
```

Die Vorbereitungen auf und die Ausführung des CORDIC-Verfahrens

```
FkaCos12:  clr    r23          1     Überführung in das Format G2,22
           lsr    r25          1
           ror    r24          1
           ror    r23          1
           cpi    r16,1        1     Bei e = 1 nur ein Rechtsshift
           breq   FkaCos16     1/2
           lsr    r25          1
           ror    r24          1
           ror    r23          1
           tst    r16          1
           breq   FkaCos16     1/2   Bei e = 0 zwei Rechtsshifts
FkaCos14:  lsr    r25          1
           ror    r24          1
```

```
          ror    r23             1
          inc    r16             1
          brne   FkaCos14        1/2
Die Aufbereitung des von FkaCordic gelieferten Rechenergebnisses zur Fließkommazahl
FkaCos16: rcall  FkaCordic       3+   Ausführung des CORDIC-Verfahrens
          mov    r17,r20         1    Es ist der Cosinus zu berechnen
          mov    r18,r21         1
          mov    r19,r22         1
FkaCos18: clr    r20             1    Zur Ermittlung des endgültigen Vorzeichens
Das Rechenergebnis wird normalisiert
FkaCos20: lsl    r17             1    Ein Linksshift ist zwingend
          rol    r18             1
          rol    r19             1
          ldi    r23,127         1
          tst    r19             1    Schon normalisiert?
          brmi   FkaCos23        1/2  Falls ja, zum Runden
FkaCos22: lsl    r17             1    Zur Normalisierung weiter linksshiften
          rol    r18             1
          rol    r19             1
          dec    r23             1    und e dekrementieren
          tst    r19             1
          brpl   FkaCos22        1/2
Das normalisierte Rechenergebnis wird gerundet
FkaCos23: clr    r16             1    Zur Aufaddition der Überträge
          lsl    r17             1    Siehe die Erläuterungen im Text zu LkaSin
          adc    r18,r16         1
          adc    r19,r16         1
          brcc   FkaCos24        1/2
          ror    r19             1
          ror    r18             1
          inc    r23             1
Endgültiger Aufbau des Fließkommaergebnisses mit Vorzeichen
FkaCos24: lsl    r19             1    Siehe die Erläuterungen im Text zu LkaSin
          ldd    r24,Y+2         2
          lsr    r20             1
          ror    r20             1
          eor    r24,r20         1
          rol    r24             1
          ror    r23             1
          ror    r19             1
          rjmp   FkaCos04        2
Die Berechnung des Funktionswertes nach einer Bereichsreduktion
FkaCos30: rcall  FkaCordic       3+
Die Berechnung der Verzweigungsgröße n mod 4
          andi   r16,0b00000011  1    r16 ← v = n mod 4
          breq   FkaCos32        1/2  Verzweigen bei v = 0
```

```
105            cpi    r16,2         1    
106            breq   FkaCos32      1/2  Verzweigen bei v = 2
    n mod 4 = 1: − sin(ϑ), n mod 4 = 3: sin(ϑ)
107            mov    r23,r17       1    sin(ϑ) = 0?
108            or     r23,r18       1    
109            or     r23,r19       1    
110            breq   FkaCos36      1/2  Falls ja, Ergebnis 000000 ausgeben
    Die Berechnung des Vorzeichens aus v = n mod 4
111            cpi    r16,3         1    Siehe Text
112            rol    r20           1    
113            andi   r20,0b00000001 1   
114            rjmp   FkaCos20      2    Zum Normalisieren
    n mod 4 = 0: cos(ϑ), n mod 4 = 2: − cos(ϑ)
115  FkaCos32: mov    r17,r20       1    sin(ϑ) mit cos(ϑ) überschreiben
116            mov    r18,r21       1    
117            mov    r19,r22       1    
118            mov    r23,r17       1    cos(ϑ) = 0?
119            or     r23,r18       1    
120            or     r23,r19       1    
121            breq   FkaCos34      1/2  Falls ja, Ergebnis 000000 ausgeben
    Die Berechnung des Vorzeichens aus v = n mod 4
122            mov    r20,r16       1    Siehe Text
123            lsr    r20           1    
124            rjmp   FkaCos20      2    Zum Normalisieren
125  FkaCos34: rjmp   FkaCos03      2    1 ausgeben
126  FkaCos36: rjmp   FkaCos04      2    0 ausgeben
```

Die Berechnung des Cosinus stimmt in weiten Teilen mit der Berechnung des Sinus überein. Diese Teile werden hier nicht noch einmal erläutert.

Das Unterprogramm beginnt wie bei der Berechnung des Sinus mit dem Versuch einer Bereichsreduktion in Zeile *4*. Das Statusbit **S.**$\mathfrak{h}$ zeigt nach dem Aufruf von `FkaRdkT` an, ob reduziert wurde oder nicht. Ist es gesetzt, so wurde nicht reduziert.

Ohne Reduktion wird in Zeile *7* fortgefahren. Das Doppelregister $\mathbf{r_{25:24}}$ enthält

$$\mathsf{x} = \frac{1}{2}(1 + \mathbf{f}(\mathfrak{x}))$$

und Register $\mathbf{r_{16}}$ enthält

$$e = \mathbf{e}(\mathfrak{x}) - 126.$$

Der Bereich $0 \leq \vartheta \leq \frac{1}{2}\pi$ ist über e in drei Teile geteilt:

- Für $e \leq -8$ wird $\cos(\vartheta) \approx 1$ benutzt
- Für $-7 \leq e \leq -4$ wird $\cos(\vartheta) \approx 1 - \frac{1}{2}\vartheta^2$ verwendet
- Für $-3 \leq e \leq 1$ wird das CORDIC-Verfahren eingesetzt

Ob $e \leq -8$ gilt wird mit dem Vergleich in Zeile *7* festgestellt. Ist das der Fall, so wird in den Zeilen *9–11* das Dreifachregister $\mathbf{r_{23:19:18}}$ mit der die Eins darstellenden Fließkommazahl **3F8000** geladen. In den folgenden Zeilen wird $\mathfrak{y}$ mit dieser Konstanten überschrieben.

Ist $e \geq -7$, so wird in Zeile *20* geprüft, ob e zum mittleren Bereich $-7 \leq e \leq -4$ gehört. Trifft das zu, so wird in Zeile *22* mit der Berechnung von $1 - \frac{1}{2}x^2$ fortgefahren. Zum Auftakt wird dort Register $\mathbf{r_{18}}$, das zur Aufaddierung von Überträgen eingesetzt wird, mit **00** geladen. Es ist nun die Zahl

$$1 - \frac{1}{2}(x \cdot 2^e)^2 = 1 - x^2 2^{2e-1}$$

zu berechnen. Dazu wird x wie üblich in seine Bytekomponenten zerlegt

$$x = x_0 + x_1 2^8.$$

mit dem Wert

$$\xi = x_1 2^{-8} + x_0 2^{-16}$$

und seinem Quadrat

$$\begin{aligned} \xi^2 &= \left(x_1 2^{-8} + x_0 2^{-16}\right)^2 \\ &= x_1^2 2^{-16} + 2x_0 x_1 2^{-24} + x_0^2 2^{-32} \end{aligned}$$

Für den Exponenten gilt $-15 \leq 2e - 1 \leq -9$. Mit der Zerlegung $2e - 1 = -8 + k$ erhält man $-7 \leq k \leq -1$ und

$$\begin{aligned} \xi^2 2^{2e-1} &= \xi^2 2^{-8+k} \\ &= 2^{-8}\left(x_1^2 2^{-16} + 2x_0 x_1 2^{-24} + x_0^2 2^{-32}\right) 2^k \\ &= \left(x_1^2 2^{-24} + 2x_0 x_1 2^{-32} + x_0^2 2^{-40}\right) 2^k \end{aligned}$$

Bild 5.23 zeigt die Lage der Teilprodukte in Bezug auf das Binärkomma vor dem $|k|$-fachen Rechtsshift. Wegen $-7 \leq k \leq -1$ ist mindestens ein Rechtsshift nötig.

Die Teilprodukte werden in den Zeilen *23–33* im Dreifachregister $\mathbf{r_{21:20:17}}$ zusammengesetzt. Dabei

Abbildung 5.23.: Zur Berechnung von $1 - \frac{1}{2}x^2$

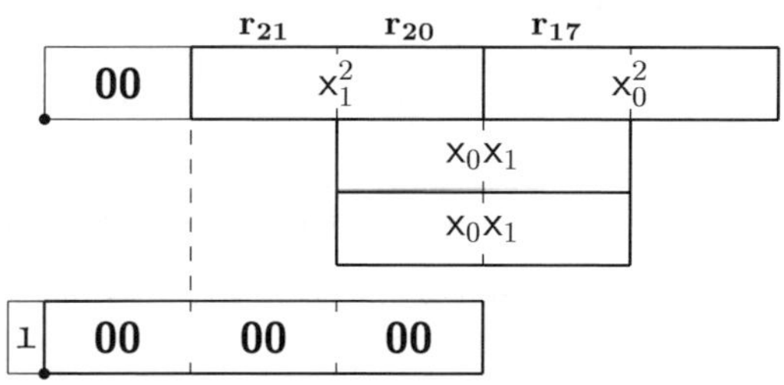

wird $\mathbf{r_{17}}$ nur temporär benutzt, weiter verwendet wird nur der in $\mathbf{r_{21:20}}$ akkumulierte Teil des Produktes. Anschließend wird in den Zeilen *34–35* in $\mathbf{r_{16}}$ k aus $2e - 1 = k - 8$ berechnet, wobei wie so oft der Befehl `subi 16,256-7` den nicht existenten Befehl `adi r16,7` simulieren muss. Es folgen in den Zeilen *36–39* die $|k|$ Rechtsshifts, die nötig sind, um das Produkt $\xi^2 2^{2e-1}$ zu vervollständigen. Um zu verstehen, was im Doppelregister enthalten ist, betrachte man noch einmal Bild 5.23. Dann wird auch klar, dass in den Zeilen *40–43* $1 - \xi^2 2^{2e-1}$ berechnet wird: In Zeile *40* wird der Inhalt von $\mathbf{r_{20}}$ von **00** subtrahiert und in $\mathbf{r_{20}}$ zurückgeschrieben,[31] in der nächsten Zeile werden dann der Inhalt von $\mathbf{r_{21}}$ und das in der vorigen Zeile eventuell „Geborgte" in $\mathbf{r_{18}}$ von **00** abgezogen und in den Zeilen *42–43* wird schließlich das in der Zeile *41* eventuell anfallende „Geborgte" in $\mathbf{r_{19}}$ von **00** abgezogen. Bei der letzten Subtraktion wird geborgt, und zwar nicht etwa bei Bedarf sondern immer um sich gegen die in Bild 5.23 angedeutete 1 direkt

[31] Das ist ganz genau das was der Befehle `neg` $\mathbf{r_{20}}$ leistet.

links vom Binärkomma aufzuheben. Das Ergebnis ist als nahe bei 1 gelegene Zahl natürlich normalisiert, aber es muss noch gerundet werden, was in der üblichen Weise in den Zeilen *44 46* geschieht. Dabei ist zu berücksichtigen, dass nach den Shifts Register $\mathbf{r_{16}}$ **00** enthält. Das Runden kann keinen Überlauf erzeugen da ein Ergebnis < 1 herauskommen muss. Letztlich muss die Ergebnisfließkommazahl noch zusammengesetzt werden, wie es auch in den Zeilen *47–50* durchgeführt wird. Als eine Zahl nahe bei 1 hat sie den Binärexponenten $e = -1$, also $127 - 1 = 126$ mit *bias*.
Der verbleibende Exponentenbereich $-5 \leq e \leq 1$ wird in den Zeilen *52–101* genauso behandelt wie der Bereich $-4 \leq e \leq 1$ bei der Berechnung von $\sin(x)$, mit Ausnahme einer Kleinigkeit. Das Bit zur Festlegung des Vorzeichens wird zwar auch in $\mathbf{r_{20}}$ gehalten, aber in Bit 0 und nicht in Bit 7. Das führt dazu, dass $\mathbf{r_{20}}$ in den Zeilen *95–96* einer (unvollständigen) Rechtsrotation unterworfen wird.
Ab Zeile *102* erfolgt die Berechnung des Funktionswertes nach einer Bereichsreduktion. Hier wird in den Zeilen *103–106* aber nur zwischen geradem n zur Berechnung von $\cos(\vartheta)$ und $-\cos(\vartheta)$ und ungeradem n zur Berechnung von $\sin(\vartheta)$ und $-\sin(\vartheta)$ unterschieden. Das Bit zur Bestimmung des Vorzeichens lässt sich direkt aus dem in Zeile *103* berechneten $v = n \bmod 4$ ableiten. Bei $v \in \{1,3\}$ ab Zeile *107* wird zunächst geprüft, ob der Sonderfall des Ergebnisses **0000** vorliegt, er führt direkt zur Ergebnisausgabe. Andernfalls wird für $v = 3$ das Bitmuster 0000 0000 und für $v = 1$ das Bitmuster 0000 0001 in $\mathbf{r_{20}}$ benötigt. Der Vergleich in Zeile *111* ergibt **S**.c = 0 für $v = 3$ und **S**.c = 1 für $v = 1$, in Zeile *112* wird folglich das gewünschte Bit in $\mathbf{r_{20}}$ hineingeschoben. In der nachfolgenden Zeile werden dann noch die übrigen Bits gelöscht. Bei $v \in \{0,2\}$ ab Zeile *115* wird zunächst der vom CORDIC-Verfahren in $\mathbf{r_{19:18:17}}$ berechnete Sinuswert mit dem in $\mathbf{r_{22:21:20}}$ berechneten Cosinuswert überschrieben, anschließend wird das Sonderergebnis **0000** behandelt. Die folgende Bestimmung des Vorzeichenbits ist hier einfacher, da 0000 0000 für $v = 0$ und 0000 0001 für $v = 2$ verlangt wird, und das ist mit einem einfachen Rechtsshift zu erreichen.

Tabelle 5.14 lässt erkennen, dass sich der Aufwand für die Berechnung von $\cos(x)$ gelohnt hat. Dank der Aufteilung des Basisbereiches $0 \leq x \leq \frac{\pi}{2}$ in drei Zonen zeigen sich Ungenauigkeiten erwartungsgemäß erst bei großen Argumenten. Die Rechenzeiten für die trigonometrischen Funktionen sind beträchtlich länger als für den Logarithmus und die Exponentialfunktion. Wird von den schmalen Sonderbereichen abgesehen, in denen die Funktionen natürlich sehr schnell berechnet werden können (in der Größenordnung von 150 Takten), dauert die Berechnung zwischen 2850 und 3000 Takte. Die Bereichsreduktion ist zwar etwas aufwendiger als bei $\ln(x)$ und e^x, doch ist der Hauptschuldige das CORDIC-Verfahren, das allein etwa 2700 Takte benötigt.

Tabelle 5.14.: Zur Genauigkeit von $\cos(x)$

	2^{-8}	2^{-7}	2^{-6}	2^{-5}	2^{-4}	$\frac{1}{3}$	1	10
=	$\mathtt{3F8000}_{16}$	$\mathtt{3F7FFE}_{16}$	$\mathtt{3F7FF8}_{16}$	$\mathtt{3F7FE0}_{16}$	$\mathtt{3F7F80}_{16}$	$\mathtt{3F71E9}_{16}$	$\mathtt{3F0A51}_{16}$	$\mathtt{BED511}_{16}$
≈	$\mathtt{3F8000}_{16}$	$\mathtt{3F7FFE}_{16}$	$\mathtt{3F7FF8}_{16}$	$\mathtt{3F7FE0}_{16}$	$\mathtt{3F7F80}_{16}$	$\mathtt{3F71E9}_{16}$	$\mathtt{3F0A51}_{16}$	$\mathtt{BED511}_{16}$
	10^2	10^3	10^4	10^5	10^6	10^7	10^8	10^9
=	$\mathtt{BF56CD}_{16}$	$\mathtt{3F5CC1}_{16}$	$\mathtt{3F0FF8}_{16}$	$\mathtt{BF73C0}_{16}$	$\mathtt{BF7FD6}_{16}$	$\mathtt{3F6FCF}_{16}$	$\mathtt{3F6E8F}_{16}$	$\mathtt{BF6A9C}_{16}$
≈	$\mathtt{BF56CD}_{16}$	$\mathtt{3F5CC1}_{16}$	$\mathtt{3F0FF8}_{16}$	$\mathtt{BF73C0}_{16}$	$\mathtt{BF7FD6}_{16}$	$\mathtt{3F6FCC}_{16}$	$\mathtt{3F6EAA}_{16}$	$\mathtt{BF6BBD}_{16}$

5.10. Ein Beispiel: Die Berechnung einer Induktivität

Es ist die Induktivität zweier paralleler Leiter von kreisförmigem Querschnitt zu berechnen. Gegeben sind dazu der Radius r des Querschnittes, der Mittelpunktsabstand d der beiden Leiter und ihre Länge l:

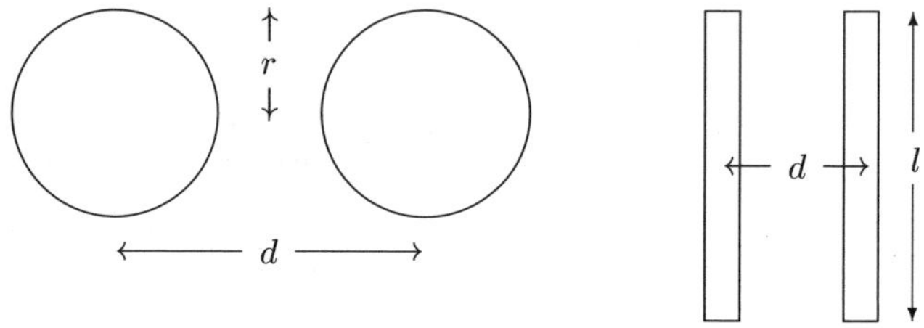

Die Induktivität des Leitersystems kann mit folgender Formel berechnet werden (siehe [Gro] Kapitel 5 Formel (12)):

$$L(r,d,l) = 0{,}002l \left[\ln\left(\frac{2l}{\sqrt{rd}}\right) - \frac{7}{8}\right] \tag{5.58}$$

Alle Längen sind auf die Einheit cm (Zentimeter) bezogen, das Ergebnis hat die Einheit μH (Mikrohenry).

Es ist ein Unterprogramm zu entwickeln, dem r, d und l als Parameter übergeben werden und das $L(r,d,l)$ nach (5.58) bestimmt. Die Längeneinheit Zentimeter ist jedoch nicht sehr praktisch, weil die üblichen Drahtstärken im Bereich der Zehntelmillimeter nicht als ganze Zahlen übergeben werden können, der Aufruf des Unterprogramms gestaltet sich durch den Übergang zur Einheit $\frac{1}{10}$mm einfacher. Weil sich das Argument des Logarithmus nicht ändert, wenn r, d und l durch 100 dividiert werden, ändert sich (5.58) nur wenig:

$$L(r,d,l) = 0{,}00002l \left[\ln\left(\frac{2l}{\sqrt{rd}}\right) - \frac{7}{8}\right] \tag{5.59}$$

Das Unterprogramm erwartet l in $\mathbf{r_{19:18}}$, d in $\mathbf{r_{21:20}}$, r in $\mathbf{r_{23:22}}$ und die Adresse der Fließkommavariablen L zur Aufnahme des Ergebnisses in Doppelregister $\mathbf{r_{25:24}}$.

```
rK1:   .db    0x00,0x60,0x3F,0       3F6000 0,875 7/8
rK2:   .db    0xC6,0xA7,0x37,0       37A7C6 0,2e-4 2/10000
Induk: push4  r12,r13,r14,r15   4×2
       push4  r16,r17,r26,r27   4×2
       push4  r28,r29,r30,r31   4×2
       push   r16               2    u erzeugen
       push   r16               2
       in     r14,SPL           1    r15:14 ← A(u)
       in     r15,SPH           1
       push   r16               2
       push   r16               2    v erzeugen
       push   r16               2
       in     r12,SPL           1    r13:12 ← A(v)
```

```
        in      r13,SPH              1
        push    r16                  2
        movw    r17:r16,r21:r20      1     v ← d
        movw    r29:r28,r13:r12      1
        call    FkaK16               4+
        movw    r17:r16,r23:r22      1     u ← r
        movw    r29:r28,r15:r14      1
        call    FkaK16               4+
        movw    r27:r26,r15:r14      1     u ← uv = dr
        movw    r31:r30,r13:r12      1
        call    FkaMul               4+
        call    FkaSqrt              4+    u ← √u = √(dr)
        movw    r17:r16,r19:r18      1     v ← l
        movw    r29:r28,r13:r12      1
        call    FkaK16               4+
        movw    r31:r30,r15:r14      1     u ← v/u = l/√(dr)
        call    FkaDiv               4+
        movw    r29:r28,r15:r14      1     u ← 2u = 2l/√(dr)
        ldi     r16,1                1
        call    FkaShift             4+
        call    FkaLn                4+    u ← ln(u) = ln(2l/√(dr))
        ldi     r30,LOW(2*rK1)       1     7/8 erzeugen
        ldi     r31,HIGH(2*rK1)      1
        call    FkaPush              4+
        movw    r31:r30,r29:r28      1     u ← u − 7/8 = ln(2l/√(dr)) − 7/8
        movw    r29:r28,r15:r14      1
        call    FkaSub               4+
        movw    r31:r30,r13:r12      1     u ← uv = l[ln(2l/√(dr)) − 7/8]
        call    FkaMul               4+
        ldi     r30,LOW(2*rK2)       1     0,00002 erzeugen
        ldi     r31,HIGH(2*rK2)      1
        call    FkaPush              4+
        movw    r31:r30,r15:r14      1     L ← 0,00002u = 0,00002l[ln(2l/√(dr)) − 7/8]
        movw    r27:r26,r25:r24      1
        call    FkaMul               4+
        in      r28,SPL              1     u, v, 7/8 und 0,00002 entfernen
        in      r29,SPH              1
        adiw    r29:r28,12           2
        in      r16,SREG             1     Interrupts verbieten
        cli                          1
        out     SPL,r28              1     Stapelzeiger zurücksetzen
        out     SPH,r29              1
        out     SREG,r16             1     S.i in den vorigen Zustand
        pop4    r31,r30,r29,r28      4×2
        pop4    r27,r26,r17,r16      4×2
```

```
        pop4    r15,r14,r13,r12   4×2
        ret                       4
```

Der Rechengang lässt sich anhand der Kommentarspalte sehr gut verfolgen. Es werden zwei Hilfsvariablen u und v angelegt, mit deren Hilfe (5.59) von Innen nach Außen berechnet wird. Die beiden Konstanten werden mit **FkaPush** im Stapel erzeugt, sie werden nach den Rechnungen zusammen mit u und v durch

Abbildung 5.24.: Zum Stapelgebrauch der Induktivitätsberechnung

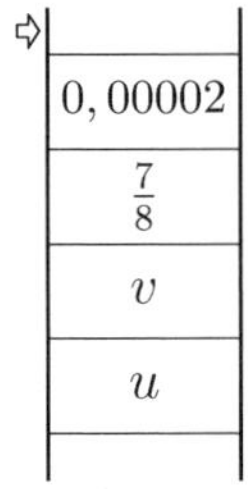

Zurücksetzung des Stapelzeigers um 12 Bytes aus dem Stapel entfernt. Die Lage der lokalen Variablen im Stapel ist in Bild 5.24 zu sehen.

Wie man sieht ist das Programmieren mit dem Fließkommapaket nicht weiter schwierig. Formeln können genauso wie mit einem Taschenrechner ausgewertet werden, nur dass anstatt auf die richtige Taste zu drücken den Unterprogrammen des Pakets die richtigen Adressen in den drei Adressenregistern zur Verfügung gestellt werden müssen. Der Auf- und Abbau lokaler Variablen, hier also u, v und die beiden Konstanten, im Stapel kann durch den Einsatz von Makros noch vereinfacht werden. Aber auch ohne weitere Hilfsmittel können viele Rechenvorgänge auf nahezu mechanische Weise in Aufrufe von Unterprogrammen aus dem Fließkommapaket umgesetzt werden.

Dazu noch ein Hinweis: Das Fließkommapaket hat einen solchen Umfang angenommen, dass in manchen Fällen der absolute Sprungbefehl `call` statt des relativen Befehls `rcall` verwendet werden muss. Der Assembler zeigt mit Fehlermeldungen, an welchen Stellen `rcall` durch `call` ersetzt werden muss (*relative call out of range* o.ä.).

6. BCD-Arithmetik

Nach all den Jahrzehnten, in denen es nun schon Computer gibt, die immer mehr auf das Leben, auch das alltägliche Leben, Einfluss nehmen, hat sich der Mensch immer noch nicht angepasst: Er denkt und rechnet weiterhin nicht im Binär- sondern im Dezimalsystem. Für viele Programme ist deshalb die Umwandlung vom Binär- in das Dezimalsystem (und umgekehrt) ein wesentlicher Bestandteil. Mehr noch, bei manchen Programmen übersteigt der Aufwand für die Zahlenumwandlung den für die einfachen Rechnungen selbst zu leistenden Aufwand. Da liegt es nahe, diese einfachen Rechnungen in mit Binärarithmetik simulierter Dezimalarithmetik auszuführen. Tatsächlich besitzen ja einige Prozessoren, besonders die schon etwa betagten, einige Befehle, mit denen auf recht einfache Weise der additive Teil einer Dezimalarithmetik realisiert werden kann. Zum Befehlssatz der AVR-Prozessoren gehören solche Befehle jedoch nicht, lediglich die Existenz des *half carry*-Statusbits schafft etwas Erleichterung.

6.1. Das BCD-Format

Die für einen 8-Bit-Prozessor naheliegendste Methode, Dezimalzahlen zu verschlüsseln, besteht darin, pro Dezimalziffer ein Byte zu verwenden. Man erhält so **einfach binär codierte Dezimalzahlen**. Die Dezimalzahl 19 nimmt in dieser Verschlüsselung die folgende Gestalt an:

$$19 \doteq \underbrace{00000001}_{\text{Zehner}}\,\underbrace{00001001}_{\text{Einer}}$$

Die große Zahl binärer Nullen macht auch optisch deutlich, dass diese Darstellungsart verschwenderisch mit dem bei manchen AVR-Prozessoren immer noch recht kostbaren Speicherplatz umgeht. Sie hat aber den Vorzug, dass sich mit ihr eine Dezimalarithmetik vergleichsweise einfach realisieren lässt.

Sehr viel Platz lässt sich sparen, wenn ausgenutzt wird, dass zur Darstellung einer Dezimalziffer nur ein Bitquartett benötigt wird, dass also zwei Dezimalzahlen in ein Byte gepackt werden können. Das ergibt die **gepackte binär codierte Dezimalzahl**. Die Zahl 19 sieht in diesem System wie folgt aus:

$$19 \doteq \underbrace{0001}_{\text{Zehner}}\,\underbrace{1001}_{\text{Einer}}$$

Die Erweiterung auf mehrziffrige Dezimalzahlen ist offensichtlich, es ist aber doch besser, eine formale Darstellung zur Verfügung zu haben. Für ein Bitquartett $\mathfrak{b} = \mathfrak{b}_3\mathfrak{b}_2\mathfrak{b}_1\mathfrak{b}_0$ sei

$$\mathbb{K}_4(\mathfrak{b}) = \sum_{i=0}^{3} \mathfrak{b}_i 2^i,$$

d.h. $\mathbb{K}_4(\mathfrak{b})$ ist der gewöhnliche dem Bitquartett zugeordnete Zahlenwert. Zur Darstellung der Dezimalzahlen sei $n \geq 1$ und

$$\mathfrak{d} = \mathfrak{d}_{4n-1}\mathfrak{d}_{4n-2}\mathfrak{d}_{4n-3}\cdots\mathfrak{d}_0$$

eine Binärfolge der Länge $4n$ mit der Eigenschaft

$$\mathbb{K}_4\left(\mathfrak{d}_{4n-4\nu-1}\mathfrak{d}_{4n-4\nu-2}\mathfrak{d}_{4n-4\nu-3}\mathfrak{d}_{4n-4\nu-4}\right) \leq 9 \qquad \nu \in \{0,\ldots,n-1\} \tag{6.1}$$

Der Wert $\mathbb{D}_n(\mathfrak{d})$ der Bitfolge $\mathfrak{d}$ ist dann wie folgt gegeben:

$$\mathbb{D}_n(\mathfrak{d}) = \sum_{\nu=0}^{n-1} \mathbb{K}_4\left(\mathfrak{d}_{4n-4\nu-1}\mathfrak{d}_{4n-4\nu-2}\mathfrak{d}_{4n-4\nu-3}\mathfrak{d}_{4n-4\nu-4}\right) \times 10^{n-\nu-1} \tag{6.2}$$

So stellt z.B. 1001 0101 0001 eine Dezimalzahl dar mit dem Wert

$$\mathbb{D}_3(100101010001) = \mathbb{K}_4(1001)10^2 + \mathbb{K}_4(0101)10^1 + \mathbb{K}_4(0001)10^0 = 900 + 50 + 1 = 951$$

Dagegen stellt 1001 1010, 1111 wegen $\mathbb{K}_4(1010) = 10$ und $\mathbb{K}_4(1111) = 15$ keine Dezimalzahl dar.

Mit der Formatfunktion $\mathbb{D}$ können allerdings nur nichtnegative Dezimalzahlen dargestellt werden. Im Prinzip lässt sich wie bei Binärzahlen die explizite Einführung eines Vorzeichens vermeiden, da die Möglichkeit besteht, im Zehner- oder Neunerkomplement zu arbeiten. Die einfachsten Programme erhält man jedoch, wenn man den Betrag einer Dezimalzahl einfach mit einem Vorzeichen versieht. Formal kann das so geschehen, dass die Bitfolge vorne um ein Bitquartett erweitert wird, mit dem das Vorzeichen verschlüsselt wird. Es sei

$$\mathfrak{d} = \mathfrak{d}_{4(n+1)-1}\mathfrak{d}_{4(n+1)-2}\mathfrak{d}_{4(n+1)-3}\cdots\mathfrak{d}_0$$

eine Binärfolge der Länge $4(n+1)$ mit der Eigenschaft

$$\mathbb{K}_4\left(\mathfrak{d}_{4n-4\nu-1}\mathfrak{d}_{4n-4\nu-2}\mathfrak{d}_{4n-4\nu-3}\mathfrak{d}_{4n-4\nu-4}\right) \leq 9 \qquad \nu \in \{0,\ldots,n-1\} \tag{6.3}$$

Der Wert $\mathbb{D}_n^\star(\mathfrak{d})$ der Bitfolge $\mathfrak{d}$ ergibt sich hier zu

$$\mathbb{D}_n^\star(\mathfrak{d}) = (-1)^{\mathfrak{d}_{4(n+1)-1}} \sum_{\nu=0}^{n-1} \mathbb{K}_4\left(\mathfrak{d}_{4n-4\nu-1}\mathfrak{d}_{4n-4\nu-2}\mathfrak{d}_{4n-4\nu-3}\mathfrak{d}_{4n-4\nu-4}\right) \times 10^{n-\nu-1} \tag{6.4}$$

Das obere Bit des höchsten Bitquartetts bestimmt also das Vorzeichen, über die unteren drei Bits des Quartetts wird nichts vorausgesetzt, sie können beliebige Werte annehmen. So ist z.B.

$$\mathbb{D}_2^\star(1000\,0001\,1001) = -19$$

In den folgenden Abschnitten wird mit dem Format $\mathbb{D}_5^\star$ gearbeitet, mit dem also ganze Dezimalzahlen von -99999 bis 99999 dargestellt werden können.

6.2. Addition

Die kleinste Einheit für die gepackt-dezimale Addition ist das in ein Byte gepackte Dezimalziffernpaar d_z, d_e mit dem Wert $10d_z + d_e$. Zur Addition sind zwei solche Paare a_z, a_e und b_z, b_e gegeben, deren Summe $10a_z +_e +10b_z + b_e$ zu berechnen ist. Dazu können beide Ziffernpaare entpackt werden. Die entsprechenden Faktoren können dann unter Berücksichtigung von Überträgen addiert und die Ergebnisse wieder gepackt werden. Das Packen und Entpacken ist allerdings recht aufwendig, auch müssen so mehrere Additionen durchgeführt werden. Besser wäre es sicherlich, wenn es gelänge, die beiden Bytes mit den Dezimalziffernpaaren einfach binär zu addieren, also die binäre Addition des Prozessors zu nutzen, und dann das Ergebnis zu korrigieren. Das lässt sich tatsächlich auf einfache Weise durch geschickten Einsatz des *half carry*-Statusbits $\mathbf{S}.\mathfrak{h}$ und mit dem Einsatz der simplen Gleichung $16 = 10 + 6$ durchführen.

Es seien also $\mathfrak{u} = \mathfrak{u}_7 \cdots \mathfrak{u}_0$ und $\mathfrak{v} = \mathfrak{v}_7 \cdots \mathfrak{v}_0$ die beiden Bytes oder Bitfolgen, mit denen die zweiziffrigen Dezimalzahlen verschlüsselt sind:

$$\mathbb{D}_2(\mathfrak{u}) = 10a_z + a_e$$
$$\mathbb{D}_2(\mathfrak{v}) = 10b_z + b_e$$

Das Ergebnis der binären Addition von $\mathfrak{u}$ und $\mathfrak{v}$ sei $\mathfrak{s} = \mathfrak{s}_8\mathfrak{s}_7 \cdots \mathfrak{s}_0$, darin wird im Prozessor $\mathfrak{s}_8$ vom Übertragsbit (*carry bit*) $\mathbf{S}.\mathfrak{c}$ repräsentiert. Der Wert des *half carry*-Bits nach der Binäraddition hängt wie folgt von den Summanden ab:

$$\mathbf{S}.\mathfrak{h} = \mathtt{1} \iff \mathbb{K}_4(\mathfrak{u}_3\mathfrak{u}_2\mathfrak{u}_1\mathfrak{u}_0) + \mathbb{K}_4(\mathfrak{v}_3\mathfrak{v}_2\mathfrak{v}_1\mathfrak{v}_0) = a_e + b_e \geq 16 \tag{6.5}$$

Das *half carry*-Bit wird demnach gesetzt, wenn die binäre Addition der beiden unteren Bitquartetts einen binären Übertrag in das obere Bitquartett erzeugt. Die Frage ist jetzt: Wie kann das Summenbitquartett $\mathfrak{s}_3\mathfrak{s}_2\mathfrak{s}_1\mathfrak{s}_0$ korrigiert werden, damit es den wahren Wert $(a_e + b_e) \bmod 10$ enthält?

Man muss sich zunächst einmal klar machen, wie die binäre Addition der unteren Bitquartetts eigentlich ausgeführt wird. Es ist nämlich[1]

$$\mathbb{K}_4(\mathfrak{s}_3\mathfrak{s}_2\mathfrak{s}_1\mathfrak{s}_0) = \big(\mathbb{K}_4(\mathfrak{u}_3\mathfrak{u}_2\mathfrak{u}_1\mathfrak{u}_0) + \mathbb{K}_4(\mathfrak{v}_3\mathfrak{v}_2\mathfrak{v}_1\mathfrak{v}_0)\big) \bmod 16 = (a_e + b_e) \bmod 16 \tag{6.6}$$

$$\mathbf{S}.\mathfrak{h} = \left\lfloor \frac{\mathbb{K}_4(\mathfrak{u}_3\mathfrak{u}_2\mathfrak{u}_1\mathfrak{u}_0) + \mathbb{K}_4(\mathfrak{v}_3\mathfrak{v}_2\mathfrak{v}_1\mathfrak{v}_0)}{16} \right\rfloor = \left\lfloor \frac{a_e + b_e}{16} \right\rfloor \tag{6.7}$$

Daraus lässt sich für den Fall $\mathbf{S}.\mathfrak{h} = \mathtt{1}$ die Korrektur direkt ablesen. Es gilt dann nämlich mit $r = (a_e + b_e) \bmod 16$

$$a_e + b_e = 1 \times 16 + r \qquad 0 \leq r < 16,$$

woraus wegen $16 = 10 + 6$ direkt die Gleichung

$$a_e + b_e = 1 \times 10 + r + 6 \tag{6.8}$$

folgt. Nun gilt aber $a_e + b_e \geq 16$ nur für die Paare $7 + 9$ mit $r = 0$, $8 + 8$ mit $r = 0$, $8 + 9$ mit $r = 1$ und $9 + 9$ mit $r = 2$, d.h. in (6.8) gilt $0 \leq r < 10$ und damit $r + 6 = (a_e + b_e) \bmod 10$. Die Korrektur besteht demnach bei $\mathbf{S}.\mathfrak{h} = \mathtt{1}$ darin, zum Summenquartett $\mathfrak{s}_3\mathfrak{s}_2\mathfrak{s}_1\mathfrak{s}_0$ binär 6 zu addieren. Diese Addition erzeugt keinen Übertrag in das hohe Bitquartett, dieses wird also von der Korrektur nicht beeinflusst.

Es bleibt noch der Fall $\mathbf{S}.\mathfrak{h} = \mathtt{0}$ zu untersuchen, also der Fall, dass $a_e + b_e < 16$ gilt. Hier ist zu korrigieren bei $a_e + b_e \geq 10$, also bei $a_e + b_e = 1 \times 10 + r$, mit $0 \leq r < 10$. Offensichtlich muss die folgende Situation herbeigeführt werden: Das untere Bitquartett der Summe muss r enthalten, und es muss ein Überlauf in das obere Bitquartett der Summe erzeugt werden. Denn r ist die Einerdezimalziffer der Summe und die Zehnerdezimalziffer der Summe ist wegen $a_e + b_e \geq 10$ um

[1] Man vergleiche die ausführliche Darstellung in [Mss1] Abschnitt **4.2**.

1 zu erhöhen. Das kann durch binäre Addition von 6 erreicht werden:

$$a_e + b_e + 6 = 1 \times 10 + r + 6 = 1 \times 16 - 6 + r + 6 = 1 \times 16 + r$$

Durch die Addition wird also wie gewünscht r in das untere Bitquartett gebracht und ein Übertrag in das obere Bitquartett erzeugt, insbesondere wird dabei $\mathbf{S}.\mathfrak{h} = 1$. Gleichzeitig lässt sich so testen, ob der Fall $a_e + b_e \geq 10$ vorliegt oder nicht. Ergibt sich nämlich bei der Addition $\mathbf{S}.\mathfrak{h} = \mathfrak{o}$, so war $a_e + b_e < 10$, die Korrektur war nicht nötig und die Addition von 6 muss rückgängig gemacht werden. Zu beachten ist, dass diese Korrektur das obere Bitquartett beeinflusst, insbesondere ist der bei der Anfangsaddition erzeugte Überlauf aus dem oberen Bitquartett heraus nicht mehr gültig.

Die Addition der Zehnerdezimalziffern kann auf dieselbe Weise durchgeführt werden. Man muss nur beachten, dass $a_z + b_z + \mathbf{S}.\mathfrak{h}$ zu bilden ist und dass die Rolle von $\mathbf{S}.\mathfrak{h}$ vom gewöhnlichen Übertragsbit $\mathbf{S}.\mathfrak{c}$ übernommen wird.

Das Übertragsbit $\mathbf{S}.\mathfrak{c}$ stellt nach der BCD-Addition den Dezimalübertrag in die Hunderter dar.

Die Inhalte der Register $\mathbf{r}_{16}$ und $\mathbf{r}_{17}$ werden als $\mathbb{D}_2$-Zahlen aufgefasst und zusammen mit dem Übertragsbit $\mathbf{S}.\mathfrak{c}$, das als ein von einer BCD-Addition herstammender Übertrag angesehen wird, addiert. Register $\mathbf{r}_{15}$ enthält die Summe, das Übertragsbit $\mathbf{S}.\mathfrak{c}$ den Übertrag der Summe.

```
1   Bcd2Add:   push2  r0,r18     2×2
2              ldi    r18,0x06   1    Korrekturfaktor 6 für unteres Bitquartett
    Die Ausführung der (zu korrigierenden) binären Addition
3              mov    r15,r16    1
4              adc    r15,r17    1
5              in     r0,SREG    1    Übertrag in r0 retten
    Die Korrektur des unteren Bitquartetts
6              brhc   Bcd2Ad05   1/2  Übertrag in das obere Bitquartett?
7              add    r15,r18    1    Ja: Korrektur, dann Überlauf restaurieren
8              rjmp   Bcd2Ad10   2
9   Bcd2Ad05:  add    r15,r18    1    Nein: Gültige Dezimalziffer?
10             brhs   Bcd2Ad15   1/2  Nein: mit Test korrigiert
11             sub    r15,r18    1    Ja: Testaddition rückgängig machen
12  Bcd2Ad10:  out    SREG,r0    1    Geretteten Übertrag restaurieren
    Die Korrektur des oberen Bitquartetts
13  Bcd2Ad15:  swap   r18        1    Korrekturfaktor 60 für oberes Bitquartett
14             in     r0,SREG    1    Übertrag in r0 retten
15             brcc   Bcd2Ad20   1/2  Überlauf aus dem hohen Bitquartett heraus?
16             add    r15,r18    1    Ja: Korrektur, dann Überlauf restaurieren
17             rjmp   Bcd2Ad25   2
18  Bcd2Ad20:  add    r15,r18    1    Gültige Dezimalziffer?
19             brcs   Bcd2Ad26   1/2  Nein: mit Test korrigiert
20             sub    r15,r18    1    Ja: Testaddition rückgängig machen
21  Bcd2Ad25:  out    SREG,r0    1    Geretteten Übertrag restaurieren
22  Bcd2Ad26:  pop2   r18,r0     2×2
23             ret               4
```

Register $\mathbf{r}_{18}$ wird zu Beginn des Unterprogramms mit dem Korrekturfaktor 6 für die Einerdezimalziffer geladen. Dann erfolgt in den Zeilen *3–4* die Berechnung der Summe der Inhalte von $\mathbf{r}_{16}$, $\mathbf{r}_{17}$ und $\mathbf{S}.\mathfrak{c}$.

Der dabei entstehende Übertrag in **S**.c kann ein korrekter BCD-Überlauf in die Hunderter sein und wird deshalb in Register $\mathbf{r_0}$ aufbewahrt. In Zeile *6* wird geprüft, ob die Addition der Einerziffern mit dem Übertragsbit einen Überlauf in das hohe Bitquartett verursacht hat. Ist das der Fall, so wird in Zeile *7* die nötige Korrektur durch Addition von 6 durchgeführt. Anschließend wird durch einen Sprung in die Zeile *12* der Übertrag der Addition in Zeile *4* restauriert, bevor mit der Korrektur der Zehnerziffer begonnen wird.
Falls in Zeile *6* kein Überlauf in das hohe Bitquartett festgestellt wurde, wird in Zeile *9* durch Addition von 6 geprüft, ob das untere Bitquartett eine Dezimalziffer enthält. Ist das nicht so, d.h. ergibt die Addition einen Übertrag in das hohe Bitquartett, so war die Addition schon die in diesem Fall nötige Korrektur und es kann mit der Behandlung des oberen Bitquartetts in Zeile *13* fortgefahren werden. Das obere Bitquartett ist allerdings durch die Korrektur verändert worden, der ursprüngliche und in $\mathbf{r_0}$ festgehaltene Übertrag ist nicht mehr gültig, seine Restaurierung wird übersprungen. Ergibt die Addition in Zeile *9* jedoch keinen Übertrag in das hohe Bitquartett, so enthielt das untere Bitquartett eine gültige Dezimalziffer und die Addition wird in Zeile *11* rückgängig gemacht. Anschließend wird der hier noch gültige Übertrag aus der Addition von Zeile *4* restauriert.
Die Behandlung der Zehnerziffer beginnt in Zeile *13* damit, den Korrekturfaktor in Register $\mathbf{r_{18}}$ bereitzustellen. Dieser Faktor ist **60**, da 6 nun zum oberen Bitquartett zu addieren oder davon zu subtrahieren ist. Zunächst wird in Zeile *14* der Wert des Übertragsbits noch einmal in Register $\mathbf{r_0}$ gerettet, da es die kommenden Befehle verändern können. Anschließend wird geprüft, ob bei der ursprünglichen Addition in Zeile *4* oder bei der Korrektur in Zeile *9* ein Übertrag aus dem oberen Bitquartett heraus entstanden ist. Ist das der Fall, so wird in Zeile *16* die Korrektur vorgenommen, die aber das ursprüngliche Übertragsbit verändert, das also durch den Sprung in die Zeile *21* vor dem Rücksprung in das rufende Programm restauriert wird. Ist das aber nicht der Fall, so wird in Zeile *18* getestet, ob das obere Bitquartett eine Dezimalziffer enthält. Erzeugt die Addition von 6 zum oberen Bitquartett einen Überlauf, so war eine Korrektur nötig, die durch den Test schon vorgenommen wurde, es kann also in die Zeile *21* zur abschließenden Restauration des Übertragsbit gesprungen werden. Tritt kein Überlauf ein, so ist keine Korrektur nötig und die Addition muss in der Zeile *20* rückgängig gemacht werden, ehe auch hier die abschließende Restauration des Überlaufbits erfolgt, das den BCD-Überlauf in die Hunderter darstellt.

Es darf nicht übersehen oder vergessen werden, dass das Unterprogramm den Wert des Übertragbits **S**.c in die Addition einbezieht. Z.B. muss das Bit bei einer Mehrfachaddition vor der ersten Addition gelöscht werden. Ein expliziter Befehl dafür ist jedoch nicht immer nötig, da es viele Befehle gibt, die „nebenbei" auch das Übertragsbit löschen. Wenn etwa Register $\mathbf{r_0}$ vor der Addition gelöscht werden muss, so sollte das nicht mit dem Befehl `clr r0` geschehen, der das Übertragsbit nicht antastet, sondern z.B. mit dem Befehl `sub r0,r0`, der das Bit löscht.

Die Addition zweier Zahlen im $\mathbb{D}_2$-Format ist für eine solch elementare Operation recht aufwendig. Die Laufzeit des Unterprogramms lässt sich nicht allgemein angeben, da sie von den Zahlen abhängt, die addiert werden. Mit einer einfachen Simulation ließen sich die Häufigkeiten der möglichen Situationen bestimmen, mit denen dann eine mittlere Laufzeit oder Häufigkeitsschranken für die Laufzeit berechnet werden könnten.

Abbildung 6.1.: Eine Zahl im $\mathbb{D}_6$-Format

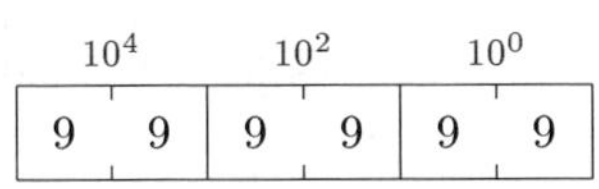

Mit `Bcd2Add` können nun Unterprogramme zur Addition von Zahlen im $\mathbb{D}_{2n}$-Format aufgebaut werden. Das folgende Unterprogramm ist ein Beispiel für $n = 3$.

Unterprogramm Bcd6Add

Es wird die Summe $\mathfrak{c}$ zweier Zahlen $\mathfrak{a}$ und $\mathfrak{b}$ im $\mathbb{D}_6$-Format berechnet. Hat das Übertragbit den Wert 0, also $\mathbf{S}.\mathfrak{c} = 0$, so ist

$$\mathbb{D}_6(\mathfrak{c}) = \mathbb{D}_6(\mathfrak{a}) + \mathbb{D}_6(\mathfrak{b}),$$

andernfalls ist

$$\mathbb{D}_6(\mathfrak{c}) = (\mathbb{D}_6(\mathfrak{a}) + \mathbb{D}_6(\mathfrak{b})) \bmod 1000000.$$

Input

Y	Die Adresse α einer Zahl $\mathfrak{a}$ im $\mathbb{D}_6$-Format
Z	Die Adresse β einer Zahl $\mathfrak{b}$ im $\mathbb{D}_6$-Format
X	Die Adresse γ einer Zahl $\mathfrak{c}$ im $\mathbb{D}_6$-Format

Die Zahl $\mathfrak{c}$ wird mit dem Ergebnis überschrieben.
Das Übertragsbit hat den Wert $\lfloor(\mathbb{D}_6(\mathfrak{a}) + \mathbb{D}_6(\mathfrak{b}))/100000\rfloor$.

```
Bcd6Add:  push3  r15,r16,r17  3×2
          ld     r16,Y        1
          ld     r17,Z        1
          clc                 1    Nicht zu vergessen
          rcall  Bcd2Add      3+
          st     X+,r15       2
          ldd    r16,Y+1      2
          ldd    r17,Z+1      2
          rcall  Bcd2Add      3+
          st     X+,r15       2
          ldd    r16,Y+2      2
          ldd    r17,Z+2      2
          rcall  Bcd2Add      3+
          st     X,r15        2
          in     r15,SREG     1    Übertragsbit retten
          sbiw   r27:r26,2    2    Alten Wert von X wiederherstellen
          out    SREG,r15     1    Übertragsbit restaurieren
          pop3   r17,r16,r15  3×2
          ret                 4
```

Das Unterprogramm ist eine unmittelbare Anwendung von `Bcd2Add`. Einzig erwähnenswert ist, dass der Wert von Register **X** am Ende durch eine Subtraktion wiederhergestellt wird. Obwohl das Übertragsbit über die Subtraktion erhalten werden muss, wird auf diese Weise gegenüber den sonst nötigen zwei `push`- und `pop`-Befehlen ein Befehlswort eingespart. Taktmäßig gibt es keinen Vorteil.

6.3. Subtraktion

Die dezimale Subtraktion ist etwas einfacher durchzuführen als die Addition. Die binäre Subtraktion der beiden Bitquartetts kann wie folgt beschrieben werden:[2]

$$a_e \geq b_e: \quad \mathbf{S}.\mathfrak{h} = 0 \quad \mathbb{K}_4(\mathfrak{s}_3\mathfrak{s}_2\mathfrak{s}_1\mathfrak{s}_0) = a_e - b_e \tag{6.9}$$

$$a_e < b_e: \quad \mathbf{S}.\mathfrak{h} = 1 \quad \mathbb{K}_4(\mathfrak{s}_3\mathfrak{s}_2\mathfrak{s}_1\mathfrak{s}_0) = a_e + b_e^\star \tag{6.10}$$

[2] Es werden die Bezeichnungen des vorigen Abschnitts verwendet.

Darin ist $b_e^\star$ das additive Inverse zu b_e in $\mathbb{Z}_{16}$, d.h. diejenige Zahl $b_e^\star \in \{0,\ldots,15\}$ mit $b_e + b_e^\star = 16$. Z.B. ist $2^\star = 14$ (wegen $2 + 14 = 16$), also ergibt die binäre Subtraktion $1 - 2$ das Ergebnis $\mathbf{S}.\mathfrak{h} = \mathtt{1}$ und $\mathbb{K}_4(\mathfrak{s}_3\mathfrak{s}_2\mathfrak{s}_1\mathfrak{s}_0) = 1 + 14 = 15$.

Bei $a_e \geq b_e$ ist offenbar keine Korrektur nötig, $a_e - b_e$ ist schon die Einerdezimalziffer der Differenz.

Nun muss bei der dezimalen Subtraktion bei $a_e < b_e$ als Ergebnis $a_e + b_e^\bullet$ herauskommen, dabei ist $b_e^\bullet$ das additive Inverse zu b_e in $\mathbb{Z}_{10}$, d.h. diejenige Zahl $b_e^\bullet \in \{0,\ldots,9\}$ mit $b_e + b_e^\bullet = 10$. Das gewünschte Ergebnis $a_e + 10 - b_e$ kann einfach durch Subtraktion von 6 herbeigeführt werden:

$$a_e + b_e^\star - 6 = a_e + 16 - b_e - 6 = a_e + 10 - b_e$$

Das hohe Bitquartett des Ergebnisses wird von dieser Korrektur nicht beeinflusst.

Auch hier kann die Subtraktion der oberen Bitquartetts vollkommen analog behandelt werden. Zu berücksichtigen ist nur, dass $a_z - b_z - \mathbf{S}.\mathfrak{h}$ berechnet wird und dass das Übertragsbit $\mathbf{S}.\mathfrak{c}$ die Rolle des *half carry*-Bits übernimmt.

Die Inhalte der Register $\mathbf{r}_{16}$ und $\mathbf{r}_{17}$ werden als $\mathbb{D}_2$-Zahlen aufgefasst. $\mathbf{r}_{17}$ wird zusammen mit dem Übertragsbit $\mathbf{S}.\mathfrak{c}$, das als ein von einer BCD-Subtraktion herstammendes „Borgen" angesehen wird, von $\mathbf{r}_{16}$ subtrahiert. Register $\mathbf{r}_{15}$ enthält die Differenz, das Übertragsbit $\mathbf{S}.\mathfrak{c}$ das „Borgen" der Subtraktion.

```
1  Bcd2Sub:  push2  r0,r18      2×2
2             ldi    r18,0x06    1    Korrekturfaktor 6 für unteres Bitquartett
```

Die Ausführung der (zu korrigierenden) binären Subtraktion

```
3             mov    r15,r16     1
4             sbc    r15,r17     1
5             brhc   Bcd2Sb05    1/2  „Borgen" vom oberen Bitquartett?
```

Die Korrektur des unteren Bitquartetts

```
6             in     r0,SREG     1    "Ja: 'Borgen" der Subtraktion in r0 retten
7             sub    r15,r18     1    Korrektur
8             out    SREG,r0     1    „Borgen" der Subtraktion restaurieren
9  Bcd2Sb05:  brcc   Bcd2Sb10    1/2  „Borgen" von den Hundertern?
```

Die Korrektur des oberen Bitquartetts

```
10            swap   r18         1    Ja: Korrekturfaktor 60 für oberes Bitquartett
11            sub    r15,r18     1    Korrektur
12            sec                1    'Borgen" der Subtraktion restaurieren
13 Bcd2Sb10:  pop2   r18,r0      2×2
14            ret                4
```

Muss bei der Subtraktion in Zeile *4* das untere Bitquartett vom oberen borgen, so muss korrigiert werden. Da die eigentliche Korrektur in Zeile *7* das Übertragsbit verändern kann, welches das Borgen von den Hundertern repräsentiert, muss sie vom Retten und Restaurieren dieses Bits umgeben werden. Bei Ankunft in Zeile *9* hat das Übertragsbit also den in Zeile *4* bekommenen Wert. Zeigt es ein Borgen von den Hundertern an, muss die Zehnerziffer in Zeile *11* korrigiert werden. Sein Wert muss vor der Korrektur nicht gerettet werden, er ist ja bekannt und muss in Zeile *12* nur wiederhergestellt werden.

Die BCD-Subtraktion ist zwar nicht ganz so aufwendig wie die BCD-Addition, dennoch gilt das am Schluss des vorigen Abschnitts gesagte auch hier.

Wie bei der Addition folgt ein Unterprogramm zur Subtraktion von Zahlen im $\mathbb{D}_6$-Format, das negative Ergebnisse modulo 1000000 übergibt, da kein Vorzeichen zur Verfügung steht. Das eigentliche Ergebnis -1 erscheint also als $-1 + 1000000 = 999999$.

Unterprogramm Bcd6Sub

Es wird die Differenz $\mathfrak{c}$ zweier Zahlen $\mathfrak{a}$ und $\mathfrak{b}$ im $\mathbb{D}_6$-Format berechnet. Gilt $\mathbb{D}_6(\mathfrak{a}) \geq \mathbb{D}_6(\mathfrak{b})$, so ist

$$\mathbb{D}_6(\mathfrak{c}) = \mathbb{D}_6(\mathfrak{a}) - \mathbb{D}_6(\mathfrak{b}),$$

andernfalls ist

$$\mathbb{D}_6(\mathfrak{c}) = \mathbb{D}_6(\mathfrak{a}) + 1000000 - \mathbb{D}_6(\mathfrak{b}).$$

Input

Y	Die Adresse α einer Zahl $\mathfrak{a}$ im $\mathbb{D}_6$-Format
Z	Die Adresse β einer Zahl $\mathfrak{b}$ im $\mathbb{D}_6$-Format
X	Die Adresse γ einer Zahl $\mathfrak{c}$ im $\mathbb{D}_6$-Format

Die Zahl $\mathfrak{c}$ wird mit dem Ergebnis überschrieben. Das Unterprogramm erzeugt keinen Fehler.

```
Bcd6Sub:  push3   r15,r16,r17  3×2
          ld      r16,Y        2
          ld      r17,Z        2
          clc                  1    Nicht zu vergessen
          rcall   Bcd2Sub      3+
          st      X+,r15       2
          ldd     r16,Y+1      2
          ldd     r17,Z+1      2
          rcall   Bcd2Sub      3+
          st      X+,r15       2
          ldd     r16,Y+2      2
          ldd     r17,Z+2      2
          rcall   Bcd2Sub      3+
          st      X,r15        2
          in      r15,SREG     1    Übertragsbit retten
          sbiw    r27:r26,2    2    Alten Wert von X wiederherstellen
          out     SREG,r15     1    Übertragsbit restaurieren
          pop3    r17,r16,r15  3×2
          ret                  4
```

Die Subtraktion im $\mathbb{D}_6$-Format (und natürlich auch die Addition) läuft also vollkommen analog zur Subtraktion im $\mathbb{K}_6$-Format ab, nur dass hier 1000000 die Rolle von **1000000** übernimmt.

6.4. Addition und Subtraktion von Zahlen im $\mathbb{D}_5^\star$-Format

Wenn es darum geht, Zahlenumformungen von einem für Menschen geeigneten System in ein für Arithmetik benutztes menschenunfreundliches System zu vermeiden (und auch umgekehrt), so kommt zum alleinigen Einsatz bei Verwendung von Dezimalziffern eigentlich nur das System in Frage, das negative Zahlen einfach durch das Anbringen eines Vorzeichens kennzeichnet (B+V, d.h. Betrag und Vorzeichen). Andere mit Dezimalziffern arbeitende Systeme, z.B. Zehner- und Neunerkomplement,[3] können dem Benutzer einer Programmiersprache nicht zugemutet werden. Die Wahl ist auf $\mathbb{D}_5^\star$ gefallen. Eine Zahl in diesem Format hat etwa die dreifache Genauigkeit

[3] Diese entsprechen dem Einer- und Zweierkomplement bei Binärziffern.

einer Zahl im $\mathbb{G}_{16}$-Format (d.h. einer im Zweierkomplement verschlüsselten 16-Bit-Zahl). Sie hat dieselbe Größe wie eine zweidrittelgenaue Fließkommazahl, damit können $\mathbb{D}_5^\star$- und $\mathbb{F}_{2/3}$-Zahlen in Systemen gut koexistieren. Dass beim höchsten Bitquartett drei Bits nicht verwendet werden fällt nicht so sehr ins Gewicht, da BCD-Zahlen *per se* keine guten Platzausnutzer sind.[4]

Abbildung 6.2.: Eine Zahl im $\mathbb{D}_5^\star$-Format

	10^4	10^3	10^2	10^1	10^0
±	9	9	9	9	9

Im Unterschied zu den Unterprogrammen der vorigen Abschnitte wird ein Zahlenüberlauf nicht mehr vornehmlich als ein Mittel zur Erweiterung des Zahlensystems durch Vergrößerung der Zahlen betrachtet, sondern als Fehler, der normalerweise zum Abbruch des laufenden Programms führen muss. Überlauf kann bei der Addition zweier Zahlen mit gleichem Vorzeichen oder bei der Subtraktion zweier Zahlen mit verschiedenem Vorzeichen auftreten. Man kann aber davon ausgehen, dass bei Berechnungen, für die Dezimalarithmetik eingesetzt wird, schon vor dem Beginn der Rechnung festgestellt werden kann, ob Überlauf möglich ist.

In diesem Abschnitt werden Unterprogramme für die Addition und die Subtraktion vorgestellt. Die Hauptarbeit wird im Additionsunterprogramm geleistet, die Subtraktion wird mit Hilfe einer einfachen Vorzeichenmodifikation realisiert. Hier ist zunächst das Additionsunterprogramm.

Unterprogramm BcdAdd

Es wird die Summe $\mathfrak{c} = \mathfrak{c}_{23} \cdots \mathfrak{c}_0$ zweier Zahlen $\mathfrak{a} = \mathfrak{a}_{23} \cdots \mathfrak{a}_0$ und $\mathfrak{b} = \mathfrak{b}_{23} \cdots \mathfrak{b}_0$ im $\mathbb{D}_5^\star$-Format berechnet:

$$\mathbb{D}_5^\star(\mathfrak{c}) = \mathbb{D}_5^\star(\mathfrak{a}) + \mathbb{D}_5^\star(\mathfrak{b})$$

Input

Y Die Adresse α einer Zahl $\mathfrak{a}$ im $\mathbb{D}_5^\star$-Format
Z Die Adresse β einer Zahl $\mathfrak{b}$ im $\mathbb{D}_5^\star$-Format
X Die Adresse γ einer Zahl $\mathfrak{c}$ im $\mathbb{D}_5^\star$-Format

Die Zahl $\mathfrak{c}$ wird mit dem Ergebnis überschrieben.
Bei einem Zahlenüberlauf wird das Überlaufbit **S**.$\mathfrak{v}$ gesetzt, die Summe ist dann nicht definiert.

```
BcdAdd:   push4  r15,r16,r17,r18  4×2
          push4  r19,r20,r21,r22  4×2
          push3  r23,r26,r27      3×2
          ldd    r23,Z+2          2    r23 ← bh = oberes Byte b
BcdAd01:  ld     r18,Y            2    r18 ← al = unteres Byte a
          ldd    r19,Y+1          2    r19 ← am = mittleres Byte a
          ldd    r20,Y+2          2    r20 ← ah = oberes Byte a
          ld     r21,Z            2    r21 ← bl = unteres Byte b
          ldd    r22,Z+1          2    r22 ← bm = mittleres Byte b
   Vergleich der Vorzeichen (mittels XOR), dann Löschen der oberen Bitquartette von a und b
          mov    r15,r23          1    r15.7 ← Vz(a) ⊕ Vz(b)
          eor    r15,r20          1
          andi   r20,0x0F         1    Vz(a) ← o
```

[4]Eine 24-Bit-Binärzahl kann im Bereich von 0 bis 16777216 liegen.

	andi	r23,0x0F	1	$\mathrm{Vz}(\mathfrak{a}) \leftarrow 0$
	tst	r15	1	$\mathrm{Vz}(\mathfrak{a}) = \mathrm{Vz}(\mathfrak{b})$?
	brmi	BcdAd15	1/2	Nein: Zur Subtraktion verzweigen
Die Absolutbeträge von $\mathfrak{a}$ und $\mathfrak{b}$ werden addiert				
	clc		1	Additionen ohne Übertrag starten
	mov	r16,r18	1	$\mathfrak{a}_l$ und $\mathfrak{b}_l$ dezimal addieren
	mov	r17,r21	1	
	rcall	Bcd2Add	3+	
	st	X+,r15	2	$\mathfrak{c}_l$ abspeichern
	mov	r16,r19	1	$\mathfrak{a}_m$, $\mathfrak{b}_m$ und Übertrag dezimal addieren
	mov	r17,r22	1	
	rcall	Bcd2Add	3+	
	st	X+,r15	2	$\mathfrak{c}_m$ abspeichern
	mov	r15,r20	1	$\mathfrak{a}_h$, $\mathfrak{b}_h$ und Übertrag **binär** addieren
	adc	r15,r23	1	
	brhs	BcdAd11	1/2	Falls Summe ≥ 16: Überlauf
	ldi	r17,9	1	Falls Summe ≥ 10: Überlauf
	cp	r17,r15	1	
	brcs	BcdAd11	1/2	
BcdAd04:	ldd	r16,Y+2	2	$\mathbf{r_{16}} \leftarrow \mathfrak{a}_h$
$\mathfrak{c}_h$ in $\mathbf{r_{15}}$ wird mit dem Vorzeichen aus $\mathbf{r_{16}}$ versehen				
BcdAd05:	lsl	r15	1	Vorbereitung zur Aufnahme
	rol	r16	1	Vorzeichen hinausshiften
	ror	r15	1	Vorzeichen hineinshiften
	st	X,r15	2	$\mathfrak{c}_h$ abspeichern
	clv		1	Kein Überlauf
BcdAd10:	pop3	r27,r26,r23	3×2	
	pop4	r22,r21,r20,r19	4×2	
	pop4	r18,r17,r16,r15	4×2	
	ret		4	
BcdAd11:	sev		1	Überlaufanzeige
	rjmp	BcdAd10	2	
Die Absolutbeträge von $\mathfrak{a}$ und $\mathfrak{b}$ werden verglichen. Der kleinere soll vom größeren subtrahiert werden				
BcdAd15:	cp	r20,r23	1	Vergleiche $\mathfrak{a}_h$ mit $\mathfrak{b}_h$
	brcs	BcdAd25	1/2	Falls $\mathfrak{a}_h < \mathfrak{b}_h$: $\mathfrak{b} - \mathfrak{a}$
	brne	BcdAd20	1/2	Falls $\mathfrak{a}_h > \mathfrak{b}_h$: $\mathfrak{a} - \mathfrak{b}$
	cp	r19,r22	1	Vergleiche $\mathfrak{a}_m$ mit $\mathfrak{b}_m$
	brcs	BcdAd25	1/2	Falls $\mathfrak{a}_m < \mathfrak{b}_m$: $\mathfrak{b} - \mathfrak{a}$
	brne	BcdAd20	1/2	Falls $\mathfrak{a}_m > \mathfrak{b}_m$: $\mathfrak{a} - \mathfrak{b}$
	cp	r18,r21	1	Vergleiche $\mathfrak{a}_l$ mit $\mathfrak{b}_l$
	brcs	BcdAd25	1/2	Falls $\mathfrak{a}_l < \mathfrak{b}_l$: $\mathfrak{b} - \mathfrak{a}$
Der Absolutbetrag von $\mathfrak{b}$ wird vom Absolutbetrag von $\mathfrak{a}$ subtrahiert				
BcdAd20:	mov	r16,r18	1	$\mathfrak{b}_l$ wird von $\mathfrak{a}_l$ dezimal subtrahiert
	mov	r17,r21	1	
	rcall	Bcd2Sub	3+	
	st	X+,r15	2	$\mathfrak{c}_l$ abspeichern

```
55           mov     r16,r19      1    b_m und „Borgen“ werden von a_m dezimal subtrahiert
56           mov     r17,r22      1
57           rcall   Bcd2Sub      3+
58           st      X+,r15       2    c_m abspeichern
59           mov     r16,r20      1    b_h und „Borgen“ werden von a_h dezimal subtrahiert
60           mov     r17,r23      1
61           rcall   Bcd2Sub      3+
62           rjmp    BcdAd04      2
     Der Absolutbetrag von a wird vom Absolutbetrag von b subtrahiert
63 BcdAd25:  clc                  1    Subtraktion startet ohne „Borgen“
64           mov     r17,r18      1    a_l wird von b_l dezimal subtrahiert
65           mov     r16,r21      1
66           rcall   Bcd2Sub      3+
67           st      X+,r15       2    c_l abspeichern
68           mov     r17,r19      1    a_m und „Borgen” werden von b_m dezimal subtrahiert
69           mov     r16,r22      1
70           rcall   Bcd2Sub      3+
71           st      X+,r15       2    c_m abspeichern
72           mov     r17,r20      1    a_h und „Borgen“ werden von b_h dezimal subtrahiert
73           mov     r16,r23      1
74           rcall   Bcd2Sub      3+
     Register r16 wird mit dem Vorzeichen von b geladen
75           ldd     r16,Z+2      2
76           rjmp    BcdAd05      2
```

Zu Beginn wird die Zahl $\mathfrak{a}$ in das Dreifachregister $\mathbf{r}_{20:19:18}$ und die Zahl $\mathfrak{b}$ in das Dreifachregister $\mathbf{r}_{23:22:21}$ geladen (Zeilen *4–9*). Das obere Bitquartett von $\mathbf{r}_{20}$ enthält danach das Vorzeichen von $\mathfrak{a}$ und das obere Bitquartett von $\mathbf{r}_{23}$ das Vorzeichen von $\mathfrak{b}$. Die beiden Befehle in den Zeilen *10–11* hinterlassen in Bit 7 von Register $\mathbf{r}_{15}$ den Wert 0, wenn beide Vorzeichen gleich sind und den Wert 1, wenn sie verschieden sind. In den folgenden beiden Zeilen werden die Bitquartetts mit den Vorzeichen gelöscht. Bit 7 von $\mathbf{r}_{15}$ wird dann zur Entscheidung darüber verwendet, ob addiert oder subtrahiert werden soll. Ist das Bit gesetzt, so waren die Vorzeichen verschieden und es wird in die Zeile *41* gesprungen, ab welcher Subtrahiert wird. Ist das Bit gelöscht, so wird in Zeile *15* nicht verzweigt, sondern in der nächsten Zeile mit der Addition begonnen.

Bei der Addition werden zunächst in den Zeilen *16–24* die unteren beiden Bytes der beiden Zahlen dezimal addiert und das Ergebnis in den beiden unteren Bytes von $\mathfrak{c}$ gespeichert. Die oberen Bytes könnten zwar auch mit `Bcd2Add` addiert werden, da aber nur die unteren Bitquartette zu addieren sind, geht es direkt schneller, auch kann bei der Addition direkt auf Überlauf getestet werden. Die oberen Ziffern von $\mathfrak{a}$ und $\mathfrak{b}$ (die Zehntausender) werden also in den Zeilen *25–26* mit dem eventuellen Übertrag von den Tausendern her (binär) addiert. Hat das *half-carry*-Bit danach den Wert 1, so ist die entstandene Summe ≥ 16, also erst recht ≥ 10, es ist demnach ein Überlauf eingetreten, der mit einem Sprung in die Zeile *41* quittiert wird, in der vor dem Rücksprung das Überlaufbit gesetzt wird. Ist das *half-carry*-Bit nicht gesetzt, so kann der Wert der Summe doch immer noch > 9 sein, das wird in den Zeilen *28–29* geprüft. Ist das tatsächlich der Fall, so wird auch hier in die Zeile *41* gesprungen.

Nach erfolgter Addition muss $\mathfrak{c}$ mit dem passenden Vorzeichen versehen werden. Dieser Vorgang beginnt in Zeile *32* Dort wird angenommen, dass das zu verwendende Vorzeichen als Bit 7 in Register $\mathbf{r}_{16}$ zu finden ist, und dass Register $\mathbf{r}_{15}$ schon die Zehntausenderziffer von $\mathfrak{c}$ enthält. Zunächst wird durch einen Linksshift Register $\mathbf{r}_{15}$ für die Aufnahme des Vorzeichens in Bit 7 vorbereitet. In der nächsten Zeile wird

das Vorzeichenbit aus **r16** in das Übertragbit hinaus und und dann in das Bit 7 von **r15** hineingeschoben. Schließlich wird das ganze obere Byte in die Ergebniszahl $\mathfrak{c}$ hineingeschrieben.
In Zeile *31* wird Register **r16** mit dem Vorzeichen von $\mathfrak{a}$ geladen. Das ist insbesondere die richtige Wahl, wenn $\mathfrak{a}$ und $\mathfrak{b}$ dasselbe Vorzeichen haben, wenn die Zeile *31* also von der Zeile *30* her erreicht wird.
Haben $\mathfrak{a}$ und $\mathfrak{b}$ verschiedene Vorzeichen, so wird von Zeile *15* aus in die Zeile *43* gesprungen. Bei verschiedenen Vorzeichen hängt das Vorgehen von den Absolutwerten der Zahlen ab:

$|\mathbb{D}_5^\star(\mathfrak{a})| \geq |\mathbb{D}_5^\star(\mathfrak{b})|$:
: Es wird $\mathfrak{b}$ von $\mathfrak{a}$ subtrahiert, das Vorzeichen der Differenz ist das Vorzeichen von $\mathfrak{a}$ (oder das invertierte Vorzeichen von $\mathfrak{b}$).

$|\mathbb{D}_5^\star(\mathfrak{a})| < |\mathbb{D}_5^\star(\mathfrak{b})|$:
: Es wird $\mathfrak{a}$ von $\mathfrak{b}$ subtrahiert, das Vorzeichen der Differenz ist das Vorzeichen von $\mathfrak{b}$ (oder das invertierte Vorzeichen von $\mathfrak{a}$).

Der Vergleich der Absolutwerte wird ab Zeile *43* durchgeführt.[5] Zuerst wird der Absolutwert $T_\mathfrak{a}$ des oberen Bytes von $\mathfrak{a}$ mit dem Absolutwert $T_\mathfrak{b}$ des oberen Bytes von $\mathfrak{b}$ verglichen. Gilt $T_\mathfrak{a} < T_\mathfrak{b}$, so wird ab Zeile *63* $\mathfrak{a}$ von $\mathfrak{b}$ subtrahiert. Gilt statt dessen $T_\mathfrak{a} \neq T_\mathfrak{b}$, so bedeutet das $T_\mathfrak{a} > T_\mathfrak{b}$ und es wird ab Zeile *51* $\mathfrak{b}$ von $\mathfrak{a}$ subtrahiert. Ist aber $T_\mathfrak{a} = T_\mathfrak{b}$, so musssen auch die mittleren Bytes verglichen werden, sie werden genauso wie die oberen behandelt. Sind diese gleich, so müssen noch die unteren Bytes verglichen werden.
Die Subtraktionen in den Zeilen *51–62* unterscheiden sich von denen in den Zeilen *63–74* wie folgt:

- Die Werte der Parameterregister für `Bcd2Sub` sind vertauscht.
- Die erste Subtraktionsfolge lädt am Schluss Register **r16** über den Sprung in Zeile *31* mit dem Vorzeichen von $\mathfrak{a}$, die zweite Folge lädt **r16** in Zeile *75* mit dem Vorzeichen von $\mathfrak{b}$.
- Bei Eintritt in die erste Subtraktionsfolge in Zeile *51* ist das Übertragsbit gelöscht, beim Eintritt in die zweite jedoch nicht und muss in Zeile *63* vor der ersten Subtraktion explizit den Wert 0 erhalten.

Mit Hilfe der Addition lässt sich die Subtraktion sehr einfach realisieren, es ist nur das Vorzeichenbit des Subtrahenden zu invertieren.

Unterprogramm BcdSub

Es wird die Differenz $\mathfrak{c} = \mathfrak{c}_{23} \cdots \mathfrak{c}_0$ zweier Zahlen $\mathfrak{a} = \mathfrak{a}_{23} \cdots \mathfrak{a}_0$ und $\mathfrak{b} = \mathfrak{b}_{23} \cdots \mathfrak{b}_0$ im $\mathbb{D}_5^\star$-Format berechnet:

$$\mathbb{D}_5^\star(\mathfrak{c}) = \mathbb{D}_5^\star(\mathfrak{a}) - \mathbb{D}_5^\star(\mathfrak{b})$$

Input

Y Die Adresse α einer Zahl $\mathfrak{a}$ im $\mathbb{D}_5^\star$-Format
Z Die Adresse β einer Zahl $\mathfrak{b}$ im $\mathbb{D}_5^\star$-Format
X Die Adresse γ einer Zahl $\mathfrak{c}$ im $\mathbb{D}_5^\star$-Format

Die Zahl $\mathfrak{c}$ wird mit dem Ergebnis überschrieben.
Bei einem Zahlenüberlauf wird das Überlaufbit **S.**$\mathfrak{v}$ gesetzt, die Differenz ist dann nicht definiert.

```
BcdSub:   push4   r15,r16,r17,r18   4×2
          push4   r19,r20,r21,r22   4×2
          push3   r23,r26,r27       3×2
          ldd     r23,Z+2           2
          ldi     r16,0x80          1
          eor     r23,r16           1
          rjmp    BcdAd01           2
```

[5] Der Vergleich von BCD-Zahlen wird im nächsten Abschnitt behandelt.

Die ersten vier Zeilen entsprechen genau den ersten vier Zeilen des Unterprogramms `BcdAdd`. Insbesondere wird in Zeile *4* Register $\mathbf{r_{23}}$ mit dem oberen Byte von $\mathfrak{b}$ geladen, dessen Bit 7, das Vorzeichenbit, in den Zeilen *6–6* invertiert wird, bevor dann `BcdAdd` angesprungen wird, um die Summe von $\mathfrak{a}$ und $-\mathfrak{b}$ zu berechnen.

6.5. Operationen mit Einzelziffern

Die Addition einer einzelnen Dezimalziffer oder die Division durch zwei lassen sich mit speziellen Unterprogrammen viel schneller ausführen als mit den allgemeinen Unterprogrammen für Addition und Division. Das gilt natürlich auch für die Subtraktion mit einer Dezimalziffer und die Multiplikation mit zwei (die Verdopplung). Spezielle Unterprogramme für solche Operationen werden in diesem Abschnitt vorgestellt. Sie arbeiten alle mit dem $\mathbb{D}_6$-Format, können aber auch Zahlen im $\mathbb{D}_5^\star$-Format verarbeiten, wenn diese nicht negativ sind oder das Vorzeichen vor dem Aufruf gelöscht wurde. Versionen der Unterprogramme für echte $\mathbb{D}_5^\star$-Verarbeitung sind sehr leicht zu entwickeln.

Das Unterprogramm `Bcd6Inc` ist nur eine verschlankte Version des Unterprogramms `Bcd6Add`.

Unterprogramm Bcd6Inc

Es wird die Summe $\mathbb{D}_6(\mathfrak{a}) + d$ einer Zahl $\mathfrak{a} = \mathfrak{a}_{23} \cdots \mathfrak{a}_0$ im $\mathbb{D}_6$-Format und einer einzelnen Dezimalziffer d berechnet.

Input

Z Die Adresse einer Zahl $\mathfrak{a}$ im $\mathbb{D}_6$-Format

$\mathbf{r_{16}}$ Die Dezimalziffer $d \in \{0, \ldots, 9\}$

Die Zahl $\mathfrak{a}$ wird mit dem Ergebnis überschrieben.

Ist das Übertragsbit gesetzt, so wurde das Ergebnis $(\mathbb{D}_6(\mathfrak{a}) + d) \bmod 1000000$ berechnet.

```
Bcd6Inc:  push3  r15,r16,r17  3×2
          ld     r17,Z        2
          clc                 1
          rcall  Bcd2Add      3+
          st     Z,r15        2
          ldd    r17,Z+1      2
          clr    r16          1
          rcall  Bcd2Add      3+
          std    Z+1,r15      2
          ldd    r17,Z+2      2
          rcall  Bcd2Add      3+
          std    Z+2,r15      2
          pop3   r17,r16,r15  3×2
          ret                 4
```

Auch das Unterprogramm `Bcd6Dec` leitet sich direkt vom Unterprogramm `Bcd6Sub` ab.

Unterprogramm Bcd6Dec

Es wird die Differenz $\mathbb{D}_6(\mathfrak{a}) - d$ einer Zahl $\mathfrak{a} = \mathfrak{a}_{23} \cdots \mathfrak{a}_0$ im $\mathbb{D}_6$-Format und einer einzelnen Dezimalziffer d berechnet.

Input

Z Die Adresse einer Zahl $\mathfrak{a}$ im $\mathbb{D}_6$-Format

$\mathbf{r_{16}}$ Die Dezimalziffer $d \in \{0, \ldots, 9\}$

Die Zahl $\mathfrak{a}$ wird mit dem Ergebnis überschrieben.
Ist das Übertragsbit gesetzt, so wurde das Ergebnis $\mathbb{D}_6(\mathfrak{a}) + 1000000 - d$ berechnet.

```
Bcd6Dec:  push3  r15,r16,r17  3×2
          mov    r17,r16      1
          ld     r16,Z        2
          clc                 1
          rcall  Bcd2Sub      3+
          st     Z,r15        2
          ldd    r16,Z+1      2
          clr    r17          1
          rcall  Bcd2Sub      3+
          std    Z+1,r15      2
          ldd    r16,Z+2      2
          rcall  Bcd2Sub      3+
          std    Z+2,r15      2
          pop3   r17,r16,r15  3×2
          ret                 4
```

Einfachste Beispiele zeigen, dass die Halbierung einer Zahl im $\mathbb{D}_6$-Format nicht mit einem einfachen Rechtsshift durchgeführt werden kann. Es gibt aber eine simple Methode, mit der ein Rechtsshift nachträglich so korrigiert werden kann, dass wieder eine Zahl im $\mathbb{D}_6$-Format entsteht. Es sei dazu d eine der Dezimalziffern der Zahl und $\tilde{d}$ die nächsthöhere Dezimalziffer. Beide Dezimalziffern können in Quotient und Rest bei Division durch Zwei zerlegt werden: $\tilde{d} = 2\tilde{q} + \tilde{r}$ und $d = 2q + r$, mit $r, \tilde{r} \in \{0, 1\}$. **Wertemäßig** ergibt dann der Rechtsshift folgendes:

$$\left\lfloor \frac{10\tilde{d} + d}{2} \right\rfloor = \left\lfloor \frac{10(2\tilde{q} + \tilde{r}) + 2q + r}{2} \right\rfloor = 10\tilde{q} + 5\tilde{r} + q + \left\lfloor \frac{r}{2} \right\rfloor = 10\tilde{q} + 5\tilde{r} + q$$

Die Dezimalziffer d ist also durch $5\tilde{r} + q$ zu ersetzen. **In der Verschlüsselung** als BCD-Zahl bewirkt der Rechtsshift jedoch dieses:

$$\left\lfloor \frac{16\tilde{d} + d}{2} \right\rfloor = \left\lfloor \frac{16(2\tilde{q} + \tilde{r}) + 2q + r}{2} \right\rfloor = 16\tilde{q} + 8\tilde{r} + q + \left\lfloor \frac{r}{2} \right\rfloor = 16\tilde{q} + 8\tilde{r} + q$$

Statt $5\tilde{r} + q$ bildet sich also $8\tilde{r} + q$ heraus. Das kann bei $\tilde{r} = 1$ durch Subtraktion von 3 korrigiert werden, bei $\tilde{r} = 0$ ist natürlich keine Korrektur nötig.

Das Verfahren besteht also darin, einen Rechtsshift auszuführen und dann von dem Bitmuster jeder Dezimalziffer, bei der eine 1 links hereingeshiftet wurde, die also einen Wert ≥ 8 besitzt, 3 zu subtrahieren.

Unterprogramm Bcd6Div2

Eine Zahl $\mathfrak{a} = \mathfrak{a}_{23} \cdots \mathfrak{a}_0$ im $\mathbb{D}_6$-Format wird halbiert, d.h. es wird eine Zahl $\mathfrak{a}'$ berechnet mit

$$\mathbb{D}_6(\mathfrak{a}') = \left\lfloor \frac{\mathbb{D}_6(\mathfrak{a})}{2} \right\rfloor.$$

Input

Z Die Adresse einer Zahl $\mathfrak{a}$ im $\mathbb{D}_6$-Format

Die Zahl $\mathfrak{a}$ wird mit dem Ergebnis $\mathfrak{a}'$ überschrieben.
Nach dem Aufruf hat das Übertragsbit den Wert $\mathbb{D}_6(\mathfrak{a})$ mod 2.

```
 1  Bcd6Div2: push4  r16,r17,r18,r0   4×2
 2            ld     r16,Z+           2    r18:17:16 ← a
 3            ld     r17,Z+           2
 4            ld     r18,Z+           2
 5            lsr    r18              1    Der Rechtsshift
 6            ror    r17              1
 7            ror    r16              1
 8            in     r0,SREG          1    Teilerrest in r0 aufbewahren
 9            sbrc   r16,3            1/2  d ≥ 8?
10            subi   r16,0x03         1    Ja: d ← d − 3
11            sbrc   r16,7            1/2
12            subi   r16,0x30         1
13            sbrc   r17,3            1/2
14            subi   r17,0x03         1
15            sbrc   r17,7            1/2
16            subi   r17,0x30         1
17            sbrc   r18,3            1/2
18            subi   r18,0x03         1
19            sbrc   r18,7            1/2
20            subi   r18,0x30         1
21            out    SREG,r0          1    Teilerrest in Übertragsbit
22            st     -Z,r18           2    a ← a'
23            st     -Z,r17           2
24            st     -Z,r16           2
25            pop4   r0,r18,r17,r16   4×2
26            ret                     4
```

Die Zahl $\mathfrak{a}$ wird in das Dreifachregister $\mathbf{r_{18:17:16}}$ geladen (Zeilen *2*–*4*) und nach rechts geshiftet (Zeilen *5*–*7*). Das aus $\mathbf{r_{16}}$ in das Übertragsbit hinausgeschobene Bit wird anschließend in $\mathbf{r_0}$ für den Rücksprung aufbewahrt. Es folgt die Korrektur der sechs Bitquartette. In den unteren Bitquartetten der Bytes wird getestet, ob Bit 3 gesetzt ist (z.B. Zeile *9*). Ist das nicht der Fall, wird der nächste Befehl übersprungen, andernfalls wird im nächsten Befehl **03** subtrahiert (z.B. Zeile *10*). In den oberen Bitquartetten wird Bit 7 getestet (z.B. Zeile *11*). Ist dieses Bit nicht gesetzt, wird der nächste Befehl übersprungen, andernfalls wird im folgenden Befehl **30** addiert, d.h. eine 3 zum oberen Bitquartett (z.B. Zeile *12*). Nach den Korrekturen wird das in $\mathbf{r_0}$ aufbewahrte Bit in das Übertragsbit zurückgeholt. Schließlich wird vor der Rückkehr $\mathfrak{a}$ mit dem Ergebnis überschrieben.

Das Verfahren zur Halbierung lässt sich umkehren und zur Verdoppelung einsetzen. Die Korrektur findet aber vor dem Linksshift zur Verdoppelung statt, und zwar wird zu jeder Dezimalziffer d eines Bitquartetts mit $d \geq 5$ eine 3 addiert. Ist nämlich $d < 5$, so erzeugt der Linksshift wieder eine Dezimalziffer im Bitquartett. Ist aber $d \geq 5$, so muss der Linksshift $r = 2d \bmod 10$ im Bitquartett hinterlassen und das untere Bit des nächsthöheren Bitquartetts setzen, da $2d$ einen Zehnerübertrag erzeugt. Beides lässt sich mit der Addition von 3 erreichen:

$$2(d+3) = 2d + 6 = 10 + r + 6 = 16 + r = 16 + (2d) \bmod 10$$

Das Verfahren besteht also darin, zu jeder BCD-Ziffer $d \geq 5$ die Zahl 3 zu addieren und dann die gesamte BCD-Zahl einem Linksshift zu unterziehen. Wie testet man aber die Bedingung $d \geq 5$? Die Dezimalziffern müssen dazu nicht extrahiert werden. Addiert man nämlich 11 zu einem unteren Bitquartett, so wird bei $d \geq 5$ das *half-carry*-Bit gesetzt, und addiert man 16×11 zu einem oberen Bitquartett, so wird bei $d \geq 5$ das Übertragsbit gesetzt.

Unterprogramm Bcd6Mul2

Eine Zahl $\mathfrak{a} = \mathfrak{a}_{23} \cdots \mathfrak{a}_0$ im $\mathbb{D}_6$-Format wird verdoppelt, d.h. es wird eine Zahl $\mathfrak{a}'$ berechnet mit

$$\mathbb{D}_6(\mathfrak{a}') = 2\mathbb{D}_6(\mathfrak{a}).$$

Input

Z Die Adresse einer Zahl $\mathfrak{a}$ im $\mathbb{D}_6$-Format

Die Zahl $\mathfrak{a}$ wird mit dem Ergebnis $\mathfrak{a}'$ überschrieben.
Nach dem Aufruf hat das Übertragsbit den Wert $\lfloor (2\mathbb{D}_6(\mathfrak{a}))/100000 \rfloor$.

```
Bcd6Mul2: push4  r16,r17,r18,r19  4×2
          ld     r16,Z+           2    r18:17:16 ← a
          ld     r17,Z+           2
          ld     r18,Z+           2
          ldi    r19,0x0B         1
          add    r16,r19          1    11 addieren
          brhc   Bcd6Ml21         1/2  d + 11 ≥ 16?
          subi   r19,3            1
Bcd6Ml21: sub    r16,r19          1    Ja: d ← d + 3
          ldi    r19,0xB0         1
          add    r16,r19          1
          brcc   Bcd6Ml22         1/2
          subi   r19,0x30         1
Bcd6Ml22: sub    r16,r19          1
          ldi    r19,0x0B         1
          add    r17,r19          1
          brhc   Bcd6Ml23         1/2
          subi   r19,3            1
Bcd6Ml23: sub    r17,r19          1
          ldi    r19,0xB0         1
          add    r17,r19          1
          brcc   Bcd6Ml24         1/2
          subi   r19,0x30         1
Bcd6Ml24: sub    r17,r19          1
          ldi    r19,0x0B         1
          add    r18,r19          1
          brhc   Bcd6Ml25         1/2
```

```
28              subi  r19,3              1
29  Bcd6M125:   sub   r18,r19            1
30              ldi   r19,0xB0           1
31              add   r18,r19            1
32              brcc  Bcd6M126           1/2
33              subi  r19,0x30           1
34  Bcd6M126:   sub   r18,r19            1
35              lsl   r16                1    Der Linksshift
36              rol   r17                1
37              rol   r18                1
38              st    -Z,r18             2    Ergebnis überschreiben
39              st    -Z,r17             2
40              st    -Z,r16             2
41              pop4  r19,r18,r17,r16    4×2
42              ret                      4
```

Die Zahl $\mathfrak{a}$ wird in das Dreifachregister $\mathbf{r_{18:17:16}}$ geladen (Zeilen *2–*), anschließend beginnen die Korrekturen. Für ein unteres Bitquartett (z.B. Zeilen *5–9*) wird Register $\mathbf{r_{19}}$ mit $11 =$ **0B** geladen und sein Inhalt zu dem Byte addiert, in welchem das Bitquartett gelegen ist. Wird dabei das *half-carry*-Bit nicht gesetzt, so wird der nächst Befehl übersprungen und im übernächsten Befehl der Inhalt von $\mathbf{r_{19}}$, also in dieser Situation 11, vom Byte wieder subtrahiert. Das bedeutet, dass bei $d + 11 < 16$ ja $d < 5$ keine Korrektur stattfindet. Ist das *half-carry*-Bit jedoch gesetzt, so wird im folgenden Befehl (z.B. Zeile *8*) der Inhalt von $\mathbf{r_{19}}$ um 3 vermindert, im nächsten Befehl folglich 8 subtrahiert oder zusammengenommen 3 addiert. Bei einem oberen Bitquartett verläuft die Korrektur analog: Es wird $16 \times 11 =$ **B0** addiert und **30** subtrahiert. Nach den Korrekturen wird in den Zeilen *35–37* nach rechts geshiftet, wobei der letzte der drei Shifts den Teilerrest in das Übertragsbit schiebt. Das Unterprogramm endet damit, dass $\mathfrak{a}$ mit dem Ergebnis überschrieben wird. Register **Z** erhält damit automatisch den Wert, den es bei Aufruf des Unterprogramms hatte.

Um eine $\mathbb{D}_6$-Zahl zu verdoppeln kann auch `Bcd6Add` verwendet werden, doch ist `Bcd6Mul2` viel schneller. Andere Nachteile gibt es jedoch nicht, selbst das Übertragsbit zeigt bei beiden Unterprogrammen dasselbe Verhalten. Bei knappem Programmspeicherplatz kann also auf `Bcd6Mul2` verzichtet werden.

6.6. Vergleiche

Um Größenvergleiche mit BCD-Zahlen anzustellen, müssen deren Dezimalziffern nicht zum Einzelvergleich extrahiert werden, man kann vielmehr byteweise vergleichen. Es gilt nämlich

$$16a_1 + a_0 < 16b_1 + b_0 \implies 10a_1 + a_0 < 10b_1 + b_0 \tag{6.11a}$$
$$16a_1 + a_0 = 16b_1 + b_0 \implies 10a_1 + a_0 = 10b_1 + b_0 \tag{6.11b}$$
$$16a_1 + a_0 > 16b_1 + b_0 \implies 10a_1 + a_0 > 10b_1 + b_0 \tag{6.11c}$$

mit Dezimalziffern a_0, a_1, b_0, b_1, also $a_0, a_1, b_0, b_1 \in \{0, \ldots, 9\}$.

Das einzusehen ist kein großes Problem. Zunächst zwei Hilfsaussagen:

$$10a_1 + a_0 = 10b_1 + b_0 \implies a_1 = b_1 \ \wedge \ a_0 = b_0 \tag{6.12a}$$
$$16a_1 + a_0 = 16b_1 + b_0 \implies a_1 = b_1 \ \wedge \ a_0 = b_0 \tag{6.12b}$$

Die Gleichung $10a_1 + a_0 = u = 10b_1 + b_0$ bedeutet, dass a_1 und b_1 Quotienten und a_0 und b_0 Teilerreste der Division $\frac{u}{10}$ sind. Da diese aber eindeutig bestimmt sind, folgt (6.12a). Die Behauptung (6.12b) folgt ebenso, denn Dezimalziffern sind auch Hexadezimalziffern.

Ad (6.11b):

Diese Behauptung folgt offensichtlich aus (6.12b).

Ad (6.11a):

Im Fall $a_1 = b_1$ ergibt sich durch Subtraktion sofort $a_0 < b_0$ und daraus unmittelbar die rechte Seite von (6.11c). Es gelte also $a_1 \neq b_1$. Dann ist $a_1 < b_1$. Angenommen nämlich, das ist falsch, also $a_1 \geq b_1$. Wegen $a_1 \neq b_1$ heißt das $a_1 > b_1$ oder $a_1 \geq b_1 + 1$. Daraus folgt aber

$$16b_1 + b_0 \leq 16b_1 + 10 < 16b_1 + 16 = 16(b_1 + 1) \leq 16a_1 \leq 16a_1 + a_0$$

im Widerspruch zur Voraussetzung. Also ist $a_1 < b_1$ oder $a_1 + 1 \leq b_1$. Das ergibt

$$10a_1 + a_0 \leq 10a_1 + 10 = 10(a_1 + 1) \leq 10b_1 \leq 10b_1 + b_0$$

d.h. $10a_1 + a_0 \leq 10b_1 + b_0$. Die Gleichheit kann aber nicht eintreten, da aus ihr wegen (6.12a) sofort $a_1 = b_1$ folgen würde, im Widerspruch zur obigen Annahme $a_1 \neq b_1$.

Ad (6.11c):

Diese Ungleichung wird genauso wie (6.11a) bewiesen, man hat nur die Relationszeichen zu vertauschen.

BCD-Zahlen müssen also nicht Dezimalziffer für Dezimalziffer verglichen werden, sondern Byte für Byte, sie lassen sich deshalb relativ einfach vergleichen, was auch die folgenden Unterprogramme zeigen.

Das erste Unterprogramm testet, ob eine Zahl im $\mathbb{D}_6$-Format den Wert 0 hat. Es ist das einfachste dieses Abschnitts, es ist in der Tat so einfach, dass eine Erläuterung unnötig erscheint.

Unterprogramm Bcd6Tst

Eine Zahl $\mathfrak{a}$ im $\mathbb{D}_6$-Format wird darauf getestet, ob $\mathbb{D}_6(\mathfrak{a}) = 0$ gilt.

Input

Z Die Adresse einer Zahl $\mathfrak{a}$ im $\mathbb{D}_6$-Format

Das Nullbit wird genau dann gesetzt, wenn $\mathbb{D}_6(\mathfrak{a}) = 0$ gilt.
Das Unterprogramm erzeugt keinen Fehler.

```
Bcd6Tst: push2  r16,r17   2×2
         ld     r16,Z     2
         ldd    r17,Z+1   2
         or     r16,r17   1
         ldd    r17,Z+2   2
         or     r16,r17   1
         pop2   r17,r16   2×2
         ret              4
```

Das nächste Unterprogramm dient dem Vergleich zweier Zahlen im $\mathbb{D}_6$-Format. Da Absolutbeträge verglichen werden, wird die Vergleichsinformation über das Übertragsbit (und natürlich das Nullbit) zurückgegeben.

Unterprogramm Bcd6Cmp

Es werden zwei Zahlen $\mathfrak{a}$ und $\mathfrak{b}$ im $\mathbb{D}_6$-Format miteinander verglichen.

Input

Y Die Adresse einer Zahl $\mathfrak{a}$ im $\mathbb{D}_6$-Format
Z Die Adresse einer Zahl $\mathfrak{b}$ im $\mathbb{D}_6$-Format

Das Nullbit wird genau dann gesetzt, wenn $\mathbb{D}_6(\mathfrak{a}) = \mathbb{D}_6(\mathfrak{b})$ gilt.
Das Übertragsbit wird genau dann gesetzt, wenn $\mathbb{D}_6(\mathfrak{a}) < \mathbb{D}_6(\mathfrak{b})$ gilt.

```
Bcd6Cmp: push2  r16,r17   2×2
         ldd    r16,Y+2   2
         ldd    r17,Z+2   2
         cp     r16,r17   1
         brne   Bcd6Cp5   1/2
         ldd    r16,Y+1   2
         ldd    r17,Z+1   2
         cp     r16,r17   1
         brne   Bcd6Cp5   1/2
         ld     r16,Y     2
         ld     r17,Z     2
         cp     r16,r17   1
Bcd6Cp5: pop2   r17,r16   2×2
         ret              4
```

Es werden die oberen Bytes von $\mathfrak{a}$ und $\mathfrak{b}$ in Register geladen und verglichen. Sind die beiden Bytes nicht gleich, so ist der Vergleich beendet: Ist das Übertragsbit gesetzt, so ist $\mathbb{D}_6(\mathfrak{a}) < \mathbb{D}_6(\mathfrak{b})$. Sind das Übertragsbit und das Nullbit nicht gesetzt, so gilt $\mathbb{D}_6(\mathfrak{a}) > \mathbb{D}_6(\mathfrak{b})$. Sind die beiden oberen Bytes gleich, so muss mit den mittleren Bytes, falls nötig auch noch mit den unteren Bytes fortgefahren werden.

Die restlichen Unterprogramme des Abschnitts beziehen sich auf Zahlen im $\mathbb{D}_5^\star$-Format. Da nicht mehr Absolutbeträge verglichen werden, wird das Negativbit und nicht mehr das Übertragsbit zur Informationsrückgabe herangezogen.

Unterprogramm BcdTst

Eine Zahl $\mathfrak{a}$ im $\mathbb{D}_5^\star$-Format wird darauf getestet, ob $\mathbb{D}_6(\mathfrak{a}) < 0$, $\mathbb{D}_6(\mathfrak{a}) = 0$ oder $\mathbb{D}_6(\mathfrak{a}) > 0$ gilt.

Input

Z Die Adresse einer Zahl $\mathfrak{a}$ im $\mathbb{D}_5^\star$-Format

Das Nullbit wird genau dann gesetzt, wenn $\mathbb{D}_6(\mathfrak{a}) = 0$ gilt.
Das Negativbit wird genau dann gesetzt, wenn $\mathbb{D}_6(\mathfrak{a}) < 0$ gilt.

```
1  BcdTst:   push2  r16,r17     2×2
2            ld     r16,Z       2
3            ldd    r17,Z+1     2
4            or     r16,r17     1
5            ldd    r17,Z+2     2
6            rol    r17         1
7            or     r16,r17     1
8            breq   BcdTst5     1/2
9            brcc   BcdTst5     1/2
10           sen                1
11 BcdTst5:  pop3   r17,r16     2×2
12           ret                4
```

Die drei Bytes der Zahl werden mit dem `or`-Befehl verknüpft. Das Ergebnis ist genau dann **00**, wenn auch die drei Bytes den Inhalt **00** haben. Bevor jedoch das obere Byte mit dem `or`-Ergebnis der beiden unteren Bytes verknüpft werden kann, muss das Vorzeichenbit in das Übertragsbit hinausgeschoben werden. Der nachfolgende `or`-Befehl in Zeile *7* beeinflusst das Übertragsbit nicht. Gilt $\mathbb{D}_5^\star(\mathfrak{a}) = 0$, so setzt dieser Befehl das Nullbit (und löscht das Negativbit), es kann in Zeile *8* der Rücksprung eingeleitet werden. Andernfalls, bei $\mathbb{D}_5^\star(\mathfrak{a}) \neq 0$, enthält das Übertragsbit die Information, ob $\mathbb{D}_5^\star(\mathfrak{a}) < 0$ oder $\mathbb{D}_5^\star(\mathfrak{a}) > 0$ gilt. Ist das Übertragsbit gesetzt, so ist $\mathbb{D}_5^\star(\mathfrak{a}) < 0$ und es muss vor dem Rücksprung in Zeile *10* das Negativbit gesetzt werden.

Das letzte Unterprogramm des Abschnitts vergleicht zwei Zahlen im $\mathbb{D}_5^\star$-Format miteinander. Es ist auch das komplizierteste des Abschnitts, da eine Vielzahl von Fällen zu berücksichtigen ist, die sich aus dem absoluten Verhältnis der beiden Zahlenwerte und den Vorzeichen der Zahlen ergeben. Diese Vielzahl ist aber durch den Einsatz einer Sprungtabelle gut zu beherrschen. Dabei wird der Index für den Zugriff auf die Sprungtabelle aus den Werten der beiden Vorzeichen und davon bestimmt, ob eine der Zahlen den Wert Null hat oder nicht.[6]

Unterprogramm BcdCmp

Es werden zwei Zahlen $\mathfrak{a}$ und $\mathfrak{b}$ im $\mathbb{D}_5^\star$-Format miteinander verglichen.

Input

Y Die Adresse einer Zahl $\mathfrak{a}$ im $\mathbb{D}_5^\star$-Format
Z Die Adresse einer Zahl $\mathfrak{b}$ im $\mathbb{D}_5^\star$-Format

Das Nullbit wird genau dann gesetzt, wenn $\mathbb{D}_5^\star(\mathfrak{a}) = \mathbb{D}_5^\star(\mathfrak{b})$ gilt.
Das Negativbit wird genau dann gesetzt, wenn $\mathbb{D}_5^\star(\mathfrak{a}) < \mathbb{D}_5^\star(\mathfrak{b})$ gilt.

```
   Die Tabelle der den Bitkombinationen zugeordneten Sprungziele
vpfBcdCp:  .dw  BcdCpPUPU   Vz(a) = +  D5*(a) ≠ 0  Vz(b) = +  D5*(b) ≠ 0
           .dw  BcdCpPUPZ   Vz(a) = +  D5*(a) ≠ 0  Vz(b) = +  D5*(b) = 0
           .dw  BcdCpPUNU   Vz(a) = +  D5*(a) ≠ 0  Vz(b) = −  D5*(b) ≠ 0
           .dw  BcdCpPUNZ   Vz(a) = +  D5*(a) ≠ 0  Vz(b) = −  D5*(b) = 0
           .dw  BcdCpPZPU   Vz(a) = +  D5*(a) = 0  Vz(b) = +  D5*(b) ≠ 0
           .dw  BcdCpPZPZ   Vz(a) = +  D5*(a) = 0  Vz(b) = +  D5*(b) = 0
```

[6] Man vergleiche dazu auch [Mss3] Kapitel **11**.

```
            .dw     BcdCpPZNU         Vz(a) = +  D_5^*(a) = 0   Vz(b) = -  D_5^*(b) != 0
            .dw     BcdCpPZNZ         Vz(a) = +  D_5^*(a) = 0   Vz(b) = -  D_5^*(b) = 0
            .dw     BcdCpNUPU         Vz(a) = -  D_5^*(a) != 0  Vz(b) = +  D_5^*(b) != 0
            .dw     BcdCpNUPZ         Vz(a) = -  D_5^*(a) != 0  Vz(b) = +  D_5^*(b) = 0
            .dw     BcdCpNUNU         Vz(a) = -  D_5^*(a) != 0  Vz(b) = -  D_5^*(b) != 0
            .dw     BcdCpNUNZ         Vz(a) = -  D_5^*(a) != 0  Vz(b) = -  D_5^*(b) = 0
            .dw     BcdCpNZPU         Vz(a) = -  D_5^*(a) = 0   Vz(b) = +  D_5^*(b) != 0
            .dw     BcdCpNZPZ         Vz(a) = -  D_5^*(a) = 0   Vz(b) = +  D_5^*(b) = 0
            .dw     BcdCpNZNU         Vz(a) = -  D_5^*(a) = 0   Vz(b) = -  D_5^*(b) != 0
            .dw     BcdCpNZNZ         Vz(a) = -  D_5^*(a) = 0   Vz(b) = -  D_5^*(b) = 0
BcdCmp:     push3   r0,r16,r17        3x3
            clr     r0                1
```

Die Bestimmung der beiden Indexbits für $\mathfrak{a}$

```
            ld      r16,Y             2
            ldd     r17,Y+1           2
            or      r16,r17           1
            ldd     r17,Y+2           2
            rol     r17               1   Vorzeichenbit hinausschieben
            rol     r0                1   Vorzeichenbit hineinschieben
            or      r16,r17           1
            brne    BcdCp05           1/2
            sec                       1
BcdCp05:    rol     r0                1   Nullindikator hineinschieben
```

Die Bestimmung der beiden Indexbits für $\mathfrak{b}$

```
            ld      r16,Z             2
            ldd     r17,Z+1           2
            or      r16,r17           1
            ldd     r17,Z+2           2
            rol     r17               1   Vorzeichenbit hinausschieben
            rol     r0                1   Vorzeichenbit hineinschieben
            or      r16,r17           1
            brne    BcdCp10           1/2
            sec                       1
BcdCp10:    rol     r0                1   Nullindikator hineinschieben
            movw    r17:r16,r31:r30   1
```

Die Berechnung der Adresse des der Bitkombination zugeordneten Tabelleneintrages

```
            ldi     r30,LOW(2*vpfBcdCp)    1
            ldi     r31,HIGH(2*vpfBcdCp)   1
            lsl     r0                     1   r0 enthält Wordindex
            add     r30,r0                 1
            clr     r0                     1
            adc     r31,r0                 1
```

Das Lesen des Tabelleneintrages und der damit ausgeführte berechnete Sprung

```
            lpm     r0,Z+             3
            lpm     r31,Z             3
            mov     r30,r0            1
```

```
49                ijmp                          2
     D*5(a) = D*5(b)  S.z = 1, S.n = 0
50   BcdCpPZPZ:                                      Vz(a) = +  D*5(a) = 0  Vz(b) = +  D*5(b) = 0
51   BcdCpPZNZ:                                      Vz(a) = +  D*5(a) = 0  Vz(b) = −  D*5(b) = 0
52   BcdCpNZPZ:                                      Vz(a) = −  D*5(a) = 0  Vz(b) = +  D*5(b) = 0
53   BcdCpNZNZ: sez                             1    Vz(a) = −  D*5(a) = 0  Vz(b) = −  D*5(b) = 0
54   BcdCp15:   cln                             1
     Die Rückkehr in das rufende Programm
55   BcdCp20:   movw  r31:r30,r17:r16           1
56   BcdCp25:   pop3  r17,r16,r0                3×3
57              ret                             4
     D*5(a) > D*5(b)  S.z = 0, S.n = 0
58   BcdCpPUNZ:                                      Vz(a) = +  D*5(a) ≠ 0  Vz(b) = −  D*5(b) = 0
59   BcdCpPUPZ:                                      Vz(a) = +  D*5(a) ≠ 0  Vz(b) = +  D*5(b) = 0
60   BcdCpPUNU:                                      Vz(a) = +  D*5(a) ≠ 0  Vz(b) = −  D*5(b) ≠ 0
61   BcdCpPZNU:                                      Vz(a) = +  D*5(a) = 0  Vz(b) = −  D*5(b) ≠ 0
62   BcdCpNZNU: clz                             1    Vz(a) = −  D*5(a) = 0  Vz(b) = −  D*5(b) ≠ 0
63              rjmp  BcdCp15                   2
     D*5(a) < D*5(b)  S.z = 0, S.n = 1
64   BcdCpNUPZ:                                      Vz(a) = −  D*5(a) ≠ 0  Vz(b) = +  D*5(b) = 0
65   BcdCpNUNZ:                                      Vz(a) = −  D*5(a) ≠ 0  Vz(b) = −  D*5(b) = 0
66   BcdCpNUPU:                                      Vz(a) = −  D*5(a) ≠ 0  Vz(b) = +  D*5(b) ≠ 0
67   BcdCpPZPU:                                      Vz(a) = +  D*5(a) = 0  Vz(b) = +  D*5(b) ≠ 0
68   BcdCpNZPU: clz                             1    Vz(a) = −  D*5(a) = 0  Vz(b) = +  D*5(b) ≠ 0
69              sen                             1
70              rjmp  BcdCp20                   2
     Vz(a) = Vz(b) = +   Das Vergleichsergebnis ist vom Absolutbetrag der Zahlen abhängig
71   BcdCpPUPU: movw  r31:r30,r17:r16           1    Vz(a) = +  D*5(a) ≠ 0  Vz(b) = +  D*5(b) ≠ 0
72              rcall Bcd6Cmp                   3+   Absolutbeträge vergleichen
73              cln                             1    S.n ← 0
74              breq  BcdCp25                   1/2  |D*5(a)| = |D*5(b)|: mit S.n = 0,S.z = 1 zurück
75              brcc  BcdCp25                   1/2  |D*5(a)| > |D*5(b)|: mit S.n = 0,S.z = 0 zurück
76              sen                             1    S.n ← 1
77              rjmp  BcdCp25                   2    |D*5(a)| < |D*5(b)|: mit S.n = 1,S.z = 0 zurück
     Vz(a) = Vz(b) = −   Das Vergleichsergebnis ist vom Absolutbetrag der Zahlen abhängig
78   BcdCpNUNU: movw  r31:r30,r17:r16           1    Vz(a) = −  D*5(a) ≠ 0  Vz(b) = −  D*5(b) ≠ 0
79              rcall Bcd6Cmp                   3+   Absolutbeträge vergleichen
80              cln                             1    S.n ← 0
81              breq  BcdCp25                   1/2  |D*5(a)| = |D*5(b)|: mit S.n = 0,S.z = 1 zurück
82              brcs  BcdCp25                   1/2  |D*5(a)| < |D*5(b)|: mit S.n = 0,S.z = 0 zurück
83              sen                             1    S.n ← 1
84              rjmp  BcdCp25                   2    |D*5(a)| > |D*5(b)|: mit S.n = 1,S.z = 0 zurück
```

Das Unterprogramm wird in Zeile *17* angesprungen. Die erste Aufgabe ist, Register $\mathbf{r_0}$ zu löschen, in dem die Indexbits zu einem Index für die Tabelle in Zeile *1* zusammengesetzt werden. Anschließend werden die unteren beiden Bytes von $\mathfrak{a}$ geladen und in $\mathbf{r_{16}}$ ODER-verknüpft (Zeilen *19–21*). Dann wird $\mathbf{r_{17}}$ mit dem oberen Byte von $\mathfrak{a}$ geladen. Es enthält das Vorzeichenbit $\mathfrak{a}_{23}$ von $\mathfrak{a}$ als Bit 7, das in den Zeilen *23–24* in $\mathbf{r_0}$ hineingeschoben wird. Mit dem `rol`-Befehl in Zeile *24* wird auch das Übertragsbit gelöscht! Als nächstes wird das vom Vorzeichen befreite obere Byte von $\mathfrak{a}$ mit dem vorherigen ODER-Ergebnis der unteren beiden Byte in $\mathbf{r_{16}}$ von $\mathfrak{a}$ ODER-verknüpft. Register $\mathbf{r_{16}}$ enthält also genau dann **00**, wenn das für jedes der drei Bytes von $\mathfrak{a}$ gilt. Das hierbei störende Vorzeichen im oberen Byte wurde ja in Zeile *23* entfernt. Der Befehl in Zeile *25* setzt also das Nullbit genau dann, wenn $\mathbb{D}_5^\star(\mathfrak{a}) = 0$ gilt. Ist das nicht der Fall, so wird der Befehl in Zeile *27* übersprungen und in Zeile *28* ein Nullbit von rechts her in $\mathbf{r_0}$ hineingeschoben, denn das Übertragsbit hat noch seinen Wert 0 aus Zeile *24* (der `or`-Befehl in Zeile *25* hat keinen Einfluss auf das Übertragsbit).

In den folgenden Zeilen *29–38* wird für $\mathfrak{b}$ wiederholt, was in den Zeilen *19–28* mit $\mathfrak{a}$ geschah. Das

Abbildung 6.3.: Die Bedeutung der Index-Bits

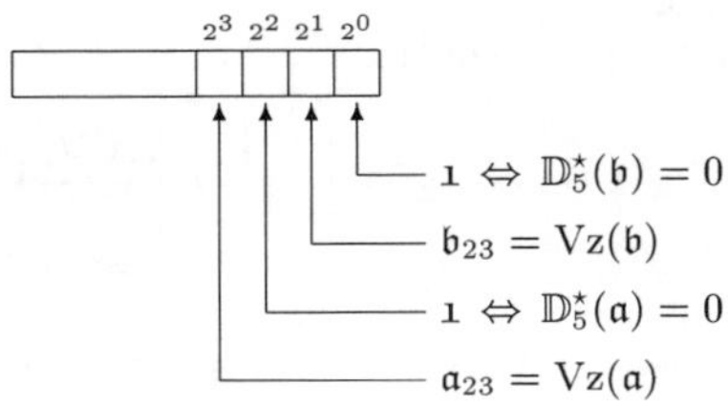

Ergebnis in $\mathbf{r_0}$ zeigt Bild 6.3. Jeder möglichen Kombination der unteren vier Bit von $\mathbf{r_0}$ ist ein Eintrag der Tabelle in Zeile *1* zugeordnet. Diese Einträge sind Adressen von Unterprogrammabschnitten, die das Vergleichsergebnis für den Zustand von $\mathfrak{a}$ und $\mathfrak{b}$ bestimmen, der von der zugehörigen Bitkombination beschrieben wird. Z.B. besagt die Bitkombination 0000, dass beide Zahlen positives Vorzeichen und den Wert Null haben, das Vergleichsergebnis dazu steht natürlich ohne irgendeine Rechnung fest. Die Bitkombination 1010 sollte es eigentlich nicht geben, da sie für zwei negative Zahlen mit dem Wert Null steht. Die negative Null bietet in der BCD-Arithmetik nicht den geringsten Vorteil und sollte nicht produziert werden, aber es schadet natürlich nichts, auch hier ein Vergleichsergebnis zurückzugeben (nämlich alle Nullen sind gleich). Ein weiteres Beispiel ist die Bitkombination 0000, die für $\mathfrak{a}$ und $\mathfrak{b}$ als positive von Null verschiedene Zahlen steht. Hier müssen noch die Absolutbeträge beider Zahlen verglichen werden, um das Vergleichsergebnis zu bestimmen.

6.7. Multiplikation

Die Bytestruktur des Arbeitsspeichers[7] legt es nahe, als Grundbaustein zur allgemeinen BCD-Multiplikation die Multiplikation zweier BCD-Zahlen $\mathfrak{u}$ und $\mathfrak{v}$ im Format $\mathbb{D}_2$ zu verwenden.[8] Deren Produkt berechnet sich wie folgt:

$$\mathbb{D}_2(\mathfrak{u})\mathbb{D}_2(\mathfrak{v}) = (a_z \times 10 + a_e)\,(b_z \times 10 + b_e) = a_z b_z \times 10^2 + (a_z b_e + a_e b_z) \times 10 + a_e b_e$$

Die Teilprodukte $a_z b_z$ usw. sind natürlich Binärzahlen, ihre Dezimaldarstellungen seien gegeben durch die Entwicklungen $a_e b_e = t_0 = 10p_0 + q_0$, $a_e b_z = t_1 = 10p_1 + q_1$, $a_z b_e = t_2 = 10p_2 + q_2$ und $a_z b_z = t_3 = 10p_3 + q_3$. Darin ist also $p_i, q_i \in \{0, \dots, 9\}$. Zur Berechnung der p_i und q_i gibt es verschiedene Möglichkeiten.

- Die p_i lassen sich wie folgt berechnen:[9]

  $$p_i = \left\lfloor \frac{t_i}{10} \right\rfloor = \left\lfloor \frac{205 t_i}{2^{11}} \right\rfloor$$

  Dann ist q_i zu berechnen aus $q_i = t_i - 10p_i$.
- Man kann die p_i auch auf die folgende Weise berechnen:[10]

  $$a = \left\lfloor \frac{26 t_i}{2^8} \right\rfloor \qquad d = t_i - 10a$$

  Ist $d \geq 0$, so ist $a = p_i$ und $d = q_i$. Ist dagegen $d < 0$, so ist $p_i = a - 1$ und $q_i = d + 10$.
- Es gibt auch noch die Möglichkeit, eine Tabelle zu verwenden. Werden die Paare (p_i, q_i) als BCD-Zahlen gespeichert, umfasst die Tabelle genau 82 Byte. Hat man die Möglichkeit, die Tabelle so zu legen, dass ihre Adresse auf einer Seitengrenze liegt, also ein Vielfaches von **100** ist, so gelingt die Bestimmung des Paares (p_i, q_i) aus t_i in nur vier Prozessortakten!

Im Unterprogramm wird von der dritten Möglichkeit Gebrauch gemacht, allerdings ohne die Möglichkeiten zu nutzen, die spezielle Anfangsadressen der Tabelle bieten, damit das Unterprogramm in jeder Lage lauffähig bleibt. Wie das Unterprogramm zu ändern ist, wenn diese genutzt werden sollen, wird weiter unten erläutert.

Die Lage der Dezimalziffern der Teilprodukte im Gesamtprodukt zeigt Bild 6.4. Der untere Teil zeigt sie in einer der Bytestruktur des Prozessors angepassten Gestalt, mit der auch die BCD-Additionen durchgeführt werden können.

Die Inhalte der Register $\mathbf{r_{18}}$ und $\mathbf{r_{19}}$ werden als $\mathbb{D}_2$-Zahlen $\mathfrak{u}$ und $\mathfrak{v}$ aufgefasst und multipliziert. Das Doppelregister $\mathbf{r_{13:12}}$ enthält nach dem Aufruf das Produkt im $\mathbb{D}_4$-Format.

```
            .cseg
```

Die Tabelle mit den $t_i = 10p_i + q_i$ im $\mathbb{D}_2$-Format $16p_i + q_i$

```
vbBcdZuE:  .db      0x00,0x01,0x02,0x03,0x04,0x05
           .db      0x06,0x07,0x08,0x09,0x10,0x11
           .db      0x12,0x13,0x14,0x15,0x16,0x17
           .db      0x18,0x19,0x20,0x21,0x22,0x23
```

[7] Dazu gehören auch die Register!

[8] Die Bezeichnungen werden wieder aus Abschnitt 6.2 übernommen.

[9] Siehe [MssP] **A.2 Schnelle Division durch 10.**

[10] Siehe [Mss1] **3.2.**

```
           .db    0x24,0x25,0x26,0x27,0x28,0x29
           .db    0x30,0x31,0x32,0x33,0x34,0x35
           .db    0x36,0x37,0x38,0x39,0x40,0x41
           .db    0x42,0x43,0x44,0x45,0x46,0x47
           .db    0x48,0x49,0x50,0x51,0x52,0x53
           .db    0x54,0x55,0x56,0x57,0x58,0x59
           .db    0x60,0x61,0x62,0x63,0x64,0x65
           .db    0x66,0x67,0x68,0x69,0x70,0x71
           .db    0x72,0x73,0x74,0x75,0x76,0x77
           .db    0x78,0x79,0x80,0x81
Bcd2Mul:   push4  r0,r1,r2,r3              4×2
           push4  r15,r16,r17,r20          4×2
           push2  r30,r31                  2×2
           ldi    r31,HIGH(2*vbBcdZuE)     1
           ldi    r30,LOW(2*vbBcdZuE)      1
           movw   r3:r2,r31:r30            1
           clr    r12                      1
           clr    r13                      1
```

Die Berechnung von q_0 und p_0

```
           mov    r16,r18                  1    r16 ← a_e
           andi   r16,0x0F                 1
           mov    r17,r19                  1    r17 ← b_e
           andi   r17,0x0F                 1
           mul    r16,r17                  2    r1 ← 0, r0 ← t_0
           breq   Bcd2Ml05                 1/2
           add    r30,r0                   1
           adc    r31,r1                   1
           lpm    r12,Z                    3    r12 ← 16p_0 + q_0
```

Die Berechnung von q_3 und p_3

```
Bcd2Ml05:  mov    r16,r18                  1    r16 ← a_z
           andi   r16,0xF0                 1
           swap   r16                      1
           mov    r17,r19                  1    r17 ← b_z
           andi   r17,0xF0                 1
           swap   r17                      1
           mul    r16,r17                  2    r1 ← 0, r0 ← t_3
           breq   Bcd2Ml10                 1/2
           movw   r31:r30,r3:r2            1
           add    r30,r0                   1
           adc    r31,r1                   1
           lpm    r13,Z                    3    r13 ← 16p_3 + q_3
```

Die Berechnung von q_2 und p_2

```
Bcd2Ml10:  mov    r17,r19                  1    r17 ← b_e
           andi   r17,0x0F                 1
           mul    r16,r17                  2    r1 ← 0, r0 ← t_2
           breq   Bcd2Ml20                 1/2
```

```
            movw   r31:r30,r3:r2    1
            add    r30,r0           1
            adc    r31,r1           1
            lpm    r20,Z            3    r20 ← 16p2 + q2
            swap   r20              1    r20 ← 16q2 + p2
            mov    r16,r20          1    r16 ← 16q2 + 0
            andi   r16,0xF0         1
            mov    r17,r12          1
            clc                     1
            rcall  Bcd2Add          3+
            mov    r12,r15          1
            brcc   Bcd2Ml5          1/2
            clr    r16              1
            mov    r17,r13          1
            rcall  Bcd2Add          3+
            mov    r13,r15          1
Bcd2Ml15:   mov    r16,r20          1    r16 ← 16 × 0 + p2
            andi   r16,0x0F         1
            mov    r17,r13          1
            clc                     1
            rcall  Bcd2Add          3+
            mov    r13,r15          1
Die Berechnung von q1 und p1
Bcd2Ml20:   mov    r16,r18          1    r16 ← ae
            andi   r16,0x0F         1
            mov    r17,r19          1    r17 ← bz
            andi   r17,0xF0         1
            swap   r17              1
            mul    r16,r17          2    r1 ← 0, r0 ← t1
            breq   Bcd2Ml30         1/2
            movw   r31:r30,r3:r2    1
            add    r30,r0           1
            adc    r31,r1           1
            lpm    r20,Z            3    r20 ← 16p1 + q1
            swap   r20              1    r20 ← 16q1 + p1
            mov    r16,r20          1    r16 ← 16q1 + 0
            andi   r16,0xF0         1
            mov    r17,r12          1
            clc                     1
            rcall  Bcd2Add          3+
            mov    r12,r15          1
            brcc   Bcd2Ml25         1/2
            clr    r16              1
            mov    r17,r13          1
            rcall  Bcd2Add          3+
            mov    r13,r15          1
```

```
94  Bcd2Ml25: mov    r16,r20            1    r16 ← 16 × 0 + p1
95            andi   r16,0x0F           1
96            mov    r17,r13            1
97            clc                       1
98            rcall  Bcd2Add            3+
99            mov    r13,r15            1
100 Bcd2Ml30: pop2   r31,r30            2×2
101           pop4   r20,r17,r16,r15    4×2
102           pop4   r3,r2,r1,r0        4×2
103           ret                       4
```

Das Unterprogramm besteht im wesentlichen darin, die Teilprodukte der BCD-Multiplikation gemäß Bild 6.4 zusammenzufügen. Dazu sind die Dezimalziffern, mit welchen die Produkte t_i gebildet werden, zu extrahieren, die (binären) Produkte t_i sind zu berechnen und in ihre Dezimalkomponenten zu zerlegen. Diese Dezimalkomponenten sind schließlich an geeigneter Stelle dem noch unfertigen Gesamtprodukt aufzuaddieren.

Abbildung 6.4.: Die Teilprodukte der BCD-Multiplikation von $\mathfrak{u}$ und $\mathfrak{v}$

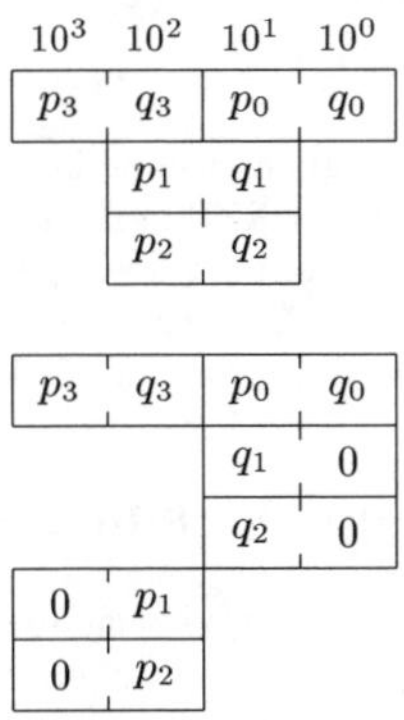

Im Laufe des Unterprogramms wird die Anfangsadresse der Tabelle mit den Dezimalzerlegungen im Doppelregister $\mathbf{r_{3:2}}$ gehalten, es wird in den Zeilen *19–21* initialisiert. In den folgenden beiden Zeilen wird das Doppelregister $\mathbf{r_{13:12}}$, in dem das Gesamtprodukt zusammengesetzt wird, mit **0000** initialisiert. Das Vorgehen bei den einzelnen Teilprodukten unterscheidet sich nur in technischen Kleinigkeiten, deshalb werden nur zwei Teilprodukte eingehend behandelt.

Die Berechnung von $16p_0 + q_0$ beginnt in Zeile *24*. Es ist $t_0 = a_e b_e$ zu berechnen. a_e ist im unteren Bitquartett von $\mathbf{r_{18}}$ enthalten und wird in den Zeilen *24–25* in Register $\mathbf{r_{16}}$ geladen. Genauso ist b_e im unteren Bitquartett von $\mathbf{r_{19}}$ enthalten und wird in den Zeilen *26–27* in Register $\mathbf{r_{17}}$ geladen. In der nächsten Zeile wird dann das binäre Produkt t_0 gebildet, es wird vom Multiplikationsbefehl in Register $\mathbf{r_0}$ abgelegt. Register $\mathbf{r_1}$ wird wegen $t_0 \leq 81$ bei der Multiplikation mit **00** geladen. Die Bildung und Abspeicherung der Zerlegung ist natürlich bei $t_0 = 0$ nicht erforderlich, der bedingte Sprungbefehl in Zeile *29* sorgt dafür, dass beides bei $t_0 = 0$ nicht geschieht. Ist aber $t_0 \neq 0$, so wird in den Zeilen *30–32* Register $\mathbf{r_0}$ als Tabellenindex verwendet, um die zu t_0 gehörigen p_0 und q_0 in der Gestalt $16p_0 + q_0$ aus der Tabelle herauszulesen und gleich an die richtige Stelle bringen, nämlich in Register $\mathbf{r_{12}}$, das der rechten Hälfte der oberen Zeile in Bild 6.4 entspricht.

Die Berechnung von $16p_1 + q_1$ ist technisch etwas komplizierter, sie beginnt in Zeile *71*. Hier ist $t_1 = a_e b_z$

zu berechnen. a_e ist im unteren Bitquartett von $\mathbf{r_{18}}$ enthalten und wird in den Zeilen *71–72* in Register $\mathbf{r_{16}}$ geladen. b_z ist jedoch im oberen Bitquartett von $\mathbf{r_{19}}$ enthalten, es müssen also nach dem Laden von $\mathbf{r_{17}}$ mit dem Inhalt von $\mathbf{r_{19}}$ die beiden Bitquartette von $\mathbf{r_{17}}$ ausgetauscht werden (Zeilen *73–75*). Es folgt die Multiplikation zur Berechnung von t_1. Bei $t_1 = 0$ sind auch hier keine weiteren Rechnungen nötig. Ist jedoch $t_1 \neq 0$, so wird t_1 in den Zeilen *78–81* als Tabellenindex verwendet, um Register $\mathbf{r_{20}}$ mit den zu t_1 gehörigen p_1 und q_1 in der Gestalt $16p_1 + q_1$ zu laden. In der nächsten Zeile werden die beiden Bitquartette von $\mathbf{r_{20}}$ vertauscht, d.h. $\mathbf{r_{20}}$ enthält dann $16q_1 + p_1$. Gemäß Bild 6.4 muss nun $16q_1 + 0$ zu $\mathbf{r_{12}}$ dezimal addiert werden. Dazu wird $\mathbf{r_{16}}$ in den Zeilen *83–84* mit $16q_1 + 0$ und in Zeile *85* Register $\mathbf{r_{17}}$ mit dem Wert von $\mathbf{r_{12}}$ geladen. Die dezimale Addition erfolgt in Zeile *87*, nachdem sichergestellt wurde, dass kein zufälliger Übertrag Teil der Summe ist. Falls die Addition einen (dezimalen) Übertrag erzeugt, muss dieser weitergegeben, d.h. zu $\mathbf{r_{13}}$ addiert werden. Das geschieht in den Zeilen *90–93*. Es bleibt noch $0 \times 16 + p_1$ zu Register $\mathbf{r_{13}}$ aufzuaddieren, was in nun schon bekannter Weise in den Zeilen *94–99* vorgenommen wird.
Kann die Tabelle so gelegt werden, dass sie in eine Seite passt, dass für ihre Adresse τ also $\lfloor \tau \times 2^{-8} \rfloor = \lfloor (\tau + 81) \times 2^{-8} \rfloor$ gilt, so lässt sich bei der Zerlegung der t_i ein Takt sparen, da die Zeilen *29*, *41*, *49* und *78* dann enfallen können, weil kein Übertrag in eine andere Seite möglich ist. Die Bedingung an die Tabelle kann mit den folgenden Programmzeilen geprüft werden:

```
.if (vbBcdZuE >> 8) != ((vbBcdZuE+81) >> 8)
.message "Tabelle vbBcdZuE ueberstreicht Seitengrenze"
.exit
.endif
```

Eine viel größere Einsparung ist jedoch möglich, wenn die Tabelle auf den Anfang einer Seite gelegt werden kann, wenn also $\tau \bmod 2^8 = 0$ oder $\tau =$ **XX00** gilt. Dann kann das berechnete Produkt t_i direkt als Tabellenindex dienen. Die Zeilen *20–21* könnnen entfallen und die Zeilen *28–29*, die Zeilen *39–41*, die Zeilen *47–49* und schließlich die Zeilen *76–78* werden jeweils ersetzt durch die eine Zeile `mov r30,r0`. Die Trennung der t_i in die p_i und q_i dauert dann nur vier Takte.

6.8. Multiplikation von Zahlen im $\mathbb{D}_6$- und $\mathbb{D}_5^\star$-Format

Zur Multiplikation zweier BCD-Zahlen $\mathfrak{a} = \mathfrak{a}_{23} \cdots \mathfrak{a}_0$ und $\mathfrak{b} = \mathfrak{b}_{23} \cdots \mathfrak{b}_0$ im $\mathbb{D}_6$-Format werden deren Werte nach Potenzen von 10^2 enwickelt:

$$\mathbb{D}_6(\mathfrak{a}) = a_2 10^4 + a_1 10^2 + a_0 \qquad \mathbb{D}_6(\mathfrak{b}) = b_2 10^4 + b_1 10^2 + b_0$$

Darin ist $a_i, b_i \in \{0, \ldots, 99\}$. Ausmultiplizieren und ordnen nach Potenzen von 10^2 ergibt

$$(a_2 10^4 + a_{1 10^2 + a_0})(b_2 10^4 + b_{1 10^2 + b_0}) =$$
$$a_2 b_2 10^8 + (a_2 b_1 + a_1 b_2) 10^6 + (a_2 b_0 + a_1 b_1 + a_0 b_2) 10^4 + (a_1 b_0 + a_0 b_1) 10^2 + a_0 b_0.$$

Wie die Teilprodukte addiert werden müssen, macht Bild 6.5 anschaulich. Zum Berechnen und Aufsummieren der Teilprodukte werden natürlich die Unterprogramme `Bcd2Add` und `Bcd2Mul` verwendet. Bei den BCD-Additionen darf nicht vergessen werden, den BCD-Übertrag nach links weiter zu addieren.

Die Multiplikation hätte auch auf die traditionelle Weise implementiert werden können, etwa so wie in [Knu2] 4.3.1 **Algorithm M**. Das hätte den Vorteil eines sehr viel kürzeren Programms gehabt, andererseits aber auch den Nachteil eines sehr viel langsameren. In der implementierten Version sind die kostspieligen Speicherzugriffe auf das absolute Minimum reduziert.

Das Unterprogramm multipliziert zwar Zahlen im $\mathbb{D}_6$-Format, doch können natürlich auch Zahlen im $\mathbb{D}_5^\star$-Format multipliziert werden, wenn das Vorzeichenbit gelöscht wird. Das obere Byte des Produkts hat dann immer den Wert **00**.

Unterprogramm Bcd6Mul

Es wird das Produkt $\mathfrak{c} = \mathfrak{c}_{47} \cdots \mathfrak{c}_0$ zweier Zahlen $\mathfrak{a} = \mathfrak{a}_{23} \cdots \mathfrak{a}_0$ und $\mathfrak{b} = \mathfrak{b}_{23} \cdots \mathfrak{b}_0$ im $\mathbb{D}_6$-Format berechnet:

$$\mathbb{D}_{12}(\mathfrak{c}) = \mathbb{D}_6(\mathfrak{a})\mathbb{D}_6(\mathfrak{b})$$

Input

- **Y** Die Adresse einer Zahl $\mathfrak{a}$ im $\mathbb{D}_6$-Format
- **Z** Die Adresse einer Zahl $\mathfrak{b}$ im $\mathbb{D}_6$-Format
- **X** Die Adresse einer Zahl $\mathfrak{c}$ im $\mathbb{D}_{12}$-Format

```
Bcd6Mul:    push5  r0,r1,r2,r3,r4    5×2
            push4  r5,r12,r13,r16    4×2
            push3  r17,r18,r19       3×2
            ld     r18,Y             2
            ld     r19,Z             2
            rcall  Bcd2Mul           3+   a0b0
            movw   r1:r0,r13:r12     1
            ldd    r18,Y+1           2
            ldd    r19,Z+1           2
            rcall  Bcd2Mul           3+   a1b1
            movw   r3:r2,r13:r12     1
            ldd    r18,Y+2           2
            ldd    r19,Z+2           2
            rcall  Bcd2Mul           3+   a2b2
            movw   r5:r4,r13:r12     1
            ldd    r18,Y+1           2
            rcall  Bcd6M12112        3+   a1b2
            ld     r18,Y             2
            rcall  Bcd6M12002        3+   a0b2
            ldd    r18,Y+2           2
            ldd    r19,Z+1           2
            rcall  Bcd6M12112        3+   a2b1
            ld     r18,Y             2
            rcall  Bcd6M11001        3+   a0b1
            ldd    r18,Y+1           2
            ld     r19,Z             2
            rcall  Bcd6M11001        3+   a1b0
            ldd    r18,Y+2           2
            rcall  Bcd6M12002        3+   a2b0
            st     X+,r0             2
            st     X+,r1             2
            st     X+,r2             2
            st     X+,r3             1
            st     X+,r4             2
            st     X+,r5             2
```

```
            sbiw   r27:r26,6          2
            pop3   r19,r18,r17        3×2
            pop4   r16,r13,r12,r5     4×2
            pop5   r4,r3,r2,r1,r0     5×2
            ret                       1
```

Ein Unterprogramm zur Berechnung und Aufsummierung der Teilprodukte a_1b_0 und a_0b_1

```
Bcd6Ml1001: rcall  Bcd2Mul            3+
            clc                       1
            mov    r16,r12            1
            mov    r17,r1             1
            rcall  Bcd2Add            3+
            mov    r1,r15             1
            mov    r16,r13            1
            mov    r17,r2             1
            rcall  Bcd2Add            3+
            mov    r2,r15             1
            clr    r16                1
            mov    r17,r3             1
            rcall  Bcd2Add            3+
            mov    r3,r15             1
            mov    r17,r4             1
            rcall  Bcd2Add            3+
            mov    r4,r15             1
            mov    r17,r5             1
            rcall  Bcd2Add            3+
            mov    r5,r15             1
            ret                       4
```

Ein Unterprogramm zur Berechnung und Aufsummierung der Teilprodukte a_2b_0 und a_0b_2

```
Bcd6Ml2002: rcall  Bcd2Mul            3+
            clc                       1
            mov    r16,r12            1
            mov    r17,r2             1
            rcall  Bcd2Add            3+
            mov    r2,r15             1
            mov    r16,r13            1
            mov    r17,r3             1
            rcall  Bcd2Add            3+
            mov    r3,r15             1
            clr    r16                1
            mov    r17,r4             1
            rcall  Bcd2Add            3+
            mov    r4,r15             1
            mov    r17,r5             1
            rcall  Bcd2Add            3+
            mov    r5,r15             1
            ret                       4
```

Ein Unterprogramm zur Berechnung und Aufsummierung der Teilprodukte a_2b_1 und a_1b_2

```
Bcd6M12112: rcall  Bcd2Mul       3+
            clc                  1
            mov    r16,r12       1
            mov    r17,r3        1
            rcall  Bcd2Add       3+
            mov    r3,r15        1
            mov    r16,r13       1
            mov    r17,r4        1
            rcall  Bcd2Add       3+
            mov    r4,r15        1
            clr    r16           1
            mov    r17,r5        1
            rcall  Bcd2Add       3+
            mov    r5,r15        1
            ret                  4
```

Das Unterprogramm ist eine nahezu direkte Umsetzung der Struktur in Bild 6.5. Das Berechnen und Aufsummieren von Teilprodukten zur selben Zehnerpotenz, also z.B. a_2b_0 und a_0b_2 wird von Unterpro-

Abbildung 6.5.: Die Teilprodukte der BCD-Multiplikation von $\mathfrak{a}$ und $\mathfrak{b}$

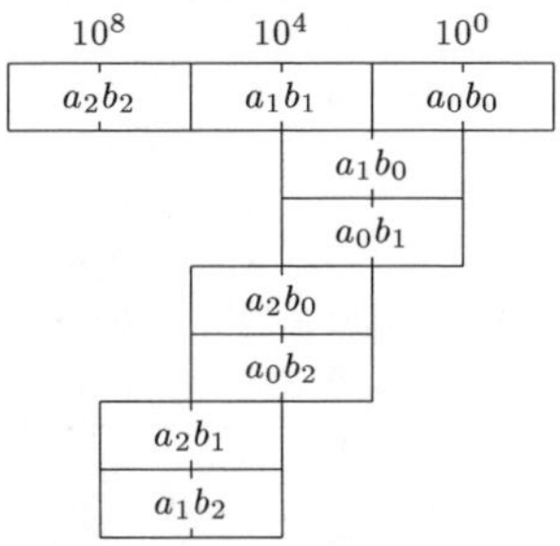

grammen ausgeführt, um doch etwas Programmcode zu sparen. Größter Wert ist jedoch auf Schnelligkeit gelegt worden. So wird z.B. die Bearbeitung der Teilprodukte nicht in der Reihenfolge vorgenommen, wie sie im Bild erscheinen, sondern so, dass mehrfaches Laden der a_i und b_i möglichst vermieden wird.

Es folgt nun noch ein Unterprogramm zur Berechnung des Produkts zweier Zahlen im $\mathbb{D}_5^\star$-Format. Das Produkt ist generell eine Zahl im $\mathbb{D}_{11}^\star$-Format, das Unterprogramm zeigt aber an, ob sich speziell ein Ergebnis eingestellt hat, das in das $\mathbb{D}_5^\star$-Format transformiert werden kann. Eine solche Transformation besteht lediglich aus einer Verschiebung des Vorzeichenbits. Diese Eigenschaft des Unterprogramms ist sehr nützlich, wenn das Produkt zweier $\mathbb{D}_5^\star$-Zahlen wieder eine $\mathbb{D}_5^\star$-Zahl sein muss, beispielsweise wenn $\mathbb{D}_5^\star$-Zahlen in einer Programmiersprache zum Einsatz kommen sollen.[11] Das Unterprogramm setzt für die eigentliche Multiplikation natürlich das eben vorgestellte Unterprogramm `Bcd6Mul` ein, seine Eigenleistung besteht im wesentlichen in der Bestimmung des Vorzeichens des Produktes.

[11] Geplant ist ein weiterer Band der Reihe, der kleine Sprachen auf Fädelbasis vorgestellt, die mit Fixkomma-, Fließkomma- und BCD-Arithmetik implementiert werden können.

Unterprogramm BcdMul

Es wird das Produkt $\mathfrak{c} = \mathfrak{c}_{47} \cdots \mathfrak{c}_0$ zweier Zahlen $\mathfrak{a} = \mathfrak{a}_{23} \cdots \mathfrak{a}_0$ und $\mathfrak{b} = \mathfrak{b}_{23} \cdots \mathfrak{b}_0$ im $\mathbb{D}_5^\star$-Format berechnet:

$$\mathbb{D}_{11}^\star(\mathfrak{c}) = \mathbb{D}_5^\star(\mathfrak{a})\mathbb{D}_5^\star(\mathfrak{b})$$

Input

Y Die Adresse einer Zahl $\mathfrak{a}$ im $\mathbb{D}_5^\star$-Format
Z Die Adresse einer Zahl $\mathfrak{b}$ im $\mathbb{D}_5^\star$-Format
X Die Adresse einer Zahl $\mathfrak{c}$ im $\mathbb{D}_{11}^\star$-Format

Das Überlaufbit wird gesetzt, wenn das Produkt mehr als fünf signifikante Dezimalziffern besitzt (führende Nullen also nicht gerechnet). Ist das Überlaufbit nicht gesetzt, so kann das Produkt leicht in das $\mathbb{D}_5^\star$-Format übergeführt werden.

```
1  BcdMul:  push3  r16,r17,r18      3×3
2           ldd    r16,Y+2          2    r16 ← oberes Byte von a
3           mov    r18,r16          1    Vorzeichen entfernen
4           andi   r18,0b01111111   1
5           std    Y+2,r18          2    Zurückschreiben
6           ldd    r17,Z+2          2    r17 ← oberes Byte von b
7           mov    r18,r17          1    Vorzeichen entfernen
8           andi   r18,0b01111111   1
9           std    Z+2,r18          2    Zurückschreiben
10          mov    r18,r16          1    Vorzeichen des Produkt bestimmen
11          eor    r18,r17          1
12          andi   r18,0b10000000   1
13          rcall  Bcd6Mul          3+   D6 × D6-Multiplikation ausführen
14          std    Y+2,r16          2    Oberes Byte von a restaurieren
15          std    Z+2,r17          2    Oberes Byte von b restaurieren
16          adiw   r27:r26,5        2    X auf oberes Produktbyte vorsetzen
17          st     X,r18            2    Vorzeichen des Produkts speichern
18          ld     r16,-X           2    Zehnte bis sechste Dezimalziffer „verodern“
19          ld     r17,-X           2
20          or     r16,r17          1
21          ld     r17,-X           2
22          andi   r17,0b11110000   1    Fünfte Dezimalziffer entfernen
23          or     r16,r17          1    Löscht das Überlaufbit als Nebeneffekt
24          breq   BcdM15           1/2  Ist zehnte bis sechste Dezimalziffer 0?
25          sev                     1    Nein: Überlaufbit setzen
26 BcdM15:  sbiw   r27:r26,2        2    X restaurieren
27          pop3   r18,r17,r16      3×3
28          ret                     4
```

Zu Beginn wird Register $\mathbf{r_{16}}$ mit dem oberen Byte von $\mathfrak{a}$ geladen. In den nächsten drei Zeilen wird aus einer Kopie dieses Bytes das Vorzeichen entfernt und das so modifizierte Byte zurückgeschrieben. Anschließend wird in Zeile *6* Register $\mathbf{r_{17}}$ mit dem oberen Byte von $\mathfrak{b}$ geladen. In den folgenden drei Zeilen wird aus einer Kopie dieses Bytes das Vorzeichen entfernt und das so modifizierte obere Byte von $\mathfrak{b}$ zurückgeschrieben. In den Zeilen *10–12* wird in Register $\mathbf{r_{18}}$ das Vorzeichen des Produkts bestimmt. Das Produkt als $\mathbb{D}_{12}$-Zahl wird in der nächsten Zeile berechnet. Sofort danach werden die oberen Bytes von $\mathfrak{a}$ und $\mathfrak{b}$ restauriert. In Zeile *16* wird die Adresse in Register **X** erhöht, es zeigt nun auf das obere Byte des Produkts, in das in der nächsten Zeile das Vorzeichen des Produkts geschrieben wird. Anschließend werden die zehnte bis sechste Dezimalziffer des Produkts gelesen und „verodert", um so festzustellen, eine von ihnen von Null verschieden ist. Ist das der Fall, so wird in Zeile *25* das Überlaufbit gesetzt, um dem rufenden Programm anzuzeigen, dass ohne Genauigkeitsverlust keine Transformation in eine $\mathbb{D}_5^\star$-Zahl möglich ist. Ist das aber nicht der Fall, hat das Produkt nur höchstens fünf signifikante Dezimalziffer, so wird der Befehl in Zeile *25* übersprungen und das Überlaufbit, das mit dem Befehl in Zeile *23* gelöscht wurde, wird nicht gesetzt. Schließlich wird vor dem Rücksprung Register **X** noch auf den Wert gesetzt, den es bei Aufruf des Unterprogramms hatte.

Ist das Überlaufbit nicht gesetzt, so macht die folgende Transformation aus dem $\mathbb{D}_{11}^\star$-Ergebnis eine $\mathbb{D}_5^\star$-Zahl:

$$\mathfrak{c}_{47}\mathfrak{c}_{46}\cdots\mathfrak{c}_1\mathfrak{c}_0 \Rightarrow \mathfrak{c}_{47}\mathfrak{c}_{22}\mathfrak{c}_{21}\mathfrak{c}_{20}\cdots\mathfrak{c}_1\mathfrak{c}_0$$

Die unteren 23 Bit des Ergebnisses werden also herausgelöst und oben durch das Vorzeichenbit $\mathfrak{c}_{47}$ des Ergebnisses ergänzt.

Da das Unterprogramm vorübergehend $\mathfrak{a}$ und $\mathfrak{b}$ modifiziert, ist es es nicht *reentrant*, d.h es kann nicht gleichzeitig von zwei Programmen aufgerufen werden. Will man das ermöglichen, so muss man von $\mathfrak{a}$ und $\mathfrak{b}$ lokale Kopien erzeugen, indem man eine Halde oder den Stapel benutzt.

6.9. Division

Arithmetische Algorithmen mit $\mathbb{D}_n^\star$-Zahlen zu realisieren ist schwierig und führt auf komplizierte Programme. Der Grund ist, dass man mit Ziffernpaaren operieren muss, deren beide Partner in einem oberen oder einem unteren Bitquartett angesiedelt sind oder deren einer Partner in einem oberen und der andere Partner in einem unterem oder aber deren einer Partner in einem unteren und der andere in einem oberen Bitquartett angesiedelt ist.[12] Das gilt insbesondere auch für die Implementierung der Division. Man nehme sich nur einmal **Algorithm D** aus 4.3.1. in [Knu2][13] vor. Hier hat man allerdings nicht nur mit den besagten Fallunterschieden zu kämpfen, sondern auch die Zahl der signifikanten Ziffern von Dividend und Divisisor zu bestimmen und beide zu normieren, bevor mit der Division überhaupt begonnen werden kann, ganz davon abgesehen, dass schon eine Division einer Zweiziffrigen durch eine einziffrige Zahl zur Verfügung stehen muss!

Man könnte versuchen, die Zahlen in die ungepackte BCD-Gestalt zu überführen, aber damit wären nur die Fallunterschiede beseitigt, es bliebe immer noch, die Division mit simulierter Dezimalarithmetik implementieren zu müssen. Als Alternative böte es sich an, die Zahlen in das Binärsystem zu übertragen und die Division dort auszuführen. Das wäre von der Programmierung her erträglich, aber die Umwandlung in das Binärsystem und nach der Division wieder zurück ist, wie sich noch zeigen wird, recht aufwendig.

Das einfachste aller Verfahren zur Division, nämlich die fortgesetzte Subtraktion, ist sicher nicht brauchbar, denn um z.B. Quotienten und Teilerrest für die Division $\frac{99999}{1}$ zu berechnen sind 99999 $\mathbb{D}_5^\star$-Subtraktionen nötig.

Nun wurde im ersten Band der Reihe (siehe [Mss3] **11.2**) die folgende Version des klassischen Divisionsalgorithmus zur Berechnung des Quotienten $\frac{a}{b}$ zweier ganzer Zahlen $a \geq 0$ und $b > 0$ vorgestellt und implementiert:

```
1   r ← a; q ← 0; t ← b;
2   while t ≤ r do t ← 2t end
3   while t > b do
4       q ← 2q; t ← ⌊t/2⌋;
5       if t ≤ r
6           then
7           r ← r − t;
8           q ← q + 1
9           end
10      end
```

Um z.B. den Quotienten und den Rest für die Division $\frac{99}{7}$ zu bestimmen, wird in Zeile 1 wie folgt initialisiert: $r \leftarrow 99$, $q \leftarrow 0$ und $t \leftarrow 7$. Die Schleife in Zeile 2 wird dann durchlaufen mit den Stationen $t \leftarrow 14$, $t \leftarrow 28$, $t \leftarrow 56$ und $t \leftarrow 112$. Wegen $t = 112 > 99$ wird die Schleife nach dem vierten Durchlauf abgebrochen. Die nachfolgende Schleife in den Zeilen 3 bis 10 wird dann natürlich auch viermal durchlaufen, da die Anweisung $t \leftarrow \lfloor \frac{t}{2} \rfloor$ in 4 die Anweisungen $t \leftarrow 2t$ der ersten Schleife rückgängig macht. Beim ersten Durchlauf ergibt sich zunächst $q \leftarrow 2 \times 0 = 0$ und $t \leftarrow \lfloor \frac{112}{2} \rfloor = 56$. Wegen $t = 56 \leq 99$ werden die Zeilen 7 und 8 ausgeführt: $r \leftarrow 99 - 56 = 43$ und $q \leftarrow 0 + 1 = 1$. Der nächste Durchlauf ergibt $q \leftarrow 2 \times 1 = 2$ und $t \leftarrow \lfloor \frac{56}{2} \rfloor = 28$. Auch hier werden

[12] Wie man sieht zeigt sich die Kompliziertheit des Sachverhaltes auch in der beschreibenden Sprache.

[13] In diesem Algorithmus wird eine Zahl mit $n + m$ Ziffern durch eine Zahl mit n Ziffern dividiert, die Ziffern können zu einer beliebigen Basis $b \geq 2$ gehören.

die Zeilen 7 und 8 ausgeführt: $r \leftarrow 43 - 28 = 15$ und $q \leftarrow 2 + 1 = 3$. Der dritte Durchlauf führt zu $q \leftarrow 2 \times 3 = 6$ und $t \leftarrow \lfloor \frac{28}{2} \rfloor = 14$ gefolgt von $r \leftarrow 15 - 14 = 1$ und $q \leftarrow 6 + 1 = 7$. Beim letzten Durchlauf wird nur die Zeile 4 ausgeführt mit dem Resultat $q \leftarrow 2 \times 7 = 14$ und $t \leftarrow \lfloor \frac{14}{2} \rfloor = 7$. Das Ergebnis ist also $99 = 7 \times 14 + 1$.

Selbstverständlich spielt es keine Rolle, mit welchem Zahlensystem der Algorithmus implementiert wird. Insbesondere lässt sich sehr gut das BCD-Zahlensystem einsetzen, weil für die benötigten Multiplikationen mit und Divisionen durch 2 effiziente Unterprogramme zur Verfügung stehen.

Das Verhalten des Verfahrens lässt sich leicht abschätzen. Die beiden Schleifen werden maximal 16-mal durchlaufen, z.B. bei $a = 99999$ und $b = 1$. Das gibt also maximal insgesamt 32 Verdoppelungen, 16 Halbierungen, 16 Subtraktionen und 16 Additionen einer einziffrigen Zahl. Die logischen Operationen können vernachlässigt werden. Ein Begriff für die taktmäßige Größenordnung lässt sich davon ableiten, dass eine Umwandlung in das Binärsystem 17 Halbierungen und eine Rückumwandlung vom Binärsystem in das BCD-System 17 Verdopplungen erfordert. Da zur Durchführung der Division im Binärsystem insgesamt vier Zahlenumwandlungen nötig wären, folgt daraus, dass das Verfahren die Division in wenig mehr Takten durchführt als für diese Umwandlungen anfielen. Damit kann man zufrieden sein, denn die angegebenen Werte sind ja Maximalwerte.

Nun ist noch nichts darüber gesagt worden, **wie** das Verfahren arbeitet. Das wird auch nicht geschehen, stattdessen wird der Abwechslung wegen in Abschnitt A.1 bewiesen **dass** es arbeitet. Man lasse sich nicht abschrecken, der dort gegebene Korrektheitsbeweis ist ganz amüsant zu lesen.

Es ist noch die Frage zu klären, wie mit negativen Operanden umzugehen ist. Was soll z.B. als Quotient und als Teilerrest für $a = -10$ und $b = 3$ herauskommen? Für positive Werte x und y ist bisher stets $\left\lfloor \frac{x}{y} \right\rfloor$ als Quotient genommen worden (*floored division*). Wird das auch für negative Werte angewandt, ergibt sich $\lfloor \frac{-10}{3} \rfloor = -4$ als Quotient und damit 2 als Teilerrest: $-10 = -4 \times 3 + 2$. Das erscheint aber wegen $\lfloor \frac{10}{3} \rfloor = 3$, also $10 = 3 \times 3 + 1$ etwas unnatürlich, man möchte auch bei einem negativen Operanden einen Rest 1 oder -1 erhalten. Hier wird daher der Teilerrest r so gewählt, dass gilt:

$$\begin{aligned} 0 \leq r < |b| \quad &\text{falls} \quad a \geq 0 \\ -|b| < r \leq 0 \quad &\text{falls} \quad a < 0 \end{aligned}$$

Das ergibt dann z.B. für negatives a mit positivem b

$$-10 = \underbrace{\underbrace{(-10 \oslash 3)}_{-3} \times 3}_{-9} + \underbrace{(-10 \odot 3)}_{-1}$$

und für negatives b mit positivem a

$$10 = \underbrace{\underbrace{(10 \oslash (-3))}_{-3} \times (-3)}_{9} + \underbrace{(10 \odot (-3))}_{1},$$

wobei $a \oslash b$ der Quotient q und $a \odot b$ der Rest r bei Anwendung obiger Vorschrift bedeuten.

Unterprogramm BcdDiv

Zu zwei Zahlen $\mathfrak{a} = \mathfrak{a}_{23}\cdots\mathfrak{a}_0$ und $\mathfrak{b} = \mathfrak{b}_{23}\cdots\mathfrak{b}_0$ im $\mathbb{D}_5^\star$-Format mit $\mathbb{D}_5^\star(\mathfrak{b}) \neq 0$ werden zwei Zahlen $\mathfrak{q} = \mathfrak{q}_{23}\cdots\mathfrak{q}_0$ und $\mathfrak{r} = \mathfrak{r}_{23}\cdots\mathfrak{r}_0$ berechnet mit

$$\mathbb{D}_5^\star(\mathfrak{a}) = \mathbb{D}_5^\star(\mathfrak{b})\mathbb{D}_5^\star(\mathfrak{q}) + \mathbb{D}_5^\star(\mathfrak{r}),$$

oder, mit $a = \mathbb{D}_5^\star(\mathfrak{a})$, $b = \mathbb{D}_5^\star(\mathfrak{b})$, $q = \mathbb{D}_5^\star(\mathfrak{q})$ und $r = \mathbb{D}_5^\star(\mathfrak{r})$: $a = bq + r$. Dabei ist r so gewählt, dass gilt

$$0 \le r < |b| \text{ falls } a \ge 0, \text{ aber } -|b| < r \le 0 \text{ falls } a < 0.$$

q ist also der Quotient und r der Teilerrest der Division $\frac{a}{b}$.

Input

Y	Die Adresse α einer Zahl $\mathfrak{a}$ im $\mathbb{D}_5^\star$-Format
Z	Die Adresse β einer Zahl $\mathfrak{b}$ im $\mathbb{D}_5^\star$-Format
X	Die Adresse ϱ einer Zahl $\mathfrak{r}$ im $\mathbb{D}_5^\star$-Format
X + 3	Die Adresse ϑ einer Zahl $\mathfrak{q}$ im $\mathbb{D}_5^\star$-Format

Ist $\mathbb{D}_5^\star(\mathfrak{b}) = 0$, so wird die Rechnung mit gesetztem Überlaufbit abgebrochen.

```
BcdDiv:  push4  r10,r11,r12,r13     4x2
         push4  r14,r15,r16,r17     4x2
         push4  r18,r19,r24,r25     4x2
  Test auf D5*(b) = 0, Extraktion des Vorzeichens v(b) und r12:11:10 ← ||b||
         ldd    r16,Z+2             2    r16 ← b23···b16
         mov    r24,r16             1    r24 ← b23···b16
         andi   r24,0b10000000      1    r24 ← b23 0···0, b23 = v(b)
         andi   r16,0b00001111     1    r16 ← 0000 b19···b16
         mov    r12,r16             1    r12 ← 0000 b19···b16
         ld     r10,Z               2    r10 ← b7···b0
         or     r16,r10             1    r16 ← b19···b16 ∨ b7···b0
         ldd    r11,Z+1             2    r11 ← b15···b8
         or     r16,r11             1    r16 ← b19···b16 ∨ b7···b0 ∨ b15···b8
         sev                        1    Prophylaktisch: Überlaufbit ← 1
         breq   BcdDv06             1/2  00000000 = b19···b16 ∨ b7···b0 ∨ b15···b8: Fehler
  r ← ||a||, q ← 0···0 und Berechnung des Ergebnisvorzeichens,
  bei a = 0···0 zurück mit r = 0···0 und q = 0···0
         movw   r15:r14,r27:r26     1    r15:14 ← ϱ
         ld     r16,Y               2    r16 ← a7···a0
         st     X+,r16              2    r7···r0 ← a7···a0
         ldd    r19,Y+1             2    r19 ← a15···a8
         or     r16,r19             1    r16 ← a15···a8 ∨ a7···a0
         st     X+,r19              2    r15···r8 ← a15···a8
         ldd    r19,Y+2             2    r19 ← a23···a16
         mov    r17,r19             1    r17 ← a23···a16
         andi   r17,0b10000000      1    r17 ← a23 0···0, a23 = v(a)
         asr    r17                 1    r17 ← a23 a23 0···0
         eor    r17,r24             1    r17 ← a23 ⊕ b23 a23 0···0
         andi   r19,0b00001111      1    r19 ← 0000 a19···a16
         st     X+,r19              2    r23···r16 ← 0000 a19···a16
         clr    r18                 1    r18 ← 00
```

```
            st     X+,r18              2     q7···q0 ← 00000000
            st     X+,r18              2     q15···q8 ← 00000000
            st     X+,r18              2     q23···q16 ← 00000000
            or     r16,r19             1     r16 ← 0000a19···a16 ∨ a15···a8 ∨ a7···a0
            brne   BcdDv10             1/2   a19···a16 ∨ a15···a8 ∨ a7···a0 = 00000000: getan
```

Der Rücksprung in das rufende Programm

```
BcdDv05:    movw   r27:r26,r15:r14     1     X ← ϱ
            clv                        1     Überlaufbit löschen
BcdDv06:    pop4   r25,r24,r19,r18     4×2
            pop4   r17,r16,r15,r14     4×2
            pop4   r13,r12,r11,r10     4×2
            ret                        4
```

Aufbau der Hilfsvariablen t im Stapel

```
BcdDv10:    push3  r12,r11,r10         3×2   t ← ||b||
            in     r24,SPL             1     U ← τ
            in     r25,SPH             1
            adiw   r25:r24,1           2
```

$b \leftarrow \|b\|$

```
            ldd    r16,Z+2             2     r16 ← b23···b16
            push   r16                 2     b23···b16 in den Stapel
            andi   r16,0b00001111      1     r16 ← 0000b19···b16
            std    Z+2,r16             2     b23···b16 ← 0000b19···b16, also b ← ||b||
```

Initialisierung verschiedener Register mit Variablenadressen

```
            movw   r13:r12,r29:r28     1     r13:12 ← α
            movw   r11:r10,r31:r30     1     r11:10 ← β
            movw   r27:r26,r15:r14     1     r19:18 ← ϑ = ϱ + 3
            adiw   r27:r26,3           2
            movw   r19:r18,r27:r26     1
```

Der Vergleich von t mit $\|b\|$ in der ersten **while**-Schleife

```
            movw   r29:r28,r15:r14     1     Y ← ϱ
            movw   r31:r30,r25:r24     1     Z ← τ
BcdDv15:    rcall  Bcd6Cmp             3+    D*5(t) > D*5(r)?
            brcs   BcdDv20             1/2   Ja: while-Schleife ist abgearbeitet
```

Falls $\mathbb{D}_5^*(t) \le \mathbb{D}_5^*(r)$ wird t verdoppelt

```
            rcall  Bcd6Mul2            3+    t ← 2t
            rjmp   BcdDv15             2     Zum Anfang der while-Schleife
```

Der Vergleich von t mit b in der zweiten **while**-Schleife

```
BcdDv20:    movw   r29:r28,r25:r24     1     Y ← τ
            movw   r31:r30,r11:r10     1     Z ← β
            rcall  Bcd6Cmp             3+    D*5(t) = D*5(b)?
            breq   BcdDv25             1/2   Ja: while-Schleife ist abgearbeitet
```

Die Zeile *4* des Algorithmus: q verdoppeln, t halbieren

```
            movw   r31:r30,r19:r18     1     Z ← ϑ
            rcall  Bcd6Mul2            3+    q ← 2q
            movw   r31:r30,r25:r24     1     Z ← τ
            rcall  Bcd6Div2            3+    t ← t/2
```

	Der Vergleich von $\mathfrak{r}$ mit $\mathfrak{t}$ in der **if**-Anweisung in Zeile 5				
67		movw	r29:r28,r15:r14	1	$\mathbf{Y} \leftarrow \varrho$
68		movw	r31:r30,r25:r24	1	$\mathbf{Z} \leftarrow \tau$
69		rcall	Bcd6Cmp	3+	$\mathbb{D}_5^*(\mathfrak{t}) > \mathbb{D}_5^*(\mathfrak{r})$?
70		brcs	BcdDv20	1/2	Ja: **if**-Bedingung nicht erfüllt
	Die Subtraktion in Zeile 7				
71		movw	r29:r28,r15:r14	1	$\mathbf{Y} \leftarrow \varrho$
72		movw	r31:r30,r25:r24	1	$\mathbf{Z} \leftarrow \tau$
73		movw	r27:r26,r15:r14	1	$\mathbf{X} \leftarrow \tau$
74		rcall	Bcd6Sub	3+	$r \leftarrow r - t$
	Die Erhöhung des Quotienten $\mathfrak{q}$ um Eins in Zeile 8				
75		movw	r31:r30,r19:r18	1	$\mathbf{Z} \leftarrow \vartheta$
76		ldi	r16,1	1	$\mathbf{r_{16}} \leftarrow 1$
77		rcall	Bcd6Inc	3+	$q \leftarrow q + 1$
78		rjmp	BcdDv20	2	Zum Anfang der **while**-Schleife
	Der Quotient $\mathfrak{q}$ wird mit seinem Vorzeichen versehen				
79	BcdDv25:	movw	r31:r30,r19:r18	1	$\mathbf{Z} \leftarrow \vartheta$
80		ldd	r16,Z+2	2	$\mathbf{r_{16}} \leftarrow \mathfrak{q}_{23}\cdots\mathfrak{q}_{16}$
81		lsl	r16	1	$\mathbf{r_{16}} \leftarrow \mathfrak{q}_{22}\cdots\mathfrak{q}_{16}\mathfrak{o}$
82		lsl	r17	1	$\mathbf{r_{17}} \leftarrow \mathfrak{a}_{23}\mathfrak{o}\cdots\mathfrak{o}\mathfrak{o}$, $\mathbf{S}.\mathfrak{c} \leftarrow \mathfrak{a}_{23} \oplus \mathfrak{b}_{23}$
83		ror	r16	1	$\mathbf{r_{16}} \leftarrow \mathfrak{a}_{23} \oplus \mathfrak{b}_{23}\mathfrak{q}_{22}\cdots\mathfrak{q}_{16}$
84		std	Z+2,r16	2	$\mathfrak{q}_{23}\cdots\mathfrak{q}_{16} \leftarrow \mathfrak{a}_{23} \oplus \mathfrak{b}_{23}\mathfrak{q}_{22}\cdots\mathfrak{q}_{16}$
	Der Teilerrest $\mathfrak{r}$ wird mit seinem Vorzeichen, dem Vorzeichen von $\mathfrak{a}$, versehen				
85		movw	r31:r30,r15:r14	1	$\mathbf{Z} \leftarrow \varrho$
86		ldd	r16,Z+2	2	$\mathbf{r_{16}} \leftarrow \mathfrak{r}_{23}\cdots\mathfrak{r}_{16}$
87		lsl	r16	1	$\mathbf{r_{16}} \leftarrow \mathfrak{r}_{22}\cdots\mathfrak{r}_{16}\mathfrak{o}$
88		lsl	r17	1	$\mathbf{r_{17}} \leftarrow \mathfrak{o}\mathfrak{o}\cdots\mathfrak{o}$, $\mathbf{S}.\mathfrak{c} \leftarrow \mathfrak{a}_{23}$
89		ror	r16	1	$\mathbf{r_{16}} \leftarrow \mathfrak{a}_{23}\mathfrak{r}_{22}\cdots\mathfrak{r}_{16}$
90		std	Z+2,r16	2	$\mathfrak{r}_{23}\cdots\mathfrak{r}_{16} \leftarrow \mathfrak{a}_{23}\mathfrak{r}_{22}\cdots\mathfrak{r}_{16}$
	Register **Y**, **Z**, das Vorzeichen von $\mathfrak{b}$ und den Stapel restaurieren				
91		movw	r29:r28,r13:r12	1	$\mathbf{Y} \leftarrow \alpha$
92		movw	r31:r30,r11:r10	1	$\mathbf{Z} \leftarrow \beta$
93		pop	r16	2	$\mathfrak{b}_{23}\cdots\mathfrak{b}_{16}$ aus dem Stapel
94		std	Z+2,r16	2	Das Vorzeichen von $\mathfrak{b}$ restaurieren
95		pop3	r16,r16,r16	3×2	$\mathfrak{t}$ aus dem Stapel entfernen
96		rjmp	BcdDv05	2	Zurück in das rufende Programm

Die erste Aufgabe des Unterprogramms ist es, zu prüfen, ob Unmögliches verlangt wird, ob also $\mathbb{D}_5^*(\mathfrak{b}) = 0$ gilt. Dazu wird in Zeile *4* das obere Byte von $\mathfrak{b}$ in Register $\mathbf{r_{16}}$ geladen. Aus diesem muss das Vorzeichen $\boldsymbol{v}(\mathfrak{b})$ entfernt werden. Da es aber später zur Berechnung der Vorzeichen der Ergebnisse noch gebraucht wird, wird das obere Byte von $\mathfrak{b}$ auch in $\mathbf{r_{24}}$ geladen und dort extrahiert (Zeilen *5–6*). Register $\mathbf{r_{24}}$ lässt sich dann wie folgt visualisieren:

$\boldsymbol{v}(\mathfrak{b})$ ooo oooo

In Zeile *7* wird danach das obere Bitquartett des oberen Bytes von $\mathfrak{b}$ gelöscht. Da $\mathbf{r_{16}}$ dazu dienen soll, festzustellen, ob $\mathfrak{b}$ den Wert Null hat, wird das untere Bitquartett des oberen Bytes von $\mathfrak{b}$, das

die Zehntausender enthält, zu späterem Gebrauch in Zeile *8* nach Register $\mathbf{r_{12}}$ kopiert. Anschließend wird in Zeile *10* Register $\mathbf{r_{10}}$ mit den Einern und Zehnern von $\mathfrak{b}$ geladen, die in der nächsten Zeile mit den Zehntausendern in $\mathbf{r_{16}}$ ODER-verknüpft werden. Anschließend werden die Hunderter und Tausender in Register $\mathbf{r_{11}}$ geladen. Mit der Zeile *12* sind dann alle Dezimalziffern von $\mathfrak{b}$ ODER-verknüpft, d.h. $\mathfrak{b}$ hat genau dann den Wert Null, wenn $\mathbf{r_{16}}$ den Wert **00** hat. Es spielt dabei keine Rolle, dass sich die Dezimalziffern einmal im oberen und dann wieder im unteren Bitquartett befinden: Wenn auch nur eine Dezimalziffer von Null verschieden ist, ob nun oben oder unten im Byte, enthält $\mathbf{r_{16}}$ mindestens eine binäre Eins. Der Befehl in Zeile *12* testet also auch, ob $\mathfrak{b}$ den Wert Null hat. Ist das der Fall, so kann in Zeile *14* direkt in das rufende Programm zurückgesprungen werden, und zwar mit dem Überlaufbit als Fehlerindikator, das in Vorwegnahme des Fehlers in Zeile *13* gesetzt wurde.
Hat $\mathfrak{b}$ nicht den Wert Null, so enthält nach Zeile *14* das Dreifachregister $\mathbf{r_{12:11:10}}$ das Bitmuster $||\mathfrak{b}||$ des Absolutbetrages:

$$\mathbb{D}_5^\star(||\mathfrak{b}||) = |\mathbb{D}_5^\star(\mathfrak{b})|$$

Die Benutzung von Adressregister **X** im weiteren Unterprogramm verändert dessen Anfangswert, der deshalb in Zeile *15* aufbewahrt wird. Es werden nun $\mathfrak{r}$ mit $\mathfrak{a}$ und $\mathfrak{q}$ mit $\mathfrak{o}\cdots\mathfrak{o}$ geladen, gleichzeitig wird das Ergebnisvorzeichen bestimmt und es wird getestet, ob $\mathfrak{a}$ den Wert Null hat.
In Zeile *16* wird das untere Byte von $\mathfrak{a}$ geladen und in der nächsten Zeile in das untere Byte von $\mathfrak{r}$ geschrieben. Danach wird das mittlere Byte von $\mathfrak{a}$ in Register $\mathbf{r_{19}}$ geladen, mit dem unteren Byte von $\mathfrak{a}$ in $\mathbf{r_{16}}$ ODER-verknüpft und in das mittlere Byte von $\mathfrak{r}$ geschrieben. Die Behandlung des oberen Bytes von $\mathfrak{a}$ ist aufwendiger. Es wird in Zeile *21* ebenfalls in Register $\mathbf{r_{19}}$ geladen, dann aber in Register $\mathbf{r_{17}}$ kopiert. Dort wird es in Zeile *23* extrahiert

$$\boxed{\boldsymbol{v}(\mathfrak{a})\,\mathfrak{o}\mathfrak{o}\mathfrak{o}\,\mathfrak{o}\mathfrak{o}\mathfrak{o}\mathfrak{o}}$$

und in Zeile *24* verdoppelt:

$$\boxed{\boldsymbol{v}(\mathfrak{a})\,\boldsymbol{v}(\mathfrak{a})\,\mathfrak{o}\mathfrak{o}\,\mathfrak{o}\mathfrak{o}\mathfrak{o}\mathfrak{o}}$$

Da Register $\mathbf{r_{24}}$ in seinem obersten Bit das Vorzeichen von $\mathfrak{b}$ enthält (Zeile *6*), ergibt der Befehl in Zeile *25* das folgende Ergebnis in Register $\mathbf{r_{17}}$:

$$\boxed{\boldsymbol{v}(\mathfrak{a}) \oplus \boldsymbol{v}(\mathfrak{a})\,\boldsymbol{v}(\mathfrak{a})\,\mathfrak{o}\mathfrak{o}\,\mathfrak{o}\mathfrak{o}\mathfrak{o}\mathfrak{o}}$$

Das höchstsignifikante Bit von $\mathbf{r_{17}}$ enthält also das Vorzeichen des Quotienten und das nächstsignifikante Bit das Vorzeichen von $\mathfrak{a}$, das noch zur Bestimmung des Vorzeichens des Teilerrestes gebraucht wird.
Nach der Behandlung der Vorzeichen werden in Zeile *26* die Zehntausender im oberen Byte von $\mathfrak{a}$ isoliert und in das obere Byte von $\mathfrak{r}$ geschrieben. Insgesamt wurde also $||\mathfrak{a}||$ nach $\mathfrak{r}$ kopiert. In den folgenden Zeilen *28–31* wird der Quotient $\mathfrak{q}$ mit Nullbits gefüllt. Anschließend werden in Zeile *32* alle Dezimalziffern von $\mathfrak{a}$ in Register $\mathbf{r_{16}}$ ODER-verknüpft. Wie oben wird damit gleichzeitig getestet, ob $\mathfrak{a}$ den Wert Null hat. Ist das der Fall, so enthalten $\mathfrak{r}$ und $\mathfrak{q}$ schon das Ergebnis und es kann in das rufende Programm zurückgesprungen werden, nachdem der Anfangswert von **X** restauriert und das Überlaufbit gelöscht wurde (Zeilen *34–35*).
In Zeile *40* beginnt die eigentliche Division. Zu ihrer Ausführung nach obigem Algorithmus wird noch die Hilfsvariable $\mathfrak{t}$ benötigt. Sie wird im Stapel angelegt, um das Unterprogramm *reentrant* zu machen.[14]
Die drei push-Befehle in Zeile *40* schaffen Raum für $\mathfrak{t}$ und initialisieren $\mathfrak{t}$ gleichzeitig mit $||\mathfrak{b}||$, wozu allerdings die drei Bytes von $||\mathfrak{b}||$, die oben in das Dreifachregister $\mathbf{r_{12:11:10}}$ geladen wurden, in umgekehrter Reihenfolge in den Stapel gebracht werden müssen. In den folgenden beiden Zeilen wird Register **U** mit dem Stapelzeiger geladen, dessen Wert aber noch um Eins erhöht werden muss, damit **U** die Adresse von $\mathfrak{t}$ enthält.

[14]Siehe dazu [Mss2] **A.4.**.

Im Algorithmus wird in Zeile 4 die Hilfsvariable t mit b verglichen. Das bedeutet, dass im Unterprogramm $\mathfrak{t}$ mit $\|\mathfrak{b}\|$ verglichen werden muss. Das wird so gelöst, dass das obere Byte von $\mathfrak{b}$ im Stapel aufbewahrt und am Ende des Unterprogramms restauriert wird, damit das Vorzeichen aus dem oberen Byte von $\mathfrak{b}$ entfernt werden kann. Es wird also das obere Byte von $\mathfrak{b}$ in Zeile *44* in Register $\mathbf{r_{16}}$ geladen und in der nächsten Zeile in den Stapel geschrieben, anschließend wird das Vorzeichen entfernt und die verbleibende Zehntausenderziffer in das obere Byte von $\mathfrak{b}$ zurückgeschrieben.
Als letzte Vorbereitung vor der eigentlichen Rechnung werden einige Register initialisiert. Der Anfangswert von **Y** wird in Doppelregister $\mathbf{r_{13:12}}$, der von **Z** in Doppelregister $\mathbf{r_{11:10}}$ geladen. Anschließend wird in den Zeilen *50–52* Doppelregister $\mathbf{r_{19:18}}$ mit der Adresse von $\mathfrak{q}$ geladen.
Die Ausführung des Algorithmus besteht im Wesentlichen darin, die drei Adressregister mit den entsprechenden Adressen zu laden und eines der Unterprogramme `Bcd6Cmp`, `Bcd6Mul2` usw. aufzurufen.
Die Umsetzung von Zeile 2 des Algorithmus beginnt in Zeile *53* damit, Register **Y** mit der Adresse ρ von $\mathfrak{r}$ und Register **Z** mit der Adresse τ von $\mathfrak{t}$ zu laden. Anschließend wird `Bcd6Cmp` aufgerufen, um $\mathfrak{r}$ mit $\mathfrak{t}$ zu vergleichen. Das Übertragsbit ist nach dem Vergleich gesetzt, wenn $\mathbb{D}_5^\star(\mathfrak{t}) > \mathbb{D}_5^\star(\mathfrak{r})$ gilt. Ist das der Fall, wird in Zeile *56* hinter die **while**-Schleife gesprungen, diese ist abgearbeitet. Andernfalls wird $\mathfrak{t}$ durch Aufruf von `Bcd6Mul2` in Zeile *57* verdoppelt (die Adressen von $\mathfrak{t}$ ist noch in Register **Z**) und an den Anfang der **while**-Schleife zurückgesprungen.
Es folgt die Umsetzung der zweiten **while**-Schleife ab Zeile 3 des Algorithmus. Dazu wird in Zeile *59* Register **Y** mit der Adresse τ von $\mathfrak{t}$ und in der Zeile darauf Register **Z** mit der Adresse β von $\mathfrak{b}$ (genauer von $\|\mathfrak{b}\|$) geladen, um dann `Bcd6Cmp` aufzurufen. Bei Gleichheit wird in Zeile *62* hinter die **while**-Schleife gesprungen, sie ist abgearbeitet. Andernfalls wird zunächst die Zeile 4 des Algorithmus umgesetzt, und zwar wird $\mathfrak{q}$ in den Zeilen *63–64* verdoppelt und $\mathfrak{t}$ in den Zeilen *65–66* halbiert.
Die Umsetzung der **if**-Anweisung beginnt in den Zeilen *67–69* mit dem Vergleich von $\mathfrak{r}$ und $\mathfrak{t}$. Ist nach dem Vergleich das Übertragsbit gesetzt, gilt also $\mathbb{D}_5^\star(\mathfrak{t}) > \mathbb{D}_5^\star(\mathfrak{r})$, so wird in Zeile *70* an den Anfang der **while**-Schleife zurückgesprungen, da die **if**-Bedingung nicht erfüllt ist. Andernfalls wird in den Zeilen *71–74* Zeile 7 und in den Zeilen *75–77* Zeile 8 des Algorithmus ausgeführt, bevor in Zeile *78* zum eventuellen nächsten Durchlauf an den Anfang der **while**-Schleife gesprungen wird.
Nach ihrer Berechnung müssen $\mathfrak{q}$ und $\mathfrak{r}$ noch mit ihren Vorzeichen versehen werden. Dazu wird in Zeile *79* Register **Z** mit der Adresse von $\mathfrak{q}$ und anschließend $\mathbf{r_{16}}$ mit dem oberen Byte von $\mathfrak{q}$ geladen, das in der Zeile *81* nach links geshiftet wird, um Platz für das Vorzeichenbit zu machen. Dieses wird in der nächsten Zeile aus Register $\mathbf{r_{17}}$ hinaus- und dann in Register $\mathbf{r_{16}}$ hineingeshiftet. Das so mit dem Vorzeichen versehene obere Byte des Quotienten wird in der Zeile *84* in das obere Byte von $\mathfrak{q}$ geschrieben. Es wird nun $\mathfrak{r}$ mit dem Vorzeichen versehen, das geschieht in den Zeilen *85–90* auf die gleiche Weise wie bei $\mathfrak{q}$. Zur Erinnerung: Das Vorzeichenbit von $\mathfrak{a}$, das ja da Vorzeichenbit von $\mathfrak{r}$ ist, wurde in Zeile *24* in das Bit 6 von $\mathbf{r_{17}}$ geschoben.
Es bleibt noch, die Anfangswerte der Register **Y** und **Z** zu restaurieren (der Anfangswert von **X** wird in Zeile *34* wiederhergestellt) (Zeilen *91–92*), das obere Byte von $\mathfrak{b}$ mit dem ursprünglichen Byte zu ersetzen (Zeilen *93–94*) und die Hilfsvariable aus dem Stapel zu entfernen (Zeile *95*).

Das Unterprogramm demonstriert wieder einmal, dass ein noch so schnell getakteter 8-Bit-Prozessor nicht mit einem modernen 16-Bit-Prozessor mithalten kann. Offensichtlich ist ein nicht unbeträchtlicher Teil des Unterprogramms damit beschäftigt, 16-Bit-Operationen zu simulieren. Z.B. muss das Fehlen von 16-Bit-Adressregistern mit Umspeicheraktionen kaschiert werden.

In Abschnitt A.1 nach dem Korrektheitsbeweis des Algorithmus wird angemerkt, dass der Algorithmus in Zeile 2 einen Überlauf erzeugen kann. Dort ist allerdings angenommen, dass seine Realisierung mit Zahlen im $\mathbb{D}_5^\star$-Format erfolgt. Da im Unterprogramm aber bei Durchführung des Algorithmus im $\mathbb{D}_6$-Format gearbeitet wird, wirft ein $\mathbb{D}_5^\star$-Überlauf keine Probleme auf.

Da das Unterprogramm seine temporäre Variable $\mathfrak{t}$ nicht als globale Variable realisiert, sondern im Stapel aufbaut, als sei es *reentrant* und damit für eine Multitasking-Umgebung geeignet. Das stimmt allerdings nur dann, wenn $\mathfrak{b}$ **keine** globale Variable ist, da $\mathfrak{b}$ für den größten Teil der Laufzeit des Unterprogramms durch $||\mathfrak{b}||$ ersetzt wird. Das geschieht natürlich der Effizienz wegen. Das Unterprogramm kann aber leicht ergänzt werden. Man hat nur eine lokale Kopie von $\mathfrak{b}$ im Stapel anzulegen, ganz so wie es für die Hilfsvariable $\mathfrak{t}$ geschehen ist. Das Erzeugen der Kopie darf allerdings nicht durch einen Prozesswechsel unterbrochen werden. Das gilt auch für den Kopiervorgang $\mathfrak{r} \leftarrow \mathfrak{a}$! Sind auch $\mathfrak{r}$ und $\mathfrak{q}$ globale Variable, müssen sie ähnlich behandelt werden wie $\mathfrak{b}$, das Unterprogramm muss also mit lokalen Variablen $\mathfrak{r}$' und $\mathfrak{q}$' arbeiten und bei den abschließenden Kopiervorgängen $\mathfrak{r} \leftarrow \mathfrak{r}$' und $\mathfrak{q} \leftarrow \mathfrak{q}$' einen Prozesswechsel verhindern.

6.10. Umwandlungen

6.10.1. $\mathbb{D}_6$ und $\mathbb{D}_5^\star$ zu binär

Für die Umwandlung von im BCD-System verschlüsselten Zahlen in das Binärsystem kann das Unterprogramm `Bcd6Div2` aus Abschnitt 6.5 verwendet werden, das zu einer im $\mathbb{D}_6$-Format verschlüsselten Zahl $\mathfrak{d}$ die $\mathbb{D}_6$-Zahl $\mathfrak{a}_0$ berechnet mit

$$\mathbb{D}_6(\mathfrak{d}) = 2\mathbb{D}_6(\mathfrak{a}_0) + r_0 \qquad r_0 \in \{0,1\}.$$

Das führt direkt zu dem Umwandlungsverfahren durch fortgesetzte Halbierung:[15]

$$\begin{aligned} \mathbb{D}_6(\mathfrak{a}_0) &= 2\mathbb{D}_6(\mathfrak{a}_1) + r_1 \qquad && r_1 \in \{0,1\} \\ \mathbb{D}_6(\mathfrak{a}_1) &= 2\mathbb{D}_6(\mathfrak{a}_2) + r_2 \qquad && r_2 \in \{0,1\} \\ &\vdots \end{aligned}$$

usw. bis einmal $\mathbb{D}_6(\mathfrak{a}_i) = 0$ eintritt. Die gesuchte Binärentwicklung von $\mathfrak{d}$ ist dann

$$\mathfrak{r} = \mathfrak{r}_i\mathfrak{r}_{i-1}\cdots\mathfrak{r}_0 \qquad \text{mit } \mathfrak{r}_i = r_i.$$

Die Frage ist, wie oft `Bcd6Div` aufgerufen werden muss, um die komplette Binärzahl $\mathfrak{r}$ zu erhalten. Sie ist leicht zu beantworten, denn für die größte $\mathbb{D}_6$-Zahl 999999 gilt

$$2^{19} = 524288 < 999999 < 1048576 = 2^{20},$$

folglich ist nach 20 Iterationen jede $\mathbb{D}_6$-Zahl in ihre Binärform umgewandelt worden. Es gilt nämlich[16]

$$\frac{999999}{2} < \frac{2^{20}}{2} \Longrightarrow q_0 = \left\lfloor \frac{999999}{2} \right\rfloor < 2^{19},$$

im nächsten Schritt hat man dann

$$\frac{q_0}{2} < \frac{2^{19}}{2} \Longrightarrow q_1 = \left\lfloor \frac{q_0}{2} \right\rfloor < 2^{18},$$

bis schließlich $q_{19} < 2^0 = 1$ herauskommt, wegen $q_{19} \in \mathbb{N}$ folglich $q_{19} = 0$. Dabei ist $q_i = \mathbb{D}_6(\mathfrak{a}_i)$. Das Ergebnis ist also eine 20-Bit-Binärzahl, deshalb muss mindestens in das das Format $\mathbb{K}_{24}$ umgewandelt werden.

Für eine Zahl $\mathfrak{d}$ im $\mathbb{D}_5^\star$-Format geht man genauso vor, nur dass wegen

$$2^{16} = 65536 < 99999 < 131072 = 2^{17}$$

höchstens 17 Iterationen ausgeführt werden müssen. Aber auch hier müssen für das Umwandlungsergebnis drei Bytes bereitgestellt werden. Dabei ist das Vorzeichen zu berücksichtigen. Das Ergebnisformat ist also nicht $\mathbb{K}_{24}$, sondern $\mathbb{G}_{24}$, eine 24-Bit-Zahl im Zweierkomplement.

Die 20 bzw. 17 Divisionen durch Zwei bestimmen zwar die Binärziffern des Umwandlungs-

[15] Siehe dazu die Erläuterungen in [Mss1] **3.1**.

[16] Ist x irgendeine reelle Zahl und n eine ganze Zahl, so gilt $\lfloor x \rfloor < n \Longleftrightarrow x < n$.

ergebnisses, doch muss die erhaltene Binärzahl noch in das entsprechende Format übergeführt werden.

Unterprogramm Bcd6DinB

Eine Zahl $\mathfrak{d} = \mathfrak{d}_{23} \cdots \mathfrak{d}_0$ im $\mathbb{D}_6$-Format wird in eine Binärzahl umgewandelt, es wird eine Zahl $\mathfrak{b} = \mathfrak{b}_{23} \cdots \mathfrak{b}_0$ im $\mathbb{K}_{24}$-Format berechnet mit

$$\mathbb{D}_6(\mathfrak{d}) = \mathbb{K}_{24}(\mathfrak{b}).$$

Input

X Die Adresse einer Zahl $\mathfrak{d}$ im $\mathbb{D}_6$-Format
Y Die Adresse einer Zahl $\mathfrak{b}$ im $\mathbb{K}_{24}$-Format

Die Zahl $\mathfrak{b}$ ist bei Aufruf einfach ein Bytevektor der Länge drei, er wird mit dem Umwandlungsergebnis überschrieben.
Das Unterprogramm erzeugt keinen Fehler.

```
Bcd6DinB: push4   r13,r14,r15,r16   4×2
          push2   r30,r31           2×2
   Es wird eine Kopie 𝔡' von 𝔡 im Stapel angelegt
          ld      r13,X+            2    r15:14:13 ← 𝔡
          ld      r14,X+            2
          ld      r15,X             2
          sbiw    r27:r26,2         2    Inhalt von X restaurieren
          push3   r15,r14,r13       3×2  𝔡' im Stapel anlegen
          in      r30,SPL           1    Z ← 𝒜(𝔡')
          in      r31,SPH           1
          adiw    r31:r30,1         2
   Die Ziffern der Binärentwicklung von 𝔡 werden bestimmt
          ldi     r16,20            1
Bcd6Dib2: rcall   Bcd6Div2          3+   Übertragsbit S.c erhält 𝔟ᵢ
          ror     r15               1    𝔟ᵢ von links in r15:14:13 hineinschieben
          ror     r14               1
          ror     r13               1
          dec     r16               1
          brne    Bcd6Dib2          1/2
   Das linksbündige Ergebnis wird durch 4 Rechtsshifts rechtsbündig gemacht
          ldi     r16,4             1
Bcd6Dib4: lsr     r15               1
          ror     r14               1
          ror     r13               1
          dec     r16               1
          brne    Bcd6Dib4          1/2
   Das Umwandlungsergebnis wird ausgeschrieben und 𝔡' aus dem Stapel entfernt
          st      Y,r13             2
          std     Y+1,r14           2
          std     Y+2,r15           2
          pop3    r16,r16,r16       3×2  Stapel von 𝔡' bereinigen
          pop2    r31,r30           2×2
          pop4    r16,r15,r14,r13   4×2
          ret                       4
```

Da die Divisionen durch Zwei mit dem Unterprogramm `Bcd6Div2` durchgeführt werden, das die Division mit der übergebenen Zahl selbst vornimmt, muss eine Kopie von $\mathfrak{d}$ hergestellt werden. Diese Kopie $\mathfrak{d}$' wird im Stapel angelegt.[17] Zunächst wird $\mathfrak{d}$ in den Zeilen *3–5* in das Dreifachregister $\mathbf{r}_{15:14:13}$ gelesen und das dazu verwendete Adressregister **X** wieder auf seinen Anfangswert zurückgesetzt. Mit den drei `push`-Befehlen in Zeile *7* wird $\mathfrak{d}$ in den Stapel geschrieben, und zwar in umgekehrter Reihenfolge, da der Stapel von vom Speicherende zum Speicheranfang wächst. Anschließend wird der Stapelzeiger in **Z** geladen. Damit enthält **Z** aber noch nicht die Adresse von $\mathfrak{d}$', es ist noch die Erhöhung des Registerinhalts um Eins in Zeile *10* nötig.
Ab Zeile *11* werden die Ziffern $\mathfrak{b}_i$ der Binärentwicklung von $\mathbb{D}_6(\mathfrak{d})$ bestimmt. Dazu wird `Bcd6Div2` 20-mal aufgerufen, diese Aufrufe liefern über das Übertragsbit die $\mathfrak{b}_i$, und zwar $\mathfrak{b}_0$ mit dem ersten Aufruf, $\mathfrak{b}_1$ mit dem zweiten usw. Da die $\mathfrak{b}_i$ in den Zeilen *13–15* von links her in das Dreifachregister $\mathbf{r}_{15:14:13}$ hineingeschoben werden, enthält $\mathbf{r}_{15:14:13}$ zwar das gewünschte Bitmuster $\mathfrak{b}_{19} \cdots \mathfrak{b}_0$, aber linksbündig! Es muss deshalb zu Anpassung an das $\mathbb{K}_{24}$-Format in den Zeilen *18–23* noch viermal nach rechts geshiftet werden.
Schließlich wird in den Zeilen *24–26* das Ergebnis ausgeschrieben und in Zeile *27* die Kopie von $\mathfrak{d}$ aus dem Stapel entfernt.

Die Bestimmung der Binärziffern in den Zeilen *11–17* erfordert $1+20\times 9-1=180$ Takte. Durch eine geschicktere Durchführung der Shifts lassen sich 32 Takte einsparen, aber um den Preis eines um sechs Worte vergrößerten Unterprogramms. Die Zeilen *11–17* könnten durch folgende Zeilen ersetzt werden:

```
           ldi     r16,8      1
Bcd6Dib1:  rcall   Bcd6Div2   3+
           ror     r14        1
           dec     r16        1
           brne    Bcd6Dib1   1/2
           ldi     r16,8      1
Bcd6Dib2:  rcall   Bcd6Div2   3+
           ror     r15        1
           dec     r16        1
           brne    Bcd6Dib2   1/2
           ldi     r16,4      1
Bcd6Dib3:  rcall   Bcd6Div2   3+
           ror     r15        1
           ror     r14        1
           ror     r13        1
           dec     r16        1
           brne    Bcd6Dib3   1/2
```

Eine Abzählung liefert als Gesamtzahl der Takte $2(1+8\times 7-1)+1+4\times 9-1=148$. Ob eine Ersparnis von 32 Takten signifikant ist, hängt natürlich von den Umständen ab, ist jedoch sehr unwahrscheinlich, wenn man den gesamten Takteverbrauch des Unterprogramms betrachtet. Immerhin ist dieser kleine Trick eine Erwähnung wert, da er in einem anderen Kontext durchaus gute Resultate erzielen könnte.

Die Umwandlung einer Zahl im $\mathbb{D}_5^\star$-Format in das Binärsystem unterscheidet sich im Wesentlichen nur durch die Behandlung des Vorzeichens. Da die Binärzahl 17 Ziffern enthalten kann, muss

[17] Vergleiche auch [Mss2] **A.4.** und Seite 235 in Unterprogramm `BcdDiv`.

ebenfalls in eine 24-Bit-Zahl transformiert werden, jedoch wegen des Vorzeichens in das Format $\mathbb{G}_{24}$, also in eine 24-Bit-Zahl im Zweierkomplement.

Unterprogramm BcdDinB

Eine Zahl $\mathfrak{d} = \mathfrak{d}_{23} \cdots \mathfrak{d}_0$ im $\mathbb{D}_5^\star$-Format wird in eine Binärzahl umgewandelt, es wird eine Zahl $\mathfrak{b} = \mathfrak{b}_{23} \cdots \mathfrak{b}_0$ im $\mathbb{G}_{24}$-Format berechnet mit

$$\mathbb{D}_5^\star(\mathfrak{d}) = \mathbb{G}_{24}(\mathfrak{b}).$$

Das Umwandlungsergebnis ist also eine 24-Bit-Zahl im Zweierkomplement.

Input

X Die Adresse einer Zahl $\mathfrak{d}$ im $\mathbb{D}_5^\star$-Format
Y Die Adresse einer Zahl $\mathfrak{b}$ im $\mathbb{G}_{24}$-Format

Die Zahl $\mathfrak{b}$ ist bei Aufruf einfach ein Bytevektor der Länge drei, er wird mit dem Umwandlungsergebnis überschrieben.
Das Unterprogramm erzeugt keinen Fehler.

```
BcdDinB:  push4  r16,r17,r18,r19  4×2
          push3  r20,r30,r31      3×2
   Es wird eine Kopie 𝔡' von ||𝔡|| im Stapel angelegt, v(𝔡) wird aufbewahrt
          ld     r17,X+           2    r19:18:17 ← 𝔡
          ld     r18,X+           2
          ld     r19,X            2
          sbiw   r27:r26,2        2    Inhalt von X restaurieren
          mov    r20,r19          1    v(𝔡) in r20 aufbewahren
          andi   r19,0b00001111   1    Vorzeichen aus 𝔡 entfernen
          push3  r19,r18,r17      3×2  𝔡' = ||𝔡|| im Stapel anlegen
          in     r30,SPL          1    Z ← A(𝔡')
          in     r31,SPH          1
          adiw   r31:r30,1        2
   Die Ziffern der Binärentwicklung von 𝔡 werden direkt im G24-Format bestimmt
          ldi    r16,16           1
BcdDib2:  rcall  Bcd6Div2         3+   Übertragsbit S.c erhält 𝔟i, i = 0,...,15
          ror    r18              1    𝔟i von links in r18:17 hineinschieben
          ror    r17              1
          dec    r16              1
          brne   BcdDib2          1/2
          rcall  Bcd6Div2         3+   Übertragsbit S.c erhält 𝔟16
          clr    r19              1
          rol    r19              1    𝔟16 von rechts in r19 hineinschieben
   Falls D5*(𝔡) < 0 gilt, wird das Zweierkomplement des Umwandlungsergebnisses berechnet
          tst    r20              1    D5*(𝔡) < 0?
          brpl   BcdDib4          1/2  Nein: Kein Zweierkomplement bilden
          com    r17              1    Einerkomplement bilden
          com    r18              1
          com    r19              1    S.c ← 1
          clr    r20              1
          adc    r17,r20          1    Eins addieren
          adc    r18,r20          1
```

```
30            adc     r19,r20              1
        Das Umwandlungsergebnis wird ausgeschrieben und ð' aus dem Stapel entfernt
31  BcdDib4:  st      Y,r17                2
32            std     Y+1,r18              2
33            std     Y+2,r19              2
34            pop3    r16,r16,r16          3×2  Stapel von ð' bereinigen
35            pop3    r31,r30,r20          3×2
36            pop4    r19,r18,r17,r16      3×2
37            ret                          4
```

Wegen der Ähnlichkeit mit dem vorigen Unterprogramm werden nur die Änderungen und Ergänzungen erläutert.
Eine der Änderungen ist, dass hier das Dreifachregister $\mathbf{r}_{19:18:17}$ verwendet wird. Das Vorzeichen von $\mathfrak{d}'$ kann deshalb in Zeile *8* mit dem `andi`-Befehl entfernt werden, nachdem es in der vorigen Zeile in Register $\mathbf{r}_{20}$ aufbewahrt wurde.
Die ersten 16 der $\mathfrak{b}_i$, also $\mathfrak{b}_0$ bis $\mathfrak{b}_{15}$, werden in den Zeilen *13–18* von links her in das Doppelregister $\mathbf{r}_{18:17}$ hineingeschoben, anschließend wird $\mathfrak{b}_{16}$ berechnet und **von rechts** in das vorher gelöschte Register $\mathbf{r}_{19}$ hineingeschoben (Zeilen *19–21*). Das ist äquivalent mit einem 17-fachen Hineinschieben der $\mathfrak{b}_i$ von links in das Dreifachregister $\mathbf{r}_{19:18:17}$ und anschließendem siebenfachem Nachschieben einer Binärnull von links.
Gilt $\mathbb{D}_5^\star(\mathfrak{d}) < 0$, so muss das Ergebnis $\mathtt{0000000}\mathfrak{b}_{16}\cdots\mathfrak{b}_0$ negiert werden. Die Bedingung $\mathbb{D}_5^\star(\mathfrak{d}) < 0$ kann wie in Zeilen *22–23* getestet werden, da das Vorzeichenbit von $\mathfrak{d}$ gerade das Vorzeichenbit von $\mathbf{r}_{20}$ ist. Das Zweierkomplement des Wertes von $\mathbf{r}_{19:18:17}$ wird wie üblich durch Bildung des Einerkomplementes (Zeilen *24–16*) gefolgt von der Addition von Eins (Zeilen *27–30*) ausgeführt. Dass in diesen Zeilen tatsächlich eine Eins addiert wird liegt daran, dass der `com`-Befehl in Zeile *26* das Übertragsbit setzt![18]

Auch hier lassen sich durch Ändern des Shiftens einige Takte einsparen. Die ersten acht Binärziffern können in $\mathbf{r}_{17}$ hineingeshiftet werden, die nächsten acht in $\mathbf{r}_{18}$. Die Einsparung ist aber viel kleiner als im vorigen Unterprogramm und dürfte sich kaum jemals lohnen.

Das Unterprogramm ist nur dann *reentrant*, wenn $\mathfrak{d}$ und $\mathfrak{b}$ keine globale Variablen sind. Sind sie es doch, so müssen das Kopieren von $\mathfrak{d}$ und das Ausschreiben von $\mathfrak{b}$ vor Unterbrechung geschützt werden.

Die Umwandlungen in das Binärsystem sollten eigentlich dazu dienen, die Durchführung der Division von BCD-Zahlen im Binärsystem zu ermöglichen. Da die Division nun aber direkt in BCD-Arithmetik ausgeführt wird, werden solche Umwandlungen nicht mehr gebraucht. Sie wurden aber dennoch in das Buch aufgenommen, weil durchaus andere Anwendungsmöglichkeiten bestehen. Z.B. könnten Binärzahlen eine Zwischenstufe bei der Umwandlung von BCD-Zahlen in Fließkommazahlen sein.

6.10.2. Binär zu $\mathbb{D}_6$ und $\mathbb{D}_5^\star$

Die Berechnung der Dezimalentwicklung einer Binärzahl $\mathfrak{b} = \mathfrak{b}_{19}\cdots\mathfrak{b}_0$ kann so bestimmt werden, dass man das Polynom[19]

$$\boldsymbol{B}_{\mathfrak{b}}(x) = \sum_{\nu=0}^{19} \mathfrak{b}_\nu x^\nu$$

[18] Weil die Bildung des Einerkomplementes von b mit der Operation **FF** $- b$ ausgeführt wird, die niemals ein „Borgen“ erzeugen kann, sollte das Übertragsbit eher gelöscht werden!
[19] Siehe dazu die Erläuterungen in [Mss1] **4.2.3**.

an der Stelle $x = 2$ *in Dezimalarithmetik* auswertet. Beispielsweise ist (mit nur vier Binärziffern)

$$\boldsymbol{B}_{1010}(x) = 1x^3 + 0x^2 + 1x + 0$$

und damit $\boldsymbol{B}_{1010}(2) = 8 + 2 = 10$.

Verwendet man speziell BCD-Arithmetik, so erhält man die Entwicklung von $\mathbb{K}_{20}(\mathfrak{b})$ im $\mathbb{D}_6$-Format. $\boldsymbol{B}_{\mathfrak{b}}(2)$ lässt sich nun wie folgt berechnen:

$$\mathfrak{d} \leftarrow 00000000000000000000$$
$$\mathfrak{d} \leftarrow 2 \boxtimes \mathfrak{d} \boxplus \mathfrak{b}_\nu \quad \nu = 19, \ldots, 0$$

Darin bedeuten $\boxplus$ die Addition und $\boxtimes$ die Multiplikation in BCD-Arithmetik. Der Term $2 \boxtimes \mathfrak{d}$ kann mit `Bcd6Mul2` berechnet werden. Die anschließende BCD-Addition von Eins bei $\mathfrak{b}_\nu = 1$ könnte mit `Bcd6Inc` aus Abschnitt 6.5 ausgeführt werden, doch ist dieser Aufwand nicht notwendig. Es sei nämlich d die Einerziffer von $\mathfrak{d}$ und d' die Einerziffer von $\mathfrak{d}' = 2 \boxtimes \mathfrak{d}$. Gilt $d \leq 4$, so wird d von `Bcd6Mul2` einfach nach links geshiftet, es ist also $d' = 2d \leq 8$ und natürlich $d' \bmod 2 = 0$, d.h. d' ist eine gerade Zahl. Gilt $d \geq 5$, so berechnet `Bcd6Mul2` die neue Einerziffer $d' = 2(d+3) \bmod 16$, also $5' = 0$, $6' = 2$, $7' = 4$, $8' = 6$ und $9' = 8$, und auch hier ist d' eine gerade Zahl ≤ 8. Wegen $d' \leq 8$ kann die Addition von Eins keinen Überlauf in die Zehner erzeugen, die Operation beschränkt sich demnach auf die Einerziffer. Was aber mehr ist, weil d' eine gerade Zahl ist, braucht gar keine Addition stattzufinden, es genügt, das unterste Bit $\mathfrak{d}_0$ von $\mathfrak{d}$ zu setzen!

Unterprogramm Bcd6BinD

Eine Binärzahl $\mathfrak{b} = 0000\mathfrak{b}_{19} \cdots \mathfrak{b}_0$ wird in das $\mathbb{D}_6$-Format umgewandelt, d.h. es wird eine Zahl $\mathfrak{d} = \mathfrak{d}_{23} \cdots \mathfrak{d}_0$ berechnet mit

$$\mathbb{K}_{24}(\mathfrak{b}) = \mathbb{K}_{20}(\mathfrak{b}_{19} \cdots \mathfrak{b}_0) = \mathbb{D}_6(\mathfrak{d}).$$

Input

Y Die Adresse einer Zahl $\mathfrak{b} = 0000\mathfrak{b}_{19} \cdots \mathfrak{b}_0$

Z Die Adresse einer Zahl $\mathfrak{d}$ im $\mathbb{D}_6$-Format

Die Zahl $\mathfrak{d}$ ist bei Aufruf einfach ein Bytevektor der Länge drei, er wird mit dem Umwandlungsergebnis überschrieben.

Für $999999 < \mathbb{K}_{20}(\mathfrak{b}_{19} \cdots \mathfrak{b}_0) \leq 1048572 = 2^{20} - 1$ wird die siebte Dezimalziffer mit dem Übertragsbit zurückgegeben. Das Übertragsbit wird auch gesetzt bei $\mathbb{K}_{20}(\mathfrak{b}) \geq 2^{20}$, also bei $\mathfrak{b}_{23}\mathfrak{b}_{22}\mathfrak{b}_{21}\mathfrak{b}_{20} \neq 0000$, ist in diesem Fall aber nur eine Fehleranzeige!

```
Bcd6BinD: push3  r13,r14,r15   3×2
          push2  r16,r17       2×2
          ld     r13,Y         2    r15:14:13 ← 0000b19···b0
          ldd    r14,y+1       2
          ldd    r15,Y+2       2
          ldi    r16,4         1    r15:14:13 ← b19···b00000
Bcd6Bid2: lsl    r13           1
          rol    r14           1
          rol    r15           1
          brcs   Bcd6Bid6      1/2  Übertrag bedeutet b23b22b21b20 ≠ 0000
          dec    r16           1
          brne   Bcd6Bid2      1/2
          st     Z,r16         2    d ← 000000
```

```
14              std     Z+1,r16         2
15              std     Z+2,R16         2
16              ldi     r16,20          1
17              rjmp    Bcd6Bid5        2
18  Bcd6Bid4:   rcall   Bcd6Mul2        3+    d <- 2 ⊠ d und Übertrag u in S.c
19  Bcd6Bid5:   ld      r17,Z           2     r17 <- d7 ··· d1 o
20              ror     r17             1     r17 <- u d7 ··· d1
21              lsl     r13             1     S.c <- bν
22              rol     r14             1
23              rol     r15             1
24              rol     r17             1     r17 <- d7 ··· d1 bν, S.c <- u
25              st      Z,r17           2     Unteres Byte von d zurückschreiben
26              dec     r16             1
27              brne    Bcd6Bid4        1/2
28  Bcd6Bid6:   pop2    r17,r16         2×2
29              pop3    r15,r14,r13     3×2
30              ret                     4
```

Zu Beginn wird $\mathfrak{b}$ in das Dreifachregister $\mathbf{r}_{15:14:13}$ geladen (Zeilen *3–5*). Da die 20 umzuwandelnden Bit rechtsbündig im Register liegen, sind vier Präshifts nötig, damit sie eine linksbündige Lage einnehmen. Tritt bei diesen Präshifts in den Zeilen *6–12* ein Überlauf in das Übertragsbit auf, so gilt $\mathfrak{b}_{23}\mathfrak{b}_{22}\mathfrak{b}_{21}\mathfrak{b}_{20} \neq \mathsf{oooo}$ und das Unterprogramm kehrt in Zeile *10* mit dem gesetzten Übertragsbit als Fehleranzeige in das rufende Programm zurück.
In den Zeilen *13–15* wird dann $\mathfrak{d}$ mit **000000** vorbesetzt. Anschließend wird der Schleifenzähler der Umwandlungsschleife mit 20 geladen. Die Schleife wird dann aber nicht am Anfang betreten, sondern nach der BCD-Multiplikation mit Zwei, da $\mathfrak{d}$ den Startwert **000000** hat.
Am Schleifenanfang in Zeile *18* wird $\mathfrak{d}$ mit Zwei multipliziert. Anschließend wird das untere Byte von $\mathfrak{d}$ mit den Zehnern und Einern in Register $\mathbf{r}_{17}$ geladen und nach rechts geshiftet. Dieser Rechtsshift bringt keinen Informationsverlust, da die Einerziffer von $\mathfrak{d}$ nach der Multiplikation mit Zwei eine gerade Zahl ist. Anschließend wird $\mathfrak{b}_\nu$ links aus $\mathbf{r}_{15:14:13}$ herausgeshiftet und in Zeile *24* von rechts in $\mathbf{r}_{17}$ hineingeshiftet, was einer Addition von $\mathfrak{b}_\nu$ entspricht. $\mathbf{r}_{17}$ wird dann in das untere Byte von $\mathfrak{d}$ zurückgeschrieben.
Eine Besonderheit ist noch zu beachten. Der von `Bcd6Mul2` in Zeile *18* im Übertragsbit übergebene Überlauf bei der Verdopplung wird in Zeile *20* in das Vorzeichenbit von $\mathbf{r}_{17}$ geschoben und in Zeile *24* wieder in das Übertragsbit zurückgeschoben. Die nachfolgenden Befehle in den Zeilen *25–27* beeinflussen das Übertragsbit nicht. Insbesondere enthält das Übertragsbit nach dem Verlassen der Schleife den Übertrag vom zwanzigsten und letzten Aufruf von `Bcd6Mul2` und repräsentiert damit die siebte Dezimalziffer des Ergebnisses.

Zur Klärung der Rolle des Übertragbits kann das folgende Beispiel beitragen. Die Binärzahl **0FFFFF** mit dem Wert $\mathbb{K}_{24}(\mathbf{0FFFFF}) = 2^{20} - 1$ wird vom Unterprogramm transformiert in **048575**, das Übertragsbit ist nach der Rückkehr gesetzt. Das Gesamtergebnis ist deshalb 1048575. Wird dagegen die Zahl **100000** mit dem Wert $\mathbb{K}_{24}(\mathbf{100000}) = 2^{20}$ übergeben, so unternimmt das Unterprogramm keinen Versuch der Transformation, $\mathfrak{d}$ bleibt unangetastet und das Übertragsbit ist gesetzt. Was damit gesagt sein soll ist, dass die Bedingung $\mathfrak{b}_{23}\mathfrak{b}_{22}\mathfrak{b}_{21}\mathfrak{b}_{20} = \mathsf{oooo}$ falls überhaupt nötig **vor** dem Aufruf des Unterprogramms getestet werden sollte, und nicht danach.

Eine Binärzahl $\mathfrak{b}$ im $\mathbb{G}_{24}$-Format muss die Bedingung $|\mathbb{G}_{24}(\mathfrak{b})| \leq 99999$ erfüllen, um in eine Zahl im $\mathbb{D}_5^{\star}$-Format transformiert werden zu können. Eine Erweiterung über das Übertragsbit wie bei `Bcd6BinD` ist nicht möglich.

Unterprogramm BcdBinD

Eine Binärzahl $\mathfrak{b} = \mathfrak{b}_{23} \cdots \mathfrak{b}_0$ im $\mathbb{G}_{24}$-Format, d.h. im 24-Bit-Zweierkomplement, mit der Eigenschaft $|\mathbb{G}_{24}(\mathfrak{b})| \leq 99999$ wird in das $\mathbb{D}_5^\star$-Format umgewandelt, d.h. es wird eine Zahl $\mathfrak{d} = \mathfrak{d}_{23} \cdots \mathfrak{d}_0$ berechnet für die gilt

$$\mathbb{G}_{24}(\mathfrak{b}) = \mathbb{D}_5^\star(\mathfrak{d}).$$

Input

Y Die Adresse einer Zahl $\mathfrak{b}$ im $\mathbb{G}_{24}$-Format mit $|\mathbb{G}_{24}(\mathfrak{b})| \leq 99999$
Z Die Adresse einer Zahl $\mathfrak{d}$ im $\mathbb{D}_5^\star$-Format

Die Zahl $\mathfrak{d}$ ist bei Aufruf einfach ein Bytevektor der Länge drei, er wird mit dem Umwandlungsergebnis überschrieben.
Ist $|\mathbb{G}_{24}(\mathfrak{b})| > 99999$ so bricht das Unterprogramm mit dem gesetzten Überlaufbit als Fehlerindikator ab.

```
BcdBinD:  push3  r16,r17,r18     3×2
          push3  r19,r20,r21     3×2
          clr    r16             1
          clr    r20             1    Annahme: kein negatives Vorzeichen
          ld     r17,Y           2    r19:18:17 ← b
          ldd    r18,y+1         2
          ldd    r19,Y+2         2
          tst    r19             1    G24(b) < 0?
          brpl   BcdBid2         1/2  Ja: Zweierkomplement bilden
          com    r17             1    Einerkomplement bilden
          com    r18             1
          com    r19             1    S.c ← 1
          adc    r17,r16         1    Eins addieren
          adc    r18,r16         1
          adc    r19,r16         1
          ldi    r20,0b10000000  1    Negatives Vorzeichen für d
BcdBid2:  std    Z+1,r16         2    d15 ··· d8 ← 00
          std    Z+2,r16         2    d23 ··· d16 ← 00
          lsr    r19             1    S.c ← b16
          brne   BcdBidE         1/2  Überlauf bei bν = 1 für ein ν ≥ 17
          rol    r16             1    d7 ··· d0 ← 0000000b16
          st     Z,r16           2
          ldi    r16,16          1
BcdBid4:  rcall  Bcd6Mul2        3+   d ← 2 ⊠ d
          ld     r21,Z           2    r21 ← d7 ··· d1 0
          lsr    r21             1    r21 ← 0d7 ··· d1
          lsl    r17             1    S.c ← bν
          rol    r18             1
          rol    r21             1    r21 ← d7 ··· d1 bν
          st     Z,r21           2    Unteres Byte von d zurückschreiben
          dec    r16             1
          brne   BcdBid4         1/2
          ldd    r21,Z+2         2    Oberes Byte von d laden
          cpi    r21,9           1    Oberes Bitquartett nicht 0?
          brsh   BcdBidE         1/2  Ja: Überlauf, Fehlerrücksprung
```

```
36             or     r21,r20         1    Vorzeichen einfügen
37             std    Z+2,r21         2    Oberes Byte von 𝔡 zurückschreiben
38             clv                    1    Fehlerlos: Überlaufbit löschen
39  BcdBid6:   pop3   r21,r20,r19     3×2
40             pop3   r18,r17,r16     3×2
41             ret                    4
42  BcdBidE:   sev                    1    Fehler: Überlaufbit setzen
43             rjmp   BcdBid6         2    Fehlerrücksprung
```

Nachdem das Dreifachregister $\mathbf{r_{19:18:17}}$ mit $\mathfrak{b}$ geladen wurde, wird in Zeile *8* getestet, ob $\mathfrak{b}$ negativ ist. Ist das der Fall, ist also das Vorzeichenbit von $\mathbf{r_{19}}$ gesetzt, so wird $\mathfrak{b}$ negiert, anschließend wird in Zeile *16* Register $\mathbf{r_{20}}$ mit dem für das $\mathbb{D}_5^\star$-Format passenden Vorzeichen geladen.
Nun wird $\mathfrak{d}$ nicht mit $\mathtt{o}\cdots\mathtt{o}$ initialisiert, wie es im Algorithmus vorgesehen ist, sondern mit $\mathtt{o}\cdots\mathtt{o}\mathfrak{b}_{16}$. Auf diese Weise werden die Initialisierung und der erste Iterationsschritt miteinander kombiniert. Zuerst werden in den Zeilen *17–18* das obere und das mittlere Byte von $\mathfrak{d}$ mit **00** belegt. Das Bit $\mathfrak{b}_{16}$ ist das untere Bit von $\mathbf{r_{19}}$, es wird in Zeile *18* aus $\mathbf{r_{19}}$ hinausgeshiftet und in Zeile *21* in $\mathbf{r_{16}}$ von rechts hineingeshiftet, so das Byte $\mathtt{ooooooo}\mathfrak{b}_{16}$ bildend, das in Zeile *22* in das untere Byte von $\mathfrak{d}$ geschrieben wird. Falls $\mathbf{r_{19}}$ bei dem Rechtsshift in Zeile *19* nicht gelöscht wird, gilt $|\mathbb{G}_{24}(\mathfrak{b})| \geq 2^{17} > 99999$, es wird dann in Zeile *20* in die Zeile *42* gesprungen, in der das Überlaufbit zur Fehlerkennung gesetzt wird, bevor in das rufende Programm zurückgesprungen wird.
In den Zeilen *23–32* werden die restlichen 16 Schritte des Algorithmus ausgeführt, sie entspricht den Zeilen *16–27* des Unterprogramms `Bcd6BinD`.
Nach der Berechnung von $\mathfrak{d}$ wird in Zeile *33* das obere Byte von $\mathfrak{d}$ geladen. Enthält das Byte keine Null im oberen Bitquartett, ist ein Überlauf eingetreten. Diese Bedingung wird in Zeile *34* geprüft, denn der größte Wert, den das Byte annehmen darf, ist **09**. Ist die Bedingung erfüllt, wird in die Zeile *42* zum Fehlerrücksprung verzweigt. Andernfalls wird in Zeile *36* das Vorzeichen der Zahl eingefügt, bevor das Byte in das obere Byte von $\mathfrak{d}$ zurückgeschrieben wird. Vor dem Rücksprung wird noch das Überlaufbit gelöscht, um anzuzeigen, dass kein Fehler aufgetreten ist.

Für die Unterprogramme dieses Abschnitts gilt das am Schluss des vorigen Abschnitts Gesagte ebenfalls.

6.10.3. $\mathbb{D}_5^\star$ zu Text

Die Umwandlung einer Zahl im $\mathbb{D}_5^\star$-Format in eine Zeichenkette gestaltet sich etwas einfacher als die Umwandlung einer Binärzahl in eine Zeichenkette. Die Dezimalziffern sind lediglich zu isolieren und in der richtigen Reihenfolge als ASCII-Ziffern auszugeben. Eine erste noch rohe Umwandlung einer $\mathbb{D}_5^\star$-Zahl in eine Kette von ASCII-Ziffern leistet das folgende Unterprogramm.

Unterprogramm BcdDinT

Aus einer Zahl $\mathfrak{d}$ im $\mathbb{D}_5^\star$-Format wird eine die Dezimalentwicklung von $\mathfrak{d}$ darstellende Zeichenkette konstruiert.

Input

Y Die Adresse einer Zahl $\mathfrak{d}$ im $\mathbb{D}_5^\star$-Format
Z Die Adresse γ eines Speicherblocks zur Aufnahme der Zeichenkette

Der Speicherblock für das Ergebnis muss mindestens 7 Bytes aufnehmen können. Nach dem Aufruf des Unterprogramms ist der Speicherblock so belegt, wie es in Bild 6.6 gezeigt ist. `BcdDinT` gibt also ein Längenbyte aus, eventuell gefolgt von einem Vorzeichen, gefolgt von maximal fünf ASCII-Ziffern.

```
BcdDinT:  push4  r16,r17,r18,r19   4×2
```

Die Dezimalziffern von $\mathfrak{d}$ werden isoliert und in den Stapel gebracht. Die Einer und Zehner.

```
          ld     r16,Y             2     r16 ← 16d1 + d0
          mov    r17,r16           1     r17 ← 16d1 + d0
          andi   r16,0x0F          1     r16 ← d0
          push   r16               2     d0 ⇑
          swap   r17               1     r17 ← d1
          andi   r17,0x0F          1
          push   r17               2     d1 ⇑
```

Die Hunderter und die Tausender.

```
          ldd    r16,Y+1           2     r16 ← 16d3 + d2
          mov    r17,r16           1     r17 ← 16d3 + d2
          andi   r16,0x0F          1     r16 ← d2
          push   r16               2     d2 ⇑
          swap   r17               1     r17 ← d3
          andi   r17,0x0F          1
          push   r17               2     d3 ⇑
```

Die Zehntausender. Aufbewahrung des Vorzeichens

```
          ldd    r16,Y+2           2     r16 ← 128v + d4
          mov    r17,r16           1     r16 ← 128v + d4
          andi   r16,0x0F          1     r16 ← d4
          ldi    r18,5             1     s ← 5
          rjmp   BcdDit06          2
```

Die Ziffern werden zurückgeholt. Führende Nullen werden übersprungen

```
BcdDit05: pop    r16               2     ⇓ d(s-1)
BcdDit06: tst    r16               1     d(s-1) = 0?
          brne   BcdDit10          1/2   Nein: führende Nullen übersprungen
          dec    r18               1     s ← s − 1
          brne   BcdDit05          1/2   Falls s > 0 zum nächsten Test
```

Es ist $\mathbb{D}_5^{\pm}(\mathfrak{d}) = 0$. Ausgabe der Zeichenkette "0"

```
          ldi    r16,1             1     Längenbyte für „0“
          st     Z,r16             2
          ldi    r16,'0'           1     "0"
          std    Z+1,r16           2
          rjmp   BcdDit20          2     Zurück
```

Berechnung und Ausgabe der Zeichenkettenlänge

```
BcdDit10: rol    r17               1     S.c ← v
          clr    r17               1     r17 ← 00
          rol    r17               1     r17 ← v
          mov    r19,r18           1     r19 ← v + s
          add    r19,r17           1
          st     Z+,r19            2     Längenbyte mit v + s ausgeben
          tst    r17               1     v = 0?
          breq   BcdDit16          1/2   Ja: Kein Vorzeichen ausgeben
```

Ausgabe eines Minuszeichens

```
          ldi    r17,'-'           1     Minuszeichen ausgeben
```

```
40              st      Z+,r17              2
41              rjmp    BcdDit16            2
        Ausgabe der signifikanten Dezimalziffern
42  BcdDit15:   pop     r16                 2    ⇓ d_i
43  BcdDit16:   ori     r16,0x30            1    Erzeuge ASCII-Ziffer
44              st      Z+,r16              2    Ausgabe
45              dec     r18                 1    i ← i − 1
46              brne    BcdDit15            1/2  Falls i > 0 nächste Ziffer ausgeben
        Restauration des Anfangswertes von X
47              inc     r19                 1    Z durch Subtraktion von v + s + 1 restaurieren
48              sub     r30,r19             1
49              sbc     r31,r18             1
50  BcdDit20:   pop4    r19,r18,r17,r16     4×2
51              ret                         4
```

Das Unterprogramm isoliert die Dezimalziffern von $\mathfrak{d}$, mit den Einern beginnend, und schreibt die Ziffern in den Stapel. Anschließend liest es die Dezimalziffern zurück. Solange es Nullen liest, werden diese ignoriert. Wird die erste von Null verschiedene Dezimalziffer aus dem Stapel geholt, wird das Längenbyte in den Speicherblock geschrieben, eventuell gefolgt von einem negativen Vorzeichen, gefolgt von der Dezimalziffer aus dem Stapel. Danach werden auch die übrigen Dezimalziffern aus dem Stapel entfernt und in den Speicherblock kopiert.

Es beginnt also damit, dass in den Zeilen *2–3* das Byte $16d_1 + d_0$ mit den Einern d_0 und Zehnern d_1 von $\mathfrak{d}$ in die Register $\mathbf{r}_{16}$ und $\mathbf{r}_{17}$ gelesen wird. In Zeilen *4–5* werden die Einer isoliert und in den Stapel geschrieben, danach werden in den Zeilen *6–8* die Zehner isoliert und in den Stapel gebracht. Gleiches

Abbildung 6.6.: Ein von `BcdDinT` belegter Speicherblock

6	'-'	'1'	'2'	'3'	'4'	'5'
γ	$\gamma+1$					$\gamma+6$

erfolgt für die Hunderter d_2 und Tausender d_3 in den Zeilen *9–15*. In Zeile *16* wird das obere Byte von $\mathfrak{b}$ in Register $\mathbf{r}_{16}$ geladen. Um das Vorzeichen zu erhalten, wird das Byte auch in Register $\mathbf{r}_{17}$ geladen. Anschließend wird die Zehntausenderziffer d_4 in $\mathbf{r}_{16}$ isoliert.

Die Schleife in den Zeilen *21–25* liest Dezimalziffern aus dem Stapel zurück, bis eine von Null verschiedene Ziffer erreicht ist oder bis fünf Nullen aus dem Stapel geholt wurden. Zu diesem Zweck wird der Schleifenzähler $\mathbf{r}_{18}$ in Zeile *19* mit 5 geladen. Zu Beginn eines Schleifendurchlaufs wird in Zeile *21* eine Dezimalziffer d aus dem Stapel in Register $\mathbf{r}_{16}$ geladen. Diese wird in der nächsten Zeile auf $d = 0$ getestet. Ist das der Fall, wird die Schleife verlassen und in die Zeile *31* gesprungen. Andernfalls wird der Schleifenzähler erniedrigt und es wird zum Anfang der Schleife gesprungen, wenn er noch nicht auf Null heruntergezählt wurde. Hat der Schleifenzähler jedoch den Wert Null erreicht, so gilt $\mathbb{D}_5^\star(\mathfrak{d}) = 0$, es wird folglich in den Zeilen *26–29* ein Zeichenkette in den Speicherblock ausgegeben, die nur die ASCII-Ziffer '0' enthält, bevor in das rufende Programm zurückgesprungen wird.

Es ist noch die Zeile *20* zu erläutern. Um die Schleife auf natürliche Weise in Zeile *21* zu betreten hätte die Zehntausenderziffer nach der Isolation in Zeile *18* in den Stapel gebracht werden müssen. Der Sprung in Zeile *20* in die zweite Zeile der Schleife vermeidet ein `push` und ein `pop`, statt vier werden also nur zwei Takte verbraucht.

Beim Verlassen der Schleife in Zeile *23* enthält der Schleifenzähler Register $\mathbf{r}_{18}$ die Anzahl s der signifikanten Dezimalziffern von d, also 5 vermindert um die Zahl der führenden Nullen. Die Zahl der noch im Stapel verbleibenden signifikanten Ziffern ist jedoch $s - 1$.

In Zeile *31* beginnt die Ausgabe der Zeichenkette. Die Anzahl der auszugebenden Zeichen ist bekannt, nämlich $v + s$, dabei ist $v = 0$ bei $\mathbb{D}_5^*(\mathfrak{d}) \geq 0$ und $v = 1$ bei $\mathbb{D}_5^*(\mathfrak{d}) < 0$. Die Zahl v kann auf konventionelle Weise mit Hilfe eines relativen Sprunges bestimmt werden, es geht aber auch rein rechnerisch wie folgt: Das Vorzeichen von $\mathfrak{d}$ wird in Zeile *31* aus Register $\mathbf{r_{17}}$ in das Übertragsbit geschoben, der Inhalt von $\mathbf{r_{17}}$ wird gelöscht und das Vorzeichen wird aus dem Übertragsbit von rechts in $\mathbf{r_{17}}$ hineingeschoben. Danach wird in den Zeilen *34–35* in Register $\mathbf{r_{19}}$ die Summe $v + s$ gebildet und in der nächsten Zeile in das Längenbyte geschrieben. Anschließend wird v getestet. Gilt $v = 1$, so wird in den Zeilen *39–40* ein negatives Vorzeichen ausgegeben.
Die Ausgabe der signifikanten Dezimalziffern erfolgt in der Schleife in den Zeilen *42–46*. Da der Stapel aber nur noch $s - 1$ der Ziffern enthält, kann die Schleife nicht direkt betreten werden, der anfängliche pop-Befehl muss beim Einstieg übersprungen werden. Die Schleife beginnt in der Zeile *42* damit, dass die nächste signifikante Dezimalziffer aus dem Stapel in Register $\mathbf{r_{16}}$ geladen wird. In der nächsten Zeile wird aus der Dezimalziffer eine ASCII-Ziffer gemacht, die dann in den Speicherblock kopiert wird.
Nach der Ausgabe wird das Register **Z** durch Subtraktion von $v + s + 1$ auf seinen Anfangswert zurückgesetzt.

Eine einfache Weiterverarbeitung der rohen Ausgabe besteht darin, den Text rechtsbündig in einem Feld der Breite b auszugeben. Falls nötig, wird auf der linken Seite mit Leerzeichen aufgefüllt. Ist das Feld zu schmal, um den gesamten Text auszugeben, wird (wie ehedem in FORTRAN) das Feld mit Sternchen ausgefüllt.

Unterprogramm BcdDinTR

Aus einer Zahl $\mathfrak{d}$ im $\mathbb{D}_5^*$-Format wird eine die Dezimalentwicklung von $\mathfrak{d}$ darstellende Zeichenkette konstruiert. Die Zeichenkette wird rechtsbündig in einen Speicherblock der Breite b abgelegt. Der Block wird links mit Leerzeichen aufgefüllt.

Input

- **Y** Die Adresse einer Zahl $\mathfrak{d}$ im $\mathbb{D}_5^*$-Format
- **Z** Die Adresse γ eines Speicherblocks von b Bytes zur Aufnahme der Zeichenkette
- $\mathbf{r_{16}}$ Die Feldbreite b

Enthält die aus $\mathfrak{d}$ erzeugte Zeichenkette mehr als b Zeichen, so wird der gesamte Speicherblock mit Sternchen beschrieben. Eine Warnung des rufenden Programms erfolgt nicht.
Das Unterprogramm belegt 19 Bytes im Stapel, die Rücksprungadresse eingerechnet.

```
BcdDinTR:  push3  r17,r18,r19   3×2
           push2  r30,r31       2×2
   Aufbau eines Zeichenkettenpuffers für BcdDinT im Stapel.
           in     r30,SPL       1
           in     r31,SPH       1
           sbiw   r31:r30,7     2
           cli                  1
           out    SPL,r30       1
           out    SPH,r31       1
           sei                  1
           adiw   r31:r30,1     2
   Aufbau der Zeichenkette und Berechnung der Leerzeichenanzahl ℓ = b − s.
           rcall  BcdDinT       3+
           ld     r17,Z+        2    r17 ← s
           mov    r18,r16       1    r18 ← ℓ = b − s
           sub    r18,r17       1
```

```
15              brcs   BcdDinTR4    1/2   Falls ℓ < 0, Sternchen ausgeben
16              breq   BcdDinTR2    1/2   Falls ℓ = 0, keine Leerzeichen ausgeben
    Ausgabe von ℓ Leerzeichen.
17              ldi    r19,' '      1
18  BcdDinTR1:  st     X+,r19       2
19              dec    r18          1
20              brne   BcdDinTR1    1/2
    Ausgabe der Zeichenkette.
21  BcdDinTR2:  ld     r19,Z+       2
22              st     X+,r19       2
23              dec    r17          1
24              brne   BcdDinTR2    1/2
    Entfernen des Zeichenkettenpuffers aus dem Stapel.
25  BcdDinTR3:  sub    r26,r16      1
26              sbc    r27,r17      1
27              in     r30,SPL      1
28              in     r31,SPH      1
29              adiw   r31:r30,7    2
30              cli                 1
31              out    SPL,r30      1
32              out    SPH,r31      1
33              sei                 1
34              pop2   r31,r30      2×2
35              pop3   r19,r18,r17  3×2
36              ret                 4
    Ausgabe von Sternchen bei zu schmalem Ausgabebereich.
37  BcdDinTR4:  mov    r17,r16      1
38              ldi    r19,'*'      1
39  BcdDinTR5:  st     X+,r19       2
40              dec    r17          1
41              brne   BcdDinTR5    1/2
42              rjmp   BcdDinTR3    2
```

Die Zeichenkette wird mit einem Aufruf von **BcdDinT** in Zeile *11* aufgebaut. Der dazu benötigte Speicherblock wird nur temporär gebraucht und deshalb im Stapel angelegt.[20] In Zeile *12* wird dann Register $\mathbf{r_{17}}$ mit der Länge s der erzeugten Zeichenkette geladen. Anschließend wird in den Zeilen *13–14* die Anzahl $\ell = b - s$ der Leerzeichen auf der linken Seite des Ausgabefeldes in Register $\mathbf{r_{18}}$ berechnet. Ist $\ell < 0$, so ist der Ausgabebereich zu schmal. Diese Bedinungung wird in Zeile *15* geprüft, ist sie erfüllt, so wird in die Zeile *39* zur Ausgabe der Sternchen gesprungen. Ist $\ell = 0$, und diese Bedingung wird in Zeile *16* getestet, so müsse keine Leerzeichen ausgegeben werden und es wird direkt zur Ausgabe der Zeichenkette in die Zeile *21* gesprungen. Bei $\ell > 0$ werden in den Zeilen *17–20* ℓ Leerzeichen in den Ausgabebereich geschrieben.
Nach der Ausgabe der Zeichenkette in den Zeilen *21–24* wird vor dem Rücksprung der Zeichenkettenpuffer aus dem Stapel entfernt

Diese doch recht primitive formatierte Textausgabe einer BCD-Zahl ist für den in einem späteren Band der Reihe geplanten Einsatz in einer kleinen Programmiersprache vollkommen ausreichend.

[20]Siehe dazu [Mss2] **A.4**.

6.10.4. Text zu $\mathbb{D}_5^\star$

Zur Vervollständigung der BCD-Arithmetik ist noch zu zeigen, wie aus einem eine Dezimalzahl repräsentierenden Text eine BCD-Zahl konstruiert werden kann. Das ist nicht allzu kompliziert, da es nur zwei zu unterscheidende Klassen von Objekten gibt, nämlich die Vorzeichen '+' und '-' und die Dezimalziffern '0' bis '9'. Und die Struktur einer Dezimalzahl ist simpel: Auf ein eventuelles Vorzeichen folgt eine Reihe von Dezimalziffern. Eine präzise Definition der Syntax einer Dezimalzahl etwa in BNF ist sicher überflüssig.

Damit das folgende Unterprogramm statt einer BCD-Zahl eine Binärzahl konstruiert, sind nur zwei Änderungen anzubringen. Erstens ist die Multiplikation mit 16 durch die Multiplikation mit 10 zu ersetzen und zweitens ist der Überlauftest zu ändern.

Unterprogramm BcdTinD

Aus einer Zeichenkette, welche eine Dezimalzahl d im Bereich $-99999 \leq d \leq 99999$ repräsentiert, wird eine BCD-Zahl $\mathfrak{d}$ im $\mathbb{D}_5^\star$-Format konstruiert.

Input

Z Die Adresse einer Zeichenkette (wie oben beschrieben)
r_{16} Die Länge der Zeichenkette
Y Die Adresse einer BCD-Zahl $\mathfrak{d}$ im $\mathbb{D}_5^\star$-Format

Die $\mathbb{D}_5^\star$-Zahl $\mathfrak{d}$ wird mit der konstruierten Zahl überschrieben.
Es sind zwei Fehler möglich, die dadurch angezeigt werden, dass bei der Rückkehr das Nullbit gesetzt ist: **S**.$\mathfrak{z}$ = 1. Enthält die Zeichenkette mehr als fünf signifikante Ziffern, so ist das Übertragsbit gesetzt, also **S**.$\mathfrak{c}$ = 1. Enthält die Zeichenkette ungültige Ziffern, so ist das Übertragsbit gelöscht: **S**.$\mathfrak{c}$ = 0.

```
BcdTinD: push4  r16,r17,r18,r19 4×2
         push4  r20,r21,r30,r31 4×2
         clr    r17             1    Annahme: kein Vorzeichen
         clr    r19             1    D5*-Zahl initialisieren
         clr    r20             1
         clr    r21             1
         rcall  BcdTidN         3+   Erstes Zeichen lesen
         cpi    r18,'+'         1    Ist es +?
         breq   BcdTid1         1/2  Ja: ignorieren
         cpi    r18,'-'         1    Ist es -?
         brne   BcdTid2         1/2
         ldi    r17,0b10000000  1    Ja: r17 mit D5*-Vorzeichen laden
BcdTid1: rcall  BcdTidN         3+   Nächstes Zeichen
BcdTid2: cpi    r18,'0'         1    Ist es ASCII-Null?
         breq   BcdTid1         1/2  Ja: nächstes Zeichen lesen
         rjmp   BcdTid4         2
BcdTid3: rcall  BcdTidN         3+   Nächstes Zeichen c lesen
         cpi    r18,'0'         1    Ist c < 0?
BcdTid4: brlo   BcdTid8         1/2  Ja: zur Prüfung auf Zeichenkettenende
         cpi    r18,'9'+1       1    Ist c > 9?
         brsh   BcdTid9         1/2  Ja: zum Fehlerrücksprung
         subi   r18,'0'         1    δ ← c
         lsl    r19             1    BCD-Multiplikation mit 10
         rol    r20             1
```

```
25             rol    r21                  1
26             lsl    r19                  1
27             rol    r20                  1
28             rol    r21                  1
29             lsl    r19                  1
30             rol    r20                  1
31             rol    r21                  1
32             lsl    r19                  1
33             rol    r20                  1
34             rol    r21                  1
35             or     r19,r18              1    δ einfügen
36             cpi    r21,0b00010000       1    Überlauf in den Vorzeichenbereich?
37             brlo   BcdTid3              1/2  Nein: zum nächsten Zeichen
38             sez                         1    Fehler!
39             sec                         1    Art: Überlauf
40             rjmp   BcdTid7              2    Zurück
41 BcdTid6:    or     r21,r17              1    Vorzeichen einfügen
42             st     Y,r19                2    Ausgabe
43             std    Y+1,r20              2
44             std    Y+2,r21              2
45             clz                         1    Kein Fehler
46 BcdTid7:    pop4   r31,r30,r21,r20      4×2
47             pop4   r19,r18,r17,r16      4×2
48             ret                         4
49 BcdTid8:    tst    r18                  1    c = 00, d.h. Zeichenkettenende?
50             breq   BcdTid6              1/2  Ja: zur Ausgabe
51 BcdTid9:    sez                         1    Fehler!
52             clc                         1    Art: ungültige Ziffer
53             rjmp   BcdTid7              2
54 BcdTidN:    tst    r16                  1    Am Zeichenkettenende?
55             breq   BcdTidN1             1/2  Ja: mit 00 zurück
56             ld     r18,Z+               2    Nächstes c auslesen
57             dec    r16                  1
58             ret                         4
59 BcdTidN1:   clr    r18                  1    c ← 00: Ende der Zeichenkette
60             ret                         4
```

Die $\mathbb{D}_5^\star$-Zahl wird im Dreifachregister $\mathbf{r_{21:20:19}}$ zusammengesetzt, das zu diesem Zweck in den Zeilen *4–6* mit **000000** vorbesetzt wird. Register $\mathbf{r_{17}}$ soll das eventuelle Vorzeichen aufnehmen und wird in Zeile *3* ebenfalls mit **00** vorbesetzt.

Die Zeichen der Zeichenkette werden der Reihe nach vom Unterprogramm `BcdTidN` in den Zeilen *54–60* ausgelesen und in Register $\mathbf{r_{18}}$ übergeben. Bei abgearbeiteter Zeichenkette wird **00** übergeben.

Der erste Aufruf dieses Unterprogramms erfolgt in Zeile *7*. Ist das erste gelesenen Zeichen ein '+', so wird es ignoriert und in Zeile *13* fortgefahren. Andernfalls wird in Zeile *10* geprüft, ob es ein Minuszeichen ist. Ist das der Fall, so wird Register $\mathbf{r_{17}}$ in Zeile *12* mit dem Minuszeichen einer $\mathbb{D}_5^\star$-Zahl geladen.

In den Zeilen *13–15* werden führende Nullen übersprungen.

Die Schleife zur Verarbeitung der signifikanten Ziffern beginnt in Zeile *17*, in welcher das nächste Zeichen

c der Zeichenkette eingelesen wird. Es muss nun getestet werden, ob eine ASCII-Ziffer vorliegt, ob also $\mathsf{0} \leq c \leq \mathsf{9}$ gilt. In Zeile *18* wird die Bedingung $c < \mathsf{0}$ getestet. Ist sie wahr, so ist c keine ASCII-Ziffer und es wird zur weiteren Behandlung in die Zeile *49* gesprungen. Denn bei $c < \mathsf{0}$ ist c zwar keine ASCII-Ziffer, aber es könnte $c = \mathbf{00}$ das Ende der Zeichenkette verkünden. Das wird in Zeile *49* geprüft. Trifft es zu, so wird zur Ausgabe der Zahl in die Zeile *41* gesprungen. Trifft es nicht zu, so wird das Nullbit gesetzt, um einen Fehler anzuzeigen, das Übertragsbit gelöscht, um die Art des Fehlers anzuzeigen und zurückgesprungen. Hat sich in Zeile *18* $c \geq \mathsf{0}$ herausgestellt, wird in Zeile *20* geprüft, ob c nicht über $\mathsf{9}$ hinausgeht. Gilt doch $c > \mathsf{9}$, oder, wie es getestet wird, $c \geq \mathsf{9} + 1$, so wird zur Fehlerbehandlung und Rückkehr in die Zeile *51* gesprungen ($c = \mathbf{00}$ ist hier ja nicht möglich). Nach dem Passieren beider Tests ist c also tatsächlich eine ASCII-Ziffer, aus der in Zeile *22* eine Dezimalziffer δ wird. Das Dreifachregister $\mathbf{r_{21:20:19}}$ wird nun viermal nach links geshiftet, was einer Multiplikation mit 16 gleichkommt und was einer BCD-Multiplikation mit 10 entspricht! Nach den Shifts wird δ in Zeile *35* in das unterste Bitquartett der BCD-Zahl kopiert. Nun kann die Multiplikation mit 16 einen Überlauf in den Vorzeichenbereich der $\mathbb{D}_5^{\star}$-Zahl verursacht haben, das wird in Zeile *36* geprüft. Ist das nicht der Fall, wird zurück an den Schleifenanfang in Zeile *17* gesprungen, um mit dem nächsten Zeichen fortzufahren. Bei einem Überlauf aber wird wieder das Nullbit gesetzt, um einen Fehler anzuzeigen, dann das Übertragsbit gesetzt, um einen Überlauf anzuzeigen, und zum Ausgang des Unterprogramms gesprungen.
Die Ausgabe der $\mathbb{D}_5^{\star}$-Zahl erfolgt in den Zeilen *42–44*, nachdem in Zeile *41* das Vorzeichen hineinkopiert wurde.

Das Unterprogramm wurde so geschrieben, dass es mit dem Fließkommaunterprogramm `FkaBin` ausgetauscht werden kann. Die Übergabeparameter entsprechen sich. Das gilt auch für die Fehlermeldung, aber natürlich nicht für die Fehlerinhalte.

6.11. Hinweise zur Festkommarechnung

Für das Rechnen mit einer festen Stellenzahl nach dem Dezimalkomma werden keine weiterern Hilfsmittel benötigt, die in diesem Kapitel bereitgestellten Mittel genügen völlig. Das liegt daran, dass Festkommarechnung eigentlich nur auf einer speziellen Interpretation von ganzen Zahlen beruht. Einer $\mathbb{D}_5^{\star}$-Zahl selbst ist nicht anzusehen, ob sie eine ganze Zahl oder eine Festkommazahl mit zwei Nachkommastellen repräsentiert. Um die Diskussion anschaulich zu machen, sei für diesen Abschnitt angenommen, dass jede Zahl im $\mathbb{D}_5^{\star}$-Format eine Festkommazahl mit zwei Nachkommastellen repräsentiert, sofern nicht ausdrücklich etwas anderes angegeben ist. So etwas wäre z.B. für einen Parkscheinautomaten geeignet, 12,34 wäre dann ein Geldbetrag, oder auch für eine Wetterstation, dann könnte 43,21 eine Windgeschwindigkeit bedeuten. Der große Vorteil von Dezimalrechnung in diesen Fällen, besonders wenn es um Geld geht, ist, dass sich keine Verfälschungen durch Zahlenumwandlungen einschleichen können. Müssen z.B. 0,3 und 0,7 so multipliziert werden, dass beide Zahlen erst in das Binärsystem zu transformieren sind, dann dort miteinander zu multiplizieren sind und das Produkt schließlich wieder in das Dezimalsystem rückzuübertragen ist, so wird als Ergebnis wohl nicht 0,21 herauskommen, da die Dezimalzahl 0,3 die unendliche Binärentwicklung $0{,}01\overline{0111001100110}$ besitzt, und ähnliches gilt auch für 0,7. Bei einem Fahrkartenautomaten etwa ist deshalb Dezimalarithmetik eigentlich Pflicht, wie ineffektiv Dezimalarithmetik auch immer sein mag.

Wenn fünf Dezimalziffern nicht ausreichen und die Unterprogramme nicht geändert werden sollen, kann man eine größere Stellenzahl durch eine Kombination einer $\mathbb{D}_6$-Zahl für die unteren sechs mit einer $\mathbb{D}_5^{\star}$-Zahl für die oberen fünf Dezimalziffern und das Vorzeichen erlangen. Die Unterprogramme für das Rechnen mit $\mathbb{D}_6$-Zahlen sind so realisiert dass diese Kombination ziemlich leicht zu realisieren ist.

Wie schon gesagt ist Festkommarechnung eigentlich nur eine Attitüde, es gibt aber ein paar Regeln, die zu beachten sind. Hier sind einige Hinweise.

Addition und Subtraktion Addieren und Subtrahieren verändert die Stellung des Kommas nicht. Von der Gefahr des Zahlenüberlaufs einmal abgesehen kann uneingeschränkt addiert und subtrahiert werden.

Multiplikation Haben die beiden Multiplikanden zwei Nachkommastellen, so hat das Produkt deren vier. Produkte müssen dann und wann berechnet werden. Zwar werden keine Geldbeträge miteinander multipliziert, um aber z.B. einen Rabatt von 11 Prozent auf einen Betrag von 12,34 Euro auszurechnen, muss das Produkt 12,34 × 0,11 berechnet werden. Da hilft nur korrektes Runden.

Division Um Verhältniszahlen zu berechnen muss dividiert werden. Soll z.B. das Verhältnis der beiden Festkommazahlen 10,23 und 3,45 bestimmt werden, so geht man wie folgt vor:
Man berechnet mit `BcdDiv` den Quotienten und den Teilerrest für $\frac{1023}{345}$, also $1023 = 2 \times 345 + 333$. Der Quotient 2 ist dann der ganzzahlige Teil des Verhältnisses, d.h. das Verhältnis ist 2,....
Um zwei Nachkommastellen zu erhalten, berechnet man dann mit `BcdDiv` den Quotienten und den Teilerrest für

$$\frac{100 \times 333}{345},$$

also $100 \times 333 = 96 \times 345 + 18$. Der Quotient gibt die beiden Nachkommastellen, d.h. das Verhältnis ist mit zwei Nachkommastellen 2,96.
Benötigt man eine weitere Nachkommastelle, um zu runden, wiederholt man das Verfahren für

$$\frac{10 \times 18}{345},$$

oder man berechnet gleich drei Nachkommastellen aus

$$\frac{1000 \times 333}{345},$$

sofern das Zahlenformat es erlaubt.

7. Die Implementierung komplexer Schlussregeln mit Produktionssystemen

Manche Programme haben als Teil ihrer Aufgabe Entscheidungen zu treffen, die von einer Vielzahl von Bedingungen abhängen. Wenn diese Bedingungen noch selbst voneinander abhängig sind, kann es Schwierigkeiten bereiten, den Entscheidungsprozess mit konventionellen Programmiermitteln zu realisieren. Lässt sich die Interdependenz der Bedingungen aber durch ein System von Schlussregeln beschreiben, so kann das Problem mit einem Produktionssystem gelöst werden.

Eine Produktion enthält eine Folge von Bedingungen D_i (*con<u>d</u>itio*), die mit logischen Operatoren verknüpft sind, und eine Schlussfolgerung C (*con<u>c</u>lusio*), welche sie „produziert", wenn der mit den D_i gebildete logische Ausdruck wahr ist. So ist z.B.

$$D_0 \vee (D_1 \wedge \neg D_2) \implies C$$

eine Produktion, welche den Schluss C produziert, wenn D_0 wahr ist oder aber D_1 zwar wahr, D_2 jedoch nicht wahr ist.

Was eine Bedingung ist und was es bedeutet, dass eine Bedingung wahr oder falsch ist, ist nicht festgelegt. Es gibt viele Möglichkeiten der Realisierung. Oft ist eine Bedingung eine Aussage über ein Objekt, etwa einen Gegenstand oder eine Person, und Wahrheit bedeutet das Vorhandensein eines gewissen Attributes oder einer gewissen Eigenschaft.

Ein Produktionssystem, das Hilfestellung bei der Auswahl eines AVR-Mikrocontrollers leisten soll, könnte z.B. die Bedingung mindestens 1kByte RAM verwenden, die wahr ist, wenn der Benutzer des Programms dieses Verlangen geäußert hat. Eine Produktion mit dieser Bedingung als Prämisse könnte etwa so lauten:

$$\text{mindestens 1kByte RAM} \implies \text{ATmega}$$

Wird der Schluss ATmega produziert, kann er als wahre Bedingung auf der linken Seite von Produktionen verwendet werden.

Zu einem Produktionssystem gehört der *Kontext*, eine Liste von wahren Bedingungen, die anfangs nur die *a priori* wahren Bedingungen $D_{-p}, \ldots, D_{-1}$ enthält:

$$\mathcal{K} = (D_{-1}, D_{-2}, \ldots, D_{-p})$$

Jeder von einer Produktion erzeugte Schluss C wird als wahre Bedingung an den Anfang des Kontexts gesetzt, der erste Schluss als D_0, also

$$\mathcal{K} = (D_0, D_{-1}, D_{-2}, \ldots, D_{-p}),$$

der nächste produzierte Schluss als D_1

$$\mathcal{K} = (D_1, D_0, D_{-1}, D_{-2}, \ldots, D_{-p}),$$

usw. Der letzte produzierte Schluss D_n sollte ein brauchbares Ergebnis darstellen. Das ist natürlich nicht garantiert, denn ein Produktionssystem ist nur so gut, wie seine Produktionen es erlauben und gute Produktionen zusammenzustellen ist keine ganz triviale Angelegenheit! Jedenfalls lässt sich bei einem brauchbaren Ergebnis mit der Folge $D_0, \ldots, D_{n-1}$ nachvollziehen, über welche Schlusskette das Ergebnis D_n erreicht wurde.

Ein Produktionssystem verwendet auch eine Liste von Schlüssen, die Trefferliste $\mathcal{T}$. Eine Trefferliste ist allerdings nicht zwingend.

Ein Produktionssystem mit den Produktionen $\boldsymbol{P}_1$ bis $\boldsymbol{P}_q$, dem Kontext $\mathcal{K}$ und der Trefferliste $\mathcal{T}$ arbeitet nun wie folgt:

A: Der Kontext wird geleert, dann werden die *a priori* wahren Bedingungen eingefügt.

$$\mathcal{K} = (D_{-1}, D_{-2}, \ldots, D_{-p})$$

B: Die Trefferliste wird geleert: $\mathcal{T} = (\ )$

C: Die Produktionen $\boldsymbol{P}_1$ bis $\boldsymbol{P}_q$ werden der Reihe nach besucht und zum Produzieren angeregt. Die einzigen wahren Bedingungen sind dabei die Bedingungen im Kontext. Wird tatsächlich ein Schluss C erzeugt, so wird dieser in die Trefferliste eingefügt, sofern er noch nicht im Kontext enthalten ist:

$$\mathcal{T} = (C, \ldots)$$

D: Ist nach dem Besuch der $\boldsymbol{P}_1$ bis $\boldsymbol{P}_q$ die Trefferliste leer, so ist das Produktionsverfahren beendet. Ist die Trefferliste jedoch nicht leer, so wird ein Schluss C aus der Trefferliste ausgewählt und in den Kontext eingetragen:

$$\mathcal{K} = (C, \ldots, D_{-1}, D_{-2}, \ldots, D_{-p})$$

Anschließend wird mit **B** fortgefahren.

Das Verfahren soll mit den folgenden vier einfachen Produktionen einmal durchgespielt werden:

$$\begin{aligned}
\boldsymbol{P}_1 &: \quad D_a \Longrightarrow D_b \\
\boldsymbol{P}_2 &: \quad D_b \land D_c \Longrightarrow D_d \\
\boldsymbol{P}_3 &: \quad D_e \lor D_a \Longrightarrow D_c \\
\boldsymbol{P}_4 &: \quad \neg D_d \Longrightarrow D_a
\end{aligned}$$

Die einzige wahre Bedingung a priori sei D_a, damit ist der Kontext nach **A**: gegeben durch $\mathcal{K} = (D_a)$. Es beginnt der erste Durchgang in **B**:, die Trefferliste wird geleert: $\mathcal{T} = (\ )$. Die Auswertung der linken Seite von $\boldsymbol{P}_1$ ist einfach: da D_a im Kontext und also wahr ist, wird D_b produziert und in die Trefferliste eingetragen: $\mathcal{T} = (D_b)$. Die Prämisse, die linke Seite, der folgenden Produktion $\boldsymbol{P}_2$ enthält keine wahren Bedingungen, es wird also nicht produziert. Damit die linke Seite der dritten Produktion $\boldsymbol{P}_3$ wahr ist, genügt es, dass eine der beiden Bedingungen D_e oder D_a wahr sind. Da D_a im Kontext und damit wahr ist, wird folglich D_c produziert mit der neuen Trefferliste $\mathcal{T} = (D_c, D_b)$. Die Prämisse der letzten Produktion $\boldsymbol{P}_4$ enthält die Verneinung von D_d, die wahr ist, weil D_d nicht im Kontext und folglich falsch ist, weshalb D_a produziert wird. Da aber der Kontext D_a schon enthält, wird diese Produktion ignoriert. Es ist nun ein Schluss aus der Trefferliste auszuwählen und in den Kontext einzuführen. Hier soll es der zuletzt in die Liste eingebrachte Schluss sein, also D_c. Das ergibt den Kontext $\mathcal{K} = (D_c, D_a)$.

Es beginnt nun ein neuer Durchgang in **B**: mit dem Löschen der Trefferliste. $\boldsymbol{P}_1$ produziert D_b, und da die Produktion noch nicht im Kontext ist, kommt sie in die Trefferliste: $\mathcal{T} = (D_b)$.

$\boldsymbol{P}_2$ kann nicht produzieren, da D_b nicht im Kontext und daher nicht wahr ist. $\boldsymbol{P}_3$ kann zwar produzieren, doch ist die Produktion D_c schon im Kontext und wird ignoriert. Die Produktion von $\boldsymbol{P}_4$ wird auch im zweiten Durchgang ignoriert. Da die Trefferliste $\mathcal{T} = (D_b)$ nach dem Durchgang nur einen Schluss enthält, entfällt jede Wahl, der einzige Schluss wird in den Kontext eingefügt: $\mathcal{K} = (D_b, D_c, D_a)$.

Da die Trefferliste nicht leer war, erfolgt ein weiterer Durchgang. $\boldsymbol{P}_1$ produziert, aber die Produktion wird in diesem Durchgang ignoriert. $\boldsymbol{P}_2$ kann in diesem Durchgang produzieren, und da die Produktion D_d noch nicht im Kontext ist, gelangt sie in die Trefferliste: $\mathcal{T} = (D_d)$. Die Produktion von $\boldsymbol{P}_3$ wird ignoriert, ebenso die Produktion von $\boldsymbol{P}_4$. Die Trefferliste enthält nach dem Durchgang wieder nur ein Element, das in den Kontext eingefügt wird: $\mathcal{K} = (D_d, D_b, D_c, D_a)$.

Es beginnt ein weiterer Durchgang. Die Produktionen von $\boldsymbol{P}_1$, $\boldsymbol{P}_2$ und $\boldsymbol{P}_3$ werden aber ignoriert, und $\boldsymbol{P}_4$ kann nicht mehr produzieren, da D_d nun im Kontext und damit wahr, $\neg D_d$ also falsch ist. Der Durchgang endet mit einer leeren Trefferliste, damit ist das ganze Verfahren beendet.

Von der Auswertung der Produktionsprämissen einmal abgesehen ist es offensichtlich nicht schwer, ein Produktionssystem zu realisieren. Man kann es sich z.B. ganz einfach machen und Bedingungen und Schlüsse als Zeichenketten behandeln, solches Vorgehen ist bei Einsatz eines 8-Bit-Prozessors jedoch nicht angeraten, da ihr Einsatz viel Speicherplatz und viel Rechenzeit erfordert. Für das Produktionssystem sind die Bedeutungen der Bedingungen auch ohne Bedeutung, es zählen nur Wahrheit oder Falschheit. Es ist deshalb möglich, die Bedingungen einfach durch Zahlen zu repräsentieren. Wird z.B. in der obigen Bedingungsfolge die Zuordnung $D_a \leftrightarrow 1$, $D_b \leftrightarrow 2$ usw. bis $D_e \leftrightarrow 5$ vorgenommen, erhält man das System

$$\boldsymbol{P}_1 : \quad \mathbf{1} \Longrightarrow \mathbf{2} \tag{7.1}$$

$$\boldsymbol{P}_2 : \quad \mathbf{2} \wedge \mathbf{3} \Longrightarrow \mathbf{4} \tag{7.2}$$

$$\boldsymbol{P}_3 : \quad \mathbf{5} \vee \mathbf{1} \Longrightarrow \mathbf{3} \tag{7.3}$$

$$\boldsymbol{P}_4 : \quad \neg\mathbf{4} \Longrightarrow \mathbf{1} \tag{7.4}$$

Mit Zahlen, insbesondere mit 8-Bit-Zahlen, kann sehr viel effizienter umgegangen werden als mit Zeichenketten. So ist es beispielsweise möglich, bei der Prüfung, ob sich eine Bedingung im Kontext befindet, ohne Suchen auszukommen.

Es ist noch zu klären, wie der Wahrheitswert der Prämisse, d.h. der linken Seite einer Produktion berechnet werden kann. Da die Fähigkeiten eines Produktionssystems mit zunehmenden Ausdrucksmöglichkeiten seiner Prämissen ansteigen, sollten zumindest die drei logischen Grundoperatoren $\neg$ (nicht), $\vee$ (oder) und $\wedge$ (und) erlaubt sein, mit beliebiger Zusammenfassung von Teilausdrücken durch Klammern. Solche Ausdrücke können natürlich direkt ausgewertet werden, aber nur mit einigem Aufwand. Insbesondere ist wegen der erlaubten Klammerung von Teilausdrücken irgendeine Version von Rekursion nötig. Nun können aber die logischen Ausdrücke der Prämissen eine die Verarbeitung erleichternde Vorbearbeitung erfahren, bevor sie dem Produktionssystem übergeben werden. Eine solche Vorbearbeitung müsste nur einmal für jede Produktionsfolge durchgeführt werden. Sie kann darin bestehen, die bisher implizit benutzte *infix*-Notation logischer Ausdrücke in die *postfix*-Notation[1] zu transformieren, deren Wert leicht berechnet werden kann.

Für die Zwecke dieses Kapitels ist die *infix*-Notation (IN) von Prämissen wie folgt definiert:

[1]Diese Notation hat viele Namen, z.B. umgekehrte Polnische Notation, aber auch klammerfreie Notation.

- Jede Bedingung D ist ein logischer Ausdruck in IN.
- Ist X ein logischer Ausdruck in IN, dann auch (X).
- Ist X ein logischer Ausdruck in IN, dann auch $\neg X$.
- Sind X und Y logische Ausdrücke in IN, dann ist auch $X \vee Y$ ein logischer Ausdruck in IN.
- Sind X und Y logische Ausdrücke in IN, dann ist auch $X \wedge Y$ ein logischer Ausdruck in IN.

Man kann dieses (rekursive) Definitionsschema direkt zur Auswertung von logischen Ausdrücken in IN benutzen. Logische Ausdrücke können jedoch weitaus einfacher in der *postfix*-Notation (PN) ausgewertet werden, die wie folgt definiert ist:

- Jede Bedingung D ist ein logischer Ausdruck in PN.
- Ist X ein logischer Ausdruck in PN, dann auch $X\neg$.
- Sind X und Y logische Ausdrücke in PN, dann ist auch $XY\vee$ ein logischer Ausdruck in PN.
- Sind X und Y logische Ausdrücke in PN, dann ist auch $XY\wedge$ ein logischer Ausdruck in PN.

Bei Ausdrücken in IN stehen die binären Operatoren also zwischen ihren Operanden, und die unären Operatoren stehen vor ihrem Operanden. Bei Ausdrücken in PN dagegen stehen die binären und unären Operatoren hinter ihren Operanden. Eine Gegenüberstellung einiger Ausdrücke ist in Tabelle 7.1 zu finden.

Tabelle 7.1.: Beispiele für *infix* und *postfix*

infix	*postfix*
$\neg D$	$D\neg$
$D_1 \vee \neg D_2$	$D_1 D_2 \neg \vee$
$D_1 \wedge (\neg D_2 \vee D_3)$	$D_1 D_2 \neg D_3 \vee \wedge$

Ein Ausdruck in PN ist mit einem Stapel $\boldsymbol{S}$ sehr leicht auszuwerten. Der Ausdruck wird von links nach rechts durchlaufen. Ist das laufende Objekt eine Bedingung, so wird der Wahrheitswert der Bedingung zum neuen *ToS* (*Top of Stack*). Ist das laufende Objekt ein unärer Operator, so wird der Operator auf den *ToS* angewendet und der *ToS* wird durch das Ergebnis ersetzt. Und ist schließlich das laufende Objekt ein binärer Operator, so wird der Operator auf *ToS* und *NoS* (*Next of Stack*) angewandt und *ToS* und *NoS* werden durch das Ergebnis ersetzt.

Um beispielsweise den Ausdruck

$$D_1 D_2 \neg D_3 \wedge \vee$$

mit den Wahrheitswerten $\boldsymbol{W}(D_1) = \boldsymbol{t}$ (*true*), $\boldsymbol{W}(D_2) = \boldsymbol{f}$ (*false*) und $\boldsymbol{W}(D_3) = \boldsymbol{f}$ zu berechnen, wird zunächst der Wahrheitswert von D_1, dann der von D_2 in den Stapel gebracht, der von rechts nach links wachsen soll:

$$\boldsymbol{S} = (\boldsymbol{f}, \boldsymbol{t})$$

Das nächste Objekt ist der unäre Operator $\neg$, der auf *ToS* angewandt wird:

$$\boldsymbol{S} = (\boldsymbol{t}, \boldsymbol{t})$$

Es folgt im Ausdruck die Bedingung D_3, deren Wahrheitwert zum *ToS* wird:

$$\boldsymbol{S} = (\boldsymbol{f}, \boldsymbol{t}, \boldsymbol{t})$$

Der Ausdruck enthält als nächstes den binären Operator $\wedge$, der auf *ToS* und *NoS* angewandt wird, mit dem Ergebnis

$$\boldsymbol{S} = (\boldsymbol{f}, \boldsymbol{t})$$

Das Schlussobjekt des Ausdrucks ist der binäre Operator $\vee$, der, auf *ToS* und *NoS* angewandt den Gesamtwahrheitswert des Ausdrucks ergibt:

$$\boldsymbol{S} = (\boldsymbol{t})$$

Dem Unterprogramm, welches das Produktionssystem realisiert, muss also die Prämisse der Produktionen in PN angeboten werden. Wie man in IN gegebene Prämissen in PN überführt, wird hier nicht gezeigt. Einfach aufgebaute Prämissen können mit Papier und Bleistift übertragen werden, für komplexe Prämissen oder auch für eine Vielzahl von Produktionen wird bei Bedarf ein Programm bereitgestellt.

Bedingungen und Schlüsse werden mit den Bytes **00** bis **FB** (0 bis 251) verschlüsselt. Mit **FC** wird der Operator $\vee$, mit **FD** der Operator $\wedge$ und mit **FE** der Negationsoperator $\neg$ verschlüsselt. Mit dem Byte **FF** wird das Ende einer Prämisse angezeigt. Eine Produktion beginnt mit ihrem Schluss, also mit **00** bis **FB**. Es folgt die Prämisse in PN, die vom Byte **FF** abgeschlossen wird.

Tabelle 7.2.: Die Verschlüsselung von Operatoren

FC	$\vee$
FD	$\wedge$
FE	$\neg$
FF	Ende

Die Erwartung ist, dass die Produktionen selten ausgewechselt werden müssen, von der Erprobungsphase einmal abgesehen. Die Produktionen werden deshalb nicht bei jedem Aufruf des Produktionssystems übergeben, sondern mit einem eigenen kleinen Unterprogramm.

Unterprogramm PrdIni

Für eine Reihe von Aufrufen des Unterprogramms `PrdSystem` wird die zu verwendende Folge von Produktionen festgelegt. Das geschieht durch Übergabe der Adresse der ersten Produktion und der Anzahl der Produktionen.

Input

$\mathbf{r}_{17:16}$ Die Adresse π der ersten Produktion einer Folge von Produktionen

$\mathbf{r}_{19:18}$ Die Anzahl q der Produktionen

Dieses Unterprogramm **muss** vor dem ersten Aufruf von `PrdSystem` aufgerufen werden.

```
PrdIni:    push2  r30,r31                2x2
           ldi    r30,LOW(wnprdPrd)      1
           ldi    r31,HIGH(wnprdPrd)     1
           st     Z,r18                  2
           std    Z+1,r19                2
           std    Z+2,r16                2
           std    Z+3,r17                2
           pop2   r31,r30                2x2
           ret                           4
```

π und q werden einfach an die entsprechende Stelle der von `PrdSystem` verwendeten Datenstruktur kopiert. Diese Struktur wird in den Erläuterungen zu `PrdSystem` beschrieben.

Das folgende Unterprogramm zur Realisierung eines Produktionssystems ist erstaunlich kurz geraten. Das ist hauptsächlich darin begründet, dass die Bedingungen als 8-Bit-Zahlen verschlüsselt werden. Die Wahl von PN statt IN trägt auch ihren Teil bei.

Unterprogramm PrdSystem

Es wird ein Produktionssystem realisiert, wie es oben beschrieben wurde. Grundlage ist die an das Unterprogramm `PrdIni` übergebene Folge von Produktionen. Dem Unterprogramm selbst muss die Liste der anfänglich für den Produktionslauf wahren Bedingungen übergeben werden.

Input

- $\mathbf{r}_{17:16}$ Die Adresse β der ersten *a priori* wahren Bedingung für den Kontext
- $\mathbf{r}_{18}$ Die Anzahl p dieser Bedingungen

Output

- $\mathbf{r}_{15}$ Bei gelöschtem Nullbit der letzte produzierte Schluss

Ist bei der Rückkehr das Nullbit gesetzt, $\mathbf{S}._{3} = 1$, so konnte kein Schluss produziert werden. Andernfalls enthält $\mathbf{r}_{15}$ den letzten produzierten Schluss. Alle Schlüsse sind über die Kontexttabelle zugänglich, die am Anfang die übergebenen wahren Bedingungen enthält, gefolgt von den Schlüssen in der Reihenfolge ihrer Produktion.

Die Verschlüsselungen von Endemarke, logischen Operatoren und Wahrheitswerten

```
            .equ   OPE = 255      Prämissenende
            .equ   OPN = 254      ¬ Negation
            .equ   OPA = 253      ∧ UND
            .equ   OPO = 252      ∨ ODER
            .equ   ORF = 0x00     f false
            .equ   ORT = 0xFF     t true
            .dseg
```

`aPrdKtx` ist so zu wählen, dass die Tabellen auf Adressen der Form **XX00** zu liegen kommen

```
            .org   aPrdKtx
```

Festlegen der Größe des Hilfsstapels.

```
            .equ   nbPrdStp = 64
```

Es wird Platz für die Tabellen, Listen, Variablen und den Hilfsstapel bereitgestellt

```
vcocPrdTrf:.byte   256            Die Trefferliste T
vcocPrdLst:.byte   256            Die Kontextliste K
vcocPrdTab:.byte   256            Die Kontexttabelle S
bncocPrdKx:.byte   1              Die Anzahl k der Schlüsse in K
bncodPrdKx:.byte   1              Die Anzahl p der wahren Anfangsbedingungen
wnprdPrd:  .byte   2              Die Anzahl q der Produktionen
pprdPrd1st:.byte   2              Die Adresse π der ersten Produktion
vbPrdStp:  .byte   nbPrdStp       Der Hilfsstapel
vbPrdStS:                         Startwert des Stapelregisters
            .cseg
```

Das Unterprogramm `PrdLogExp` zur Auswertung einer Produktion. Register **X** hat die Startadresse φ der Produktion zu enthalten, **Y** muss die erste Adresse oberhalb des *ToS* und $\mathbf{r}_{31}$ das obere Byte der Adresse der Kontexttabelle enthalten. Nach dem Aufruf enthält **X** die Adresse der nächsten Produktion und, falls das Nullbit $\mathbf{S}._{3}$ gelöscht ist, $\mathbf{r}_{16}$ den Schluss s der Produktion. Ist das Nullbit gesetzt, $\mathbf{S}._{3} = 1$, so hatte die Produktion den Wahrheitswert f (*false*). Die Produktion **muss** eine Bedingung enthalten.

```
PrdLogExp: ld      r16,X+         2   r16 ← s
PrdLgEp00: ld      r30,X+         2   r30 ← e
           cpi     r30,OPE        1   e = OPE?, d.h. Ende der Prämisse?
```

```
             breq  PrdLgEp20            1/2  Falls ja: Zur Bestimmung des Ergebnisses
             cpi   r30,OPN              1    e = OPN?, d.h. der Operator ¬?
             brne  PrdLgEp05            1/2  Falls nein, zum nächsten Test
```

Der unäre Operator ¬

```
             ld    r18,Y+               2    r18 ← ToS
             com   r18                  1    ¬r18
             st    -Y,r18               2    ToS ← r18
             rjmp  PrdLgEp00            2    zum nächsten Produktionselement
PrdLgEp05:   cpi   r30,OPA              1    e = OPA?, d.h. der Operator ∧?
             brne  PrdLgEp10            1/2  Falls nein, zum nächsten Test
```

Der binäre Operator ∧

```
             ld    r18,Y+               2    r18 ← ToS
             ld    r19,Y+               2    r19 ← NoS
             and   r18,r19              1    r18 ← r18 ∧ r19
             st    -Y,r18               2    ToS ← r18
             rjmp  PrdLgEp00            2    zum nächsten Produktionselement
PrdLgEp10:   cpi   r30,OPO              1    e = OPO?, d.h. der Operator ∨?
             brne  PrdLgEp15            1/2  Falls nein, zum nächsten Test
```

Der binäre Operator ∨

```
             ld    r18,Y+               2    r18 ← ToS
             ld    r19,Y+               2    r19 ← NoS
             or    r18,r19              1    r18 ← r18 ∨ r19
             st    -Y,r18               2    ToS ← r18
             rjmp  PrdLgEp00            2    zum nächsten Produktionselement
```

Ein Operand (eine Bedingung)

```
PrdLgEp15:   ld    r18,Z                2    r18 ← W(e) da ʒ = A(W(e))
             st    -Y,r18               2    ToS ← W(e)
             rjmp  PrdLgEp00            2    zum nächsten Produktionselement
```

Entfernen des Ergebnisses vom *ToS*, Test auf ***f*** oder ***t***

```
PrdLgEp20:   ld    r18,Y+               2    r18 ← ToS
             tst   r18                  1    S.ʒ ← W(r18)
             ret                        4
```

Das Unterprogramm `PrdTrfWahl` wählt einen Schluss aus der Trefferliste. Beim Aufruf muss $\mathbf{r_{17}}$ die Anzahl t der Treffer enthalten, der gewählte Schluss wird in $\mathbf{r_{16}}$ zurückgegeben.

```
PrdTrfWahl:lds   r16,vcocPrdTrf         2    r16 ← T[0]
             ret                        4
```

Das Unterprogramm `PrdSystem`. $\mathbf{r_{17:16}}$ enthält die Adresse des Vektors mit den wahren Anfangsbedingungen für den Kontext, r18. enthält die Anzahl dieser Bedingungen.

```
PrdSystem:   push4 r10,r11,r12,r13      4×2
             push4 r16,r17,r18,r19      4×2
             push4 r24,r25,r26,r27      4×2
             push4 r28,r29,r30,r31      4×2
```

Die Kontexttabelle wird gelöscht, d.h. mit *false* initialisiert, Übernahme von k und p

```
             ldi   r30,LOW(vcocPrdTab)  1    Z ← A(S)
             ldi   r31,HIGH(vcocPrdTab) 1
             clr   r19                  1
```

```
           clr    r24                 1
PrdSys05:  st     Z+,r19              2    S[i] ← f
           dec    r24                 1
           brne   PrdSys05            1/2
           st     Z+,r18              2    Startwert p für k
           st     Z,r18               2    p
```

Die Kontexttabelle wird mit den wahren Anfangsbedingungen $w_0, \ldots, w_{p-1}$ geladen

```
           ldi    r31,HIGH(vcocPrdTab) 1   r31 ← A(S)^⊤
           ldi    r24,ORT             1
           mov    r19,r18             1
           movw   r27:r26,r17:r16     1
PrdSys10:  ld     r30,X+              2    r30 ← w_i = A(S[w_i])^⊥
           st     Z,r24               2    S[w_i] ← t
           dec    r19                 1
           brne   PrdSys10            1/2
```

Die Kontextliste wird mit den wahren Anfangsbedingungen $w_0, \ldots, w_{p-1}$ geladen

```
           ldi    r31,HIGH(vcocPrdLst) 1   Z ← A(K)
           ldi    r30,LOW(vcocPrdLst) 1
           movw   r27:r26,r17:r16     1
PrdSys15:  ld     r19,X+              2    r19 ← w_i
           st     Z+,r19              2    K[i] ← w_i
           dec    r18                 1
           brne   PrdSys15            1/2
```

Register $\mathbf{r_{13:12}}$ wird mit der Adresse π der Produktionenfolge, $\mathbf{r_{11:10}}$ mit ihrer Länge q geladen

```
           ldi    r30,LOW(wnprdPrd)   1    Z ← A(q)
           ldi    r31,HIGH(wnprdPrd)  1
           ld     r10,Z               2    r11:10 ← q
           ldd    r11,Z+1             2
           ldd    r12,Z+2             2    r13:12 ← π
           ldd    r13,Z+3             2
```

Der Hilfsstapelzeiger **Y** wird initialisiert

```
           ldi    r28,LOW(vbPrdStS)   1    Y ← A(ToS + 1)
           ldi    r29,HIGH(vbPrdStS)  1
```

Anfang der Hauptschleife mit dem Durchlauf der Produktionen

```
PrdSys19:  movw   r24:r25,r11:r10     1    r24:25 ← q
           movw   r27:r26,r13:r12     1    X ← π
           clr    r17                 1    t ← 0
```

Beginn der Subschleife mit dem Besuch aller Produktionen

```
PrdSys20:  ldi    r31,HIGH(vcocPrdTab) 1   r31 ← A(S)^⊤
```

Der Besuch einer Produktion mit dem Sprung an das Schleifenende bei Misserfolg.

```
           rcall  PrdLogExp           3+   Falls S.3 = 0: r16 ← s
           breq   PrdSys25            1/2  Zum Schleifenende bei S.3 = 1
```

Test, ob der produzierte Schluss bereits im Kontext ist.

```
           mov    r30,r16             1    r30 ← s = A(S[s])^⊥
           ld     r18,Z               2    r18 ← W(s)
           tst    r18                 1    W(s) = t?
```

```
97               brne   PrdSys25              1/2  Falls ja: zum Schleifenende
```

Eintrag eines neuen Schlusses in die Trefferliste, Erhöhen des Trefferzählers.

```
98               ldi    r31,HIGH(vcocPrdTrf)  1    r31 ← A(T)^⊤
99               mov    r30,r17               1    r30 ← t = A(T[t])^⊥
100              st     Z,r16                 2    T[t] ← s
101              inc    r17                   1    t ← t + 1
102  PrdSys25:   sbiw   r25:r24,1             2    Alle Produktionen besucht?
103              brne   PrdSys20              1/2  Falls nein: zur nächsten Produktion
```

Test ob Treffer produziert wurden.

```
104              tst    r17                   1    t > 0?
105              breq   PrdSys30              1/2  Fall nein: zum Abschluss
```

Auswahl eines Treffers, Eintrag in die Kontexttabelle und die Kontextliste.

```
106              rcall  PrdTrfWahl            3+   Einen Treffer d aus der Liste in r16 laden
107              ldi    r31,HIGH(vcocPrdTab)  1    r31 ← A(S)^⊤
108              mov    r30,r16               1    r30 ← d = A(S[d])^⊥
109              ldi    r17,ORT               1
110              st     Z,r17                 2    S[d] ← t
111              lds    r30,bncocPrdKx        2    r30 ← k = A(K[k])^⊥
112              ldi    r31,HIGH(vcocPrdLst)  1    r31 ← A(K)^⊤
113              st     Z+,r16                2    K[k] ← d und k ← k + 1
114              sts    bncocPrdKx,r30        2    Neues k abspeichern
115              rjmp   PrdSys19              1/2  Zum nächsten Durchlauf
```

Das Endergebnis wird erzeugt. Gilt $k = p$, d.h. wurde überhaupt ein Schluss erzeugt?

```
116  PrdSys30:   ldi    r30,LOW(bncocPrdKx)   1    Z ← A(k)
117              ldi    r31,HIGH(bncocPrdKx)  1
118              ldd    r16,Z+1               2    r16 ← p
119              ld     r30,Z                 2    r30 ← k
120              cp     r16,r30               1    p = k?
121              breq   PrdSys35              1/2  Ja: Ohne Ergebnis zurück
```

Es wurde ein Schluss erzeugt. Der letzte wird aus der Kontextliste in $\mathbf{r_{15}}$ geladen.

```
122              ldi    r31,HIGH(vcocPrdLst)  1    r31 ← A(K)^⊤
123              dec    r30                   1    r30 ← k − 1 = A(K[k − 1])^⊥
124              ld     r15,Z                 2    r15 ← K[k − 1]
125  PrdSys35:   pop4   r31,r30,r29,r28       4×2
126              pop4   r27,r26,r25,r24       4×2
127              pop4   r19,r18,r17,r16       4×2
128              pop4   r13,r14,r15,r16       4×2
129              ret                          4
```

Die Trefferliste T wird in Zeile *10* vereinbart. Die Zahl t der Treffer wird im Produktionsablauf in Register $\mathbf{r_{17}}$ gehalten, das ist auch gleichzeitig der Index des nächsten in die Liste einzutragenden Treffers. Der erste Treffer kommt also an die Adresse `vcocPrdTrf`, der nächste an die Adresse `vcocPrdTrf` $+ 1$ usw. Die in Zeile *11* vereinbarte Kontextliste K ist ebenso aufgebaut, nur dass die Anzahl k der eingetragenen Schlüsse im Arbeitsspeicher gehalten wird, das Byte wird in Zeile *13* bereitgestellt. Das geschieht, damit die Kontextliste auch noch nach dem Aufruf von `PrdSystem` inspiziert werden kann. Da der Kontext anfangs mit den p wahren Anfangsbedingungen geladen wird, ist $k \geq p$ und $k - p \geq 0$ ist die Anzahl der hinzugekommenen produzierten Schlüsse. Um nach dem Aufruf noch $k - p$ berechnen zu könne, wird

auch p im Arbeitsspeicher aufbewahrt (Zeile *14*).
Nun dient der Kontext dazu, zu prüfen, welche Bedingungen in den Prämissen wahr sind. Diese Prüfungen fallen bei der Berechnung der Wahrheitswerte der Prämissen an, also in den *inneren Schleifen* des Produktionsvorgangs. Dann ist aber die Kontextliste, die ja bei jeder Prüfung durchsucht werden müsste, keine geeignete Datenstruktur. Es wird deshalb in Zeile *12* noch eine Kontexttabelle S eingerichtet, die einen schnellen Zugriff auf den Kontextinhalt ermöglicht. Ist die Bedingung D als das Byte d verschlüsselt, so ist D genau dann im Kontext, wenn $S[d] =$ **FF** gilt. Anders gesagt enthält $S[d]$ gerade den Wahrheitswert von D, denn $\boldsymbol{t}$ (*true*) ist als **FF** und $\boldsymbol{f}$ (*false*) als **00** verschlüsselt. Der Zugriff auf die Kontexttabelle ist besonders schnell, wenn die Tabelle eine durch 256 ohne Rest teilbare Adresse hat, deren unteres Byte also **00** ist. Dafür hat die Assemblervariable `aPrdKtx` in Zeile *8* zu sorgen, der im aufrufenden Programm an geeigneter Stelle ein Wert **XX00** zugewiesen werden muss.
Das Wort in Zeile *15* enthält die Anzahl q der Produktionen, das folgende Wort die Adresse π der ersten Produktion der Produktionsliste. q und π müssen beim Aufruf des Unterprogramms schon vorhanden sein, sie werden *via* Unterprogramm `PrdIni` übergeben.
Der Hilfsstapel zur Berechnung der logischen Ausdrücke in PN wird in Zeile *17* eingerichtet. Seine Größe wird von der Assemblervariablen `nbPrdStp` in Zeile *9* gesteuert. Der voreingestellte Wert von 64 ist recht großzügig.
Das Unterprogramm selbst beginnt in Zeile *56* mit dem Löschen der Kontexttabelle. Dazu wird Register **Z** mit der Anfangsadresse der Kontexttabelle geladen, $\mathbf{r_{19}}$ erhält den Wert **00**, mit dem die Tabelle gefüllt wird, und $\mathbf{r_{24}}$ wird als Schleifenzähler mit **00** initialisiert (die Kontexttabelle enthält **100** zu löschende Elemente). Es folgt in den Zeilen *60–62* die simple Löschschleife. In der nächsten Zeile wird die Variable, in der die Anzahl k der Schlüsse im Kontext gehalten wird, mit p initialisiert. Schließlich wird in Zeile *64* die Anzahl p der bei Aufruf wahren Bedingungen in der Variable `bncodPrdKx` zur späteren Inspektion aufbewahrt.
Die nächste Aufgabe ist es, die wahren Anfangsbedingungen in die Kontexttabelle zu laden. Sind w_0 bis w_{p-1} die Verschlüsselungen dieser Bedingungen, so ist allgemein gesprochen $S[w_i] \leftarrow \boldsymbol{t}$ auszuführen. Das kann so realisiert werden, dass die Anfangsadresse `vcocPrdTab` in Register **Z** geladen wird und die Adressen `vcocPrdTab` $+ w_i$ mit `ORT` $=$ **FF** geladen werden. Da nun aber `vcocPrdTab` einen speziellen Wert **XX00** hat, kann die 16-Bit-Addition `vcocPrdTab` $+ w_i$ unterbleiben, es genügt, die untere Hälfte von **Z**, also Register $\mathbf{r_{30}}$, mit den w_i zu laden. Auf diese Weise wird der oft durchgeführte Zugriff auf die Kontexttabelle beschleunigt. Die Ausführung beginnt in Zeile *65* damit, dass das obere Byte von **Z**, also Register $\mathbf{r_{31}}$, mit dem oberen Byte von `vcocPrdTab` geladen wird. Anschließend erhält Register $\mathbf{r_{24}}$ den Wahrheitswert **FF**, Register $\mathbf{r_{19}}$ wird als Schleifenzähler mit p initialisiert und Register **X** wird in Zeile *68* mit der Adresse β von w_0 geladen. Die Schleife selbst besteht nur aus vier Befehlen: In Zeile *69* wird $\mathbf{r_{30}}$ mit w_i geladen, an der so enstandenen Adresse in **Z** wird **FF** gespeichert, der Schleifenzähler wird erniedrigt und es wird falls nötig zum nächsten Durchlauf an den Anfang der Schleife gesprungen. Die wahren Anfangsbedingungen müssen auch in die Kontextliste eingetragen werden. Das besorgt die Standardschleife in den Zeilen *73–79*.
Da die Folge der Produktionen potentiell viele Male durchlaufen wird, empfiehlt es sich, ihre Anfangsadresse β und die Anzahl der Produktionen q, beides 16-Bit-Größen, in Registern zu halten. In den Zeilen *80–85* wird deshalb $\mathbf{r_{11:10}}$ mit q und $\mathbf{r_{13:12}}$ mit β geladen. Anschließend wird der Hilfsstapelzeiger **Y** initialisiert. Da der Hilfsstapel von höheren Adressen zu niederen hin wächst und da der Hilfsstapelzeiger vor dem Schreibzugriff erniedrigt wird, muss **Y** mit der ersten Adresse jenseits des *ToS* geladen werden.
In der Hauptschleife, die in Zeile *88* beginnt, wird die Produktionenfolge durchlaufen, bis sich bei einem Durchgang kein Ergebnis mehr eingestellt hat. Der Schleifenzähler $\mathbf{r_{25:24}}$ wird mit der Anzahl q der Produktionen und Register **X** mit der Adresse π der ersten Produktion geladen, Register $\mathbf{r_{17}}$, das die Anzahl der Treffer in der Trefferliste zählt, wird mit 0 initialisiert (Zeilen *88–90*).
In Zeile *91* beginnt die Schleife für *einen* Durchlauf der Produktionenfolge. In ihr wird Register $\mathbf{r_{31}}$ mit den oberen acht Bit der Adresse der Kontexttabelle geladen. Damit sind alle Voraussetzungen für den Aufruf des Unterprogramms `PrdLogExp` zur Auswertung der laufenden Produktion in Zeile *92* erfüllt. Ist

nach dem Aufruf das Nullbit gesetzt, so erbrachte die Auswertung logisch *false*, es wurde kein Treffer erzeugt, weshalb an das Ende der inneren Schleife in die Zeile *102* gesprungen wird. Andernfalls wurde aber ein Treffer d in Register $\mathbf{r_{16}}$ zurückgegeben. Es ist zu prüfen, ob die Kontexttabelle diesen Schluss schon enthält. Dazu wird in Zeile *94* Register $\mathbf{r_{30}}$ mit dem Treffer geladen. Wie oben schon erläutert enthält Register **Z** danach die Adresse des d zugeordneten Kontexttabelleneintrages, der in Zeile *95* in Register $\mathbf{r_{18}}$ geladen wird. Ist dieser Eintrag **00**, so ist d noch nicht im Kontext vorhanden. Das wird in Zeile *96* geprüft, und falls es nicht zutrifft, wird an das Schleifenende in Zeile *102* verzweigt. Trifft es jedoch zu, so wird d in die Trefferliste eingetragen. Auch dabei wird ausgenutzt, dass die Adresse der Liste die Gestalt **XX00** hat. Es genügt nämlich, $\mathbf{r_{31}}$ mit den oberen acht Bit der Listenadresse und $\mathbf{r_{30}}$ mit der Anzahl t der bisherigen Treffer aus Register $\mathbf{r_{17}}$ zu laden (Zeilen *98–99*), dann zeigt Register **Z** gerade auf die Stelle, an welcher der Treffer einzufügen ist, nämlich `vcocPrdTrf` $+\ t$. Das Einfügen geschieht in Zeile *100* Anschließend muss natürlich noch die Anzahl der Treffer in $\mathbf{r_{17}}$ erhöht werden. Damit ist auch hier das Schleifenende in Zeile *102* erreicht. Der 16-Bit-Schleifenzähler wird mit einem 16-Bit-Befehl dekrementiert und es wird, falls er noch nicht **0000** erreicht hat, an den Anfang der inneren Schleife zurückgesprungen.
Die äußere Schleife, die in Zeile *88* beginnt, endet, wenn keine der Produktionen einen neuen Schluss geliefert hat. Diese Bedingung wird in Zeile *104* getestet: Enthält Register $\mathbf{r_{17}}$, der Zähler für neue Schlüsse, den Wert **00**, so kann in die Zeile *116* zur Ergebnisausgabe gesprungen werden. Andernfalls wird in Zeile *106* das Unterprogramm `PrdTrfWahl` aufgerufen, das einen Schluss aus der Trefferliste auswählt und in Register $\mathbf{r_{16}}$ zurückgibt. Dieser Schluss wird in den Zeilen *107–110* auf die schon beschriebene Weise in die Kontexttabelle und in den Zeilen *111–114* in die Kontextliste eingetragen. Anschließend wird an den Anfang der Hauptschleife für einen weiteren Durchlauf zurückgesprungen.
Zu Beginn der Ergebnisübergabe in Zeile *116* wird geprüft, ob überhaupt Schlüsse produziert wurden. Dazu werden Register **Z** mit der Adresse der Anzahl k der Schlüsse im Kontext, darauf bauend Register $\mathbf{r_{16}}$ mit der Anzahl p der übergebenen wahren Anfangsbedingungen und schließlich Register $\mathbf{r_{30}}$ mit der Zahl k selbst geladen. In Zeile *120* wird dann k mit p verglichen. Gilt $k = p$, so wurden keine Schlüsse produziert und es kann direkt in das rufende Programm zurückgesprungen werden, da das Statusbit **S**.*3* diese Bedingung wie verlangt anzeigt. Andernfalls wird in den Zeilen *122–124* der zuletzt produzierte Schluss aus der Kontextliste in Register $\mathbf{r_{15}}$ eingelesen. **S**.*3* enthält auch hier den korrekten Wert, da dieser in den Zeilen *122–124* nicht verändert wird.
Das Unterprogramm `PrdLogExp` beginnt in Zeile *20* damit, den Schluss, den die Produktion eventuell erzeugt, die besucht wird, in Register $\mathbf{r_{16}}$ zu laden. Register **X** muss ja bei Aufruf des Unterprogramms die Adresse φ der zu besuchenden Produktion enthalten, und jede Produktion beginnt mit ihrem Schluss. Nach Zeile *20* zeigt **X** also auf das erste (oder bei weiteren Durchläufen auf das nächste) Element e des logischen Ausdrucks der Produktion. Dieses wird in Zeile *21* in Register $\mathbf{r_{30}}$ geladen.
Ergibt der Test in Zeile *22* $e =$ `OPE`, so ist der logische Ausdruck abgearbeitet und es kann in die Zeile *47* zur Bestimmung des Ergebnisses gesprungen werden.
Andernfalls wird in Zeile *24* getestet, ob $e =$ `OPN` gilt, ob also e den logischen Operator $\neg$ repräsentiert. Ist das der Fall, so wird das oberste Element (*ToS*) aus dem Hilfsstapel geholt (ein Wahrheitswert), invertiert und wieder in den Hilfsstapel zurückgeschrieben (Zeilen *26–28*). Dann wird in die Zeile *21* zurückgesprungen, um das nächste Element des logischen Ausdrucks zu verarbeiten.
Ist $e \neq$ `OPN`, so wird in Zeile *30* getestet, ob $e =$ `OPA` gilt. Ist das der Fall, so werden das oberste (*ToS*) und das darunterliegende (*NoS*) Element aus dem Stapel geholt (beides Wahrheitswerte), sie werden mit $\wedge$ verknüpft und das Ergebnis wird in den Hilfsstapel zurückgeschrieben (Zeilen *32–35*).
Ist auch $e \neq$ `OPA`, so wird in Zeile *30* noch einmal getestet, und zwar, ob $e =$ `OPO` gilt. Ist das wahr, so werden die Wahrheitswerte *ToS* und *NoS*) aus dem Stapel geholt, sie werden mit $\vee$ verknüpft und das Ergebnis wird in den Hilfsstapel zurückgeschrieben (Zeilen *39–42*).
Im Falle $e \neq$ `OPO` stellt e einen Operanden, also eine Bedingung dar. Wie oben schon beschrieben, enthält Register **Z** die Adresse des Wahrheitswertes von e in der Kontexttabelle. Dieser Wahrheitswert wird in Zeile *44* in Register $\mathbf{r_{18}}$ geladen und als Operand in den Hilfstapel geschrieben. Dann wird wie schon bei

den Operanden in die Zeile *21* zurückgesprungen, um das nächste Element des logischen Ausdrucks zu verarbeiten.
Die Bestimmung des Ergebnisses ab Zeile *47* besteht zunächst darin, Register $\mathbf{r_{18}}$ mit dem *ToS* aus dem Hilfsstapel zu laden. Das ist notwendigerweise ein Wahrheitswert, dessen Wahrheitswert in Zeile *48* durch das Statusbit **S**.3. ausgedrückt wird. Der Schluss s, der bei $\mathbf{S}.3 = 0$ in Register $\mathbf{r_{16}}$ zurückgegeben werden soll, wurde schon am Anfang des Unterprogramms in $\mathbf{r_{16}}$ geladen.
Es bleibt noch das Unterprogramm `PrdTrfWahl` zur Trefferwahl ab Zeile *50* zu besprechen. Es besteht lediglich darin, den ersten Treffer aus der Trefferliste in Register $\mathbf{r_{16}}$ zu laden. Einige Bemerkungen dazu folgen weiter unten.

Die Auswahl aus der Trefferliste wird auf einfachste Weise vorgenommen: Der Trefferliste wird das erste Element der Liste entnommen. Wie etwas Erfahrung mit dem Unterprogramm zeigt, erfordert das einen sorgfältigen Aufbau der Produktionsfolge, um unnötigen Rechenaufwand bei der Auswertung der Produktionen zu vermeiden. Es sind andere Auswahlstrategien möglich, die mehr Effizienz erwarten lassen. Es kann z.B. eine Zufallsauswahl getroffen werden. Eine andere Möglichkeit ist, die Bedingungen zu gewichten und den Treffer mit der höchsten Gewichtung auszuwählen. Man kann auch darüber Buch führen, wie oft jede Bedingung von einer Produktion erzeugt wurde und die Bedingung mit der größten Erzeugungshäufigkeit aus der Trefferlist auswählen.

Dem Leser ist möglicherweise aufgefallen, dass die Trefferliste auch weggelassen werden kann, wenn ihr stets das erste Element entnommen wird. Bei anderen Auswahlstrategien muss sie natürlich vorhanden sein.

Es folgt ein kleines Testprogramm, welches das Produktionssystem (7.1)–(7.4) einsetzt. Das Produktionssystem wird im Programmspeicher bereitgestellt, das Programm kann damit auch problemlos für Testzwecke oder um sich mit der Verarbeitung von Schlussregeln anzufreunden im Simulator ablaufen.

```
         .include "defm162.iav"
         .include "makros.avr"
         .device  ATmega162
         .dseg
         .org     SRAM_START
         .equ     aPrdKtx = SRAM_START       0100 ≐ XX00
         .include "vecm162.avr"
         .include "vecm162.avr"
         .include "prod.avr"
         .dseg
vbProd:  .byte    100                        Das Produktionssystem
vbCond:  .byte    16                         Die wahren Startbedingungen
         .cseg
vwProd:  .dw      13                         Gesamtgröße n der Produktionen
         .dw      3                          Anzahl q der Produktionen
         .db      2,1,OPE,4                  Die Produktionen selbst
         .db      2,3,OPA,OPE
         .db      3,5,1,OPN
         .db      OPO,OPE
Start:   ldi     r16,LOW(RAMEND)      1
         out     SPL,r16              1
```

```
22           ldi    r16,HIGH(RAMEND)     1
23           out    SPH,r16              1
24           ldi    r30,LOW(2*vwProd)    1
25           ldi    r31,HIGH(2*vwProd)   1
26           lpm    r24,Z+               3   r25:24 ← n
27           lpm    r25,Z+               3
28           lpm    r18,Z+               3   r19:18 ← q
29           lpm    r19,Z+               3
30           ldi    r26,LOW(vbProd)      1
31           ldi    r27,HIGH(vbProd)     1
32           movw   r17:r16,r27:r26      1
33 Kopiere:  lpm    r0,Z+                3
34           st     X+,r0                2
35           sbiw   r25:r24,1            2
36           brne   Kopiere              1/2
37           call   PrdIni               4+
38           ldi    r26,LOW(vbCond)      1
39           ldi    r27,HIGH(vbCond)     1
40           movw   r17:r16,r27:r26      1
41           ldi    r18,1                1
42           st     X,r18                2   W(1) = t
43           rcall  PrdSystem            4+
44 Ewig:     rjmp   Ewig                 2
```

Das Produktionssystem ist in der oben beschriebenen Form Bestandteil des Programms (Zeilen *16–19*). Um das Kopieren des Systems vom Programm- zum Arbeitsspeicher verallgemeinern zu können, sind ihm die Gesamtgröße in Bytes und die Anzahl q der enthaltenen Produktionen vorangestellt. Der Kopiervorgang findet in den Zeilen *24–36* statt. Er enthält keine Schwierigkeiten und wird deshalb nicht kommentiert. Die Folge der *a priori* wahren Bedingungen besteht nur aus der Bedingung **1**, sie wird in den Zeilen *41–42* erzeugt.
Besondere Beachtung ist der Zeile *6* zu schenken, sie sorgt dafür, dass die Tabellen und Listen von `PrdSystem` eine Anfangsadresse der erforderlichen Gestalt **XX00** haben.

Wie schon angedeutet wurde ist es nicht immer ganz einfach, ein zufriedenstellendes Produktionssystem zu finden. Man hat sich ganz besonders davor zu hüten, Widersprüche zu produzieren. Es sei beispielsweise angenommen, dass das System die beiden Produktionen

$$\boldsymbol{P}_{27}: \quad D_x \wedge D_y \implies D_w$$
$$\boldsymbol{P}_{53}: \quad D_y \wedge D_z \implies \neg D_w$$

enthält, die im System einigen Abstand voneinander haben, so dass nicht bemerkt wird, dass der Schluss der einen Produktion das Gegenteil des Schlusses der anderen ist. Ferner seien die folgenden Produktionen im System enthalten:

$$\boldsymbol{P}_{3}: \quad (D_a \wedge D_b) \vee (D_a \wedge \neg D_b) \implies D_x$$
$$\boldsymbol{P}_{13}: \quad (D_c \vee D_b) \wedge (D_c \vee \neg D_b) \implies D_y$$
$$\boldsymbol{P}_{21}: \quad D_x \wedge (\neg D_x \vee D_y) \implies D_z$$

Sind dann noch D_a und D_c *a priori* wahr, dann produzieren $\boldsymbol{P}_3$, $\boldsymbol{P}_{13}$ und $\boldsymbol{P}_{21}$ und damit schließlich auch $\boldsymbol{P}_{27}$ und $\boldsymbol{P}_{53}$. Es werden also D_w und $\neg D_w$ produziert. Von jetzt ab kann das System potentiell **jeden** im System möglichen Schluss produzieren!

Produktionssysteme lassen sich öfter einsetzen als auf den ersten Blick ersichtlich ist. Das Spektrum reicht von der Robotsteuerung über intelligente Messgeräte bis zur Regelstrecke. Ein Beispiel: Das Betriebssystem Windows NT enthält ein Regelsystem (in *Small Prolog*), mit dem die Vernetzung von Komponenten (Hardware und Software) gesteuert wird, also etwa festgestellt wird, ob installierte Netzwerkkarten miteinander oder mit einem installierten *protocol stack* verträglich sind.

8. Kalenderrechnung

Auf welches Datum fällt der erste Samstag des April im Jahre 2020? Solche und ähnliche Fragen beantwortet die in diesem Kapitel entwickelte Kalenderrechnung. Die umständlichen und aufwendigen Berechnungen, wie sie z.B. in der Astronomie zur Kalenderrechnung üblich sind, werden dabei vermieden.

Zunächst einige Vorbereitungen. Ein Kalenderdatum oder einfach Datum D ist ein Tripel $D = (T, M, J)$, mit dem Tag $1 \leq T \leq 31$, dem Monat $1 \leq M \leq 12$ und dem Jahr $J_{\min} \leq J \leq J_{\max}$. Das Tripel $(1, 2, 2009)$ bezeichnet also den ersten Februar im Jahre 2009. Es wird aber auch wie üblich als 1.2.2009 geschrieben oder, um seinen Status als Datenobjekt zu betonen, $D_{1.2.2009}$.

8.1. Datumsnummern

Soll ermittelt werden, wieviel Tage zwischen einem Datum D und einem Datum D' liegen, so kann man von einem bestimmten Basisdatum $D_\bullet$ ausgehen, dem die Datumsnummer $\delta(D_\bullet) = 1$ zugeordnet wird. Das nächste Datum erhält die Datumsnummer 2, allgemein wird dem K-ten Datum der mit $D_\bullet$ beginnenden Folge als Datumsnummer die Zahl K zugeordnet.

Es seien z.B. die sechs aufeinanderfolgenden Kalenderdaten $D_\bullet, D_1, \ldots, D_5$ gegeben. Es ist $\delta(D_3) = 3$ und $\delta(D_5) = 5$. Offenbar vergehen $\delta(D_5) - \delta(D_3) = 2$ Tage, um von der Tageszeit 00:00 des Datums D_3 aus die Tageszeit 00:00 des Datums D_5 zu erreichen.

Es geht also darum, zu irgendeinem Datum D dessen Datumsnummer $\delta(D)$ zu bestimmen. Zwei Bedingungen müssen aber an die Datumsnummer gestellt werden, um zu berücksichtigen, dass Kalenderrechnung mit einem 8-Bit-Prozessor durchgeführt werden soll:

- $\delta(D)$ soll einfach zu berechnen sein
- Es soll $\delta(D) < 2^{16}$ gelten

Es wird sich zeigen, dass beide Bedingungen durch eine geschickte Wahl des Basisdatums $D_\bullet$ erfüllt werden können.

Zur ersten Bedingung ist zu sagen, dass die Berechnung von $\delta(D)$ nicht wirklich *ganz* einfach sein kann, da berücksichtigt werden muss, dass die Monate eine verschiedene Anzahl von Tagen haben. Das ließe sich ganz leidlich in den Griff bekommen, wenn die Monate und damit also auch die Jahre eine *konstante* Anzahl von Tagen besäßen. Leider steht dem jedoch die Existenz der Schaltjahre entgegen. Seit der Einführung des Gregorianischen Kalenders am 15. Oktober 1582 ist ein Jahr mit der Jahreszahl J ein Schaltjahr, wenn J durch 4 teilbar ist, mit der Ausnahme, dass für Jahrhundertjahre, also Jahre für die J durch 100 teilbar ist, J auch durch 400 teilbar sein muss. Das kann rein formal auch so formuliert werden:

$$\boldsymbol{S}(J) \iff \big(J \equiv 0\,(4) \wedge J \not\equiv 0\,(100)\big) \ \vee\ \big(J \equiv 0\,(4) \wedge J \equiv 0\,(400)\big)$$

Um Irritationen auszuschließen: Ist J durch 400 teilbar, dann auch durch 100, wie man sich leicht überlegt (aber nicht notwendig umgekehrt).

Wann eine Jahreszahl J für ein Schaltjahr steht, lässt sich aber auch als ausführliche Vorschrift formulieren:

- Gilt $J \bmod 4 \neq 0$, d.h. ist J nicht durch 4 teilbar, so steht J nicht für ein Schaltjahr. Es sei $J \bmod 4 = 0$.
- Gilt $J \bmod 100 \neq 0$, d.h. ist J nicht durch 100 teilbar, so bezeichnet J ein Schaltjahr. Es sei $J \bmod 100 = 0$.
- Gilt $J \bmod 400 = 0$, so steht J für ein Schaltjahr.
- Andernfalls, also bei $J \bmod 400 \neq 0$, bezeichnet J kein Schaltjahr.

Beispielsweise ist $J = 2000$ die Jahreszahl eines Schaltjahres, denn 2000 ist ohne Rest durch 4 und 400 teilbar. Dagegen steht $J = 1900$ nicht für ein Schaltjahr, denn 1900 ist zwar ohne Rest durch 4 und durch 100, nicht aber durch 400 teilbar.

Die zweite Bedingung $\delta(D) < 2^{16}$ besagt, dass die Kalenderrechnung mit 16-Bit-Arithmetik auszukommen hat. Sie besagt auch, dass es nur 2^{16} Datumsnummern gibt, das entspricht etwa 179 Jahren. Wird also als Basisjahr 1900 gewählt, so ist Kalenderrechnung für die Jahre von 1900 bis 2079 möglich. Das erscheint als ein guter Kompromiss zwischen der Berechenbarkeit von Vergangenheit und Zukunft.

Welchen Einfluss hat diese Wahl auf die Berechnung der Datumsnummern, und zwar speziell auf die Bestimmung der Schaltjahre? Die Jahresnummern des gewählten Bereiches sind bis auf zwei Ausnahmen nicht durch 100 teilbar, für sie genügt demnach der einfache Test, ob $J \bmod 4 = 0$ gilt. Für die eine Ausnahme, nämlich 2000, zeigt der einfache Test auch das richtige an, denn 2000 ist durch 400 teilbar. Bei der anderen Ausnahme, nämlich 1900, versagt der einfache Test jedoch. Ein simpler Ausweg ist, als Basisjahr nicht 1900, sondern 1901 zu wählen.

> Das Basisjahr hat die Jahreszahl 1901, also $D_\bullet = 1.1.1901$. Die für die Kalenderrechnung zulässigen Jahre haben die Jahreszahlen von 1901 bis 2079, also $J_{\min} = 1901$ und $J_{\max} = 2079$. Die Jahreszahl des Basisjahres wird mit $J_\bullet$ bezeichnet, es ist also $J_\bullet = 1901$.

Es sei $D = (T, M, J)$ ein gültiges Datum, d.h. es gelte $J_{\min} \leq J \leq J_{\max}$. Es ist $\delta(D) = K$ zu berechnen, und zwar ist D das K-te Datum in der mit $D_\bullet$ beginnenden Folge von Kalenderdaten. Man berechnet zunächst

$$v = 365(J - J_\bullet),$$

die Anzahl der Tage der Jahre von $J_\bullet$ bis $J - 1$ ohne Schalttage. Die Anzahl der Schalttage für diesen Bereich ist nach obiger Diskussion gegeben durch

$$s = \left\lfloor \frac{J - J_\bullet}{4} \right\rfloor,$$

damit ist $v + s$ die Gesamtzahl der Tage für diesen Jahresbereich. Ist t die Anzahl der Tage des Jahres J vor dem Monat M, so ist die Gesamtzahl der Tage des Jahres J gegeben durch $t + T$. Daraus folgt offenbar

$$\delta(D) = v + s + t + T.$$

Als Beispiel soll die Berechnung von $\delta(29.2.2008)$ dienen. Hier ist $T = 29$, $M = 2$ und $J = 2008$. Es ist $v = 365(2008 - 1901) = 39055$ und $s = \lfloor \frac{2008-1900}{4} \rfloor = 26$. Vor M liegt nur der Monat Januar, also ist $t = 31$. Das ergibt $\delta(29.2.2008) = 39055 + 26 + 31 + 29 = 39141$, d.h. in der Durchnumerierung der Kalenderdaten kommt 29.2.2008 an 39141-ter Stelle.

Für das letzte erlaubte Datum 31.12.2079 ist $v = 64970$ und es gibt $s = 44$ Schalttage. Das ist natürlich die größte mögliche Anzahl von Schalttagen. Vor dem Dezember liegen $t = 365 - 31$

Tage (Das Jahr 2079 ist kein Schaltjahr). Damit ist $\delta(31.12.2079) = 65379$.

Das andere Extrem, das erste erlaubte Datum, nämlich 1.1.1901, führt auf $v = 0$, $s = 0$ und $t = 0$, und es kommt natürlich $\delta(1.1.1901) = 1$ heraus.

Die Berechenbarkeit von δ erlaubt es nun auch, die Grenzen anzugeben, innerhalb derer sich die Datumsnummern bewegen müssen. Das frühestmögliche Datum ist $D_{\text{min}} = 1.1.J_{\text{min}}$, das spätestmögliche ist $D_{\text{max}} = 31.12.J_{\text{max}}$. Daraus folgt

$$K_{\text{min}} = \delta(D_{\text{min}}) = 1$$
$$K_{\text{max}} = \delta(D_{\text{max}}) = 65379.$$

Die untere Grenze hat den Zweck, die Bestimmung von Schaltjahren zu vereinfachen, und ist für die Berechnung der Datumsnummern wesentlich. Die obere dient jedoch nur dazu, die Überprüfung von Kalenderdaten zu vereinfachen, die echte Datumsgrenze ist gegeben durch die größte Datumsnummer, also durch $\delta(4.6.2080) = 2^{16} - 1$.

Die Berechnung der Datumsnummer ist die Grundlage für die meisten weiteren Berechnungen mit Kalenderdaten. Beispielsweise macht $\delta(D) \bmod 7$ eine Aussage darüber, auf welchen Wochentag das Datum D fällt. Denn die Wochentage wiederholen sich in einem Rythmus von sieben Tagen, folglich fällt das Datum D mit $\delta(D) = 1 + 7$ auf denselben Wochentag wie D_{min}, nämlich auf einen Dienstag. Allgemein fällt jedes Datum D mit $\delta(D) = 1 + 7n$ auf einen Dienstag, d.h. ein Datum D fällt auf einen Dienstag falls $\delta(D) \bmod 7 = 1$ gilt. Entsprechend fällt ein Datum D auf einen Mittwoch, falls $\delta(D) \bmod 7 = 2$ erfüllt ist. Insbesondere wird ein Montag durch $\delta(D) \bmod 7 = 0$ charakterisiert.

Unterprogramm KalDatZuDan

Zu einem zulässigen Datum $D = (T, M, J)$ wird die Datumsnummer $\delta(D)$ berechnet.

Input

r_{16} T

r_{17} M

$r_{19:18}$ J

Output

$r_{15:14}$ $\delta(D)$

Die Zulässigkeit des Datums, also die Bedingung $1901 \leq J \leq 2079$, wird nicht geprüft.

```
              .cseg
              .equ   KalJB = 1901                       J•
vbKalTiM:     .db    31,28,31,30,31,30                  Monatslängen für Normaljahre
              .db    31,31,30,31,30,31
vbKalTiMs:    .db    31,29,31,30,31,30                  Monatslängen für Schaltjahre
              .db    31,31,30,31,30,31
KalDatZuDan:  push5  r0,r1,r2,r30,r31         5×2
              mov    r30,r18                  1         r30 ← J^⊥
              subi   r30,LOW(KalJB)           1         r30 ← j = J − J•, j ≤ 178
              ldi    r31,0x6D                 1         r15:14 ← v = 365j = j × 2^8 + 6D
              mul    r30,r31                  2
              movw   r15:r14,r1:r0            1
              add    r15,r30                  1
              lsr    r30                      1         r30 ← s = ⌊j/4⌋
```

```
15                 lsr    r30                     1
16                 add    r14,r30                 1    r15:14 ← v + s
17                 clr    r0                      1
18                 adc    r15,r0                  1
19                 add    r14,r16                 1    r15:14 ← v + s + T
20                 adc    r15,r0                  1    r0 enthält 00
21                 mov    r30,r18                 1    r30 ← J⊥
22                 mov    r1,r17                  1    r1 ← M
23                 dec    r1                      1    r1 ← m = M − 1
24                 breq   KalDtZuDn15             1/2  Bei M = 1 zurück
25                 andi   r30,0b00000011          1    J mod 4 = 0, d.h. ist J Schaltjahr?
26                 breq   KalDtZuDn05             1/2  Ja: Zweite Tabelle verwenden
27                 ldi    r30,LOW(2*vbKalTiM)     1    Normaljahr: erste Tabelle
28                 ldi    r31,HIGH(2*vbKalTiM)    1
29                 rjmp   KalDtZuDn10             2
30   KalDtZuDn05:  ldi    r30,LOW(2*vbKalTiMs)    1    Schaltjahr: zweite Tabelle
31                 ldi    r31,HIGH(2*vbKalTiMs)   1
32   KalDtZuDn10:  lpm    r2,Z+                   2    r2 ← t_m = Monatslänge Monat M − m
33                 add    r14,r2                  1    r15:14 ← v + s + T + Σ_{μ=M−1}^{m} t_μ
34                 adc    r15,r0                  1    r0 enthält 00
35                 dec    r1                      1    m ← m − 1
36                 brne   KalDtZuDn10             1/2
37   KalDtZuDn15:  pop5   r31,r30,r2,r1,r0        5×2
38                 ret                            4
```

Erste Aufgabe des Unterprogramms ist die Berechnung von $j = (J - J_\bullet$. Dazu wird in Zeile *8* Register $\mathbf{r_{30}}$ mit dem unteren Byte von J geladen, von dem dann in der nächsten Zeile das untere Byte von $J_\bullet$ subtrahiert wird. Danach enthält $\mathbf{r_{30}}$ gerade j, denn wegen $J_\bullet = 1901 \leq J \leq 2079$ ist $0 \leq j \leq 178$, d.h. j ist eine 8-Bit-Zahl.
Anschließend wird $v = 365j = \mathbf{16D} \times j = (2^8 + \mathbf{6D})j = j \times 2^8 + j \times \mathbf{6D}$ berechnet. Dazu wird in den Zeilen *10–12* das Teilprodukt $j \times \mathbf{6D}$ in $\mathbf{r_{1:0}}$ berechnet und in $\mathbf{r_{15:14}}$ geladen. Es folgt in Zeile *13* die Addition von j zum oberen Byte des Teilprodukts. Das Doppelregister $\mathbf{r_{15:14}}$ enthält jetzt v.
Der nächste Schritt ist die Berechnung von $s = \lfloor \frac{j}{4} \rfloor$. Das geschieht in den Zeilen *14–15* mit zwei Rechtsshifts von Register $\mathbf{r_{30}}$, das j enthält. In den Zeilen *16–18* wird dann in $\mathbf{r_{15:14}}$ die Summe $v + s$ gebildet. In den folgenden beiden Zeilen wird noch T addiert, $\mathbf{r_{15:14}}$ enthält dann $v + s + T$.
Es bleibt noch, die Anzahl t der Tage in den Monaten vor M zu bestimmen und der Summe $v + s + T$ hinzuzufügen. Zu diesem Zweck wird in den Zeilen *22–23* Register $\mathbf{r_0}$ mit M geladen und dekrementiert. Hat $\mathbf{r_1}$ danach den Wert **00**, so ist $M = 1$, also $t = 0$ und die Summe $v + s + T + t$ ist bereits berechnet, es kann in die Zeile *37* zum Ausgang des Unterprogramms gesprungen werden.
Die Zahl t wird mit Hilfe der beiden Tabellen in den Zeilen *3–6* ermittelt. Die erste enthält die Monatslängen eines normalen Jahres, die zweite die Monatslängen eines Schaltjahres. Abhängig davon, ob J die Jahreszahl eines Schaltjahres ist muss die Startadresse einer der beiden Tabellen so in das Doppelregister **Z** geladen werden, wie es der Befehl `lpm` erfordert, d.h. linksgeshiftet. Um festzustellen, ob J ein Schaltjahr bezeichnet, muss nach obigen Überlegungen nur geprüft werden, ob $J \bmod 4 = 0$ gilt. Das ist genau dann der Fall, wenn die unteren beiden Bits von J den Wert 00 haben. Dieser Test wird in Zeile *25* durchgeführt, nachdem in Zeile *21* Register $\mathbf{r_{30}}$ schon mit dem unteren Byte von J geladen wurde. Haben die unteren beiden Bits nicht den Wert 00, so wird **Z** in den Zeilen *27–28* mit der nach links geshifteten Startadresse der ersten Tabelle geladen, die die Tageszahlen der Monate normaler Jahre

enthält, andernfalls ist es die Anfangsadresse der zweiten Tabelle für Schaltjahre. In der Schleife der Zeilen *32–36* werden dann die Tagesanzahlen der Monate vor M, also t, zum Inhalt von $\mathbf{r_{15:14}}$ addiert. Das Doppelregister enthält danach die gewünschte Summe $v + s + T + t$.
In den Zeilen *20* und *34* wird benutzt, dass Register $\mathbf{r_0}$ nach Zeile *17* den Wert **00** enthält.

Zur Berechnung von $\delta(D)$ für ein Datum D war die Position zu bestimmen, die D in der bei $D_\bullet$ beginnenden Folge von Kalenderdaten einnimmt. Zur Berechnung der Umkehrfunktion θ ist die Position K eines Datums in dieser Folge gegeben und es ist zu bestimmen, wieviele ganze Jahre J, ganze Restmonate M und Resttage T die Teilfolge der ersten K Kalenderdaten repräsentiert, also das Datum $D = (T, M, J)$.

Es sei K eine ganze Zahl in dem Bereich $1 \leq K < 2^{16}$, die für eine ununterbrochene Folge von K Tagen steht, die mit dem ersten Tag des Jahres $J_\bullet$ beginnt. In dieser Folge von K Tagen sind ohne Berücksichtigung von Schalttagen

$$j = \left\lfloor \frac{K}{365} \right\rfloor$$

ganze Jahre enthalten. Die Anzahl der Resttage, die keinem vollständigen Jahr angehören, ist dann ebenfalls ohne Berücksichtigung von Schalttagen

$$r = K \bmod 365.$$

Die Jahreszahl des letzten vollständigen Jahres der Folge ist $J_v = J_\bullet + j - 1$. Nun enthalten diese j Jahre aber

$$s = \left\lfloor \frac{j}{4} \right\rfloor$$

Schalttage, die noch berücksichtigt werden müssen. Es können drei Fälle unterschieden werden:

$\boldsymbol{r > s}$
Die wirkliche Zahl der Resttage ist $r - s$. Aus $r - s$ müssen noch M und T bestimmt werden. Die gesuchte Jahreszahl ist schon bekannt, offenbar ist $J = J_v + 1$.

$\boldsymbol{r = s}$
Die vermeintlichen Resttage sind sämtlich Schalttage, es gibt genau j vollständige Jahre. Das Datum, das K repräsentiert, ist also der letzte Tag des letzten dieser vollständigen Jahre, d.h. es ist $T = 31$, $M = 12$ und $J = J_v$, also $\tilde{\delta}(K) = (31, 12, J_v)$.

$\boldsymbol{r < s}$
In diesem Fall gibt es nicht genug Resttage, die in Schalttage umgewandelt werden könnten. Das bedeutet, dass die Zahl j der vollständigen Jahre zu hoch angesetzt worden ist. Das kann so berücksichtigt werden, dass das bis jetzt so bezeichnete letzte vollständige Jahr mit der Jahreszahl J_v in Resttage umgewandelt wird. Ist das Jahr J_v ein Schaltjahr, so bedeutet das $r \leftarrow r + 366$, andernfalls $r \leftarrow r + 365$. Das letzte vollständige Jahr hat dann die Jahreszahl $J_v - 1$. Nach dieser Operation liegt der erste Fall $r > s$ vor, denn wie oben gesehen gilt $s \leq 44$.

Als Beispiel für $r > s$ kann $K = 39141$ herangezogen werden. Man errechnet $j = 107$, also $J_v = 2007$, ferner $r = 86$ und $s = 26$. Es gibt $r - s = 60$ wahre Resttage, die sich auf 31 Tage im Januar und 29 Tage im Februar aufteilen, denn das Jahr mit der Jahreszahl $J_v + 1 = 2008$ ist ein Schaltjahr. Es ist also $\theta(39141) = 29.2.2008$.

Ein Beispiel für $r = s$ erhält man für $K = 65379$. Es ist $j = 179$, damit $J_v = 2079$, und $r = 44$. Die Zahl der Schalttage errechnet sich zu $s = 44$. Aus $r = s$ folgt direkt $\theta(65379) = 31.12.2079$.

Schließlich gibt $K = 39440$ ein Beispiel für $r < s$. Man erhält $j = 108$, $J_v = 2008$, $r = 20$ und $s = 27$. Das Jahr mit der Jahreszahl 2008 ist ein Schaltjahr, die Umwandlung dieses Jahres in Resttage ergibt also $r = 20 + 366 = 386$, das neue letzte vollständige Jahr hat die Jahreszahl 2007, folglich ist $J = 2008$. An wahren Resttagen verbleiben $r - s = 359$ Tage, die sich in elf volle Monate von Januar bis November und 24 Tage für den Dezember aufteilen. Das Ergebnis ist folglich $\theta(39440) = 24.12.2008$.

Die Berechnung eines Datums aus seiner Datumsnummer K ist wegen der Division $\lfloor \frac{K}{365} \rfloor$ zeitlich recht aufwendig. Im nachfolgenden Unterprogramm wird deshalb die im Anhang vorgestellte schnelle Division durch 365 verwendet.

Unterprogramm KalDanZuDat

Zu einer Datumsnummer K wird das zugehörige Datum $\theta(K)$ bestimmt, also das Datum $D = (T, M, J)$ mit $\delta(D) = K$.

Input

$\mathbf{r_{15:14}}$ K

Output

$\mathbf{r_{16}}$ T

$\mathbf{r_{17}}$ M

$\mathbf{r_{19:18}}$ J

Es wird zu jedem $1 \leq K < 2^{16}$ das Datum D mit $\delta(D) = K$ berechnet, mit $\delta(1.1.1901) = 1$.

```
KalDanZuDat: push3  r12,r13,r20           3×2
             push2  r30,r31               2×2
             movw   r17:r16,r15:r14       1    r15:14 wird von AriDiv365 benötigt
             call   Div365                4+   r15:14 ← j, mit r15 ← 0, und r13:12 ← r
             ldi    r18,LOW(KalJB)        1    r19:18 ← J•
             ldi    r19,HIGH(KalJB)       1
             mov    r30,r14               1    r30 ← j
             dec    r30                   1    r30 ← j − 1
             add    r18,r30               1    r19:18 ← Jv = J• + j − 1
             adc    r19,r15               1
             lsr    r14                   1    r14 ← s = ⌊j/4⌋
             lsr    r14                   1
             sub    r12,r14               1    r13:12 ← d = r − s
             sbc    r13,r15               1
             brcc   KalDnZuDt40           1/2  Falls d ≥ 0: Keine Anpassung von d und Jv
             ldi    r30,0x6D              1    r13:12 ← d + 6D
             add    r12,r30               1
             adc    r13,r15               1    Hier r15 = 0
             inc    r13                   1    r13:12 ← d + 6D + 100 = d + 365
             mov    r30,r18               1    r30 ← Jv⊥
             ldi    r31,1                 1    r31 ← 1
             andi   r30,0b00000011        1    Jv⊥ mod 4 = Jv mod 4 = 0?, d.h. Jv Schaltjahr?
             brne   KalDnZuDt05           1/2
             add    r12,r31               1    Ja: r13:12 ← d + 365 + 1
```

```
25                 adc    r13,r15               1
26 KalDnZuDt05:    sub    r18,r31               1    J_v ← J_v − 1
27                 sbc    r19,r15               1    Hier r15 = 0
28 KalDnZuDt10:    ldi    r30,1                 1    r18:19 ← J = J_v + 1
29                 add    r18,r30               1
30                 adc    r19,r15               1
31                 mov    r30,r18               1    J^⊥ mod 4 = J mod 4 = 0?, d.h. J Schaltjahr?
32                 andi   r30,0b00000011        1
33                 breq   KalDnZuDt15           1/2  Ja: Zweite Tabelle verwenden
34                 ldi    r30,LOW(2*vbKalTiM)   1    Normaljahr: erste Tabelle
35                 ldi    r31,HIGH(2*vbKalTiM)  1
36                 rjmp   KalDnZuDt20           2
37 KalDnZuDt15:    ldi    r30,LOW(2*vbKalTiMs)  1    Schaltjahr: zweite Tabelle
38                 ldi    r31,HIGH(2*vbKalTiMs) 1
39 KalDnZuDt20:    movw   r15:r14,r17:r16       1    K restaurieren
40                 ldi    r17,1                 1    r17 ← μ = 1
41                 clr    r16                   1    r16 ← 00
42 KalDnZuDt25:    lpm    r20,Z+                3    r20 ← t_μ oder r16:20 ← t_μ
43                 cp     r20,r12               1    t_μ ≤ d?
44                 cpc    r16,r13               1
45                 brcc   KalDnZuDt30           1/2  Ja: zurück
46                 sub    r12,r20               1    r12:13 ← d − t_μ
47                 sbc    r13,r16               1
48                 inc    r17                   1    μ ← μ + 1
49                 rjmp   KalDnZuDt25           2
50 KalDnZuDt30:    mov    r16,r12               1    r16 ← T = d
51 KalDnZuDt35:    pop2   r31,r30               2×2
52                 pop3   r20,r13,r12           3×2
53                 ret                          4
54 KalDnZuDt40:    mov    r20,r12               1    d = 0?
55                 or     r20,r13               1
56                 brne   KalDnZuDt10           1/2  Nein: M und T bestimmen
57                 movw   r15:r14,r17:r16       1    K restaurieren
58                 ldi    r16,31                1    r16 ← T = 31
59                 ldi    r17,12                1    r17 ← M = 12
60                 rjmp   KalDnZuDt35           2    Zurück
```

Das Unterprogramm **Div365** erwartet den Divisor in Doppelregister $\mathbf{r_{17:16}}$, deshalb wird K vor seinem Aufruf von $\mathbf{r_{15:14}}$ in $\mathbf{r_{17:18}}$ umgeladen. Nach dem Aufruf in Zeile *4* enthält Doppelregister $\mathbf{r_{15:14}}$ dann den Quotienten $j = \lfloor \frac{K}{365} \rfloor$ und $\mathbf{r_{13:12}}$ enthält den Teilerrest $r = K \bmod 365$. Da j eine 8-Bit-Zahl ist, enthält $\mathbf{r_{15}}$ den Wert **00**, davon wird im weiteren Verlauf des Programms Gebrauch gemacht.

Als nächstes ist $J_v = J_\bullet + j - 1$ zu berechnen. Dazu wird in den Zeilen *5–6* Doppelregister $\mathbf{r_{19:18}}$ mit $J_\bullet$ geladen. Anschließend wird $\mathbf{r_{30}}$ mit j geladen, durch Dekrementieren von $\mathbf{r_{30}}$ wird $j-1$ berechnet und dann zu $J_\bullet$ in $\mathbf{r_{19:18}}$ addiert (Zeilen *7–10*). In Zeile *10* wird ausgenutzt, dass **00** in $\mathbf{r_{15}}$ enthalten ist. Schließlich wird in den Zeilen *11–12* noch $s = \lfloor \frac{j}{4} \rfloor$ durch doppelten Rechtsshift in $\mathbf{r_{14}}$ berechnet.

Da $\mathbf{r_{14}}$ die Zahl s, $\mathbf{r_{15}}$ den Wert **00** und $\mathbf{r_{13:12}}$ die Zahl der Resttage r enthält, wird in den Zeilen *13–14* in $\mathbf{r_{13:12}}$ der Wert $d = r - s$ berechnet, von dem das weitere Verhalten des Unterprogramms abhängt. Ist

$r - s \geq 0$, kann in die Zeile *54* gesprungen werden. Dort wird getestet, ob $r - s = 0$ gilt. Ist das der Fall, so ist $(31, 12, J_v)$ das gesuchte Datum, es muss also nur noch $\mathbf{r_{16}}$ mit 31 und $\mathbf{r_{17}}$ mit 12 geladen werden, damit $\mathbf{r_{19:18:17:16}}$ das gewünschte Datum enthält, es kann direkt in das rufende Programm zurückgekehrt werden. Gilt dagegen $r - s > 0$, so muss in den Zeilen *28–30* nur noch $J = J_v + 1$ in $\mathbf{r_{19:18}}$ berechnet werden, ehe aus d die Monatszahl M und die Tageszahl T bestimmt werden können.
Stellt sich aber in Zeile *15* heraus, dass $d = r - s < 0$ gilt, so ist d durch $d + 366$ oder $d + 365$ zu ersetzen, je nachdem J_v ein Schaltjahr ist oder nicht, außerdem ist J_v durch $J_v - 1$ zu ersetzen. Zunächst wird 365 zu d in $\mathbf{r_{13:12}}$ addiert. Wegen 365 = **16D** kann das so geschehen, dass in den Zeilen *16–18* zuerst **6D** addiert wird (auch hier ist wieder zu beachten, dass **00** in $\mathbf{r_{15}}$ enthalten ist), anschließend **100** durch Inkrementieren von $\mathbf{r_{13}}$. Um festzustellen, ob J_v ein Schaltjahr repräsentiert, wird $\mathbf{r_{30}}$ in Zeile *20* mit dem unteren Byte von J_v in $\mathbf{r_{18}}$ geladen, in Zeile *22* werden dann die unteren zwei Bit herausgelöst. Ist ihr Wert oo, so liegt ein Schaltjahr vor und J_v wird in den Zeilen *24–25* um 1 erhöht, denn $\mathbf{r_{31}}$ wurde in Zeile *21* mit 1 geladen und $\mathbf{r_{15}}$ enthält immer noch **00**. Nach der Anpassung von d wird in den Zeilen *26–27* noch J_v angepasst, d.h. J_v wird durch $J_v - 1$ ersetzt. Auch hier gilt das für $\mathbf{r_{31}}$ und $\mathbf{r_{15}}$ gesagte.
In den beiden Fällen $d > 0$ und $d < 0$ muss J als $J_v + 1$ festgelegt werden, das geschieht in den Zeilen *28–30*. Anschließend sind M und T aus d zu bestimmen. Dazu wird in den Zeilen *31–38* das Doppelregister **Z** wie in Unterprogramm `KalDatZuDan` mit der nach links geshifteten Adresse einer der beiden in `KalDatZuDan` gegebenen Tabellen mit den Tagesanzahlen der Monate geladen, und zwar abhängig davon, ob J ein Schaltjahr ist oder nicht.
Wie werden nun T und M aus d bestimmt? Es seien t_1 bis t_{12} die Tabelleneinträge, d.h. die Tageszahlen von Januar bis Dezember. Gilt $d \leq t_1$, so ist offensichtlich $M = 1$ und $T = d$. Andernfalls wird d durch $d - t_1$ ersetzt. Gilt dann $d \leq t_2$, so ist $M = 2$ und $T = d$, usw. Die Berechnung beginnt damit, dass in Zeile *40* Register $\mathbf{r_{17}}$ mit dem Anfangswert $M = 1$ geladen wird. Für die Rechnungen wird ein Register mit Inhalt **00** benötigt, diese Rolle übernimmt nach Zeile *41* Register $\mathbf{r_{16}}$. Am Anfang der Schleife in Zeile *42* wird Register $\mathbf{r_{20}}$ mit dem Tabellenelement t_μ geladen. In den folgenden beiden Zeilen wird dann d in Register $\mathbf{r_{13:12}}$ mit $\mathbf{r_{16:20}}$, also mit t_μ, verglichen. Gilt $d \leq t_\mu$, so steht das Ergebnis fest, es kann in die Zeile *50* gesprungen werden, in der vor der Rückkehr in das rufende Programm $\mathbf{r_{16}}$ mit $T = d$ geladen wird. Andernfalls wird d in den Zeilen *46–47* um t_μ vermindert und μ, d.h. also M, um 1 erhöht, bevor an den Schleifenanfang in Zeile *42* zurückgesprungen wird.
Die Aufbewahrung von K in Register $\mathbf{r_{17:16}}$ in Zeile *3*, die nötig ist, weil $\mathbf{r_{15:14}}$ vom Unterprogramm `Div365` verwendet wird, muss in Zeile *39* und in Zeile *57* rückgängig gemacht werden.

8.2. Wochentag und Kalenderwoche

Auf welchen Wochentag ein Datum D fällt, kann mit der Wochentagsfunktion ω bestimmt werden:

$$\omega(D) = \delta(D) \bmod 7$$

Weil das Basisdatum $D_\bullet$ auf einen Dienstag fällt und $\delta(D_\bullet) = 1$ gilt, fällt auch das genau eine Woche entfernte Datum D mit $\delta(D) = 1 + 7$ auf einen Dienstag. Allgemein fällt jedes Datum D mit $\delta(D) = 1 + 7n$ auf einen Dienstag, hat also, wenn es durch 7 dividiert wird, den Teilerrest 1, d.h. es gilt $\delta(D) \bmod 7 = 1 = \omega(D)$. Das auf $D_\bullet$ folgende Datum D' fällt auf einen Mittwoch. Weil $\delta(D') = 2$ gilt fällt jedes Datum D mit $\delta(D) = 2 + 7n$ auf einen Mittwoch, hat also, wenn es durch 7 dividiert wird, den Teilerrest 2, d.h. es gilt $\delta(D) \bmod 7 = 2 = \omega(D)$. Für das Datum D des ersten Montags nach $D_\bullet$ gilt $\delta(D) = 1 + 6 = 7$ und daher werden alle Daten D, die auf einen Montag fallen, durch $\omega(D) = 0$ gekennzeichnet.

Da ω eine sehr häufig gebrauchte Funktion ist, lohnt es sich, das schnelle Divisionsunterprogramm `Div7` zu verwenden, allerdings in einer an die Kalenderrechnung angepassten Gestalt, denn der Quotient wird nicht benötigt und der Teilerrest findet in einem Byte Platz.

Unterprogramm KalWot

Zu einer Datumsnummer K wird der Wochentag $t = K \bmod 7$ berechnet.

Input

$\mathbf{r}_{17:16}$ K

Output

$\mathbf{r}_{12}$ t

```
KalWot:  push3  r0,r1,r13          3×2
         push3  r14,r15,r18        3×2
         ldi    r18,0x4A           1    r13 ← HIGH(u0 × 4A)
         mul    r16,r18            2
         mov    r13,r1             1
         ldi    r18,0x92           1    r15:14 ← u1 × 92
         mul    r17,r18            2
         movw   r15:r14,r1:r0      1
         mul    r16,r18            2    r15:14:13 ← r15:14:13 + u0 × 92
         add    r13,r0             1
         adc    r14,r1             1
         clr    r12                1
         adc    r15,r12            1
         ldi    r18,0x4A           1    r15:14:13 ← r15:14:13 + u1 × 4A
         mul    r17,r18            2
         add    r13,r0             1
         adc    r14,r1             1
         adc    r15,r12            1
         lsr    r15                1    r15:14 ← (u × 924A × 2^-16) × 2^-2
         ror    r14                1
         lsr    r15                1
         ror    r14                1
         ldi    r18,7              1    r18:12 ← 7q1
         mov    r13,r18            1
         mul    r15,r13            2
         mov    r18,r1             1
         mov    r12,r0             1
         mul    r14,r13            2    r1:0 ← 7q0
         add    r1,r12             1    r18:1:0 ← 7q1·2^8 + 7q0
         clr    r13                1
         adc    r18,r13            1
         movw   r13:r12,r17:r16    1    r13:12 ← u
         sub    r12,r0             1    r13:12 ← r = u − 7q
         sbc    r13,r1             1
         clr    r0                 1
         sbc    r0,r18             1
         brcc   KalWotE            1/2  Falls r ≥ 0: fertig
         ldi    r18,7              1    r ← r + 7
```

```
           add    r12,r18          1
KalWotE:   pop3   r18,r15,r14      3×2
           pop3   r13,r1,r0        3×2
           ret                     4
```

Das Unterprogramm unterscheidet sich nur wenig vom Unterprogramm `Div7` aus Abschnitt A.3.1, die dort gegebenen Eräuterungen gelten auch hier (siehe Bild A.1).

Die Wochentagsfunktion ω ist die Grundlage für viele Datumsbestimmungen. Als ein einfaches Beispiel soll das Datum D_{Do1} des ersten Donnerstags eines Jahres J ermittelt werden. Man berechnet dazu die Datumsnummer des ersten Tages des Jahres, also $K = \delta(1.1.J)$, und daraus $t = \omega(K)$. Gilt $t = 3$, d.h. fällt der erste Tag des Jahres auf einen Donnerstag, dann ist das Datum schon gefunden: $D_{\mathsf{Do1}} = 1.1.J$. Im Falle $t = 2$ ist der erste Tag des Jahres ein Mittwoch, folglich ist der gesuchte Donnerstag der zweite Tag des Jahres: $D_{\mathsf{Do1}} = \theta(K+1)$. Gilt jedoch $t = 4$, d.h. ist der erste Tag des Jahres ein Freitag, dann ist der gesuchte Tag der Donnerstag der folgenden Woche: $D_{\mathsf{Do1}} = \theta(K+6)$. Allgemein berechnet sich der erste Donnerstag eines Jahres nach dem folgenden Schema:

$$D_{\mathsf{Do1}} = \begin{cases} \theta(K+3-t) & \text{falls } t \le 3 \\ \theta(K+10-t) & \text{falls } t > 3 \end{cases} \tag{8.1}$$

Die soeben durchgeführte Berechnung ist eine typische Kalenderrechnung. Man geht von einem Datum G zur Datumsnummer $K = \delta(D)$ über, berechnet daraus eine Datumsnummer K', oft mit Hilfe der Wochentagsfunktion ω, und geht dann zum Datum $D' = \theta(K')$ über.

Wichtig ist neben der Kenntnis des Wochentages eines Datums auch, in welche Kalenderwoche das Datum fällt. Die erste Kalenderwoche eines Jahres ist nach OSI diejenige Woche, die den ersten Donnerstag des Jahres enthält. Das Datum dieses ersten Donnerstages wurde oben berechnet, diese Berechnungen sind die Basis des folgenden Unterprogramms zur Bestimmung des Montags der ersten Kalenderwoche eines Jahres:

Unterprogramm KalMoEKW

Zu einer Jahreszahl J wird die Datumsnummer $K_{\mathsf{MoEKW}}(J)$ des Montags der ersten Kalenderwoche des Jahres J berechnet.

Input

$r_{19:18}$ Eine Jahreszahl J

Output

$r_{17:16}$ $K_{\mathsf{MoEKW}}(J)$

```
KalMoEKW: push4  r12,r14,r15,r20  4×2
          ldi    r16,1            1    r17:16 ← K = δ(1.1.J)
          ldi    r17,1            1
          rcall  KalDatZuDan      3+
          movw   r17:r16,r15:r14  1
          rcall  KalWot           3+   r12 ← t = ω(K)
          ldi    r20,3            1    r20 ← 3
          sub    r20,r12          1    r20 ← k = 3 − t
          brsh   KalMEKW2         1/2  3 < t?
          subi   r20,256-7        1    Falls ja: r20 ← k = (3 − t) − (−7) = 10 − t
```

```
11 KalMEKW2: add    r16,r20            1     r17:16 ← K' = K + k
12           clr    r12                1
13           adc    r17,r12            1
14           subi   r16,3              1     r17:16 ← K' = K' − 3
15           sbc    r17,r12            1
16           pop4   r20,r15,r14,r12    4×2
17           ret                       4
```

Als erstes wird die Datumsnummer $K = \delta(1.1.J)$ des ersten Januar des Jahres J berechnet (Zeilen *2–4*). Das Unterprogramm `KalDatZuDan` hinterlässt K im Doppelregister $\mathbf{r_{15:14}}$. Sie wird in Register $\mathbf{r_{17:16}}$ umgeladen, anschließend wird $t = \omega(K)$ berechnet, das Unterprogramm `KalWot` hinterlässt t in Register $\mathbf{r_{12}}$. Es wird nun (8.1) eingesetzt, um den ersten Donnerstag des Jahres zu bestimmen. Dazu ist $K' = K + k$ zu berechnen, mit $k = 3$ falls $3 \geq t$ aber $k = 10$ falls $3 < t$. Es beginnt in Zeile *7* damit, dass Register $\mathbf{r_{20}}$ mit 3 geladen wird. In der nächsten Zeile wird dann 3 mit t verglichen. Ist $3 \geq t$, dann ist k schon in $\mathbf{r_{20}}$ enthalten und es kann zur Addition $K + k$ in die Zeile *11* gesprungen werden. Anderfalls wird in Zeile *10* Register $\mathbf{r_{20}}$ durch Subtraktion von -7 mit $k = 10$ geladen. Jedenfalls wird in den Zeilen *11–13* im Doppelregister $\mathbf{r_{17:16}}$ die Datumsnummer $K' = K + k$ des ersten Donnerstags des Jahres berechnet. Es bleibt nur noch, durch Subtraktion von 3 die Datumsnummer des vorgangehenden Montags zu bestimmen.

Bei Datumsrechnungen mit Kalenderwochen gilt es zu beachten, dass die erste Kalenderwoche eines Jahres einige Tage des vorigen Jahres enthalten kann und dass die letzte Kalenderwoche eines Jahres erst im folgenden Jahr beendet sein kann. Einige Beispiele dazu:

$$\begin{aligned}
\theta\left(K_{\mathsf{MoEKW}}(1903)\right) &= 29.12.1902\\
\theta\left(K_{\mathsf{MoEKW}}(2010)\right) &= 4.1.2010\\
\theta\left(K_{\mathsf{MoEKW}}(2014)\right) &= 30.12.2013\\
\theta\left(K_{\mathsf{MoEKW}}(2030)\right) &= 31.12.2029
\end{aligned}$$

Eine wichtige Größe ist die Anzahl $\Phi(J)$ der Kalenderwochen eines Jahres J. Weil die Nummern der Kalenderwochen mit 1 beginnen, ist $\Phi(J)$ auch die Nummer der letzten Kalenderwoche des Jahres. Sie ist leicht zu berechnen, denn der Sonntag der letzten Woche des Jahres J ist der Tag vor dem Montag der ersten Woche des nächsten Jahres $J + 1$. Ist also $K = K_{\mathsf{MoEKW}}(J)$ und $K' = K_{\mathsf{MoEKW}}(J + 1)$, dann enthalten die Wochen von J genau $K' - K$ Tage, folglich gilt

$$\Phi(J) = \left\lfloor \frac{K_{\mathsf{MoEKW}}(J+1) - K_{\mathsf{MoEKW}}(J)}{7} \right\rfloor . \tag{8.2}$$

Gleichung (8.2) lässt sich mühelos in ein Unterprogramm umsetzen:

Unterprogramm KalAnzKW

Zu einer Jahreszahl J wird die Anzahl $\Phi(J)$ der Kalenderwochen berechnet.

Input

$\mathbf{r_{19:18}}$ Die Jahreszahl J

Output

$\mathbf{r_{16}}$ Die Anzahl $\Phi(J)$ der Kalenderwochen

```
KalAnzKW: push5  r12,r13,r14,r15,r17   5×2
          rcall  KalMoEKW               3+    r15:14 ← K = K_MoEKW(J)
```

```
        movw    R15:r14,r17:r16             1
        ldi     r16,1                       1     r17:16 ← 00001
        clr     r17                         1
        add     r18,r16                     1     r19:18 ← J + 1
        adc     r19,r17                     1
        rcall   KalMoEKW                    3+    r17:16 ← K' = K_MoEKW(J + 1)
        sub     r16,r14                     1     r17:16 ← K' − K
        sbc     r17,r15                     1
        call    Div7                        4+    r15:14 ← ⌊(K' − K)/7⌋
        ldi     r16,1                       1     r17:16 ← 00001
        clr     r17                         1
        sub     r18,r16                     1     r19:18 ← J = J + 1 − 1
        sbc     r19,r17                     1
        mov     r16,r14                     1     r16 ← ⌊(K' − K)/7⌋
        pop5    r17,r15,r14,r13,r12         5×2
        ret                                 4
```

Die nächste für Kalenderrechnungen wichtige Zahl ist die Nummer $\mathbf{\Omega}(D)$ der Kalenderwoche, die den Tag des Datums D enthält. So ist beispielsweise $\mathbf{\Omega}(2.1.2011) = 52$ und $\mathbf{\Omega}(2.1.2012) = 1$, d.h. der zweite Januar des Jahres 2011 liegt in der 52-ten Woche des Vorjahres 2010 und der zweite Januar des Jahres 2012 liegt in der ersten Woche des eigenen Jahres.

Die Berechnung von $\mathbf{\Omega}(D)$ folgt dem typischen Verlauf einer Kalenderrechnung, in der alle Rechnungen in der Domäne der Datumsnummern ausgeführt werden. Es sei also $K = \delta(D)$ die Datumsnummer von D und es sei $K_{\mathsf{E}} = K_{\mathsf{MoEKW}}(D_J)$ die Datumsnummer der ersten Kalenderwoche des Jahres D_J von D. Ferner sei $K'_{\mathsf{E}} = K_{\mathsf{MoEKW}}(D_J + 1)$ die Datumsnummer des Montags der ersten Woche des auf J folgenden Jahres. Damit lässt sich $\mathbf{\Omega}(D)$ durch Fallunterscheidung gewinnen:
Im Falle $K < K_{\mathsf{E}}$ liegt D vor dem Montag der ersten Kalenderwoche von D_J, gehört also zur letzten Kalenderwoche des vorangehenden Jahres:

$$\mathbf{\Omega}(D) = \Phi(D_J - 1)$$

Gilt die Gleichung $K = K_{\mathsf{E}}$, dann ist D gerade der Montag der ersten Kalenderwoche von D_J:

$$\mathbf{\Omega}(D) = 1$$

Der Fall $K_{\mathsf{E}} < K < K'_{\mathsf{E}}$ bedeutet, dass D in einer der Kalenderwochen des Jahres D_J enthalten ist. Diese lässt sich aus der Anzahl $t = K - K_{\mathsf{E}} + 1$ der Tage von K_{E} bis K (einschließlich) ermitteln:

$$\mathbf{\Omega}(D) = \left\lfloor \frac{t}{7} \right\rfloor + ?\langle t \bmod 7 > 0 \rangle$$

Denn die t Tage teilen sich auf in $g \geq 0$ ganze Wochen und $0 \leq r \leq 6$ Resttage, d.h. es gilt $t = 7g + r$:

$$g = \left\lfloor \frac{t}{7} \right\rfloor \qquad r = t \bmod 7$$

Gilt also $r = 0$, dann liegt D in der g-ten Woche, bei $r > 0$ ist D natürlich in der $(g + 1)$-ten

Woche enthalten. Wegen $t \geq 1$ kann nicht $g = 0$ **und** $r = 0$ gelten, d.h. die rechte Seite der Gleichung ist ≥ 1, wie es bei der Nummer einer Kalenderwoche auch sein muss.
Der Fall $K'_\mathsf{E} \leq K$ schließlich bedeutet, dass D mit dem Montag der ersten Kalenderwoche des auf D_J folgenden Jahres übereinstimmt oder auf ihn folgt, dass D folglich zur ersten Kalenderwoche des folgenden Jahres gehört:

$$\boldsymbol{\Omega}(D) = 1$$

Hier sind die vier Fälle zur Berechnung von $\boldsymbol{\Omega}(D)$ in einer Formel zusammengefasst:

$$\boldsymbol{\Omega}(D) = \begin{cases} \Phi(D_J - 1) & \text{falls} \quad K < K_\mathsf{E} \\ 1 & \text{falls} \quad K = K_\mathsf{E} \\ \left\lfloor \dfrac{t}{7} \right\rfloor + ?\langle t \bmod 7 > 0 \rangle & \text{falls} \quad K_\mathsf{E} < K < K'_\mathsf{E} \\ 1 & \text{falls} \quad K \geq K'_\mathsf{E} \end{cases} \tag{8.3}$$

Die Realisierung von (8.3) als Unterprogramm ist eine eher leichte Programmierübung:

Unterprogramm KalDatZuWon

Zu einem Datum $D = (T, M, J)$ wird die Nummer $\boldsymbol{\Omega}(D)$ der Kalenderwoche berechnet, die D enthält.

Input

r_{16} T
r_{17} M
$r_{19:18}$ J

Output

r_{15} $\boldsymbol{\Omega}(D)$

```
KalDatZuWon: push5  r12,r13,r14,r16,r17   5×2
  Die Berechnung von K und K_E
             rcall  KalDatZuDan           3+   r15:14 ← K = δ(D)
             rcall  KalMoEKW              3+   r17:16 ← K_E = K_MoEKW(D_J)
  Der Vergleich von K und K_E
             cp     r14,r16               1    K = K_E?
             cpc    r15,r17               1
             brne   KalDaZuWo04           1/2  Nein: weiter vergleichen
  Der Fall K = K_E
KalDaZuWo02: ldi    r16,1                 1    r15 ← 1 = Ω(D)
             mov    r15,r16               1
             rjmp   KalDaZuWo06           2
KalDaZuWo04: brge   KalDaZuWo08           1/2  K mit K'_E vergl. falls K_E < K
  Der Fall K < K_E
             ldi    r16,1                 1    r19:18 ← J − 1
             ldi    r17,0                 1
             sub    r18,r16               1
             sbc    r19,r17               1
             rcall  KalAnzKW              3+   r15 ← Φ(J − 1)
             mov    r15,r16               1
             ldi    r16,1                 1    r19:18 ← J
             add    r18,r16               1
```

19		`adc`	`r19,r17`	1	
20	`KalDaZuWo06:`	`pop5`	`r17,r16,r14,r13,r12`	5×2	
21		`ret`		4	
	Die Berechnung von K'_E				
22	`KalDaZuWo08:`	`movw`	`r13:r12,r17:r16`	1	$\mathbf{r_{13:12}} \leftarrow K_\mathsf{E}$
23		`ldi`	`r16,1`	1	$\mathbf{r_{19:18}} \leftarrow J+1$
24		`ldi`	`r17,0`	1	
25		`add`	`r18,r16`	1	
26		`adc`	`r19,r17`	1	
27		`rcall`	`KalMoEKW`	3+	$\mathbf{r_{17:16}} \leftarrow K'_\mathsf{E}$
	Der Vergleich von K und K'_E				
28		`cp`	`r14,r16`	1	$K < K'_\mathsf{E}$ oder $K \geq K'_\mathsf{E}$?
29		`cpc`	`r15,r17`	1	
30		`brlo`	`KalDaZuWo0A`	1/2	
	Der Fall $K \geq K_\mathsf{E}$				
31		`ldi`	`r16,1`	1	$\mathbf{r_{15}} \leftarrow 1 = \mathbf{\Omega}(D)$
32		`mov`	`r15,r16`	1	
33		`rjmp`	`KalDaZuWo0C`	2	
	Der Fall $K < K_\mathsf{E}$				
34	`KalDaZuWo0A:`	`ldi`	`r16,1`	1	$\mathbf{r_{17:16}} \leftarrow 1$
35		`ldi`	`r17,0`	1	
36		`add`	`r16,r14`	1	$\mathbf{r_{17:16}} \leftarrow K+1$
37		`adc`	`r17,r15`	1	
38		`sub`	`r16,r12`	1	$\mathbf{r_{17:16}} \leftarrow t = K+1-K'_\mathsf{E}$
39		`sbc`	`r17,r13`	1	
40		`call`	`Div7`	4+	$\mathbf{r_{15:14}} \leftarrow g = \lfloor \frac{t}{7} \rfloor$ und $\mathbf{r_{13:12}} \leftarrow r = t \bmod 7$
41		`mov`	`r15,r14`	1	$\mathbf{r_{15}} \leftarrow g$
42		`cp`	`r13,r12`	1	$\mathbf{S}.\mathsf{c} \leftarrow ?\langle r > 0\rangle$
43		`adc`	`r15,r13`	1	$\mathbf{r_{15}} \leftarrow g + ?\langle r > 0\rangle$
44	`KalDaZuWo0C:`	`ldi`	`r16,1`	1	$\mathbf{r_{19:18}} \leftarrow J-1$
45		`ldi`	`r17,0`	1	
46		`sub`	`r18,r16`	1	
47		`sbc`	`r19,r17`	1	
48		`rjmp`	`KalDaZuWo06`	2	

Das Unterprogramm ist eine direkte Umsetzung von (8.3), die durch K_E und K'_E bestimmten Bereiche werden durch Vergleiche ermittelt und die entsprechenden Funktionswerte berechnet. Das kann in der Kommentarspalte leicht verfolgt werden.

Eine kleine Besonderheit ist die Berechnung von $g + ?\langle r > 0\rangle$ in den Zeilen *41–43*. Der vom Unterprogramm `Div7` erzeugte Teilerrest r ist natürlich kleiner als 7, als hat $\mathbf{r_{13}}$ nach dem Aufruf den Wert **00**. In Zeile *42* wird also 0 mit r verglichen, folglich hat das Übertragsbit $\mathbf{S}.\mathsf{c}$ bei $r > 0$ den Wert 1 und nur bei $r = 0$ den Wert 0. Das bedeutet aber gerade $\mathbf{S}.\mathsf{c} = ?\langle r > 0\rangle$ und so wird in Zeile *43* $?\langle r > 0\rangle$ zu g addiert.

Es sind jetzt alle Hilfsmittel vorhanden, um erfolgreich Kalenderarithmetik betreiben zu können. Als ein Beispiel für die damit verbundenen Techniken soll ein Unterprogramm geschrieben werden, welches zu einem gegebenen Jahr J das Datum des ersten Adventsonntags berechnet! Dieser Sonntag ist definiert als der dem 30. November nächstliegende Sonntag. Beispielsweise fällt für $J = 2010$ der dem 30. November nächstliegende Sonntag auf den 28. November. Es empfiehlt sich allerdings, ein Unterprogramm für das allgemeine Problem zu entwickeln, zu gegebenem Datum D und gegebenem Wochentag t ($t = 0$ für Montag bis $t = 6$ für Sonntag) das nächstgelegene Datum D_t mit dem Wochentag t zu finden, für das also $\omega(D_t) = t$ gilt. Den ersten Adventsonntag erhält man dann mit $D = (30, 11, J)$ und $t = 6$.

Man berechnet zunächst die Datumsnummer $K = \delta(D)$ von D und den Wochentag $t_D = \omega(K)$ von D. Ist $t = t_D$ dann ist natürlich D selbst das gesuchte Datum. Es sei $t < t_D$ und $d = t_D - t$. Der nächste vor K gelegene Tag K' mit $\omega(K') = t$ ist natürlich $K' = K - d$. Ist z.B. $t_D = 5$ (Samstag) und $t = 1$ (Dienstag), dann muss man von D aus $d = 4 = 5 - 1$ Tage zurückgehen, um zum direkt vor D gelegenen Dienstag zu gelangen. Das ist aber nicht der absolut nächstgelegene Dienstag, den erreicht man von D aus durch ein Vorrücken um drei Tage, d.h. es ist $K' = K + 3$. Die allgemeine Regel ist offensichtlich: Gilt $d < 4$ dann ist $K' = K - d$, andernfalls (bei $d \geq 4$) ist $K' = K - d + 7$. Im Falle $t > t_D$ setzt man $d = t - t_D$. Der nächstgelegene Tag mit Wochentag t hinter D hat die Datumsnummer $K' = K + d$. Das ist für $d < 4$ auch der absolut nächstgelegene Tag mit Wochentag t. Für $d \geq 4$ ist der absolut nächstgelegene Tag jedoch $K' = K + d - 7$.

Diese Überlegungen genügen, um ein Unterprogramm erzeugen zu können, das K' aus D und t berechnet. Dem Leser sei empfohlen, einmal selbst solch ein Unterprogramm zu schreiben. Hier ist die Version des Autors:

Unterprogramm KalDatZNWot

Zu einem Datum $D = (T, M, J)$ und $t \in \{0, \dots, 6\}$ wird das nächstgelegene Datum D_t gesucht mit $\omega(D_t) = t$. Es wird also das zu D nächstgelegene Datum D_t mit vorgegebenem Wochentag t berechnet. Hier steht $t = 0$ für Montag, $t = 1$ für Dienstag usw. bis zu $t = 6$ für Sonntag.

Input

r_{16} T

r_{17} M

$r_{19:18}$ J

r_{20} t

Output

$r_{15:14}$ $\delta(D_t)$

```
KalDatZNWot:  push3   r12,r16,r17       3×2
              rcall   KalDatZuDan       3+    r15:14 ← K = δ(D)
              movw    r17:r16,r15:r14   1     r17:16 ← K
              rcall   KalWot            3+    r12 ← tD = ω(K)
              clr     r17               1     Für 16-Bit-Additionen und -Subtraktionen
              cp      r20,r12           1     t mit tD vergleichen
              breq    KalDtZNWt02       1/2   Bei t = tD mit K in r15:14 zurück
              brsh    KalDtZNWt04       1/2   Verzweigen bei t > tD
              mov     r16,r12           1     r16 ← d = tD − t
              sub     r16,r20           1
              sub     r14,r16           1     r15:14 ← K − d
              sbc     r15,r17           1
              cpi     r16,4             1     d < 4?
              brlo    KalDtZNWt02       1/2   Falls ja: fertig
              ldi     r16,7             1     r15:14 ← K − d + 7
              add     r14,r16           1
              adc     r15,r17           1
KalDtZNWt02:  pop3    r17,r16,r12       3×2
```

```
               ret                        4
KalDtZNWt04:   mov     r16,r20            1     r16 ← d = t − t_D
               sub     r16,r12            1
               add     r14,r16            1     r15:14 ← K + d
               adc     r15,r17            1
               cpi     r16,4              1     d < 4?
               brlo    KalDtZNWt02        1/2   Falls ja: fertig
               ldi     r16,7              1     r15:14 ← K + d − 7
               sub     r14,r16            1
               sbc     r15,r17            1
               rjmp    KalDtZNWt02        2
```

Kalenderprobleme werden fast immer durch Übergang zu den Datumsnummern gelöst. Dazu noch ein letztes einfaches Beispiel:

Es sind alle Sonntage eines Monats M im Jahre J zu bestimmen!

Dazu berechnet man $K = \delta(1.M.J)$, $t = \boldsymbol{\omega}(1.M.J)$ und $K' = \delta(1.M+1.J)$ oder $K' = \delta(1.1.J+1)$ falls $M = 12$. K' ist natürlich die Datumsnummer des ersten Tages des nachfolgenden Monats. Dann ist

$$K_{\mathsf{S}}^{0} = K + (6 - t)$$

die Datumsnummer des ersten Sonntags des Monats, und die folgenden Sonntage haben die Datumsnummern

$$K_{\mathsf{S}}^{k} = K + (6 - t) + 7k \quad k = 1, 2, \ldots$$

Die gesuchten Sonntage sind offensichtlich die Tage K_{S}^{k} für die $K_{\mathsf{S}}^{k} < K'$ gilt. Das Problem lässt sich mit den Unterprogrammen des Kapitels leicht lösen.

A. Miszellen

A.1. Korrektheitsbeweis der BCD-Division

In Abschnitt 6.9 wurde statt einer Erklärung der Funktionsweise von Unterprogramm `BcdDiv` auf diesen Abschnitt verwiesen. Ein Erklärung wird es allerdings auch hier nicht geben. Wohl aber wird der Beweis geführt werden, dass das Unterprogramm tatsächlich $\lfloor \frac{a}{b} \rfloor$ und $a \bmod b$ berechnet.[1] Eine Möglichkeit, zu zeigen, dass ein Programm ein bestimmtes Ergebnis erzielt, besteht darin, **Invarianten** zu entdecken. Eine Invariante ist ein logischer Ausdruck, der mit den Variablen oder allgemeiner den Datenstrukturen des Unterprogramms gebildet wird und der im Ablauf des Programms stets **wahr** ist. Mit etwas Geschick (und Übung) lassen sich in kleinen wohlstrukturierten Programmen Invarianten finden, an denen die Korrektheit des Programms abgelesen werden kann. Die Schwierigkeit liegt meist nicht darin, den gewöhnlich recht einfachen Beweis zu führen, sondern darin, die richtigen logischen Ausdrücke zu finden.

Die Ausführungen weiter unten machen aber auch deutlich, dass die gewonnene Sicherheit trügerisch ist. Ein Korrektheitsbeweis ist kein Ersatz für einen Test, er kann keine Garantie für ein auf einem realen Prozessor ablaufendes Programm geben.[2]

Es folgt nun das Unterprogramm `BcdDiv` aus Abschnitt 6.9 angereichert mit logischen Ausdrücken $\mathcal{P}$, $\mathcal{Q}$, $\mathcal{R}$ und $\mathcal{S}$:

$\mathcal{P}$: $a > 0 \wedge b > 0$
1 $r \leftarrow a$; $q \leftarrow 0$; $t \leftarrow b$;
$\mathcal{Q}$: $\bigvee_{n \geq 0} t = 2^n b \wedge a = qt + r \wedge 0 \leq r$
2 **while** $t \leq r$ **do** $t \leftarrow 2t$ **end**
$\mathcal{R}$: $\bigvee_{n \geq 0} t = 2^n b \wedge a = qt + r \wedge 0 \leq r < t$
3 **while** $t \neq b$ **do**
4 $\quad q \leftarrow 2q$; $t \leftarrow \lfloor \frac{t}{2} \rfloor$
5 $\quad$ **if** $t \leq r$
6 $\quad\quad$ **then**
7 $\quad\quad$ $r \leftarrow r - t$;
8 $\quad\quad$ $q \leftarrow q + 1$
9 $\quad\quad$ **end**
10 $\quad$ **end**
$\mathcal{S}$: $a = qb + r \wedge 0 \leq r < b$

Wenn gezeigt werden kann, dass der logische Ausdruck $\mathcal{S} : a = qb + r \wedge 0 \leq r < b$ nach dem Passieren der Zeile *10* wahr ist, dann ist in der Tat q der Quotient und r der Rest der Division $\frac{a}{b}$.[3] Zu diesem Zweck wird nun ganz behutsam in kleinen Schritten vorgegangen. Eine vorab

[1] Der Korrektheitsbeweis wurde [Alag] Section 2.7 entnommen.
[2] Dieses Beispiel wurde gewählt, um eben das zu zeigen!
[3] Nähere Erläuterungen dazu finden sich in [Mss1] **3.1**.

gemachte Annahme ist, dass alle im Unterprogramm vorkommenden Variablen, also a, b, q usw., ganze Zahlen (also Elemente von $\mathbb{Z}$) repräsentieren.

- Der erste logische Ausdruck $\mathcal{P}$ ist nach Vereinbarung wahr, da dem Unterprogramm nur ganze Zahlen $a > 0$ und $b > 0$ zugeführt werden sollen.
- Nach der Ausführung der Anweisungen in Zeile *1* muss der Ausdruck $\mathcal{Q}$ wahr sein. Er ist genau dann wahr, wenn jeder seiner drei Teilsausdrücke wahr ist.
  Der Teilausdruck $\bigvee_{n\geq 0} t = 2^n b$ besagt in Worten, dass es eine ganze Zahl $n \geq 0$ gibt mit $t = 2^n b$. Das ist gewiss richtig, da nach der Zuweisung in Zeile 1 $t = b = 2^0 b$ gilt.
  Der Teilausdruck $a = qt + r$ ist wegen $q = 0$ und $r = a$ ebenfalls wahr: $a = 0 \times t + r$.
  Der dritte Teilausdruck $0 \leq r$ ist wegen $r = a$ und $a > 0$ auch wahr.
- Nach der Schleife in Zeile 2 muss der Ausdruck $\mathcal{R}$ wahr sein, der wiederum genau dann wahr ist, wenn seine drei Teilausdrücke wahr sind.
  Vor der Schleife gilt $t = 2^n b$ für ein gewisses n. Da t in der Schleife einige Male (was kein mal einschließt) verdoppelt wird, gilt nach ihr natürlich $t = 2^{n'}$ für ein $n' \geq n$.
  Da immer noch $q = 0$ gilt, hat die Schleife keinen Einfluss auf den Ausdruck $a = qt + r$, der also wahr ist, weil er vor der Schleife wahr war.
  Da r in der Schleife nicht verändert wird, bleibt auch der Ausdruck $0 \leq r$ wahr. Nun wird die Schleife so lange durchlaufen, wie $t \leq r$ wahr ist, folglich ist $t \leq r$ nach dem Verlassen der Schleife falsch, d.h. es gilt $r < t$. Damit ist auch der dritte logische Ausdruch $0 \leq r < t$ wahr.
- Als nächstes ist zu zeigen, dass der Ausdruck $\mathcal{R}$ eine Invariante der Schleife in den Zeilen 3 bis 9 ist. Das bedeutet, dass, wenn $\mathcal{R}$ bei Erreichen der Zeile 3 wahr ist, $\mathcal{R}$ auch noch bei Verlassen der Zeile 9 wahr ist. Bei Abarbeitung des Schleifenkörpers, also der Zeilen 4–9, steht noch die Schleifenbedingung $t \neq b$ als wahre Aussage zur Verfügung.
  Zunächst soll die Auswirkung der beiden Anweisungen in Zeile 4 auf $\mathcal{R}$ untersucht werden. Die Anwendung der Schleifenbedingung $t \neq b$ auf $\bigvee_{n\geq 0} t = 2^n b$ zeigt, dass es ein $n > 0$ gibt mit $t = 2^n b$, insbesondere ist t eine gerade Zahl.
  Auf $\bigvee_{n\geq 0} t = 2^n b$ hat nur die zweite Zuweisung $t \leftarrow \lfloor \frac{t}{2} \rfloor$ in Zeile 4 Einfluss. Wegen $n > 0$ ist diese Aussage auch nach der Zuweisung, einer Halbierung von t, wahr.
  Die zweite Teilaussage $a = qt + r$ bleibt beim Passieren der Zeile 4 ebenfalls wahr, da sich der Wert von qt nicht ändert. Da nämlich t eine gerade Zahl ist, gilt $\lfloor \frac{t}{2} \rfloor = \frac{t}{2}$. Also verdoppelt die erste Zuweisung $q \leftarrow 2q$ das Produkt qt, die zweite Zuweisung $t \leftarrow \frac{t}{2}$ halbiert das Produkt wieder, sein Wert bleibt gleich: $q' \leftarrow 2q$ und $t' \leftarrow \frac{t}{2}$ ergibt $q't' = 2q\frac{t}{2} = qt$.
  Die dritte Teilaussage $0 \leq r < t$ bleibt möglicherweise nur zum Teil wahr, denn die zweite Zuweisung verkleinert t, weshalb $r \geq t$ eintreten kann. Keine der beiden Zusweisungen hat jedoch einen Einfluss auf den Wahrheitswert von $0 \leq r$, da sie r unverändert lassen.
  Insgesamt hat sich also ergeben, dass beim Verlassen der Zeile 4 der folgende logische Ausdruck wahr ist:
  $$\mathcal{T}: \bigvee_{n\geq 0} t = 2^n b \ \wedge \ a = qt + r \ \wedge \ 0 \leq r$$
  Es ist jetzt der Einfluss der **if**-Anweisung in den Zeilen 5–9 zu untersuchen.
  Ist die Bedingung $t \leq r$ der **if**-Anweisung falsch, so werden die Anweisungen in den Zeilen 7–8 nicht ausgeführt, folglich wird der Ausdruck $\mathcal{T}$ gar nicht beeinflusst. Das Gegenteil der **if**-Bedingung, nämlich dass $t > r$ wahr ist, ergibt aber zusammen mit der Wahrheit von $\mathcal{T}$ die Wahrheit von $\mathcal{R}$. Wenn also die **if**-Anweisung nicht ausgeführt wird, bleibt der Ausdruck

$\mathcal{R}$ beim Durchlauf der Schleife wahr.
Die Bedingung $t \leq r$ der **if**-Anweisung sei nun wahr.
Da in der **if**-Anweisung t nicht verändert wird, bleibt der erste Teilausdruck $\bigvee_{n\geq 0} t = 2^n b$ von $\mathcal{R}$ wahr.
Der zweite Teilausdruck $a = qt + r$ bleibt ebenfalls wahr, da sich der Wert von $qt + r$ nicht ändert. Mit $r' = r - t$ und $q' = q + 1$ ergibt sich nämlich $q't + r' = t + qt + r - t = qt + r$.
Es bleibt noch zu zeigen, dass der dritte Teilausdruck $0 \leq r < t$ wahr ist. Nun gilt bei Durchführung der **if**-Anweisung $t \leq r$, die **if**-Bedingung ist ja wahr, d.h. es ist $r - t \geq 0$. Mit $r' = r - t$ nach der Anweisung in Zeile 7 ist folglich $r' \geq 0$. Der linke Teil von $0 \leq r < t$ ist wahr, es ist noch zu zeigen, dass auch der rechte $r < t$ wahr ist. Aber vor dem Erreichen von Zeile 3 gilt $r < t$. Die Anweisung $t' \leftarrow \frac{t}{2}$ in Zeile 4 (zur Erinnerung: t ist in Zeile 4 eine gerade Zahl) macht daraus $r < 2t'$ oder $r - t' < t'$. Die Anweisung $r' \leftarrow r - t'$ in Zeile 7 ergibt dann $r' = r - t' < t'$.
Damit ist gezeigt, dass der Ausdruck $\mathcal{R}$ nach dem Verlassen von Zeile 9 wahr ist.

- Da nach dem Verlassen der Schleife in den Zeilen 3–10 sowohl der Ausdruck $\mathcal{R}$ wahr als auch die Schleifenbedingung $t \neq b$ **falsch** ist, ergibt sich durch Ersetzen von t durch b in $\mathcal{R}$, dass der logische Ausdruck $\mathcal{S}$ wahr ist.

Zu einem echten Korrektheitsbeweis gehört allerdings auch, zu zeigen, dass das Programm terminiert, also nicht in eine Endlosschleife gerät. Das ist hier aber leicht zu sehen. Die Schleife in Zeile 2 terminiert sicherlich, da der Verdoppelung von t durch r eine obere Schranke gesetzt ist. Die große Schleife in den Zeilen 3–10 terminiert ebenfalls, denn es ist $t = 2^n b$ und die Anweisung $t \leftarrow \lfloor \frac{t}{2} \rfloor$ in Zeile *4* verkleinert n bei jedem Durchlauf. Irgendeinmal muss folglich $n = 0$ oder $t = b$ gelten.

Leider ist der Korrektheitsbeweis aber kein Garant für ein korrektes Programm. Ruft man das Unterprogramm nämlich mit den Parametern $a = 99999$ und $b = 1$ auf, so wird ein Fehler zurückgemeldet. Der Fehler tritt in Zeile 2 auf. Mit dem Startwert von $b = 1$ wird t so lange verdoppelt, wie $t \leq 99999$ gilt. Diese Bedingung ist für $t = 2^{16} = 65536$ noch erfüllt, also wird versucht, t noch einmal zu verdoppeln, aber 131072 kann mit dem Format $\mathbb{D}_5^\star$ nicht mehr dargestellt werden, es wird statt eines Rechenergebnisses eine Überlauffehlermeldung erzeugt.

A.2. Der klassische 16-Bit-Divisionsalgorithmus

In Abschnitt 6.9 wurde auf den klassischen Divisionsalgorithmus Bezug genommen, ohne näher auf ihn einzugehen. Tatsächlich sind Beschreibungen und Realisierungen des Algorithmus nicht gerade häufig anzutreffen, deshalb hier eine binäre Version zum Vergleich.

Es sei u eine nicht negative 16-Bit-Zahl, also $0 \leq u < 2^{16}$, und v eine positive 16-Bit-Zahl, also $0 < v < 2^{16}$. Gesucht sind der Quotient q und der Teilerrest r, die entstehen, wenn u durch v dividiert wird:

$$u = vq + r \quad \text{mit } 0 \leq r < v. \tag{A.1}$$

Ist $u < v$, so ist natürlich $u = v \times 0 + u$, es sei deshalb $v \leq u$ angenommen. Das klassische Verfahren beginnt damit, die natürliche Zahl k zu bestimmen mit

$$2^k v \leq u < 2^{k+1} v. \tag{A.2}$$

Solch ein $k \geq 0$ gibt es wegen $v \leq u$. Es sei $v_\kappa = 2^\kappa v$ für $\kappa \in \{0, \cdots, k\}$. Die v_κ sind also ganze Zahlen mit $2v_\kappa = v_{\kappa+1}$ und $v_0 = v$. Es sei noch $r_{k+1} = u$. Das Verfahren besteht nun darin, die folgenden Schritte $k + 1$-mal auszuführen, von $\kappa = k$ bis $\kappa = 0$:

- Gilt $r_{\kappa+1} < v_\kappa$, so sei $q_\kappa = 0$ und $r_\kappa = r_{\kappa+1}$.
- Ist aber $r_{\kappa+1} \geq v_\kappa$, so sei

$$r_{\kappa+1} = v_\kappa q_\kappa + r_\kappa \quad \text{mit } q_\kappa \geq 0 \text{ und } 0 \leq r_\kappa < v_\kappa. \tag{A.3}$$

Die in den $k + 1$ Schritten des Verfahrens erzeugten partiellen Quotienten q_κ sind Binärziffern: $q_\kappa \in \{0, 1\}$. Es ist nämlich

$$v_\kappa q_\kappa + r_\kappa = r_{\kappa+1} < v_{\kappa+1} = 2v_\kappa \quad \Longrightarrow \quad q_\kappa + \frac{r_\kappa}{v_\kappa} < 2 \quad \Longrightarrow \quad q_\kappa < 2 \quad \Longrightarrow \quad q_\kappa \leq 1.$$

Im letzten Schritt ergibt sich insbesondere

$$r_1 = v_0 q_0 + r_0 = vq_0 + r_0 \quad \text{mit } 0 \leq r_0 < v.$$

Setzt man jetzt rückwärts ein, so erhält man zunächst

$$\begin{aligned} r_2 &= v_1 q_1 + r_1 = 2vq_1 + vq_0 + r_0 = v(2q_1 + q_0) + r_0 \\ r_3 &= v_2 q_2 + r_2 = 4vq_2 + v(2q_1 + q_0) + r_0 = v(4q_2 + 2q_1 + q_0) + r_0 \end{aligned}$$

usw. mit dem Endergebnis

$$\begin{aligned} r_{k+1} &= v_k q_k + r_k \\ &= 2^k v q_k + r_k \\ &= 2^k v q_k + v(2^{k-1} q_{k-1} + 2^{k-2} q_{k-2} + \cdots + 2q_1 + q_0) + r_0 \\ &= v(2^k q_k + 2^{k-1} q_{k-1} + \cdots + 2q_1 + q_0) + r_0 \end{aligned}$$

Setzt man also $r = r_0$ und

$$q = \sum_{\kappa=0}^{k} q_\kappa 2^\kappa,$$

so hat man das gewünschte Ergebnis:

$$u = vq + r \quad \text{mit} \quad 0 \leq r < v$$

Um das Verfahren anschaulicher zu machen, wird es für den Fall $k = 3$ komplett durchgeführt. Ausgangspunkt ist also $v_3 = 2^3 v \leq u < 2^4 v$. Die Bestimmung der r_κ und q_κ wird dann so vorgenommen:

$$\begin{aligned} u &= v_3 q_3 + r_3 & 0 &\leq r_3 < v_3 \\ r_3 &= v_2 q_2 + r_2 & 0 &\leq r_2 < v_2 = 2v_3 \\ r_2 &= v_1 q_1 + r_1 & 0 &\leq r_1 < v_1 = 2v_2 \\ r_1 &= v_0 q_0 + r_0 & 0 &\leq r_0 < v_0 = 2v_1 = v \end{aligned}$$

Es folgt die Bestimmung des Quotienten q durch Rückwärtseinsetzen:

$$\begin{aligned} r_1 &= v_0 q_0 + r_0 \\ r_2 &= v_1 q_1 + r_1 = 2vq_1 + vq_0 + r_0 = v(2q_1 + q_0) + r_0 \\ r_3 &= v_2 q_2 + r_2 = 4vq_2 + v(2q_1 + q_0) + r_0 = v(4q_2 + 2q_1 + q_0) + r_0 \\ u &= v_3 q_3 + r_3 = 8vq_3 + v(4q_2 + 2q_1 + q_0) + r_0 = v(8q_3 + 4q_2 + 2q_1 + q_0) + r_0 \end{aligned}$$

Natürlich wird der Quotient q in der Praxis nicht erst nach der Berechnung aller r_κ und q_κ durch Rückwärtseinsetzen bestimmt, sondern im Laufe der Rechnung mit $q \leftarrow 2q + q_\kappa$. Auch wurde noch nicht explizit erwähnt, wie die r_κ und q_κ tatsächlich zu bestimmen sind, nämlich so: Ist $r_{\kappa+1} < v_\kappa$, so ist $q_\kappa = 0$ und $q_\kappa = q_{\kappa+1}$, andernfalls ist $q_\kappa = 1$ und $r_\kappa = r_{\kappa+1} - q_\kappa v_\kappa = r_{\kappa+1} - v_\kappa$.

Das größte k in (A.2) erhält man offensichtlich für $u = 2^{16} - 1$ und $v = 1$ zu $k = 15$. Daraus folgt, dass bei der Division kein Zahlenüberlauf auftreten kann:

$$q = \sum_{\kappa=0}^{k} q_\kappa 2^\kappa \leq \sum_{\kappa=0}^{k} 2^\kappa \leq \sum_{\kappa=0}^{15} 2^\kappa = 2^{16} - 1$$

So wie das Verfahren eben dargestellt wurde, wird die kleinstmögliche Anzahl an Operationen benötigt. Sind jedoch viele Werte u durch ein konstantes v zu dividieren, dann ist es unbequem, dass die Anzahl der auf v anzuwendenden Linksshifts von u abhängt, also k und $2^k v$ nicht vor der Anwendung des Verfahrens einmal für alle u vorausberechnet werden können. Diese Vorausberechnung ist aber möglich, wenn das Verfahren so abgeändert wird, dass k nicht wie in (A.2), sondern durch

$$2^{15} \leq 2^k v < 2^{16} \tag{A.4}$$

bestimmt wird. Damit hängt k nicht mehr von u ab. Das übrige Verfahren ändert sich nicht. Gilt $v \leq u$, so tritt irgendwann während des Verfahrens $2^\kappa v \leq u < 2^{\kappa+1} v$ ein, es werden also nur in einigen Extraschritten führende Nullen als Quotientenziffern erzeugt. Gilt dagegen $v > u$, so ist während des gesamten Verfahrens $2^\kappa v > u$, d.h. $2^\kappa v \leq u < 2^{\kappa+1} v$ tritt nie ein mit dem korrekten Ergebnis $q_k = \cdots = q_0 = 0$. Der Nachteil dieses modifizierten Verfahrens ist natürlich, dass die Ausführungszeit etwas länger ist, doch wird der Nachteil ein wenig dadurch abgemildert, dass die Bedingung $2^{15} \leq 2^k v < 2^{16}$ einfacher zu prüfen ist als $2^k v \leq u < 2^{k+1} v$.

Die Umsetzung des modifizierten Verfahrens in ein Unterprogramm ist schnell geschehen. Leider kann man beim Aufruf des Unterprogramms nicht mehr von Schnelligkeit sprechen. Z.B. werden für die Berechnung von Quotient und Teilerrest bei $u = 12345$ und $v = 30$ alles eingeschlossen **239** Takte benötigt. Das ist so viel, dass man sich wenigstens für Spezialfälle nach Alternativen umsehen sollte.

Unterprogramm Div16

Zu zwei 16-Bit-Zahlen u und v im Format $\mathbb{K}_{16}$ werden der Quotient $q = \lfloor \frac{u}{v} \rfloor$ und der Teilerrest $r = u \bmod v$ berechnet.

Input

- $\mathbf{r}_{17:16}$ Eine 16-Bit-Zahl u
- $\mathbf{r}_{19:18}$ Eine 16-Bit-Zahl v

Output

- $\mathbf{r}_{15:14}$ Der Quotient $q = \lfloor \frac{u}{v} \rfloor$
- $\mathbf{r}_{13:12}$ Der Teilerrest $r = u \bmod v$

Wird versucht, durch Null zu teilen, d.h. hat Register $\mathbf{r}_{19:18}$ beim Aufruf den Wert **0000**, so wird das Unterprogramm mit gesetztem Nullbit ($\mathbf{S}.3 = 1$) verlassen.

```
Div16:   push3  r9,r10,r11          3×2
         mov    r10,r18             1    v = 0?
         or     r10,r19             1
         breq   Div168              1/2  Ja: Zurück mit S.3 = 1
         clr    r9                  1    k ← 0
         clr    r14                 1    q ← 0
         clr    r15                 1
         movw   r13:r12,r17:r16     1    r_{k+1} = u
         movw   r11:r10,r19:r18     1    v_0 = v
         tst    r11                 1    v = 2^0 v ≥ 2^15?
         brmi   Div164              1/2  Ja: Linksshifts überspringen
Div162:  inc    r9                  1    k ← k + 1
         lsl    r10                 1    r11:10 ← v_k
         rol    r11                 1    Weiter shiften bei v_k < 2^15
         brpl   Div162              1/2
Div164:  sec                        1    q ← 2q + 1
         rol    r14                 1
         rol    r15                 1
         sub    r12,r10             1    r_κ ← r_{κ+1} − v_κ
         sbc    r13,r11             1
         brcc   Div166              1/2  Bei r_κ < 0:
         add    r12,r10             1    r_κ ← r_{κ+1}
         adc    r13,r11             1
         dec    r14                 1    q ← q − 1
Div166:  lsr    r11                 1    r11:10 ← v_{κ−1}
         ror    r10                 1
         dec    r9                  1    κ ← κ − 1
         brpl   Div164              1/2  Schleifenabbruch bei κ = −1
Div168:  pop3   r11,r10,r9          3×2
         ret                        4
```

In den Zeilen *2–3* wird getestet, ob der in Doppelregister $\mathbf{r_{19:18}}$ übergebene Divisor den Wert **0000** hat. Ist das der Fall, so wird in Zeile *4* mit dem gesetzten Nullbit als Fehlerindikator in das rufende Programm zurückgekehrt.
Ist sichergestellt, dass $v \neq 0$ gilt, werden einige Register initialisiert. In Zeile *5* wird $\mathbf{r_9}$, in dem k berechnet werden soll, mit **00** initialisiert. Ebenfalls mit Null initialisiert wird das Doppelregister $\mathbf{r_{14:15}}$, in dem der Quotient zusammengesetzt wird. Anschließend wird $\mathbf{r_{13:12}}$ zur Berechnung des Teilerrestes r mit $u = r_{k+1}$ initialisiert. Zum Schluss der Initialisierung wird in Zeile *9* Register $\mathbf{r_{11:10}}$ zur Berechnung von v_k mit v initialisiert.
In Zeile *10* wird geprüft, ob $v = 2^0 v \geq 2^{15}$ bereits erfüllt ist. Das ist genau dann der Fall, wenn Bit 7, also das Vorzeichenbit, von $\mathbf{r_{11:10}}$ gesetzt ist. Ist das Bit gesetzt, so kann in Zeile *16* mit der Berechnung der r_κ und q_κ fortgefahren werden. Andernfalls wird in Zeile *12* der Inhalt von $\mathbf{r_9}$, also das laufende k, um 1 erhöht und in den folgenden beiden Zeilen $2^k v$ nach links geshiftet, d.h. $2^{k+1} v$ gebildet. Das wird so oft wiederholt, bis mit dem laufenden k in Zeile *15* festgestellt wird, dass $2^k v \geq 2^{15}$ gilt.
Die Schleife zur Berechnung der q_κ und r_κ beginnt in Zeile *16*. Sie werden nach dem Verfahren wie folgt bestimmt:

$$\begin{aligned} r_{\kappa+1} < v_\kappa &\quad\Longrightarrow\quad q_\kappa \leftarrow 0 \quad\wedge\quad r_\kappa \leftarrow r_{\kappa+1} \\ r_{\kappa+1} \geq v_\kappa &\quad\Longrightarrow\quad q_\kappa \leftarrow 1 \quad\wedge\quad r_\kappa \leftarrow r_{\kappa+1} - q_\kappa v_\kappa = r_{\kappa+1} - v_\kappa \end{aligned}$$

Der neue partielle Quotient ist $2q + q_\kappa$, also $2q$ oder $2q + 1$. Es wird zunächst $r_{\kappa+1} \geq v_\kappa$ angenommen und deshalb in den Zeilen *16–18* der neue partielle Quotient $2q + 1$ gebildet. Anschließend wird in den nächsten beiden Zeilen r_κ als $r_{\kappa+1} - v_\kappa$ berechnet. Wird bei der Differenzbildung das Übertragsbit nicht gesetzt, so war die Annahme $r_{\kappa+1} \geq v_\kappa$ korrekt und es kann in die Zeile *25* zur Berechnung von $v_{\kappa-1}$ für den nächsten Schleifendurchlauf gesprungen werden. Anderfalls jedoch, also bei gesetztem Übertragsbit, muss die Subtraktion rückgängig gemacht werden, was in den Zeilen *22–23* geschieht, und es ist $2q$ aus $2q + 1$ zu machen, was in Zeile *24* ausgeführt wird. Auf jeden Fall aber wird in den Zeilen *25–26* für den nächsten Schleifendurchlauf $q_{\kappa-1}$ aus $2q_{\kappa-1} = q_\kappa$ berechnet. Schließlich wird in Zeile *27* das laufende κ um 1 vermindert. Da die Schleife $(k + 1)$-mal durchlaufen werden muss, die Schleife aber mit dem Anfangswert k beginnt, darf die Schleife nicht abgebrochen werden, wenn der Schleifenzähler auf Null heruntergezählt wurde, sondern sie muss beendet werden, wenn der Zähler den Wert -1 erreicht, oder, was dasselbe ist, zum ersten Mal negativ wird.

A.3. Schnelle Division mit einigen konstanten Divisoren (7, 12, 30, 365)

Sind u und d 16-Bit-Zahlen mit $0 \leq u < 2^{16}$, $0 < d < 2^{16}$ und ist d selbst keine Zweierpotenz, so lässt sich eine Approximation q an $\lfloor \frac{u}{d} \rfloor$ wie folgt erhalten. Man bestimme die natürliche Zahl n mit $2^n < d < 2^{n+1}$ und bilde

$$\lambda = \left\lceil \frac{2^{16+n}}{d} \right\rceil,$$

dann ist

$$q = \left\lfloor \frac{\lambda u}{2^{16+n}} \right\rfloor.$$

In vielen Fällen gilt nun tatsächlich $q = \lfloor \frac{u}{d} \rfloor$, d.h. q ist der Quotient, der sich ergibt, wenn u durch d dividiert wird. Das ist z.B. richtig für die in der Kalenderrechnung benötigten Divisoren $d \in \{12, 30, 365\}$. Man kann sich natürlich Beweise[4] dafür ausdenken, doch da es sich nur um 16-Bit-Zahlen handelt, genügt auch ein einfaches Programm in **C** oder BASIC, um sich von der Korrektheit zu überzeugen.

Leider ist q jedoch nicht immer der gewünschte Quotient. Ist er es nicht, so ist er doch in vielen Fällen genau genug, um noch als Approximation von Wert zu sein. Für $d = 7$ bringt ein Programm z.B. folgendes an den Tag:

$$\text{entweder } q = \left\lfloor \frac{u}{7} \right\rfloor \text{ oder } q = \left\lfloor \frac{u}{7} \right\rfloor - 1$$

Das Programm zeigt überdies, dass q für $u <$ **AAAD** sogar der wahre Quotient ist. Werden also

Tabelle A.1.: n, λ und q für $d \in \{7, 12, 30, 365\}$

d	n	λ	q
7	2	37450	$\lfloor \frac{u}{7} \rfloor$ oder $\lfloor \frac{u}{7} \rfloor + 1$
12	3	43691	korrekt
30	4	34953	korrekt
365	8	45965	korrekt

nur u aus dem Bereich $0 \leq u <$ **AAAD** durch 7 dividiert, so kann die Prüfung, ob die Korrektur zu erfolgen hat, unterbleiben.

Die Tabelle A.1 enthält die Angaben zu vier konstanten Divisoren, die in der Kalenderrechnung verwendet werden und für die Codesequenzen angegeben werden. Diese Divisionen laufen sehr viel schneller ab als bei Verwendung des allgemeinen Divisionsunterprogramms. Für den Dividenden $u = 12345$ und den Divisor $v = 30$ wurden dort 239 Takte gezählt, hier sind es dagegen 51 Takte. Das ist fast fünfmal so schnell. Vergleicht man diese Rechenzeit mit der von anderen Prozessoren für eine Division benötigten, so fällt der Vergleich für einen 8-Bit-Prozessor gar nicht einmal so schlecht aus. Die Divsion ist bei allen Prozessoren ein aufwendiges Unterfangen. Allerdings wird die akzeptable Rechenzeit damit erkauft, dass für jeden einzelnen Divisior eine nicht gerade kurze Codesequenz bereitgestellt werden muss. Bei knappem Programmspeicherplatz dürften die Unterprogramme dieses Abschnitts wohl kaum eine Alternative für das allgemeine Divisionsunterprogramm sein.

[4]Beweise für $d = 3$ und $d = 10$ sind in [MssP] **A.1.** und **A.2.** zu finden.

Die vier bereitgestellten Unterprogramme werden auf dieselbe Weise aufgerufen und geben das Ergebnis auf dieselbe Weise zurück. Sie können wie folgt beschrieben werden.

Unterprogramm DivD

Zu einer 16-Bit-Zahl u im Format $\mathbb{K}_{16}$ werden der Quotient $q = \lfloor \frac{u}{d} \rfloor$ und der Teilerrest $r = u \bmod d$ zu einem konstanten Divisor d berechnet.

Input

$\mathbf{r_{17:16}}$ Eine 16-Bit-Zahl u

Output

$\mathbf{r_{15:14}}$ Der Quotient $q = \lfloor \frac{u}{d} \rfloor$

$\mathbf{r_{13:12}}$ Der Teilerrest $r = u \bmod d$

Darin ist also $d \in \{7, 12, 30, 365\}$, mit den Unterprogrammnamen `Div7`, `Div12`, `Div30` und `Div365`.

A.3.1. Division durch 7

Die Berechnung von $\lfloor \frac{u}{7} \rfloor$ verläuft nun so, dass die Approximationen q an den Quotienten und r an den Teilerrest gebildet werden:

$$q = \left\lfloor \frac{u \times \mathbf{924A}}{2^{16+2}} \right\rfloor \qquad r = u - 7q$$

Ist $r < 0$, so ist der Schätzwert für q um 1 zu groß und muss korrigiert werden:

$$q = q - 1 \qquad r = r + 7$$

Die Korrektur ist zwar nicht aufwendig, sie erfordert nur eine Subtraktion und eine Addition, es sei aber noch einmal darauf hingewiesen, dass sie nur für $u \geq \mathbf{AAAD}$ nötig ist.

```
Div7:     push3  r0,r1,r18         3x2
          ldi    r18,0x4A          1    r13 ← HIGH(u0 × 4A)
          mul    r16,r18           2
          mov    r13,r1            1
          ldi    r18,0x92          1    r15:14 ← u1 × 92
          mul    r17,r18           2
          movw   r15:r14,r1:r0     1
          mul    r16,r18           2    r15:14:13 ← r15:14:13 + u0 × 92
          add    r13,r0            1
          adc    r14,r1            1
          clr    r12               1
          adc    r15,r12           1
          ldi    r18,0x4A          1    r15:14:13 ← r15:14:13 + u1 × 4A
          mul    r17,r18           2
          add    r13,r0            1
          adc    r14,r1            1
          adc    r15,r12           1
          lsr    r15               1    r15:14 ← (u × 924A × 2^-16) × 2^-2
          ror    r14               1
          lsr    r15               1
```

```
21          ror    r14                  1
22          ldi    r18,7                1     r18:12 ← 7q1
23          mov    r13,r18              1
24          mul    r15,r13              2
25          mov    r18,r1               1
26          mov    r12,r0               1
27          mul    r14,r13              2     r1:0 ← 7q0
28          add    r1,r12               1     r18:1:0 ← 7q1 2^8 + 7q0
29          clr    r13                  1
30          adc    r18,r13              1
31          movw   r13:r12,r17:r16      1     r13:12 ← u
32          sub    r12,r0               1     r13:12 ← r = u − 7q
33          sbc    r13,r1               1
34          clr    r0                   1
35          sbc    r0,r18               1
36          brcc   Dv7e                 1/2   Falls r ≥ 0: fertig
37          clr    r0                   1     q ← q − 1
38          sbc    r14,r0               1
39          sbc    r15,r0               1
40          ldi    r18,7                1     r ← r + 7
41          add    r12,r18              1
42          adc    r13,r0               1
43  Dv7e:   pop3   r18,r1,r0            3×2
44          ret                         4
```

Die Organisation der Berechnung von $u \times$ **924A** $= (u_1 2^8 + u_0) \times$ **924A** ist in Bild A.1 gezeigt. Das 32-Bit-Produkt wird also im Vierfachregister $\mathbf{r_{15:14:13:12}}$ zusammengesetzt. Die unteren 16 Bit des Registers

Abbildung A.1.: Zur Berechnung von $u \times$ **924A**

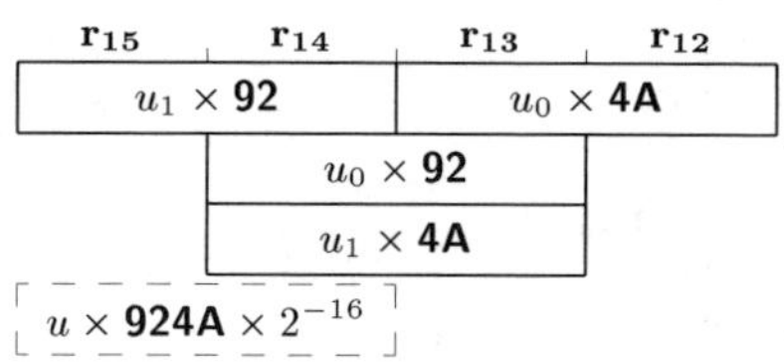

können mit dem Teilprodukt $u_0 \times$ **4A** initialisiert werden (Zeilen *2–4*), allerdings werden die unteren 8 Bit nicht berücksichtigt, da ihr Wert keinen Einfluss auf das Ergebnis in den oberen 16 Bit hat. Die oberen 16 Bit des Vierfachregisters werden mit dem Teilprodukt $u_1 \times$ **92** initialisiert (Zeilen *5–7*). Das Teilprodukt $u_0 \times$ **92** muss wie im Bild angegeben aufaddiert werden, dabei muss ein Übertrag bis nach vorne zum höchsten Byte weitergegeben werden (Zeilen *8–13*). Gleiches gilt für das partielle Produkt $u_1 \times$ **4A** (Zeilen *14–18*). Um q zu erhalten, muss der Inhalt des Vierfachregisters noch 18-mal nach rechts geshiftet werden. Das ist natürlich äquivalent damit, die oberen 16 Bit des Vierfachregisters zweimal nach rechts zu shiften (Zeilen *19–22*), wie es auch im Bild angedeutet ist. Das Doppelregister $\mathbf{r_{15:14}}$ enthält danach also den Schätzwert q für den Quotienten.

Es folgt die Berechnung von $7q = 7(q_1 2^8 + q_0) = 7q_1 2^8 + 7q_0$. In den Zeilen *23–27* wird zunächst $7q_1$ berechnet und in $\mathbf{r_{18:12}}$ geladen, es wird $7q_0$ in $\mathbf{r_{1:0}}$ berechnet und dann in den Zeilen *29–31* die Summe

$7q_1 2^8 + 7q_0$ in $\mathbf{r_{18:1:0}}$ gebildet. Zur Bestimmung von $r = u - 7q$ wird anschließend $\mathbf{r_{13:12}}$ mit u geladen, worauf in den Zeilen *33–36* die Subtraktion $u - 7q$ durchgeführt wird. Wird dabei das Übertragsbit nicht gesetzt, ist also $u - 7q \geq 0$, so enthält $\mathbf{r_{15:14}}$ den korrekten Quotienten und $\mathbf{r_{13:12}}$ den korrekten Teilerrest, es kann also in das rufende Programm zurückgesprungen werden. Anderfalls wird in den Zeilen *38–40* q um 1 vermindert, indem das gesetzte Übertragsbit von $\mathbf{r_{15:14}}$ subtrahiert wird, und der Teilerrest wird in den Zeilen *41–43* durch Addition von 7 korrigiert.

Eine Bemerkung: Die Berechnung von $u - dq$ (für $d = 7$) ist so durchgeführt, dass sie auch bei $dq \geq 2^{16}$ das richtige Ergebnis liefert. Es muss ja damit gerechnet werden, dass für ein u nahe bei 2^{16} und für eine Approximation q des Quotienten $\lfloor \frac{u}{d} \rfloor$, die zu groß ausfällt, $dq \geq 2^{16}$ gilt. Für $d = 7$ tritt dieser Fall allerdings nicht ein, folglich könnte $u - 7q$ genau so wie z.B. in `Div12` berechnet werden.

A.3.2. Division durch 12

Bei der Division durch 12 werden keine Approximationen, sondern der wahre Quotient und der wahre Teilerrest berechnet:

$$q = \left\lfloor \frac{u \times \mathsf{AAA6}}{2^{16+3}} \right\rfloor \qquad r = u - 12q$$

Daraus folgt insbesondere $12q \leq u$, d.h. $12q$ ist eine 16-Bit-Zahl.

```
Div12:  push3  r0,r1,r18       3x2
        ldi    r18,0xA6        1    r13 ← HIGH(u0 × A6)
        mul    r16,r18         2
        mov    r13,r1          1
        ldi    r18,0xAA        1    r15:14 ← u1 × AA
        mul    r17,r18         2
        movw   r15:r14,r1:r0   1
        mul    r16,r18         2    r15:14:13 ← r15:14:13 + u0 × AA
        add    r13,r0          1
        adc    r14,r1          1
        clr    r12             1
        adc    r15,r12         1
        ldi    r18,0xA6        1    r15:14:13 ← r15:14:13 + u1 × A6
        mul    r17,r18         2
        add    r13,r0          1
        adc    r14,r1          1
        adc    r15,r12         1
        lsr    r15             1    r15:14 ← (u × AAA6 × 2^-16) × 2^-3
        ror    r14             1
        lsr    r15             1
        ror    r14             1
        lsr    r15             1
        ror    r14             1
        ldi    r18,12          1    r1:0 ← 12q1 = a1 2^8 + a0
        mul    r15,r18         2
```

```
26          mov    r12,r0             1    r12 ← a0
27          mul    r14,r18            2    r1:2 ← 12q0 = b1 2^8 + b0
28          add    r1,r12             1    r1 ← a0 + b1
29          movw   r13:r12,r17:r16    1    r13:12 ← u
30          sub    r12,r0             1    r13:12 ← r = u − 12q
31          sbc    r13,r1             1
32          pop3   r18,r1,r0          3×2
33          ret                       4
```

Die Organisation der Berechnung von $u \times$ **AAA6** $= (u_1 2^8 + u_0) \times$ **AAA6** kann Bild A.1 entnommen werden, wenn dort **92A4** durch **AAA6** ersetzt wird. Die Zeilen *1–17* sind deshalb mit den Zeilen *1–17* aus Unterprogramm `Div7` identisch, wenn auch dort **92A4** durch **AAA6** ersetzt wird. Nach der Berechnung des Produkts $u \times$ **AAA6** werden dessen obere 16 Bit dreimal nach rechts geshiftet (Zeilen *18–23*).
Die Berechnung von $12q$ gestaltet sich einfacher als in `Div7`, da $12q$ garantiert eine 16-Bit-Zahl ist. Es sei nämlich

$$12q = 12(q_1 2^8 + q_0) = 12q_1 2^8 + 12q_0 \qquad 12q_1 = a_1 2^8 + a_0 \qquad 12q_0 = b_1 2^8 + b_0.$$

Das ergibt

$$12q = a_1 2^{16} + (a_0 + b_1) 2^8 + b_0.$$

Weil $12q$ eine 16-Bit-Zahl ist folgt daraus $a_1 = 0$ und $a_0 + b_1 \leq 255$. Zur Berechnung von $12q$ wird also in den Zeilen *24–25* das Teilprodukt $12q_1 = a_1 2^8 + a_0$ in $\mathbf{r_{1:0}}$ berechnet und deshalb in Zeile *26* Register $\mathbf{r_{12}}$ mit a_0 geladen. In der nächsten Zeile wird das partielle Produkt $12q_0 = b_1 2^8 + b_0$ in $\mathbf{r_{1:0}}$ ermittelt, d.h. $\mathbf{r_0}$ hat den Wert b_0 und $\mathbf{r_1}$ hat den Wert b_1. Die nachfolgende Zeile lädt deshalb Register $\mathbf{r_1}$ mit $a_0 + b_1$, was wegen $a_0 + b_1 \leq 255$ möglich ist. Damit hat $\mathbf{r_{1:0}}$ den Wert

$$12q = (a_0 + b_1) 2^8 + b_0.$$

Um r zu bestimmen, wird dann in Zeile *29* Register $\mathbf{r_{13:12}}$, das ja den Teilerrest r an das rufende Programm übergeben soll, mit u geladen, in den beiden folgenden Zeilen wird, da $\mathbf{r_{1:0}}$ $12q$ enthält, $12q$ von u subtrahiert.

A.3.3. Division durch 30

Der Quotient q und der Teilerrest r für den Divisor $d = 30$ ergeben sich aus

$$q = \left\lfloor \frac{u \times \mathbf{8889}}{2^{16+4}} \right\rfloor \qquad r = u - 30q.$$

Auch hier ist $30q$ eine 16-Bit-Zahl. Die Unterschiede zum Divisor $d = 12$ sind gering, es ist **AAA6** durch **8889** zu ersetzen und es sind vier statt drei Rechtsshifts nötig.

```
Div30:      push3  r0,r1,r18          3×2
            ldi    r18,0x89           1    r13 ← HIGH(u0 × 89)
            mul    r16,r18            2
            mov    r13,r1             1
            ldi    r18,0x88           1    r15:14 ← u1 × 88
            mul    r17,r18            2
            movw   r15:r14,r1:r0      1
            mul    r16,r18            2    r15:14:13 ← r15:14:13 + u0 × 88
```

```
add   r13,r0          1
adc   r14,r1          1
clr   r12             1
adc   r15,r12         1
ldi   r18,0x89        1    r15:14:13 ← r15:14:13 + u1 × 89
mul   r17,r18         2
add   r13,r0          1
adc   r14,r1          1
adc   r15,r12         1
lsr   r15             1    r15:14 ← (u × 8889 × 2^-16) × 2^-4
ror   r14             1
lsr   r15             1
ror   r14             1
lsr   r15             1
ror   r14             1
lsr   r15             1
ror   r14             1
ldi   r18,30          1    r1:0 ← 30q1 = a1 2^8 + a0
mul   r15,r18         2
mov   r12,r0          1    r12 ← a0
mul   r14,r18         2    r1:2 ← 30q0 = b1 2^8 + b0
add   r1,r12          1    r1 ← a0 + b1
movw  r13:r12,r17:r16 1    r13:12 ← u
sub   r12,r0          1    r13:12 ← r = u − 30q
sbc   r13,r1          1
pop3  r18,r1,r0       3×2
ret                   4
```

Der Kommentar von Div12 kann nahezu wörtlich übernommen werden.
Es lassen sich aber mit einem kleinen Trick einige Takte bei der Multiplikation $u \times \mathbf{8889}$ einsparen, und

Abbildung A.2.: Zur Berechnung von $u \times \mathbf{8889} = u(\mathbf{8888} + 1)$

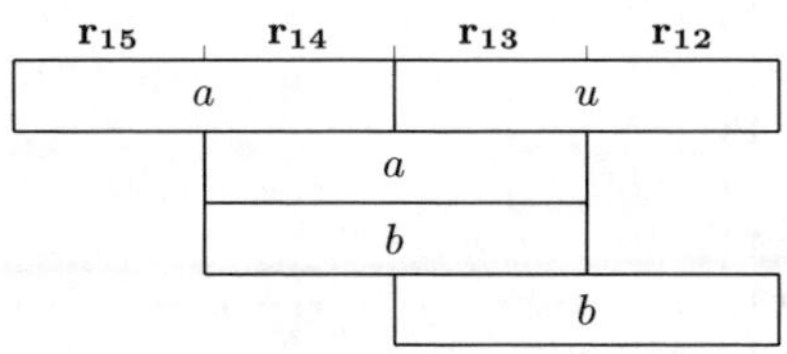

zwar können zwei Multiplikationen samt den sie unterstützenden Befehlen durch eine 32-Bit-Addition ersetzt werden. Diese Einsparungen sind aber nur durch eine an die neue Situation angepasste Verwendung der Register zu erzielen. Es ist nämlich, mit $a = u_1 \times \mathbf{88}$ und $b = u_0 \times \mathbf{88}$

$$\begin{aligned} u \times \mathbf{8889} &= u(\mathbf{8888} + 1) \\ &= (u_1 2^8 + u_0)\mathbf{8888} + u \\ &= a2^{16} + (a + b)2^8 + b \end{aligned}$$

Die Organisation der Multiplikation ist in Bild A.2 gezeigt. Ob die Ersetzung von zwei Multiplikationen durch die Addition von u tatsächlich eine Einsparung erbringt, hängt davon ab, wie diese Organisation in Code umgesetzt wird. Man wird $\mathbf{r}_{13:12}$ mit u vorbesetzen, a berechnen, $\mathbf{r}_{15:14}$ mit a vorbesetzen und a addieren, dann b berechnen und zweimal addieren.

A.3.4. Division durch 365

Für den Divisor $d = 365$ erhält man den exakten Quotienten q und den exakten Teilerrest r aus

$$q = \left\lfloor \frac{u \times \mathbf{B38D}}{2^{16+8}} \right\rfloor \qquad r = u - 365q.$$

Weil q der exakte Quotient ist, ist $356q$ eine 16-Bit-Zahl. Ferner ist q, weil, wie dem Divisor 2^{16+8} entnommen werden kann, offenbar aus den unteren acht Bit der oberen 16 Bit von $u \times \mathbf{B38D}$ bestehend, eine 8-Bit-Zahl!

```
1  Div365:  push3 r0,r1,r18          3×2
2           ldi   r18,0x8D           1    r13 ← HIGH(u0 × 8D)
3           mul   r16,r18            2
4           mov   r13,r1             1
5           ldi   r18,0xB3           1    r15:14 ← u1 × B3
6           mul   r17,r18            2
7           movw  r15:r14,r1:r0      1
8           mul   r16,r18            2    r15:14:13 ← r15:14:13 + u0 × B3
9           add   r13,r0             1
10          adc   r14,r1             1
11          clr   r12                1
12          adc   r15,r12            1
13          ldi   r18,0x8D           1    r15:14:13 ← r15:14:13 + u1 × 8D
14          mul   r17,r18            2
15          add   r13,r0             1
16          adc   r14,r1             1
17          adc   r15,r12            1
18          mov   r14,r15            1    r15:14 ← (u × B38D × 2^-16) × 2^-8
19          clr   r15                1
20          ldi   r18,0x6D           1    r1:0 ← q × 6D = a1·2^8 + a0
21          mul   r14,r18            2
22          add   r1,r14             1    r1 ← q + a1, d.h. r1:0 ← 365q
23          movw  r13:r12,r17:r16    1    r13:12 ← u
24          sub   r12,r0             1    r13:12 ← r = u − 365q
25          sbc   r13,r1             1
26          pop3  r18,r1,r0          3×2
27          ret                      4
```

Der Kommentar von `Div30` kann nahezu wörtlich übernommen werden, man hat nur **8889** durch **B38D** zu ersetzen. Rechtsshifts kommen überhaupt nicht vor, da q als das untere Byte des oberen 16-Bit-Wortes von $u \times \mathbf{B38D}$ extrahiert werden kann (Zeilen *18–19*).

Beachtet man $365 = \mathbf{16D}$ und setzt man $q \times \mathbf{6D} = a_1 2^8 + a_0$, so erhält man für das Produkt $365q$

$$\begin{aligned} 365q &= q \times \mathbf{16D} \\ &= q(\mathbf{1} \times 2^8 + \mathbf{6D}) \\ &= q2^8 + q \times \mathbf{6D} \\ &= q2^8 + a_1 2^8 + a_0 \\ &= (q + a_1)2^8 + a_0 \end{aligned}$$

Zur Berechnung von $365q$ wird in den Zeilen *20–21* Register $\mathbf{r_{1:0}}$ mit $q \times \mathbf{6D}$ geladen, also $\mathbf{r_1}$ mit a_1 und $\mathbf{r_0}$ mit a_0. In der nächsten Zeile erhält dann $\mathbf{r_1}$ durch Addition von q den Wert $q + a_1$, d.h. $\mathbf{r_{1:0}}$ enthält $365q$.

A.4. Tabellen zu Funktionsberechnungen

Negative Zweierpotenzen als Dezimalzahlen

2^{-5}	$0,3125_{10^{-1}}$
2^{-6}	$0,15625_{10^{-1}}$
2^{-7}	$0,78125_{10^{-2}}$
2^{-8}	$0,390625_{10^{-2}}$
2^{-9}	$0,1953125_{10^{-2}}$
2^{-10}	$0,9765625_{10^{-3}}$
2^{-11}	$0,48828125_{10^{-3}}$
2^{-12}	$0,244140625_{10^{-3}}$
2^{-13}	$0,1220703125_{10^{-3}}$
2^{-14}	$0,6103515625_{10^{-4}}$
2^{-15}	$0,30517578125_{10^{-4}}$
2^{-16}	$0,152587890625_{10^{-4}}$
2^{-17}	$0,762939453125_{10^{-5}}$
2^{-18}	$0,3814697265625_{10^{-5}}$
2^{-19}	$0,19073486328125_{10^{-5}}$
2^{-20}	$0,95367431640625_{10^{-6}}$
2^{-21}	$0,476837158203125_{10^{-6}}$
2^{-22}	$0,2384185791015625_{10^{-6}}$
2^{-23}	$0,11920928955078125_{10^{-6}}$
2^{-24}	$0,59604644775390625_{10^{-7}}$
2^{-25}	$0,298023223876953125_{10^{-7}}$
2^{-26}	$0,1490116119384765625_{10^{-7}}$
2^{-27}	$0,7450580596923828125_{10^{-8}}$
2^{-28}	$0,37252902984619140625_{10^{-8}}$
2^{-29}	$0,186264514923095703125_{10^{-8}}$
2^{-30}	$0,931322574615478515625_{10^{-9}}$
2^{-31}	$0,4656612873077392578125_{10^{-9}}$
2^{-32}	$0,23283064365386962890625_{10^{-9}}$
2^{-33}	$0,116415321826934814453125_{10^{-9}}$

A.5. Tabellen zum CORDIC-Verfahren

$$\alpha_\nu = \arctan(2^{-\nu}) \qquad \tan(\alpha_\nu) = 2^{-\nu}$$

ν	α_ν		
	$\mathbb{G}_{2,22}$	$\mathbb{G}_{2,30}$	dezimal
0	3243F6$_{16}$	3243F6A8$_{16}$	0,7853981633974483096156608458198757210492923498437764552437361480770
1	1DAC67$_{16}$	1DAC6705$_{16}$	0,4636476090008061162142562314612144020285370542861202638109330887202
2	0FADBA$_{16}$	0FADBAFC$_{16}$	0,2449786631268641541720824812112758109141440983811840671273759146674
3	07F56E$_{16}$	07F56EA6$_{16}$	0,1243549945467614350313548491638710255731701917698040899151141191157
4	03FEAB$_{16}$	03FEAB76$_{16}$	0,6241880999595734847397911298550511360627388779749919460752781689869$_{10-1}$
5	01FFD5$_{16}$	01FFD55B$_{16}$	0,3123983343026827625371174489249097703249566372540004025531558625580$_{10-1}$
6	00FFFA$_{16}$	00FFFAAA$_{16}$	0,1562372862047683080280152125657031891111413980090541788141050739666$_{10-1}$
7	007FFF$_{16}$	007FFF55$_{16}$	0,7812341060101111296463391842199281621222811725014723557453902248389$_{10-2}$
8	003FFF$_{16}$	003FFFEA$_{16}$	0,3906230131966971827628665311424387140357490115202856215213095149011$_{10-2}$
9	001FFF$_{16}$	001FFFFD$_{16}$	0,1953122516478818685121482625076713931610746777233510339057533960431$_{10-2}$
10	000FFF$_{16}$	000FFFFF$_{16}$	0,9765621895593194304034301997172908516341970158100875900490072522677$_{10-3}$
11	0007FF$_{16}$	0007FFFF$_{16}$	0,4882812111948982754692396256448486661923611331350030371094033534875$_{10-3}$
12	0003FF$_{16}$	0003FFFF$_{16}$	0,2441406201493617640167229432596599862124177909706176118079004609102$_{10-3}$
13	0001FF$_{16}$	0001FFFF$_{16}$	0,1220703118936702042390586461179563009308294090157874984519398378466$_{10-3}$
14	0000FF$_{16}$	0000FFFF$_{16}$	0,6103515617420877502166256917382915378514353683334617933767113431658$_{10-4}$
15	00007F$_{16}$	00007FFF$_{16}$	0,3051757811552609686182595343853601975094967511943783753102115688361$_{10-4}$
16	00003F$_{16}$	00003FFF$_{16}$	0,1525878906131576210723193581269788513742923814457587484624118640744$_{10-4}$
17	00001F$_{16}$	00001FFF$_{16}$	0,7629394531101970263388482340105090586350743918468077157763830696533$_{10-5}$
18	00000F$_{16}$	00000FFF$_{16}$	0,3814697265606496282923075616372993722805257303968866310187439250394$_{10-5}$
19	000007$_{16}$	000007FF$_{16}$	0,1907348632810187035365369305917244168714342165450153366670057723467$_{10-5}$
20	000003$_{16}$	000003FF$_{16}$	0,9536743164059608794206706899231123900196341244987901601336118020761$_{10-6}$
21	000001$_{16}$	000001FF$_{16}$	0,4768371582030888599275838214492470758704940437866419674005321588715$_{10-6}$
22	000000$_{16}$	000000FF$_{16}$	0,2384185791015579824909479772189326978309689876906315591376691137222$_{10-6}$
23	000000$_{16}$	0000007F$_{16}$	0,1192092895507806853113684971379221126459675876645867355767382252154$_{10-6}$
24	000000$_{16}$	0000003F$_{16}$	0,5960464477539055441392106214178887425003019578236629731429456571000$_{10-7}$
25	000000$_{16}$	0000001F$_{16}$	0,2980232238769530367674013276770950334904390706744510724925847784084$_{10-7}$
26	000000$_{16}$	0000000F$_{16}$	0,1490116119384765514709251659596324710824893002596472001217005780549$_{10-7}$
27	000000$_{16}$	00000007$_{16}$	0,7450580596923827987136564574495392113206692554566587007594760141618$_{10-8}$
28	000000$_{16}$	00000003$_{16}$	0,3725290298461914045267070571811923583671948328737040524231998269239$_{10-8}$
29	000000$_{16}$	00000001$_{16}$	0,1862645149230957029095883821476490434506528283573886351349105012495$_{10-8}$
30	000000$_{16}$	00000000$_{16}$	0,9313225746154785153557354776845613038929264961492906739437685424220$_{10-9}$
31	000000$_{16}$	00000000$_{16}$	0,4656612873077392577788419347105701629734786389156161742132349255441$_{10-9}$
32	000000$_{16}$	00000000$_{16}$	0,2328306436538696289020427418388212703712742932049818605254866622806$_{10-9}$
33	000000$_{16}$	00000000$_{16}$	0,1164153218269348144525990927298526587963964573800142900265849791709$_{10-9}$

$$\arctan(x) = \cfrac{x}{1 + \cfrac{x^2}{3 + \cfrac{4x^2}{5 + \cfrac{9x^2}{7 + \ddots}}}}$$

A.6. T-Entwicklungen von sin und cos

$$\sin(\pi x) = \sum_{\nu=0}^{\infty} s_\nu \boldsymbol{T}_{2\nu+1}(x) \qquad \cos(\pi x) = \sum_{\nu=0}^{\infty} c_\nu \boldsymbol{T}_{2\nu}(x) \qquad -1 \leq x \leq 1$$

Tabelle A.2.: T-Koeffizienten im Format $\mathbb{G}_{4,28}$ nach [Luke] TABLE 3.6

ν	s_ν		c_ν	
0	$\texttt{0x091B91A2}_{16}$	0,56923068635950551469	$\texttt{0xFB21D2F4}_{16}$	−0,30424217764409386420
1	$\texttt{0xF5544F2E}_{16}$	−0,66691667240597907078	$\texttt{0xF0775341}_{16}$	−0,97086786526301821941
2	$\texttt{0x01AB23FD}_{16}$	0,10428236873423694948	$\texttt{0x04D8785B}_{16}$	0,30284915526269942151
3	$\texttt{0xFFE3FB13}_{16}$	−0,00684063353699157901	$\texttt{0xFF88D6E5}_{16}$	−0,02909193396501112115
4	$\texttt{0x00010626}_{16}$	0,00025000688495038623	$\texttt{0x0005B3DF}_{16}$	0,00139224399117623186
5	$\texttt{0xFFFFF9DD}_{16}$	−0,00000585024830863914	$\texttt{0xFFFFD5DB}_{16}$	−0,00004018994451075494
6	$\texttt{0x00000019}_{16}$	0,00000009534772750299	$\texttt{0x000000D0}_{16}$	0,00000077827670118153
7	$\texttt{0xFFFFFFFF}_{16}$	−0,00000000114563844171	$\texttt{0xFFFFFFFD}_{16}$	−0,00000001082653034186
8	$\texttt{0x00000000}_{16}$	0,00000000001057427262	$\texttt{0x00000000}_{16}$	0,00000000011351091779

$$\sin(\frac{\pi}{2}x) = \sum_{\nu=0}^{\infty} S_\nu \boldsymbol{T}_{2\nu+1}(x) \qquad \cos(\frac{\pi}{2}x) = \sum_{\nu=0}^{\infty} C_\nu \boldsymbol{T}_{2\nu}(x) \qquad -1 \leq x \leq 1$$

Tabelle A.3.: T-Koeffizienten im Format $\mathbb{G}_{4,28}$ nach [Luke] TABLE 3.6

ν	S_ν		C_ν	
0	$\texttt{0x12236C45}_{16}$	1,13364817781174787542	$\texttt{0x078D5125}_{16}$	0,47200121576823476745
1	$\texttt{0xFDCA753F}_{16}$	−0,13807177658719210354	$\texttt{0xF80271BA}_{16}$	−0,49940325827040708740
2	$\texttt{0x001264DA}_{16}$	0,00449071424655491791	$\texttt{0x0072A7D2}_{16}$	0,02799207961754761751
3	$\texttt{0xFFFFB902}_{16}$	−0,00006770127584215249	$\texttt{0xFFFD8E51}_{16}$	−0,00059669519654884650
4	$\texttt{0x0000009E}_{16}$	0,00000058912953302893	$\texttt{0x00000707}_{16}$	0,00000670439486991684
5	$\texttt{0xFFFFFFFF}_{16}$	−0,00000000333805940892	$\texttt{0xFFFFFFF3}_{16}$	−0,00000004653229589732
6	$\texttt{0x00000000}_{16}$	0,00000000001329702838	$\texttt{0x00000000}_{16}$	0,00000000021934576590

A.7. Fließkommakonstanten

Negative Zahlen werden durch Setzen des führenden Bits erhalten. Beispiel:

$$\mathbb{F}_{2/3}(\mathbf{3A8312}) = 0,001 \implies \mathbb{F}_{2/3}(\mathbf{BA8312}) = -0,001$$

	0	1	2	3	4	5	6	7	8	9
0,00	000000	3A8312	3B0312	3B449C	3B8312	3BA3D7	3BC49C	3BE560	3C0312	3C1375
0,01	3C23D7	3C3439	3C449C	3C54FE	3C6560	3C75C3	3C8312	3C8B44	3C9375	3C9BA6
0,02	3CA3D7	3CAC08	3CB439	3CBC6A	3CC49C	3CCCCD	3CD4FE	3CDD2F	3CE560	3CED91
0,03	3CF5C3	3CFDF4	3D0312	3D072B	3D0B44	3D0F5C	3D1375	3D178D	3D1BA6	3D1FBE
0,04	3D23D7	3D27F0	3D2C08	3D3021	3D3439	3D3852	3D3C6A	3D4083	3D449C	3D48B4
0,05	3D4CCD	3D50E5	3D54FE	3D5917	3D5D2F	3D6148	3D6560	3D6979	3D6D91	3D71AA
0,06	3D75C3	3D79DB	3D7DF4	3D8106	3D8312	3D851F	3D872B	3D8937	3D8B44	3D8D50
0,07	3D8F5C	3D9168	3D9375	3D9581	3D978D	3D999A	3D9BA6	3D9DB2	3D9FBE	3DA1CB
0,08	3DA3D7	3DA5E3	3DA7F0	3DA9FC	3DAC08	3DAE14	3DB021	3DB22D	3DB439	3DB646
0,09	3DB852	3DBA5E	3DBC6A	3DBE77	3DC083	3DC28F	3DC49C	3DC6A8	3DC8B4	3DCAC1
0,10	3DCCCD	3DCED9	3DD0E5	3DD2F2	3DD4FE	3DD70A	3DD917	3DDB23	3DDD2F	3DDF3B
0,11	3DE148	3DE354	3DE560	3DE76D	3DE979	3DEB85	3DED91	3DEF9E	3DF1AA	3DF3B6
0,12	3DF5C3	3DF7CF	3DF9DB	3DFBE7	3DFDF4	3E0000	3E0106	3E020C	3E0312	3E0419
0,13	3E051F	3E0625	3E072B	3E0831	3E0937	3E0A3D	3E0B44	3E0C4A	3E0D50	3E0E56
0,14	3E0F5C	3E1062	3E1168	3E126F	3E1375	3E147B	3E1581	3E1687	3E178D	3E1893
0,15	3E199A	3E1AA0	3E1BA6	3E1CAC	3E1DB2	3E1EB8	3E1FBE	3E20C5	3E21CB	3E22D1
0,16	3E23D7	3E24DD	3E25E3	3E26E9	3E27F0	3E28F6	3E29FC	3E2B02	3E2C08	3E2D0E
0,17	3E2E14	3E2F1B	3E3021	3E3127	3E322D	3E3333	3E3439	3E353F	3E3646	3E374C
0,18	3E3852	3E3958	3E3A5E	3E3B64	3E3C6A	3E3D71	3E3E77	3E3F7D	3E4083	3E4189
0,19	3E428F	3E4396	3E449C	3E45A2	3E46A8	3E47AE	3E48B4	3E49BA	3E4AC1	3E4BC7
0,20	3E4CCD	3E4DD3	3E4ED9	3E4FDF	3E50E5	3E51EC	3E52F2	3E53F8	3E54FE	3E5604
0,21	3E570A	3E5810	3E5917	3E5A1D	3E5B23	3E5C29	3E5D2F	3E5E35	3E5F3B	3E6042
0,22	3E6148	3E624E	3E6354	3E645A	3E6560	3E6666	3E676D	3E6873	3E6979	3E6A7F
0,23	3E6B85	3E6C8B	3E6D91	3E6E98	3E6F9E	3E70A4	3E71AA	3E72B0	3E73B6	3E74BC
0,24	3E75C3	3E76C9	3E77CF	3E78D5	3E79DB	3E7AE1	3E7BE7	3E7CEE	3E7DF4	3E7EFA
0,25	3E8000	3E8083	3E8106	3E8189	3E820C	3E828F	3E8312	3E8396	3E8419	3E849C
0,26	3E851F	3E85A2	3E8625	3E86A8	3E872B	3E87AE	3E8831	3E88B4	3E8937	3E89BA
0,27	3E8A3D	3E8AC1	3E8B44	3E8BC7	3E8C4A	3E8CCD	3E8D50	3E8DD3	3E8E56	3E8ED9
0,28	3E8F5C	3E8FDF	3E9062	3E90E5	3E9168	3E91EC	3E926F	3E92F2	3E9375	3E93F8
0,29	3E947B	3E94FE	3E9581	3E9604	3E9687	3E970A	3E978D	3E9810	3E9893	3E9917
0,30	3E999A	3E9A1D	3E9AA0	3E9B23	3E9BA6	3E9C29	3E9CAC	3E9D2F	3E9DB2	3E9E35
0,31	3E9EB8	3E9F3B	3E9FBE	3EA042	3EA0C5	3EA148	3EA1CB	3EA24E	3EA2D1	3EA354
0,32	3EA3D7	3EA45A	3EA4DD	3EA560	3EA5E3	3EA666	3EA6E9	3EA76D	3EA7F0	3EA873
0,33	3EA8F6	3EA979	3EA9FC	3EAA7F	3EAB02	3EAB85	3EAC08	3EAC8B	3EAD0E	3EAD91
0,34	3EAE14	3EAE98	3EAF1B	3EAF9E	3EB021	3EB0A4	3EB127	3EB1AA	3EB22D	3EB2B0
0,35	3EB333	3EB3B6	3EB439	3EB4BC	3EB53F	3EB5C3	3EB646	3EB6C9	3EB74C	3EB7CF
0,36	3EB852	3EB8D5	3EB958	3EB9DB	3EBA5E	3EBAE1	3EBB64	3EBBE7	3EBC6A	3EBCEE
0,37	3EBD71	3EBDF4	3EBE77	3EBEFA	3EBF7D	3EC000	3EC083	3EC106	3EC189	3EC20C
0,38	3EC28F	3EC312	3EC396	3EC419	3EC49C	3EC51F	3EC5A2	3EC625	3EC6A8	3EC72B
0,39	3EC7AE	3EC831	3EC8B4	3EC937	3EC9BA	3ECA3D	3ECAC1	3ECB44	3ECBC7	3ECC4A
0,40	3ECCCD	3ECD50	3ECDD3	3ECE56	3ECED9	3ECF5C	3ECFDF	3ED062	3ED0E5	3ED168
0,41	3ED1EC	3ED26F	3ED2F2	3ED375	3ED3F8	3ED47B	3ED4FE	3ED581	3ED604	3ED687
0,42	3ED70A	3ED78D	3ED810	3ED893	3ED917	3ED99A	3EDA1D	3EDAA0	3EDB23	3EDBA6
0,43	3EDC29	3EDCAC	3EDD2F	3EDDB2	3EDE35	3EDEB8	3EDF3B	3EDFBE	3EE042	3EE0C5
0,44	3EE148	3EE1CB	3EE24E	3EE2D1	3EE354	3EE3D7	3EE45A	3EE4DD	3EE560	3EE5E3
0,45	3EE666	3EE6E9	3EE76D	3EE7F0	3EE873	3EE8F6	3EE979	3EE9FC	3EEA7F	3EEB02
0,46	3EEB85	3EEC08	3EEC8B	3EED0E	3EED91	3EEE14	3EEE98	3EEF1B	3EEF9E	3EF021
0,47	3EF0A4	3EF127	3EF1AA	3EF22D	3EF2B0	3EF333	3EF3B6	3EF439	3EF4BC	3EF53F
0,48	3EF5C3	3EF646	3EF6C9	3EF74C	3EF7CF	3EF852	3EF8D5	3EF958	3EF9DB	3EFA5E
0,49	3EFAE1	3EFB64	3EFBE7	3EFC6A	3EFCEE	3EFD71	3EFDF4	3EFE77	3EFEFA	3EFF7D

	0	1	2	3	4	5	6	7	8	9
0,50	3F0000	3F0042	3F0083	3F00C5	3F0106	3F0148	3F0189	3F01CB	3F020C	3F024E
0,51	3F028F	3F02D1	3F0312	3F0354	3F0396	3F03D7	3F0419	3F045A	3F049C	3F04DD
0,52	3F051F	3F0560	3F05A2	3F05E3	3F0625	3F0666	3F06A8	3F06E9	3F072B	3F076D
0,53	3F07AE	3F07F0	3F0831	3F0873	3F08B4	3F08F6	3F0937	3F0979	3F09BA	3F09FC
0,54	3F0A3D	3F0A7F	3F0AC1	3F0B02	3F0B44	3F0B85	3F0BC7	3F0C08	3F0C4A	3F0C8B
0,55	3F0CCD	3F0D0E	3F0D50	3F0D91	3F0DD3	3F0E14	3F0E56	3F0E98	3F0ED9	3F0F1B
0,56	3F0F5C	3F0F9E	3F0FDF	3F1021	3F1062	3F10A4	3F10E5	3F1127	3F1168	3F11AA
0,57	3F11EC	3F122D	3F126F	3F12B0	3F12F2	3F1333	3F1375	3F13B6	3F13F8	3F1439
0,58	3F147B	3F14BC	3F14FE	3F153F	3F1581	3F15C3	3F1604	3F1646	3F1687	3F16C9
0,59	3F170A	3F174C	3F178D	3F17CF	3F1810	3F1852	3F1893	3F18D5	3F1917	3F1958
0,60	3F199A	3F19DB	3F1A1D	3F1A5E	3F1AA0	3F1AE1	3F1B23	3F1B64	3F1BA6	3F1BE7
0,61	3F1C29	3F1C6A	3F1CAC	3F1CEE	3F1D2F	3F1D71	3F1DB2	3F1DF4	3F1E35	3F1E77
0,62	3F1EB8	3F1EFA	3F1F3B	3F1F7D	3F1FBE	3F2000	3F2042	3F2083	3F20C5	3F2106
0,63	3F2148	3F2189	3F21CB	3F220C	3F224E	3F228F	3F22D1	3F2312	3F2354	3F2396
0,64	3F23D7	3F2419	3F245A	3F249C	3F24DD	3F251F	3F2560	3F25A2	3F25E3	3F2625
0,65	3F2666	3F26A8	3F26E9	3F272B	3F276D	3F27AE	3F27F0	3F2831	3F2873	3F28B4
0,66	3F28F6	3F2937	3F2979	3F29BA	3F29FC	3F2A3D	3F2A7F	3F2AC1	3F2B02	3F2B44
0,67	3F2B85	3F2BC7	3F2C08	3F2C4A	3F2C8B	3F2CCD	3F2D0E	3F2D50	3F2D91	3F2DD3
0,68	3F2E14	3F2E56	3F2E98	3F2ED9	3F2F1B	3F2F5C	3F2F9E	3F2FDF	3F3021	3F3062
0,69	3F30A4	3F30E5	3F3127	3F3168	3F31AA	3F31EC	3F322D	3F326F	3F32B0	3F32F2
0,70	3F3333	3F3375	3F33B6	3F33F8	3F3439	3F347B	3F34BC	3F34FE	3F353F	3F3581
0,71	3F35C3	3F3604	3F3646	3F3687	3F36C9	3F370A	3F374C	3F378D	3F37CF	3F3810
0,72	3F3852	3F3893	3F38D5	3F3917	3F3958	3F399A	3F39DB	3F3A1D	3F3A5E	3F3AA0
0,73	3F3AE1	3F3B23	3F3B64	3F3BA6	3F3BE7	3F3C29	3F3C6A	3F3CAC	3F3CEE	3F3D2F
0,74	3F3D71	3F3DB2	3F3DF4	3F3E35	3F3E77	3F3EB8	3F3EFA	3F3F3B	3F3F7D	3F3FBE
0,75	3F4000	3F4042	3F4083	3F40C5	3F4106	3F4148	3F4189	3F41CB	3F420C	3F424E
0,76	3F428F	3F42D1	3F4312	3F4354	3F4396	3F43D7	3F4419	3F445A	3F449C	3F44DD
0,77	3F451F	3F4560	3F45A2	3F45E3	3F4625	3F4666	3F46A8	3F46E9	3F472B	3F476D
0,78	3F47AE	3F47F0	3F4831	3F4873	3F48B4	3F48F6	3F4937	3F4979	3F49BA	3F49FC
0,79	3F4A3D	3F4A7F	3F4AC1	3F4B02	3F4B44	3F4B85	3F4BC7	3F4C08	3F4C4A	3F4C8B
0,80	3F4CCD	3F4D0E	3F4D50	3F4D91	3F4DD3	3F4E14	3F4E56	3F4E98	3F4ED9	3F4F1B
0,81	3F4F5C	3F4F9E	3F4FDF	3F5021	3F5062	3F50A4	3F50E5	3F5127	3F5168	3F51AA
0,82	3F51EC	3F522D	3F526F	3F52B0	3F52F2	3F5333	3F5375	3F53B6	3F53F8	3F5439
0,83	3F547B	3F54BC	3F54FE	3F553F	3F5581	3F55C3	3F5604	3F5646	3F5687	3F56C9
0,84	3F570A	3F574C	3F578D	3F57CF	3F5810	3F5852	3F5893	3F58D5	3F5917	3F5958
0,85	3F599A	3F59DB	3F5A1D	3F5A5E	3F5AA0	3F5AE1	3F5B23	3F5B64	3F5BA6	3F5BE7
0,86	3F5C29	3F5C6A	3F5CAC	3F5CEE	3F5D2F	3F5D71	3F5DB2	3F5DF4	3F5E35	3F5E77
0,87	3F5EB8	3F5EFA	3F5F3B	3F5F7D	3F5FBE	3F6000	3F6042	3F6083	3F60C5	3F6106
0,88	3F6148	3F6189	3F61CB	3F620C	3F624E	3F628F	3F62D1	3F6312	3F6354	3F6396
0,89	3F63D7	3F6419	3F645A	3F649C	3F64DD	3F651F	3F6560	3F65A2	3F65E3	3F6625
0,90	3F6666	3F66A8	3F66E9	3F672B	3F676D	3F67AE	3F67F0	3F6831	3F6873	3F68B4
0,91	3F68F6	3F6937	3F6979	3F69BA	3F69FC	3F6A3D	3F6A7F	3F6AC1	3F6B02	3F6B44
0,92	3F6B85	3F6BC7	3F6C08	3F6C4A	3F6C8B	3F6CCD	3F6D0E	3F6D50	3F6D91	3F6DD3
0,93	3F6E14	3F6E56	3F6E98	3F6ED9	3F6F1B	3F6F5C	3F6F9E	3F6FDF	3F7021	3F7062
0,94	3F70A4	3F70E5	3F7127	3F7168	3F71AA	3F71EC	3F722D	3F726F	3F72B0	3F72F2
0,95	3F7333	3F7375	3F73B6	3F73F8	3F7439	3F747B	3F74BC	3F74FE	3F753F	3F7581
0,96	3F75C3	3F7604	3F7646	3F7687	3F76C9	3F770A	3F774C	3F778D	3F77CF	3F7810
0,97	3F7852	3F7893	3F78D5	3F7917	3F7958	3F799A	3F79DB	3F7A1D	3F7A5E	3F7AA0
0,98	3F7AE1	3F7B23	3F7B64	3F7BA6	3F7BE7	3F7C29	3F7C6A	3F7CAC	3F7CEE	3F7D2F
0,99	3F7D71	3F7DB2	3F7DF4	3F7E35	3F7E77	3F7EB8	3F7EFA	3F7F3B	3F7F7D	3F7FBE

	0	1	2	3	4	5	6	7	8	9
0	000000	3F8000	400000	404000	408000	40A000	40C000	40E000	410000	411000
1	412000	413000	414000	415000	416000	417000	418000	418800	419000	419800
2	41A000	41A800	41B000	41B800	41C000	41C800	41D000	41D800	41E000	41E800
3	41F000	41F800	420000	420400	420800	420C00	421000	421400	421800	421C00
4	422000	422400	422800	422C00	423000	423400	423800	423C00	424000	424400
5	424800	424C00	425000	425400	425800	425C00	426000	426400	426800	426C00
6	427000	427400	427800	427C00	428000	428200	428400	428600	428800	428A00
7	428C00	428E00	429000	429200	429400	429600	429800	429A00	429C00	429E00
8	42A000	42A200	42A400	42A600	42A800	42AA00	42AC00	42AE00	42B000	42B200
9	42B400	42B600	42B800	42BA00	42BC00	42BE00	42C000	42C200	42C400	42C600
10	42C800	42CA00	42CC00	42CE00	42D000	42D200	42D400	42D600	42D800	42DA00
11	42DC00	42DE00	42E000	42E200	42E400	42E600	42E800	42EA00	42EC00	42EE00
12	42F000	42F200	42F400	42F600	42F800	42FA00	42FC00	42FE00	430000	430100
13	430200	430300	430400	430500	430600	430700	430800	430900	430A00	430B00
14	430C00	430D00	430E00	430F00	431000	431100	431200	431300	431400	431500
15	431600	431700	431800	431900	431A00	431B00	431C00	431D00	431E00	431F00
16	432000	432100	432200	432300	432400	432500	432600	432700	432800	432900
17	432A00	432B00	432C00	432D00	432E00	432F00	433000	433100	433200	433300
18	433400	433500	433600	433700	433800	433900	433A00	433B00	433C00	433D00
19	433E00	433F00	434000	434100	434200	434300	434400	434500	434600	434700
20	434800	434900	434A00	434B00	434C00	434D00	434E00	434F00	435000	435100
21	435200	435300	435400	435500	435600	435700	435800	435900	435A00	435B00
22	435C00	435D00	435E00	435F00	436000	436100	436200	436300	436400	436500
23	436600	436700	436800	436900	436A00	436B00	436C00	436D00	436E00	436F00
24	437000	437100	437200	437300	437400	437500	437600	437700	437800	437900
25	437A00	437B00	437C00	437D00	437E00	437F00	438000	438080	438100	438180
26	438200	438280	438300	438380	438400	438480	438500	438580	438600	438680
27	438700	438780	438800	438880	438900	438980	438A00	438A80	438B00	438B80
28	438C00	438C80	438D00	438D80	438E00	438E80	438F00	438F80	439000	439080
29	439100	439180	439200	439280	439300	439380	439400	439480	439500	439580
30	439600	439680	439700	439780	439800	439880	439900	439980	439A00	439A80
31	439B00	439B80	439C00	439C80	439D00	439D80	439E00	439E80	439F00	439F80
32	43A000	43A080	43A100	43A180	43A200	43A280	43A300	43A380	43A400	43A480
33	43A500	43A580	43A600	43A680	43A700	43A780	43A800	43A880	43A900	43A980
34	43AA00	43AA80	43AB00	43AB80	43AC00	43AC80	43AD00	43AD80	43AE00	43AE80
35	43AF00	43AF80	43B000	43B080	43B100	43B180	43B200	43B280	43B300	43B380
36	43B400	43B480	43B500	43B580	43B600	43B680	43B700	43B780	43B800	43B880
37	43B900	43B980	43BA00	43BA80	43BB00	43BB80	43BC00	43BC80	43BD00	43BD80
38	43BE00	43BE80	43BF00	43BF80	43C000	43C080	43C100	43C180	43C200	43C280
39	43C300	43C380	43C400	43C480	43C500	43C580	43C600	43C680	43C700	43C780
40	43C800	43C880	43C900	43C980	43CA00	43CA80	43CB00	43CB80	43CC00	43CC80
41	43CD00	43CD80	43CE00	43CE80	43CF00	43CF80	43D000	43D080	43D100	43D180
42	43D200	43D280	43D300	43D380	43D400	43D480	43D500	43D580	43D600	43D680
43	43D700	43D780	43D800	43D880	43D900	43D980	43DA00	43DA80	43DB00	43DB80
44	43DC00	43DC80	43DD00	43DD80	43DE00	43DE80	43DF00	43DF80	43E000	43E080
45	43E100	43E180	43E200	43E280	43E300	43E380	43E400	43E480	43E500	43E580
46	43E600	43E680	43E700	43E780	43E800	43E880	43E900	43E980	43EA00	43EA80
47	43EB00	43EB80	43EC00	43EC80	43ED00	43ED80	43EE00	43EE80	43EF00	43EF80
48	43F000	43F080	43F100	43F180	43F200	43F280	43F300	43F380	43F400	43F480
49	43F500	43F580	43F600	43F680	43F700	43F780	43F800	43F880	43F900	43F980

	0	1	2	3	4	5	6	7	8	9
50	43FA00	43FA80	43FB00	43FB80	43FC00	43FC80	43FD00	43FD80	43FE00	43FE80
51	43FF00	43FF80	440000	440040	440080	4400C0	440100	440140	440180	4401C0
52	440200	440240	440280	4402C0	440300	440340	440380	4403C0	440400	440440
53	440480	4404C0	440500	440540	440580	4405C0	440600	440640	440680	4406C0
54	440700	440740	440780	4407C0	440800	440840	440880	4408C0	440900	440940
55	440980	4409C0	440A00	440A40	440A80	440AC0	440B00	440B40	440B80	440BC0
56	440C00	440C40	440C80	440CC0	440D00	440D40	440D80	440DC0	440E00	440E40
57	440E80	440EC0	440F00	440F40	440F80	440FC0	441000	441040	441080	4410C0
58	441100	441140	441180	4411C0	441200	441240	441280	4412C0	441300	441340
59	441380	4413C0	441400	441440	441480	4414C0	441500	441540	441580	4415C0
60	441600	441640	441680	4416C0	441700	441740	441780	4417C0	441800	441840
61	441880	4418C0	441900	441940	441980	4419C0	441A00	441A40	441A80	441AC0
62	441B00	441B40	441B80	441BC0	441C00	441C40	441C80	441CC0	441D00	441D40
63	441D80	441DC0	441E00	441E40	441E80	441EC0	441F00	441F40	441F80	441FC0
64	442000	442040	442080	4420C0	442100	442140	442180	4421C0	442200	442240
65	442280	4422C0	442300	442340	442380	4423C0	442400	442440	442480	4424C0
66	442500	442540	442580	4425C0	442600	442640	442680	4426C0	442700	442740
67	442780	4427C0	442800	442840	442880	4428C0	442900	442940	442980	4429C0
68	442A00	442A40	442A80	442AC0	442B00	442B40	442B80	442BC0	442C00	442C40
69	442C80	442CC0	442D00	442D40	442D80	442DC0	442E00	442E40	442E80	442EC0
70	442F00	442F40	442F80	442FC0	443000	443040	443080	4430C0	443100	443140
71	443180	4431C0	443200	443240	443280	4432C0	443300	443340	443380	4433C0
72	443400	443440	443480	4434C0	443500	443540	443580	4435C0	443600	443640
73	443680	4436C0	443700	443740	443780	4437C0	443800	443840	443880	4438C0
74	443900	443940	443980	4439C0	443A00	443A40	443A80	443AC0	443B00	443B40
75	443B80	443BC0	443C00	443C40	443C80	443CC0	443D00	443D40	443D80	443DC0
76	443E00	443E40	443E80	443EC0	443F00	443F40	443F80	443FC0	444000	444040
77	444080	4440C0	444100	444140	444180	4441C0	444200	444240	444280	4442C0
78	444300	444340	444380	4443C0	444400	444440	444480	4444C0	444500	444540
79	444580	4445C0	444600	444640	444680	4446C0	444700	444740	444780	4447C0
80	444800	444840	444880	4448C0	444900	444940	444980	4449C0	444A00	444A40
81	444A80	444AC0	444B00	444B40	444B80	444BC0	444C00	444C40	444C80	444CC0
82	444D00	444D40	444D80	444DC0	444E00	444E40	444E80	444EC0	444F00	444F40
83	444F80	444FC0	445000	445040	445080	4450C0	445100	445140	445180	4451C0
84	445200	445240	445280	4452C0	445300	445340	445380	4453C0	445400	445440
85	445480	4454C0	445500	445540	445580	4455C0	445600	445640	445680	4456C0
86	445700	445740	445780	4457C0	445800	445840	445880	4458C0	445900	445940
87	445980	4459C0	445A00	445A40	445A80	445AC0	445B00	445B40	445B80	445BC0
88	445C00	445C40	445C80	445CC0	445D00	445D40	445D80	445DC0	445E00	445E40
89	445E80	445EC0	445F00	445F40	445F80	445FC0	446000	446040	446080	4460C0
90	446100	446140	446180	4461C0	446200	446240	446280	4462C0	446300	446340
91	446380	4463C0	446400	446440	446480	4464C0	446500	446540	446580	4465C0
92	446600	446640	446680	4466C0	446700	446740	446780	4467C0	446800	446840
93	446880	4468C0	446900	446940	446980	4469C0	446A00	446A40	446A80	446AC0
94	446B00	446B40	446B80	446BC0	446C00	446C40	446C80	446CC0	446D00	446D40
95	446D80	446DC0	446E00	446E40	446E80	446EC0	446F00	446F40	446F80	446FC0
96	447000	447040	447080	4470C0	447100	447140	447180	4471C0	447200	447240
97	447280	4472C0	447300	447340	447380	4473C0	447400	447440	447480	4474C0
98	447500	447540	447580	4475C0	447600	447640	447680	4476C0	447700	447740
99	447780	4477C0	447800	447840	447880	4478C0	447900	447940	447980	4479C0

10^{0}	3F8000	$0,1_{10^{1}}$
10^{1}	412000	$0,1_{10^{2}}$
10^{2}	42C800	$0,1_{10^{3}}$
10^{3}	447A00	$0,1_{10^{4}}$
10^{4}	461C40	$0,1_{10^{5}}$
10^{5}	47C350	$0,1_{10^{6}}$
10^{6}	497424	$0,1_{10^{7}}$
10^{7}	4B1896	$0,9999872_{10^{7}}$
10^{8}	4CBEBC	$0,99999744_{10^{8}}$
10^{9}	4E6E6B	$0,99999744_{10^{9}}$
10^{10}	501503	$0,10000007168_{10^{11}}$
10^{11}	51BA44	$0,100000595968_{10^{12}}$
10^{12}	5368D5	$0,100000595968_{10^{13}}$
10^{13}	551185	$0,10000026042368_{10^{14}}$
10^{14}	56B5E6	$0,99999723552768_{10^{14}}$
10^{15}	586360	$0,1000005825462272_{10^{16}}$
10^{16}	5A0E1C	$0,1000005825462272_{10^{17}}$
10^{17}	5BB1A3	$0,1000005825462272_{10^{18}}$
10^{18}	5D5E0B	$0,999992631322738688_{10^{18}}$
10^{19}	5F0AC7	$0,9999961497599475712_{10^{19}}$
10^{20}	60AD79	$0,1000001779259481784 32_{10^{21}}$
10^{21}	6258D7	$0,999997275659854413824_{10^{21}}$
10^{22}	640786	$0,9999864670207487246336_{10^{22}}$
10^{23}	65A968	$0,99999799623579479310336_{10^{23}}$
10^{24}	6753C2	$0,99999799623579479310336_{10^{24}}$
10^{25}	690459	$0,9999906175381653092827136_{10^{25}}$
10^{26}	6AA570	$0,10000083264124760704522649 6_{10^{27}}$
10^{27}	6C4ECC	$0,100000832641247607045226496_{10^{28}}$
10^{28}	6E013F	$0,9999932148397308875875811328_{10^{28}}$
10^{29}	6FA18F	$0,99999925946882896073345466368_{10^{29}}$
10^{30}	7149F3	$0,100000409517210741925015348838 4_{10^{31}}$
10^{31}	72FC6F	$0,9999924894842391188100763090944_{10^{31}}$
10^{32}	749DC6	$0,100000796373473018606351254814 72_{10^{33}}$
10^{33}	764537	$0,999998060214415903021313355153408_{10^{33}}$
10^{34}	77F685	$0,1000002021622541616238193032350924 8_{10^{35}}$
10^{35}	799A13	$0,99999885249604104566468929059291136_{10^{35}}$
10^{36}	7B4098	$0,100000392309844195858229527740573286 4_{10^{37}}$
10^{37}	7CF0BE	$0,1000003923098441958582295277405732864_{10^{38}}$
10^{38}	7E9677	$0,10000104134695151271168309405261443891 2_{10^{39}}$

10^{0}	3F8000	$0,1_{10^{1}}$
10^{-1}	3DCCCD	$0,1000000381469726562 5_{10^{0}}$
10^{-2}	3C23D7	$0,99999990463256835937 5_{10^{-2}}$
10^{-3}	3A8312	$0,9999871253967285156 25_{10^{-3}}$
10^{-4}	38D1B7	$0,999998301267623901367 1875_{10^{-4}}$
10^{-5}	3727C6	$0,100000761449337005615234375_{10^{-4}}$
10^{-6}	358638	$0,100000761449337005615234375_{10^{-5}}$
10^{-7}	33D6C0	$0,100000761449337005615234375_{10^{-6}}$
10^{-8}	322BCC	$0,99998942459933459758758544921875_{10^{-8}}$
10^{-9}	308970	$0,99998942459933459758758544921875_{10^{-9}}$
10^{-10}	2EDBE7	$0,10000000827403709990903735160827636718 75_{10^{-9}}$
10^{-11}	2D2FEC	$0,10000000827403709990903735160827636718 75_{10^{-10}}$
10^{-12}	2B8CBD	$0,1000005633855494124873075634241104125976 5625_{10^{-11}}$
10^{-13}	29E12E	$0,99999869496159021764469798654317855834960 9375_{10^{-13}}$
10^{-14}	283425	$0,1000003031770280159662434016354382038116455078125_{10^{-13}}$
10^{-15}	26901D	$0,99998676873769287709592390456236898899078369140625_{10^{-15}}$
10^{-16}	24E696	$0,1000007097528426980304061544302385300397872924804 6875_{10^{-15}}$
10^{-17}	233878	$0,1000007097528426980304061544302385300397872924804 6875_{10^{-16}}$
10^{-18}	219393	$0,100000180357250664092694236728675605263561010360717773 4375_{10^{-17}}$
10^{-19}	1FEC1E	$0,99999518612760621670554339601721949293278157711029052734375_{10^{-19}}$
10^{-20}	1E3CE5	$0,999999322030668981843917753060679842747049406170845031738 28125_{10^{-20}}$
10^{-21}	1C971E	$0,10000096617883258946898536456693307172827189788222312927246 09375_{10^{-20}}$
10^{-22}	1AF1C9	$0,99999996826552253889678874634872052240552875446155667304992675 78125_{10^{-22}}$
10^{-23}	19416E	$0,100000804620119200205767616244922901813652060809545218944549560 5469_{10^{-22}}$
10^{-24}	179ABE	$0,999997948781605173106566892323593398472780791053082793951034545 8984_{10^{-24}}$
10^{-25}	15F797	$0,100000741511246782524823183306637679190753686953030410222709178 9246_{10^{-24}}$
10^{-26}	144612	$0,999999526503415615130177715780723964045240137465953011997044086 4563_{10^{-26}}$
10^{-27}	129E75	$0,100000445688407324645396153908425698145917559500617244339082390 0700_{10^{-26}}$
10^{-28}	10FD88	$0,100000445688407324645396153908425698145917559500617244339082390 0700_{10^{-27}}$
10^{-29}	0F4AD3	$0,100000060502418447198225542712837181160453851880287601261443342 0822_{10^{-28}}$
10^{-30}	0DA242	$0,999990975374462535802990147238658886967945828294634935673457221 1281_{10^{-30}}$
10^{-31}	0C01CF	$0,100000903096769116613911254703187062066155712299758695493778759 5554_{10^{-30}}$
10^{-32}	0A4FB1	$0,999997746221923272179036047161113287103050063808241942897581111 5379_{10^{-32}}$
10^{-33}	08A627	$0,999993044244519983029004172214964398120338789146014854547495076 5310_{10^{-33}}$
10^{-34}	0704EC	$0,999993044244519983029004172214964398120338789146014854547495076 5311_{10^{-34}}$
10^{-35}	0554AD	$0,999996717664366302677466574516643217638081972475879767320999791 3802_{10^{-35}}$
10^{-36}	03AA24	$0,999996717664366302677466574516643217638081972475879767320999791 3801_{10^{-36}}$
10^{-37}	02081D	$0,100000245738287617712818907811301637313455569642879369352960090 8332_{10^{-36}}$

Literaturverzeichnis

[AbSt] Abramowitz, M., Stegun, I. eds. (1964): Handbook of Mathematical Functions with Formulas, Graphs, and Mathematical Tables. Washington, D.C.: National Bureau of Standards, Applied Mathematics Series 55, U.S. Government Printing Office,

[Alag] Alagić, S., Arbib, M. A. (1978): The Design of Well-Structured and Correct Programs. New York Heidelberg Berlin: Springer-Verlag

[Atm1] Atmel Corporation. 8-bit AVR Instruction Set. Rev. 0856D-AVR-08/02

[Cody] Cody, W.J., Waite, W. (1980): Software Manual For the Elementary Functions. Englewood Cliffs, New Jersey: Prentice-Hall, Inc.

[Fike] Fike, C. T. (1968): Computer Evaluation of Mathematical Functions. Englewood Cliffs, New Jersey: Prentice-Hall, Inc.

[Gro] Grover, F. W. (2009): Inductance Calculations. Mineola, New York: Dover Publications, Inc.

[Hen] Henrici, Peter (1982): Essentials of Numerical Analysis with Pocket Calculator Demonstrations. New York: John Wiley & Sons

[Iord] Iordache, C., Matula, D. W. (1999): On Infinitely Precise Rounding for Division, Square Root, Reciprocal and Square Root Recipocal. 14th IEEE Symposium on Computer Arithmetic (ARITH14).

[Knu2] Knuth, Donald E. (1973): The Art of Computer Programming, Vol.2. Reading, MA: Addison-Wesley.

[Luke] Luke, Y. L. (1975): Mathematical Funktions and their Approximations. New York: Academic Press.

[Mss1] Schwabl-Schmidt, M. (2007): Programmiertechniken für AVR-Mikrocontroller. Aachen: Elektor-Verlag.

[Mss2] Schwabl-Schmidt, M. (2009): Systemprogrammierung für AVR-Mikrocontroller. Aachen: Elektor-Verlag.

[Mss3] Schwabl-Schmidt, M. (2010): AVR-Programmierung Buch1. Aachen: Elektor-Verlag.

[Mss4] Schwabl-Schmidt, M. (2010): AVR-Programmierung Buch2. Aachen: Elektor-Verlag.

[MssP] Schwabl-Schmidt, M. (2008): Softwarentwicklung für dsPIC33F-Mikrocontroller. Aachen: Elektor-Verlag.

[Stoe] Stoer, J. (2005): Numerische Mathematik 1. Berlin-Heidelberg: Springer-Verlag.

[Van] Vandergraft, J. S. (1978): Introduction to Numerical Computations. New York: Academic Press.

[Vold] Volder, J. E. (1959): The CORDIC trigonometric computing technique. IRE Trans. El. Comp., vol. EC-8, no. 3, pp.330–334.

[Wlk1] Wilkinson, J.H. (1969): Rundungsfehler. New York Heidelberg Berlin: Springer-Verlag

Index

$\mathbb{K}_{0,24}$, 69, 70
$\mathbb{K}_{0,24}$-Format, 59, 69, 70, 96, 103, 123, 135, 147, 180, 181, 186
$\mathbb{K}_{0,32}$-Format, 59, 123, 134, 175, 179
x-Koordinate, 154
y-Koordinate, 155
$\mathbb{D}_{12}$-Zahl, 230
$\mathbb{D}_{2}$-Format, 203, 222
$\mathbb{D}_{6}$-Format, 203–206, 211–214, 216, 217, 226, 227, 240, 241, 245
$\mathbb{D}_{6}$-Zahl, 215, 238, 240, 255
$\mathbb{F}_{2/3}$-Zahl, 53, 207
$\mathbb{D}^{\star}_{11}$-Format, 229
$\mathbb{D}^{\star}_{5}$-Format, 200, 206, 207, 210, 211, 217, 218, 226, 227, 229, 230, 234, 238, 240, 242, 246–248, 251, 253, 255
$\mathbb{D}^{\star}_{5}$-Überlauf, 238
$\mathbb{D}^{\star}_{5}$-Zahl, 229, 231, 248, 253–255
16-Bit-Arithmetik, 272
16-Bit-Binärzahl, 55
16-Bit-Festkommaaritmetik, 91
16-Bit-Prozessor, 238
16-Bit-Shift, 69, 165
16-Bit-Zufallszahlengenerator, 43
20-Bit-Binärzahl, 240
24-Bit-Approximation, 69, 134
24-Bit-Arithmetik, 59, 69
24-Bit-Binärzahl, 207
24-Bit-Shift, 69
24-Bit-Shifter, 163
24-Bit-Zweierkomplement, 247
32-Bit-Approximation, 175, 179
32-Bit-Arithmetik, 69
8-Bit-Binärzahl, 55
8-Bit-Prozessor, 37, 73, 199, 238, 259, 271, 294
8-Bit-Shift, 69, 105

A priori wahre Bedingung, 258, 269
Abrunden, 65
Absolute Genauigkeit, 189
Absoluter Fehler, 140
Adressentabelle, 165
Adventsonntag, 284
Akkumulator, 60, 67, 171
Anfangsbedingung, 263–267
Approximation, 59, 73, 77–79, 84, 110–112, 124, 125, 128, 129, 136, 138–140, 142, 147, 148, 152, 179, 180, 183, 189, 190, 294, 295, 297
Approximationsfehler, 79
Approximationsgenauigkeit, 79
Approximationskoeffizient, 83, 86, 91
Approximationsreihe, 80
Arcustangens, 160
Argumentüberlauf, 130
Arithmetik, 73, 75, 85, 111, 140, 206
Arithmetischer Shift, 149
ASCII-Null, 253
ASCII-Ziffer, 248, 250, 251, 255
Assembler, 52, 53, 198
Assemblerbefehl, 10
Assemblervariable, 10, 266
Assemblerzeile, 51
Aufrunden, 53, 64, 65, 70
Ausdruck, 257, 267, 287–289
Auslöschung, 75, 79, 84, 91, 110
AVR-Assembler, 51
AVR-Prozessor, 37, 188, 199

Basisdatum, 271, 278
BCD-Addition, 202, 205, 222, 226, 245
BCD-Arithmetik, 199, 221, 229, 244, 245, 253
BCD-Division, 287
BCD-Format, 199
BCD-Multiplikation, 222, 225, 229, 246, 253, 255
BCD-Subtraktion, 205

BCD-Überlauf, 203
BCD-Übertrag, 226
BCD-Zahl, 207, 210, 212, 214, 216, 222, 226, 244, 252, 253
BCD-Ziffer, 214
Bedingung, 257–263, 266–268
Bedingungsfolge, 259
Bereichsgrenze, 127
Bereichsreduktion, 73–76, 97, 103, 109, 120, 127, 128, 131, 134, 139, 158, 174, 175, 179, 181–183, 185–190, 192, 195
Binärdarstellung, 52, 55, 59, 138
Binäre Exponentialfunktion, 134
Binärer Operator, 260
Binärer Übertrag, 201
Binärexponent, 48, 56, 64, 69–71, 96, 103, 125, 134, 147, 150, 186, 195
Binärkomma, 8, 9, 83–85, 91, 95, 101, 120, 121, 123, 124, 134, 141, 146–148, 171, 194, 195
Binärzahl, 56, 149, 200, 222, 240–248, 253
Bitfolge, 8, 9, 51, 84, 120, 146, 148, 200, 201
Bitmaske, 15, 21, 26, 102
Bitmuster, 73, 84, 91, 102, 105, 111, 120, 121, 133, 149, 181, 186, 195, 212, 237, 242
Bitposition, 21, 105, 140, 163, 165–167, 171, 172
Bitquartett, 199–205, 207, 209, 213–215, 225, 226, 232, 236, 247, 248, 255
Borgen, 48, 122, 181, 205, 209, 244
Byte-Linksshift, 105
Byte-Shift, 103–105
Bytekomponente, 120, 145, 146, 194

Callback, 11, 12, 25, 31–33, 35–43, 45, 46
Callback Chain, 10–12, 25, 31, 32, 35–43
Callback-Funktion, 33, 34, 42, 43, 45
Callback-Kette, 46
CB, 11, 12, 25, 31–33, 35–43, 45, 46
CBC, 10, 12, 25, 31, 32, 35–43
Ceiling, 106
Clenshaw, 81–83, 86, 91, 120
Codeblock, 165–167
CORDIC, 151, 183
CORDIC-Lauf, 159
CORDIC-Verfahren, 151, 153, 156, 160, 163, 167, 174, 181, 184–186, 188–193, 195, 303
Cosinus, 160, 192, 193
Cosinusfunktion, 155
Cosinuswert, 187, 188, 195
CTC, 20

Datum, 271–273, 275, 276, 278, 280, 282–285
Datumsnummer, 271–273, 276, 279–282, 285, 286
Definitionsbereich, 73, 76, 111, 119, 135
Dezimaldarstellung, 52, 59, 60, 222
Dezimalexponent, 62, 67, 68
Dezimalkomponente, 225
Dezimalkonstante, 52
Dezimalübertrag, 202
Dezimalzahl, 67, 140, 159, 199, 200, 253, 255, 302
Dezimalzerlegung, 225
Dezimalziffer, 60, 61, 67, 68, 91, 199, 202, 203, 206, 211–214, 216, 222, 225, 230, 231, 237, 245, 246, 248–251, 253, 255
Dezimalziffernfolge, 59
Dezimalziffernpaar, 200
Differenzengleichung, 159
Dilogarithmus, 76
Doppelworttabelle, 149
Drehung, 152, 154, 155
Drehwinkel, 152, 154, 156, 160

Einelementige Kette, 39
Einerdezimalziffer, 201, 202, 205
Einerkomplement, 21, 90, 206, 243, 244, 247
Einheitskreis, 151–154
Ereignis, 11, 25
Ereignisdaten, 41
Ereignisgesteuert, 46
Ereignissteuerung, 11
Exponent, 47, 48, 51, 53, 54, 56, 65, 67, 68, 70, 98, 101–103, 115, 120, 121, 123, 124, 129, 131–134, 143, 145, 148, 149, 175, 179–183, 186, 187, 194
Exponentenanalyse, 61
Exponentenbereich, 97, 101, 195

Exponentenbit, 56, 101, 103
Exponentenbyte, 55–57, 71
Exponentenformat, 64
Exponentenüberlauf, 48
Exponentenunterlauf, 47, 48
Exponentenvorzeichen, 62
Exponentialfunktion, 74, 75, 83, 84, 91, 127, 133, 135, 195

Fehler, 23, 45, 47, 52, 55–60, 62, 64, 71, 79, 80, 86, 91, 98, 99, 101, 105–107, 110, 112, 125, 129, 133, 136, 142, 160, 167, 181–183, 190, 206, 207, 216, 234, 237, 241, 243, 248, 253–255, 289
Fehlerabschätzung, 140
Fehlerangabe, 67
Fehleranzeige, 68, 245, 246
Fehlerart, 67
Fehlerausgang, 121
Fehlerbedingung, 130, 133
Fehlerbehandlung, 255
Fehlererkennung, 248
Fehlererzeugung, 99
Fehlerindikator, 105, 237, 247, 293
Fehlermeldung, 23, 62, 70, 105, 129, 198, 255
Fehlerrückgabe, 115
Fehlerrücksprung, 70, 121, 143, 148, 247, 248, 253
Festkommaaritmetik, 91, 125
Festkommarechnung, 83, 255, 256
Festkommazahl, 84, 85, 167, 255, 256
Festkommazahlenformat, 167
Fixkommaarithmetik, 229
Fixkommazahl, 8, 55, 145, 176
Fließkommaarithmetik, 229
Fließkommafehler, 176, 181, 182
Fließkommakonstante, 49–52, 54, 126, 137, 307
Fließkommavariable, 49, 50, 58, 196
Fließkommazahl, 47, 50, 55, 56, 58–60, 69, 84, 97, 98, 102, 109, 111–113, 119–121, 123, 127, 128, 133, 139, 145, 147, 175, 180, 181, 184, 186–188, 192, 193, 244
Floor, 106, 175
Floored Division, 233
Formatfunktion $\mathbb{D}$, 200

Ganzzahliger Anteil, 8, 51, 74, 75, 85, 97, 98, 101–103, 105, 106, 175, 179, 180, 256
Gebrochener Anteil, 8, 51, 74, 97, 98, 100, 102, 103, 175, 179, 180
Gegenuhrzeigersinn, 152
Genauigkeit, 73, 83, 91, 110, 111, 120, 124, 125, 134–139, 149, 150, 158, 171, 175, 179, 181, 182, 188, 189, 195, 206
Genauigkeitsproblem, 59
Genauigkeitsverlust, 75, 91, 109, 139, 179–182, 188, 189, 231
Globale Interruptbefähigung, 21, 32, 33, 42
Globale Interruptentfähigung, 33, 42
Gregorianischer Kalender, 271

Häufigkeitsschranke, 203
Halbierung, 212, 213, 233, 240, 288
Halboffenes Intervall, 74
Half carry Statusbit, 199, 201
Hexadezimaldarstellung, 52, 85
Hexadezimalziffer, 8, 37, 52, 85, 216
Hilfsstapel, 262, 266–268
Hilfsstapelzeiger, 264, 266

IEEE 754, 51–53, 97, 138
IN, 259–262
Induktion, 161
Induktivität, 196
Infix-Notation, 259
Inputparameter, 106
INTEL-Prozessor, 53
Interpolationspolynom, 110
Interrupt, 11–14, 20, 21, 25, 26, 37, 41–43, 45, 197
Interrupt Service Routine, 12, 13, 16, 20, 28, 32, 41–43
Interruptgesteuerter Programmablauf, 12
Interruptvektor, 16, 26
Intervall, 52, 74, 76, 78–80, 110, 111, 119, 120, 125, 129, 135, 139, 140, 181, 188

Intervallbreite, 139
Invariante, 287, 288
ISR, 12, 13, 16, 20, 21, 28, 32, 33, 41–43
Iteration, 138, 139, 240
Iterationsformel, 81
Iterationsschritt, 171, 248
Iterationsverfahren, 138

Jahresnummer, 272
Jahrhundertjahr, 271

Kalenderdatum, 271
Kalenderwoche, 278, 280–283
Kette, 25, 34, 36–43, 45, 46, 248
Kettenbruch, 110
Kettenkopf, 42
Keyboard Interrupt, 20
Klassischer Divisionsalgorithmus, 290
Koeffiziententabelle, 116, 120, 122, 149
Kontext, 257–259, 262–267
Kontextliste, 262, 264–267
Kontexttabelle, 262, 263, 265–267
Koordinate, 151–154, 156
Koordinatentransformation, 153–155
Korrektheitsbeweis, 287, 289
Korrekturfaktor, 202, 203, 205

Leere Kette, 37, 38
Leichtgewichtiger Prozess, 13
Linksrotation, 181
Linksshift, 48, 69, 95, 102, 116, 117, 123, 132, 133, 135, 150, 171, 181, 184, 186, 192, 209, 213–215, 291, 292
Listenkopf, 25, 36–38, 41
Logarithmus, 73, 109–113, 119, 120, 125, 195, 196
Logarithmusfunktion, 109
Logischer Ausdruck, 8, 260
Logischer Operator, 257, 267
Lokaler Stapel, 14

Mantisse, 52–57, 65, 70, 71, 91, 100–102, 109, 115, 117, 120, 121, 123, 129, 133, 134, 143, 145, 147–150, 175, 178, 181, 186, 187
Mantissenbit, 121
Mantissenbyte, 55–57, 102
Mantissenformat, 64
Maschinenbefehl, 10
MASM, 52
Maximaler Fehler, 52
Minimaxfehler, 73
Minmax-Gerade, 139, 188
Montag der ersten Kalenderwoche, 282, 283
Multitasking, 12, 19, 36, 46
Multitasking-System, 13, 24, 25, 46
Multitasking-Umgebung, 238

Nachkommabinärstelle, 83, 84
Nachkommabit, 69
Nachkommabitstelle, 140, 182
Nachkommadezimalziffer, 68
Nächstgelegenes Datum, 285
Natürlicher Logarithmus, 74, 109, 119
Negiert, 68, 85, 86, 91, 95, 122, 124, 135, 244, 248
Negierung, 68, 88, 89, 91, 93–95
Normalisieren, 59, 102
Normalisierend, 69
Normalisiert, 53, 69, 70, 97, 98, 100, 117, 123, 135, 147, 148, 184, 186, 187, 192, 195
Normalisierung, 66, 69, 100–102, 117, 123, 132, 186, 187
Normalisierungsschleife, 123
Nullbit, 7, 60, 67, 71, 100, 140, 216–218, 221, 237, 253, 255, 262, 267, 292, 293
Nullmantisse, 102

Obere Schranke, 158, 289
OC A-Interrupt, 43
OC-Interrupt, 23, 25–27, 30, 32, 33, 41, 42
OC2-Interrupt Service Routine, 21
Offset, 7, 10, 23, 24, 36
One-Shot Callback, 25
Operator, 260–263
Output Compare-Interrupt, 17, 20, 21, 27
Outputparameter, 106

Parameter, 22, 37, 38, 41, 42, 56, 108, 122, 126, 137, 139, 163, 181, 196, 289
Parameterbereich, 43
Parameterblock, 43

Parameterbyte, 43
Parameterfeld, 42, 43
Parameterübergabe, 106
Partieller Quotient, 290
PIT, 13–15, 17–24, 26–28
PIT-Vektor, 15, 16, 20, 22, 26
PN, 260–262, 266
Polynom, 73, 77, 80, 85, 244
Polynomapproximation, 79
Polynomwert, 79, 80
Postfix-Notation, 260
Potenzreihe, 79, 110, 182, 189
Potenzreihenentwicklung, 83, 160
Präfix, 10
Prämisse, 257–259, 261, 262, 266
Präzision, 138
Produktion, 257–259, 261, 262, 264–269
Produktionenfolge, 266
Produktionselement, 263
Produktionsfolge, 259, 264, 268
Produktionsprämisse, 259
Produktionssystem, 257–259, 261, 262, 268–270
Produktionsverfahren, 258
Projektive Transformation, 76
Prozess, 12–15, 17, 19–27, 29, 30, 35, 42, 43, 45, 46
Prozessfunktion, 22, 23, 42, 43
Prozessinformationstabelle, 14, 19, 20
Prozessor, 37, 52, 188, 199, 201, 222, 287, 294
Prozessortakt, 20, 167, 222
Prozessring, 15
Prozessstapel, 21
Prozesssteuerung, 15
Prozessumschaltung, 20, 21, 24, 45
Prozesswechsel, 14, 15, 42, 239

Quadrant, 153, 158
Quadratwurzel, 73, 120, 141, 150
Quadratwurzelfunktion, 138, 150

Radiant, 152, 153
Rechengenauigkeit, 157, 182
Rechtsrotation, 181, 195
Rechtsshift, 64, 89, 90, 102, 103, 117, 121, 131, 134, 147–149, 159, 163, 165–167, 184, 186, 187, 191, 194, 195, 212, 213, 246, 248, 274, 277, 298, 300
Reduktionsintervall, 109
Registerrettung, 120, 133
Rekursion, 259
Rekursionsformel, 77, 78, 81, 82
Rekursionsverfahren, 80
Relative Genauigkeit, 140
Relativer Fehler, 140
Resttag, 275–277, 282
Rotation, 151–154, 159
Rotationsverfahren, 152
Rückrotation, 152
Rücksprung, 50, 60, 71, 91, 203, 209, 213, 218, 231, 235, 248, 252
Rücksprungadresse, 14, 23, 49, 50, 251
Runden, 52, 59, 64, 70, 97, 117, 123, 125, 132, 135, 138, 144–146, 172, 184, 186, 187, 191, 192, 195, 256
Runden durch Abschneiden, 52
Runden zum nächstgelegenen Gitterpunkt, 52
Rundungsfehler, 59, 157, 159

Schaltjahr, 271–278
Schluß, 257–259, 261–265, 267–270
Schlußkette, 258
Schlussregel, 257, 268
Serielle Schnittstelle, 15, 18, 24, 25, 35, 42
Shift, 48, 55–57, 63, 69, 86, 87, 91, 96, 101, 102, 121, 132–134, 145, 148, 156, 159, 163, 167, 173, 195, 215, 242, 255
Shiftbefehl, 48, 121
Shifter, 165
Shiftregister, 171
Shiftzähler, 171
Signatur, 15, 18, 24, 25, 33, 42, 43
Signaturbyte, 29, 31
Simuliertes Multitasking, 13
Sinus, 160, 193
Sinusfunktion, 74, 75, 155, 182, 188
Sinuswert, 187, 188, 195
Speicherblock, 13, 14, 22, 23, 42, 43, 45, 248, 250–252

Speicherblockgröße, 15, 22, 26
Sprungtabelle, 163, 218
Standard Binade, 139
Standardintervall, 139
Stapel, 13, 14, 18, 21–24, 35, 41, 49, 50, 58, 101, 108, 126, 137, 198, 231, 235–239, 241–244, 249–252, 260, 267
Stapelbereich, 13, 14, 23
Stapelblock, 13, 14, 19
Stapelgebrauch, 50, 198
Stapelzeiger, 13, 14, 19–23, 49, 50, 126, 137, 197, 237
Stapelzeigertausch, 16, 28
Statusbit, 13, 14, 32, 33, 41, 181, 186, 193, 267, 268
Statusregister, 7, 21, 23
Summenformel, 155
Synchronisationsobjekt, 12
Synchronisieren, 12, 25
Systemstapel, 14
Systemstapelzeiger, 13
Systemsteuerung, 25

T-Approximation, 83, 84
T-Bit, 56, 57
T-Entwicklung, 79, 306
T-Koeffizient, 79, 80, 89, 306
T-Polynom, 78–80, 82, 83
Tabelle, 14, 59, 74, 79, 83, 86, 91, 111–113, 119, 121, 124, 125, 128, 129, 135, 139–141, 149, 150, 158, 159, 165, 167, 171, 172, 175, 188, 195, 218, 220–222, 225, 226, 260, 262, 266, 269, 274, 275, 277, 278, 294, 302, 303
Tabellenadresse, 119, 143
Tabellengesteuert, 167
Tabellenindex, 119, 121, 225, 226
Tangens, 156
Teilintervall, 73, 139
Timer-Interrupt, 13
Timer-Modus, 20
Timer0, 25, 26, 32, 41, 45
Timer0-Interrupt, 45
Timer2, 16, 20–23, 26, 28, 42
Timer3, 25, 29, 30, 33, 35, 42, 43, 45
Timer3-Interrupt, 45
ToS, 50, 260, 262–264, 266–268
Transformation, 153, 155, 156, 186, 229, 231, 246
Trefferliste, 258, 259, 262, 263, 265–268
Trigonometrische Funktionen, 74, 103, 174, 195
Tschebyscheff-Polynom, 77

Übergabeparameter, 255
Überlauf, 21, 54, 67, 68, 109, 123, 133, 139, 150, 195, 201–203, 207–209, 230, 238, 245–248, 254, 255
Überlaufanzeige, 48
Überlaufbit, 7, 21, 67, 103, 117, 203, 207, 209, 210, 230, 231, 234, 235, 237, 247, 248
Überlaufmeldung, 289
Übertrag, 21, 48, 65, 70, 96, 122, 124, 134, 147, 150, 184, 190, 192, 194, 200–203, 208, 209, 226, 246, 296
Übertragsanzeige, 48
Übertragsbit, 7, 60, 71, 90, 95, 101, 103, 105, 122, 123, 133, 148, 149, 181, 187, 201–206, 210–215, 217, 218, 221, 226, 238, 241–246, 251, 253, 255, 284, 293, 297
Umkehrfunktion, 156, 275
Unärer Operator, 260
Ungenauigkeit, 111, 150, 188, 195
Unterbrechung, 14, 48, 244
Unterlauf, 109, 129, 130, 133
Urstapel, 22

Verdopplung, 122, 165, 211, 233, 246
Verfahrensschritt, 158, 171, 172
Vollständige Induktion, 159, 160
Vorgänger, 25, 39, 40
Vorkommadezimalziffer, 68
Vorzeichen, 56, 57, 59, 60, 62, 64, 67, 68, 71, 75, 85, 86, 88–90, 92, 93, 95, 97, 98, 101, 102, 106, 122, 133, 135, 148, 168, 180–182, 184–187, 192, 193, 195, 200, 205–211, 218, 221, 229, 230, 234, 236–238, 240, 242–244, 247–251, 253–255

Vorzeichenbereich, 254, 255
Vorzeichenbestimmung, 62
Vorzeichenbit, 7, 37, 56, 68, 84, 88, 91, 93, 101–103, 123, 124, 133, 148, 186, 195, 210, 211, 218–220, 227, 229, 231, 238, 244, 246, 248, 293
Vorzeichenlos, 152

Wahre Bedingung, 257, 258, 262, 266
Wahrheitswert, 259–262, 266–268, 288
Winkel, 151–157, 167
Winkelbogen, 152
Winkeleinheit, 152, 153
Winkelsumme, 155
Wochentag, 273, 278–280, 285
Wochentagsfunktion, 280

Zahlenüberlauf, 167, 207, 210, 256, 291
Zehnerdezimalziffer, 201
Zehnerexponent, 59, 67–69
Zehnerlogarithmus, 125
Zehnerpotenz, 59, 67, 175, 229
Zehnerübertrag, 214
Zeichenkette, 59–61, 66–68, 248–255, 259
Zeichenkettenende, 253, 254
Zeichenkettenlänge, 60, 67, 249
Zeichenkettenpuffer, 251, 252
Zeigerrotation, 106
Zeitintervall, 15, 22–24, 27, 45
Zeitintervalllänge, 17, 27
Zerlegung, 75, 97, 98, 105, 106, 115, 129, 134, 175, 179–182, 189, 194, 225, 226
Ziffernauslöschung, 128
Ziffernzeichenkette, 69
Zufallszahl, 25, 29, 30, 33, 34, 42, 43
Zufallszahlengenerator, 43
Zweidrittelgenaue Fließkommazahl, 8, 9, 51, 58–60, 70, 91, 97, 109, 111, 112, 125, 127, 129, 136, 142, 175, 176, 179–183, 186, 190, 207
Zweierkomplement, 8, 9, 47, 48, 56, 80, 149, 206, 240, 243, 244, 247
Zweierkomplementzahl, 47
Zweierpotenz, 19, 20, 47, 49, 51, 69, 84, 109, 120, 128, 135, 145, 156, 178, 294, 302